"十三五"国家重点出版物出版规划项目
国家科技基础性工作专项重点项目
国家社会公益研究专项项目
中国农业科学院科技创新工程

中国土壤剖面数据集

·福建、台湾卷

主　编　张维理

本卷主编　杨　鹏　罗　涛　徐爱国　张认连

浙江科学技术出版社·杭州

版权所有　侵权必究

图书在版编目（CIP）数据

中国土壤剖面数据集. 福建、台湾卷 / 张维理主编；杨鹏等本卷主编. -- 杭州：浙江科学技术出版社，2024.6. -- ISBN 978-7-5739-1269-5

Ⅰ．S152.2

中国国家版本馆CIP数据核字第20247LT173号

书　　名	中国土壤剖面数据集·福建、台湾卷
主　　编	张维理
本卷主编	杨　鹏　罗　涛　徐爱国　张认连
出版发行	浙江科学技术出版社 杭州市拱墅区环城北路177号　邮政编码：310006 办公室电话：0571-85152719 销售部电话：0571-85176040
排　　版	杭州万方图书有限公司
印　　刷	浙江新华数码印务有限公司
经　　销	全国各地新华书店
开　　本	787 mm × 1092 mm　1/8　　　印　张　44.5
字　　数	782千字
版　　次	2024年6月第1版　　　印　次　2024年6月第1次印刷
书　　号	ISBN 978-7-5739-1269-5　　　定　价　350.00元
地图审核号	GS浙（2024）312号

策划组稿	詹　喜　章建林	**责任编辑**	赵雷霖		
责任校对	贾小焓	**责任美编**	金　晖	**责任印务**	吕　琰

如发现印、装问题，请与承印厂联系。电话：0571-85155604

《中国土壤剖面数据集》
编委会

主　　任　赵其国

副 主 任　张维理

委　　员（按姓氏笔画排序）

　　　　　毛达如　　史学正　　刘　旭　　刘先林　　刘更另

　　　　　孙　睿　　孙九林　　孙铁珩　　杨　鹏　　张洪江

　　　　　张维理　　周健民　　赵其国　　陶　澍　　黄鸿翔

　　　　　黄德明　　傅伯杰

《中国土壤剖面数据集·福建、台湾卷》
编写人员

主　　编　张维理

本卷主编　杨　鹏　　罗　涛　　徐爱国　　张认连

本卷编委（按姓氏笔画排序）

　　　　　王　飞　　任　意　　杨　鹏　　沈金泉　　张　华

　　　　　张卫清　　张认连　　张继宗　　张维理　　武淑霞

　　　　　罗　涛　　徐志平　　徐爱国　　唐南奇　　黄鸿翔

　　　　　冀宏杰

土壤大数据整合与数字制图

设　　计　张维理

制　　作　徐爱国　　张认连　　冀宏杰

程序编制　贾　萌　　吴章生　　严　豪

地图编辑　中国地图出版社集团有限公司

内容提要

本数据集以分县主要土壤类型与土壤剖面点分布图、土壤剖面理化性状表的形式，提供了我国各地详尽的土壤资源与质量的科学数据。全集共 25 卷，收录了全国 2200 多个县（市、区）的分县土壤图和 6 万多个土壤剖面的分层理化性状数据。根据各省级行政区土壤剖面数量和地域关联特征，既有一个省（自治区）的单卷，也有多个省（自治区、直辖市、特别行政区）的合订卷。各卷内容包含分县主要土类说明、主要土壤类型与土壤剖面点分布图、中心区气候特征图表，还含有全国和各卷所涉省级行政区的土壤图、土壤有机质含量图与地势图，以便读者在全国、省级和县级不同视角和尺度上，了解土壤资源与质量状况及其空间分布特征，以及土壤类型、土壤肥力与气候条件、地势、地貌之间的相互关联。

福建省地处中国东南沿海，地势西北高，东南低，呈依山傍海态势，境内山地、丘陵面积约占全省总面积的90%；属亚热带海洋性季风气候。福建省河流众多，共有 24 个水系、663 条河流，其中闽江是中国东南沿海地区流域面积最大的河流。主要土壤类型有红壤、水稻土、赤红壤、黄壤、粗骨土、紫色土、滨海盐土、石质土、风沙土、潮土、山地草甸土等 11 个土类。台湾省位于中国东南沿海的大陆架上，东临太平洋，西隔台湾海峡与福建省相望；台湾省由我国第一大岛台湾岛与兰屿、绿岛、钓鱼岛等附属岛屿和澎湖列岛组成，纵跨温带与热带。山地、丘陵占总面积的 2/3，平原占 1/3。主要土壤类型有水稻土、红壤、黄壤、赤红壤、石质土、粗骨土、黄棕壤、棕壤、砖红壤、新积土、滨海盐土、砂姜黑土、酸性硫酸盐土、红黏土、潮土、山地草甸土等 16 个土类。本卷收录了福建省 64 个县（市、区）1608 个典型土壤剖面的分层理化性状数据，便于读者了解福建省主要土壤类型的分布特征及剖面特征，可作为农业、林业、环境、气象、国土、水利、经济等领域的科研、管理和技术人员的工具书和参考书，也适合高等院校研究生参考使用。

序

万物土中生，有土斯有粮。土为万物之本，土壤的重要性是怎么强调都不为过的。现在，土壤相关数据已成为农业、林业、环境、气象、国土、水利等各部门、各行业的基础数据。土壤研究最基础、最重要的表现形式是土壤剖面数据，其反映了不同层次的土壤理化性状。然而，长期以来，我国一直缺乏一套完整的系统性表现全国各区域土壤性状的剖面数据。

中华人民共和国成立以来，我国曾开展了两次全国性土壤普查，其中20世纪70年代末开始的全国第二次土壤普查是迄今为止最完整的。当时全国挖掘了550余万个剖面，各地分县完成了大比例尺土壤图，数据完整且可靠性高；然而，限于种种因素，当时仅完成了全国范围小比例尺土壤类型图和养分图的汇总，未及时完成全国土壤剖面库的整理。这些纸质资料散落于各地，并且年代久远，面临丢失、损毁的风险。这些宝贵数据具有时空尺度的唯一性，一旦出现问题，将对国家和社会各层面造成无法挽回的损失。

自2001年起，在国家社会公益研究专项项目资助下，张维理研究员带领团队，在全国范围开始对分散存留各地的土壤调查资料进行抢救性收集和整理。2006年，科技部启动了国家科技基础性工作专项项目，"我国1∶5万土壤图籍编撰及高精度数字土壤构建"项目被列入首批重点项目并连续获得两期资助。该项目由中国农业科学院农业资源与农业区划研究所牵头，全国近20个科研单位（两期）共同承担任务，极大地加快了土壤数据抢救的进程，为编制本数据集奠定了基础。在参与本数据集编制的土壤科技工作者20年的持续努力下，在2019年度国家出版基金的资助下，在中国农业科学院科技创新工程的持续支持下，本数据集终于得以面世。

本数据集以涵盖全国2200多个县的土壤剖面分层数据为主体，首次同时展示了分县土壤图与典型土壤剖面分布图，描述了影响土壤发生的气候特征、主要土类的性状等，内容丰富，兼具专业性和科普性。全集共25卷，既有一个省、自治区的单卷，也有多个省、自治区、直辖市、特别行政区的合订卷。鉴于其数据的完整性、系统性、科学性，本数据集可成为我国资源环境领域的必备工具书之一。

本数据集至少可以应用于以下几个方面：

第一，直接服务于农业生产，保障粮食安全和食品安全。全国分县的不同土壤类型分层养分数据、土壤质地信息，可为科学施肥、土壤培肥与耕作措施的制定提供决策依据。

第二，为水利、环境、建筑、旅游等行业提供便捷、直观的土壤分层次基础信息。信息后标有剖面点经纬度，便于查询获取。

第三，对于土壤质量演变、耕地地力演变、碳储量、面源污染、气候变化等多学科研究具有土壤科学起始点数据意义。

我国疆域辽阔，编制本数据集需要对各地分县完成的大比例尺土壤图和土壤调查资料进行数字化整合，创建覆盖我国全域的高精度数字土壤，再进行分县土壤剖面表的提取与分县土壤图的缩编。本数据集的总数据处理量达到 TB 级且数据来源多而复杂、专业性强、处理难度大，按常规方法，需数万人历时多年方能处理完成。张维理研究员创造性地将数据科学、人工智能与人机交互设计原理引入土壤学范畴，首创土壤大数据方法，以土壤科学需求设计统领其他各层级设计，以智能化、自动化、人机交互式的数据分析流程替代人工流程，高效、精准地完成了土壤大数据的时空整合和表达，这一巨著才得以面世。作为两期项目的专家组组长，我亲历了整个项目的全过程，对张维理研究员勇于创新、踏实、勤奋、务实、敬业、有担当的优秀品质印象深刻，也深感钦佩！

本数据集的完成前后历时 20 年之久，直接参与数据收集、编撰人数近百人，涉及我国各省（自治区、直辖市）的土壤肥料相关单位。正是他们的付出和努力，才使得本数据集得以面世。衷心希望本数据集能在农业、林业、环境、气象、国土、水利以及肥料工业等领域发挥积极作用，更好地服务于我国经济和社会发展。

中国科学院院士 赵其国

2021 年 12 月

前 言

土壤是农业的基础，是陆地生态系统生命过程的基础，也是维持地球上能量与水的交换、生命元素循环的重要基础。《中国土壤剖面数据集》首次以分县土壤图和土壤剖面理化性状表的形式，提供了我国陆域全覆盖的土壤资源与质量的科学数据，为农业、林业、环境、气象、国土、水利等部门和相关行业精准了解各地土壤资源分布与质量状况，科学利用土壤资源，发展绿色农业、特色农业和节水农业，进行耕地保育、科学施肥、面源污染防治和基本农田保护等提供了科学依据；也为农业科学、环境科学及地学、气象、测绘、水利等多个学科领域的科研工作者研究陆地生态系统生产力演变、地球物质循环、气候与环境变化提供了基础数据。

编入本数据集的分县土壤图和土壤剖面理化性状表主要源于对全国第二次土壤普查（以下简称"二普"）调查资料的收集、整理、提取与汇总。二普是我国现代规模最大的以查清土壤资源和土壤肥力为主要目标的土壤资源综合调查，既完成了我国迄今为止最详尽的土壤分类调查，也首次在全国范围进行了较高密度的土壤采样化验，开启了我国用土壤理化性状量化指标描述土壤资源与土壤质量状况的时代。二普地面调查采样实施于1979—1987年，通过550万个土壤剖面观测和采样，分县完成了1∶5万比例尺土壤图绘制和10万余个土壤剖面的分层采样、化验、记录，其中的土壤质量稳定性要素，如土体构造、质地、母质、成土条件、土壤类型等时效性长，CRT值（土壤特性响应时间，characteristic response time）达上千年，可长久使用；土壤有机质含量，氮、磷、钾含量，酸碱度，耕层厚度等土壤质量变化性要素为了解土壤与环境质量演变提供了重要信息。无论从数量还是质量上看，二普获取的土壤科学数据至今都是我国最详尽、最有价值的土壤资源基础数据，其精度与质量超过许多发达国家的土壤资源基础数据。

20世纪末期以来，全球性人口和经济快速增长导致的人均土地资源与水资源紧缺、环境污染、气候变化、粮食安全危机，使科学界对土壤及其形成过程的关注度不断提高，关注重点也从了解土壤与环境质量现状转变为弄清演变趋势、引致变化的内在机理和驱动因素。土壤圈处于地球大气圈、水圈、生物圈和岩石圈的交会处。土壤层中的生物过程和物质循环过程既活跃，又具有一定的稳定性，能较好地反映地球水圈、土壤圈、大气圈、生物圈及岩石圈五大圈层动态交互作用的结果。只要对近年来国际上关于碳足迹、气候变化的研究进展稍加关注，就可知晓具有时空维度的土壤科学数据对于阐明土壤与环境过程并弄清其驱动因素、预测未来土壤与环境质量变化具有无可替代的作用。本数据集编入的土壤质量数据既是我国在全国范围内首次完成的土壤理化性状的科学记载，也是40多年前对我国土壤质量变化性要素的客观记录，能帮助我们了解改革开放以来经济、农业高速发展以及农用化学品投入量高速增长对土壤与环境质量的影响，对了解我国土壤与环境质量时空演变亦具有起始点土壤科学数据的意义。本数据集编入的起始点数据使我们对全国土壤及相关过程的认识延伸了40多年。历史上的土壤调查结果不能被新的调查结果替代，这一不可替代性使得本数据集将成为我国农业与环境领域最具影响力的工具书和参考书之一。

本数据集既是我国老一辈土壤与农业科研工作者在全国土壤普查工作中取得的成果，也是数据集编制人员长期以来默默耕耘的结晶。二普完成的大比例尺土壤图件和土壤剖面理化性状主要为手绘纸质图件和非正式出版的铅印或油印资料，份数少且由各地自行保存。二普结束后，随着各地机构调整与人员变动，土壤调查资料被损毁或丢失严重，难以发挥作用。在我国多位知名科学家的倡议和推动下，"十一五"期间，"我国1∶5万土壤图籍编撰及高精度数字土壤构建"项目（2006—2017）被列为国家科技基础性工作专项重点项目。其目的是对各地宝贵的土壤科学数据进行抢救性收集、数字化和整合，提升我国科学研究与管理基础数据的条件。为实现这一目标，项目组研究人员首先对各地分散存留的纸质分县土壤调查资料进行了全面的收集、修复和整理。针对国际范围内缺少对异源、异质、异构、异形土壤大数据的提取、整合方法的难题，项目组研究人员积极探索、勇于创新，融合应用土壤学、地理信息系统技术、数据科学、人工智能、人机交互设计方法，创建了土壤大数据方法，以层级化的流程设计实现土壤科学层面的需求设计统领体系架构、数据流程及模块设计，以独立于数据流程的监控设计实现土壤科学家对全流程的掌控和人工干预，以智能化、人机交互式数据流程替代人工流程，优质、高效地完成了对各地异源土壤资料的审核、提取、过滤、分类、整合与表达，完成了覆盖我国全陆域的1∶5万比例尺土壤图绘制与土壤剖面点空间数据库建设工作。为满足各行各业准确了解我国各地土壤资源与质量状况的广泛需求，编者通过对1∶5万比例尺土壤图数据的缩编表达与10万余个土壤剖面理化性状数据的进一步提取，最终完成了本数据集的编制。

本数据集共25卷，收录了全国2200多个县（市、区）的分县土壤图和6万多个土壤剖面的理化性状数据。根据各省级行政区土壤剖面数量的多寡和地域关联特征，既有一个省（自治区）的单卷，也有多个省（自治区、直辖市、特别行政区）的合订卷。为便于读者了解全国及各省级行政区土壤资源与质量的分布特征，特别编制了全国及各省级行政区土壤图、土壤有机质含量图与地势图三个序图，读者可以方便地查询全国及各省级行政区任何地区拥有的主要土壤类型，了解其土壤有机质含量及地势、地貌特征。在各分卷中，分县土壤资源与土壤质量性状由主要土类说明、中心区气候特征图表、分县主要土壤类型与土壤剖面点分布图以及土壤剖面理化性状表共同呈现。

本数据集既可作为工具书、参考书，供农业、林业、环境、气象、国土、水利、经济等领域的管理人员和技术人员使用，也适合高等院校相关专业研究生参考使用。

我国幅员辽阔，从收集、整理全国分县土壤调查资料，到完成覆盖我国全境的 1∶5 万比例尺土壤图籍，再到完成本数据集的编制，来自全国近 20 家研究机构的科研人员组成项目组，辛苦工作了 20 多年。其间，本项工作得到了国家社会公益研究专项项目、国家科技基础性工作专项重点项目的长期、连续资助和在项目实施年限上给予的充分理解，同时得到了中国农业科学院科技创新工程的资助，全国 50 多家国家级及省级土壤、测绘、农业科研与管理机构的大力支持以及我国老一辈土壤科学家自始至终的关心和鼓励。在整个项目实施期间，有 9 位院士和 7 位长期从事土壤科学、农业资源环境研究的专家给予了直接和全程的指导。近 20 年间，项目组研究人员一方面要承担艰难而繁重的科研任务，另一方面要顶着多年没有科研产出的压力，没有他们的坚持和付出，就没有本数据集的面世。在此，谨向所有参加数据集编制的科研人员及对本项工作给予支持的部门和人员一并表示衷心的感谢！

由于本数据集包含的数据量庞大，且不限于土壤学本身，尽管我们在编撰过程中极尽斟酌，仍难免存在不足之处，敬请读者批评指正，以便今后修订完善。

中国农业科学院研究员 张维理

2021 年 12 月

目 录

第一编　编制说明与序图

编制说明

编制目的	002
土壤数据基础知识	002
数据集内容	005
土壤数据来源	005
编制方法——土壤大数据方法	006
中国土壤图、中国土壤有机质含量图与中国地势图编制	007
分省土壤图、分省土壤有机质含量图与分省地势图编制	009
县域中心区气候特征图表编制	011
分县主要土壤类型与土壤剖面点分布图编制	012
分县土壤剖面理化性状表编制	012
土壤专题图与土壤剖面数据可靠性检验	017
参编单位	019

序　图

中国土壤图	020
中国土壤有机质含量图	022
中国地势图	024
福建省土壤图	026
福建省土壤有机质含量图	028
福建省地势图	030
台湾省土壤图	032
台湾省地势图	033

第二编　福建省分县土壤图与土壤剖面数据

福　州　市

市辖区 ……………………… 036	闽清县 ……………………… 055
长乐区 ……………………… 041	永泰县 ……………………… 059
闽侯县 ……………………… 044	平潭县 ……………………… 064
连江县 ……………………… 048	福清市 ……………………… 067
罗源县 ……………………… 051	

厦　门　市

市辖区 ……………………… 072

莆　田　市

市辖区 ……………………… 075	仙游县 ……………………… 080

三　明　市

市辖区 ……………………… 085	大田县 ……………………… 107
沙县区 ……………………… 090	尤溪县 ……………………… 113
明溪县 ……………………… 093	将乐县 ……………………… 118
清流县 ……………………… 098	建宁县 ……………………… 123
宁化县 ……………………… 102	永安市 ……………………… 128

泉　州　市

市辖区 ……………………… 131	德化县 ……………………… 149
惠安县 ……………………… 135	晋江市 ……………………… 155
安溪县 ……………………… 139	南安市 ……………………… 158
永春县 ……………………… 144	

漳 州 市

市辖区	162	诏安县	180
龙海区	165	东山县	185
长泰区	168	南靖县	188
云霄县	171	平和县	192
漳浦县	176	华安县	196

南 平 市

市辖区	199	松溪县	226
延平区	203	政和县	232
顺昌县	209	邵武市	237
浦城县	214	武夷山市	243
光泽县	220	建瓯市	249

龙 岩 市

市辖区	256	武平县	272
永定区	260	连城县	278
长汀县	265	漳平市	283
上杭县	268		

宁 德 市

市辖区	290	寿宁县	306
霞浦县	294	周宁县	311
古田县	297	柘荣县	315
屏南县	301	福鼎市	319

附　　录

附录 1　福建省县级行政区及分县主要土壤类型与土壤剖面点分布图地域名对照表 ……………………………………………………………… 324

附录 2　专题图基础地理要素图例 ………………………………………… 326

附录 3　土壤图土类图例 …………………………………………………… 327

附录 4　中国主要土壤类型简表 …………………………………………… 329

附录 5　福建省、台湾省主要土壤类型表 ………………………………… 334

附录 6　分省土壤有机质含量图有机质含量分级图例 …………………… 335

附录 7　福建省典型剖面 0—20cm 土层土壤理化性状中位数与平均数 …………………………………………………………………………… 336

附录 8　福建省主要土地利用类型 0—30cm 土层土壤有机质含量 …………………………………………………………………………… 337

附录 9　福建省耕地、园地、林地和草地中主要土壤类型占比 ……… 338

附录 10　《中国土壤剖面数据集》参编单位 ……………………………… 339

参考文献 …………………………………………………………………… 341

中国土壤剖面数据集 · 福建、台湾卷

第一编 | 编制说明与序图

编制说明

编制目的

土壤是农业的基础，也是维持地球碳、氮、硫、磷等重要生命元素正常循环的基础。肥沃的土壤促进了人类文明的诞生和繁荣。科学研究表明，地球上种类繁多、形态各异的土壤是在气候、生物、地形、时间、成土母质五大成土因素共同作用下形成的。北京社稷坛铺设的青、白、红、黑、黄五种不同颜色的土壤（五色土），分别代表我国东、西、南、北、中五大区域的典型土壤。不同类型的土壤性状差别很大。例如，南方红壤呈酸性，易缺乏钾离子、钙离子、镁离子等阳离子，农业生产上要注意调酸和补充富含钾、钙、镁的肥料；而西部土壤有机质含量低，施用有机肥料和秸秆还田对提高地力至关重要。我国人均土地资源紧缺，要实现粮食安全、环境安全和可持续发展，需要精准掌握各地土壤资源与质量状况，做到因土制宜，科学管理。

《中国土壤剖面数据集》是国家自然资源基本资料之一，其首次以分县土壤图和土壤剖面理化性状表的形式，提供了我国各地详尽的土壤资源与质量科学数据，为农业、林业、环境、气象、国土、水利等部门了解各地土壤质量状况，科学利用土壤资源，发展绿色农业、特色农业和节水农业，进行耕地保育、科学施肥、面源污染防治和基本农田保护提供了基础数据，也为农业科学、环境科学及地学、气象、测绘、水利多个学科领域的科研工作者研究陆地生态系统生产力及其演变、地球物质循环、气候与环境变化提供了科学依据。

本数据集编入的土壤质量数据亦是我国在全国范围内首次完成的土壤理化性状的科学记载，对了解我国土壤与环境质量时空演变具有起始点数据的意义。通过这些数据，科研工作者可以追溯我国全国范围土壤与环境相关过程至20世纪80年代，分析和了解导致土壤质量变化的环境和人为因素，并对土壤与环境质量演变趋势进行预报与预警。历史上的土壤调查结果不能被新的调查结果替代，这一不可替代性使得本数据集将成为我国农业与环境领域最具影响力的工具书和参考书之一。

土壤数据基础知识

本数据集收录的土壤数据源于土壤调查。为便于读者了解和应用这些数据，本节对土壤调查的目标、内容与主要方法，土壤数据的时空维度特征，土壤数据的应用领域与时效性做一简要介绍。

（一）土壤调查的目标、内容与主要方法

土壤调查的主要目标是查清一个区域内土壤资源与质量状况及其空间分布特征。19世纪末期至20世纪中后期，各国土壤调查的主要目标是查清土壤类型及分布特征[1-2]。由于不同土壤类型最典型的区别是成土过程中形成的土壤剖面特征，因而在传统的土壤调查中，需要在调查区域内进行多点采样，并在每个采样点对0—1—2m深土体的土壤剖面进行分层采样、观测、理化性状分析，记录剖面各分层土壤理化性状，据此进行土壤

分类、命名，并最终依据多点调查结果完成土壤图的绘制。

20世纪末期以来，全球人口及经济快速增长导致人均土地资源和水资源紧缺、环境污染、气候变化与粮食安全危机，不同行业及学科领域对土壤生产功能和环境功能的关注度不断提高，土壤调查的核心内容也逐步从查清土壤类型分布特征转为土壤功能调查。土壤功能调查的目标是了解土壤生产力、土壤环境质量和土壤健康质量等。例如，为了耕地保育和科学施肥，需要进行土壤有效养分含量状况、土壤障碍因素调查；为了了解环境质量，需要进行土壤污染状况、土壤环境容量调查；为了发展节水农业，需要进行土壤保水性状调查；为了控制水污染，需要进行流域农田土壤氮、磷流失特征与风险调查。土壤功能调查的内容主要为可量化的，或含义单一且明确、易于被其他学科和行业认知的土壤功能性指标，如土壤有机碳含量、土壤重金属含量、土壤质地类型、耕层厚度等。在土壤功能调查中，也需要在调查区进行多点采样，并根据调查目标的不同，选择适宜的采样深度。例如，当调查目标是了解土壤有效养分供应量或农田土壤污染物含量时，通常仅对耕层土壤进行采样；当调查目标是了解土壤保水性能、土壤水土流失与养分流失性状时，则需要对较深的土壤剖面进行分层采样和观测。

较早的土壤调查主要通过地面多点采样来了解一个区域土壤资源与质量性状的空间分布特征。近年来，随着遥感技术、地理信息系统（GIS）技术、模拟技术与大数据技术的发展，土壤质量相关数据（如数字高程、土地覆盖、植被数据等）产生量急剧增长，这使得在大区域尺度内通过多类型相关信息精确地捕捉和表达土壤质量性状以及相关过程成为可能。在国际上，地面采样调查与辅助信息结合的方法——数字土壤制图方法（digital soil mapping）已成为土壤调查的重要方法[3]。该方法能利用采样设计、辅助信息、推理模型与地统计检验，大幅度减少地面采样和土壤理化性状测试分析的工作量。与传统方法相比，采用数字土壤制图方法进行土壤调查，可缩短调查周期，降低调查成本，提高用土壤专题地图表征土壤资源与土壤质量性状空间分布特征的可靠性和精度，从而提高土壤调查的效率与质量。

（二）土壤数据的时空维度特征

在现代社会，农业、环境等领域的专业工作者要了解最新的土壤调查结果，更需要掌握未来土壤质量变化趋势，以便根据变化趋势、自然与人为要素对土壤质量的影响，制定具有针对性的政策与技术措施，实现高产、稳产和环境安全。要精确进行土壤与环境质量预测和预警，就需要对重要的土壤质量性状进行周期性的采样、调查、记录，构建具有时空维度的土壤质量数据。这意味着历史上完成的土壤调查不能被新的调查所替代，所以其结果十分宝贵。

土壤数据最重要的特征之一是时空维度特征。通过历史上的土壤调查结果记录，构建具有时间序列的土壤质量科学数据，能将土壤质量现状与土壤质量演变过程相关联，并以此对土壤质量演变趋势和导致其变化的因素进行分析、预测。而土壤数据标有空间坐标，便于科研工作者将土壤调查结果与其他类别的要素和过程，如与气候、地形、土地利用情况有关的变化信息，以及随施肥投入农田的碳、氮、硫、磷数据等相关联，从而进一步提高分析的精度和预测、预报的可靠性。

土壤圈处于地球大气圈、水圈、生物圈和岩石圈的交会处。土壤层中的生物过程和物质循环过程既活跃，又具有一定的稳定性，能较好地反映地球水圈、土壤圈、大气圈、生物圈及岩石圈五大圈层动态交互作用的结果。具有时空维度的土壤科学数据对于阐明土壤与环境过程并弄清其驱动因素、预测未来土壤与环境质量变化具有不可替代的作用。

近年来，具有地理坐标的土壤剖面点数据受到科学界的广泛关注。剖面数据记载了土体构造、剖面分层土壤理化性状，是了解成土过程的基础，也是构建推理模型，量化表征区域尺度土壤过程、流域水土流失与氮磷流失特征、碳氮循环与环境质量演变的基础。在过去的半个世纪中，尽管完成了大量的土壤剖面调查，但由于在较早的土壤调查中尚未使用全球定位系统（GPS）设备，各国在构建地理坐标的土壤剖面点数据库上差别较大。目前，美国完成了约2万个有地理位点标识的土壤剖面数据[4]，澳大利亚已完成约16万个有地理坐标的土壤剖面数据[5]，欧盟各成员国共享使用的土壤剖面数据库含4000个剖面的分层土壤理化性状数据[6]。本数据集则汇集了我国总计6万多个有地理坐标的土壤剖面数据。

（三）土壤数据的应用领域与时效性

表1汇总了本数据集编入的土壤理化性状及其主要影响因素与过程、时间变化特征、所关联的土壤质量性状和应用领域。

表1 土壤理化性状及其主要影响因素与过程、时间变化特征、所关联的土壤质量性状和应用领域

土壤理化性状	主要影响因素与过程	时间变化特征	所关联的土壤质量性状	应用领域
土壤类型	成土过程	变化慢	土壤肥力与环境质量	农业、水利、环境、建筑、肥料工业等
剖面深度（指剖面各土层厚度的总和）	成土过程	变化慢	土壤肥力、土壤环境容量、土壤保水和保肥性能、土壤持水性能	农业、环境等
土体构造（指土壤剖面各发生层有规律的组合，是土壤剖面最重要的特征）	成土过程	变化慢	土壤肥力、土壤环境容量、土壤保水和保肥性能、土壤持水性能、土壤透水性能	农业、水利、环境等
母质	成土因素	变化慢	土壤肥力、土壤矿物组成、矿质养分含量、土壤质地	农业、水利、环境、肥料工业等
质地	成土过程、母质	变化慢	土壤肥力、土壤环境容量、土壤持水性能、土壤耕性、土壤有机碳与养分含量、土壤重金属吸附性能等	农业、水利、环境、建筑等
颜色	土壤氧化还原、淋溶等成土过程，土壤有机质累积过程	变化较慢	土壤肥力、土壤有机碳与养分含量	农业
土壤结构	成土过程、耕作措施	耕层：变化快；深层：变化慢	土壤水分、通气与养分供应状况，土壤持水性能、土壤透水性能、土壤阳离子交换量、土壤孔隙度、土壤松紧度、土壤耕性等多个土壤肥力相关性状	农业
有机质含量	成土过程、质地、土地利用、施肥、轮作等	变化较慢	与多项土壤肥力与环境指标密切相关，是土壤肥力最重要的指标	农业、环境、肥料工业等
全氮含量	成土过程、土地利用、施肥、轮作等	变化较慢	土壤肥力、土壤供氮性能	农业、环境等
全磷含量	成土过程、母质等	变化较慢	土壤肥力、土壤供磷性能	农业、环境等
全钾含量	成土过程、母质等	变化较慢	土壤肥力、土壤供钾性能	农业、环境等
pH	成土过程、酸雨、土壤调理剂施用等	变化快	土壤肥力、土壤养分有效性、土壤结构及重金属吸附性能	农业、环境、肥料工业等
碱解氮含量	土地利用、施肥等	变化快	土壤供氮性能、土壤氮素流失特征	农业、环境、肥料工业等
有效磷含量	土地利用、施肥等	变化快	土壤供磷性能、土壤磷素流失特征	农业、环境、肥料工业等
速效钾含量	土地利用、施肥等	变化快	土壤供钾性能、土壤钾素流失特征	农业、环境、肥料工业等
阳离子交换量	成土过程、黏粒、有机质含量、盐分含量	变化较慢	土壤供肥和保肥性能、土壤重金属吸附性能	农业、环境

在表1中，主要影响因素与过程指对某项理化性状起主要作用的过程和因素。例如，土壤类型、土壤剖面深度、土体构造、母质、土壤质地类型主要由成土过程或成土条件决定；土壤有机质含量和土壤全氮含量则受成土过程、施肥及轮作等农业技术措施的共同影响；在耕地土壤上，施肥等农业技术措施对土壤碱解氮、有效磷、速效钾等土壤有效养分含量的影响很大。

土壤理化性状的现势性主要取决于其影响因素与过程的时间尺度。自然条件下，成土过程通常需要数万年。受成土过程影响的土壤类型、土层厚度、土体构造、土壤质地类型、母质等土壤理化性状变化很慢，CRT值（土壤特性响应时间，characteristic response time）达上千年，可称为土壤稳定性要素或慢变化性状，其相关数据时效性很长，可长久使用。而农田土壤有效养分含量、酸碱度、耕层厚度等土壤质量性状受施肥和耕作等农业措施影响大，变化较快。例如，农田土壤有效磷、速效钾养分含量，在大量施用磷、钾肥条件下，10余年后可成倍提升。这些土壤理化性状亦可称为土壤变化性要素或快变化性状。

不同土壤理化性状的应用范围既取决于其现势性、时空维度特征，又取决于其所关联的土壤质量性状。土壤剖面深度、土体构造、质地、有机质含量等与土壤持水、保肥、通气和透水性能密切相关，可供农业、水利、环境、金融等行业用于农田稳产、高产性能，农田排灌设施规划与灌溉定额编制，农田水土流失风险分级，流域农田蓄水容量与降雨后流失水量分级，农田水、旱灾害风险分级，农田环境容量测算等各方面的地力评价。土壤有效养分含量、pH与土壤需肥性状和调酸性状密切相关，可供农业、肥料生产和销售部门用于科学施肥和土壤改良。土体构造和质地、土壤结构、土壤有效养分含量还影响流域农田土壤养分流失特征，农业和环境部门在进行农业面源污染防控时，可利用这些土壤性状与其他要素共同编制流域污染源解析与控制类型区分布图，以便对农业面源污染采取分类型、分区段的源头控制措施。土壤有机质含量变化也是了解气候变化和碳减排措施效果的基础，对于环境管控和环境外交具有重要意义。

数据集内容

本数据集全集共25卷，收录了我国2200多个县（市、区）的分县土壤图和6万多个土壤剖面的理化性状数据。根据各省级行政区土壤剖面数量的多寡和地域关联特征，既有一个省（自治区）的单卷，也有多个省（自治区、直辖市、特别行政区）的合订卷。

为便于读者了解各地土壤资源与质量分布概况及其主要特征，编者为各分卷编制了省级行政区的土壤图、土壤有机质含量图与地势图三图。读者可通过分省三图查询各省级行政区任何地区拥有的主要土壤类型，了解其土壤有机质含量及其地势、地貌特征。此外，编者还编制了全国土壤图、土壤有机质含量图与地势图三图附于各分卷，供读者比较和了解各省级行政区土壤资源及质量特征同全国其他地区的区别和关联。

各分卷的第二部分为分县土壤图与土壤剖面数据。在每个省级行政区内，各分县按四部分展示土壤及其相关信息，即分县主要土类说明、本区域中心区气候特征、主要土壤类型与土壤剖面点分布图以及土壤剖面理化性状表。在本卷目录中，分县按民政部于2022年3月发布的《2021年中华人民共和国行政区划代码》中的地级、县级行政区顺序排序。各分卷目录中仅收录了县域内有土壤剖面数据的县级行政区，无土壤剖面数据的县级行政区未纳入分卷目录中，并在附录1中对其进行了标注。

土壤数据来源

编入数据集的分县土壤图与土壤剖面理化性状数据主要源于全国第二次土壤普查（以下简称"二普"）。二普是我国现代规模最大的、以查清土壤类型和土壤肥力为主要目标的土壤资源综合调查。二普之前，我国土壤调查以观测性调查和定性评价为主，很少有采样化验。在总结之前国内外土壤调查经验的基础上，二普不仅完成了我国迄今为止最为详尽的土壤分类调查，也首次在全国范围进行了高密度土壤采样化验，开启了我国用土壤理化性状量化指标描述土壤资源与土壤质量状况的时代。

二普地面采样调查实施于1979—1987年，调查区域基本覆盖我国全陆域。二普不仅地面采样密度高，科学性和系统性也比较突出。全国百余名长期从事土壤研究的科研工作者共同制定了全国土壤分类系统和统一的土壤调查技术规程[7]。在地面调查中，各地以1:1万比例尺地形图作为工作底图，以乡为调查单元进行野外采样作业，全国共挖取土壤观察剖面550余万个，记录了1—2m深土体各发生层形态和特征，并根据土壤分类标准对土壤进行了分类和命名。对边远区、高寒区和无人区应用遥感解译方法，填补了之前土壤调查及成图中上述地区土壤数据的空白。在大量剖面土体观测和采样调查的基础上，完成了全国绝大部分分县1:5万比例尺土壤图的绘制，牧区和边疆地区完成了1∶20万—1∶10万比例尺土壤图的绘制。二普还完成了10余万个典型剖面的分层采样，化验分析了剖面分层质地，有机质含量，大量、中量和微量元素含量，pH，阳离子交换量，土壤矿物组成等多项土壤理化性状，编制了分县土壤志。二普通过野外实地调查、采样和测试获取的土壤科学数据，至今仍是我国最详尽、最有实用价值的土壤资源基础数据，其精度与质量超过许多发达国家的土壤资源基础数据[8]。

如图1所示，收录于本数据集的土壤质量数据是对我国40多年前土壤质量状况的客观记录，亦是我国在全国范围内首次完成的土壤理化性状的科学记载，其中的土壤稳定性要素现势性较长，可在今后若干年间长期使用；而土壤变化性要素对了解我国土壤与环境过程的作用亦不可替代。这些数据使我们用现代科学手段研究各地土壤及相关过程的历史可上溯至20世纪80年代。

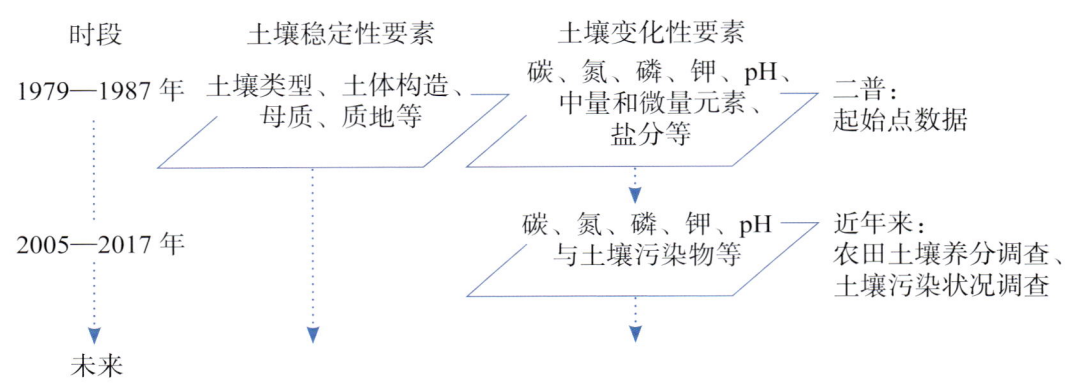

图1　全国性土壤调查所覆盖的时段

受历史条件限制，二普完成的大比例尺土壤图和土壤剖面理化性状主要为手绘纸质图件、非正式出版的铅印或油印资料，份数少且由各地自行保存。二普结束后，随着各地机构调整与人员变动，土壤调查资料被损毁或丢失严重。2000年以来，编者开始对各地分散存留的纸质分县土壤调查资料进行系统性收集、修复与整理，通过对宝贵的土壤科学数据的提取、整合和表达，我国科学研究与管理基础数据的水平得到了提升。本数据集收录的分县土壤图和剖面数据主要源于对全国分县土壤图、分县土种志和分省土种志的整理、提取、汇总与表达（表2）。

表2　数据集主要土壤资料与数据来源

资料类型	资料名称及数量
土壤图（纸质）	1∶5万分县土壤图，总计约1600个县
	1∶100万—1∶50万省级土壤图，总计570个县
土壤剖面资料（纸质）	分县土种志：约2200册，计约2200个县；分省土种志：28册
土壤有机质含量图（纸质）	全国、分省土壤有机质含量图
农区土壤耕层采样数据（电子）	2005—2017年在全国农区采集的、含GPS坐标定位的1000万个采样点耕层有机质含量数据

为编制全国与分省土壤有机质含量分布图，本数据集还使用了我国于二普期间完成的全国、分省土壤有机质含量图纸质图件和于2005—2017年在全国采集的1000万个具有GPS坐标定位的采样点耕层有机质含量数据[9]。

编制方法——土壤大数据方法

我国幅员辽阔，不同地区土壤的土壤类型及其质量状况和分布特征差别较大，各地土壤调查技术条件和水平差别也较大，因此各地分县完成的图件和剖面资料在形式和内容上有较大差异。在用异源土壤数据生成新数据时，新数据的科学性既取决于各异源数据本身的科学性和可靠性，也取决于数据整合采用方法的科学性和可靠性。例如，对分县剖面资料进行整合时，对国标上未出现过的土壤类型名进行归并需要有土壤分类学上的依据；用新的土壤调查数据对原有土壤有机质含量图进行更新，也需要有进行合并表达的科学依据。编制本数据集需要对海量异源数据进行提取、分析、整合、缩编与表达，数据分析流程复杂。同时，在数据分析过程中，土壤专业问题，非标准化数据问题，计算机硬、软件平台系统问题和数据分析员、程序员疏漏问题等可能引致多类别数据分析错误。若既要准确无误地完成各项数据分析技术任务，又要在繁复的数据分析流程中有效贯彻科学原则、实现数据分析科学目标，这就需要一套科学的方法体系。为此，本数据集编者通过研究异源非标准土壤数据特征，融合应用土壤学、数据科学、人工智能、人机交互设计方法与地理信息系统技术，创建了土壤大数据方法[10-11]。

土壤大数据方法是专门供土壤科研工作者使用的一种设计方法，是对经典土壤学研究方法的补充，主要适用于对海量异源土壤数据信息的提取、筛选、分析与表达。通过土壤大数据方法的使用，科研工作者能够分析、认识和阐明土壤性状及相关过程和规律。土壤大数据方法的主要设计规则为以层级化的流程设计实现土壤科学层面的需求设计统领体系架构设计，界定各分段流程目标和关联，部署低层级分段流程、模型和功能模块；以独立于数据流程的监控设计实现土壤科学家对全流程的掌控和人工干预。土壤大数据方法的设计内容包括数据科学分析目标与科学基础界定，数据流程体系架构，流程及软件工具设计，数据流程监控设计。设计中，所有节点均采用双命名制命名，即对流程中各节点数据同时进行土壤科学内涵命名和函数代码命名。应用以上设计方法编制设计文档，能在庞杂的异源、异质、异形、异构大数据分析中，实现以科学目标引领数据分析流程，以自动化、人工智能、人机交互式的数据流程替代人工流程，提高大数据分析效率。

在本数据集编制过程中，编者需要完成图件与资料数字化、矢量化，元数据构建，信息提取、过滤、分类、赋码，土壤空间数据逻辑结构、存储结构归一化，统计检验，数据整合、缩编表达、输出等多项数据分析任务，分段流程达1500余个，需要存储的重要节点数据超过2000个，数据量超过20TB。采用土壤大数据方法，编者自主设计和完成了6个土壤大数据分析工具软件包，其中包含157个功能模块（表3），设计文档的科学和工程目标实现率超过99%，为准确、高效完成数据集编制提供了保障，也为土壤学研究提供了新的方法。

表3 系列化土壤大数据分析软件包及其主要功能与模块数

软件包	主要功能	模块数/个
IMAT2.0（intelligent mapping tools）智能化制图工具	异源土壤空间数据的要素提取、过滤、分类、赋码、坐标转换，空间库要素与字段的编辑，图幅与图层的编辑，土壤要素空间库外挂属性表编辑与管理等	35
IMAT-big（intelligent mapping tools for big data）智能化大数据制图工具	超大土壤及相关要素空间数据的要素筛选、图层拆分、数据整合、节点监控、逻辑结构重组等分析	37
IMAP（intelligent map presentation）智能化地图表达工具	土壤大数据地图制图表达与输出	30
ISPA（intelligent soil profile data analysis）智能化土壤剖面数据分析	异源土壤剖面数据的信息提取、过滤、赋码、坐标匹配、检验、整合与统计等	22
ISPP（intelligent soil profile presentation）智能化土壤剖面表达	土壤剖面图表及辅助信息的表达	12
IMAT-SOM（intelligent mapping tools-SOM）土壤有机质图制图工具	异源土壤有机质数据整合与表达	21

中国土壤图、中国土壤有机质含量图与中国地势图编制

编制全国三图的目的是便于读者在全国视角和尺度上了解我国各地区土壤资源与质量状况空间分布特征，土壤类型和土壤肥力与地势、地貌之间的相互关联。其中，土壤图用于展示土壤资源分布状况及与成土过程相关的土壤质量状况；土壤有机质含量图用于直观反映土壤肥力情况；地势图便于读者了解不同类型和肥力水平土壤的地势、地貌特征。全国三图的制图比例尺为1∶1300万。

全国三图中采用的境界、城市等基础地理信息要素源于中国地图出版社出版的《第一次全国地理国情普查地图集》[12]和《中国地图集》[13]。全国三图中，境界、水系、居民地、地级以上城市等基础地理信息要素的图示与图例表达见附录2。

（一）中国土壤图

由于制图比例尺小，中国土壤图是在二普完成的1∶400万比例尺全国土壤图的基础上进行矢量化和缩编表达获得的。在缩编表达过程中，土壤类型仅保留了我国土壤分类系统中的第三层级——土类。

在土壤图中，土类颜色主要根据不同土类在其成土因素、发育程度下形成的典型颜色进行设计（附录3）。红色系供土壤富铝化程度高的土壤选用，如红壤、砖红壤、赤红壤等；黄色系、棕色系供干旱区发育程度低的土壤选用，如黄绵土、灰漠土、灰棕漠土等。受灌水、耕作和地下水影响大的土壤采用绿色系，如水稻土、灌淤土、潮土、草甸土等，表示土壤肥力较高，绿色植物生长茂盛；黑土、黑钙土、栗钙土、棕壤、褐土、黄棕壤、紫色土等分别选用深棕色系、褐色系、紫色系；盐土、碱土、沼泽土等植物生长有障碍的土类采用暗色系，如暗紫色系、灰褐色系、青灰色系等，表示土壤生产力低下，植物生长较差。这一颜色设计与国标相关规定一致[14]。

在图例中，按照我国主要土壤类型从南到北、从东向西的地带性分布规律对土类进行排序，附录4所列中国主要土壤类型的排序也按此规则编排。

（二）中国土壤有机质含量图

土壤有机质含量是指土壤中各种含碳有机物质的总和。土壤有机质主要包括土壤腐殖质、半分解的动植物残体、与土壤黏粒和细粉粒紧密结合的有机物质、土壤微生物体所含的有机物质等。以动植物残体形式进入土壤的有机物质成为土壤生物的食物，供养土壤生物的生命活动；在土壤生物，特别是土壤微生物作用下生成的土壤腐殖质，能够促进土壤团聚体形成，提高土壤保水、保肥、供水、供肥性能，提高土壤肥力，并大幅度提高耕地土壤高产、稳产性能。因此，土壤有机质含量是最重要的土壤质量指标之一。土壤有机质碳量是大气总碳量的2倍，是地球植被总碳量的3倍，参与地球陆域碳循环总碳量中80%的碳以土壤有机质碳的形式存在。研究显示，土壤有机质含量实质上是土壤有机碳投入和分解之间动态平衡的表现，影响这一平衡的主要因素为气候、土壤质地与土地利用方式，施肥和耕作等农业技术措施对其影响则相对较小。当影响平衡的主要因素未发生变化时，土壤有机质含量也比较稳定[15]。

中国土壤有机质含量图由各分省土壤有机质含量图（0—30cm土层）合并编制生成。制图用源数据和编制方法在分省土壤有机质含量图编制说明中加以叙述。

为展示全国范围的土壤有机质含量空间分布特征，编者在中国土壤有机质含量图的图示和图例表达中采用了有机质含量范围的非等距划分分级方式，将我国土壤有机质含量分为7个等级（表4），各分级所占我国陆域面积的比例也列于表中。其中，占我国陆域面积29%的"很低"和"低"两个分级的土壤（有机质含量小于10g/kg）主要分布于西北干旱地区，而"较高""高""很高"三个分级的土壤（有机质含量大于25g/kg）主要分布于东北、西南地区，这些地区森林覆盖率较高，雨量充沛，温度适宜，有利于土壤有机质的累积。

表4 中国土壤有机质含量（0—30cm土层）分级

分级	分级释义	有机质含量/（g/kg）	换算系数	有机碳含量/（g/kg）	占陆域面积/%
1	很低	≤5	1.724	≤2.9	5
2	低	5—10（含）	1.724	2.9—5.8（含）	24
3	较低	10—15（含）	1.724	5.8—8.7（含）	18
4	中	15—25（含）	1.724	8.7—14.5（含）	19
5	较高	25—35（含）	1.724	14.5—20.3（含）	9
6	高	35—45（含）	1.724	20.3—26.1（含）	16
7	很高	>45	1.724	>26.1	6

（三）中国地势图

地势图是表示制图区域地貌特征的专题地图，强调表现地面的高低起伏、倾斜程度及其区域对比关系，以及与地形密切相关的河流、湖泊等水系要素分布特征，显示出制图区域山河分布的脉络体系、结构形式、各种地貌类型的形态特征。地势是影响土壤类型的重要因素，地势图也是编制土壤图、气候图、植被图等的基础。

中国地势图的地貌晕渲图采用 SRTM3 DEM（shuttle radar topography mission, digital elevation model, 2003）数据，考虑我国地势呈三级阶梯状分布的特点，按 0—50—100—200—500—800—1000—1200—1500—2000—2500—3000—3500—5000m 及以上设计高度表，以深绿色—黄绿色—棕色—紫色色调的象征色表示海拔由低向高过渡。其他矢量数据来源于中国地图出版社编制的 1∶400 万《中国地形图》[16]。河流参照中国地图出版社编制的《中国河流、水运资料图》进行选取、表达，三级及以上河流全部选取，二级及以上河流标注名称，低级别河流适当选取以反映区域水系特点；成图面积 4mm² 以上湖泊和水库全部表示，但仅标注大型湖泊名称，小面积湖泊适当选取以反映区域特点，如青藏高原湖泊群分布；山脉、山峰参照中国地图出版社编制的《中国山脉资料图》选取，三级及以上山脉全部选取、表达，二级山脉主峰及知名山峰标注名称和高程，我国主要高原、平原、盆地和沙漠均选取、表达；自然地理要素分级参考中国地图出版社采用的地图编制分级系统；根据版面载负量情况选取省会、部分地级市和少量县级居民点（主要位于西部地区），居民地主要用于定位参照。

分省土壤图、分省土壤有机质含量图与分省地势图编制

编制分省土壤图、分省土壤有机质含量图与分省地势图三图的主要目的是使读者了解各省级行政区内不同地区土壤类型、土壤肥力与地貌的主要分布特征及其相互关联。其中，土壤图用于展示土壤资源分布状况及与成土过程相关的土壤质量状况；土壤有机质含量图用于直观反映土壤肥力情况；地势图便于读者了解不同类型和肥力水平土壤的地势、地貌特征。为便于比较，每个省级行政区的分省三图采用的比例尺相同，制图则采用幅面固定、各省级行政区制图比例尺自适应方法。

分省三图中采用的境界、城市等基础地理信息要素源于中国地图出版社出版的《第一次全国地理国情普查地图集》[12] 和《中国地图集》[13]。分省三图中，境界、水系、居民地、地级以上城市等基础地理信息要素的图示与图例表达见附录 2。

（一）分省土壤图

为编制数据集用分省土壤图，编者对二普完成的纸质分省土壤图（原图比例尺主要为 1∶50 万）进行了地理校正、空间要素提取、图层与分级码标准化、土壤学专业校正、属性表制作、挂接和专题图缩编表达。在缩编表达过程中，制图比例尺一般在 1∶200 万—1∶100 万之间。由于制图比例尺较小，土壤类型仅保留了我国土壤分类系统中的第三层级——土类。各土类颜色与中国土壤图中采用的土类颜色相同（附录 3）。在分省土壤图中，按照我国主要土壤类型从南到北、自东向西的分布规律对图例中的土壤类型进行排序。附录 4 所列中国主要土壤类型的排序也按此规则编排。附录 5 列出了福建省、台湾省主要土壤类型及其占省级行政区域面积百分比。

（二）分省土壤有机质含量图

1. 数据源说明

本数据集中，土壤剖面理化性状表给出了有确切时间和空间坐标的剖面信息。分省土壤有机质含量图的主要作用是便于读者直观了解各省级行政区最重要的土壤肥力指标——土壤有机质含量的空间分布特征。

二普中，受当时技术条件限制，全国仅完成了比例尺为1∶400万的纸质土壤有机质含量分布图的绘制，19个省、自治区、直辖市完成了比例尺为1∶250万—1∶50万的纸质分省土壤有机质含量分布图的绘制。直接采用小比例尺纸质图矢量化生成的土壤有机质含量等级划线图作为分省土壤有机质含量图，存在有机质含量分级的级差大、信息均化、图斑大、制图精度不够等问题，难以精细表现一个省级行政区域内土壤有机质含量的空间分布特征。

2005—2017年，我国在农区进行了测土施肥，农田耕层采样点达到1000万个。这批数据的主要优点是采样密度大且有空间坐标，通过对这批数据进行空间插值分析，可较精细地展示各地农田土壤有机质含量分布特征；其缺点是采样点主要集中于占陆域面积不到20%的农田，仅采用这批数据难以绘制覆盖全域的土壤有机质含量分布图。考虑到土壤，尤其是林地、草地土壤的有机质含量变化较慢，在制图中采用了混合时段数据合并表达的方式。对无测土数据的林地、草地等，仍然采用从小比例尺土壤有机质含量等级划线图中提取的数据；对有测土数据的农田，则采用2005—2017年间耕层采样数据，对原有数据进行了更新。通过对两源数据的提取、土层转换、合并、插值，最终生成各省级行政区土壤有机质含量分布图（土层厚度0—30cm），这样既可较精细展示出各省级行政区土壤有机质含量的空间分布特征，也能保证所做专题图有很强的现势性。

三个数据源制图表达结果比较显示，采用异源数据合并表达的方式制图，各分省图展示的有机质含量空间分布特征与二普小比例尺图相近，但制图精度有较大改进，一个省级行政区域内土壤有机质含量的空间分布特征更为清晰（表5）。

表5 三个数据源制图表达结果比较

数据源	土壤有机质含量图制图表达效果	
	优点	存在问题
采用二普完成的手绘图	小比例尺手绘图中，土壤有机质含量地带性分布特征十分明显；基本无数据空区	局部地区图斑大，制图精度不够
采用新的测土数据插值生成	有数据的区域制图精度高	占陆域面积约80%的林地、草地和一些县域无新的测土数据，难以通过采样点插值生成覆盖全域的有机质含量图
异源数据合并表达	基本无数据空区；制图精度有较大改进；小比例尺图中土壤有机质含量的地带性分布特征被保留	用混合时段数据表达全陆域土壤有机质含量分布状况，其中林地、草地数据主要源于20世纪80年代采样数据，农田数据更新至2017年

表6汇总了分省土壤有机质含量图的主要制图信息。制图采用异源数据合并表达的方式，生成的分省土壤有机质含量图所代表的时间段为1979—2017年，图中核算土壤有机质含量的土层厚度为0—30cm。

表6 分省土壤有机质含量图制图信息

制图数据	异源数据合并表达
采样时间	草地、林地及其他非农田土壤采样时间段为1979—1987年，农田土壤采样时间段为2005—2017年
土层厚度	0—30cm（对采样深度不足0—30cm的耕层采样数据，用剖面数据进行了土层厚度转换，统一转换为0—30cm）
制图方法	普通克利金插值（ordinary Kriging）
网格尺寸	200m

2. 制图表达说明

我国地域辽阔，各地土壤有机质含量差异极大。西北部地区降水量少，土壤粗砂粒含量高，风沙土、漠土大量分布，占我国陆域总面积的12.6%，其0—30cm土层内有机质平均含量不到10g/kg；东北部地区雨量充沛，气候、植被有利于土壤有机碳累积，其0—30cm土层有机质平均含量在40g/kg以上。另外，一些省级行政区的土壤有机质含量变化范围很宽，如内蒙古土壤有机质含量主要为4—70g/kg；而北京、山东等地土壤有机质含量变化范围很窄，为7—17g/kg。

为使各省级行政区域内土壤有机质含量空间分布特征均能得到充分展示，编者在分省土壤有机质含量图的图示和图例表达中对有机质含量范围进行等距划分分级，根据各省级行政区土壤有机质含量分布特征，将有机质含量分为 7—14 个等级。各分级的颜色设计及其 RGB 与 CMYK 色码见附录 6。

（三）分省地势图

根据各省级行政区的成图比例尺和地形特点，选取合适精度的数字高程模型（DEM）栅格数据，确定设色原则和色层表进行分层设色，编制彩色晕渲的分省地势图。图中的河流水系及山峰、山脉等地理要素基于中国地图出版社研制的多尺度中国地图数据库选取，按各省级行政区地图设定的投影参数和比例尺投影转换后进行数据融合处理，再进行图形化编辑和地图整饰，最后输出成图。各省级行政区的彩色地貌晕渲图，按 0—50—200—500—1000—1500—2000—3000—4000—5000—6000m 及以上设计统一的高度表，但对一些低海拔平原地区，如天津、山东、上海等省、直辖市，则增添了 20m 等高距。确定统一的设色原则，建立色层表，以深绿色—黄绿色—棕色—紫色色调的象征色过渡方式表示海拔由低向高过渡，低海拔地区以绿色为主，中海拔地区以棕色为主，高海拔地区的高寒地带则用冷色调紫色。地势图中的其他地理要素，地级市及以上级别居民地全部选取，县级居民地根据图面载负量情况酌情选取；河流按等级选取以反映地域水系结构特点，主要河流加注名称；成图面积 4mm² 以上的湖泊和水库全部选取，大型湖泊、水库加注名称，适当选取小面积湖泊以反映区域分布特点；山脉按等级选取，仅标注主要山脉主峰和知名山峰。

县域中心区气候特征图表编制

气候是五大成土因素之一，也是土壤质量的重要影响因素。为便于读者了解各地土壤资源与质量状况及其与气候特征的关联，编者编制了各县域中心区（位于各县域中心点、代表面积约为 400km² 的区域）气候特征值表、月平均气温与月平均降水量分布图。各县域中心区气候特征值是通过对 160 个中国地面国际交换站的气象年值、月值以及日值数据的计算和空间分析获得的。气象数据的相关用语也采用中国地面国际交换站所用的表达方式。鉴于各地气候特征值需要依据多年气象观测数据分析和提取，而二普采样时段为 1979—1987 年，因此采用了 1971—2000 年共计 30 年的年值、月值和日值气象数据，气象数据时段覆盖二普采样时段。

在分县气候特征值编制过程中，先从相应的各数据源中提取出各站点年值、月值以及日值数据，再按照表 7 所示计算方法，计算 160 个站点的各项气候特征值并对其分别进行插值计算，获得覆盖我国全域、网格尺寸约为 20km 的网格化气候特征年值与月值数据，最后再与县域中心点图层叠加，提取出各县中心区气候特征值。各县所处气候带则是通过县域中心点图层与中国气候区划图叠加后提取获得的[17]。

表 7　县域中心区气候特征值的计算方法与数据来源

县域中心区气候特征	计算方法	气象数据来源
年平均气温 /℃	30 年的年值平均	中国地面国际交换站气候标准值年值数据集（160 个站点，1971—2000 年）
年平均最高气温 /℃		
年平均最低气温 /℃		
年降水量 /mm		
年平均相对湿度 /%		
年日照时数 /h		
月平均气温 /℃	30 年的月值平均	中国地面国际交换站气候标准值月值数据集（160 个站点，1971—2000 年）
月平均降水量 /mm		
≥10℃的积温 /℃	一年中日平均气温≥10℃的温度值加和	中国地面国际交换站气候资料日值数据集（160 个站点，1971—2000 年）
干燥度	修正的谢良尼诺夫公式：$$干燥度 = 0.16 \times \frac{全年 \geq 10℃ 的积温}{全年 \geq 10℃ 期间的降水量}$$	
气候带	提取	1∶3200 万中国气候区划图

分县主要土壤类型与土壤剖面点分布图编制

编制分县主要土壤类型与土壤剖面点分布图的主要目的是使读者在一个较小的图幅上也能大致了解一个县域内主要土壤类型概况。编者通过对全国1∶5万土壤图的缩编表达，为有土壤剖面数据的县级行政区编制了分县主要土壤类型图。受地图幅面限制，在分县土壤图中，仅保留了我国土壤分类系统中的第三层级——土类，通过缩编滤掉了亚类、土属、土种信息。

各分县主要土壤类型与土壤剖面点分布图的制图采用幅面固定、制图比例尺自适应的方法，制图比例尺一般为1∶35万—1∶20万，自适应制图由编制者自行设计的软件模块自动完成。

在分县主要土壤类型与土壤剖面点分布图中，各土类颜色与中国土壤图中采用的土类颜色相同（附录3）。图中各土类在图例中的排序则按各土类占本县县域面积比例从大到小的顺序排列，便于读者了解本县内主要土壤类型的分布。

在分县主要土壤类型与土壤剖面点分布图中，为便于读者查找，剖面点按照其在图面的位置，先左后右、先上后下顺序编码，编码过程也由ISPP软件包（表3）中的模块自动完成。

分县主要土壤类型与土壤剖面点分布图中的基础地理底图来源于国家基础地理信息中心提供的1∶25万DLG（公众版）数据（使用许可协议编号：非2011-1011），基础地理信息要素的图示与图例表达主要参照相关国标（详见附录2）。为保证本数据集中主要土壤类型与土壤剖面点分布图的内容和土壤剖面数据表对应，分县主要土壤类型与土壤剖面点分布图中的市级界线、县级界线均采用二普时的普查界线，并以此作为分县主要土壤类型与土壤剖面点分布图的分幅标准。为兼顾地名位置定位准确性和图书实用性，地图中乡镇级及以上居民地分别根据新版《中华人民共和国行政区划简册》和各省级行政区地图册进行了更新，现势性截至2021年12月。为更好地表现全书的系统性与协调性，在地图下方加注说明县级行政区划变更情况，部分市辖区图幅的图名根据图上县级居民点进行了更新。

二普后，随着城市化的加快，城市周边土地利用情况变化很大，居民地面积大幅增加，导致一些分县土壤图中的土壤面积占县域面积比例和分县主要土类说明中的一些土类面积占县域面积比例较二普时均有下降。在一些大城市周边县（市、区），土地利用情况的变化使各类土壤总面积不到县域面积的60%。

二普时，分县完成了1∶5万比例尺土壤图编绘后，还通过省级汇总和缩编制图，完成了1∶50万比例尺省级土壤图。在省级汇总中，对一些分县土壤图中原有土壤类型名进行了修订。例如，浙江在进行省级汇总时，将分县土壤图中原命名为侵蚀型红壤亚类的大部分土属划归粗骨土类；安徽、湖北等省在省级汇总时将黏盘黄棕壤亚类改为黄褐土类。在对二普调查成果的数字整合中，编者仅收集到约1600个县的大比例尺土壤图（表2）。对大比例尺图数据缺失的县，则以省级土壤图裁切方式进行了补全。这种补全虽有利于完成覆盖我国全域的高、中精度土壤图，但也引起了在一个省级行政区里源于分县和分省的两类土壤图中土壤分类命名不统一的问题，编者在尽量保持调查资料原始记载的前提下，对这类问题进行了力所能及的修订。

分县土壤剖面理化性状表编制

分县土壤剖面理化性状表是本数据集的主体内容。前文已对各项土壤理化性状应用范围以及从分县纸质土种志中进行信息提取、表达和制作的方法做了说明，本节仅对土壤理化性状测试方法、剖面点坐标匹配方法与土壤剖面分类名的修订加以说明。

（一）土壤理化性状测定方法

本数据集所列土壤理化性状的测定方法见表8。其中，土壤有机质含量，土壤氮、磷、钾全量与有效态含量，pH，土壤阳离子交换量的测定方法以及土壤分类方法均为国标方法。剖面理化性状表中的土壤全氮、全磷、全钾、碱解氮、有效磷、速效钾含量均以N、P、K纯养分量计。

在二普中，我国大多数地区土壤质地分级采用了卡庆斯基制，仅极少数地区采用了国际制。其中，卡庆斯基制采用了简制，将土壤质地分为 3 组 9 种类型；国际制将土壤质地分为 12 种类型（表 9）。由于两种分级制中的质地分级名并无重复，因此在分县土壤剖面理化性状表中未对两种分级制的分级名进行合并。

表 8 土壤理化性状的测定方法

土壤理化性状	测定方法
有机质	湿灰化或干灰化消化后，重铬酸钾滴定法测定（丘林法）
全氮	凯氏定氮法测定
全磷	酸溶或碱熔消化后，钼锑抗比色法测定
全钾	碱熔或酸溶消化后，火焰光度法或四苯硼钠比浊法测定
pH	水浸提法，水土比为 5∶1 或 2∶1
碱解氮	扩散吸收法（康惠法）测定
有效磷	中性及石灰性土壤：Olsen 法测定；酸性土壤：Bray 法测定
速效钾	醋酸铵浸提后，火焰光度法或四苯硼钠比浊法测定
阳离子交换量	醋酸铵法测定

表 9 卡庆斯基制与国际制土壤质地分级名

等级序号	卡庆斯基制[1] 土壤质地分级名	等级序号	国际制[2] 土壤质地分级名
1	松砂土	1	砂土
2	紧砂土	2	壤质砂土
		3	砂质壤土
3	砂壤土	4	壤土
4	轻壤土	5	粉砂质壤土
		6	砂质黏壤土
5	中壤土	7	黏壤土
6	重壤土	8	粉砂质黏壤土
7	轻黏土	9	砂质黏土
		10	壤质黏土
8	中黏土	11	粉砂质黏土
9	重黏土	12	黏土

注：1）卡庆斯基制指按卡庆斯基粒径分级的质地分类。该分类制有简制和详制两种。简制有 3 组 9 种质地，其主要特点是将土粒分为物理性黏粒和物理性砂粒两级；按物理性黏粒或物理性砂粒的数量进行质地分类，而不是按照砂粒、粉粒、黏粒三个粒组的质量比分组。详制是在简制的基础上，把 9 种质地进一步细分为 39 种质地类别，把含量最多和次多的粒组作为冠词，顺序放在简制名称前面，主要用于土壤基层分类及大比例尺制图。卡庆斯基还提出根据石砾含量而定的附加分类，也可作为质地分类的冠词，主要应用于山地土壤的质地分类。

2）国际制土壤质地分类在第二届国际土壤学会上通过，根据砂粒（粒径 0.02—2mm）、粉粒（粒径 0.002—0.02mm）、黏粒（粒径小于 0.002mm）三粒组含量的比例，通过国际制土壤质地分类三角图，以黏粒含量为主要标准，小于 15% 者为砂土质地组和壤土质地组，15%—25% 者为黏壤组，黏粒含量大于 25% 者为黏土组，划定 12 种质地类别。

（二）土壤剖面点的坐标匹配

含地理坐标的剖面数据可直观展示该土壤剖面点所代表土壤的土层厚度、土体构造及理化性状等特征，也是构建推理模型，进行土壤及其理化性状数字制图的基础。

二普完成的分县土种志中虽无典型剖面地理坐标记载，却有关于剖面采样地点、景观和土壤剖面分类命名的详细记录，如乡镇名、村名、高程和土类、亚类、土属、土种名等。从 1∶5 万土壤类型图与 1∶5 万基础地理信息数据库中也能提取出上述信息。在1∶5万比例尺空间数据库中，空间对象分辨率可达到100m×100m精度，折合为1hm²。在全国性土壤调查中，对于选择、确定典型剖面采样点点位，通常要求其所代表的土壤类型在面积上能代表采样点周围100亩（1亩≈666.7m²）以上的土壤，通过这种匹配方法获得的点位对实际采样点点位有较高的代表性。

为了使分县土种志中记载的剖面数据获得坐标，编者构建了多要素土壤剖面点坐标匹配模型，无空间坐标的土壤剖面从1∶5万土壤类型图和基础地理信息数据库中获得空间坐标。坐标匹配模型工作机制如图2所示。首先，从分县土种志中提取出A源数据，即每个剖面隶属的土类、亚类、土属、土种名及剖面采样点地名、采样点高程等多要素信息；然后，用分县1∶5万土壤图与多要素基础地理信息数据库叠加，生成含土类、亚类、土属、土种名和村名、乡镇名、高程等要素信息的空间数据，即B源数据；最后，利用多要素匹配模型，逐县对A、B两源数据进行匹配。当A源数据中某剖面点土类、亚类、土属、土种名和采样点地名、高程与B源数据中某土壤要素空间对象的四个土壤分类名、地名、高程等多要素信息一致时，该剖面点获得B源数据中土壤要素空间对象中心点坐标。若一个县域内，某剖面点与B源数据中多个空间对象存在配对关系，则取其中面积最大的空间对象的中心点坐标。

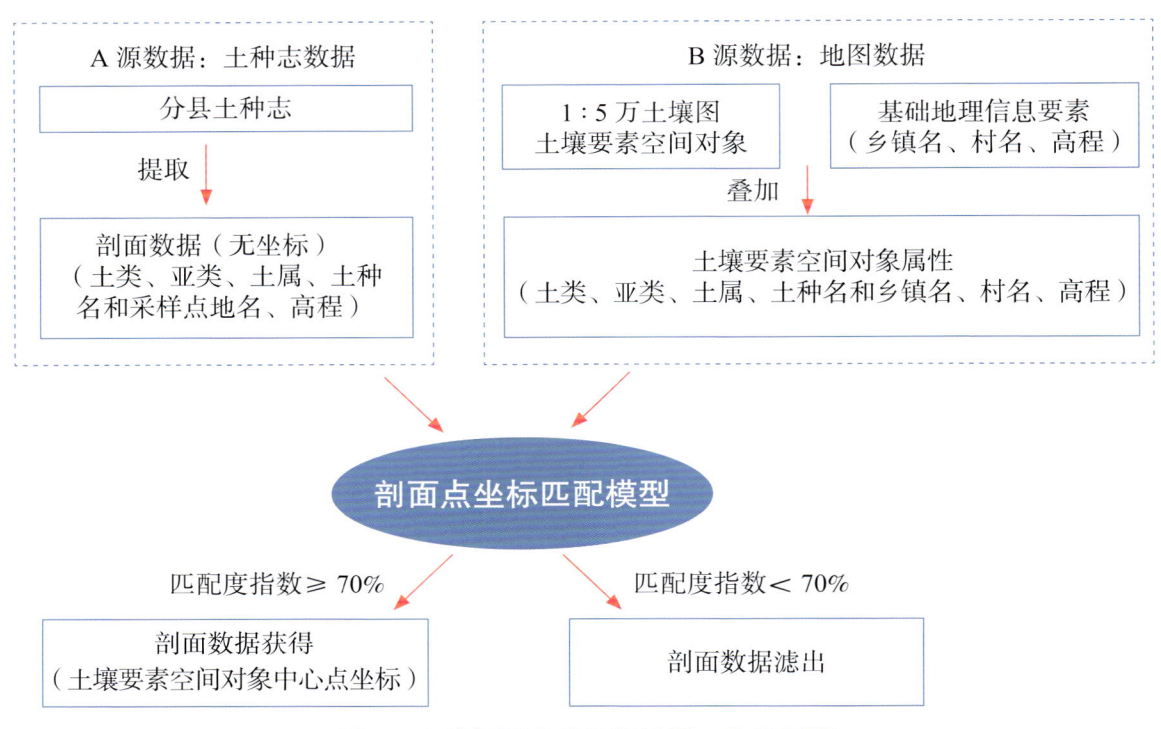

图2　土壤剖面坐标匹配模型工作机制图

为衡量每个土壤剖面坐标匹配的质量，在匹配模型中植入了匹配度评价模型，分析和提取每个土壤剖面点坐标匹配中多要素信息的吻合度。匹配度指数较高，代表两源数据中的土类、亚类、土属、土种名和地名、高程等多要素信息一致性高；匹配度指数较低，代表A、B两源多要素信息存在一些不一致性；匹配度指数小于70%的剖面数据会被滤出，该剖面也会从分县土壤剖面理化性状表中删除（表10）。利用坐标匹配模型，从分县土种志中提取出的10万余个剖面数据中，有6万多个获得了地理坐标并被收录于本数据集的分县土壤剖面理化性状表中，有约3万个由于匹配度指数较低被滤出。

表10　坐标匹配的匹配度指数及释义

匹配度指数 / %	释义
90—100	匹配度高：A（分县土种志）、B（地图）两源数据中乡镇名、村名和三个以上土壤分类名（土类、亚类、土属、土种）、高程均一致
80—90	匹配度较高：A、B两源数据中乡镇名、村名和两个土壤分类名（土类、亚类）、高程一致
70—80	具有一定匹配度：A、B两源数据中乡镇名、村名、土类名、高程一致
＜70	匹配度较低：A、B两源数据中地名和土类名不能全匹配

为检验通过匹配模型获得地理坐标的剖面对当地土壤类型是否具有代表性，编者自2008年以来，在河北、

山东、黑龙江、宁夏、海南等地挖取了300余个校验剖面，进行了比对研究。比对研究结果显示，校验剖面与二普完成的剖面记载在土壤类型、土体构造、母质、质地等土壤质量慢变化性状上都有很好的一致性。

（三）土壤剖面分类名的修订

分县土壤剖面理化性状表列出了每个土壤剖面的分类名。土壤分类名是对某一类土壤资源的抽象概括和表达，表述了各类土壤的主要成土过程以及各类土壤综合性的典型特征。如黑土是指在温带半湿润地区草甸草原植被条件下形成的具有深厚均匀腐殖质层的土壤，呈黑色，富含有机质和各种养分；褐土是指在暖温带半湿润地区形成的具有弱腐殖质表层和黏化层的土壤，盐基饱和度较高，呈棕褐色。土壤分类名既具有典型性，又具有综合性，是土壤最基本的属性。

二普中，我国基于全国第一次土壤普查经验制定了六等级土壤分类系统，这也是目前的国标系统。该系统中的六等级分别为土纲、亚纲、土类、亚类、土属和土种，从高级到低级，不同层级之间为隶属关系。其中，土纲用于界定水、温等主要的土壤成土条件，亚纲用来进一步区分土纲内成土条件与过程的差异，土类反映成土条件引致的最典型土壤特征，亚类反映土类内成土条件引致剖面特征的进一步分异，土属反映母质等成土条件引致亚类剖面的分异，土种反映同一土属中土壤的分异或当地群众对该土壤的命名。

在对各地土壤调查数据进行全国汇总时，编者发现，从全国2200多个分县土壤剖面资料中提取出的土壤分类名与我国在1998—2009年发布的三版《中国土壤分类与代码》国标差异较大[18-20]。国标发布的土类、亚类、土属、土种名数量分别为60个、229个、663个和3246个，而从2200多个分县土壤图件与剖面资料中提取出的土类、亚类、土属、土种名数量分别为312个、1520个、12150个和43200个。对国标上从未出现的土壤类型名进行审核和归并需要有土壤分类学上的依据。通过对俄罗斯、美国、加拿大、澳大利亚、德国、英国等各国土壤分类研究及发展状况的研究，编者总结了我国和其他世界各国过去半个世纪中在土壤分类方面的经验，确定了土壤剖面分类名的修订原则[1]。

研究显示，我国国标分类系统中的第三层级——土类（附录4），能很好地反映我国主要土壤类型形态上的典型特征。通过土类及其隶属的12大土纲可清晰展现出我国60个土类受温度、海拔、降雨、土壤发育度、地下水盐运动、耕种垦殖等主要成土条件影响而形成的地带性分布特征。另外，土类本身属于高层级分类，数目有限，命名符合汉语语言特征，易于专业及非专业人员掌握。通过土类名，读者能够辨识各种土壤类型，了解其成土过程、土壤质量与肥力特征。因此，在土壤剖面分类名的修订中，应重视维护土类名的稳定性。根据这一原则，在对分县资料中土壤分类名的编审中，编者将国标发布的60个土类名进行了归并，对亚类及以下的中、低级分类名称则在尽量保留现场获取的一手土壤调查信息的前提下进行适度归并与整合。

为便于读者了解我国目前采用的土壤分类名与国际土壤学会推荐的土壤分类名（world reference base for soil resources，WRB）[21]之间的关联，附录4中还给出了由史学正研究员通过剖面比对建立的WRB土组名与我国60个土类名的关联及WRB土组名对我国土类名的最大可参比性[22]。

（四）剖面土层代码

在形成过程中，由于物质迁移和转化，土壤会分化成一系列组成、性质和形态各不相同的层次，称为发生层或土层。土壤剖面各土层的顺序和变化情况，反映了土壤形成过程及土壤性质。

目前各国尚无统一的土层命名。1967年国际土壤学会提出将土壤剖面划分成O层（有机层）、A层（腐殖质层）、E层（淋溶层）、B层（淀积层）、C层（母质层）和R层（基岩）等6个主要土层。全国土壤普查办公室编制出版的《中国土种志》（6卷）[23-28]、《中国土壤》[29]则将自然土壤剖面划分成O层（凋落物有机质层）、A层（表层）、B层（淀积层）、C层（母质层）、D层（岩石碎屑层）和R层（坚硬岩石层）等6个主要土层；将旱地农田土壤划分成A（耕层）、C_1（心土层）和C_2（底土层）等几个主要土层；将水田土壤划分成Aa（耕作层）、Ap（犁底层）、P（渗育层）、W（潴育层）和G（潜育层）等5个主要土层。

由于分县土种志中，土层代码和释义与以上文献给出的土层码不尽相同，因此在数据集编制中，编者主要保留了2200多个分县土种志中实际采用的土层代码和释义（表11）。为便于读者参考，编者在附录4中列出了引自《中国土壤》部分土类典型剖面的土体构造及其关联的土层代码[29]。

表 11　土壤剖面土层代码和释义[1]

代码		释义
自然土壤与旱地土壤	Ao	位于土表的枯枝落叶层
	A	自然土壤指表土层，耕地土壤指耕作层
	B	心土层，受成土作用形成的淋溶淀积层
	C	底土层，受成土作用少的母质层，较紧实，通常不受耕作、施肥影响
	D	未风化的母岩层，岩石碎屑层
水田土壤	A	耕作层，亦称淹育层和作物栽培层
	P	犁底层，位于耕作层下，经机械耕作和黏粒淀积，结构较为紧实
	W[2]	潴育层，位于犁底层下，水田在干湿交替作用下，铁、锰淋溶淀积形成斑纹层，使水稻土有较好的通透性，渗水而不漏水，渍水而不滞水
	G	潜育层，存在于水稻土、沼泽土和泥炭土中。土体长期积水，通透性不良，在还原状态下形成青灰色土层又叫青泥层，作物受还原性物质危害。若在其他土层出现，可用 g 表示，如 Pg、Wg
	E	漂洗层，侧渗作用下黏粒、有机质被淋洗，铁质溶脱，形成灰白色或白色漂洗层

注：1）表中土层代码和释义主要根据全国各分县土种志中实际采用代码和释义进行综合与汇总。土体构造中，两个字母并列表示过渡层土壤，例如 AB 层、BC 层等。
　　2）一些地区将潴育层细分为 W_1（渗育层）和 W_2（淀积层）两层。渗育层指有明显水化铁层，多见黄色锈斑；淀积层指明显有铁锰淀斑或铁锰结核的土层。

（五）其他

分县土壤剖面理化性状表中，空格代表本项无数据。

若土壤剖面的土层码为数字，则表示调查中未对该剖面的各分层进行土层代码赋码。对这类剖面，编者按从地表至底土顺序赋土层序号 1、2、3……。土层序号不具有土壤发生学上的含义，仅表达每一土层的顺序。

分县土壤剖面理化性状表中土层厚度的上、下边界表示该土层采样范围。例如：土层厚度为 0—17cm，表示土层采自剖面 0—17cm 部位；土层厚度为 50—100cm 表示采自剖面 50—100cm 部位。一些剖面底土的土层厚度仅有上界而无下界。例如：85—，表示该土层采自剖面 85cm 至更深部位。

个别剖面上、下土层的上、下边界相互不衔接，例如：两个土层厚度分别为 0—10cm、30—35cm，表示该剖面的采样为不连贯采样，每个土层只选取了该土层的代表性层段。

一些剖面分层样本上、下土层的上、下边界相互不衔接，例如：按从地表至底土顺序，6 个土层采样范围分别为 0—13cm、13—18cm、18—40cm、18—32cm、32—100cm、50—100cm，其中第三个土层 18—40cm 为额外增加的采样层。在土壤调查中，当调查者认为需要对某些区域或土类的特定土层进行单独采样和分析时，往往会出现这一情形。为了最大限度保持第一手调查资料的完整性，编者将这类土层也编入了分县土壤剖面理化性状表中。

本卷收录的福建省典型土壤剖面共计 1608 个。通过对剖面数据的土层厚度转换，附录 7 给出了这些典型剖面 0—20cm 土层土壤理化性状中位数与平均数。全国第二次土壤普查剖面采样为典型土类采样，而非网格化采样。0—20cm 土层土壤理化性状中位数与平均数不代表本省土壤理化性状平均状况。但全国第二次土壤普查是我国最早的大样本量调查，附录 7 所示的 0—20cm 土层土壤理化性状中位数与平均数对了解福建省 20 世纪 80 年代土壤肥力性状量化指标具有一定参考价值。

附录 8 列出了福建省耕地、园地、林地、草地和湿地 0—30cm 土层土壤有机质含量的平均值。该值由福建省土壤有机质含量图和自然资源部土地科学数据中心编制的 2019 年 1∶100 万比例尺全国土地利用缩编图通过叠加、计算生成。其中，耕地包括水田、水浇地、旱地三种土地利用类型；园地包括果园、茶园和其他园地三种土地利用类型；林地包括有林地、灌木林地和其他林地三种土地利用类型；草地包括天然牧草地、人工牧草地和其他草地三种土地利用类型；湿地包括沼泽地、沿海滩涂和内陆滩涂三种土地利用类型。鉴于福建省土壤有机质含量图源于大样本量地面采样，土壤有机质含量亦为变化较慢的土壤质量性状[15]，附录8对了解福建省耕地、园地、林地、草地和湿地的土壤有机质含量状况及演变具有较高的参考价值。为便于读者了解福建省耕地、园地、林地和草地四种土地利用类型中受成土过程影响而形成的各主要土壤类型及其在各土地利用类型中的占比情况，附录9给出了主要土壤类型在这四种土地利用类型中的占比。

土壤专题图与土壤剖面数据可靠性检验

该检验目的是对数据集中的土壤专题图和土壤剖面数据能否真实反映土壤资源与土壤理化性状及其空间分布特征给出科学、客观的评价。另外，数据集中的土壤专题图和土壤剖面数据主要源于1979—1987年的二普和2005—2017年在全国测土配方施肥项目中的土壤养分调查，因此，该检验也是对我国两次全国性土壤调查所获成果的质量评估。

对土壤专题图及含地理坐标的剖面数据的检验涉及地图制图学、测绘科学、土壤学、地统计学等多学科内容，而对于不同的学科，数据检验的目标和内容也不同。对于地图制图，精度检验十分重要；而在土壤学范畴，可靠性检验更为重要。精度检验方面，本数据集剖面坐标是通过1∶5万比例尺地图数据匹配获得，匹配用地图精度直接影响剖面数据坐标精度。可靠性检验方面，土壤专题图和土壤剖面数据均属于土壤学范畴，还需要从土壤学角度给出科学评价。借助目前仍在发展中的地统计方法，编者最终给出了合理的可靠性检验方法。为便于读者理解，本节将重点说明两点：一是地图精度与土壤专题图制图的关联；二是土壤专题图和剖面数据的地统计检验结果。

在地图制图中，地图精度用于衡量某一地物点或地物轮廓点的平面位置和高程位置偏离其真实位置的平均误差。这里的地物点或地物轮廓点可以是测量控制点、水准点、道路交叉点、境界线方向变化点、山脚点、山顶等。地图精度与地图投影、比例尺、制作方法和工艺有关。地图比例尺不同，误差控制要求也不同。一般来说，地图比例尺越大，误差越小，精度越高。换言之，地图精度或比例尺主要反映对地图中基础地理信息要素，如测量控制点、河流、道路、等高线、境界的误差控制要求。

在土壤专题图制图中，需要用基础地理信息要素标识土壤要素空间位置。在较早的土壤调查中，没有GPS设备，通常用纸质地形图为底图标识采样点位置。地面土壤采样调查完成后，根据底图标记的采样点位置和实测获得的土壤要素值，由经验丰富的土壤科学家依据土壤及相关要素的空间分布、空间相关性和空间依赖性规律进行人工综合判图，在底图上手工完成土壤专题图的勾绘和制图。我国的二普与欧美各国在20世纪80年代之前进行的全国性土壤调查基本均采用这一方法进行土壤专题图编绘。二普为大样本量土壤调查，采样密度高，采用1∶1万大比例尺地形图为工作底图，全国共挖取土壤观察剖面550余万个，采集0—20cm土壤表层样本200余万个，通过综合判图和人工勾绘，最终完成分县1∶5万比例尺土壤图和各类土壤养分含量图的编制。土壤专题图比例尺不代表地图中对土壤要素的误差控制要求，客观上，地面采样中应用大比例尺的工作底图，采样密度高，土壤采样点均衡分布于调查区域中，以此为依据编制的土壤专题图能精细地表达调查区域内土壤要素的空间变化特征。采样密度低的土壤调查结果则不适合编制大比例尺土壤专题图。

近年来，随着GPS和GIS技术的发展，地统计方法已较多用于反映和研究土壤要素的空间变化规律。地统计方法不仅提供了利用含地理坐标的土壤采样点数据制作土壤专题图的地统计模型，还提供了对模拟结果进行不确定性检验的方法。地统计检验的主要目的是了解模拟结果对真实情况反演的客观性和可靠性，而不是评价地图中土壤要素的精度或误差控制。检验结果既受地面采样原则、采样量的影响，也受所选模型类型、建模过程中是否引入协变量等因素的影响。

由于二普完成的土壤图和养分含量图中没有采样点标注，难以对其进行地统计检验。为此，编者同时对我国在全国测土配方施肥项目中完成的有GPS定位坐标的农田耕层土壤有机质含量数据进行了地统计分析和检验。与二普相似，全国测土配方施肥项目也按网格化均匀分布原则进行大样本量、高密度土壤采样，全国总计完成1000万个农田土壤耕层样本的采集。

检验方法为：首先，在我国东、南、西、北、中不同地域选取7个代表性片区，每片区包含地域相连、域内无大面积剖面点缺失的多个行政县，且含土壤剖面点500个以上。其次，提取7个片区源于二普剖面0—20cm土层和源于2005—2017年0—20cm农田耕层采样的土壤有机质含量数据。二普剖面数据的采样特征为在优先选取典型土壤类型的前提下，尽量均衡分布；样本量较小，全国有6万多个具有匹配坐标的剖面。2005—2017年农田养分调查数据为网格化均衡分布的大样本量，全国完成了1000万个有GPS定位坐标的耕层样本。最后，用普通克利金插值（ordinary Kriging）方法进行地统计分析和检验。在每片区剖面点和耕层采样点的数据中分别随机选取80%作为训练样本集，20%作为验证样本集，同时进行建模；将验证样本预测值与实测值进行线性回归，计算R^2（决定系数）和RMSE（均方根误差），以此评价两组数据表达土壤要素空间分布特征的可靠性和误差。选择土壤有机质含量作为检验指标的原因为该指标是最重要的土壤质量性状之一，且可量化表达，便于进行地统计检验。

二普剖面数据的检验结果显示，在7个代表性片区，剖面点数据表达的有机质含量分布状况可靠性均达极显著水平（表12）。这表明，尽管二普典型剖面数据为非网格化采样，含地理坐标样本量较少，需采用匹配坐标替代原点坐标，但在一个由多县组成的片区内，当剖面样本量达到一定数量后，即使未引入可极大改进R^2的地形、土地利用类型等辅助变量，用普通克利金插值仍然能比较真实、可靠地反演土壤要素空间分布特征。2005—2017年耕层采样点数据的检验结果显示，与二普剖面点数据相比，大部分片区的有机质含量分布数据R^2更大（达到中等相关至强相关），RMSE更小，可靠性和预测精度明显更优，这说明就表征土壤要素空间分布特征而言，网格化均衡分布的大样本量采样得到的数据可靠性和精度相对较高。这为二普大比例尺土壤专题图数据（土壤图和土壤pH、有机质、氮、磷、钾养分含量图）的地统计检验特征提供了佐证。二普大比例尺土壤专题图数据均源于网格化均衡分布的大样本量地面调查，其可靠性和精度应优于二普剖面点数据。

两组数据地统计检验结果还显示，尽管相隔近30年，两时段调查的土壤有机质含量也有一定变化，但各片区土壤有机质含量的空间分布规律总体相近。图3展示了东北片区两组数据通过普通克利金插值获得的土壤有机质含量分布图。可以看出，尽管二普土壤剖面样本数（546）远少于农田耕层土壤样本数（45182），20%校验集所获R^2较低，预测值与实测值偏差较大，但两组数据展示的土壤有机质含量空间分布格局相近，均为东北角最高，西南角最低。另外，该片区2005—2017年的农田耕层有机质含量均值为36.41g/kg，低于1979—1987年的二普采样结果（40.53g/kg），这一结果与东北地区所做长期定位试验结论一致。这表明，本数据集剖面数据可为了解土壤质量时空演变规律提供可靠的数据支持[9]。

表12 二普典型土壤剖面数据和2005—2017年耕层采样点数据的地统计检验结果

编号	片区名	县数	面积/km²	二普剖面土壤有机质含量[1]			耕层土壤有机质含量[2]		
				样本量	R^2 [3]	RMSE [3]	样本量	R^2 [3]	RMSE [3]
1	东北片区	19	72353	546	0.329**	14.77	45182	0.689**	6.32
2	冀鲁豫片区	64	50071	881	0.363**	5.65	256341	0.429**	3.47
3	江浙片区	53	63003	1312	0.334**	8.83	51759	0.666**	4.05
4	湖北片区	10	21044	515	0.286**	20.21	60545	0.281**	11.09
5	四川片区	39	98052	1283	0.380**	9.20	206682	0.344**	7.08
6	粤闽赣片区	27	58745	801	0.223**	13.33	51759	0.285**	6.42
7	陕甘片区	47	109010	990	0.296**	7.20	256341	0.558**	2.48

注：1）数据源于二普土壤剖面（1979—1987年采样，0—20cm土层）数据库，土壤有机质含量单位为g/kg。
2）数据源于2005—2017年农田耕层（0—20cm）土壤养分调查数据库，土壤有机质含量单位为g/kg。
3）20%验证样本所获预测值与实测值的线性回归R^2（决定系数），其中**表示1%水平显著和RMSE（均方根误差）。

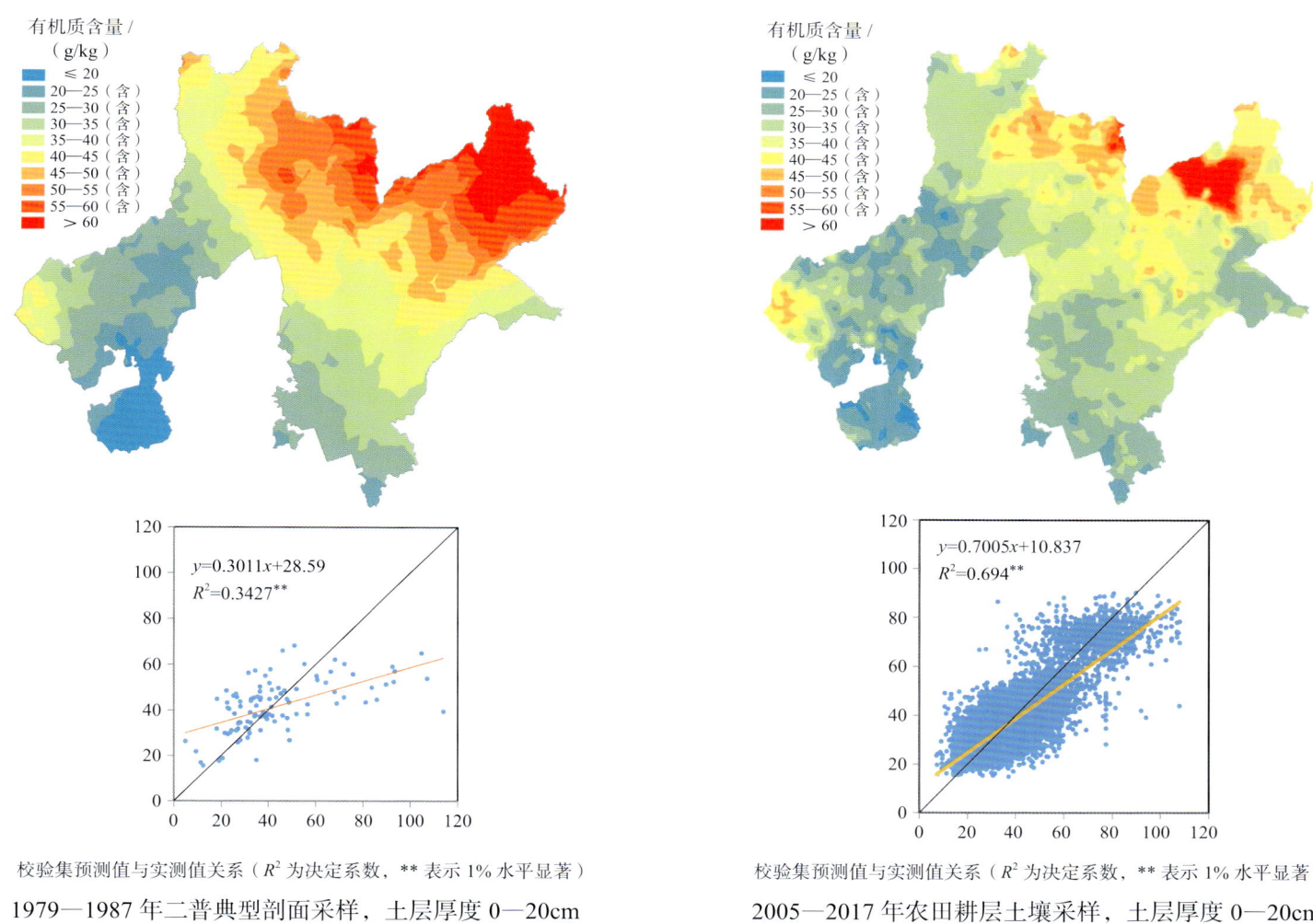

图3　东北片区土壤有机质含量分布图及地统计检验结果

参编单位

《中国土壤剖面数据集》的编制工作始于1998年。其编制过程主要分为以下两个阶段：

第一阶段为全国1∶5万土壤图编制和中国剖面数据库构建阶段。20世纪末，随着现代科学研究与管理对土壤时空信息的迫切需要和大数据技术的发展，利用土壤调查结果构建我国土壤资源与质量时空数据库日益显现出可行性和必要性。1998年，我国土壤科技工作者开始对二普分县土壤图件和资料进行系统收集和整理，这项工作曾得到国家社会公益性研究专项的资助。"十一五"期间，"我国1∶5万土壤图籍编撰及高精度数字土壤构建"被列为国家科技基础性工作专项重点项目。在全国各地农业、国土、档案等多家单位的大力配合和各地土壤科技工作者的支持下，项目组汇聚全国土壤科学、农业、测绘与环境领域多家专业科研所的科研力量，深入31个省、自治区、直辖市以及数百个县的原始图件与资料存放部门，完成了2200多个县的分县大比例尺纸质土壤图与土种志的收集。同时，项目组还收集了31个省、自治区、直辖市的分省土壤图、土壤有机质含量图等多类别土壤专题图和分省土壤调查资料，并在此基础上，项目组研究人员通过融合多学科方法创建土壤大数据方法，以方法创新带动异源非标准海量土壤信息的时空整合与表达，至2017年，完成了我国1∶5万土壤图的整合表达和中国土壤剖面数据库的构建，为编制《中国土壤剖面数据集》奠定了科学基础、方法基础和数据基础。

第二阶段为《中国土壤剖面数据集》编制阶段。为满足我国农业、林业、环境、气象、国土、水利等各部门对公众版土壤资源与质量信息的迫切需求，项目组于2017年启动了数据集编制工作。在数据集编制过程中，项目组一方面利用土壤大数据方法进行数据的审核、土壤专题图的缩编与剖面数据表的表达等多项工作，另一方面组织了各省级土壤专业科研院所参与各分卷内容的审核和修订工作。数据集的编制还得到了中国农业科学院科技创新工程的资助。

本数据集的最终面世离不开多家科研单位在过去20多年时间里的共同付出。这些单位包括国家科技基础性工作专项重点项目"我国1∶5万土壤图籍编撰及高精度数字土壤构建""我国1∶5万土壤图籍编撰及高精度数字土壤构建二期工程"主持与参加单位、参加数据集各分卷审核和修订工作的土壤专业科研单位以及参与分县大比例尺纸质土壤图与土种志收集的各地相关管理与科研部门（附录10）。

（张维理、徐爱国、张认连、冀宏杰）

序图

中国土壤图
1：13 000 000

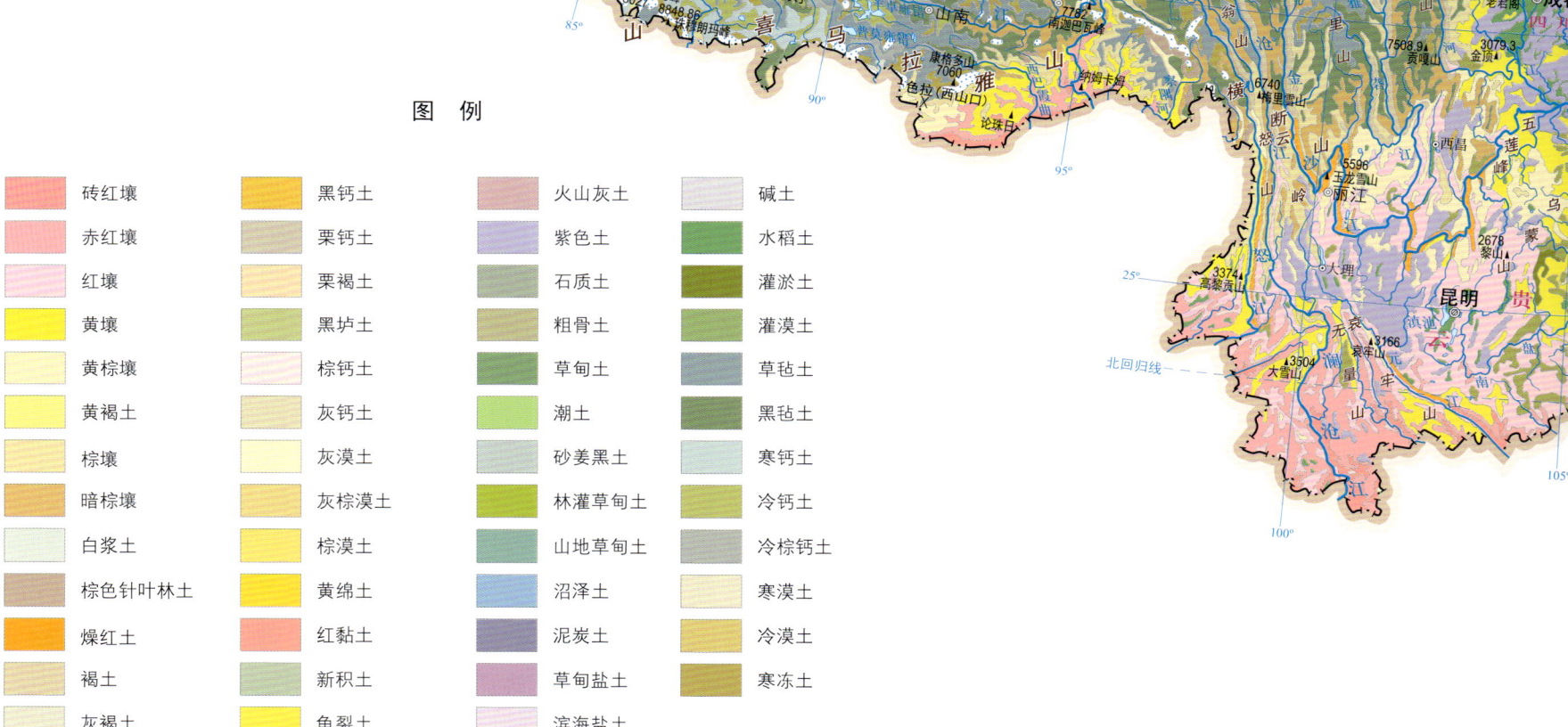

北京
天津
哈尔滨
长春
沈阳
呼和浩特
石家庄
太原
济南
郑州
西安
合肥
南京
上海
杭州
武汉
南昌
长沙
福州
台北
广州
南宁
海口
澳门
香港
齐齐哈尔
佳木斯
牡丹江
大连
青岛
烟台
黄海
东海
南海
渤海
台湾岛
海南岛
钓鱼岛
赤尾屿
东沙群岛
澎湖列岛
舟山群岛
崇明岛
北回归线
南海诸岛
1 : 26 000 000

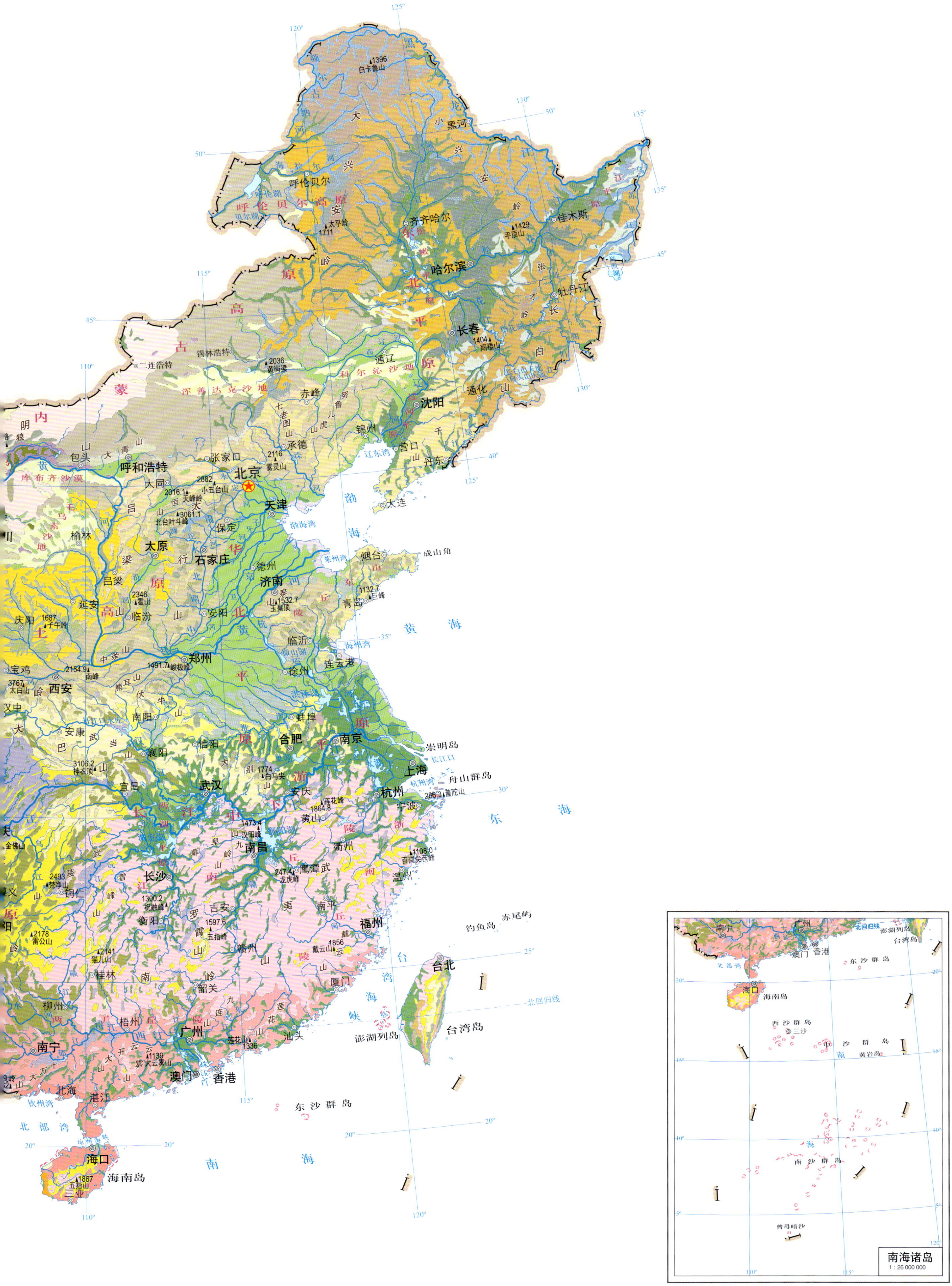

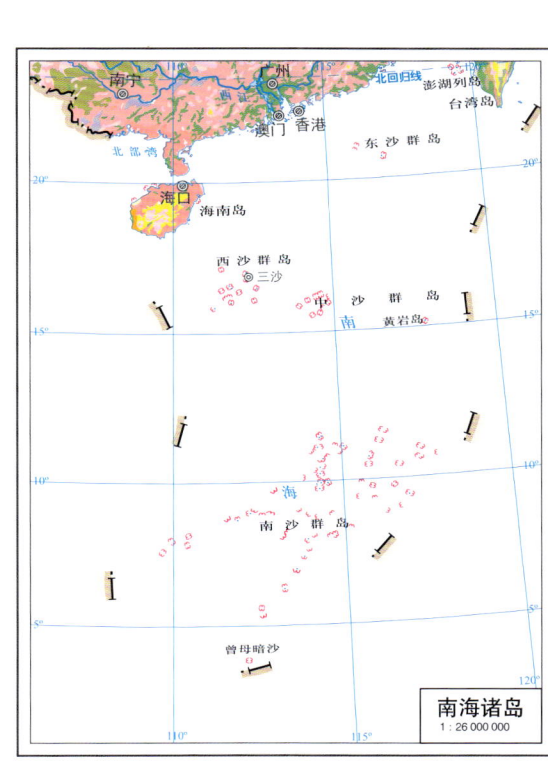

中国土壤有机质含量图
1∶13 000 000

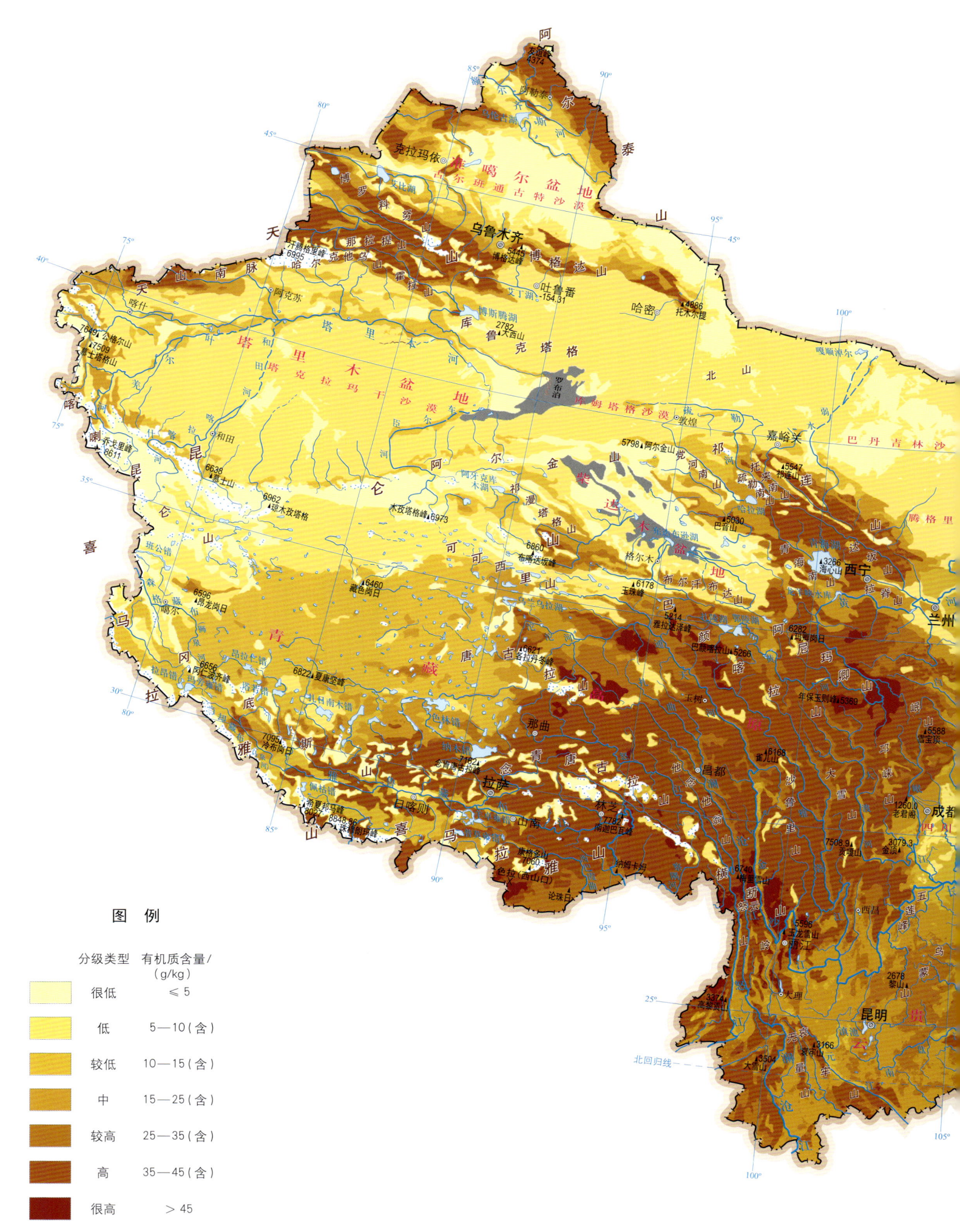

图 例

分级类型	有机质含量/(g/kg)
很低	≤ 5
低	5—10（含）
较低	10—15（含）
中	15—25（含）
较高	25—35（含）
高	35—45（含）
很高	> 45

注：土层厚度为 0—30cm。

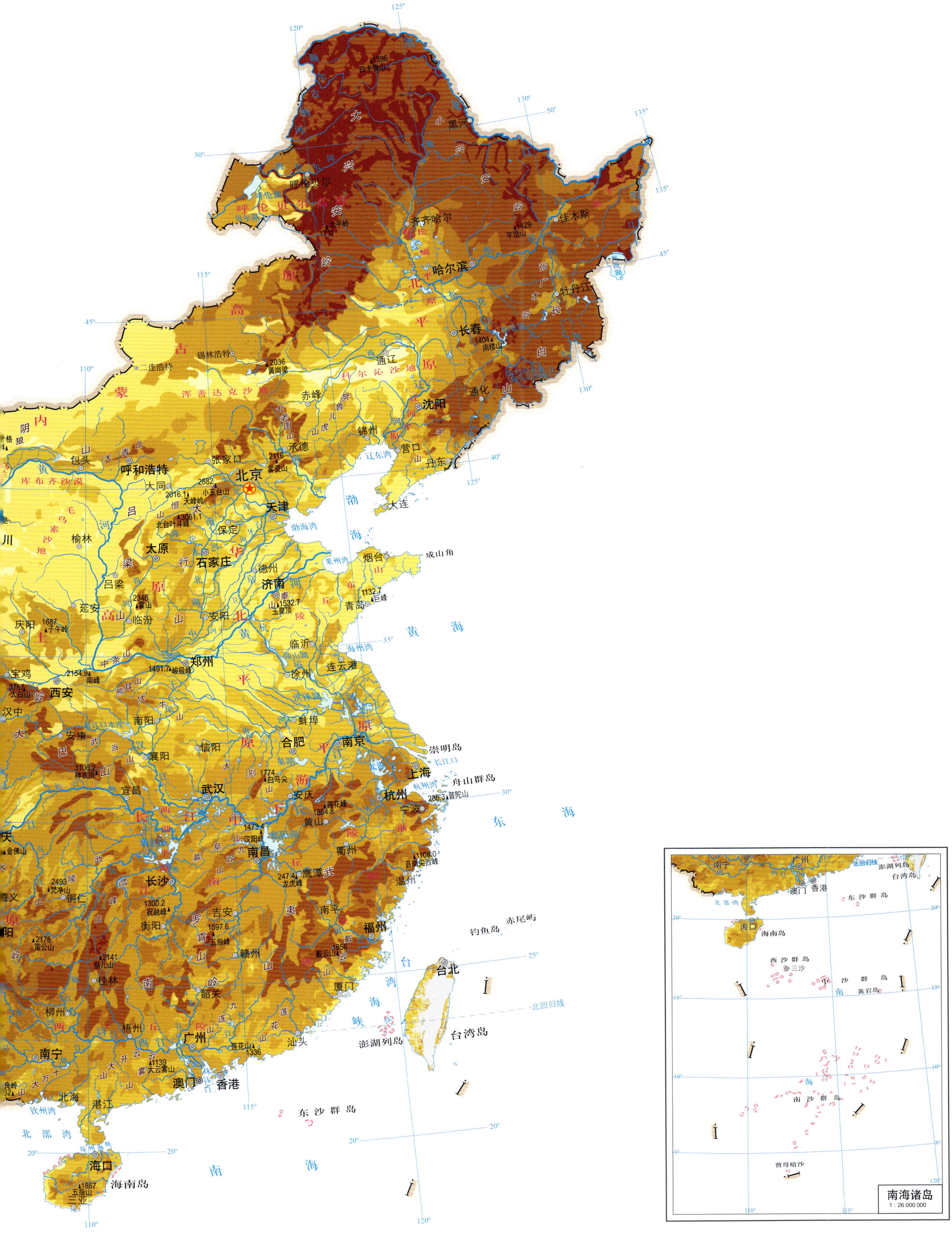

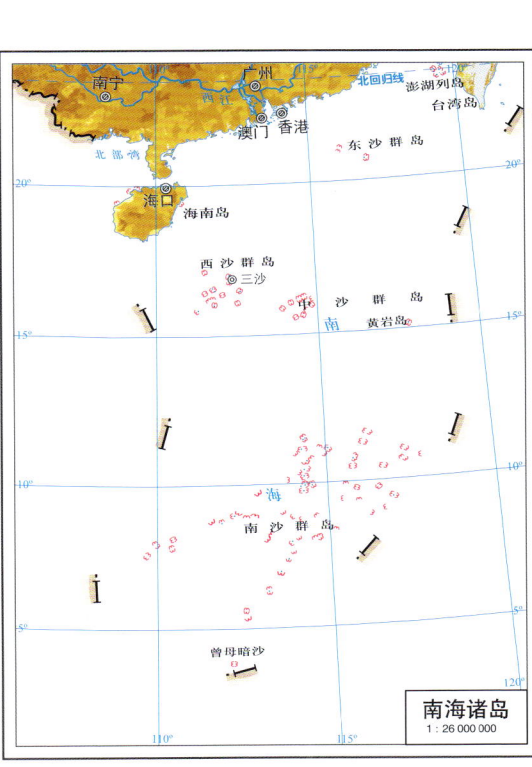

南海诸岛
1:26 000 000

第一编 编制说明与序图 | 023

中国地势图

1 : 13 000 000

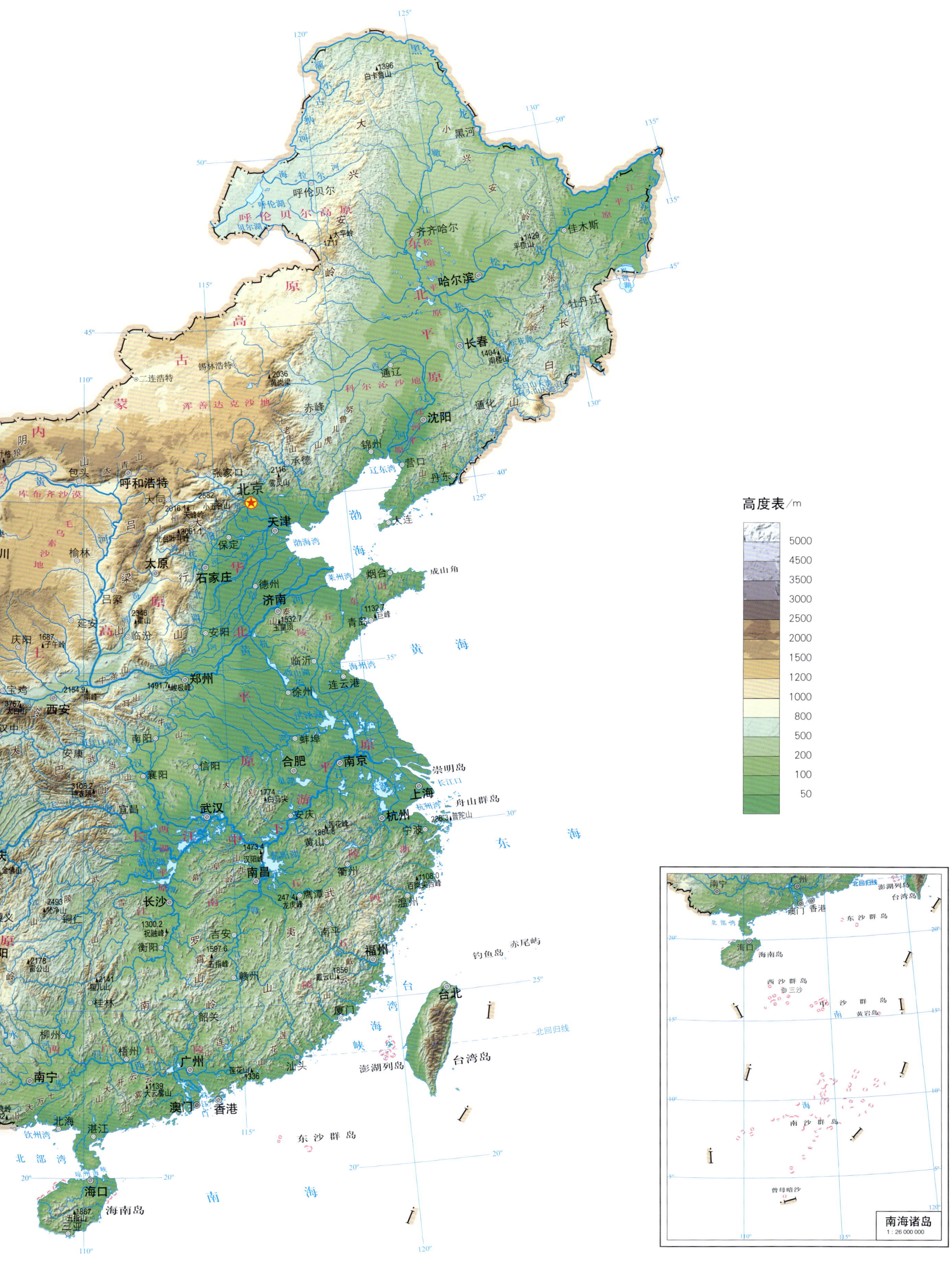

福建省土壤图
1 : 1 500 000

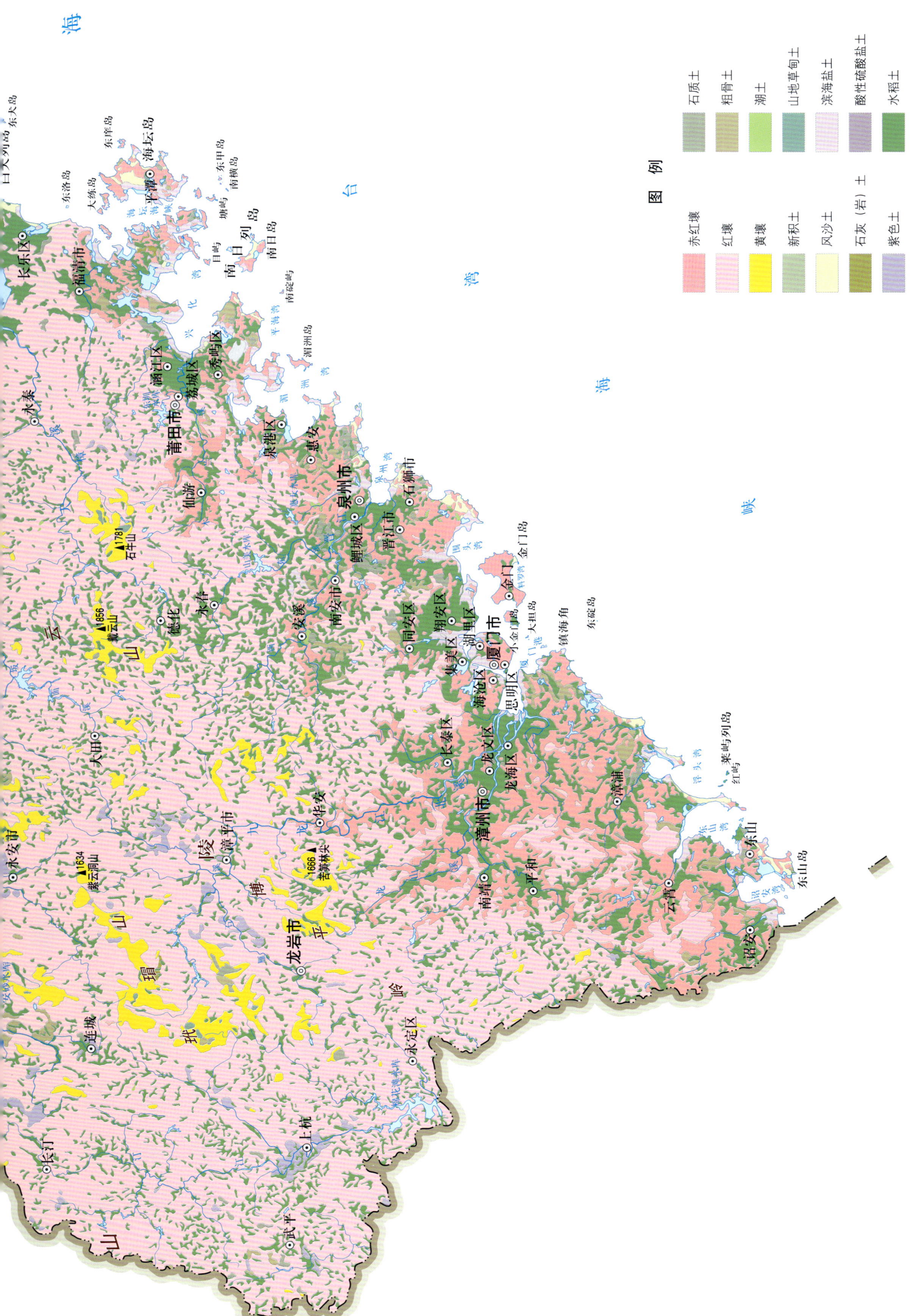

福建省土壤有机质含量图

1∶1 500 000

图 例

有机质含量 / (g/kg)

- ≤ 8
- 8—10（含）
- 10—12（含）
- 12—14（含）
- 14—16（含）
- 16—18（含）
- 18—20（含）
- 20—22（含）
- 22—24（含）
- 24—26（含）
- 26—28（含）
- 28—30（含）
- 30—32（含）
- > 32

注：土层厚度为 0—30 cm。

福建省地势图
1:1 500 000

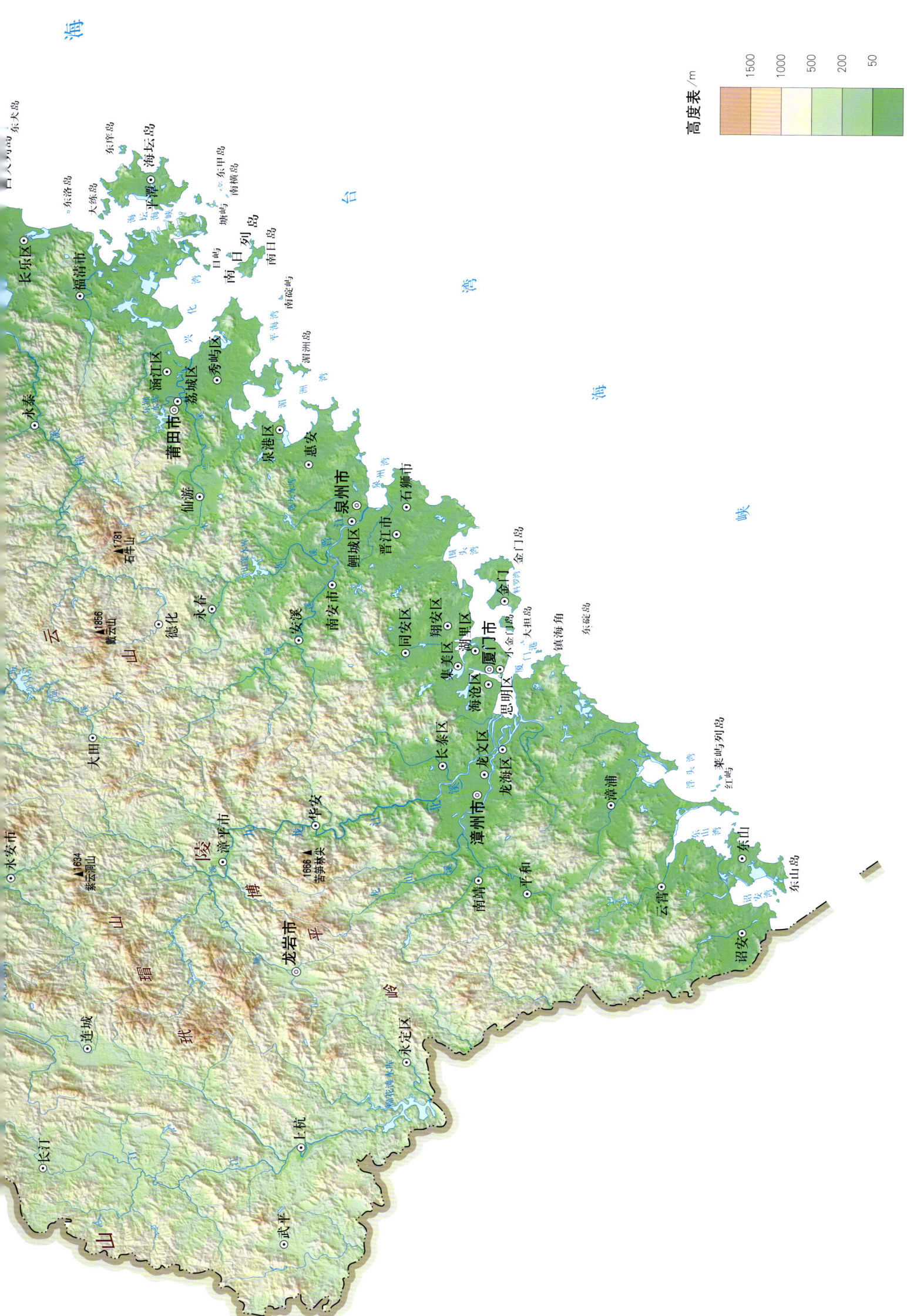

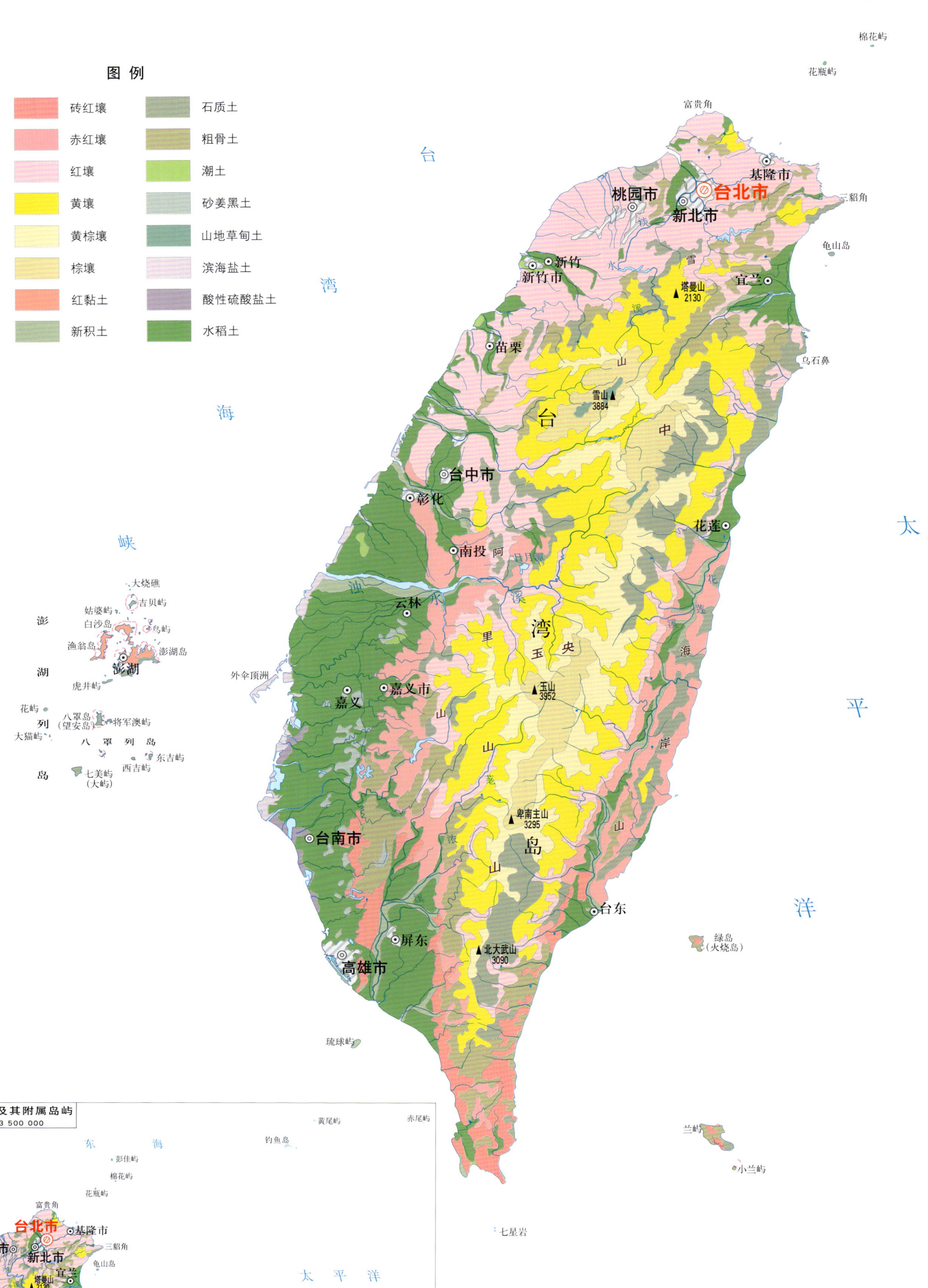

中国土壤剖面数据集·福建、台湾卷

第二编 | 福建省分县土壤图与土壤剖面数据

福 州 市

市 辖 区

主要土类说明

红壤是福州市主要土壤类型，占本市地域面积的62%，分布于本市各地的丘陵、低山、中山上，海拔为50—800m。本市气候温暖湿润，土壤富铝化作用强烈，土色红，土层深厚，多达1m以上，剖面上下较为一致。在凝灰岩类的母岩上发育的红壤，色多浓暗；在花岗岩类母岩上发育的红壤，色较淡。心土层有机胶膜多，剖面具有 A-B-C 或 A-C 构型。根据成土条件、母岩类型和肥力状况等特征，本市红壤分为红壤、粗骨性红壤、黄红壤和红土等亚类。

水稻土是福州市第二大土壤类型，占本市地域面积的20%，低至海拔10m以下的平原，高到海拔六七百米的山区，均有分布，没有地带规律，为泛域性的土壤。水稻土是在长期季节性淹灌、水下翻耕、季节性脱水、氧化还原交替影响下，原来成土母质或母土的特性发生重大改变，形成的新的土壤类型。由于干湿交替，水稻土形成糊状耕作层、较坚实板结的犁底层、渗育层、潴育层与潜育层等多种发生层。这些不同发生层是在人为耕作、水浆管理下形成的。根据水型不同，本市水稻土分为渗育型、潴育型、潜育型和盐渍型等亚类。

小于本市地域面积3%的土壤类型还有潮土等。

本区域中心区气候特征

本区域中心区气候特征值
Regional climate characteristics in central area of the region

气候带：南亚热带湿润气候 Climate region: South subtropical humid climate	
年平均气温 /℃ Annual average temperature /℃	19.7
年平均最高气温 /℃ Annual average maximum temperature /℃	24.3
年平均最低气温 /℃ Annual average minimum temperature /℃	16.7
年降水量 /mm Annual precipitation /mm	1412
≥10℃的积温 /℃ Daily temperature accumulated in a year（≥10℃）/℃	7011
年日照时数 /h Annual sunshine /h	1617
年平均相对湿度 /% Annual average relative humidity /%	77
干燥度 Dryness	0.83

本区域中心区月平均气温与月平均降水量
Monthly temperature and precipitation in central area of the region

福州市市辖区（部分）主要土壤类型与土壤剖面点分布图
1 : 220 000

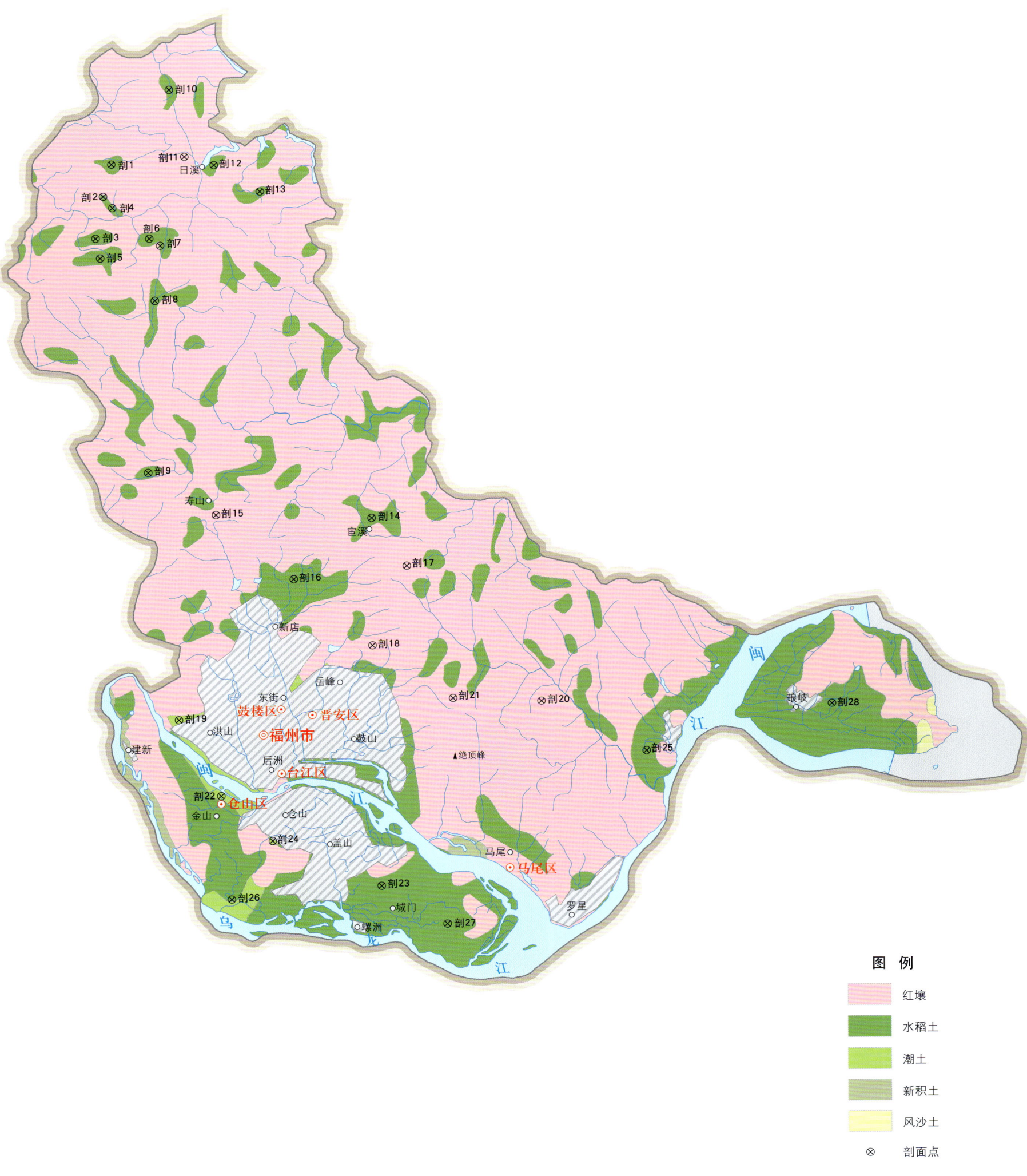

图例
- 红壤
- 水稻土
- 潮土
- 新积土
- 风沙土
- ⊗ 剖面点

福州市土壤剖面理化性状表

剖面号 Soil profile	土纲 Soil order	土类 Soil great group	亚类 Soil subgroup	土属 Soil genus	土种 Soil species	土层码 Layer code	土层厚度 Depth/cm	颜色 Soil color	质地 Soil texture	土壤结构 Soil structure	pH	有机质 OM/(g/kg)	全氮 TN/(g/kg)	全磷 TP/(g/kg)	全钾 TK/(g/kg)	有效磷 AP/(mg/kg)	速效钾 AK/(mg/kg)	阳离子交换量CEC/(cmol/kg)	土壤母质 Parent material	剖面点坐标 Profile coordinate	匹配指数 Matching index/%
剖1	人为土	水稻土	渗育水稻土	白土田	白鳝泥田	A	0—14	灰色	中壤土	小块状	5.4	45.1	2.20	0.98	16.3	20.0	47	8.8	凝灰熔岩和凝灰岩	E 119°13′32.9″ N 26°20′57.6″	75
						P	14—26	青色	中壤土	块状	5.5	29.3	1.31	0.55	16.7	4.0	46	8.5			
						E	26—85	白色	中壤土	柱状	6.4	4.3	0.22	0.28	19.2	1.0	75	9.3			
						C	85—150	黄色	重壤土		6.3	4.5	0.24	0.26	19.7	<1.0	100	10.2			
剖2	人为土	水稻土	渗育水稻土	砂质田	砂层田	A	0—17	淡黄色	中壤土	单粒状	5.0	27.6	1.33	0.41	8.7	2.0	26	6.3	冲积物	E 119°13′16.5″ N 26°20′02.7″	75
						Cs	17—40	淡黄棕色	轻壤土	单粒状	5.1	21.4	0.85	0.38	13.8	1.0	20	8.0			
						C	40—150	淡黄色	重壤土		5.4	6.2	0.28	0.35	18.5	<1.0	52	9.7			
剖3	人为土	水稻土	盐渍水稻土	埭田	乌埭田	A	0—14	深灰色	中壤土	小块状	6.4	25.6	1.41	1.03	28.0	<1.0	77	12.0	海相沉积物	E 119°13′01.1″ N 26°18′50.6″	75
						P	14—20	深灰色	中壤土	块状	7.4	20.3	1.15	0.86	25.1	7.0	101	11.2			
						W_1	20—46	深灰色	中壤土	柱状	7.1	5.6	0.48	0.43	29.2	2.0	164	12.0			
						W_2	46—80	深灰色	中壤土	柱状	7.3	8.1	0.45	0.47	28.4	2.0	157	12.4			
						G	80—150	青灰色	中壤土		7.5	8.0	0.44	1.09	30.8	3.0	159	12.6			
剖4	人为土	水稻土	潜育水稻土	冷烂田	浅脚烂泥田	A	0—36	灰色	中黏土	糊烂无结构	5.2	34.8	1.70	1.12	17.1	3.0	40	10.3	海相沉积物	E 119°13′32.9″ N 26°19′42.4″	75
						G	36—150	青灰色	重黏土		5.1	36.1	1.82	0.91	30.1	4.0	61	15.1			
剖5	人为土	水稻土	渗育水稻土	白土田	白底田	A	0—17	淡灰色	重壤土	小块状	6.3	39.8	2.17	0.98	22.3	4.0	32	10.1	凝灰熔岩和凝灰岩	E 119°13′08.9″ N 26°18′16.6″	95
						P	17—23	暗灰色	重壤土	块状	5.3	35.8	1.64	0.94	23.5	3.0	29	9.9			
						W	23—36	暗灰色	中壤土	块状	5.3	17.3	0.74	0.64	22.7	<1.0	25	8.0			
						E	36—150	灰白色	重壤土		5.4	10.0	0.50	0.15	21.0	<1.0	24	7.0			
剖6	人为土	水稻土	盐渍水稻土	盐斑田	重盐斑田	A	0—12	灰色	轻黏土	小块状	5.4	28.3	1.40	0.98	26.3	11.0	116	21.3	海相沉积物	E 119°14′39.8″ N 26°18′49.2″	75
						P	12—18	暗灰色	中黏土	块状	5.4	18.7	0.94	0.82	25.8	8.0	216	19.0			
						C	18—89	灰色	中黏土	棱柱状	6.7	17.2	0.93	0.83	30.9	11.0	277	16.8			
						G	89—150	青灰色	重壤土		4.2	39.5	1.66	0.81	31.3	51.0	33	17.9			
剖7	人为土	水稻土	盐渍水稻土	埭田	灰埭田	A	0—14	深灰色	中壤土	小块状	6.5	21.0	1.01	0.93	27.0	4.0	140	13.7	海相沉积物	E 119°13′59.1″ N 26°18′37.0″	75
						P	14—20	深灰色	重壤土	块状	7.0	17.8	0.97	0.88	28.0	5.0	140	14.0			
						W	20—40	深灰色	重壤土	柱状	7.9	12.7	0.72	1.01	29.6	1.0	135	15.6			
						C	40—150	淡灰色	重壤土		8.3	7.2	0.43	1.18	27.8	46.0	286	17.6			
剖8	人为土	水稻土	盐渍水稻土	埭田	灰砂埭田	A	0—12	淡灰色	砂壤土	单粒状	6.1	18.1	0.97	0.66	29.4	4.0	50	14.0	海相沉积物	E 119°14′47.7″ N 26°17′02.6″	75
						P	12—18	灰色	轻壤土	单粒状	6.1	17.4	0.83	0.70	28.8	5.0	30	12.0			
						C.sa	18—83	沙灰色	中壤土	棱柱状	6.9	11.3	0.59	0.90	28.3	17.0	79	13.3			
						Cs	83—150	褐灰色	中壤土	棱柱状	6.7	10.5	0.59	0.81	28.1		61	15.0			
剖9	人为土	水稻土	潜育水稻土	潮砂田	乌砂田	A	0—15	绿灰色	中壤土	块状	5.7	38.0	1.83	1.15	32.5	13.0	52	9.0	江河冲积物	E 119°14′29.4″ N 26°17′09.4″	95
						P	15—18	灰色	中壤土	块状	5.3	32.3	1.75	1.26	32.1	11.0	29	8.5			
						W_1	18—26	灰黄色	轻壤土	块状	5.5	13.7	0.65	0.77	30.7	<1.0	17	7.3			
						W_2	26—58	暗灰黄色	轻壤土	块状	5.9	9.8	0.46	0.73	34.9	<1.0	20	5.9			
						C	58—100		轻壤土												
剖10	人为土	水稻土	潜育水稻土	乌泥田	乌泥田	A	0—15	暗灰色	中壤土	小块状	5.4	31.2	1.56	1.24	30.5	53.0	10	13.3	河流冲积物或二元母质	E 119°15′21.0″ N 26°23′03.2″	75
						W_1	15—23	暗灰色	中黏土	棱柱状	5.5	30.1	1.51	1.20	30.1	35.0	10	12.9			
						W_2	23—46	灰色	重壤土	棱柱状	6.0	27.0	1.39	1.13	29.5	31.0	9	12.2			
						C	46—78	淡灰色	轻壤土	柱状	6.0	12.7	0.64	1.07	30.3	35.0	<5	12.6			
剖11	铁铝土	红壤		中性岩红壤			A	0—20	淡灰色	重壤土	核状	5.0	10.0	0.58	1.02	30.0	37.0	6	13.4	中性岩	E 119°15′47.0″ N 26°21′09.0″	95
						B	20—100	淡红棕色	中黏土	棱柱状	5.2	<1.0	1.29	0.77	18.6	1.0	227	15.8			
						C	100—150	黄白色	砂壤土		5.4	<1.0		0.74	17.9	<1.0	116	12.9			
														0.65	37.2	<1.0	12	7.9			

续表 Continued

剖面号 Soil profile	土纲 Soil order	土类 Soil great group	亚类 Soil subgroup	土属 Soil genus	土种 Soil species	土层码 Layer code	土层厚度 Depth/cm	颜色 Soil color	质地 Soil texture	土壤结构 Soil structure	pH	有机质 OM/(g/kg)	全氮 TN/(g/kg)	全磷 TP/(g/kg)	全钾 TK/(g/kg)	有效磷 AP/(mg/kg)	速效钾 AK/(mg/kg)	阳离子交换量CEC/(cmol/kg)	土壤母质 Parent material	剖面点坐标 Profile coordinate	匹配指数 Matching index/%
剖12	人为土	水稻土	潴育水稻土	潮砂田	灰砂田	A	0—11	灰色	轻壤土	小块状	5.1	21.4	1.00	0.81	26.2	4.0	60	8.2	江河冲积物	E 119°16′41.1″ N 26°20′53.9″	75
						P	11—16	青灰色	轻壤土	块状	5.7	9.8	0.57	0.77	28.3	1.0	23	7.9			
						W	16—32	淡青灰色	轻壤土	单粒状	5.4	19.9	0.93	0.89	28.9	8.0	40	10.4			
						G	32—150	青灰色	紧砂土	单粒状	5.5	2.6	0.20	1.02	29.3	3.0	17	1.6			
剖13	人为土	水稻土	潜育水稻土	青泥田	青泥田	A	0—14	淡灰黄色	重壤土	小块状	6.0	35.1	1.83	1.02	25.3	6.0	46	15.6		E 119°18′04.4″ N 26°20′07.6″	75
						P	14—21	青灰色	重壤土	片状	6.3	31.4	1.72	1.04	24.5	3.0	31	12.7			
						G	21—150	青蓝色	重壤土	片状	6.2	16.2	0.98	0.83	30.6	3.0	21	11.9			
剖14	人为土	水稻土	渗育水稻土	黄泥田	灰黄泥田	A	0—15	淡灰黄色	轻黏土	小块状	5.0	48.2	2.52	1.24	15.5	2.0	53	13.6	凝灰岩和凝灰熔岩	E 119°21′17.7″ N 26°10′45.3″	95
						P	15—21	灰色	轻黏土	块状	5.3	32.7	1.77	1.03	15.3	<1.0	108	13.4			
						W	21—52	棕灰色	轻黏土	棱柱状	6.4	16.3	0.82	0.78	15.4	<1.0	67	13.4			
						C	52—150	淡黄棕色	重黏土	棱柱状	5.9	8.9	0.39	0.54	17.2	<1.0	118	12.5			
剖15	铁铝土	红壤	红土	酸性岩红壤		A	0—11	暗灰橙色	轻黏土	片状	4.6	30.1	1.12	1.00	18.6	2.0	142	17.7	酸性岩	E 119°16′32.6″ N 26°10′54.8″	95
						B	11—88	淡红棕色	轻黏土	块柱状	5.1	15.3	0.40	0.98	18.4	<1.0	104	15.8			
						C	88—150	淡黄棕色	中壤土	块柱状	5.0	2.9	0.10	0.55	34.7	<1.0	25	8.0			
剖16	人为土	水稻土	淹育水稻土	砂质田	潮砂田	A	0—13	淡灰色	砂质黏壤土	小块状	4.9	23.2	1.11	0.46	27.1	9.0	31	7.9	冲积物	E 119°18′52.7″ N 26°09′03.1″	95
						AP	13—19	淡灰色	砂质黏壤土	小块状	5.4	14.2	0.75	0.32	27.3	2.0	20	6.1			
						Cs	19—150	黄色	壤质砂土	单粒状	5.9		<0.10	<0.10	22.9	2.0	32	3.9			
剖17	铁铝土	红壤	红土	红泥土	灰红泥土	A	0—15	淡灰黄色	中壤土	小块状	5.0								酸性岩	E 119°22′20.1″ N 26°09′22.8″	95
						B	15—58	灰黄色	中壤土	柱状	6.0										
						D	58—100														
剖18	铁铝土	红壤	粗骨性红壤	酸性岩骨红壤		A	0—16	灰黄棕色	砂质壤土	块状	4.9	28.1	1.03	0.20	49.9	<1.0	48	7.8	酸性岩	E 119°21′13.9″ N 26°07′07.7″	93
						B	16—34	黑棕色	轻壤土	块状	4.9	11.8	0.39	0.21	47.6	1.0	33	7.8			
						D	34—150														
剖19	半水成土	潮土	灰潮土	乌砂土	乌泥砂土	A	0—20	暗黄色	中壤土	团粒状	7.8	49.8	2.06	2.75	27.8	34.0	47	14.0	湖相沉积物	E 119°15′16.1″ N 26°05′04.5″	75
						BA	20—30	暗棕色	中壤土	小块状	7.8	5.6	0.26	1.23	34.7	1.0	53	9.7			
						B	30—65	绿灰夹黄色	轻黏土	棱柱状	8.0	8.6	0.35	0.87	28.5	1.0	34	16.3			
						C	65—150	绿灰黄色	轻黏土	棱柱状	8.0	6.8	0.35	0.78	31.2	1.0	76	17.2			
剖20	铁铝土	红壤	红土	红泥土	灰红泥土	A	0—15	淡灰黄色	轻黏土	小块状	5.9	20.3	1.02	1.08	32.2	1.0	153	9.3	英安质晶屑凝灰熔岩	E 119°26′21.5″ N 26°05′26.2″	81
						B	15—58	灰灰黄色	中壤土	大块状	6.0	11.1	0.56	0.80	27.0	1.0	40	11.2			
						C	58—														
剖21	铁铝土	红壤	黄红壤	乌砂土	乌泥土	A	0—12	暗黄灰色	中壤土	小块状	5.2	65.9	3.07	0.56	24.9	3.0	107	21.4	湖相沉积物	E 119°23′39.9″ N 26°05′34.2″	96
						B	16—69	灰黄棕色	中壤土	棱柱状	5.3	39.2	1.86	0.53	22.5	<1.0	55	17.6			
						D	69—150	暗棕色	轻壤土	棱柱状	5.3	22.8	0.99	0.47	31.2	1.0	65	10.4			
剖22	半水成土	潮土	潴育水稻土	灰泥田		A	0—15	暗黄色	轻壤土	粒状	8.0	41.6				51.6	42	15.5	湖相沉积物	E 119°16′30.7″ N 26°02′53.3″	75
						B_1	15—45	淡黄黄色	中壤土	棱柱状	6.2	11.6	0.62	0.69	28.3	<1.0	28	14.0			
						B_2	45—105	绿灰色	中壤土												
						C	105—150	灰灰色	黏土												
剖23	人为土	水稻土	潜育水稻土	潮砂田		A	0—12	灰色	中壤土	小块状	6.0	37.3	1.97	1.63	26.5	4.0	51	11.5	淤积物或二元母质	E 119°21′20.5″ N 26°00′15.4″	95
						P	12—17	灰色	中壤土	块状	5.4	31.4	1.61	0.94	26.9	6.0	36	11.7			
						Wg	17—25	青灰色	中壤土	块状	5.4	24.3	1.21	0.91	27.4	4.0	27	13.3			
						W	25—70	黄灰色	中壤土	棱柱状	5.4	24.3	1.21	0.91	27.4	4.0	27	13.3			
						C	70—150	绿灰色	重黏土		6.2	11.6	0.62	0.69	28.3	<1.0	28	15.5			
剖24	半水成土	潮土	潮土			A	0—20	灰灰色	紧砂土	单粒状	6.6	5.0	0.22	0.48	30.2	8.0	20	2.9	河流冲积物	E 119°18′03.2″ N 26°01′34.9″	75
						C	20—150	灰黄色	紧砂土	单粒状	6.7	1.9	<0.10	0.44	24.7	<1.0	<5	1.4			
剖25	人为土	水稻土	渗育水稻土	砂质田	黄砂田	A	0—12	淡灰黄色	砂砂土	单粒状	5.3	21.1	1.06	0.81	34.3	2.0	21	6.6	冲积物	E 119°29′31.5″ N 26°03′56.6″	95
						C	12—150	黄棕色	砂砂土	单粒状	5.5	9.3	0.45	0.66	35.9	<1.0	33	6.2			

续表 Continued

剖面号 Soil profile	土纲 Soil order	土类 Soil great group	亚类 Soil subgroup	土属 Soil genus	土种 Soil species	土层码 Layer code	土层厚度 Depth/cm	颜色 Soil color	质地 Soil texture	土壤结构 Soil structure	pH	有机质 OM/(g/kg)	全氮 TN/(g/kg)	全磷 TP/(g/kg)	全钾 TK/(g/kg)	有效磷 AP/(mg/kg)	速效钾 AK/(mg/kg)	阳离子交换量 CEC/(cmol/kg)	土壤母质 Parent material	剖面点坐标 Profile coordinate	匹配指数 Matching index/%
剖26	人为土	水稻土	潴育水稻土	灰泥田		A	0—13	淡灰色	中壤土	小块状	5.7	38.4	2.37	1.06	34.1	9.0	41	9.2	淤积物或二元母质	E 119°16′46.0″ N 25°59′57.2″	95
						P	13—18	暗灰色	重壤土	块状	5.4	31.9	1.97	1.06	34.1	6.0	31	8.1			
						W	18—48	暗灰色	重壤土	柱状	5.4	28.5	1.40	0.83	34.2	2.0	20	9.8			
						G	48—150	青灰色	黏土		5.3	22.2	1.04	0.37	30.5	3.0	18	7.3			
剖27	人为土	水稻土	渗育水稻土	黄泥田	黄泥砂田	A	0—10	灰黄棕色	中壤土	小块状	5.1	21.0	1.31	1.12	11.5	6.0	14	8.6		E 119°23′19.8″ N 25°59′08.3″	95
						P	10—16	淡红棕色	中壤土	块状	5.4	10.8	0.67	1.04	10.3	4.0	10	3.8			
						W	16—56	淡红棕色	紧砂土	块状	5.9	7.8	0.47	1.16	11.3	5.0	10				
						C	56—150	淡红棕色	砂土												
剖28	人为土	水稻土	盐渍水稻土	盐斑田	轻盐斑田	A	0—14	灰色	轻黏土	小块状	5.5	28.5	1.38	0.71	26.1	4.0	156	25.6	海相沉积物	E 119°35′13.3″ N 26°05′11.6″	95
						P	14—19	灰色	轻黏土	块状	6.6	22.7	1.07	0.90	29.0	6.0	240	36.8			
						C	19—80	灰色	轻黏土	柱状	7.0	16.6	0.87	1.11	26.6	35.0	366	24.3			
						G	80—150	青蓝色	轻黏土		6.8	28.7	1.83	0.99	25.7	39.0	457	22.8			

长 乐 区

主要土类说明

红壤是长乐区主要土壤类型，占本区地域面积的46%。红壤系各种岩石风化的母质在潮湿亚热带生物气候条件下，经脱硅富铝化和生物富集过程形成的具有酸性反应的红色土壤。红壤土层较深厚，因成土母岩、母质的质地差异很大，一般较黏重，黏粒含量可达40%，表土中的黏粒有淋溶下淀现象，呈强酸性，不但有较强的活性酸，而且交换性铝含量高，潜性酸也很强，易造成磷的固定。红壤所处地带地势较高，缺水易旱；坡降大，易造成水土冲刷；在无植被覆盖的情况下，土壤的养分含量通常很低（一般有机质含量在1%左右，林下土壤可达2%—4.5%），所以，旱、酸、瘦、黏是红壤的一般特性。

水稻土是长乐区第二大土壤类型，占本区地域面积的35%，是本区的主要耕作土壤，面积大，分布广，遍及全区。水稻土是在人类的生产活动、水耕熟化过程中形成的特殊土壤，在排灌、耕作、施肥等措施影响下，土体内部的物质经过错综复杂的分解、转化、积累、淋淀等作用，在氧化与还原、有机质的合成与分解、复盐基与盐基淋溶、土壤黏粒的积累与淋失的交互作用下形成了各种类型的水稻土。根据成土母质、地形部位、水文状况等的不同，本区水稻土分为渗育型、潴育型、潜育型和盐渍型等亚类。

风沙土是长乐区第三大土壤类型，占本区地域面积的8%，遍布于潭头、梅花、文岭、湖南、漳港、文武砂、江田等乡镇（街道）的沿海一带。系发育于风积母质的沙性土壤。风沙土分选性好，全剖面都由均质性的细沙组成。由于成土时间短，发育十分微弱，但土壤剖面已经有初具雏形的表土层、母质层分化，耕作和固定的风沙土正处于稳定发展阶段。本区风沙土只有滨海风沙土一个亚类。

小于本区地域面积3%的土壤类型还有石质土、滨海盐土等。

本区域中心区气候特征

本区域中心区气候特征值
Regional climate characteristics in central area of the region

气候带：南亚热带湿润气候 Climate region: South subtropical humid climate	
年平均气温 /℃ Annual average temperature /℃	19.8
年平均最高气温 /℃ Annual average maximum temperature /℃	24.3
年平均最低气温 /℃ Annual average minimum temperature /℃	16.8
年降水量 /mm Annual precipitation /mm	1406
≥10℃的积温 /℃ Daily temperature accumulated in a year（≥10℃）/℃	6962
年日照时数 /h Annual sunshine /h	1629
年平均相对湿度 /% Annual average relative humidity /%	77
干燥度 Dryness	0.84

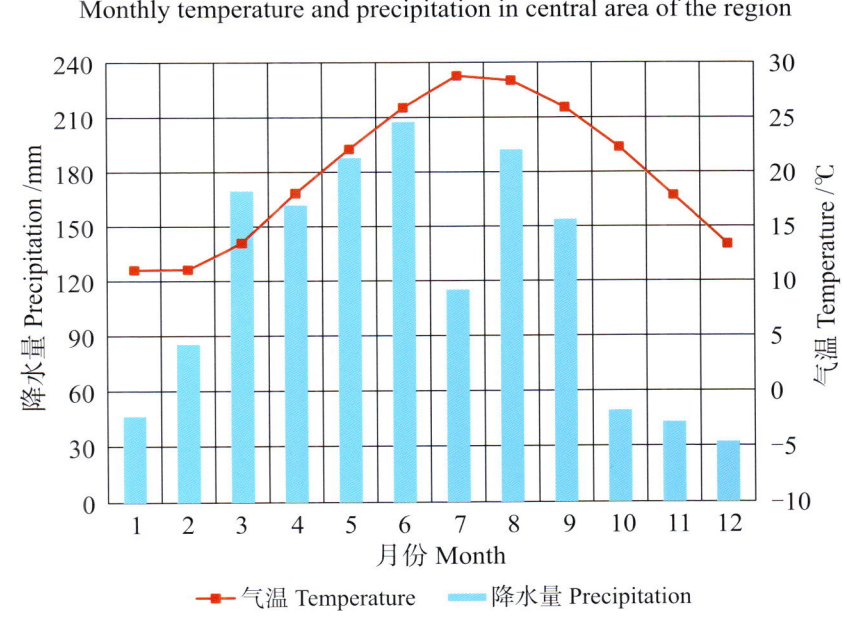

本区域中心区月平均气温与月平均降水量
Monthly temperature and precipitation in central area of the region

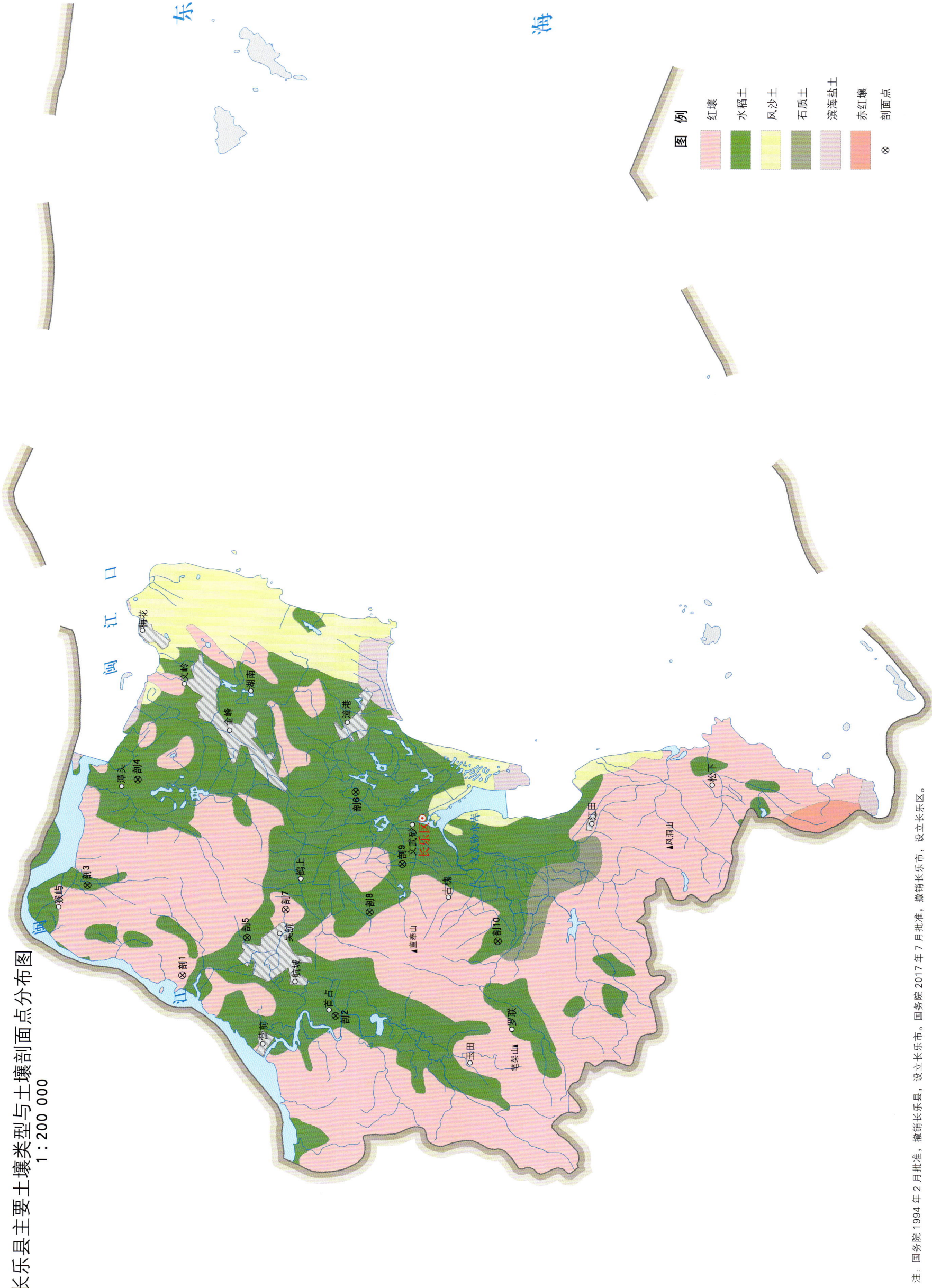

长乐县主要土壤类型与土壤剖面点分布图
1∶200 000

长乐区土壤剖面理化性状表

剖面号 Soil profile	土纲 Soil order	土类 Soil great group	亚类 Soil subgroup	土属 Soil genus	土种 Soil species	土层码 Layer code	土层厚度 Depth/cm	颜色 Soil color	质地 Soil texture	土壤结构 Soil structure	pH	有机质 OM/(g/kg)	全氮 TN/(g/kg)	全磷 TP/(g/kg)	全钾 TK/(g/kg)	碱解氮 AN/(mg/kg)	有效磷 AP/(mg/kg)	速效钾 AK/(mg/kg)	阳离子交换量 CEC/(cmol/kg)	土壤母质 Parent material	剖面点坐标 Profile coordinate	匹配指数 Matching index/%
剖1	铁铝土	红壤	红壤	中性岩红壤	薄中性岩红壤	A	0—16	棕褐色	重壤土	碎块状	5.9	17.7	0.80	0.34	7.4		1.0	86			E 119°29′52.5″ N 26°00′13.6″	75
						C	16—100	褐红色	重壤土	鳞片状	6.2	8.8	0.50	0.24	6.2		1.0	53	13.0			
剖2	人为土	水稻土	潴育水稻土	乌泥田		A	0—15	暗灰色	中壤土	核状	6.7	32.8	1.90	0.58	19.0		16.0	75	6.4	冲积物、海积物	E 119°28′33.7″ N 25°56′05.6″	95
						P	15—22	暗灰色	中壤土	块状	6.4	17.2	0.85	0.52	16.2		7.0	54	16.5			
						W_1	22—57	暗灰色	中壤土	柱状	6.5	12.3	0.79	0.54	17.9		5.0	24	9.2			
						W_2	57—100	暗灰色	重壤土	块状	6.6	11.7	0.69	0.62	19.0		1.0	14	5.5			
剖3	人为土	水稻土	盐渍水稻土	埭田	灰埭田	A	0—15		中壤土	块状	6.8	13.4	0.77	0.17	23.4		2.0	101	2.3	海相沉积物	E 119°32′44.6″ N 26°02′45.5″	75
						P	15—24		中壤土	块状	6.8	5.7	0.44	0.23	21.4		4.0	119	11.7			
						W	24—78		中壤土	棱柱状	6.8	4.7	0.47	0.33	24.6		19.0	194	6.7			
						C	78—100		重壤土	柱状	6.9	7.0	0.69	0.35	21.1		23.0	175	4.0			
剖4	人为土	水稻土	盐渍水稻土	埭田	砂埭田	A	0—11		中壤土		5.9	11.0	0.62	0.40	25.5		6.0	100		海相沉积物	E 119°35′59.9″ N 26°01′21.4″	75
						P	11—18			核状	6.6	5.8	0.36	0.14	21.8		4.0	95	3.6			
						W	18—66			块状	6.6	3.8	0.34	0.12	23.1		4.0	133	4.3			
						C	66—100	灰色			6.7	<1.0	<0.10	<0.10	24.9		5.0	114	2.4			
剖5	人为土	水稻土	潴育水稻土	灰泥田	灰泥田	A	0—14	暗黄色	重壤土	核状	5.8	24.5	1.23	0.40	19.0		4.2	24	10.6	冲积物、坡积物和海积物	E 119°31′01.1″ N 25°58′27.7″	95
						P	14—21	暗灰色	重壤土	块状	5.9	22.9	1.12	0.37	14.7		6.1	11	11.2			
						W	21—63	褐灰色	重壤土	棱柱状	6.0	12.8	0.76	0.41	12.7		4.1	114	17.1			
						C	63—100	暗灰色	中壤土	棱柱状	6.1	7.9	0.56	0.37	16.9		1.0	115	10.8			
剖6	人为土	水稻土	潜育水稻土	黄泥田	灰黄泥田	A	0—14	浅灰色	中壤土	屑块状		23.4	0.99	0.47	18.0		11.0	55	7.8	红壤坡积物	E 119°35′31.7″ N 25°55′28.4″	95
						P	14—21	浅灰色	重壤土	块状		17.6	0.82	0.17	11.0		5.0	9	10.0			
						W	21—79	灰灰色	重壤土	棱柱状		7.5	0.56	0.32	12.0		1.0	6	11.5			
						C	79—100	水黄色	重壤土	块状		3.9	0.24	0.17	21.7		1.0	9	8.6			
剖7	铁铝土	红壤	红土	红泥砂土	灰泥砂土	A	0—14	浅黄色	砂壤土	粒状	6.3	15.0	0.74	0.16	19.0	33	2.0	68		粗粒质红壤再积物	E 119°31′52.9″ N 25°57′24.2″	95
						B	14—64	棕黄色	中壤土	块状	6.2	9.0	0.56	0.13	14.7	54	1.0	29				
						C	64—100	棕红色	中壤土	块状	6.3	4.0	0.24	<0.10		18	1.0	34				
剖8	人为土	水稻土	潜育水稻土	青泥田	青泥田	A	0—15	灰色	中壤土	糊烂无结构	6.5	26.9	1.18	>10.00	30.0		72.0	15	2.7	冲积物、坡积物和海积物	E 119°31′46.5″ N 25°55′08.0″	95
						P	15—20	灰色	中壤土	柱状	6.5	25.0	0.46	>10.00	30.0		70.0	10	2.5			
						G	20—40	灰色	重壤土	糊烂无结构	6.6	20.2	0.25	0.50	30.0		70.0	83	2.0			
						C	40—100	棕黄色	中壤土	块状	6.6	8.8	0.23	0.29	10.0		64.0	12	<1.0			
剖9	人为土	水稻土	潴育水稻土	灰泥田	青底灰泥田	A	0—15	棕灰色	中壤土	屑块状	6.1	18.5	0.89	0.42	20.9		4.0	46	10.0	冲积物、坡积物和海积物	E 119°33′16.3″ N 25°54′14.5″	95
						P	15—24	灰色	中壤土	块状	6.5	18.2	0.98	0.41	18.2		4.0	56	11.4			
						W	24—41	灰黄色	重壤土	棱柱状	6.4	12.8	0.77	0.43	18.4		7.0	133	13.2			
						G	41—100	灰黄色	黏土	无结构	5.9	18.8	0.31	0.25	21.7		15.0	332	12.9			
剖10	人为土	水稻土	潜育水稻土	冷烂田	深脚烂泥田	A	0—59	青灰色	中壤土	糊烂无结构	6.0	32.1	1.30	0.78	13.8		3.0	11	4.9	红壤坡积物	E 119°30′48.8″ N 25°51′40.5″	95
						G	59—100	青灰色	中壤土	糊烂无结构	6.2	22.7	0.93	0.10	11.9		4.0	<5	6.6			

闽 侯 县

主要土类说明

红壤是闽侯县主要土壤类型，占本县地域面积的 75%。本县红壤分为红壤、黄红壤、粗骨性红壤、水化红壤等亚类。其中，红壤亚类占本土类面积的 70% 以上，分布于全县，以荆溪、甘蔗、上街、南屿、南通、祥谦等乡镇（街道）分布面积最大；多出现在海拔 600m 以下地区，但在海拔 1020m 地带也有局部分布，是本县面积最大、分布最广的一种土壤。成土母质主要为花岗岩、熔结凝灰岩、凝灰岩、石砾凝灰岩、石英正长斑岩、花岗闪长岩、英安岩、石英闪长岩等风化物。剖面主要特征：土壤全层呈红色，土层较厚，一般在 1—1.5m，腐殖质层多在 3—30cm，层次过渡较明显；质地因母岩不同而异，一般以轻壤、中壤居多，黏土较少；土壤呈酸性，pH 为 4.7—5.5；剖面构型为 A–B–C 和 A–C。黄红壤亚类占本土类面积的 15% 以上，除荆溪、甘蔗外，本县其他各乡镇（街道）山地均有分布，其中北部山地分布面积较大，主要分布在海拔 600—1140m 地区，在高海拔地带多出现在山坡下部或山脊部；脱硅富铝化过程较红壤弱，土体中铁、铝含量稍低，硅铝率为 2.5—3.5，黏粒含量较红壤低。表土层呈棕黄色或黄棕色，而心土层仍为黄红色。剖面主要特征：枯枝落叶层厚 1—2cm，腐殖质层厚 10—15cm，表土呈棕黄色，土层一般都比较厚，多在 1.5m 以上；质地为中壤或重壤。粗骨性红壤亚类主要分布于海拔 100—800m 的上街、南屿、南通、祥谦、竹岐、廷坪等地，多出现在陡坡、山顶以及山脊，是在地形陡峭、岩石裸露、植被稀疏、环境恶劣的情况下形成的。剖面主要特征：土壤颜色常带有母岩的本色，因此剖面颜色差异较大；无枯枝落叶层，腐殖质层薄，一般为 11cm；质地为中壤。水化红壤亚类分布少，主要分布在海拔 200—700m 的竹岐、上街等乡镇，多出现于低山中下部、高丘山脚、山洼处；由于所处地势低，土壤水分充足，水热条件优越，植被覆盖好，生物积累多，土壤中氧化铁长期处于水化状态。全剖面呈红黄色、棕黄色；枯枝落叶层厚 2—3cm，腐殖质层厚 15—28cm；质地多为中壤。

水稻土是闽侯县第二大土壤类型，占本县地域面积的 16%。水稻土是在各种母质的自然土壤上经人为长期淹水种稻，土壤发生氧化与还原、盐基淋溶与复盐基、有机质分解与合成、黏粒淋失与堆积等作用，从而形成的具有耕作层、犁底层、渗育层等基本发生层次的泛域性土壤类型。由于地下水影响，有的水稻土还可出现斑淀层（有明显铁锈斑或铁锰结核）、漂洗层（铁锰及粉粒被还原淋失）、潜育层（即青泥层或还原层）等诊断层次。本县水稻土分为潴育型、渗育型、潜育型和漂洗型等亚类。

小于本县地域面积 3% 的土壤类型还有黄壤、紫色土、新积土等。

本区域中心区气候特征

本区域中心区气候特征值
Regional climate characteristics in central area of the region

气候带：南亚热带湿润气候 Climate region: South subtropical humid climate	
年平均气温 /℃ Annual average temperature /℃	19.7
年平均最高气温 /℃ Annual average maximum temperature /℃	24.4
年平均最低气温 /℃ Annual average minimum temperature /℃	16.5
年降水量 /mm Annual precipitation /mm	1457
≥10℃的积温 /℃ Daily temperature accumulated in a year（≥10℃）/℃	7002
年日照时数 /h Annual sunshine /h	1631
年平均相对湿度 /% Annual average relative humidity /%	77
干燥度 Dryness	0.80

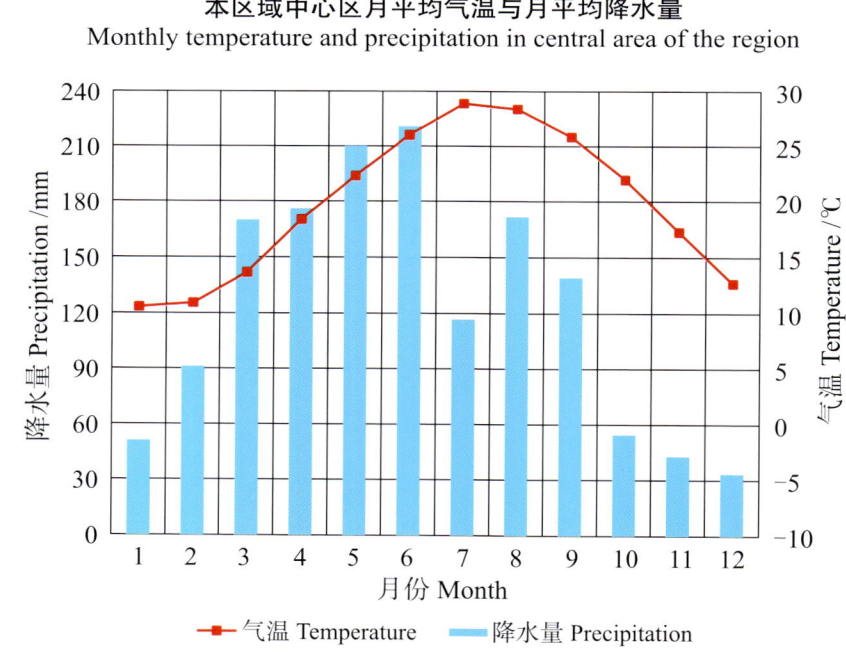

本区域中心区月平均气温与月平均降水量
Monthly temperature and precipitation in central area of the region

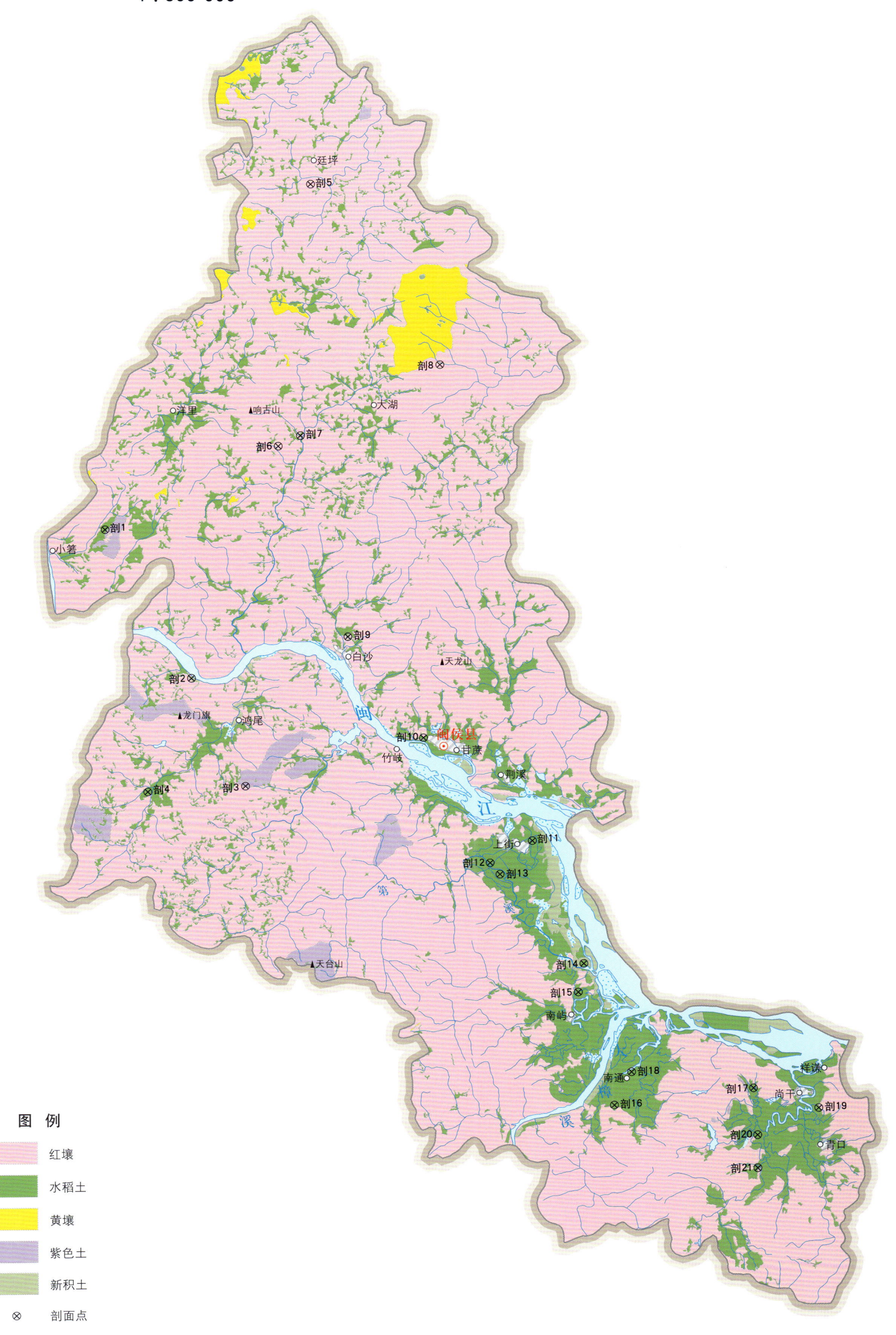

闽侯县土壤剖面理化性状表

剖面号 Soil profile	土纲 Soil order	土类 Soil great group	亚类 Soil subgroup	土属 Soil genus	土种 Soil species	土层码 Layer code	土层厚度 Depth/cm	颜色 Soil color	质地 Soil texture	土壤结构 Soil structure	pH	有机质 OM/(g/kg)	全氮 TN/(g/kg)	全磷 TP/(g/kg)	全钾 TK/(g/kg)	碱解氮 AN/(mg/kg)	有效磷 AP/(mg/kg)	速效钾 AK/(mg/kg)	阳离子交换量CEC/(cmol/kg)	土壤母质 Parent material	剖面点坐标 Profile coordinate	匹配指数 Matching index/%
剖1	人为土	水稻土	渗育水稻土	黄泥砂田	黄泥砂田	A	0—13	黄灰色	砂壤土	小块状	6.1	12.8	0.63	0.44	31.5	>500	23.0	94			E 118°54′30.1″ N 26°17′24.3″	95
						P	13—16	黄灰色	砂壤土	块状												
						W	16—27	黄灰色	砂壤土	块状												
						C	27—80	黄色	砂壤土	块状												
剖2	初育土	新积土	冲积土	潮土	潮泥土	A	0—20	暗黄褐色	砂壤土	单粒状	5.9	4.6	0.29	0.35	16.9		10.0	49		冲积物	E 118°57′54.0″ N 26°11′43.9″	75
						(B)	20—46	黄褐色	砂壤土	粒状	6.0	4.4	0.26	0.13	18.3		1.0	65				
						C	46—100	黄褐色	砂壤土	单粒	5.1	4.1	0.29	0.22	18.2		2.0	43				
剖3	初育土	紫色土	酸性紫色土	凝灰岩酸性紫色土		A	0—13	暗紫色	砂壤土	粒状	4.8	45.5	2.02			290	2.0	150		凝灰岩	E 118°59′59.5″ N 26°07′37.3″	97
						B₁	13—52	紫红色	中壤土	块状												
						B₂	52—120	紫红色	中壤土	块状												
剖4	人为土	水稻土	渗育水稻土	黄泥田	红泥土	A	0—15	暗黄色	中壤土	小块状	5.5	32.0	1.63	0.62		224	21.0	60			E 118°56′02.1″ N 26°07′27.7″	95
						P	15—21	暗黄色	中壤土	柱状	5.7	13.7	1.10	0.58		118	2.0	30				
						W₁	21—48	黄黄色	中壤土	柱状	6.0		0.82	0.38								
						W₂	48—82	灰黄色	重壤土													
剖5	铁铝土	红壤	耕作红壤	红泥土	红泥土	A	0—13	灰红色	重壤土	小块状	5.0	20.3	0.79	0.12	23.0	95	<1.0	74		酸性岩	E 119°03′03.8″ N 26°30′19.6″	93
						B	16—36	褐红色	中壤土	块状	5.3	12.2	0.54	<0.10	18.6	50	<1.0	44				
						C	36—100	红色	中壤土	块状	5.7	7.9	0.39	<0.10	25.3	40	<1.0	56				
剖6	铁铝土	红壤		酸性岩红壤		Ao	0—3															98
						A₁	3—18	暗棕色	中壤土	粒状	4.8	25.8	1.82	0.68	30.1	108	2.0	100			E 119°01′34.6″ N 26°20′26.7″	
						A₃	18—25	棕色	中壤土	小块状	4.9	11.4	0.59	0.50	32.4	99	2.0	85				
						B₁	25—62	棕黄色	中壤土	大块状	5.1	19.2	0.59	0.34	29.5	75	2.0	105				
						B₂	62—125	红棕色	中壤土	块状	5.4	14.5	0.29			62		65				
剖7	人为土	水稻土	潜育水稻土	冷浸田	冷水田	A	0—18	深灰色	中壤土	块状	5.9	45.9	3.23			189	16.5	25			E 119°02′29.2″ N 26°20′50.0″	95
						P	18—26	深灰色	中壤土	块状	5.8	17.8	0.85			101	7.0	20				
						G	26—80	青灰色	中壤土	大块状	5.5	29.7	0.78			123	2.0	20				
剖8	铁铝土	红壤	水化红壤	堆积水化红壤		A₁	0—12	浅黄色	中壤土	粒状											E 119°08′11.1″ N 26°23′25.0″	93
						A₃	12—23	灰黄色	中壤土	块状												
						B₁	23—54	棕褐色	中壤土	块状												
						B₂	54—120	棕黑色	中壤土	大块状												
剖9	人为土	水稻土	潜育水稻土	灰泥田	砂底灰泥田	A	0—13				6.1	28.1	1.62	0.40	29.2	132	1.0	63	12.1	冲积物、洪积物	E 119°04′15.7″ N 26°13′11.5″	95
								灰色	粉砂质黏壤土	小块状	6.5	21.7	1.21	0.35	29.1	98	1.0	61	10.4			
								灰色	粉砂质黏壤土	块状	6.4	13.5	1.15	0.30	28.2	92	<1.0	94	11.6			
剖10	人为土	水稻土	潜育水稻土	潮泥田	闽侯灰泥田	Aa		灰色	粉砂质黏壤土	块柱状	6.4	30.5	2.03	0.17	21.2		8.0	65	12.9	冲积物	E 119°07′13.8″ N 26°09′20.5″	95
						B₁	13—21	灰色	粉砂质黏壤土	块柱状	6.8	20.1	1.13	0.16	22.7		4.5	58	10.4			
						B₂	21—45	灰橄榄色	粉砂质黏壤土	棱柱状	6.2	8.3	0.62	<0.10	22.2		4.0	52	11.6			
						W	45—115	灰橄榄色	粉砂质黏壤土	块状	6.9	6.8	0.41	<0.10	16.6		3.0	55	12.9			
						C	115—	淡黄色	粉砂质黏壤土	块状	7.3	3.3	0.38	<0.10	16.8		1.0	54	24.6			
剖11	人为土	水稻土	潜育水稻土	潮泥田	南屿乌泥田	Aa	0—15	灰色	粉砂质黏壤土	核块状	5.3	37.3	1.87	0.27	15.9		15.0	81	10.0	冲积物	E 119°11′33.2″ N 26°05′20.2″	95
						B₁	15—31	灰色	粉砂质黏壤土	块状	5.9	17.5	0.84	0.21	15.0		12.0	71	11.0			
						B₃	31—40	灰色	粉砂质黏壤土	棱柱状	6.0	13.1	0.67	0.19	16.4		3.0	56	11.2			
						W	40—120	灰色	粉砂质黏壤土	棱柱状	6.0	9.3	0.54	0.18	16.0		4.0	81	11.4			

续表 Continued

剖面号 Soil profile	土纲 Soil order	土类 Soil great group	亚类 Soil subgroup	土属 Soil genus	土种 Soil species	土层码 Layer code	土层厚度 Depth/cm	颜色 Soil color	质地 Soil texture	土壤结构 Soil structure	pH	有机质 OM/(g/kg)	全氮 TN/(g/kg)	全磷 TP/(g/kg)	全钾 TK/(g/kg)	碱解氮 AN/(mg/kg)	有效磷 AP/(mg/kg)	速效钾 AK/(mg/kg)	阳离子交换量CEC/(cmol/kg)	土壤母质 Parent material	剖面点坐标 Profile coordinate	匹配指数 Matching index/%
剖12	人为土	水稻土	潴育水稻土	灰泥田	砂格灰泥田	A	0—11	暗灰色	中壤土	小块状										冲积物、洪积物	E 119°09′49.2″ N 26°04′31.1″	81
						P	11—26	暗灰色	中壤土	块状												
						W	26—70	浅灰色	砂壤土	粒状												
剖13	人为土	水稻土	潴育水稻土	乌泥田	南屿乌泥田	A	0—15	深灰色	黏壤土	小块状	5.3	37.3	1.57	0.62	19.2					河流冲积物	E 119°10′12.3″ N 26°04′04.6″	81
						AP	15—21	深灰色	壤质黏土	块状	5.9	17.5	0.84	0.49	18.1							
						P	21—40	灰色	壤质黏土	中棱柱状	6.0	13.1	0.67	0.44	19.7							
						W(g)	40—120	灰色	壤质黏土	大棱柱状	6.0	9.3	0.54	0.41	19.3							
剖14	人为土	水稻土	潴育水稻土	潮砂田		A	0—13	灰色	砂壤土	小块状	5.8	24.5	1.63	0.35	18.5					河流冲积物	E 119°13′31.0″ N 26°00′39.2″	95
						AP	13—20	棕黄色	砂壤土	块状	6.1	14.8	0.90	0.35	18.2							
						W	20—45	黄灰色	砂壤土	块状	6.8	4.1	0.32	0.17	18.0							
						Cs	45—100	暗黄黄色	壤质砂土		7.0	2.9	0.22	0.20	18.6							
剖15	人为土	水稻土	潴育水稻土	灰泥田		A	0—13	灰色	黏壤土	小块状	6.4	30.5	2.03	0.38	25.6					冲积物	E 119°13′16.5″ N 25°59′35.2″	82
						AP	13—21	灰色	壤质黏土	块状	6.8	20.1	1.13	0.36	27.4							
						P	21—45	棕灰色	壤质黏土	中棱柱状	6.2	8.3	0.62	0.17	26.8							
						W	45—115	灰灰色	黏土	中棱柱状	6.9	6.8	0.41	0.13	19.8							
						C	115—	黄灰色	黏土		7.3	3.3	0.38	0.16	20.2							
剖16	人为土	水稻土	潴育水稻土	灰泥田		A	0—12	灰色	黏壤土	小块状	5.3	30.8	1.36	0.25	31.2	135	1.0	40		冲积物、洪积物	E 119°14′37.9″ N 25°55′17.9″	95
						Wg	12—31	灰青色	壤质黏土		6.2	26.3	0.75	0.31	29.3	111	1.0	38				
						W₁	31—36	棕灰色	壤质黏土		6.6	15.6	0.66	0.21	32.8	61	<1.0	24				
						W₂	36—80	褐灰色	黏土		5.5	17.3	0.69	0.32	29.1	142	3.0	127				
剖17	人为土	水稻土	渗育水稻土	紫泥田	紫泥田	A	0—12	紫色	中壤土	小块状										紫色砂页岩风化物	E 119°20′15.5″ N 25°55′49.9″	95
						P	12—19	紫色	中壤土	块状												
						W	19—39	紫色	中壤土	柱状												
						C	39—75		中壤土	柱状												
剖18	人为土	水稻土	潴育水稻土	灰泥田	灰黄泥田	A	0—12	灰色	重壤土	小块状	5.5	29.1	1.21	0.26	32.0	113	2.0	21		冲积物、洪积物	E 119°15′20.7″ N 25°56′32.3″	95
						P	12—23	灰色	重壤土	柱状	6.4	11.6	0.53	0.28	31.5	50	<1.0	51				
						W₁	23—36	褐灰色	中壤土	柱状	6.8	14.9	0.41	0.29	34.0	43	<1.0	65				
						W₂	36—80	暗黄色	中壤土	小块状	6.6	30.6	1.27	0.70	17.8	99	16.0	116				
剖19	人为土	水稻土	潴育水稻土	黄泥田		A	0—13	褐灰色	中壤土	块状	6.9	17.8	0.50	0.46	19.1	50	6.0	19			E 119°22′52.1″ N 25°55′01.5″	95
						P	13—20	浅灰色	中壤土	柱状	6.7	9.4	0.46	0.17	18.6	42	<1.0	21				
						W₁	20—44	暗黄色	中壤土	小块状	5.7	29.8	1.72	0.74	38.4	155	22.0	40				
剖20	人为土	水稻土	漂洗水稻土	白鳝泥田	白鳝泥田	A	0—12	深灰色	重壤土	小块状	6.5	7.1	0.44	1.82	32.0	35	<1.0	6			E 119°15′22.5″ N 25°54′03.5″	95
						P	12—22	灰白色	中壤土	块状	6.4	5.1	0.43	0.19	32.3	34	<1.0	6				
						E₁	22—32	黄白色	中壤土													
						E₂	32—60	黄色	中壤土													
						C	60—100	黄色	重壤土													
剖21	人为土	水稻土	渗育水稻土	黄泥田	黄泥田	A	0—13	暗灰色	中壤土	小块状	5.5	19.4	1.03	0.27	31.1	176	3.0	25			E 119°20′21.2″ N 25°52′49.6″	95
						P	13—20	褐灰色	中壤土	块状	5.8	14.0	0.48	0.20	29.3	122	2.0	15				
						W₁	20—44	褐灰色	中壤土	柱状												
						W₂	44—75	浅黄色	中壤土	柱状	5.5	9.9	0.47	0.16	30.3	112	2.0	15				

连 江 县

主要土类说明

　　红壤是连江县主要土壤类型，占本县地域面积的73%。红壤是本县的地带性土壤，分布甚广，全县的山地、丘陵均有分布。本县处于华南红壤、赤红壤区内，中低山、丘陵地貌为红壤的形成提供了基础条件。在湿热的亚热带气候下，土壤发生脱硅富铝化，硅酸盐发生强烈分解，释放出的盐基物质和硅酸被大量淋失。随着盐基的不断淋溶，风化层变为酸性，当达到一定程度的酸性后，铁铝氧化物开始溶解，并随土壤水的运动而移动，在干湿交替过程中脱水淀积，使土体呈现鲜红色。茂盛的亚热带植被又为红壤的形成增加了生物富集过程。因此，红壤的形成就是在亚热带高温多雨的气候条件下，脱硅富铝化和生物富集两个过程长期作用的结果。红壤土层深厚，呈碎块状或竖鳞片状结构，质地黏重，小于0.001mm的黏粒含量一般在20%以上，具有明显的红色或橙黄色淀积层，淋溶、淀积作用较明显。本县红壤成土母质主要为火山岩和花岗岩风化物，土壤呈酸性。土壤剖面层次一般为腐殖质层、淀积层和母质层；或者只有腐殖质层和母质层，剖面构型为A-C。根据成土过程中发育阶段性的差异和不同的附加成土过程，本县红壤分为红壤、粗骨性红壤、黄红壤和红土四个亚类。

　　水稻土是连江县第二大土壤类型，占本县地域面积的17%。水稻土是本县面积最大、分布最广的耕作土壤，从沿海平原到海拔数百米的山区均有分布。但主要集中分布于东部滨海平原、冲积平原和中、西部的山间盆地和山垅谷地。水稻土是在淹水种植水稻条件下，经氧化还原交替作用的水耕熟化过程而形成的具有特有剖面特征的土壤。其主要特点是氧化还原作用明显、腐殖质累积丰富、黏粒淋失作用强烈、复盐基和盐基淋溶现象同时存在。它既反映了不同生物气候带和起源土壤的特征，又受人为耕作活动的深刻影响，是自然因素和人为干预双重作用的产物。水稻土起源土壤复杂多种，包括红壤、潮土、风沙土和盐土。母质有坡积物、冲积物和海积物等。这些不同的母质对水稻土的形成发育具有深刻的影响，它不仅决定了水稻土的类型，也对其理化特性和肥力水平有不同程度的影响。本县水稻土根据水型不同，划分为渗育型、潴育型、潜育型和盐渍型四个亚类。

　　小于本县地域面积3%的土壤类型还有粗骨土、石质土、滨海盐土等。

本区域中心区气候特征

本区域中心区气候特征值
Regional climate characteristics in central area of the region

气候带：南亚热带湿润气候 Climate region: South subtropical humid climate	
年平均气温 /℃ Annual average temperature /℃	19.6
年平均最高气温 /℃ Annual average maximum temperature /℃	24.1
年平均最低气温 /℃ Annual average minimum temperature /℃	16.6
年降水量 /mm Annual precipitation /mm	1445
≥10℃的积温 /℃ Daily temperature accumulated in a year (≥10℃) /℃	6858
年日照时数 /h Annual sunshine /h	1628
年平均相对湿度 /% Annual average relative humidity /%	77
干燥度 Dryness	0.82

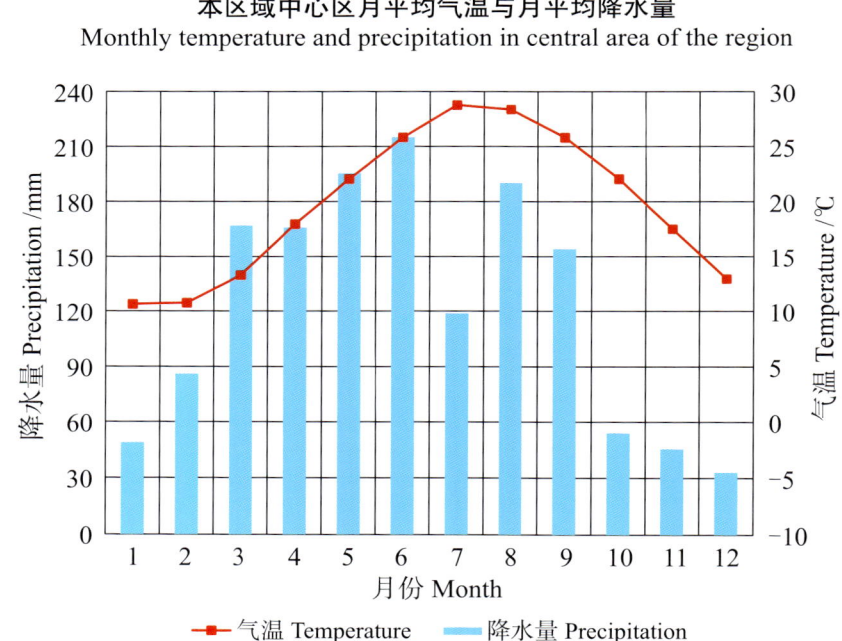

本区域中心区月平均气温与月平均降水量
Monthly temperature and precipitation in central area of the region

连江县主要土壤类型与土壤剖面点分布图

1∶410 000

图例

红壤	
水稻土	
粗骨土	
石质土	
滨海盐土	
风沙土	
潮土	
⊗ 剖面点	

第二编　福建省分县土壤图与土壤剖面数据 | 049

连江县土壤剖面理化性状表

剖面号 Soil profile	土纲 Soil order	土类 Soil great group	亚类 Soil subgroup	土属 Soil genus	土种 Soil species	土层码 Layer code	土层厚度 Depth/cm	颜色 Soil color	质地 Soil texture	土壤结构 Soil structure	pH	有机质 OM/(g/kg)	全氮 TN/(g/kg)	全磷 TP/(g/kg)	全钾 TK/(g/kg)	碱解氮 AN/(mg/kg)	有效磷 AP/(mg/kg)	速效钾 AK/(mg/kg)	阳离子交换量CEC/(cmol/kg)	土壤母质 Parent material	剖面点坐标 Profile coordinate	匹配指数 Matching index/%
剖1	人为土	水稻土	潜育水稻土	青泥田	青脚泥田	A	0—13	浅灰色	中壤土	核状	5.6	50.9	2.30	0.80	13.8	209	11.0	148			E 119°28′18.6″ N 26°23′17.5″	75
						P	13—19	暗灰色	重壤土	块状	5.6	35.3	1.70	0.40	15.5	132	1.0	40				
						G	19—	青灰色	重壤土	块状	5.6	46.1	2.00	0.60	14.7	120	2.0	39				
剖2	人为土	水稻土	潜育水稻土	冷烂田	浅脚烂泥田	A	0—20	灰色	重壤土	糊烂无结构	5.3	24.1	1.60	0.40	16.8	107	<1.0	82			E 119°29′02.3″ N 26°22′35.2″	95
						G	20—	青灰色	重壤土	糊烂无结构	5.3	22.9	1.40	0.30	17.2	107	<1.0	93				
剖3	铁铝土	红壤		酸性岩红壤		A	0—9	灰黄色	中壤土	块状	5.5	14.5				74	<1.0	150		酸性岩	E 119°23′29.8″ N 26°21′34.6″	95
						B	9—12	浅红色	中壤土	块状	5.6	11.6				66	<1.0	76				
						C	12—	黄红色	中壤土	块柱状	5.4	7.8				42	<1.0	44				
剖4	人为土	水稻土	潜育水稻土	潮砂田	乌砂田	A	0—15	深灰色	轻壤土	核状	5.4	24.5	1.30	0.70	22.1	122	7.0	46		冲积物	E 119°32′27.1″ N 26°20′31.4″	95
						P	15—23	灰色	中壤土	棱柱状	5.7	11.8	0.70	0.60	25.5	68	3.0	33				
						W$_1$	23—57	棕灰色	中壤土	棱柱状	5.7	4.6	0.40	0.50	26.3	38	2.0	32				
						W$_2$	57—77	青灰色	中壤土	棱柱状	5.7	23.8	0.40	0.40	23.8	28	13.0	40				
						C	77—	青灰色	中壤土	块状												
剖5	人为土	水稻土	盐渍水稻土	埭田	乌埭田	A	0—17	暗灰色	重壤土	核块状	5.9	39.4	2.30	0.40	23.2	214	1.4	48		海相沉积物	E 119°38′12.7″ N 26°22′48.2″	95
						P	17—23	灰色	重壤土	块状	5.8	32.5	2.20	0.30	23.4	17	<1.0	46				
						W$_1$	23—55	浅灰色	重壤土	棱柱状	5.8	10.1	0.60	0.20	26.3	19	<1.0	123				
						W$_2$	55—73	青灰色	重壤土	棱柱状	6.0	9.8	0.60	0.20	27.1	101	<1.0	151				
						C	73—	青灰色	中壤土	块状												
剖6	铁铝土	红壤	粗骨性红壤	酸性岩粗骨红壤		A	0—9	灰黄色	中壤土	粒状	5.1	20.8	0.60			79	2.6	146		酸性岩	E 119°35′20.0″ N 26°17′03.6″	93
						B	9—25	红黄色	中壤土	块状	5.5	10.9	1.00			49	<1.0	91				
						C	25—	红黄色	中壤土	块状	6.4	3.6	0.40			27	<1.0	88				
剖7	铁铝土	红壤	红土	红泥土	灰红泥土	A	0—17	暗黄色	中壤土	粒状	5.5	15.4				68	32.0	32			E 119°30′49.0″ N 26°13′21.2″	95
						B	17—32	浅黄色	重壤土	块状	5.3	7.9				49	5.3	54				
						C	32—	棕黄色	重壤土	块状	5.1	6.9				41	<1.0	47				
剖8	人为土	水稻土	渗育水稻土	黄泥田	灰黄泥田	A	0—10	黄灰色	中壤土	核状	5.3	16.2	1.10			103	2.5	57			E 119°33′44.4″ N 26°14′26.9″	95
						P	10—18	浅灰色	中壤土	块状	5.4	11.2	0.80			72	<1.0	34				
						W	18—39	灰黄色	中壤土	块状	5.6	5.1	0.40			41	<1.0	34				
						C	39—	黄色	中壤土	块状	5.5	4.2	0.50			33	<1.0	49				

罗 源 县

主要土类说明

红壤是罗源县主要土壤类型，占本县地域面积的 81%，分布于全县各乡镇海拔 800m 以下的低山、丘陵。所处环境水量充沛，热量丰富，在潮湿的中亚热带生物气候条件下，土壤经脱硅富铝化过程，硅和盐基淋失，铁铝氧化物明显聚集，土壤呈酸性或强酸性，由于有大量游离氧化铁，土体呈深红色、浅红色或红棕色，剖面构型为 A-B-C 或 A-C。根据母岩类型、成土条件和肥力特性，本县红壤分为红壤、黄红壤、粗骨性红壤、红土和水化红壤五个亚类。

水稻土是罗源县第二大土壤类型，占本县地域面积的 16%，广泛分布于全县各乡镇各地貌单元，主要集中于溪河两岸、山坡谷地、低丘和海滨小平原上。水稻土是在长期人为淹灌、耕作、施肥、轮作等种植水稻的农业措施综合影响下而发育形成的一类耕作土壤。在季节性淹水耕作或水旱轮作交替过程中，土壤进行着氧化与还原、有机质的分解与合成、盐基淋溶与复盐基、黏粒的聚积与淋淀等作用，其剖面形态发生深刻变化，使水稻土具有独特的形态特征和农业生产特性。由于分布的地形部位、种植水稻时间长短和人为耕作条件的不同，土壤熟化程度亦有明显差异。根据成土过程的不同水型，本县水稻土分为渗育型、潴育型、潜育型和盐渍型等亚类。其中，渗育水稻土和潴育水稻土面积较大，其次为潜育水稻土和盐渍水稻土，占比不到本土类面积的 10%。

小于本县地域面积 3% 的土壤类型还有黄壤等。

本区域中心区气候特征

本区域中心区气候特征值
Regional climate characteristics in central area of the region

气候带：中亚热带湿润气候 Climate region: Subtropical humid climate	
年平均气温 /℃ Annual average temperature /℃	19.4
年平均最高气温 /℃ Annual average maximum temperature /℃	24.1
年平均最低气温 /℃ Annual average minimum temperature /℃	16.3
年降水量 /mm Annual precipitation /mm	1509
≥10℃的积温 /℃ Daily temperature accumulated in a year（≥10℃）/℃	6801
年日照时数 /h Annual sunshine /h	1645
年平均相对湿度 /% Annual average relative humidity /%	78
干燥度 Dryness	0.78

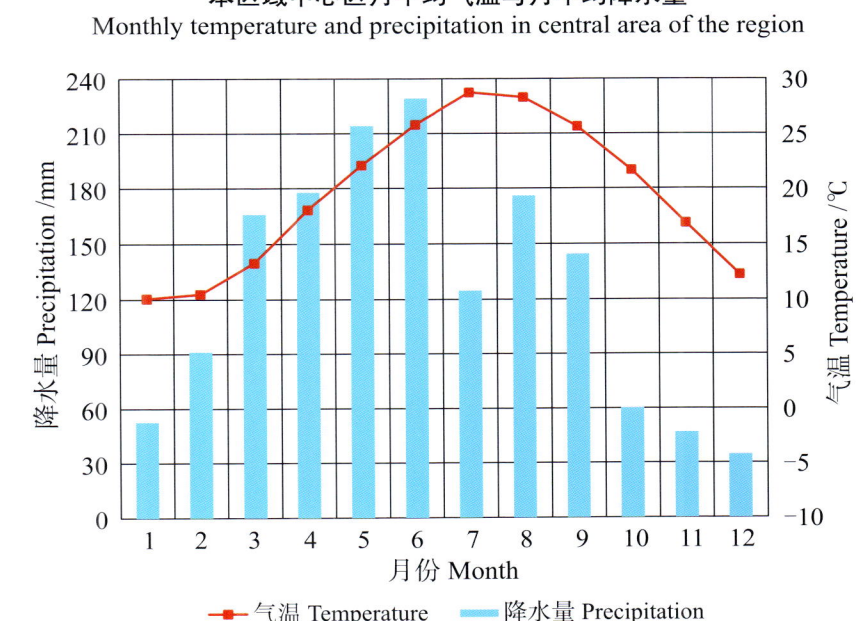

本区域中心区月平均气温与月平均降水量
Monthly temperature and precipitation in central area of the region

罗源县主要土壤类型与土壤剖面点分布图
1∶240 000

图 例

红壤
水稻土
黄壤
紫色土
潮土
石质土
粗骨土
滨海盐土
剖面点

罗源县土壤剖面理化性状表

剖面号 Soil profile	土纲 Soil order	土类 Soil great group	亚类 Soil subgroup	土属 Soil genus	土种 Soil species	土层码 Layer code	土层厚度 Depth/cm	颜色 Soil color	质地 Soil texture	土壤结构 Soil structure	pH	有机质 OM/(g/kg)	全氮 TN/(g/kg)	全磷 TP/(g/kg)	全钾 TK/(g/kg)	有效磷 AP/(mg/kg)	速效钾 AK/(mg/kg)	阳离子交换量 CEC/(cmol/kg)	土壤母质 Parent material	剖面点坐标 Profile coordinate	匹配指数 Matching index/%
剖1	铁铝土	红壤	红壤	酸性岩侵蚀红壤		A	0–11	灰红浅黄色	砂质	粒状	5.2	22.9	0.84			1.0	210		酸性岩	E 119°14′31.7″ N 26°30′40.7″	97
剖2	铁铝土	黄壤	黄壤	黄泥土	黄泥土	B	11–61	浅黄色	轻壤土	小块状	5.2	20.1	0.54			<1.0	180				97
						A	0–18	黄灰色	中黏土	碎块状	6.8	21.6	0.84	1.23	10.6	5.0	161	7.4	红土壤坡积物或沉积物	E 119°08′19.5″ N 26°30′48.2″	
						C	18–65	红黄色	轻黏土	块状	6.3	17.6	0.67	0.96	12.5	1.0	61				
剖3	人为土	水稻土	潜育水稻土	冷烂田	深脚烂泥田	A	0–45	红色	中壤土	无结构	4.5	36.5	1.04	0.97	13.4	6.0	31	9.8		E 119°09′07.2″ N 26°30′19.0″	97
						G	45–100	暗黄色	中壤土	无结构	5.5	50.0	1.24	0.38	12.6	<1.0	31				
剖4	铁铝土	红壤	红壤	酸性岩红黄壤		A	0–28	浅黄色	砂壤土	小粒状	5.1	22.8	0.97			1.0	108			E 119°10′36.2″ N 26°32′27.2″	97
						B_1	28–64	浅黄红色	轻壤土		5.1	12.5	0.65			<1.0	173				
						B_2	64–92	灰白色	中壤土		5.2	2.8	0.23			<1.0	186				
剖5	人为土	水稻土	潜育水稻土	冷烂田	冷水田	A	0–25	暗黄色	重黏土	块状	4.8	68.3	3.29	1.46	11.8	1.0	41	8.7	坡积物	E 119°10′33.9″ N 26°31′24.3″	97
						P	25–33	暗灰色	重黏土	块状	5.0	67.9	3.16	0.83	12.7	1.0	<5				
						G	33–100	灰白色	轻壤土	无结构	4.4	78.1	3.54	0.80	13.9	5.0	29				
剖6	铁铝土	红壤	红壤	中性岩红壤		A	0–30	浅黄色	中壤土	粒状	5.1	14.1	0.94			1.0	214			E 119°13′57.1″ N 26°25′15.4″	97
						B	30–100	黄红色	轻壤土	小团块状	5.1	12.5	0.75	0.90	35.2	<1.0	203				
剖7	人为土	水稻土	渗育水稻土	砂质田	砂泥田	A	0–23	浅黄色	轻壤土	无结构	5.4	18.4	0.92	0.97	30.3	6.0	94	3.1		E 119°24′34.2″ N 26°35′01.7″	97
						Csa	23–100	浅灰色	中壤土	无结构	5.5	5.3	0.18			3.0	85				
剖8	铁铝土	红壤	红壤	红泥砂土	灰红泥砂土	A	0–18	褐灰色	中壤土	粒状	5.8	23.8	1.08	1.11	21.6	32.0	96	8.7	花岗岩风化物	E 119°15′09.8″ N 26°30′04.0″	95
						B	18–38	黄灰色	中壤土	碎块状	4.9	17.4	0.84	1.04	21.3	6.0	60				
						C	38–70	灰黄色	中壤土	块状	4.9	11.3	0.53	0.96	25.1	2.0	97				
剖9	铁铝土	红壤	黄红壤	酸性岩黄红壤		A	0–17	黄红色	中壤土	粒状	4.9	26.1	1.31			1.0	210	9.6	花岗岩风化残积物	E 119°25′08.7″ N 26°34′36.6″	97
						B	17–150	灰灰色	重壤土	小团块状	4.9	16.0	0.70			1.0	187				
剖10	人为土	水稻土		白土田	白底田	A	0–13	灰色	重壤土	块状	5.0	32.7	1.14	0.89	17.3	9.0	<5	13.0		E 119°28′55.4″ N 26°34′23.0″	97
						P	13–20	灰色	重壤土	块状	5.6	31.3	0.88		18.5	4.0	21				
						E	20–47	灰白色	重壤土	无结构	5.7	26.8	0.71		15.7	<1.0	11				
						C	47–100	黄白色	重壤土	块状	5.7	6.7	0.21		17.2	1.0	56				
剖11	铁铝土	红壤	红壤	红泥土	红泥骨	A	0–20	灰黄色	中壤土	块状	4.7	22.3	1.07	2.04	8.2	9.0	97	6.8	花岗岩红壤	E 119°24′45.3″ N 26°31′16.0″	97
						C	20–100	黄红色	中壤土	块状	4.4	23.7	0.89	0.64	6.2	1.0	40				
剖12	人为土	水稻土	渗育水稻土	黄泥田	黄黄泥砂田	A	0–19	浅灰色	中壤土	块状	5.3	24.6	0.91	1.45	11.7	3.0	26	10.3	花岗岩风化物	E 119°20′36.8″ N 26°26′49.6″	95
						P	19–25	黄色	轻壤土	块状	4.8	14.5	0.40	1.26	11.2	2.0	24				
						W	25–35	黄黄色	轻壤土	块状	4.8	9.6	0.28	1.15	11.1	1.0	29				
						C	35–100	黄色	轻壤土	块状	6.2	7.2	0.18	1.30	10.2	1.0	69				
剖13	人为土	水稻土	潜育水稻土	青泥田	青泥田	A	0–17	黄灰色	重黏土	块状	4.7	33.8	1.48	1.13	15.7	3.0	39	10.3		E 119°21′54.9″ N 26°27′16.4″	98
						P	17–23	紫红色	重黏土	块状	4.9	37.7	1.64	1.03	15.6	1.0	23				
						G	23–100	青灰色	重黏土	无结构	5.2	33.8	1.32	0.97	16.0	<1.0	25				
剖14	盐碱土	滨海盐土	滨海盐土	埭土	咸土	A	0–18	灰白色	轻黏土	块状	7.1	15.4	0.84	1.51	26.8	13.0	257	13.6	海相沉积物	E 119°24′07.2″ N 26°28′20.2″	75
						C	18–100	灰白色	中黏土	块状	7.1	11.9	0.73	1.63	25.2	18.0	76				
剖15	铁铝土	红壤	红土	红泥砂土	红泥砂土	A	0–15	黄黄色	砂壤土	碎块状	5.6	13.7	0.56	0.99	24.9	13.0	56	11.6		E 119°32′32.2″ N 26°30′37.3″	95
						B	15–36	黄红色	轻壤土	块状	5.7	13.6	0.66	1.02	25.0	2.0	<5				
						C	36–100	黄色	重壤土	块状	5.0	9.7	0.38	0.56	17.2	1.0	30				
剖16	初育土	紫色土	酸性紫色土	猪肝土	猪肝土	A	0–28	紫棕色	重黏土	块状	4.2	33.8	0.72	0.55	20.9	<1.0	12	10.1	紫紫色凝灰岩	E 119°41′58.4″ N 26°30′01.9″	97
						C	28–100	紫色	中壤土	核状	4.6	3.0	0.10	0.92	16.8	1.0	64				
剖17	初育土	紫色土	酸性紫色土	堆积酸性紫色土		A	0–22	浅紫色	中壤土	核状	4.0	13.5	0.72			4.0	63			E 119°43′07.9″ N 26°30′10.0″	97
						C	22–54	浅紫色	重黏土	核状	4.0	9.3	0.46			1.0					

续表 Continued

剖面号 Soil profile	土纲 Soil order	土类 Soil great group	亚类 Soil subgroup	土属 Soil genus	土种 Soil species	土层码 Layer code	土层厚度 Depth/cm	颜色 Soil color	质地 Soil texture	土壤结构 Soil structure	pH	有机质 OM/(g/kg)	全氮 TN/(g/kg)	全磷 TP/(g/kg)	全钾 TK/(g/kg)	有效磷 AP/(mg/kg)	速效钾 AK/(mg/kg)	阳离子交换量 CEC/(cmol/kg)	土壤母质 Parent material	剖面点坐标 Profile coordinate	匹配指数 Matching index/%
剖18	铁铝土	红壤	红壤	中性岩侵蚀红壤		A	0—18	灰红色	中壤土	小块状	5.1	22.7	0.85			2.0	56		中性岩	E 119°40′32.7″ N 26°30′49.7″	97
剖19	铁铝土	红壤	红土	红泥砂土	红砂土	A	0—18	灰色	砂壤土	粒状	7.1	10.7	0.50	0.71	27.8	12.0	78	3.9	花岗岩风化物	E 119°33′04.9″ N 26°28′04.7″	81
						B	18—91	棕黄色	砂壤土	小块状	6.7	8.5	0.28	0.71	24.3	2.0	42				
						C	91—100	黄灰色	砂壤土	粒状	6.8	6.0	0.26	0.66	33.7	2.0	36				
剖20	铁铝土	红壤	粗骨性红壤	中性岩粗骨红壤		A	0—22	浅紫色	中壤土	核状	4.9	11.5	0.72			4.0	64		安山岩、粗面岩等	E 119°43′55.8″ N 26°28′10.7″	97
						B	22—95	浅紫色	重壤土	核状	4.9	9.3	0.46			1.0	63				

闽 清 县

主要土类说明

红壤是闽清县主要土壤类型，占本县地域面积的 81%，几乎遍布于全县的低山、丘陵地区。红壤是在温暖多湿的气候条件下形成的地带性土壤，是脱硅富铝化与生物富集两个过程长期作用的结果。在强烈的脱硅富铝化过程中，土壤酸度升高，硅酸盐类矿物强烈分解，硅和盐基淋失，黏粒与次生矿物不断形成，铁、铝氧化物明显聚集。在成土过程中，土壤的颜色深浅受母岩母质的影响，如本县部分丘陵地区发育在第四纪红色黏土上的红壤，土层深度有的厚达 10 余米，表层呈红棕色，心土层呈橘红色；土壤黏粒含量高，并有淀积现象；通气性、透水性差。发育在花岗岩上的红壤，土层较薄，表层呈淡棕色；由于水热条件优越，动植物、微生物种类繁多，生长量大，表层积累的有机质丰富，且分解迅速，并与土壤进行强烈的物质交换；土壤物理性质较好，肥力较高；但所处地形部位较高，坡度较大，土壤质地轻，易引起水土流失。

水稻土是闽清县第二大土壤类型，占本县地域面积的 15%。水稻土是本县的主要耕作土壤，主要分布在梅溪、安仁溪、古田溪及马兰坑等干支流两岸冲积平原及山涧盆谷。由于所处的地形部位及土壤水型不同，其附加成土过程明显分异。本县水稻土划分为渗育型、潴育型和潜育型三个亚类。其中，渗育水稻土面积最大，占本土类面积的 60%，主要分布于梯田和河流老阶地；成土母质大多为火山岩类岩石风化残积物、坡积物，少部分为全新统河流冲积细粉砂、黏土以及花岗岩类岩石风化坡积物、残积物；地下水埋藏较深，土壤水主要由灌溉水和雨水补给淹渍，属地表水型；土壤中氧化还原交替，盐基淋失和黏粒淋移强烈，形成 A-P-W-C 或 A-P-C 的剖面构型。潜育水稻土占本土类面积的 20% 以上，主要分布在平原低洼地段和山坡谷地，以上莲等地最多；成土母质以坡积物为主，地下水位在 50cm 以内，属地下水型；剖面构型为 A-P-G 或 A-G。共同障碍因素是冷、烂、酸、毒、缺。潴育水稻土主要分布于闽江、梅溪、安仁溪和芝溪沿岸冲积平原，所处地形平缓；土壤形成过程受地下水和地表水交替作用影响，属良水型；在淹水期间，地表水和地下水上下连接，土壤还原过程占优势，烤田和冬闲期间，地表脱水，地下水下降，土壤氧化过程占优势，还原态铁、锰等被氧化淀积，由于还原淋溶和氧化淀积交替进行，逐渐形成具有铁锰结核的潴育层。

小于本县地域面积 3% 的土壤类型还有黄壤、潮土等。

本区域中心区气候特征

本区域中心区气候特征值
Regional climate characteristics in central area of the region

气候带：中亚热带湿润气候 Climate region: Subtropical humid climate	
年平均气温 /℃ Annual average temperature /℃	19.7
年平均最高气温 /℃ Annual average maximum temperature /℃	24.6
年平均最低气温 /℃ Annual average minimum temperature /℃	16.5
年降水量 /mm Annual precipitation /mm	1481
≥10℃的积温 /℃ Daily temperature accumulated in a year（≥10℃）/℃	7072
年日照时数 /h Annual sunshine /h	1652
年平均相对湿度 /% Annual average relative humidity /%	78
干燥度 Dryness	0.79

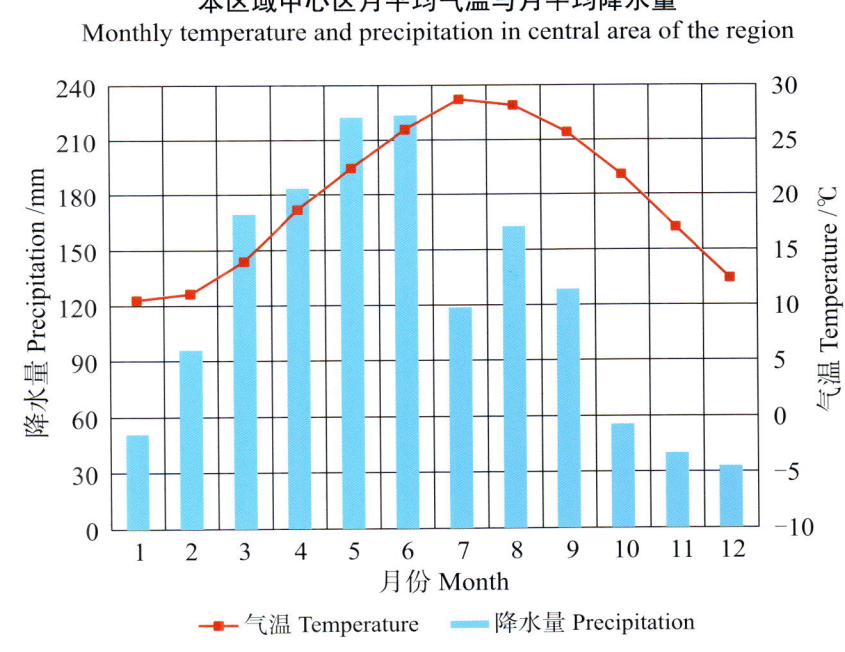

本区域中心区月平均气温与月平均降水量
Monthly temperature and precipitation in central area of the region

闽清县主要土壤类型与土壤剖面点分布图
1∶230 000

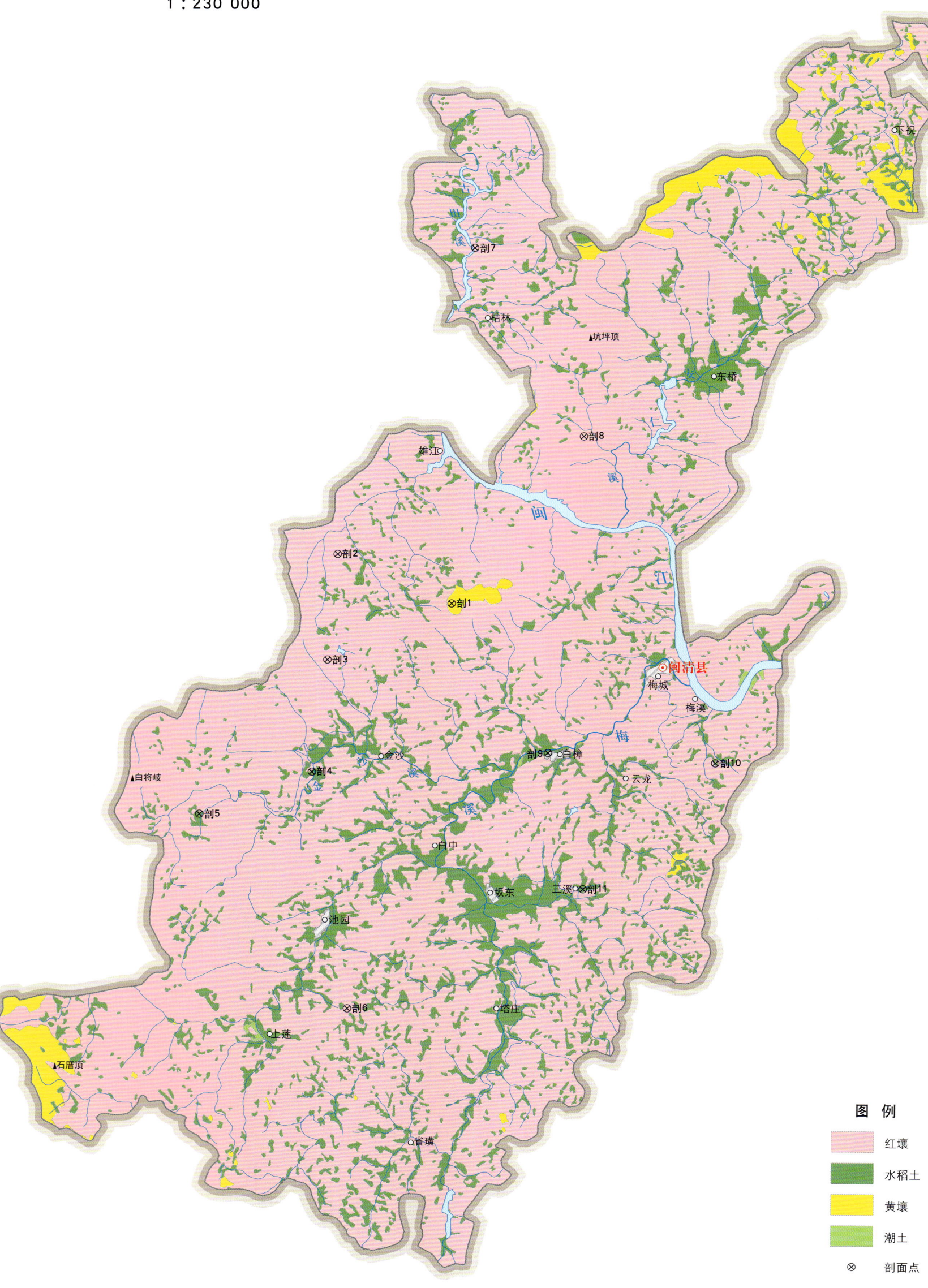

闽清县土壤剖面理化性状表

剖面号 Soil profile	土纲 Soil order	土类 Soil great group	亚类 Soil subgroup	土属 Soil genus	土种 Soil species	土层码 Layer code	土层厚度 Depth/cm	颜色 Soil color	质地 Soil texture	土壤结构 Soil structure	pH	有机质 OM/(g/kg)	全氮 TN/(g/kg)	全磷 TP/(g/kg)	全钾 TK/(g/kg)	碱解氮 AN/(mg/kg)	有效磷 AP/(mg/kg)	速效钾 AK/(mg/kg)	阳离子交换量CEC/(cmol/kg)	土壤母质 Parent material	剖面点坐标 Profile coordinate	匹配指数 Matching index/%
剖1	铁铝土	黄壤	黄壤	酸性岩黄壤		A₁	0～4	暗黄棕色	轻壤土	粒状	5.8	80.3	3.49			339	2.0	189		酸性岩	E 118°44′53.5″ N 26°15′26.9″	97
						A₃	4～21	暗红棕色	轻壤土	核状	6.0	58.8	2.23			314	3.0	196				
						B₁	21～28	淡棕色	中壤土	核状	6.0	31.6	1.20			152	1.0	62				
						B₂	28～92	黄棕色	中壤土	核状	5.9	16.7	0.82			107	<1.0	119				
剖2	铁铝土	红壤	红壤	砂质岩红壤		A	0～1.5	黄棕色	中壤土	粒状	6.0	30.4	0.72			99	5.0	130		砂岩、砂砾岩等	E 118°41′13.6″ N 26°16′58.6″	97
						A₃	1.5～7	紫棕色	中壤土	团状	5.4	27.9	0.66			81	3.0	49				
						B₁	7～35	橙色	中壤土	团状	5.8	11.0	0.34			49	2.0	26				
						B₂	35～66	淡棕红色	重壤土	核状	5.9	10.9	0.30			42	1.0	23				
						B₃	66～115	棕红色	重壤土	团状	6.0	8.9	0.29			33	<1.0	15				
剖3	铁铝土	红壤	黄红壤	酸性岩黄红壤		Ao	0～7													酸性岩	E 118°40′52.1″ N 26°13′47.7″	98
						A₁	7～13	浅暗棕色	轻壤土	粒状	5.4	48.0	1.21			149	7.0	82				
						A₃	13～22	暗黄棕色	轻壤土	核状	5.6	30.2	1.00			120	2.0	62				
						B₁	22～42	淡黄棕色	轻壤土	块状	5.2	36.6	1.02			124	2.0	99				
						B₂	42～62	浅黄色	重壤土	块状	5.8	11.7	0.42			72	<1.0	40				
						B₃	62～88	暗黄橙色	重壤土	块状	6.0	7.8	0.26			47	<1.0	37				
剖4	人为土	水稻土	渗育水稻土	黄泥田	乌黄泥田	A	0～16		轻壤土	小块状	6.0	34.8	1.97	0.96	17.9		7.0	85	9.8		E 118°40′23.7″ N 26°10′25.0″	97
						P	16～23	灰色	轻壤土	块状	5.8	29.4	1.61	1.41	18.7		6.0	54				
						W	23～73	黄棕色	轻壤土	块状	6.2	5.3	0.33	1.03	11.1		2.0	49				
						C	73～100	黄棕色	重壤土	块状	6.2	5.1	0.25	0.72	16.8		2.0	57				
剖5	人为土	水稻土	潴育水稻土	灰泥田	炭底灰泥田	A	0～17	暗灰色	中壤土	粒状	6.5	51.8	1.95	2.20	12.4		28.0	23	9.5	草泥和泥炭堆积物	E 118°36′41.7″ N 26°09′09.2″	98
						P	17～28	暗灰色	中壤土	块状	5.8	39.9	1.65	0.99	13.6		2.0	74				
						W	28～56	暗灰色	重壤土	块状	5.8	64.8	2.24	1.09	13.6		1.0	112				
						4	56～100	灰棕色	中壤土	团状	5.8	>250.0	>10.00	0.90	2.2		3.0	139				
剖6	铁铝土	红壤	红壤	酸性岩红壤	灰红泥田	A₁	0～15	浅黑色	轻壤土	粒状	5.4	62.8	1.30			162	10.0	225		坡积物	E 118°41′25.3″ N 26°03′13.6″	98
						A₃	15～33	浅黑色	轻壤土	粒状	5.6	41.2	0.96			143	4.0	119				
						B₁	33～50	淡棕色	中壤土	核状	5.8	24.4	0.61			102	1.0	42				
						B₂	50～65	浅红棕色	中壤土	团状	5.9	13.9	0.49			87	<1.0	96				
						B₃	65～93	浅红棕色	中壤土	团状	5.8	14.8	0.41			84	<1.0	26				
剖7	铁铝土	红壤	红土	红泥土		A	0～15	浅灰色	中壤土	粒状	6.4	12.7	0.86	2.26	28.0		12.0	63	5.0		E 118°45′45.5″ N 26°26′10.7″	97
						B	15～58	红灰色	中壤土	块状	6.2	7.6	0.52	0.31	24.3		1.0	77				
						C	58～100	红色	重壤土	块状	6.1	4.5	0.22	<0.10	18.7		1.0	53				
剖8	铁铝土	红壤	暗红壤	酸性岩暗红壤		Ao	0～3													酸性岩	E 118°49′13.1″ N 26°20′28.1″	97
						A₁	3～19	黑红色	轻壤土	粒状	5.2	89.5	2.01			214	1.0	67				
						A₃	19～52	暗红棕色	轻壤土	粒状	5.6	40.7	0.95			104	1.0	180				
						B₁	52～80	淡红棕色	中壤土	核状	5.8	15.4	0.46			60	<1.0	150				
						B₂	80～130	淡红棕色	中壤土	团状	6.0	5.0	0.24			38	<1.0	129				
剖9	人为土	水稻土	潴育水稻土	潮砂田	灰砂田	A	0～12	灰色	轻壤土	粒状	6.0	30.7	1.77	0.97	22.3		43.0	53	8.2	冲积物	E 118°47′57.1″ N 26°10′55.6″	95
						P	12～20	灰灰色	轻壤土	块状	6.2	24.4	1.34	1.84	24.6		37.0	58				
						W	20～51	黄灰色	轻壤土	块状	6.2	5.1	0.31	<0.10	32.2		1.0	117				
						C	51～100	黄色	砂壤土	块状	6.0	2.2	0.16	0.17	35.7		3.0	61				

续表 Continued

剖面号 Soil profile	土纲 Soil order	土类 Soil great group	亚类 Soil subgroup	土属 Soil genus	土种 Soil species	土层码 Layer code	土层厚度 Depth/cm	颜色 Soil color	质地 Soil texture	土壤结构 Soil structure	pH	有机质 OM/(g/kg)	全氮 TN/(g/kg)	全磷 TP/(g/kg)	全钾 TK/(g/kg)	碱解氮 AN/(mg/kg)	有效磷 AP/(mg/kg)	速效钾 AK/(mg/kg)	阳离子交换量 CEC/(cmol/kg)	土壤母质 Parent material	剖面点坐标 Profile coordinate	匹配指数 Matching index/%
剖10	人为土	水稻土	渗育水稻土	紫泥田	紫泥田	A	0—14	灰紫色	重壤土	块状	5.7	19.5	0.99	0.76	16.5		2.0	41	8.0	紫红色凝灰岩	E 118°53′21.3″ N 26°10′34.2″	98
						P	14—21	灰紫色	轻黏土	块状	5.8	16.0	0.87	0.36	33.9		3.0	23				
						W	21—44	紫色	轻黏土	块状	5.8	9.8	0.47	1.74	19.5		1.0	20				
						C	44—100	紫色	重壤土		5.8	7.8	0.38	<0.10	18.3		1.0	48				
剖11	人为土	水稻土	潜育水稻土	冷烂田	浅脚烂泥田	A	0—20	浅灰色	重壤土	糊烂无结构	5.8	29.8	1.50	0.40	15.4		6.0	31	9.7		E 118°48′56.2″ N 26°06′48.4″	95
						G	20—100	青灰色	重壤土		5.8	19.3	0.93	0.31	15.7		1.0	18				

永 泰 县

主要土类说明

红壤是永泰县主要土壤类型，占本县地域面积的 87%，主要分布于本县海拔 10—800m 地区。红壤是在中南亚热带常绿针阔叶林、水热条件丰富及生物循环旺盛的条件下形成的地带性土壤。土层厚度多在 1.5m 以上，剖面发育完整，具有 A、B、C 三个层次。由于所处气候关系，土壤脱硅富铝化过程比较强烈，铁、铝淀积，心土层多呈红色和浅红色，层次明显。根据土壤发育程度及人为耕作状况，本县红壤分为红壤、黄红壤、暗红壤、水化红壤、粗骨性红壤及红土等亚类。其中，红壤亚类多分布在本县海拔 800m 以下的低山、丘陵地带，且多以锯齿状与黄红壤相嵌，是本县分布面积最大的一个亚类；腐殖质层厚多在 4—30cm，呈灰黑色或灰棕色，质地受母岩、气候及生物环境影响而有轻黏、重壤、中壤之分；结构多为块状、核状；土壤肥力中等。

水稻土是永泰县第二大土壤类型，占本县地域面积的 9%，本县从海拔 10m 的塘前官烈到海拔 930m 的洑口紫山均有分布。水稻土是各种自然土壤经过人为耕作灌溉及施肥等措施而形成的一类土壤，长期淹灌、季节性脱水，引起土壤中水、气、热物质组成与转化或淋淀，特别是氧化还原交替进行，形成耕作层、犁底层、渗育层、潴育层及母质层等多种发生层。根据地形地势、土壤母质、水文条件等对土体产生的不同影响，本县水稻土分为渗育型、潴育型和潜育型等亚类。从面积看，渗育水稻土分布最多，潴育水稻土次之，潜育水稻土最少。生产性能却以潴育水稻土最高，渗育水稻土居中，潜育水稻土最低。由于各亚类的成土母质、水文条件不同，土壤熟化程度、理化性状也不同。本县渗育水稻土占本土类面积的 50% 以上，主要分布在丘陵山岗、坡上梯田、山排田、河谷高地，一部分垅田及村庄少部分的缓坡地和缺水的地方；水源来自灌溉水和降雨，这些水分不断下渗，盐基淋溶及黏粒下移强烈；心土层仍处于氧化状态，形成了明显的氧化淀积层（诊断层）；养分含量比其他两个亚类低。

黄壤是永泰县第三大土壤类型，占本县地域面积的 3%。黄壤是分布在亚热带地区的地带性土壤，主要分布于本县海拔 800—1500m 的中低山，分布于嵩口、长庆、盖洋、洑口、盘谷、岭路等乡镇。由于所处环境，黄壤脱硅富铝化作用较弱，氧化铁水化，使土壤颜色呈黄色至蜡黄色，淀积层明显，同时，黄壤的淋溶作用强烈，交换性盐基含量较低。本县黄壤仅有黄壤和黄泥土两个亚类，后者面积很小。黄壤亚类主要分布在海拔 1000—1500m 中山上部、顶部。黄泥土亚类主要分布在海拔 800—1000m 以上的黄壤地带，在黄壤上经人为的开发、耕作而形成。

小于本县地域面积 3% 的土壤类型还有紫色土、潮土等。

本区域中心区气候特征

本区域中心区气候特征值
Regional climate characteristics in central area of the region

气候带：南亚热带湿润气候 Climate region: South subtropical humid climate	
年平均气温 /℃ Annual average temperature /℃	19.9
年平均最高气温 /℃ Annual average maximum temperature /℃	24.6
年平均最低气温 /℃ Annual average minimum temperature /℃	16.8
年降水量 /mm Annual precipitation /mm	1424
≥10℃的积温 /℃ Daily temperature accumulated in a year（≥10℃）/℃	7126
年日照时数 /h Annual sunshine /h	1647
年平均相对湿度 /% Annual average relative humidity /%	77
干燥度 Dryness	0.83

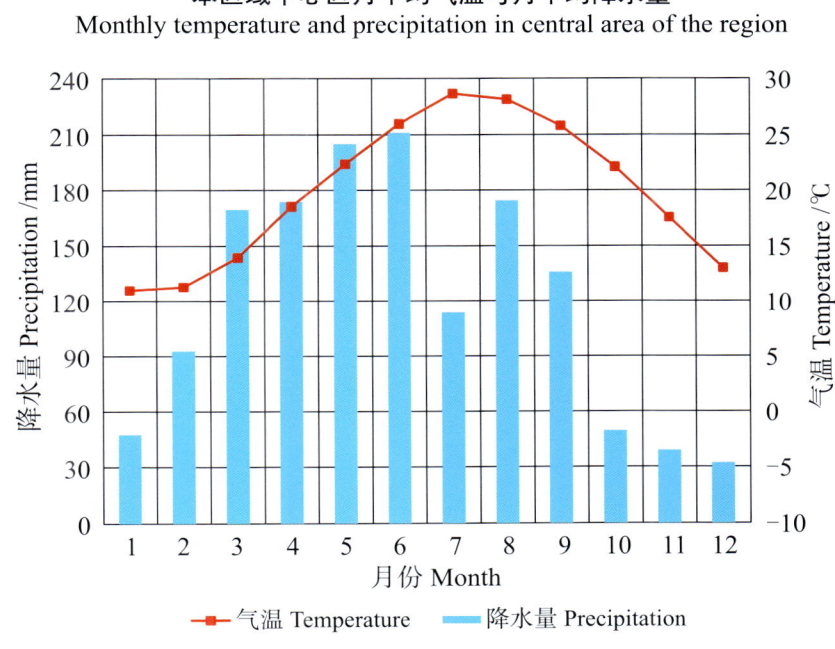

本区域中心区月平均气温与月平均降水量
Monthly temperature and precipitation in central area of the region

永泰县主要土壤类型与土壤剖面点分布图
1∶280 000

图 例
红壤
水稻土
黄壤
紫色土
潮土
剖面点 ⊗

永泰县土壤剖面理化性状表

剖面号 Soil profile	土纲 Soil order	土类 Soil great group	亚类 Soil subgroup	土属 Soil genus	土种 Soil species	土层码 Layer code	土层厚度 Depth/cm	颜色 Soil color	质地 Soil texture	土壤结构 Soil structure	pH	有机质 OM/(g/kg)	全氮 TN/(g/kg)	全磷 TP/(g/kg)	全钾 TK/(g/kg)	碱解氮 AN/(mg/kg)	有效磷 AP/(mg/kg)	速效钾 AK/(mg/kg)	阴离子交换量 CEC/(cmol/kg)	土壤母质 Parent material	剖面点坐标 Profile coordinate	匹配指数 Matching index/%
剖1	初育土	紫色土	酸性紫色土	酸性岩酸性紫色土		A₁	0—4	暗紫色	重黏土	小块状	4.3	35.0	0.90			120	<1.0	90		酸性岩	E 118°28′28.8″ N 25°50′13.2″	75
						A₂	4—13	灰黄紫色	轻黏土	团块状	4.4	17.0	1.20			67	<1.0	41				
						B₁	13—62	灰红紫色	轻黏土	团块状	4.5	10.8	0.60			58	<1.0	47				
						B₂	62—90	红紫色	重黏土	团块状	4.8	5.8	0.40			42	<1.0	38				
剖2	初育土	紫色土	酸性紫色土	砂砾岩酸性紫色土		A₁	0—9	浅黄色	中壤土	核状	6.0	50.8	2.22			148	5.0	148		砂质岩	E 118°28′53.8″ N 25°50′03.2″	75
						A₂	9—27	紫紫色	中壤土	核状	5.0	15.5	0.73			68	1.2	64				
						B₁	37—86	浅紫黑色	轻壤土	块状	5.4	7.5	0.49			51	1.0	35				
						B₃	86—152	紫紫黑色	重壤土	块状	5.8	2.7	0.32			29	1.7	31				
剖3	初育土	紫色土	酸性紫色土	猪肝土	猪肝土	A	0—18	灰紫色	重壤土	块状	5.2	19.3	0.99	1.35	17.8		40.0	73	14.7		E 118°29′18.3″ N 25°50′31.8″	75
						B	18—60	黄紫色	轻壤土	块状	5.7	17.9	0.90	1.20	14.9		3.0	51				
						C	60—100	红紫色	轻黏土	块状	4.3	21.0	1.13	1.09	7.5		4.0	67				
剖4	铁铝土	红壤	暗红壤	酸性岩暗红壤		A₁	0—36	暗红棕色	重壤土	块状	4.2	46.9	1.82			204	1.0	114		酸性岩	E 118°34′55.9″ N 25°56′09.9″	97
						A₃	36—48	暗灰棕色	重壤土	小块状	4.3	38.9	1.29			140	<1.0	257				
						B₁	48—54	暗棕红色	重壤土	块状	4.2	26.3	1.05			123	<1.0	162				
						B₂	54—100	淡红棕色	重壤土	块状	4.5	10.1	0.48			64	<1.0	82				
						B₃	100—140	红棕色	重壤土	块状	4.7	6.3	0.33			53	<1.0	40				
剖5	铁铝土	红壤	黄红壤	中性岩侵蚀黄红壤		B₁	0—28	褐黄红色	重壤土	团块状	4.7	12.1	0.60			74	<1.0	76		中性岩	E 118°32′03.4″ N 25°57′01.0″	95
						B₂	28—89	浅黄红色	重壤土	团块状	4.9	4.7	0.20			42	<1.0	117				
						B₃	89—135	黄红色	中壤土	块状	5.0	3.7	0.17			33	<1.0	91				
剖6	铁铝土	红壤	红壤	酸性岩侵蚀红壤		A	0—11	灰黄色	中壤土	小块状	4.7	26.1	1.13			97	2.0	168		酸性岩	E 118°34′43.1″ N 25°50′00.5″	97
						B₁	11—52	浅黄色	重壤土	团块状	5.1	12.2	0.58			51	1.0	221				
						B₂	52—96	浅黄红色	重壤土	团块状	5.2	5.3	0.29			33	<1.0	148				
						B₃	96—125	浅黄红色	中壤土	团块状	5.3	2.3	0.12			26	<1.0	143				
剖7	半水成土	潮土	砂土	黄砂土	黄砂土	A	0—10	黄灰色	砂壤土	粒状	6.3	4.9	0.43	0.57	30.7		13.0	72	3.7	河流冲积物	E 118°32′18.3″ N 25°52′22.3″	97
						B	10—40	浅黄色	砂壤土	粒状	6.1	1.5	0.11	0.47	32.1		6.0	43				
						C	40—100	浅棕黄色	轻壤土	小块状	6.0	1.7	0.13	0.46	28.3		<1.0	30				
剖8	铁铝土	红壤	红壤	中性岩红壤		A	0—7	灰色	重黏土	小块状	4.2	49.5	1.15			125	2.0	168		中性岩	E 118°38′37.4″ N 25°54′19.8″	98
						A₂	7—37	棕黄色	轻黏土	团块状	4.4	27.8	0.84			84	<1.0	63				
						B₁	37—57	棕红色	轻黏土	团块状	4.6	22.1	0.71			75	<1.0	34				
						B₂	57—110	红色	中黏土	块状	4.9	37.8	0.85			55	<1.0	29				
剖9	人为土	水稻土	渗育水稻田	黄泥田	灰黄泥田	A	0—11	浅灰色	中壤土	小块状	4.8	24.3	1.32	0.47	13.2		3.0	46	7.5		E 118°44′16.7″ N 25°50′50.4″	95
						P	11—20	黄灰色	中壤土	团块状	4.8	23.0	1.30	0.45	13.5		2.0	55				
						W	20—32	暗黄色	中壤土	团块状	5.0	18.1	0.87	0.57	13.6		<1.0	26				
						C	32—100	淡黄色	中壤土	团块状	5.3	12.9	0.63	0.32	14.0		3.0	161				
剖10	铁铝土	红壤	红壤	酸性岩红壤		A₁	0—10	灰黄色	黏壤土	小块状	5.2	21.6	1.02	0.14	17.3		1.0	64	11.3	石英正长斑岩坡积物	E 118°44′01.7″ N 25°50′16.8″	95
						A₂	10—15	黄黄色	黏壤土	团块状	5.2	24.0	0.85	0.17	13.2		1.0	105	6.1			
						B₁	15—27	暗黄色	黏壤土	团块状	5.1	14.0	0.45	0.15	12.7		1.0	94	6.4			
						B₂	20—94	浅黄色	壤质黏土	块状	5.4	4.8	0.24	0.11	12.9		1.0	70	5.0			
						BC	94—	棕红色	壤质黏土	块状	5.4	3.1	0.15	0.15	13.7		<1.0	84	4.3			
剖11	铁铝土	红壤	红土	红泥土	红泥骨	A	0—17	棕红色	重壤土	块状	4.2	17.0	0.76	0.37	8.3		1.0	86	8.7		E 118°38′12.5″ N 25°52′04.3″	97
						C	17—100	红色	中壤土	块状	4.3	6.6	0.44	0.34	9.5		1.0	33				

续表 Continued

剖面号 Soil profile	土纲 Soil order	土类 Soil great group	亚类 Soil subgroup	土属 Soil genus	土种 Soil species	土层码 Layer code	土层厚度 Depth/cm	颜色 Soil color	质地 Soil texture	土壤结构 Soil structure	pH	有机质 OM/(g/kg)	全氮 TN/(g/kg)	全磷 TP/(g/kg)	全钾 TK/(g/kg)	碱解氮 AN/(mg/kg)	有效磷 AP/(mg/kg)	速效钾 AK/(mg/kg)	阳离子交换量CEC/(cmol/kg)	土壤母质 Parent material	剖面点坐标 Profile coordinate	匹配指数 Matching index/%
剖12	人为土	水稻土	渗育水稻土	黄泥田	黄泥田	A	0—9	灰黄色	重壤土	小块状	5.2	16.5	0.74	0.44	17.1		2.0	44	6.1		E 118° 34′ 54.4″ N 25° 48′ 53.5″	95
						P	9—14	灰黄色	重壤土	块状	5.6	14.5	0.65	0.30	18.6		<1.0	42				
						C	14—100	黄红色	重壤土	块状	6.1	3.7	<0.10	0.25	23.7		<1.0	46				
剖13	人为土	水稻土	渗育水稻土	黄泥田	乌黄泥田	A	0—13	灰色	轻壤土	小块状	5.3	30.1	2.40	0.65	15.9		48.0	23	9.2		E 118° 34′ 41.9″ N 25° 46′ 56.6″	95
						P	13—20	灰色	轻黏土	块状	5.1	28.0	1.80	0.72	15.5		43.0	13				
						W	20—56	黄灰色	轻黏土	柱状	5.0	16.5	1.39	0.30	14.9		10.0	20				
						C	56—100	灰黄色	重壤土	块状	6.0	3.9	0.30	0.13	8.8		<1.0	23				
剖14	铁铝土	红壤	水化红壤	砂质岩水化红壤		A_1	0—23	黑色	重壤土	块状	4.6	25.7	1.24			124	2.6	195		砂质岩	E 118° 38′ 22.9″ N 25° 45′ 31.8″	93
						A_3	23—37	暗黄褐色	重壤土	块状	4.6	14.6	1.06			124	1.0	129				
						B_1	37—77	灰黄色	重壤土	块状	4.7	17.0	0.51			38	<1.0	93				
						B_3	77—145	红棕色	轻黏土	块状	4.8	3.8	0.26			37	<1.0	95				
剖15	人为土	水稻土	潴育水稻土	灰泥田	黄底灰泥田	A	0—14	灰色	重壤土	小块状	5.2	33.3	1.77	0.75	14.3		6.0	56	11.8		E 118° 51′ 37.9″ N 26° 02′ 45.5″	97
						P	14—20	棕灰色	重壤土	块状	5.3	25.6	1.44	0.51	13.4		2.0	33				
						W	20—53	棕黄色	重壤土	棱柱状	6.0	13.2	0.72	0.48	15.2		<1.0	81				
						C	53—100	棕黄色	轻黏土	块状	6.6	3.3	0.17	0.25	23.4		<1.0	50				
剖16	铁铝土	红壤		酸性岩红壤		A_1	0—4	浅黑色	中壤土	小块状	4.6	64.4	1.72			173	2.0	153		酸性岩	E 118° 51′ 19.9″ N 26° 02′ 13.6″	97
						A_2	4—19	黑灰色	重壤土	团粒状	4.5	54.0	1.61			106	<1.0	106				
						B_1	19—28	黑灰色	轻壤土	团块状	4.9	15.0	0.63			51	<1.0	60				
						B_2	28—127	灰色	轻壤土	团块状	5.0	9.7	0.47			42	2.0	66				
剖17	铁铝土	红壤	潴育水稻土	灰泥田	砂砾底灰泥田	A	0—13	灰色	轻壤土	碎屑状	5.2	20.5	2.03	0.96	25.6		24.0	40	5.1		E 118° 54′ 59.2″ N 26° 02′ 48.1″	97
						P	13—19	灰色	重壤土	块状	5.5	10.9	1.17	0.50	28.1		19.0	19				
						W	19—52	灰色	重壤土	块状	5.9	5.8	0.47	0.30	23.2		2.0	20				
						S	52—100	灰黄色	松砂土	粒状	6.3	1.1	0.19	0.30	27.6		<1.0	34				
剖18	人为土	水稻土	潴育水稻土	红泥土	灰红泥土	A	0—26	黄灰色	中壤土	小块状	6.9	20.4	1.09	0.48	30.7		13.0	218	8.3		E 118° 54′ 00.2″ N 26° 02′ 21.8″	97
						B	26—58	黄灰色	重壤土	柱状	6.6	10.9	0.75	0.38	30.2		3.0	218				
						C	58—100	黄红色	重壤土	块状	5.9	2.7	0.25	0.28	30.4		<1.0	70				
剖19	铁铝土	红壤		白土田	白底田	A	0—11	灰色	重壤土	小块状	4.8	24.7	1.40	0.67	17.1		9.0	76	8.1		E 118° 54′ 05.9″ N 26° 01′ 43.4″	97
						P	11—16	灰色	重壤土	块状	5.0	21.9	1.36	0.35	17.0		1.0	47				
						W	16—44	灰色	重壤土	团块状	5.1	15.7	0.94	0.33	16.9		<1.0	30				
						E	44—100	灰白色	重壤土	块状	5.9	4.4	0.39	0.21	21.1		<1.0	130				
剖20	铁铝土	红壤		红泥土	红泥土	A	0—50	灰紫色	轻壤土	小块状	4.0	19.9	1.19	0.47	9.0		6.0	66	12.5		E 118° 54′ 27.1″ N 26° 01′ 46.5″	97
						B	50—78	暗紫色	轻壤土	碎块状	4.3	11.1	0.58	0.44	9.3		5.0	51				
						C	78—100	红紫色	重壤土	无结构	4.5	5.3	0.39	0.41	11.6		4.0	27				
剖21	人为土	水稻土	潴育水稻土	紫泥田	紫泥田	A	0—15	灰紫色	重壤土	小块状	5.0	18.6	1.03	3.90	18.9		3.0	47	8.2	紫色砂页岩风化物	E 118° 54′ 40.0″ N 26° 02′ 24.7″	97
						P	15—22	黄紫色	中壤土	小块状	5.1	8.3	1.07	3.60	19.0		2.0	41				
						C	22—100	紫红色	重壤土	块状	5.3	15.4	0.94	3.60	19.3		1.0	47				
剖22	人为土	水稻土	潴育水稻土	灰泥田	灰砂泥田	A	0—13	暗黄色	重壤土	碎块状	5.4	24.0	1.94	0.60	21.6		5.0	40	8.0		E 118° 54′ 40.2″ N 26° 02′ 10.3″	97
						P	13—21	暗红色	重壤土	小块状	5.1	17.5	0.98	0.23	28.1		3.0	37				
						W	21—51	黄灰棕色	重壤土	小块状	7.2	5.8	0.62	0.27	22.4		2.0	39				
						C	51—100	淡棕色	砂壤土	碎块状	7.3	2.0	0.26	0.20	26.5		1.0	31				
剖23	人为土	水稻土	潜育水稻土	冷烂田	浅脚烂泥田	A	0—26	暗黄色	中壤土	无结构	5.2	41.6	1.71	0.34	13.9	90	2.0	45	10.1		E 118° 50′ 24.8″ N 25° 59′ 48.7″	96
						G	26—100	暗青灰色	重壤土	无结构	4.6	47.1	1.59	0.21	14.9	45	1.0	28				
剖24	铁铝土	红壤		泥质岩侵蚀红壤		A	0—7	红棕色	中壤土	核状	4.7	17.7	0.81				2.0	201		泥质岩	E 118° 48′ 58.5″ N 25° 56′ 07.0″	97
						B_1	7—12	棕红色	重壤土	块状	4.5	3.2	0.70				1.0	153				
						B_2	12—120	淡红色	轻黏土	块状	4.6	2.6	0.47			18	<1.0	133				

续表 Continued

剖面号 Soil profile	土纲 Soil order	土类 Soil great group	亚类 Soil subgroup	土属 Soil genus	土种 Soil species	土层码 Layer code	土层厚度 Depth/cm	颜色 Soil color	质地 Soil texture	土壤结构 Soil structure	pH	有机质 OM/(g/kg)	全氮 TN/(g/kg)	全磷 TP/(g/kg)	全钾 TK/(g/kg)	碱解氮 AN/(mg/kg)	有效磷 AP/(mg/kg)	速效钾 AK/(mg/kg)	阳离子交换量CEC/(cmol/kg)	土壤母质 Parent material	剖面点坐标 Profile coordinate	匹配指数 Matching index/%
剖25	人为土	水稻土	潴育水稻土	灰泥田	灰泥田	A	0—14	灰色	中壤土	小块状	5.1	30.6	1.65	0.54	18.9		17.0	64	7.9		E 118°46′14.0″ N 25°55′38.7″	98
						P	14—21	灰色	中壤土	块状	5.3	25.9	1.27	0.12	18.9		4.0	54				
						W	21—70	灰黄色	中壤土	棱柱状	5.9	10.6	0.56	0.34	19.2		<1.0	36				
						C	70—100	浅灰色	中壤土	块状	5.9	10.3	0.59	0.23	19.3		<1.0	<5				
剖26	人为土	水稻土	渗育水稻土	黄泥田	灰黄泥砂田	A	0—11	深灰色	砂壤土	碎块状	5.3	17.4	0.84	0.36	30.6		14.0	26	3.8		E 118°55′20.0″ N 25°57′26.1″	95
						P	11—18	灰色	轻壤土	块状	5.1	11.0	0.92	0.39	30.9		4.0	17				
						W	18—40	灰偏黄色	轻壤土	块状	5.3	11.6	0.98	0.57	29.5		4.0	21				
						C	40—100	黄灰色	中壤土	块状	6.2	2.8	0.27	0.27	30.5		1.0	45				
剖27	人为土	水稻土	潴育水稻土	灰泥田	青底灰泥田	A	0—14	灰色	重壤土	小块状	5.2	37.6	2.11	0.52	<1.0		11.0	99	9.0		E 118°45′16.6″ N 25°50′21.6″	95
						P	14—20	暗灰色	重壤土	块状	5.2	25.6	1.65	0.40	8.7		5.0	36				
						W	20—41	灰红色	轻黏土	柱状	5.4	28.3	1.60	0.30	9.4		1.0	92				
						T	41—100	黑色	重壤土	松散状	5.1	190.4	>10.00	0.50	4.8		2.0	41				
剖28	铁铝土	红壤	红壤	酸性岩红壤		A_1	0—9	浅黑色	重壤土	小粒状	4.4	49.7	1.84			142	<1.0	45		堆积岩	E 118°48′21.3″ N 25°50′31.3″	95
						A_2	9—16	黄黄色	重壤土	团块状	4.5	20.7	0.79			77	<1.0	30				
						B_1	16—35	浅红色	重壤土	团块状	4.6	14.7	0.67			59	<1.0	24				
						B_2	35—120	黄红色	重壤土	块状	4.5	5.2	0.32			29	<1.0	24				
剖29	半水成土	潮土	潮土	潮砂土	潮砂土	A	0—17	深黑色	砂砂土	粒状	5.4	4.5	0.34	0.48	29.8		2.0	46	4.3	河流冲积物	E 118°52′44.4″ N 25°48′25.3″	97
						B	17—45	灰色	松砂土	粒状	5.4	4.2	0.25	0.45	26.0		10.0	31				
						C	45—120	灰红色	松砂土	粒状	4.9	3.7	0.29	0.44	25.7		11.0	33				
剖30	铁铝土	红壤	暗红壤	中性岩暗红壤		A_1	0—31	暗灰棕色	中壤土	核状	4.4	46.0	1.60			140	<1.0	136		中性岩	E 119°01′40.8″ N 25°58′06.6″	95
						A_2	31—40	灰棕色	重壤土	块状	4.8	20.1	0.86			72	<1.0	58				
						B_1	40—57	浅红棕色	重壤土	块状	4.8	11.4	0.35			47	<1.0	41				
						B_2	57—125	浅红色	重壤土	团块状	4.6	4.4	0.34			34	<1.0	30				
剖31	铁铝土	红壤	红壤	基性岩红壤		A_1	0—22	浅黑色	轻黏土	小块状	4.8	50.5	2.20			185	<1.0	318		基性岩	E 119°03′21.3″ N 25°59′07.9″	97
						A_2	22—71	棕黑色	轻黏土	块状	4.8	36.8	1.59			144	<1.0	189				
						B_1	71—109	黄红色	轻黏土	块状	4.6	14.9	0.68			70	<1.0	96				
						B_2	109—150	浅红色	轻黏土	团块状	5.0	8.0	0.34			44	<1.0	76				

平 潭 县

主要土类说明

赤红壤是平潭县主要土壤类型，占本县地域面积的 50%。赤红壤是在高温、多雨、湿润的南亚热带季雨林条件下形成的地带性土壤类型。本县赤红壤的成土母岩以酸性类的花岗岩、花岗闪长岩、黑云母花岗岩为主，基性岩类的辉绿岩（主要以岩脉出现）、中性岩类的辉石闪长岩和凝灰岩类为次。成土母质以坡积物为主，山顶脊部则以残积物出现，风化壳较薄，砾石多。坡底风化层较厚，可达数米至十多米。其发育程度自下而上逐渐变差，剖面构型为 A-C 或 A-B-C。在赤红壤中，常有铁、铝、锰、锌等氧化物的聚集体，因而颜色较暗、较深，呈砖红色、红褐色、鲜红色等。同时，下部常出现铁盘结核，网纹状层由红色、黄色、灰白色等构成，这是本类土壤的主要特征之一。由于本县赤红壤上的自然植被稀疏，以薪炭林木的黑松、相思树为主，枯枝落叶少，在沿海燃料缺乏的情况下，多被收回烧火，因而土壤有机质含量低，多在 1% 以下，且水土流失较为严重。在土质较好、土层较厚、避风的君山林场、杨梅坑一带已成功种植杉木、樟、竹等经济林木。

滨海盐土是平潭县第二大土壤类型，占本县地域面积的 24%，比较集中分布于盐田、韩厝以及敖东苍霞洋等地。堤外的滩涂处在涨潮受海水淹浸、退潮出露的干湿交替变化中，土壤中盐分含量较高，以氯化钠、氯化镁、氯化钙等氯化物为主，碳酸盐、硫酸盐含量较少，与北方盐土中以碳酸盐或硫酸盐类为主的土壤有明显区别。滨海盐土因黏粒含量高，质地较黏重，是由海相沉积物形成的土壤，土层深度厚，可达数十米。围垦前，由于长期受海水淹浸，底土层呈青灰色。土壤中有大量海洋动植物遗体和贝壳类存在，所以滨海盐土垦殖后的耕作土壤，养分含量比较丰富。剖面构型为 Asa-Csa、Asa-B-Csa 或 Asa-Bsa-Csa。土壤中盐分含量的高低是评定和划分盐土各土壤类型的重要标志，也是确定改造利用方面的主要依据。

风沙土是平潭县第三大土壤类型，占本县地域面积的 15%。本县风沙土主要是滨海地区风沙移动堆积形成的多种形态的风沙沉积，由于成土时间短暂，无剖面发育，属 C 型、(A)-C 型及 A-C 型土，反映了风沙流动堆积与固定的不同阶段。

小于本县地域面积 3% 的土壤类型还有粗骨土、石质土、山地草甸土等。

本区域中心区气候特征

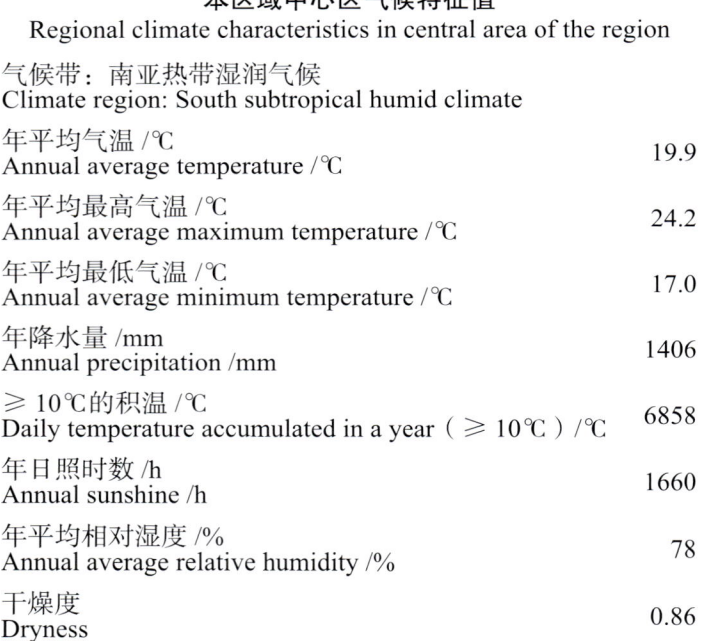

本区域中心区气候特征值
Regional climate characteristics in central area of the region

气候带：南亚热带湿润气候 Climate region: South subtropical humid climate	
年平均气温 /℃ Annual average temperature /℃	19.9
年平均最高气温 /℃ Annual average maximum temperature /℃	24.2
年平均最低气温 /℃ Annual average minimum temperature /℃	17.0
年降水量 /mm Annual precipitation /mm	1406
≥ 10℃的积温 /℃ Daily temperature accumulated in a year（≥ 10℃）/℃	6858
年日照时数 /h Annual sunshine /h	1660
年平均相对湿度 /% Annual average relative humidity /%	78
干燥度 Dryness	0.86

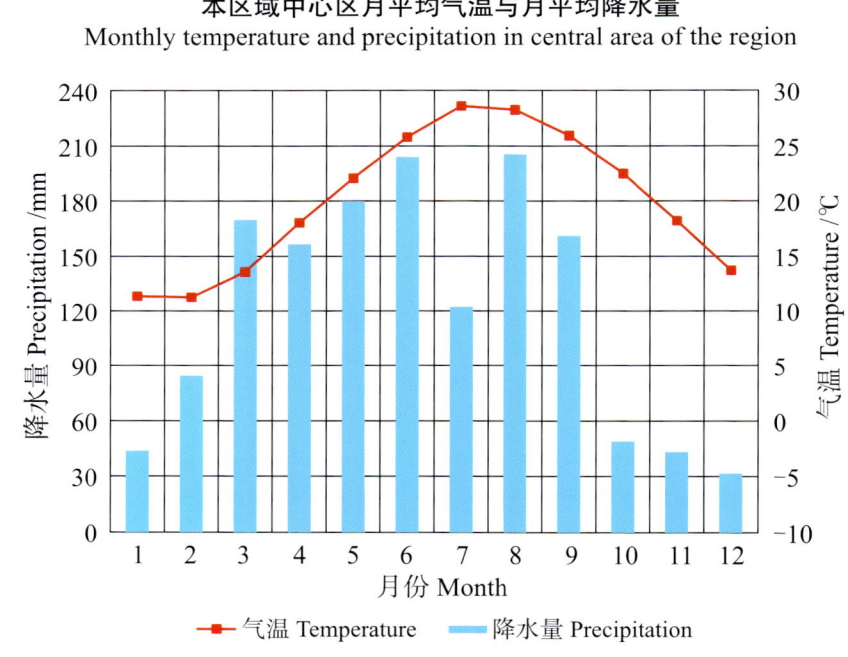

本区域中心区月平均气温与月平均降水量
Monthly temperature and precipitation in central area of the region

平潭县主要土壤类型与土壤剖面点分布图
1 : 170 000

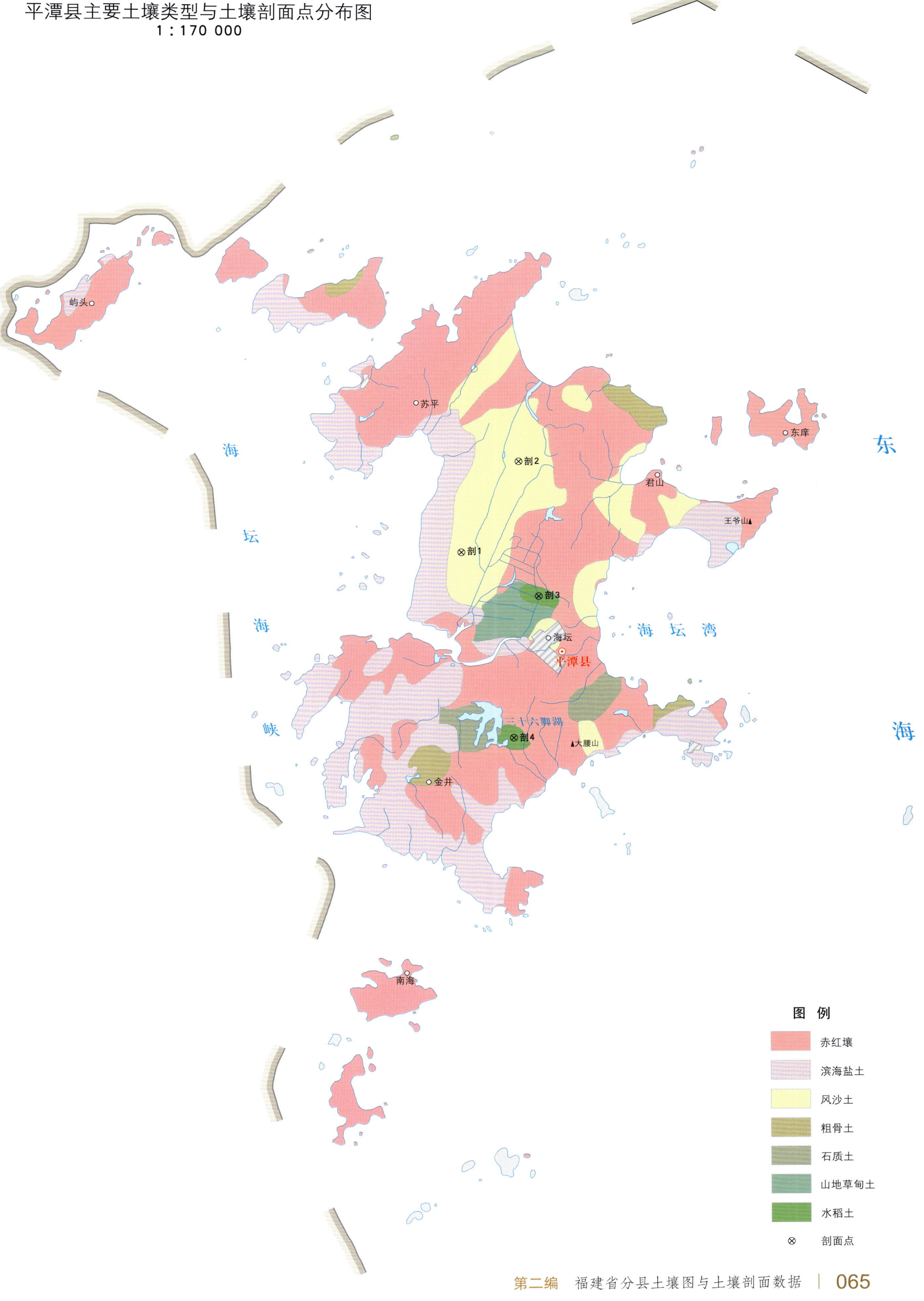

平潭县土壤剖面理化性状表

剖面号 Soil profile	土纲 Soil order	土类 Soil great group	亚类 Soil subgroup	土属 Soil genus	土种 Soil species	土层码 Layer code	土层厚度 Depth/cm	颜色 Soil color	质地 Soil texture	土壤结构 Soil structure	pH	有机质 OM/(g/kg)	全氮 TN/(g/kg)	全磷 TP/(g/kg)	全钾 TK/(g/kg)	有效磷 AP/(mg/kg)	速效钾 AK/(mg/kg)	阳离子交换量CEC/(cmol/kg)	土壤母质 Parent material	剖面点坐标 Profile coordinate	匹配指数 Matching index/%
剖1	初育土	风沙土	固定风沙土	湿润风沙土		A	0—25	灰白色	砂土	无结构	7.5	5.4	0.41	<0.10	18.5	4.0	<5	<1.0	海砂风积物	E 119°44′42.6″ N 25°32′43.1″	95
						C	25—100	灰白色	砂土	无结构	7.7	3.7	0.22	<0.10	29.3	2.0	<5				
剖2	初育土	风沙土	滨海风沙土	耕作风沙土		A	0—22	棕灰色	砂土	无结构	6.8	7.6	0.51	0.15	21.7	15.0	35	2.1	海砂风积物	E 119°46′14.4″ N 25°34′54.8″	95
						B	22—46	灰白色	砂土	无结构	6.5	5.3	0.35	0.20	15.6	7.0	18				
						C	46—100	白色	砂土	无结构	6.9	4.1	0.23	0.10	21.2						
剖3	人为土	水稻土	渗育水稻土	黄泥田	灰黄泥田	A	0—16	灰黄色	中壤土	块状	6.6	13.8	0.88	0.19	8.7	2.0	12	2.1	酸性岩类坡积物	E 119°46′41.5″ N 25°31′37.3″	75
						P	16—25	黄棕色	中壤土	块状											
						W	25—85	浅灰色	重壤土	块状											
						C	85—100	灰黄色	黏土	块状											
剖4	人为土	水稻土	潴育水稻土	灰泥田	坡泥田	A	0—18	暗灰色	轻壤土	块状	6.2	14.5	1.12	0.25	15.2	11.0	44	4.7	坡积物为主	E 119°45′57.3″ N 25°28′10.9″	75
						P	18—27	灰色	中壤土	块状	6.2	12.2	0.80	0.17	13.6	8.0	30				
						W	27—80	灰黄色	中壤土	块状	6.9	9.1	0.54	0.15	14.2	3.0	28				
						C	80—100	灰黄色	重壤土	块状	7.5	4.6	0.21	<0.10	13.3		15				

福清市

主要土类说明

红壤是福清市主要土壤类型，占本市地域面积的 33%。红壤是在本市南亚热带常绿阔叶林的生物气候条件下形成的地带性土壤。红壤所处地势较高，多分布在本市西北部及东北部海拔 200—700m 的丘陵山地，土层深厚，具有提供水分、养分的优势性。在植被被破坏的情况下，土壤养分含量通常很低，有旱、黏、酸、瘦的特点。其脱硅富铝化过程比赤红壤弱，铁铝富集较差，铁结核少，典型的剖面构型为 A-B-C。红壤脱硅富铝化作用显著，风化程度深，土层深厚可达几米到几十米，质地较黏重，但发育在不同母质上的红壤，质地变异很大。土壤黏粒含量较高，可达 45% 以上，同时表土中的黏粒有淋溶沉积的现象，土壤呈强酸性，pH 一般在 4.5—5.5，土层中的 pH 变化由上向下逐渐变小，其活性酸较强，交换性铝铁含量高，潜在酸亦强，因此对磷的固定较强。本市红壤分为红壤、粗骨性红壤、黄红壤、红土等亚类。

水稻土是福清市第二大土壤类型，占本市地域面积的 24%，主要分布在河谷平原、山涧谷地与滨海平原。水稻土是在各种母质的自然土壤上，经人为种植水稻，受灌溉、排水、施肥、耕作等生产活动的影响发育而成。由于分布的地形部位、开发时间和人为耕作的不同影响，土壤熟化程度亦有明显差异，本市水稻土分为潴育型、渗育型、潜育型和盐渍型四个亚类。

赤红壤是福清市第三大土壤类型，占本市地域面积的 23%，分布在本市中部、东部、东南部沿海海拔 200m 以下的低丘台地。植被为季雨林，成土母岩为花岗岩、闪长岩、流纹岩等酸性岩，成土母质有坡积物、残积物。由于气候温热，水量充沛，无霜期长，土壤脱硅富铝化作用强烈，盐基淋溶彻底，酸度强。土体构型为 A-B-C，质地砂壤至中壤，心土层黏实，呈棱柱状或块状，有机质含量低，多在 1% 以下，但土层比较深。本市中部和南部地区山林保护较好，森林枝叶繁茂，土壤有机质含量相对较高，一般均在 1% 以上，高的可达 2%。侵蚀严重的基岩裸露，全剖面呈砖红色，有网纹及铁锰结核，肥力条件一般。本市赤红壤分为赤红壤、黄色赤红壤、粗骨性赤红壤和赤土等亚类。

滨海盐土占福清市地域面积的 10%。滨海盐土系由海积性母质发育形成的土壤，因受海潮浸淹，土壤处在盐渍化和脱盐化交替过程，土壤中含有大量盐分，呈石灰反应，全土层厚度多在几米以上，土壤黏重紧实，通透性差。全土体含有以氯化物为主的可溶盐，剖面呈 Az-Cz 构型。土壤和地下水的盐分组成与海水基本一致，以氯盐为主，次为硫酸盐和重碳酸盐；盐分中以钠、钾离子为主，钙、镁次之。

小于本市地域面积 3% 的土壤类型还有粗骨土、石质土、石灰（岩）土、风沙土等。

本区域中心区气候特征

本区域中心区气候特征值
Regional climate characteristics in central area of the region

气候带：南亚热带湿润气候 Climate region: South subtropical humid climate	
年平均气温 /℃ Annual average temperature /℃	20.0
年平均最高气温 /℃ Annual average maximum temperature /℃	24.5
年平均最低气温 /℃ Annual average minimum temperature /℃	17.1
年降水量 /mm Annual precipitation /mm	1387
≥10℃的积温 /℃ Daily temperature accumulated in a year（≥10℃）/℃	7065
年日照时数 /h Annual sunshine /h	1663
年平均相对湿度 /% Annual average relative humidity /%	78
干燥度 Dryness	0.86

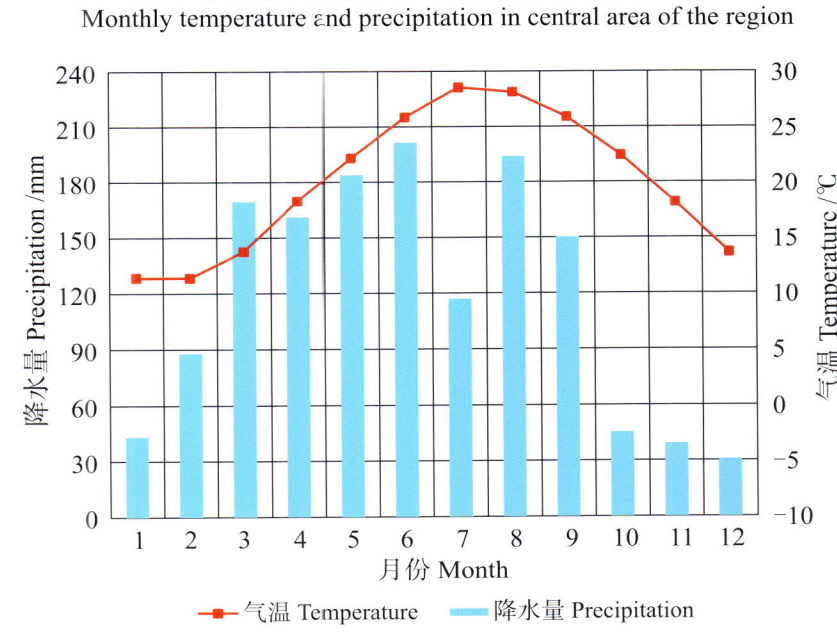

本区域中心区月平均气温与月平均降水量
Monthly temperature and precipitation in central area of the region

福清市主要土壤类型与土壤剖面点分布图
1:280 000

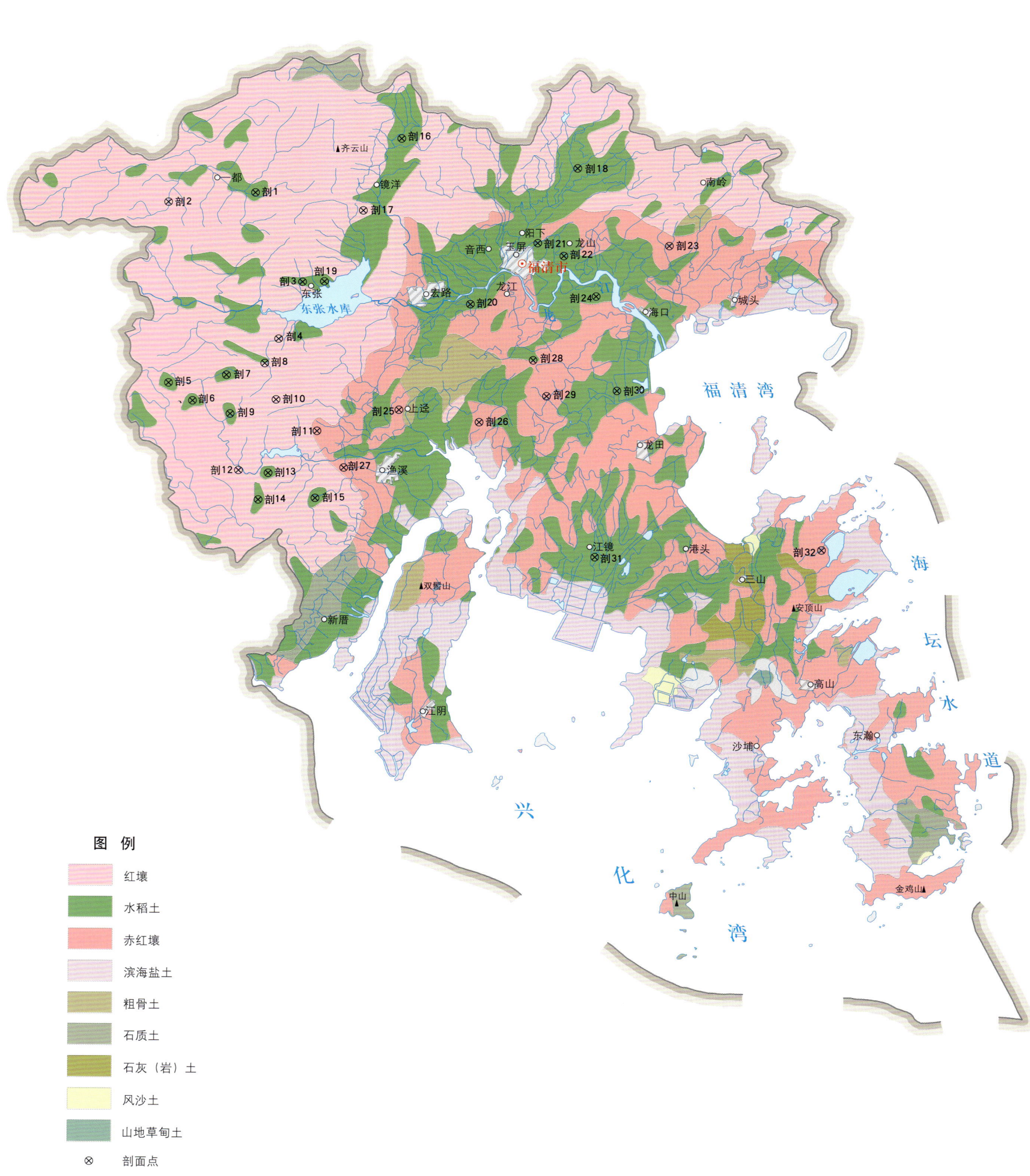

福清市土壤剖面理化性状表

剖面号 Soil profile	土纲 Soil order	土类 Soil great group	亚类 Soil subgroup	土属 Soil genus	土种 Soil species	土层码 Layer code	土层厚度 Depth/cm	颜色 Soil color	质地 Soil texture	土壤结构 Soil structure	pH	有机质 OM/(g/kg)	全氮 TN/(g/kg)	全磷 TP/(g/kg)	全钾 TK/(g/kg)	有效磷 AP/(mg/kg)	速效钾 AK/(mg/kg)	阳离子交换量CEC/(cmol/kg)	土壤母质 Parent material	剖面点坐标 Profile coordinate	匹配指数 Matching index/%
剖1	人为土	水稻土	潜育水稻土	冷烂田	深脚烂泥田	A	0—43	暗灰色	中壤土	无结构	4.9	77.1	3.35	0.87	7.9	6.9	17	9.0		E 119°12′39.3″ N 25°46′06.5″	95
						G	43—100	青灰色	中壤土	无结构	4.9	64.2	3.14	0.76	15.8	7.3	171	8.1			
剖2	铁铝土	红壤		酸性岩红壤		A	0—18	棕红色	轻壤土	块状	4.7	40.0	1.32	0.65	8.4	1.0	164	8.6	花岗岩、流纹岩、片麻岩等风化物	E 119°09′20.5″ N 25°45′49.4″	95
						B	18—66	红色	中黏土	块状	4.5	21.7	0.85	0.62	13.5	1.0	64	10.1			
						C	66—100	红色	重黏土	小块状	5.1	5.8	0.17	0.80	10.6	<1.0	83	6.8			
剖3	人为土	水稻土	渗育水稻土	紫泥田	紫泥砂田	A	0—15	紫色	中壤土	块状	4.7	12.6	0.69	0.29	3.4	1.6	21	5.1	紫红色砂页岩等风化物	E 119°14′24.5″ N 25°42′53.7″	95
						P	15—22	紫色	中壤土	块状	5.9	12.6	0.52	0.42		2.1	93				
						W	22—63	紫色	中壤土	块状	6.5	6.5	0.51	0.34		2.9	94				
						C	63—100	紫色	中壤土	块状	6.2	6.8	0.34	0.27		<1.0	87				
剖4	铁铝土	红壤		红泥砂土	红泥砂田	A	0—20	灰色		核状	6.3	25.7	1.11	0.53	18.4	12.0	184	15.2	粗粒质红壤再积物	E 119°13′27.3″ N 25°40′51.4″	81
						B	20—30	灰色		小块状	5.5	18.9	0.73	0.37	15.7	4.0	68	16.8			
						C	30—70	红褐色		块状	4.9	8.5	0.36	0.23	9.1	1.0	35	19.2			
剖5	人为土	水稻土	渗育水稻土	紫泥田	紫泥砂田	A	0—14	紫色	重壤土	块状	5.2	25.6	1.39	0.21	19.7	5.1	92	7.7	紫红色砂页岩风化物	E 119°09′14.7″ N 25°39′20.8″	75
						P	14—19	紫色	重壤土	块状	5.0	20.8	1.01	0.32	20.3	1.1	59	9.0			
						C	19—100	紫黄色	轻黏土	小块状	6.2	6.5	0.40	0.54	<1.0	1.1	154	12.7			
剖6	人为土	水稻土	渗育水稻土	白土田	白底田	A	0—16	灰黄色	重壤土	小块状	5.4	19.5	1.03	0.35	10.9	2.5	62	6.2		E 119°10′09.2″ N 25°38′41.9″	75
						P	16—21	灰色	重壤土	块状	5.6	14.5	0.69	0.23	10.4	1.7	41	5.3			
						W	21—47	灰色	中壤土	块状	6.0	8.0	0.42	0.19	11.8	1.0	23	5.2			
						E	47—80	灰白色	重壤土		6.0	6.0	0.24	0.16	15.4	<1.0	24	7.4			
						C	80—100	灰红色	重壤土	块状	6.5	5.8	0.16	0.18	16.6	<1.0	19	5.1			
剖7	人为土	水稻土	渗育水稻土	黄泥田	黄泥砂田	A	0—14	浅灰色	砂壤土	小粒状	4.8	17.2	0.90	0.17	29.2	12.6	82	3.7		E 119°11′27.7″ N 25°39′35.6″	75
						P	14—19	浅黄色	砂壤土	粒状	4.8	11.9	0.60	0.15	28.1	7.6	66	3.4			
						C	19—100	黄色	中壤土	块状	5.9	9.3	0.60	0.17	30.6	<1.0	86	8.0			
剖8	人为土	水稻土	渗育水稻土	黄泥田	灰黄泥砂田	A	0—13	浅灰色	砂壤土	小粒状	4.7	17.7	0.90	0.15	28.4	12.0	59	2.8		E 119°12′55.0″ N 25°39′59.5″	75
						P	13—20	棕灰色	砂壤土	小块状	4.8	13.5	0.70	0.14	28.8	9.0	50	2.6			
						W	20—35	浅黄色	砂壤土	小块状	5.9	6.5	0.40	0.14	29.3	<1.0	76	6.3			
						C	35—100	浅黄色	砂壤土	小块状	5.6	5.2	0.30	0.12	34.0	<1.0	99	5.6			
剖9	人为土	水稻土	渗育水稻土	砂质田	砂层田	A	0—11	浅灰色	松砂土	无结构	5.1	12.0	0.39	0.20	28.3	2.3	85	3.8	溪流冲积物	E 119°11′34.8″ N 25°38′12.8″	75
						C	11—100	浅黄色	轻壤土	无结构	4.7	4.8	0.10	0.13	27.3	1.6	79	2.2			
剖10	铁铝土	红壤	粗骨性红壤	酸性岩粗骨红壤		A	0—20	灰棕色	轻壤土	小块状	5.1	5.6	0.28	0.12	27.2	14.0	36	3.9	酸性岩	E 119°13′19.4″ N 25°38′41.5″	75
						C	20—100	红色	砂壤土		5.5	3.0	0.12	0.27	26.2	11.8	25	4.6			
剖11	铁铝土	赤红壤	赤红壤	酸性岩赤红壤		A	0—11	黄黄色	重壤土	块状	5.1	14.6	0.39	0.10	26.4	1.0	66	4.3	花岗岩等酸性岩	E 119°14′52.6″ N 25°37′33.6″	74
						B	11—35	黄棕色	重壤土	块状	5.2	3.6	0.13	0.10	28.6	1.0	58	3.8			
						C	35—100	黄红色	重壤土	块状	5.2	2.4	0.11	0.10	26.2	<1.0	63	8.4			
剖12	铁铝土	红壤	黄红壤	酸性岩黄红壤		A	0—23	黄红色	重壤土	大块状	6.5	34.2	1.86	0.84	21.0	>100.0	120	9.6		E 119°11′51.9″ N 25°36′11.8″	95
						C	23—100	暗黑色	重壤土	小块状	6.3	15.9	1.67	0.67	22.1	99.7	85	8.1			
剖13	人为土	水稻土	潜育水稻土	乌泥田	黄底乌泥田	A	0—17	暗灰色	中壤土	小块状	5.7	16.3	0.73	0.74	21.0	41.0	66	7.6	冲积物	E 119°12′59.4″ N 25°36′05.2″	75
						P	17—25	灰色	中壤土	柱状	5.8	8.9	0.42	0.22	17.7	2.0	47	8.6			
						W₁	25—38	灰色	中壤土	柱状											
						W₂	38—60														
						C	60—100	灰色	中壤土	柱状	6.0	6.0	0.34	0.21	24.0	<1.0	33	8.0			

续表 Continued

剖面号 Soil profile	土纲 Soil order	土类 Soil great group	亚类 Soil subgroup	土属 Soil genus	土种 Soil species	土层码 Layer code	土层厚度 Depth/cm	颜色 Soil color	质地 Soil texture	土壤结构 Soil structure	pH	有机质 OM/(g/kg)	全氮 TN/(g/kg)	全磷 TP/(g/kg)	全钾 TK/(g/kg)	有效磷 AP/(mg/kg)	速效钾 AK/(mg/kg)	阳离子交换量CEC/(cmol/kg)	土壤母质 Parent material	剖面点坐标 Profile coordinate	匹配指数 Matching index/%
剖14	人为土	水稻土	潴育水稻土	灰泥田	青底灰泥田	A	0—14	浅灰色	中壤土	小块状	4.5	24.9	1.24	0.22	18.6	2.9	65	4.9	冲积物或坡积物	E 119°12′35.5″ N 25°35′07.6″	75
						P	14—20	灰灰色	中壤土	块状	4.5	23.4	1.26	0.17	20.7	2.5	65	4.9			
						W	20—52	黄灰色	重壤土	块状	4.7	19.7	0.86	0.16	18.5	<1.0	44	4.6			
						G	52—100	青灰色	轻壤土			4.4	18.6	0.68	0.13	22.6	1.3	40	3.5			
剖15	人为土	水稻土	潴育水稻土	灰泥田	黄底灰泥田	A0	0—19	灰色	轻壤土	小块状	5.1	13.8	0.63	0.25	18.9	8.7	142	5.2	冲积物或坡积物	E 119°14′45.6″ N 25°35′09.3″	75
						P	19—26	灰色	轻壤土	块状	6.8	7.4	0.33	0.22	19.1	2.5	41	6.3			
						W	26—48	黄灰色	轻壤土	块状	7.3	5.4	0.26	0.20	22.2	1.8	39	6.3			
						C	48—100	黄黄色	轻黏土	大块状	6.3	6.2	0.22	0.13	11.8	<1.0	55	5.5			
剖16	人为土	水稻土	渗育水稻土	黄泥田	灰黄泥田	A	0—13	灰色	重壤土	小碎块	5.2	24.4	1.38	0.31	21.2	10.2	9	6.9	粗红质红壤再积物	E 119°18′15.6″ N 25°47′57.2″	95
						P	13—19	棕灰色	重壤土	块状	6.3	14.2	0.43	0.14	24.0	1.5	263	5.5			
						W	19—45	灰黄色	中壤土	块状	7.0	5.5	0.21	1.00	23.4	<1.0	69	6.5			
						C	45—100	黄色	轻壤土	块状	6.8	5.0	0.15	0.15	21.1	<1.0	56	6.6			
剖17	铁铝土	红壤	红土	红泥砂土	红砂田	A	0—16	浅灰黄色		核状	4.7	14.6	0.64	0.21	20.2	<1.0	100	6.3		E 119°16′44.9″ N 25°45′25.0″	81
						C	16—84	黄红色		块状	4.6	6.9	0.37	0.15	13.7	<1.0	55	6.4			
剖18	人为土	水稻土	渗育水稻土	黄泥田	黄泥田	P	0—17	灰浅色	中壤土	小块状	4.8	15.7	0.74	0.26	13.8	6.9	12	4.4		E 119°24′56.2″ N 25°46′48.2″	95
						W	17—24	灰色	中壤土	块状	4.6	10.2	0.63	0.30	30.2	6.1	26	4.8			
						C	24—100	黄红色	重黏土	块状	6.4	16.6	0.27	0.25	30.3	<1.0	26	7.9			
剖19	人为土	水稻土	潴育水稻土	潮砂田	乌砂田	A	0—15	黑灰色	轻壤土	小核状	5.5	24.0	1.10	0.34	30.3	35.3	63	5.7	冲积物	E 119°15′14.0″ N 25°42′53.9″	95
						P	15—23	灰色	中壤土	小核状	6.1	13.7	0.80	0.22	20.3	6.1	44	4.3			
						W1	23—36	灰色	中壤土	小块状	6.5	6.5	0.40	0.15	20.9	1.5	57	5.5			
						W2	36—60	灰白色	中壤土	小柱状	6.5	8.2	0.40	0.14	20.8	<1.0	47	6.0			
						C	60—100	黄灰色	砂壤土	块状	6.5	4.1	0.20	0.16	25.7	1.9	50	4.9			
剖20	人为土	水稻土	潴育水稻土	灰泥田	灰泥田	A	0—14	灰色	中壤土	小块状	5.4	19.3	1.02	0.24	6.6	2.4	64	10.7	冲积物或坡积物	E 119°20′46.7″ N 25°42′00.1″	95
						P	14—19	棕灰色	中壤土	块状	5.5	17.9	0.99	0.22		2.7	37	5.0			
						W	19—44	灰色	中壤土	柱状	5.8	9.2	0.45	0.14		<1.0	35	4.7			
						C	44—100	灰色	中壤土	块状	5.9	4.1	0.29	<0.10		<1.0	46	4.8			
剖21	人为土	水稻土	潴育水稻土	红土田	红土田	P	0—15	浅棕色	轻壤土	小块状	5.6	20.3	0.81	0.33	2.7	<1.0	54	8.1	赤红壤或红壤再积物	E 119°23′22.6″ N 25°44′09.7″	95
						W	15—20	棕棕色	重壤土	块状	5.9	20.2	0.86	0.38	2.2	<1.0	21	8.4			
						C	20—100	黄红色	重黏土	块状	6.6	8.5	0.35	0.21	1.8	<1.0	12	7.4			
剖22	人为土	水稻土	渗育水稻土	红土田	红土砂田	A	0—20	棕色	中壤土	小块状	4.9	16.3	0.75	0.31	26.0	4.6	112	4.1	细粉质酸性岩风化物	E 119°24′21.5″ N 25°43′40.7″	95
						B	20—45	砖红色	中壤土	小块状	4.4	12.2	0.66	0.25	30.9	1.9	37	5.2			
						C	45—100	淡灰揭色	重壤土	块状	5.5	6.8	0.24	0.22	18.2	1.3	30	6.1			
剖23	铁铝土	赤红壤	硅铝质赤红壤			A	0—16	黄橙色	砂壤质黏壤土	小粒状	4.4	11.9	0.81	0.23	8.7	2.4			冲洪积物	E 119°28′22.8″ N 25°43′59.3″	95
						B	16—90			块状	4.1	4.9	0.35	0.15	3.2	2.7	233	13.4			
						C1	90—190			块状	4.1	3.5	0.50	0.21	3.4	<1.0	224	14.4			
						C2	190—230				4.2	3.7	0.10	0.23	<1.0	<1.0	243	13.9			
剖24	人为土	水稻土	盐渍水稻土	埭田	埭田	Csa	0—15	灰色	中壤土	块状	6.3	14.4	0.90	0.27	30.8	43.1	7	3.6	海相沉积物	E 119°25′33.7″ N 25°42′12.7″	74
						P	15—20	青灰色	中壤土	块状	6.8	13.2	0.20	0.27	27.0	46.8	<5	9.6			
						C	20—100	青灰色	中壤土	块状	7.8	9.3	0.60	0.30	21.1	>100.0	243	13.9			
剖25	铁铝土	赤红壤	粗骨性赤红壤			B	0—4	浅棕色	轻壤土	小块状	5.1	8.6	0.40	0.14	10.8	<1.0	<5	3.6	花岗岩等酸性岩	E 119°18′00.1″ N 25°38′16.0″	74
						C	4—100	红色	重壤土	块状	5.8	1.6	0.56	0.20	11.6	<1.0	36	9.6			
剖26	铁铝土	赤红壤	粗骨性赤红壤			A	0—21	浅黄色		粒状	4.7	17.4	0.60	0.19	17.3	<1.0	106	4.7		E 119°21′02.5″ N 25°37′47.8″	74
						C	21—100	黄红色		块状	4.6	5.0	0.20	0.16	15.8	<1.0	25	1.8			
剖27	铁铝土	赤红壤	酸性岩赤红壤	酸性岩黄色赤红壤		A	0—21	浅红色	重壤土	碎块状	7.1	9.2	0.38	<0.10	24.7	<1.0	25	5.2	酸性岩	E 119°15′51.6″ N 25°36′14.5″	85
						C	21—100	暗红色	轻壤土	块状	7.7	3.8	0.14	<0.10	16.7	<1.0	<5	4.5			

续表 Continued

剖面号 Soil profile	土纲 Soil order	土类 Soil great group	亚类 Soil subgroup	土属 Soil genus	土种 Soil species	土层码 Layer code	土层厚度 Depth/cm	颜色 Soil color	质地 Soil texture	土壤结构 Soil structure	pH	有机质 OM/(g/kg)	全氮 TN/(g/kg)	全磷 TP/(g/kg)	全钾 TK/(g/kg)	有效磷 AP/(mg/kg)	速效钾 AK/(mg/kg)	阳离子交换量 CEC/(cmol/kg)	土壤母质 Parent material	剖面点坐标 Profile coordinate	匹配指数 Matching index/%
剖28	人为土	水稻土	盐渍水稻土	埭田	灰砂埭田	A	0–18	浅灰色	中壤土	小粒状	5.3	12.3	0.60	0.26	43.1	8.4	52	4.1	海相沉积物	E 119°23′07.6″ N 25°39′57.5″	75
						P	18–25	浅灰色	中壤土	小核状	7.7	9.0	0.50	0.29	32.2	8.6	22	11.0			
						W	25–53	浅灰色	中壤土	小核状	7.0	5.7	0.30	0.26	35.9	15.8	35	5.4			
						Csa	53–100	褐色	中壤土	小块状	7.8	8.5	0.50	0.29	30.9	12.0	68	8.2			
剖29	铁铝土	赤红壤	赤红壤	中性岩赤红壤		A	0–12	黄红色	中壤土	小块状	6.3	9.9	0.37	0.16	14.3	1.0	46	3.9		E 119°23′37.2″ N 25°38′40.8″	74
						B	12–23	红色	重壤土	块状	5.3	8.9	0.37	0.17	12.8	1.0	44	7.4			
						C	23–100	暗红色	重壤土	块状	5.7	6.8	0.25	0.19	10.4	<1.0	39	8.9			
剖30	人为土	水稻土	盐渍水稻土	埭田	灰埭田	A	0–15	灰色	重壤土	小块状	8.0	23.1	1.20	0.30	21.6	46.0	120	12.9	海相沉积物	E 119°26′18.0″ N 25°38′50.0″	75
						P	15–20	暗灰色	中壤土	块状	8.0	15.8	1.00	0.31	25.6	49.0	170	13.7			
						W	20–57	暗灰色	中壤土	柱状	7.2	8.8	0.60	0.26	26.2	54.0	144	12.3			
						Csa	57–100	浅灰色	重壤土	块状	6.2	14.0	0.80	0.29	30.8	76.0	313	14.9			
剖31	人为土	水稻土	盐渍水稻土	盐斑田	轻盐斑田	A	0–15	浅灰色	重壤土	块状	6.3	17.9	1.12	0.31	27.5	83.3	195	≥50.0	海相沉积物	E 119°25′21.7″ N 25°32′54.1″	95
						Psa	15–21	青灰色	中黏土	无结构	7.1	15.4	1.05	0.31		72.3	224				
						Csa	21–100	青灰色	中黏土	无结构	7.8	5.7	0.59	0.28		>100.0	426				
剖32	铁铝土	赤红壤	赤红壤	赤土		A	0–12	棕黄色	中壤土	小粒状	7.7	9.9	0.58	0.21	24.2	8.4	113	5.4	硅质岩	E 119°33′58.9″ N 25°33′01.9″	74
						B	12–70	赤红色	中壤土	块状	7.6	7.0	0.40	0.16	27.5	2.4	67	5.4			
						C	70–100	赤红色	中壤土	块状		3.8	0.23	0.11	15.4	<1.0	48	8.4			

厦门市

市辖区

主要土类说明

水稻土是厦门市主要土壤类型，占本市地域面积的35%，主要分布于河谷冲积平原的洋田、滨海平原的垦田、低丘台地的台田、丘陵坡地的梯田、山间盆谷的畈田、低丘谷地的冲田及山地丘陵窄谷的垅田等处。在各种母质或自然土壤上，受人为种稻和长期水耕熟化的影响，土体内发生物质转化，特别是还原淋溶、氧化淀积交替进行，使水稻土形成了特有的剖面结构，即耕作层、犁底层、渗育层、淀积层、还原淀积层和潜育层。其中，水分因素的活动对剖面层次的发育程度和组合类型起着主导作用，从而使各种水稻土具有各自的形态和肥力特征。

红壤是厦门市第二大土壤类型，占本市地域面积的35%，主要分布于海拔200—900m的丘陵山地。本市红壤所处地带降水量充沛，相对湿度大，土壤脱硅富铝化作用较赤红壤带弱，铁铝富集较差，淀积层土色较淡。本市红壤多数是由花岗岩和第四纪红色黏土发育而成的，硅铝率一般在2.1—2.4，很少有铁铝结核，但淀积层多有铁胶膜。剖面构型为A-B-C，层次发育明显，部分地区水土流失较严重，只见B-C或AB-C的层次组合。

赤红壤是厦门市第三大土壤类型，占本市地域面积的19%，主要分布于海拔206m以下的丘陵台地。发育于第四纪红色黏土的赤红壤，可见砾石层、网纹层、红色黏土层和表土层等明显的剖面发育，土层深厚，红色黏土层有铁结核和核块状结构。土壤黏粒的硅铝率为1.9左右，pH为4.5左右，表土有机质和磷、钾含量低，自然肥力较差。本市丘陵广泛分布有黑云母花岗岩和二长花岗岩，发育于这些花岗岩的赤红壤，风化层较深厚，厚可达10m以上，但质地较轻，多含石英砂，易遭侵蚀而砂化，或红色黏土层裸露，剖面构型为A-B-C或B-C。

小于本市地域面积3%的土壤类型还有滨海盐土、黄壤、潮土等。

本区域中心区气候特征

本区域中心区气候特征值
Regional climate characteristics in central area of the region

气候带：南亚热带湿润气候 Climate region: South subtropical humid climate	
年平均气温 /℃ Annual average temperature /℃	20.3
年平均最高气温 /℃ Annual average maximum temperature /℃	24.7
年平均最低气温 /℃ Annual average minimum temperature /℃	17.5
年降水量 /mm Annual precipitation /mm	1367
≥10℃的积温 /℃ Daily temperature accumulated in a year (≥10℃) /℃	7480
年日照时数 /h Annual sunshine /h	1819
年平均相对湿度 /% Annual average relative humidity /%	79
干燥度 Dryness	0.90

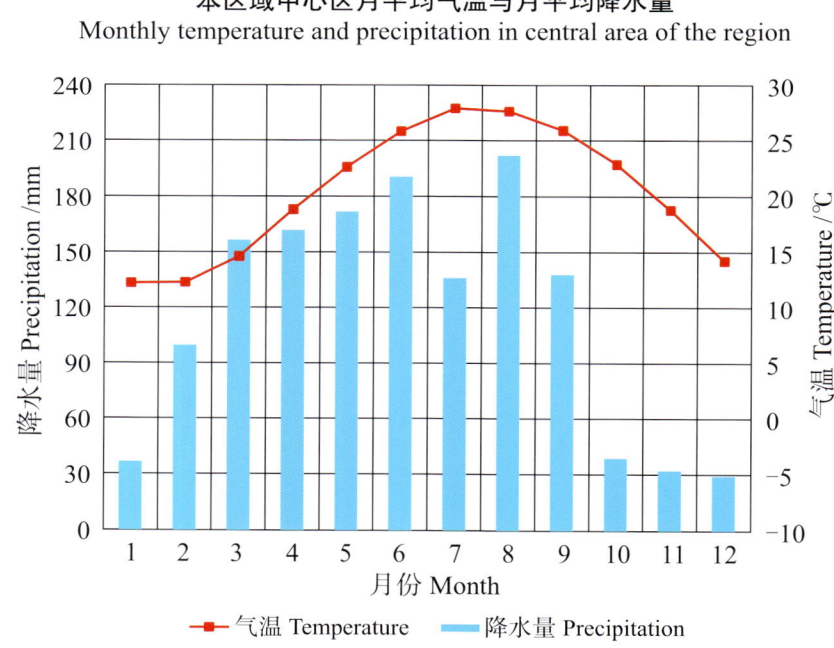

本区域中心区月平均气温与月平均降水量
Monthly temperature and precipitation in central area of the region

厦门市市辖区主要土壤类型与土壤剖面点分布图
1 : 240 000

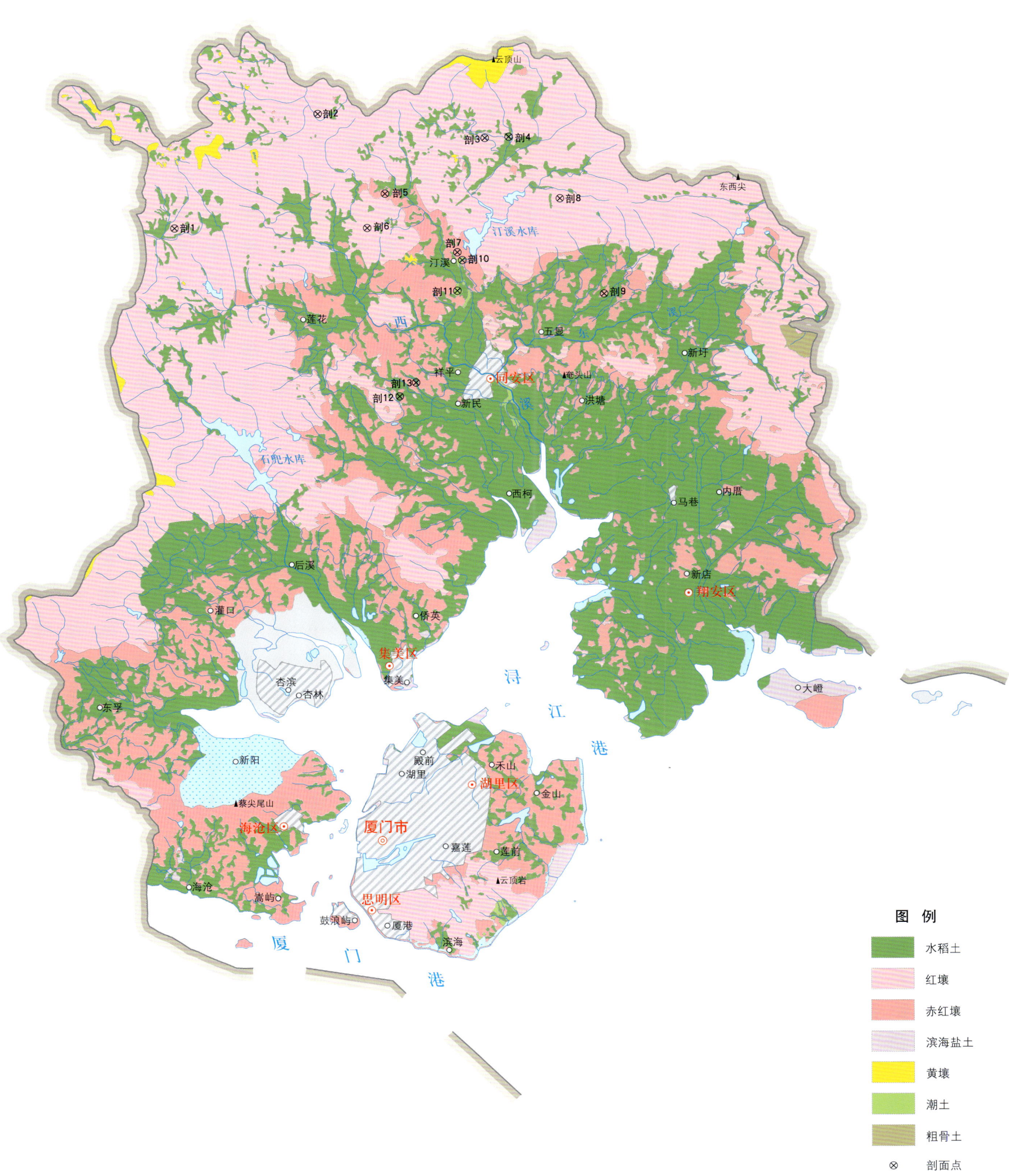

图例
- 水稻土
- 红壤
- 赤红壤
- 滨海盐土
- 黄壤
- 潮土
- 粗骨土
- ⊗ 剖面点

第二编 福建省分县土壤图与土壤剖面数据

厦门市土壤剖面理化性状表

剖面号 Soil profile	土纲 Soil order	土类 Soil great group	亚类 Soil subgroup	土属 Soil genus	土种 Soil species	土层码 Layer code	土层厚度 Depth/cm	颜色 Soil color	质地 Soil texture	土壤结构 Soil structure	pH	有机质 OM/(g/kg)	全氮 TN/(g/kg)	全磷 TP/(g/kg)	全钾 TK/(g/kg)	有效磷 AP/(mg/kg)	速效钾 AK/(mg/kg)	阳离子交换量CEC/(cmol/kg)	土壤母质 Parent material	剖面点坐标 Profile coordinate	匹配指数 Matching index/%
剖1	铁铝土	红壤	红壤	侵蚀红壤		AB	0—25	黄红色	中壤土	核状	5.2	23.0	1.12	0.36	27.9	1.0	147	8.8		E 117°58′16.4″ N 24°48′27.5″	97
						B	25—101	浅红色	重壤土	核状	4.8	8.6	0.76	0.33	26.5	<1.0	113	7.5			
剖2	铁铝土	红壤	黄红壤	酸性岩黄红壤		A	0—8	黑灰色	轻黏土	核块状	4.3	48.2	1.67	0.42	5.1	<1.0	63	12.9	酸性岩	E 118°03′03.9″ N 24°52′00.2″	98
						AB	8—21	灰黄色	轻黏土	碎块状	4.5	22.0	0.97	0.41	6.3	<1.0	35	9.4			
						B	21—45	红黄色	轻黏土	碎块状	4.6	11.3	0.61	0.46	8.6	<1.0	32	8.3			
						BC	45—	黄红色	重壤土	块状	4.7	7.9	0.16	0.49	8.9	<1.0	89	7.4			
剖3	铁铝土	红壤	红壤	酸性岩赤红壤		Ao	0—1												酸性岩	E 118°08′37.0″ N 24°51′13.5″	98
						A	1—4	浅紫色	中壤土	核状	5.0	16.6	0.79	0.42	39.3	<1.0	121	8.6			
						AB	4—80	黄红色	重黏土	核状	4.7	16.1	0.58	0.35	39.9	1.0	96	7.2			
						B	80—115	浅黄色	重黏土	块状	4.7	11.3	0.58	0.37	36.8	<1.0	105	6.9			
剖4	人为土	水稻土	渗育水稻土	白土田	白底田	A	0—13	黄灰色	中壤土	块状	4.8	13.8	0.70	0.61	19.4	5.0	39	4.5		E 118°09′25.2″ N 24°51′15.2″	97
						P	13—18	黄灰色	中壤土	块状	4.9	13.4	0.65	0.60	18.7	6.0	45	4.3			
						W	18—42	黄灰色	重黏土	粒状	5.7	7.8	0.51	0.42	15.7	1.0	32	4.6			
						E	42—	白色	中壤土	粒状	6.1	1.7	0.19	0.22	27.2	3.0	42	3.8			
剖5	铁铝土	赤红壤	赤红壤	酸性岩赤红壤		A	0—19	黄灰色	中壤土	小团块状	4.9	17.2	0.58	0.20	29.2	1.0	83	5.0	黑云母花岗岩	E 118°05′17.2″ N 24°49′30.4″	97
						AB	19—41	黄红色	重黏土	团块状	4.8	4.4	0.25	0.22	24.5	<1.0	72	6.1			
						B	41—120	砖红色	重黏土	块状	5.0	6.8	0.28	0.17	37.8	<1.0	14	6.3			
剖6	铁铝土	红壤	红土	红土	红泥土	A	0—29	淡棕色	中壤土	块状	4.5	13.1	0.83	1.25	15.0	1.0	56	6.7		E 118°04′41.1″ N 24°48′25.9″	95
						C	29—100	淡红黄色	中壤土	块状	4.6	7.3	0.48	1.34	12.8	<1.0	<5	7.3			
剖7	铁铝土	赤红壤	侵蚀赤红壤			AB	0—20	红色	轻黏土	粒状	4.6	13.0	0.52	0.57	13.1	<1.0	79	8.3	二长花岗岩和变质岩	E 118°07′40.5″ N 24°47′39.0″	97
						C	20—150	砖红色	轻黏土	块状	5.0	6.4	0.37	0.57	9.3	<1.0	59	9.2			
剖8	铁铝土	红壤	红土	红泥砂土		A	0—13	灰棕色	轻壤土	核状	4.7	22.7	1.10	1.29	20.4	1.0	91	7.7	粗晶花岗岩	E 118°11′05.6″ N 24°49′19.5″	81
						B	13—63	淡棕色	轻黏土	块状	5.0	19.5	0.84	1.34	17.7	1.0	107	9.8			
						C	63—100	淡棕色	轻黏土	块状	4.8	14.4	0.83	1.15	18.2	<1.0	93	9.2			
剖9	铁铝土	赤红壤	赤红壤	赤土		A	0—15	暗红棕色	中壤土	块状	5.0	22.1	0.97	1.45	5.6	2.0	76	9.1		E 118°12′32.4″ N 24°46′18.7″	95
						C	15—100	棕红色	重黏土	块状	4.8	87.0	3.60	1.01	3.6	<1.0	31	7.5			
剖10	半水成土	潮土	灰砂土	灰砂土		A	0—25	灰黄色	砂壤土	粒状	5.0	19.7	1.04	0.68	27.3	2.0	62	7.3	河流冲积物	E 118°07′50.3″ N 24°47′24.1″	97
						B	25—70	棕灰色	轻壤土	粒状	5.1	7.6	0.39	0.53	33.3	1.0	39	2.8			
						C	70—	浅黄棕色	砂壤土	粒状	6.3	2.2	0.11	0.36	29.3	4.0	58	5.2			
剖11	半水成土	潮土	砂土	黄砂土		A	0—40	棕灰色	砂壤土	核状	5.0	4.2	0.21	0.40	>50.0	7.0	116	2.6	河流冲积物	E 118°07′39.8″ N 24°46′25.9″	97
						C	40—	棕色	轻壤土	粒状	4.1	3.2	0.31	0.35	>50.0	1.0	66	4.3			
剖12	人为土	水稻土	渗育水稻土	红土田	红泥砂田	A	0—14	黄棕色	轻壤土	粒状	5.2	5.9	0.47	0.52	1.8	8.0	16	1.8		E 118°05′42.6″ N 24°43′07.6″	95
						B	14—26	红棕色	轻壤土	块状	4.8	8.8	0.57	0.73	4.2	<1.0	38	5.7			
						C	26—	黄灰色	轻壤土	块状	5.2	6.8	0.50	0.72	4.6	<1.0	31	5.9			
剖13	人为土	水稻土	盐渍水稻土	埭田	灰埭田	A	0—15	黄灰色	轻壤土	块状	4.5	24.2	1.44	0.65	29.0	6.0	51	6.8	海相沉积物	E 118°06′16.0″ N 24°43′33.1″	97
						P	15—19	红棕色	轻壤土	块状	5.1	15.7	1.37	0.56	28.6	2.0	40	6.1			
						W	19—77	灰黄色	重壤土	块状	6.5	5.1	0.33	0.56	30.3	3.0	99	7.0			
						Csa	77—	浅灰黄色	重壤土	块状	6.4	4.9	0.81	0.48	31.9	3.0	117	7.5			

莆田市

市辖区

主要土类说明

红壤是莆田市主要土壤类型，占本市地域面积的 50%，多分布在海拔 200—700m 的丘陵山地。成土母质为火山岩风化物。在潮湿、温暖、多雨的亚热带生物气候条件下，经过脱硅富铝化过程而形成的红壤，由于风化作用强烈，因而具有深厚的风化层，全剖面呈红色，土壤呈酸性，有铁胶膜淀积或铁铝结核。本市红壤分为红壤、黄红壤、暗红壤、粗骨性红壤、红土等亚类。

水稻土是莆田市第二大土壤类型，占本市地域面积的 21%，分布在本市平原、部分沿海低平地带、山间盆地和丘陵梯地。在各种成土母质和自然土壤上，受人为种稻以及耕作水平、水利管理条件的影响，使土体内发生物质转化或淋溶淀积，特别是氧化还原交替进行，从而形成各种特殊的土体构型，出现了不同肥力水平的水稻土。本市水稻土分为渗育型、潴育型、潜育型、盐渍型等亚类。

赤红壤是莆田市第三大土壤类型，占本市地域面积的 16%，主要分布于本市海拔 200m 以下的半山区与沿海的高丘和低丘，台地次之。成土母质为花岗岩风化物。由于水热条件良好，土壤脱硅富铝化作用强烈，酸度较高。在酸性岩上发育的赤红壤，一般质地较轻。在第四纪红色黏土沉积物上发育的赤红壤质地较黏，土层深厚，表层较松，心土层黏实，呈块状结构，有褐色胶膜，有些地区出现侵蚀，有铁盘或铁壳露出。本市赤红壤分为赤红壤和赤土两个亚类。

小于本市地域面积 3% 的土壤类型还有黄壤、滨海盐土、风沙土、新积土、紫色土等。

本区域中心区气候特征

本区域中心区气候特征值
Regional climate characteristics in central area of the region

气候带：南亚热带湿润气候 Climate region: South subtropical humid climate	
年平均气温 /℃ Annual average temperature /℃	20.0
年平均最高气温 /℃ Annual average maximum temperature /℃	24.7
年平均最低气温 /℃ Annual average minimum temperature /℃	17.0
年降水量 /mm Annual precipitation /mm	1399
≥10℃的积温 /℃ Daily temperature accumulated in a year (≥10℃) /℃	7136
年日照时数 /h Annual sunshine /h	1687
年平均相对湿度 /% Annual average relative humidity /%	78
干燥度 Dryness	0.85

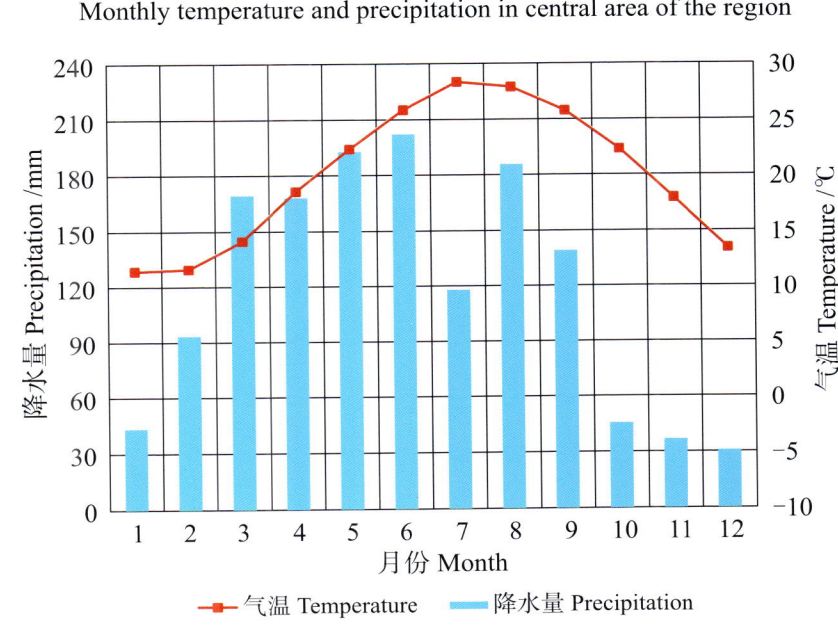

本区域中心区月平均气温与月平均降水量
Monthly temperature and precipitation in central area of the region

莆田市市辖区主要土壤类型与土壤剖面点分布图
1∶370 000

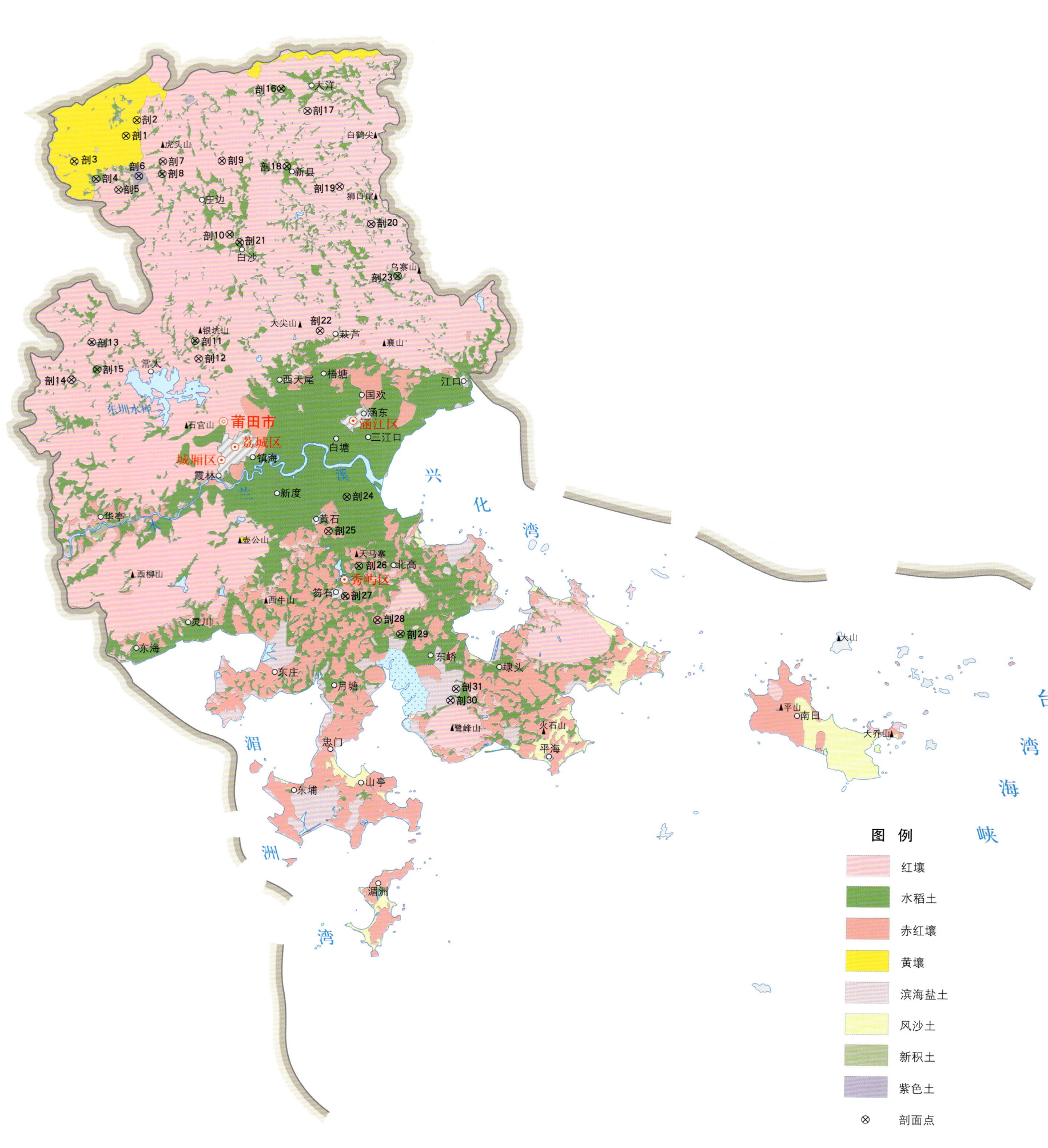

莆田市土壤剖面理化性状表

剖面号 Soil profile	土纲 Soil order	土类 Soil great group	亚类 Soil subgroup	土属 Soil genus	土种 Soil species	土层码 Layer code	土层厚度 Depth/cm	颜色 Soil color	质地 Soil texture	土壤结构 Soil structure	pH	有机质 OM (g/kg)	全氮 TN (g/kg)	全磷 TP (g/kg)	全钾 TK (g/kg)	碱解氮 AN (mg/kg)	有效磷 AP (mg/kg)	速效钾 AK (mg/kg)	阳离子交换量CEC (cmol/kg)	土壤母质 Parent material	剖面点坐标 Profile coordinate	匹配指数 Matching index/%
剖1	铁铝土	黄壤	黄壤	中性岩黄壤		Ao	0—23	暗灰色	中壤土	碎块状	5.7	21.4	0.77	0.10			<1.0	54			E 118°54′43.8″ N 25°41′10.6″	97
						AB	23—84	灰黄色	中壤土	块状	5.5	8.7	0.47				1.0	56				
						C	84—115	浅黄色	重壤土	块状	6.0	2.7	0.22				1.0	35				
剖2	铁铝土	黄壤	黄壤	堆积性黄壤		A	0—10	棕黑色	中壤土	小块状	5.3	108.1	2.55	0.29			1.0	136		坡积物	E 118°55′17.6″ N 25°41′56.1″	97
						B	10—22	暗棕色	重壤土	小块状	6.2	55.1	1.53	0.10			1.0	56				
						C	22—100	黄色	重壤土	块状	6.2	16.5	0.63	<0.10			1.0	60				
剖3	人为土	水稻土	潴育水稻土	潮砂田	灰砂田	A	0—16	灰色	中壤土	小块状	5.9	38.3	2.19	0.68	7.2	160	16.0	39	7.8	冲积物或洪积物	E 118°52′04.9″ N 25°39′57.6″	75
						P	16—21	灰色	中壤土	小块状	6.0	34.3	2.16	0.63	11.2	140	10.0	<5	3.4			
						W	21—82	黄灰色	轻壤土	小块状	6.4	13.8	0.86	0.37	12.4	63	2.0	48	4.5			
						C	82—100	黄色	砂壤土	散粒无结构												
剖4	人为土	水稻土	潴育水稻土	灰泥田	灰泥田	A	0—15	暗灰色	轻壤土	块状	6.7	23.8	1.59	0.32	31.0	111	8.0	11	10.3	河相冲积物	E 118°53′11.4″ N 25°39′06.6″	97
						P	15—24	浅灰色	轻壤土	块状	7.4	24.0	1.34	0.30	27.6	107	7.0	11	10.0			
						W	24—58	灰色	中壤土	柱状	7.7	8.8	0.87	0.24	27.0	43	3.0	11	8.5			
						C	58—100	青灰色	重壤土	柱状	7.2	10.5	0.58	0.12	24.6	56	4.0	97	8.3			
剖5	铁铝土	红壤	暗红壤	酸性岩暗红壤		A	0—8	暗灰色	中壤土	小块状	6.0	118.6	3.22	0.74	9.2		1.0	>500	5.0		E 118°54′19.6″ N 25°38′35.2″	97
						AB	8—53	红棕色	重壤土	块状	5.7	42.0	1.75	0.55	11.4		1.0	94	7.8			
						C	53—100	棕红色	重黏土	块状	5.9	21.5	1.05	0.56	19.1		1.0	105	6.0			
剖6	初育土	紫色土	酸性紫色土	酸性紫色土		A	0—17	灰紫色	中壤土	块状	4.8	37.0	1.35	0.32	19.0		3.0	110	6.9	紫红色凝灰质砂砾岩风化物	E 118°55′21.8″ N 25°39′13.3″	97
						B₁	17—80	棕紫色	轻壤土	块状	4.6	8.0	0.57	0.16			1.1	100				
						B₂	80—100	紫色	中壤土	块状	4.0	9.0	0.58	<0.10			<1.0	95				
剖7	人为土	水稻土	渗育水稻土	白土田	白鳝泥田	A	0—14	浅灰白色	中壤土	小块状	5.8	36.2	2.38	0.49	9.2	162	23.0	103	5.0	红壤再积物	E 118°56′36.7″ N 25°39′54.9″	75
						P	14—22	灰白色	轻壤土	块状	6.3	24.9	1.85	0.38	11.4	114	11.0	35	7.8			
						E₁	22—39	灰白色	中壤土	柱状	6.5	10.0	0.81	0.14	19.1	36	1.0	56	6.0			
						E₂	39—90	黄白色	重壤土	柱状	6.8	9.5	0.50	0.12	19.0	21	<1.0	42	6.9			
剖8	人为土	水稻土	渗育水稻土	红土田	红泥砂田	A	0—14	浅棕色	砂壤土	粒状	6.0	16.2	0.81	0.29	25.2	71	15.0	8	6.5	赤红壤或红壤再积物	E 118°56′34.6″ N 25°39′18.9″	75
						P	14—19	灰红色	轻壤土	碎块状	6.6	14.1	0.75	0.30	25.0	59	3.0	<5	6.5			
						C	19—100	赤红色	重壤土	块状	6.8	6.8	0.46	0.21	14.4	32	<1.0	6	4.5			
剖9	铁铝土	红壤	黄红壤	红泥砂土		A	0—13	黑棕色	中壤土	小块状	5.3	86.4	1.93	0.20	7.8		<1.0	134			E 118°59′37.3″ N 25°39′55.6″	97
						B	13—28	黄灰色	重壤土	小块状	5.3	35.2	1.00	<0.10	12.6	75	1.0	25	6.5			
						C	28—100	灰黄色	重壤土	块状	5.4	9.1	0.50		13.3		1.0	<5				
剖10	铁铝土	红壤	红土	红泥砂土	红泥砂田	A	0—14	棕色	轻壤土	碎块状	6.8	14.2	0.81	0.25	7.8	75	9.0	52	6.5	粗粒质红壤再积物	E 118°59′59.3″ N 25°36′24.2″	97
						B	14—19	红棕色	轻壤土	小块状	6.4	13.9	0.78	0.24	12.6	52	6.0	41	5.5			
						C	19—100	浅灰色	中壤土	块状	6.2	9.8	0.61	<0.10	13.3	35	2.0		7.8			
剖11	盐碱土	滨海盐土	滨海盐土	咸土	咸土	Asa	0—17	灰色	砂土	粒状	8.2	10.5	0.83	0.43	13.3	39	74.0	237	3.9	海相沉积物	E 118°58′10.0″ N 25°31′17.3″	97
						Csa	17—100	灰红色	重壤土	柱状	8.2	9.1	0.72	0.50	19.4	35	70.0	>500	8.9			
剖12	铁铝土	红壤	红壤	中性岩红壤		A	0—8	红棕色	重壤土	块状	5.6	28.7	0.97	0.15			1.0	74			E 118°58′19.8″ N 25°30′25.5″	95
						B₁	8—50	灰红色	轻壤土	块状	6.7	7.1	0.21		14.9	66	1.0	52	5.3			
						B₂	50—80	浅红色	中壤土	块状	6.3	3.3	0.37		9.4		1.0					
						C	80—100	红色	中壤土	块状	7.1	3.2	0.22				1.0					
剖13	人为土	水稻土	渗育水稻土	砂质田	砂质田	A	0—14	黄灰色	砂壤土	粒状	6.1	14.0	1.86	0.23			7.0	9			E 118°52′53.4″ N 25°31′16.4″	97
						P	14—22	灰黄色	砂壤土	碎块状	6.4	11.2	0.57	0.19		52	4.0	9	3.3			
						C	22—100	黄色	砂壤土	散粒状	5.8	11.2	0.53	0.19	12.6	44	1.0	22	5.9			

续表 Continued

剖面号 Soil profile	土纲 Soil order	土类 Soil great group	亚类 Soil subgroup	土属 Soil genus	土种 Soil species	土层码 Layer code	土层厚度 Depth/cm	颜色 Soil color	质地 Soil texture	土壤结构 Soil structure	pH	有机质 OM/(g/kg)	全氮 TN/(g/kg)	全磷 TP/(g/kg)	全钾 TK/(g/kg)	碱解氮 AN/(mg/kg)	有效磷 AP/(mg/kg)	速效钾 AK/(mg/kg)	阳离子交换量CEC/(cmol/kg)	土壤母质 Parent material	剖面点坐标 Profile coordinate	匹配指数 Matching index/%
剖14	铁铝土	红壤	黄红壤	堆积性黄红壤		A	0—30	灰红色	中壤土	块状	5.8	15.6	0.59	0.10			<1.0	142		岩石风化坡积物、洪积物	E 118°51′50.2″ N 25°29′27.0″	97
						B	30—80	黄红色	中壤土	块状	6.0	2.7	0.21				1.0	18				
						C	80—100	浅红黄色	重壤土	块状	6.2	3.0	0.21				1.0	8				
剖15	人为土	水稻土	潴育水稻土	乌泥田	乌泥田	A	0—16	暗红色	中壤土	小块状	6.2	25.0	1.25	0.33	11.8	129	5.0	18	9.8	冲积物	E 118°53′08.8″ N 25°29′56.5″	97
						P	16—22	暗红色	中壤土	小块状	7.4	11.9	0.79	0.27	14.4	81	2.0	9	8.3			
						W₁	22—48	褐红色	中壤土	棱柱状	7.4	7.3	0.50	0.24	18.4	48	3.0	<5	9.0			
						W₂	48—70	褐红色	重壤土	棱柱状	7.4	8.5	0.57	0.22	10.3	54	5.0	9	6.3			
						C	70—100	青灰色	重壤土	棱柱状												
剖16	人为土	水稻土	渗育水稻土	紫泥田	紫泥田	A	0—14	灰紫色	重壤土	块状	5.2	29.2	1.55	0.32	19.3	115	9.0	87	6.6	紫色砂页岩风化物	E 119°02′41.9″ N 25°43′22.9″	98
						P	14—19	紫色	中壤土	块状	6.3	19.6	1.04	0.32	14.0	72	1.0	70	6.5			
						C	19—100	紫色	重壤土	块状	5.4	11.1	0.68	0.25	14.7	58	2.0	56	7.4			
剖17	铁铝土	红壤	黄红壤	酸性岩红壤		A	0—12	棕黄色	重壤土	块状	6.1	50.5	1.91	0.37			2.0	104		细砂质红壤再积物	E 119°04′01.9″ N 25°42′18.2″	98
						B	12—57	灰黄色	重壤土	块状	5.5	11.6	0.51	<0.10			1.0	83				
						C	57—100	黄红色	轻黏土	块状	5.2	6.6	0.29	<0.10			1.0	64				
剖18	人为土	水稻土	潜育水稻土	冷烂田	深脚烂泥田	A	0—30	青灰色			5.5	37.2	1.86	0.23	16.4	120	2.0	44	5.4	坡积物或洪积物	E 119°03′05.8″ N 25°39′30.9″	95
						G	30—100	青灰色		糊烂无结构	6.0	34.9	1.50	0.12	11.1	84	1.0	46	6.4			
剖19	铁铝土	红壤		酸性岩红壤	灰红泥土	A	0—15	浅褐灰色	中壤土	糊烂无结构	5.6	21.0	0.93	0.35	11.2	75	9.0	67	5.8	细粒质红壤再积物	E 119°05′37.7″ N 25°38′37.7″	81
						B	15—29	浅褐灰色	重壤土	块状	5.5	9.2	0.76	0.17	7.8	55	<1.0	29	7.0			
						C	29—60	灰黄色	重壤土	棱柱状	5.3	15.1	0.68	0.17	8.7	55	1.0	<5	5.5			
							60—100	深红色	轻黏土	棱柱状												
剖20	铁铝土	红壤		堆积性红壤		A	0—13	棕褐色	重壤土	碎块状	5.8	25.1	0.79	0.21		120	1.0	32		坡积物或洪积物	E 119°07′12.6″ N 25°36′49.4″	97
						B	13—80	棕红色	重壤土	块状	5.5	6.3	0.40	<0.10		84	1.0	25				
						C	80—100	鲜红色	重壤土	块状	5.6	5.1	0.40	<0.10		75	1.0	33				
剖21	人为土	水稻土	渗育水稻土	黄泥田		A	0—15	红色	中壤土	碎块状	5.9	41.3	2.24	0.46	16.2	207	14.0	121	10.0	红壤与赤红壤再积物	E 119°05′37.7″ N 25°38′37.7″	95
						P	15—24	暗红色	中壤土	块状	6.2	16.3	1.08	0.20	9.5	70	2.0	22	11.0			
						W₁	24—49	浅红色	重壤土	棱柱状	6.5	5.3	0.51	0.14	24.5	25	<1.0	15	7.8			
						W₂	49—70	青灰色	重壤土	棱柱状	6.4	7.1	0.51	0.17	17.1	30	<1.0	11	5.9			
						C	70—100	青灰色	重壤土	棱柱状												
剖22	铁铝土	红壤	盐渍水稻土	埭田	水埭田	A	0—6	灰棕色	中壤土	碎块状	5.7	27.3	1.42	0.16	14.2	131	1.0	84	13.8	海积物	E 119°00′34.0″ N 25°35′53.8″	98
						B	6—46	棕红色	中壤土	块状	5.6	4.2	0.32	<0.10	9.4	71	1.0	32	14.0			
						Co	46—92	鲜红色	中壤土	块状	5.7	5.7	0.36	<0.10	28.0	25	1.0	26	14.0			
						C₁	92—	—	中壤土	碎块状									17.5			
剖23	人为土	水稻土	盐渍水稻土	埭田		A	0—20	灰色	壤质黏土	块状	6.5	28.9	1.85	0.41	14.2		3.2	100	13.8		E 119°08′32.8″ N 25°34′20.1″	81
						AP	20—26	暗黑色	壤质黏土	块状	7.7	19.7	1.30	0.36	9.4		2.1	116	14.0			
						Wg	26—71	浅灰黄色	黏土	柱状	7.8	6.1	0.74	0.34	28.0		5.6	219	14.0			
						Gsa	71—100	青灰色	黏土	大块状	8.4	5.0	0.58	0.45	30.0		15.3	360	17.5			
剖24	人为土	水稻土	盐渍水稻土	埭田	灰埭田	A	0—20	暗黑色	重壤土	块状	6.5	28.9	1.85	0.41	14.2	131	32.0	100	13.8	海相沉积物	E 119°05′50.0″ N 25°23′43.8″	98
						P	20—26	浅灰黄色	重壤土	块状	7.7	19.7	1.30	0.36	9.4	71	21.0	116	14.0			
						W	26—71	青灰色	轻黏土	柱状	7.8	6.1	0.74	0.34	28.0	25	56.0	219	14.0			
						Csa	71—100	青灰色	轻黏土	块状	8.4	5.0	0.58	0.45	30.0	31	>100.0	360	17.5			
剖25	铁铝土	赤红壤	赤红壤	酸性岩赤红壤		A	0—10	红灰色	中壤土	小块状	5.9	10.3	0.60	<0.10			1.0	294		花岗岩酸性岩	E 119°04′53.2″ N 25°22′05.4″	95
						B₁	10—95	赤红色	中壤土	块状	6.0	3.3	0.28	<0.10			<1.0	141				
						B₂	95—	黄红色	轻壤土	块状	6.2	1.4	0.25	<0.10			<1.0	426				

续表 Continued

剖面号 Soil profile	土纲 Soil order	土类 Soil great group	亚类 Soil subgroup	土属 Soil genus	土种 Soil species	土层码 Layer code	土层厚度 Depth/cm	颜色 Soil color	质地 Soil texture	土壤结构 Soil structure	pH	有机质 OM/(g/kg)	全氮 TN/(g/kg)	全磷 TP/(g/kg)	全钾 TK/(g/kg)	碱解氮 AN/(mg/kg)	有效磷 AP/(mg/kg)	速效钾 AK/(mg/kg)	阳离子交换量CEC/(cmol/kg)	土壤母质 Parent material	剖面点坐标 Profile coordinate	匹配指数 Matching index/%
剖26	人为土	水稻土	渗育水稻土	黄泥田	浅灰黄泥沙田	A	0—15	浅灰色	砂壤土	碎块状	6.1	15.2	0.86	0.28	11.3	53	6.0	52	8.6	红壤与赤红壤再积物	E 119°06′24.1″ N 25°20′23.1″	95
						P	15—21	灰黄色	砂壤土	小块状	7.3	5.4	0.44	0.19	11.0	24	3.0	12	5.5			
						W	21—70	浅黄色	轻壤土	小块状	7.1	4.8	0.37	0.20	9.1	24	2.0	9	5.3			
						C	70—100	黄色	中壤土	块状	6.5	5.7	0.44	0.23	6.3	28	<1.0	18	9.0			
剖27	人为土	水稻土	盐渍水稻土	盐斑田	轻盐斑田	A	0—15	黑灰色	轻黏土	块状	8.0	14.6	1.09	0.40	9.2	61	35.0	153	11.0	海相沉积物	E 119°05′42.6″ N 25°18′56.2″	95
						P	15—21	暗灰色	轻黏土		8.3	12.5	0.98	0.43	14.1	46	35.0	344	10.0			
						Csa	21—100	棕灰色	轻黏土	块状	8.1	9.4	0.77	0.46	19.7	39	54.0	>500	7.8			
剖28	铁铝土	赤红壤	赤红壤	酸性岩赤红壤		B	0—90	淡红色	中壤土	块状	6.2	4.1	0.14	0.17			<1.0	75		花岗岩酸性岩	E 119°07′20.1″ N 25°17′45.9″	95
						C	90—120	赤红色	砂土		6.4	2.0	0.18	<0.10			1.0	107				
剖29	人为土	水稻土	潜育水稻土	冷烂田	冷水田	A	0—16	黄灰色	中壤土	块状	5.5	23.4	1.25	0.10	21.5	108	2.0	90	6.6		E 119°08′30.9″ N 25°17′05.1″	95
						G	16—100	青灰色	中壤土	块状	5.2	14.8	0.85	<0.10	15.9	51	<1.0	25	5.3			
剖30	盐碱土	滨海盐土	滨海盐土	咸土	咸土	A	0—25	浅灰色	砂壤土	散粒状	8.4	12.1	0.84	0.16	21.7	44	>100.0	30	12.6	海相沉积物	E 119°11′01.2″ N 25°13′52.8″	81
						Gsa	25—100	暗灰色	壤质黏土	柱状	8.4	9.1	0.66	0.38	21.3	22	>100.0	75	4.4			
剖31	盐碱土	滨海盐土	滨海盐土	咸土	咸土	A	0—25	浅灰色	砂壤土	散粒状	8.4	10.1	0.84	0.16	21.7	44	30.0	145	12.6	海相沉积物	E 119°11′19.5″ N 25°14′25.7″	95
						Csa	25—100	暗灰色	重壤土	柱状	8.2	9.1	0.66	0.38	21.3	22	75.0	112	4.4			

仙 游 县

主要土类说明

红壤是仙游县主要土壤类型，占本县地域面积的69%，分布在本县海拔200—700m的丘陵山地，是在潮湿、温暖、多雨的亚热带生物气候条件下，经过脱硅富铝化过程而形成的富铝土。成土母质是火山岩风化物。土壤风化作用强烈，具有深厚的风化层，全剖面呈红色；土壤呈酸性，有铁胶膜沉积或铁铝结核。红壤是本县分布面积最大的地带性土壤，红土层深厚，具有提供水分、养分的优势，可为发展多种林果和粮经作物提供有利的条件。本县红壤分为红壤、粗骨红壤、黄红壤、暗红壤、红土等亚类。

水稻土是仙游县第二大土壤类型，占本县地域面积的15%。水稻土多是由自然土壤在长期种稻、人为淹灌、季节性脱水的影响下发育形成的。其土体构型各有不同，大致可分为耕作层、犁底层、渗育层、斑淀层和底土层等，有的由于侧渗作用和潜水影响，产生漂洗层和潜育层（即青泥层）。本县水稻土主要分布在平原，沿海地区、山区分布较少，分为渗育型、潴育型、潜育型和盐渍型四个亚类。其中，渗育水稻土占本县水稻土面积的一半以上，主要分布在本县的丘陵山地的岗背或坡地，多为梯田，主要受降水或灌溉水浸渍、淋溶影响，属于地表水型；土体中氧化还原交替进行、盐基淋失及粉粒移动都很强烈，有的由于长期灌溉的影响，产生了表潜现象。

赤红壤是仙游县第三大土壤类型，占本县地域面积的6%，分布在本县海拔200m以下的低丘缓坡和台地。成土母质多为花岗岩风化物。由于水热条件好，土壤脱硅富铝化作用较强烈，呈强酸性。在酸性岩上发育的土壤，一般质地较轻。在第四纪红色黏土沉积物上发育的土壤，质地较黏，土层深厚，表层较松，心土层黏实，呈块状结构，有褐色胶膜，有些地区出现侵蚀，有铁盘或铁壳裸露。全剖面呈砖红色，土壤肥力条件中等。本县赤红壤分为赤红壤、粗骨性赤红壤和赤土等亚类。

黄壤占仙游县地域面积的5%，多分布在本县海拔700m以上的山地。在高山湿润的亚热带森林灌丛植被下，土壤的脱硅富铝化作用较弱，氧化铁被水化，土色发黄。所处地带有较好的天然植被，腐殖质积累较丰富，有利于林业生产。本县黄壤分为黄壤和黄泥土两个亚类。其中，黄泥土是在自然黄壤的基础上进入了旱耕熟化阶段，有一定熟化程度的耕作层，心土层以下性状上表现为原来的黄壤特征。

小于本县地域面积3%的土壤类型还有山地草甸土、紫色土等。

本区域中心区气候特征

本区域中心区气候特征值
Regional climate characteristics in central area of the region

气候带：南亚热带湿润气候
Climate region: South subtropical humid climate

年平均气温 /℃ Annual average temperature /℃	20.1
年平均最高气温 /℃ Annual average maximum temperature /℃	24.7
年平均最低气温 /℃ Annual average minimum temperature /℃	17.0
年降水量 /mm Annual precipitation /mm	1398
≥10℃的积温 /℃ Daily temperature accumulated in a year (≥10℃) /℃	7167
年日照时数 /h Annual sunshine /h	1708
年平均相对湿度 /% Annual average relative humidity /%	78
干燥度 Dryness	0.86

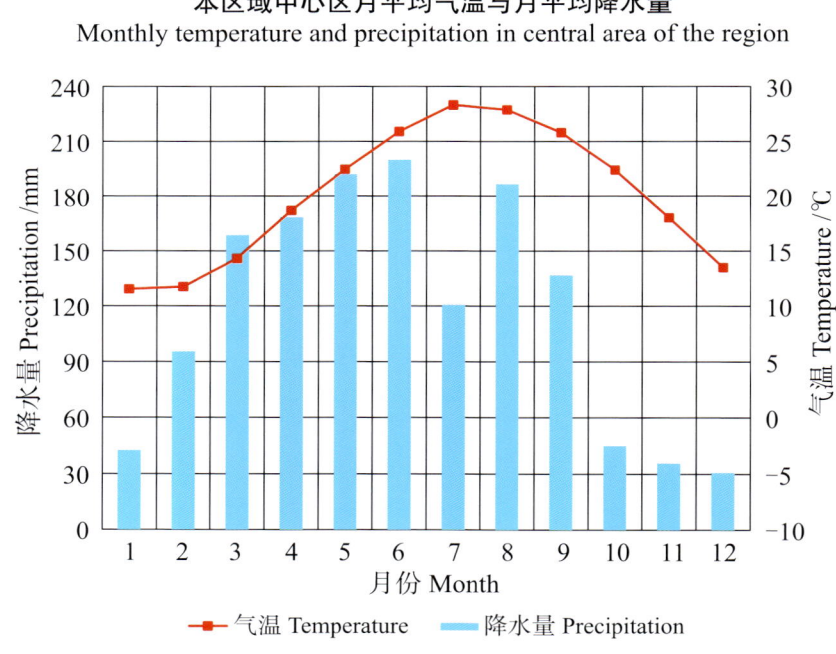

本区域中心区月平均气温与月平均降水量
Monthly temperature and precipitation in central area of the region

仙游县主要土壤类型与土壤剖面点分布图
1∶220 000

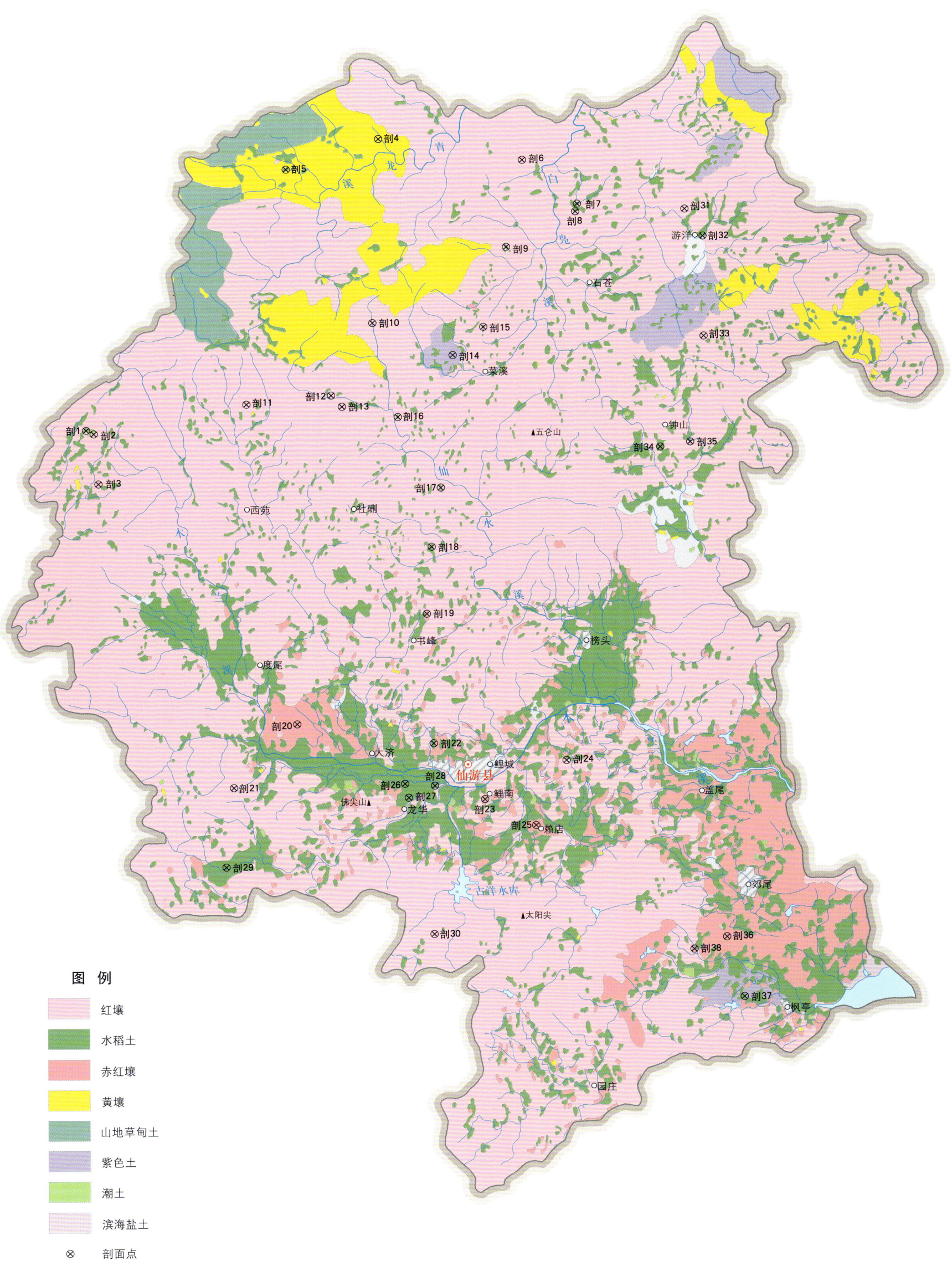

仙游县土壤剖面理化性状表

剖面号 Soil profile	土纲 Soil order	土类 Soil great group	亚类 Soil subgroup	土属 Soil genus	土种 Soil species	土层码 Layer code	土层厚度 Depth/cm	颜色 Soil color	质地 Soil texture	土壤结构 Soil structure	pH	有机质 OM/(g/kg)	全氮 TN/(g/kg)	全磷 TP/(g/kg)	全钾 TK/(g/kg)	碱解氮 AN/(mg/kg)	有效磷 AP/(mg/kg)	速效钾 AK/(mg/kg)	阳离子交换量CEC/(cmol/kg)	土壤母质 Parent material	剖面点坐标 Profile coordinate	匹配指数 Matching index/%
剖1	人为土	水稻土	潴育水稻土	冷烂田	冷水田	A	0—20	棕灰色	中壤土	块状	6.4		1.41	1.10	22.6	106	10.0	25	15.5		E 118°29′16.1″ N 25°31′55.3″	75
						P	20—28	浅灰色	中壤土	块状	6.6		0.94	0.83	21.5	100	2.0	30	14.0			
						G	28—100	青灰色	中壤土	柱状	6.4		1.07	0.64	20.5	90	2.0	<5	12.4			
剖2	半水成土	潮土	潮土	潮砂土	潮砂土	A	0—12	浅灰色	砂壤土		6.5	3.6				72	7.0	10		河流冲积物	E 118°29′26.3″ N 25°31′51.4″	75
						B	12—25	灰白色	砂壤土													
						C	25—															
剖3	铁铝土	红土	红土	红泥砂土	红泥砂土	A	0—15	灰黄色	砂壤土	小块状	5.5	11.1	0.79	0.76	14.1	58	14.0	27			E 118°29′37.9″ N 25°30′19.3″	75
						B	15—37	黄灰色	轻壤土	块状	5.4	8.5	0.50	0.76	9.4	54	4.0	37				
						C	37—100	红色	轻壤土	柱状	5.5	7.8	0.44	0.76	9.4	45	2.0	25				
剖4	铁铝土	黄壤	黄壤	酸性岩黄壤		Ao	0—6	暗棕色	轻壤土	粒状	4.9	45.0	1.79			189	6.0	120			E 118°38′33.4″ N 25°40′25.3″	98
						A	6—20	黄灰色	轻壤土	碎块状												
						B	20—100	淡黄色	中壤土													
剖5	人为土	水稻土	渗育水稻土	黄泥田	乌黄泥田	A	0—18	暗棕色	中壤土	小块状	5.9	30.1	1.08	0.72	18.5	219	36.0	269	12.4		E 118°35′38.5″ N 25°39′32.8″	97
						P	18—23	暗灰色	中壤土	块状	6.0	25.8	1.40	0.71	17.1	206	10.9	247	11.2			
						W	23—46	灰黄色	重壤土	柱状	6.5	6.8	0.35	0.39	18.3	36	2.9	27	9.2			
						C	46—100	黄灰色	重壤土		6.1	4.1	0.14	0.23	16.9	19	3.0	7	6.6			
剖6	铁铝土	红壤		泥质岩红壤		A	0—12	鲜红色	中壤土	小块状	5.3	43.2	2.07			209	3.0	40		泥质岩	E 118°43′03.6″ N 25°39′46.0″	97
						B	12—57	灰红色	重壤土	块状												
						C	57—100		重壤土	块状												
剖7	人为土	水稻土	渗育水稻土	白土田	白底田	A	0—12		中壤土		5.4	35.4	1.70	1.60	5.9	167	22.0	45	13.5		E 118°44′46.7″ N 25°38′26.7″	97
						P	14—18		中壤土	小块状	5.6	22.4	1.57	1.20	5.8	143	15.0	17	9.0			
						W	18—43		轻壤土	块状	5.9	12.2	0.65	0.94	6.8	64	5.0	20	6.9			
						E	43—100		砂壤土	块状	5.8	1.5	0.15	0.45	4.8	23	3.0	12	5.5			
剖8	人为土	水稻土	渗育水稻土	白土田	白鳝泥田	A	0—14	灰色	中壤土	小块状	6.4	21.4	1.40	0.47	16.5	78	8.0	12	6.6		E 118°44′45.4″ N 25°38′18.9″	97
						P	14—18	灰色	重壤土	块状	6.1	10.4	0.70	0.28	16.2	65	5.0	88	7.6			
						E	18—28	灰白色	中壤土	块状	6.0	7.4	0.56	0.20	15.3	33	4.0	33	6.1			
						C	28—100	黄红色	砂壤土	块状	6.1	2.8	0.30		19.6	16	2.0	88	4.5			
剖9	人为土	水稻土	潴育水稻土	潮砂田	乌砂田	A	0—20	暗灰色	轻壤土		5.9	25.5	1.13	0.85		149	31.0	139		冲积物	E 118°42′31.8″ N 25°37′11.4″	97
						P	20—27		轻壤土		6.3	14.4	0.97	0.72		95	27.0	89				
						W₁	27—41		中壤土		5.7	4.4	0.35	0.16		46	11.0	77				
						W₂	41—65		中壤土		5.9	3.9	0.30	0.72		29	9.0	34				
						C	65—100		砂壤土		6.2	<1.0	0.16	0.41		25	7.0	29				
剖10	铁铝土	红壤	黄红壤	泥质岩黄红壤		A	0—13	棕黄色	砂壤土	粒状	5.1	40.0	1.51			219	4.0	80			E 118°38′17.8″ N 25°35′00.2″	97
						B	13—57	灰黄色	轻壤土	块状												
						C	57—100	黄红色	轻壤土	粒状												
剖11	铁铝土	红壤	黄红壤	中性岩黄红壤		A	0—10	灰棕色	中壤土	块状	5.2	25.0	1.18			180	3.0	75		中性岩	E 118°34′18.9″ N 25°32′38.2″	97
						B	10—28	灰黄色	重壤土	块状												
						C	28—100	黄红色	中壤土	块状												
剖12	铁铝土	红壤	暗红壤	酸性岩暗红壤		A	0—12	暗灰色	中壤土	粒状	4.8	48.0	1.83			168	3.0	100		酸性岩	E 118°36′58.4″ N 25°32′52.8″	97
						AB	12—68	红棕色	中壤土	块状												
						C	68—100	棕红色	重壤土	块状												
剖13	铁铝土	红壤	红壤	堆积性红壤		A	0—22	灰红色	中黏土		5.6	18.2					8.0	12			E 118°37′18.7″ N 25°32′32.5″	97

续表 Continued

剖面号 Soil profile	土纲 Soil order	土类 Soil great group	亚类 Soil subgroup	土属 Soil genus	土种 Soil species	土层码 Layer code	土层厚度 Depth/cm	颜色 Soil color	质地 Soil texture	土壤结构 Soil structure	pH	有机质 OM/(g/kg)	全氮 TN/(g/kg)	全磷 TP/(g/kg)	全钾 TK/(g/kg)	碱解氮 AN/(mg/kg)	有效磷 AP/(mg/kg)	速效钾 AK/(mg/kg)	阳离子交换量CEC/(cmol/kg)	土壤母质 Parent material	剖面点坐标 Profile coordinate	匹配指数 Matching index/%
剖14	初育土	紫色土	酸性紫色土	凝灰岩酸性紫色土		A	0—14	灰紫色	中壤土	块状	5.1	28.0	1.44							凝灰岩	E 118° 40′ 48.1″ N 25° 34′ 02.1″	97
						B	14—73	棕紫色	重壤土	块状												
						C	73—100	紫色	重壤土	块状												
剖15	人为土	水稻土	潜育水稻土	青泥田	青泥田	A	0—18	灰色	中壤土	块状	5.5	32.9	1.47	0.52	17.0	101	1.0	93			E 118° 41′ 46.5″ N 25° 34′ 51.3″	97
						P	18—24	灰紫色	中壤土	块状	5.6	18.9	0.84	0.54	14.1	83	1.0	57				
						C	24—100	青灰色	中壤土	块状	5.4	14.0	0.97	0.50	12.3	81	1.0	30				
剖16	人为土	水稻土	渗育水稻土	砂质田	黄砂田	A	0—19	灰黄色	轻壤土	块状	5.5	10.7	0.50	0.93	11.9	100	10.0	60	5.1	溪流冲积物	E 118° 39′ 03.5″ N 25° 32′ 13.3″	97
						C	19—100	青灰色	壤土	粒状	5.6	6.0	0.92	0.98	17.3	60	6.0	34	4.9			
剖17	人为土	水稻土	渗育水稻土	红土田	红泥砂田	A	0—15	灰色	轻壤土	小块状	5.5	14.3	0.74	0.72	16.5	73	8.6	16	6.8		E 118° 40′ 22.3″ N 25° 30′ 07.1″	97
						P	15—21	灰色	中壤土	块状	5.7	8.6	0.45	0.47	11.6	47	7.4	21	5.5			
						C	21—100	棕灰色	轻壤土	块状	5.6	5.4	0.27	0.48	12.6	26	1.0	10	10.6			
剖18	人为土	水稻土	潴育水稻土	灰泥田	灰泥田	A	0—16		轻壤土		6.6	18.7	1.05	0.81	16.4	123	4.0	18	6.8		E 118° 40′ 03.7″ N 25° 28′ 23.4″	97
						P	16—23		砂壤土	小块状	6.7	16.6	0.72	0.61	10.0	97	16.0	30	5.4			
						W	23—53		砂壤土		7.0	9.8	0.25	0.60	5.0	19	9.0	15	4.0			
						C	53—100		砂壤土		7.2	8.6	0.16	0.60		17	7.0	30	3.4			
剖19	铁铝土	赤红壤	赤红壤	黑赤土	暗赤土	A	0—18	棕灰色	中壤土	小块状	5.3	16.4	0.80	1.18	10.6	113	19.0	63	8.6		E 118° 39′ 52.9″ N 25° 26′ 25.2″	97
						B	18—41	棕红色	中壤土	块状	5.4	12.3	0.60	0.89	9.6	94	19.0	66	6.5			
						C	41—81	砖红色	重壤土	块状	5.3	12.1	0.55	0.81	8.6	55	2.0	73	5.7			
剖20	铁铝土	赤红壤	赤红壤	泥质岩赤红壤		A	0—13	红棕色	中壤土	块状	5.3	4.8	0.25			11	3.0	9		泥质岩	E 118° 35′ 45.6″ N 25° 23′ 11.6″	97
						B	13—100	砖红色	重黏土	碎块状												
剖21	铁铝土	红壤	红壤	酸性岩红壤		A	0—15	灰棕色	中壤土	块状	5.3	32.0	1.23			164	2.0	100		酸性岩	E 118° 33′ 45.0″ N 25° 21′ 20.1″	98
						B	15—56	棕红色	重黏土	块状												
						C	56—100	深红色	重壤土	块状												
剖22	人为土	水稻土	潜育水稻土	冷烂田	深脚烂泥田	A	0—20	棕灰色	中壤土	小块状	5.7	36.5	1.67	1.60	14.7	183	1.0	25	11.2		E 118° 40′ 01.9″ N 25° 22′ 35.6″	95
						G	20—150		壤质黏土	块状	5.6	31.8	1.28	1.20	13.7	147	2.0	15	8.7			
剖23	铁铝土	赤红壤	赤红壤	赤砂土	赤砂土	A	0—18	棕灰色	黏土	大块状	5.3	16.4	0.80	0.51	8.7	113	19.0	63	8.6	石英闪长岩	E 118° 41′ 36.9″ N 25° 20′ 54.9″	95
						B	18—41	棕红色	中壤土	块状	5.4	12.3	0.60	0.38	7.9	94	19.0	66	6.5			
						BC	41—81	砖红色		大块状	5.3	10.1	0.55	0.35	7.1	55	2.0	73	5.7			
剖24	铁铝土	红壤	红壤	侵蚀红壤		B	0—30	红棕色	轻黏土	块状	5.7	3.2	0.11			31	4.0	35			E 118° 44′ 11.3″ N 25° 22′ 02.6″	97
						C	30—100	红棕色	中黏土	大块状												
剖25	铁铝土	赤红壤	赤红壤	赤土	赤土	A	0—12	灰色	中壤土	小块状	5.7	9.1	0.60	0.60	9.7	55	4.0	102	7.8		E 118° 43′ 12.2″ N 25° 20′ 08.1″	98
						B	12—70	赤色	重壤土	块状	5.9	2.7	0.30	0.48	8.6	19	2.0	64	8.8			
剖26	人为土	水稻土	潴育水稻土	乌泥田	乌泥田	A	0—20	暗黑色	中壤土	小块状	6.3	29.2	1.77	1.90	18.3	204	24.0	52	15.6	冲积物	E 118° 39′ 07.2″ N 25° 21′ 23.7″	98
						W_1	20—26	灰色	中壤土	柱状	5.8	28.9	1.70	1.60	18.1	147	18.0	22	18.1			
						W_2	26—46	灰色	中壤土	柱状	5.6	23.2	1.09	1.40	17.2	128	20.0	15	16.5			
						C	46—100	灰黄色	重壤土	块状	5.6	7.9	0.23	0.41	18.3	19	6.0	19	5.7			
剖27	人为土	水稻土	潜育水稻土	冷烂田	浅脚烂泥田	A	0—21	灰黄色	中壤土	小块状	5.5	37.7	1.40	0.72	13.6	127	1.0	46	9.9		E 118° 39′ 13.6″ N 25° 20′ 59.2″	95
						G	21—100	青灰色	重壤土		5.6	21.7	1.20	0.62	11.7	114	1.0	26	9.0			
剖28	人为土	水稻土	潴育水稻土	潮砂田	灰砂田	A	0—14	灰色	轻壤土	小块状	5.9	27.0	1.41	1.60	19.2	108	20.0	27	8.6	冲积物	E 118° 40′ 03.2″ N 25° 21′ 19.7″	98
						P	14—21	灰黄色	轻壤土	块状	6.2	19.2	0.70	1.10	17.3	99	24.0	16	7.7			
						W	21—47	灰黄色	轻壤土	块状	6.0	13.1	0.48	1.00	17.3	55	4.0	14	7.3			
						C	47—100	黄色	砂壤土	无结构	6.0	5.2	0.21	0.94	17.2	46	9.0	21	6.5			

续表 Continued

剖面号 Soil profile	土纲 Soil order	土类 Soil great group	亚类 Soil subgroup	土属 Soil genus	土种 Soil species	土层码 Layer code	土层厚度 Depth/cm	颜色 Soil color	质地 Soil texture	土壤结构 Soil structure	pH	有机质 OM/(g/kg)	全氮 TN/(g/kg)	全磷 TP/(g/kg)	全钾 TK/(g/kg)	碱解氮 AN/(mg/kg)	有效磷 AP/(mg/kg)	速效钾 AK/(mg/kg)	阳离子交换量 CEC/(cmol/kg)	土壤母质 Parent material	剖面点坐标 Profile coordinate	匹配指数 Matching index/%
剖29	人为土	水稻土	渗育水稻土	黄泥田	灰黄泥田	A	0—15	浅灰色	重壤土	小块状	5.7	22.8	1.30	1.50	14.5	131	3.0	87	13.5		E 118°33′28.5″ N 25°18′59.5″	98
						P	15—21	灰色	重壤土	块状	5.7	19.3	1.20	1.41	12.5	126	4.0	49	13.1			
						W	21—33	黄黄色	重壤土	柱状	5.8	14.4	0.90	1.30	10.3	111	2.0	39	13.1			
						C	33—100	灰黄色	重壤土	块状	6.0	4.4	0.27	1.20	7.9	31	2.0	35	11.1			
剖30	铁铝土	红壤	粗骨性红壤	酸性岩粗骨红壤		A	0—10	灰红色	中壤土	碎块状	5.6	16.0	0.64			70	4.0	50			E 118°39′57.6″ N 25°16′56.9″	93
						B	10—65	黄红色	中壤土	块状												
						C	65—100	淡黄色		碎块状												
剖31	铁铝土	红壤		中性岩红壤		A	0—14	灰棕色	中壤土	小块状	5.8	45.0	2.19			287	8.0	200		中性岩	E 118°48′08.5″ N 25°38′16.1″	97
						B	14—70	灰红色	重壤土	块状												
						C	70—100	浅红色	重壤土	块状												
剖32	人为土	水稻土	渗育水稻土	紫泥田	乌紫泥田	A	0—16	紫色	重壤土	小块状	5.7	27.0	1.47	0.78	21.7	68	16.0	101	14.4	紫色砂页岩风化物	E 118°48′34.0″ N 25°37′29.5″	95
						P	16—23	浅紫色	重壤土	块状	5.8	20.7	1.07	0.50	16.0		15.0	117	11.2			
						W	23—43	紫灰色	重壤土	块状	5.5	18.3	0.42	0.40	16.0		1.0	93	8.4			
						C	43—100	黄灰色	重壤土	块状	5.6	13.4		0.36	16.0		2.0	57				
剖33	铁铝土	黄红壤		酸性岩黄红壤		A	0—13	棕黄色	轻壤土	小块状	5.1	40.0	1.88			189	2.0	50		酸性岩	E 118°48′41.8″ N 25°34′31.5″	98
						B	13—65	灰黄色	轻壤土	块状												
						C	65—100	黄红色	中壤土	块状												
剖34	人为土	水稻土	潴育水稻土	灰泥田	黄底灰泥田	A	0—16		重壤土	小块状	5.5	33.6	1.43	0.92	18.9	142	14.0	20		坡积物	E 118°47′16.6″ N 25°31′15.5″	98
						P	16—22		重壤土	块状	5.6	28.1	1.47	0.84	13.2	125	26.0	63				
						W	22—42		重壤土	块状	5.6	28.0	1.07	0.46	12.3	59	7.0	69				
						C	42—		中壤土		5.8	17.4	0.69	0.48	11.3	53	2.0	94				
剖35	人为土	水稻土	渗育水稻土	红土田	红土田	A	0—18	浅灰色	中壤土	小块状	5.5	19.1	0.98	0.75	15.6	78	3.7	48	13.3		E 118°48′13.4″ N 25°31′23.8″	97
						P	18—28	灰红色	中壤土	块状	5.6	11.5	0.90	0.58	14.5	55	1.3	42	9.7			
						C	28—100	棕红色	重壤土	块状	5.5	2.1	0.25	0.33	10.6	13	<1.0	13	9.4			
剖36	铁铝土	赤红壤		酸性岩赤红壤		A	0—10	暗红色	轻壤土	鳞片状	5.8	11.2	0.40			23	2.0	15		花岗岩等酸性岩	E 118°49′07.4″ N 25°16′45.3″	98
						B	10—200		中壤土													
剖37	人为土	水稻土	潴育水稻土	乌泥田	青底乌泥田	A	0—16		重壤土	小块状	6.6	34.9	1.77	1.40	21.5	178	8.4	16	14.9	冲积物	E 118°49′38.4″ N 25°15′00.6″	97
						P	16—22		重壤土	块状	6.7	27.1	1.40	1.10	20.2	130	1.4	15	14.0			
						W_1	22—32		重壤土	块状	6.7	11.7	0.47	0.64	20.5	53	1.0	17	12.5			
						W_2	32—62		重壤土	块状	6.6	8.0	0.36	0.28	14.5	35	1.0	15	11.5			
						G	62—100		重壤土	鳞片状												
剖38	铁铝土	赤红壤		基性岩赤红壤		A	0—10	暗红色	中壤土	小块状										基性岩	E 118°48′05.3″ N 25°16′24.5″	95
						B	10—30	黄红色	中壤土	块状												
						C	30—90	红色	黏壤土	鳞片状												

三 明 市

市 辖 区

主要土类说明

红壤是三明市主要土壤类型，占本市地域面积的77%，主要分布于海拔120—800m的丘陵山地，遍及全市各地。在潮湿的亚热带生物气候条件下，经过脱硅富铝化过程，硅酸盐类矿物强烈分解，硅和盐基遭到淋失，铁铝氧化物明显聚集，土壤大多呈酸性至强酸性。由于有大量游离氧化铁，全剖面呈深红色、浅红色或红棕色。剖面构型为A-B-C或A-C。本市红壤分为红壤、粗骨性红壤、黄红壤、暗红壤和红土等亚类。

水稻土是三明市第二大土壤类型，占本市地域面积的10%，主要分布在溪河两岸的溪边田、平洋田以及低丘梯田和山垅谷地，海拔120m左右的沙溪河至海拔1000m以上的陡峭梯田均有分布。水稻土是在长期人为淹灌、耕作、施肥、轮作等水稻种植的农业措施综合影响下而形成的一类耕作土壤。在季节性淹水耕作或水旱轮作交替过程中，土壤进行着有机质的分解与合成、盐基淋溶与复盐基、黏粒聚积与淋淀等作用，使土壤剖面形态发生深刻变化，使水稻土具有独特的形态特征和农业生产特性。本市水稻土分为渗育型、潴育型、潜育型等亚类。

黄壤是三明市第三大土壤类型，占本市地域面积的9%，主要分布在海拔900—1400m的中山地带，所处地段山高、雾大、湿度大、气温较低。植被为亚热带森林灌丛，地表腐殖质累积较多。成土母质为各种岩石风化物，土壤脱硅富铝化作用较弱，游离的氧化铁受到水化作用，使土色发黄，土壤呈酸性。剖面构型为A_1-(B)-C。本市黄壤分为黄壤、粗骨性黄壤、表潜黄壤、黄泥土等亚类。

小于本市地域面积3%的土壤类型还有紫色土、潮土、石灰（岩）土等。

本区域中心区气候特征

本区域中心区气候特征值
Regional climate characteristics in central area of the region

气候带：中亚热带湿润气候 Climate region: Subtropical humid climate	
年平均气温 /℃ Annual average temperature /℃	19.4
年平均最高气温 /℃ Annual average maximum temperature /℃	24.9
年平均最低气温 /℃ Annual average minimum temperature /℃	15.7
年降水量 /mm Annual precipitation /mm	1584
≥10℃的积温 /℃ Daily temperature accumulated in a year (≥10℃) /℃	7177
年日照时数 /h Annual sunshine /h	1658
年平均相对湿度 /% Annual average relative humidity /%	79
干燥度 Dryness	0.72

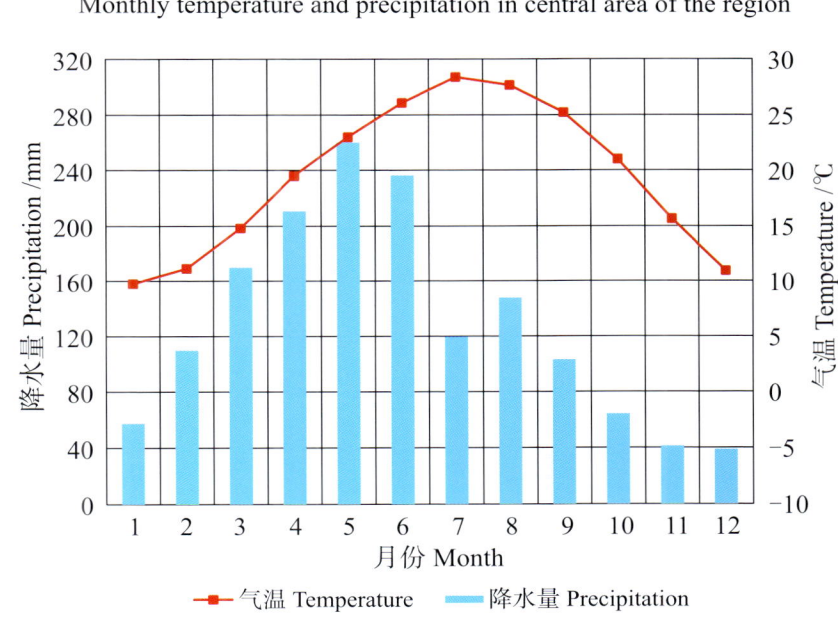

本区域中心区月平均气温与月平均降水量
Monthly temperature and precipitation in central area of the region

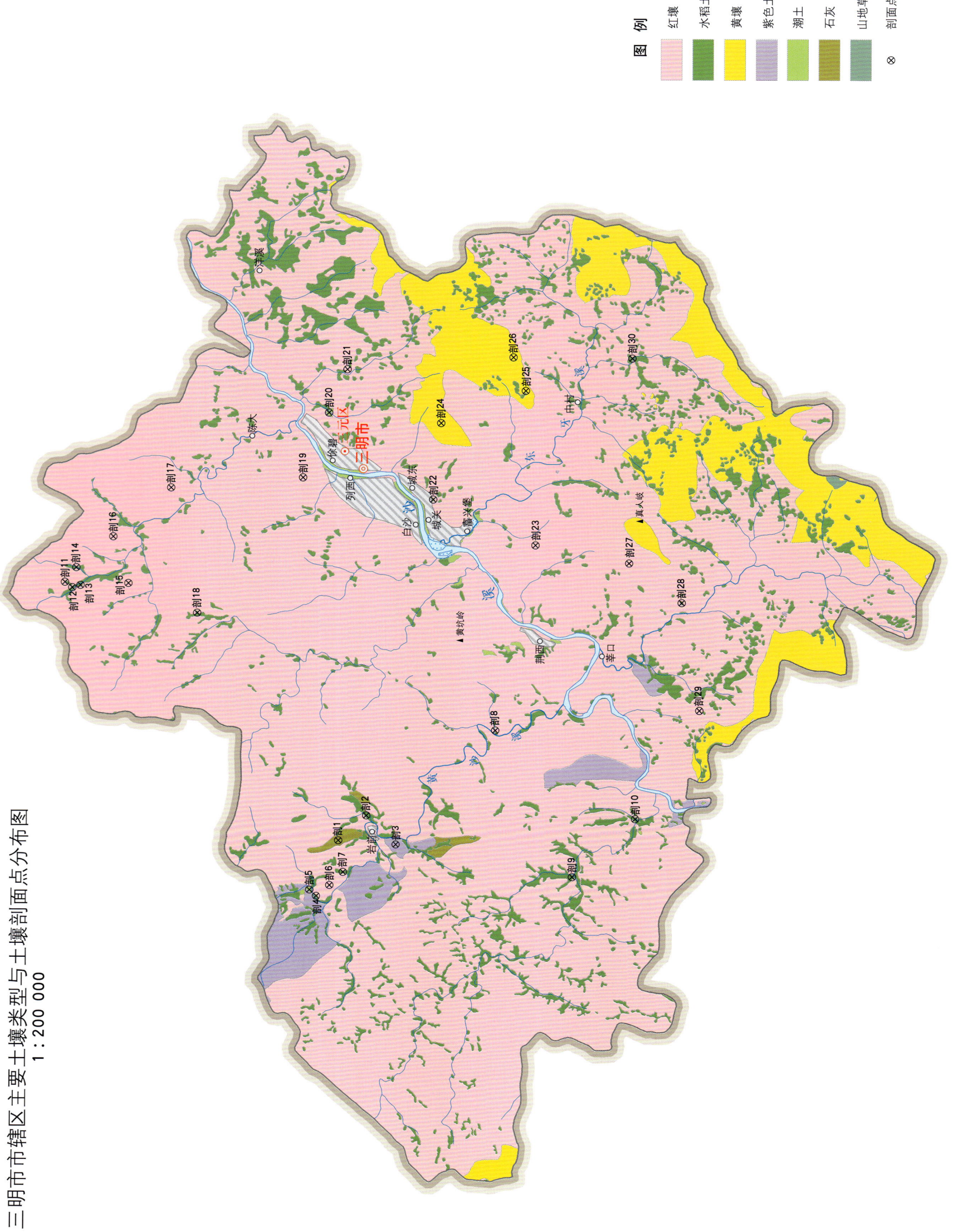

三明市土壤剖面理化性状表

剖面号 Soil profile	土纲 Soil order	土类 Soil great group	亚类 Soil subgroup	土属 Soil genus	土种 Soil species	土层码 Layer code	土层厚度 Depth/cm	颜色 Soil color	质地 Soil texture	土壤结构 Soil structure	pH	有机质 OM/(g/kg)	全氮 TN/(g/kg)	全磷 TP/(g/kg)	全钾 TK/(g/kg)	碱解氮 AN/(mg/kg)	有效磷 AP/(mg/kg)	速效钾 AK/(mg/kg)	阳离子交换量CEC/(cmol/kg)	土壤母质 Parent material	剖面点坐标 Profile coordinate	匹配指数 Matching index/%
剖1	初育土	石灰（岩）土	棕色石灰土	棕泥土		A₁	0—20	红色	砂壤土	粒状	6.5	36.5	1.30	0.22	9.9	9	1.8	25		石灰岩	E 117° 26′ 44.7″ N 26° 16′ 37.2″	97
						A₃	20—56	红棕色	中壤土	块状	6.2	28.4	0.80	0.20	11.3	48	<1.0	20				
						B₁	56—90	红棕色	中壤土	块状	6.5	25.5	5.50	0.22	12.3	30	<1.0	35				
						B₂	90—140		中壤土	块状	6.0	13.8	0.70	0.11	14.4	39	<1.0	27				
剖2	人为土	水稻土	渗育水稻土	黄泥田	黄泥田	A	0—14	浅灰黄色	重壤土	块状	5.6	27.6	1.80	0.38	21.8	129	13.0	49	12.5	红壤或黄红壤	E 117° 27′ 29.7″ N 26° 15′ 54.3″	95
						P	14—21	灰黄色	重壤土	块状	5.3	26.6	1.70	0.31	7.1	139	4.0	14	16.7			
						W	21—55	灰黄色	中壤土	块状	6.6	10.2	0.70	0.30	6.7	53	2.0	12	15.7			
						C	55—100	土黄色	中壤土	块状	6.7	6.2	0.50	0.23	4.4	29	3.0	22	13.4			
剖3	初育土	紫色土	酸性紫色土	泥质岩酸性紫色土	棕园黄砂土	A	1—13	灰色	中壤土	粒状	4.3	57.7	1.70	0.25	19.7	264	2.5	117		紫红色千枚状粉砂页岩	E 117° 26′ 37.0″ N 26° 15′ 08.7″	97
						B₁	13—45	紫棕色	中壤土	粒状	4.4	8.5	0.50	0.19	36.1	66	3.0	6	3.8			
						B₂	45—88	紫棕色	中壤土	粒状	4.6	2.9	0.20	0.17	41.2	44	4.5	<5	2.8			
						B₃	88—127	紫黄棕色	中壤土	小块状	4.5	1.9	<0.10	0.10	26.0	36	5.5	6	3.6			
剖4	半水成土	潮土		灰砂土		A	0—18	灰黄色	砂土		7.9	15.6	0.70	0.37	25.1	54	58.0	35	4.1	河流冲积物	E 117° 25′ 04.7″ N 26° 17′ 11.4″	75
						B	18—49	灰黄色	砂土		7.6	5.4	0.30	0.22	27.2	25	28.0	27	2.8			
						C	49—100	灰黄色	砂土		7.7	2.2	0.10	0.14	28.5	14	7.0	42	3.6			
剖5	半水成土	潮土	砂土	灰砂土	灰砂土	A	0—20	浅灰色	砂壤土	碎粒状	6.8	19.0	0.80	0.37	30.1	52	27.0	125	3.8	河流冲积物	E 117° 25′ 16.1″ N 26° 17′ 21.7″	97
						C	20—100	黄褐色	轻壤土	粒状	5.4	10.5	0.50	0.27	32.3	39	9.0	11				
剖6	铁铝土	红壤	暗红壤	砂质岩暗红壤	砂底乌泥田	Ao	3—11	暗黄色	中壤土	粒状	3.7	60.8	1.80	0.12	8.8	15	7.0	45		石英粉砂岩	E 117° 25′ 24.7″ N 26° 16′ 51.0″	97
						A₁	11—25	淡灰色	中壤土	粒状	4.3	21.8	0.80	0.11	13.5	79	<1.0	8				
						A₃	25—47	淡黄棕色	中壤土	粒状	4.6	3.5	0.20	0.24	16.6	16	<1.0	21				
剖7	人为土	水稻土	潴育水稻土	乌泥田	黄底乌泥田	A	0—15	暗灰色	中壤土	核状	4.9	36.8	1.80	1.22	31.9	172	30.0	89	14.2		E 117° 25′ 47.9″ N 26° 16′ 30.1″	97
						P	15—24	淡灰色	中壤土	块状	5.2	32.9	1.80	1.14	31.9	147	24.0	24	12.5			
						W₁	24—45	淡灰色	中壤土	柱状	5.8	22.6	1.30	1.35	32.9	109	29.0	18	12.6			
						W₂	45—70	黑褐色	中壤土	柱状	4.5	25.7	1.50	0.33	10.4	211	1.0	18	5.9			
						C	70—100	淡黄色	中壤土	块状	6.1	3.7	0.14	0.12	32.9	35	22.0	27	10.0			
剖8	铁铝土	红壤	黄红壤	砂质岩黄红壤		A	0—15	灰棕色	轻壤土	小块状	4.6	24.5	1.10	0.14	13.4	118	<1.0	8	11.3	石英砂砾岩	E 117° 29′ 60.0″ N 26° 12′ 35.5″	97
						B₁	53—128	暗黄色	中壤土	核状	4.7	6.4		0.11	13.4	61	1.0	9	12.3			
						B₂	128—150	暗黄色	中壤土	小块状	4.8	4.9		0.11	12.3	47	1.0	9				
剖9	人为土	水稻土	潴育水稻土	乌泥田	乌泥田	A	0—15	暗棕色	重壤土	块状	5.5	31.9	1.70	0.30	41.5	180	19.0	145			E 117° 25′ 40.1″ N 26° 10′ 35.6″	97
						P	15—24	暗黄棕色	中壤土	柱状	6.1	22.6	1.30	0.38	39.2	124	7.0	32	12.3			
						W₁	24—47	暗黄棕色	中壤土	柱状	5.0	15.4	0.50	0.22	36.8	50	3.0	23	9.3			
						W₂	47—81	暗黄棕色	中壤土	块状	5.5	4.9	0.30	0.21	37.2	40	2.0	15	14.4			
						C	81—100	淡灰色	轻壤土	块状	6.3	3.3	0.20	0.17	42.6	22	2.0	13	6.3			
剖10	人为土	水稻土	潴育水稻土	灰泥田	砂底灰泥田	A	0—53	暗棕色	中壤土	块状	5.2	26.9	1.70	0.48	20.7	147	13.0	45	11.0		E 117° 27′ 23.2″ N 26° 08′ 58.9″	95
						P	13—58	淡灰色	轻壤土	块状	5.0	15.9	1.50	0.28	29.5	131	10.0	24	5.5			
						W	58—60	淡灰色	轻壤土		6.2	7.5	0.50	0.14	32.4	37	1.0	18	12.1			
						C	60—100	黄淡棕色	砂壤土	块状	5.2	9.6	0.50	0.11	33.7	60	1.0	27	8.1			
剖11	人为土	水稻土	渗育水稻土	紫泥田	紫泥田	A	0—13	紫色	中壤土	块状	5.9	24.6	1.50	0.21	17.9	125	5.0	27	8.1	紫（红）色砂页岩风化物	E 117° 34′ 21.5″ N 26° 23′ 33.7″	75
						P	13—19	紫色	中壤土	块状	5.4	23.9	1.30	0.28	18.9	134	4.0	47	4.8			
						C	19—100	红紫色	重壤土	块状	6.1	4.9	0.40	0.14	21.2	25	2.0	48	12.6			

续表 Continued

剖面号 Soil profile	土纲 Soil order	土类 Soil great group	亚类 Soil subgroup	土属 Soil genus	土种 Soil species	土层码 Layer code	土层厚度 Depth/cm	颜色 Soil color	质地 Soil texture	土壤结构 Soil structure	pH	有机质 OM/(g/kg)	全氮 TN/(g/kg)	全磷 TP/(g/kg)	全钾 TK/(g/kg)	碱解氮 AN/(mg/kg)	有效磷 AP/(mg/kg)	速效钾 AK/(mg/kg)	阳离子交换量 CEC/(cmol/kg)	土壤母质 Parent material	剖面点坐标 Profile coordinate	匹配指数 Matching index/%
剖12	人为土	水稻土	潜育水稻土	乌泥田	青底乌泥田	A	0—17	暗灰色	中壤土	核状	5.4	44.4	2.40	0.34	23.3	188	28.0	146	9.9		E 117°34′14.6″ N 26°23′28.6″	75
						P	17—23	暗灰色	中壤土	块状	5.7	42.5	2.10	0.43	25.4	167	20.0	60	8.7			
						W₁	23—38	淡灰色	中壤土	块状	5.7	39.0	1.70	0.30	26.2	141	6.0	46	7.8			
						W₂	38—52	淡灰色	中壤土	柱状	5.8	14.4	0.50	0.25	29.0	45	4.0	15	5.1			
						G	52—100	青灰色	中壤土		5.6	8.6	0.30	0.24	31.1	36	6.0	15	4.9			
剖13	人为土	水稻土	潜育水稻土	灰泥田	黄底灰泥田	A	0—16	淡灰色	中壤土	块状	4.7	21.0	0.90	0.19	22.6	112	8.0	27	5.9	坡积物	E 117°34′17.9″ N 26°23′16.9″	97
						P	16—25	淡灰色	中壤土	块状	4.7	26.9	0.90	0.14	23.6	94	1.0	9	4.2			
						W	25—60	灰黄色	中壤土	棱柱状	5.9	6.8	0.40	1.14	19.7	46	1.0	24	7.6			
						C	60—100	黄棕色	中壤土	块状	6.6	2.7	0.20	0.12	26.0	24	1.0	18	6.6			
剖14	人为土	水稻土	潜育水稻土	灰泥田	灰泥田	A	0—15	淡暗灰色	中壤土	核状	5.3	21.8	1.40	0.31	29.0	99	20.0	69	6.2		E 117°34′50.2″ N 26°23′22.6″	97
						P	15—23	暗灰黄色	中壤土	块状	6.3	13.8	0.80	0.24	29.5	57	7.0	60	8.0			
						W	23—88	淡灰色	中壤土	柱状	6.1	4.3	0.30	0.45	31.6	18	5.0	32	6.5			
						C	88—100	暗灰黄色	中壤土	块状	5.1	4.1	0.20	0.72	30.6	20	4.0	28	9.8			
剖15	铁铝土	红壤		酸性岩红壤		A	0—22	灰棕色	轻壤土	小块状	4.8	52.1	2.60	0.18	36.8	247	7.0	75		黑云母花岗岩	E 117°34′22.2″ N 26°22′01.9″	97
						A₃	22—57	棕色	轻壤土	块状	4.9	21.6	1.20	0.12	44.6	113	1.5	26				
						B₁	57—107	棕红色	中壤土	块状	4.8	11.6	0.70	0.13	36.1	122	<1.0	8				
						B₂	107—150	深红色	重壤土	块状	4.8	7.9	0.50	0.13	28.0	56	<1.0	114				
剖16	铁铝土	红壤	黄红壤	酸性岩黄红壤		A	2—19	淡棕色	轻壤土	核状	4.5	47.5	2.30	0.14	17.7	234	<1.0	51		片麻状黑云母花岗岩	E 117°35′44.6″ N 26°22′25.5″	97
						B₁	19—59	棕色	中壤土	核状	4.7	13.3	0.70	0.10	18.7	49	<1.0	10				
						B₂	59—115	红黄色	轻壤土	核状	4.7	8.7	0.50	0.18	26.5	63	<1.0	8				
剖17	铁铝土	红壤		酸性岩红壤		A	2—37	黑色	中壤土	粒状	4.5	45.3	2.30	0.16	14.4	220	15.8	69	6.6		E 117°37′10.9″ N 26°20′55.7″	95
						B₁	37—69	黑棕色	中壤土	粒状	4.7	8.1	1.40	0.20	15.4	143	18.5	8	5.6			
						B₂	69—174	黑棕色	中壤土	团粒状	4.9	8.0	1.60	0.12	17.5	38	5.5	9	6.1			
剖18	人为土	水稻土	潜育水稻土	冷烂田	锈水田	A	0—14	青灰色	中壤土	粒状	5.4	42.9	2.00	0.36	28.0	255	4.0	165	13.2	坡积物、洪积物	E 117°33′29.3″ N 26°20′15.6″	97
						P	14—22	青灰色	轻壤土	块状	5.1	40.2	1.80	0.30	23.9	155	4.0	48	10.6			
						G	22—100	灰蓝色	中壤土	块状	5.2	32.4	1.30	0.26	25.4	102	3.0	20	9.8			
剖19	铁铝土	红壤		砂质岩粗骨性红壤		A₁	0—5	黑灰色	砂壤土	核状	4.1	42.3	1.00	0.20	25.4	136	<1.0	40		石英砂砾岩	E 117°37′28.3″ N 26°17′32.3″	97
						A₂	5—15	黑黄色	砂壤土	核状	4.2	19.7	0.80	0.27	33.3	80	4.0	27				
						B	15—25	暗棕色	砂壤土	核状	4.3	5.5	0.30	0.23	27.5	51	4.5	20				
剖20	半水成土	潮土		菜园泥砂土	菜园青底泥砂田	A	0—13	暗灰色	轻壤土	粒状	5.2	26.2	1.10	0.16	21.8	144	>100.0	26	6.6	河流冲积物	E 117°39′23.9″ N 26°16′52.1″	97
						B₁	13—29	黑灰色	中壤土	块状	6.7	20.3	0.90	0.68	20.7	78	100.0	21	5.6			
						B₂	29—45	淡灰色	中壤土	块状	5.9	8.0	0.50	0.19	24.9	5	5.0	15	6.1			
						G	45—100	青灰色	中壤土		5.7	6.6	0.50	0.17	26.0	40	4.0	18	5.7			
剖21	铁铝土	红壤		侵蚀红壤	黄砂土	B₁	1—15	暗棕色	砂壤土	块状	4.9	9.6	0.60	0.11	6.7	60	<1.0	10		石英砂砾岩	E 117°40′40.9″ N 26°16′23.5″	97
						B₂	15—150	红黄色	砂壤土	块状	4.7	24.0	1.10	0.14	7.8	137	9.0	167				
剖22	半水成土	潮土		黄砂土	黄砂土	A	0—19	红棕色	中壤土		5.5	16.8	1.00	0.10	24.9	108	8.0	155	6.0	河流冲积物	E 117°36′48.9″ N 26°14′11.5″	97
						C	19—100	灰棕色	轻壤土	块状	5.5	6.0	0.58	0.25	27.0	9	6.5	109	5.1			
剖23	铁铝土	红壤		砂质岩红壤		A	1—11	淡黄色	轻壤土	粒状	4.4	44.9	1.90	0.16	24.9	185	6.5	147		石英砂砾岩	E 117°35′28.6″ N 26°11′33.6″	98
						B₁	11—41	淡红色	中壤土	核状	4.5	15.3	0.90	0.19	26.0	163	<1.0	38				
						B₃	41—47	红色	重壤土	团块状	4.9	4.2	0.30	<0.10	20.7	39	<1.0	100				
剖24	铁铝土	黄壤	粗骨性黄壤	山地石砂土		A₁	0—24	暗棕灰色	轻壤土	粒状	4.6	17.6	0.50	0.11	42.8	100	<1.0	96			E 117°39′04.8″ N 26°13′59.3″	97
						A₃	24—44	淡黄色	轻壤土	粒状	4.7	19.4	1.00	<0.10	41.0	80	1.0	105				

续表 Continued

剖面号 Soil profile	土纲 Soil order	土类 Soil great group	亚类 Soil subgroup	土属 Soil genus	土种 Soil species	土层码 Layer code	土层厚度 Depth/cm	颜色 Soil color	质地 Soil texture	土壤结构 Soil structure	pH	有机质 OM/(g/kg)	全氮 TN/(g/kg)	全磷 TP/(g/kg)	全钾 TK/(g/kg)	碱解氮 AN/(mg/kg)	有效磷 AP/(mg/kg)	速效钾 AK/(mg/kg)	阴离子交换量CEC/(cmol/kg)	土壤母质 Parent material	剖面点坐标 Profile coordinate	匹配指数 Matching index/%
剖25	铁铝土	黄壤	表潜黄壤	表潜黄壤		A₁	0—8	灰黄棕色	中壤土	粒状	4.4	48.4	1.50	0.20	39.7	209	2.0	141			E 117°40′01.8″ N 26°11′48.5″	97
						A₃	8—23	灰黄色	中壤土	小块状	4.4	23.1	0.70	0.11	38.5	107	33.0	33				
						B₁	23—82	淡棕黄色	中壤土	粒状	4.7	8.9	0.40	<0.10	33.7	69	<1.0	110				
						B₂	82—133	淡棕黄色	砂壤土	粒状	4.7	4.9	0.20	<0.10	36.0	23	<1.0	27				
						B₃	133—155	黄色	中壤土	粒状	4.6	2.5	0.10	<0.10	43.3	42	<1.0	24				
剖26	铁铝土	黄壤	黄壤	砂质岩黄壤		A₁	10—20	灰棕色	轻壤土	粒状	4.3	54.3	1.90	0.20	24.1	203	1.1	32		紫红色粉砂岩夹石英砂砾岩	E 117°41′01.7″ N 26°12′07.3″	97
						A₃	20—64	淡棕色	轻壤土	块状	4.6	27.7	1.00	0.12	27.5	116	<1.0	17				
						B₁	64—111	红黄色	中壤土	块状	4.6	7.9	0.50	0.16	36.0	53	<1.0	6				
						B₃	111—150	淡红黄色	中壤土	块状	4.5	5.7	0.30	0.20	37.3	38	<1.0	9				
剖27	铁铝土	红壤	黄红壤	泥质岩红壤		A	3—51	暗灰色	中壤土	团块状	4.3	38.8	2.00	0.36	18.0	207	1.0	32		粉砂岩	E 117°34′57.2″ N 26°09′08.5″	97
						B₁	51—95	淡黄色	重壤土	团块状	4.2	18.6	1.20	0.27	19.6	92	<1.0	26				
						B₂	95—150	黄色	重壤土	块状	4.2	15.4	0.80	0.26	26.3	73	<1.0	9				
剖28	人为土	水稻土	渗育水稻土	黄泥田	灰黄色泥田	A	0—15	暗灰色	中壤土	块状	6.4	28.6	1.10	0.40	8.7	37	12.0	53	11.0	红壤或黄红壤	E 117°33′46.9″ N 26°07′47.6″	95
						P	15—24	暗灰色	中壤土	块状	5.5	10.9	0.80	0.28	9.1	95	7.0	46	5.9			
						W	24—59	淡黄色	中壤土	块状	6.3	7.8	0.60	0.21	2.8	55	2.0	50	13.9			
						C	59—100	土黄色	中壤土	块状	6.7	5.8	0.40	0.26	4.1	25	2.0	42	8.4			
剖29	铁铝土	红壤	红壤	泥质岩红壤		A	2—7	暗棕色	中壤土	核粒状	4.6	39.2	1.70	0.23	10.9	169	6.5	123			E 117°30′35.0″ N 26°07′20.4″	98
						B₁	7—45	淡红色	中壤土	粒状	4.5	18.6	0.50	0.19	12.9	116	1.0	102				
						B₂	45—79	灰黄色	中壤土	粒状	4.7	11.7	0.30	0.19	14.5	66	<1.0	12				
						B₃	79—150	红黄色	中壤土	核状	4.6	4.8	0.10	0.15	10.4	22	<1.0	75				
剖30	人为土	水稻土	渗育水稻土	黄泥田	灰黄色泥田	A	0—11	暗黄黄色	轻壤土	小块状	5.2	20.2	1.00	0.38	32.2	96	28.0	44	4.5	河流冲积物	E 117°40′59.1″ N 26°09′03.6″	95
						C	11—90	黄灰色	砂壤土	粒状	4.8	4.6	0.20	0.18	25.4	35	5.0	18	2.2			

沙 县 区

主要土类说明

红壤是沙县区主要土壤类型，占本区地域面积的 70%，多分布在海拔 600m 以下的低山和丘陵。土壤脱硅富铝化作用强烈，铁铝相对富集，全剖面呈红色或浅红色，剖面具有 A-B-C 或 A-C 构型，土层厚度在 1.5m 以上，典型的可厚达 10m 以上。根据成土条件、母岩类型、肥力特性和利用特点，本县红壤分为红壤、黄红壤、粗骨性红壤、暗红壤、水化红壤和红土六个亚类，其中，红壤亚类面积最大，占本土类面积的 40% 以上。

水稻土是沙县区第二大土壤类型，占本区地域面积的 14%，是本区的主要耕作土壤，主要分布在山涧各地。由于分布的地形部位、开发年限和耕作方式不同，土壤熟化程度亦有明显的差异。根据成土过程的不同水型，本区水稻土分为渗育型、潴育型、潜育型和漂洗型等亚类。

黄壤是沙县区第三大土壤类型，占本区地域面积的 9%，主要分布在大洛、夏茂、郑湖、湖源、富口等乡镇。成土母岩为花岗岩、安山岩、凝灰岩、砂岩等。由于植被茂密，云雾大，湿度高，土壤较为湿润，因而脱硅富铝化作用较弱，游离氧化铁受到水化作用，土色呈黄色，腐殖质积累也较丰富。土壤剖面构型一般为 Ao、A_1-（B）-C。土壤有机质和氮、磷、钾含量高，水肥条件好。根据母岩类型和发育程度，本区黄壤分为黄壤、粗骨性黄壤、灰化黄壤、表潜黄壤等亚类。

紫色土占沙县区地域面积的 5%。本区紫色土只有酸性紫色土一个亚类，主要分布在南霞、富口、青州等乡镇，多位于低山丘陵地带。成土母岩为紫色页岩、紫色砂砾岩及紫色凝灰岩。因为母岩中含有紫色的蓝铁矿和菱铁矿，化学性质比较稳定，所以土壤颜色基本上保持着与母质相同的紫（红）色。同时由于周期性的侵蚀作用，使土壤经常处于幼年发育阶段，土壤剖面构型为 A-C。又因土壤表层容易受到侵蚀，所以表层土壤较为浅薄，但质地较黏，保肥力较强，故土壤中氮、磷、钾含量尚为丰富，肥力较高。经合理垦殖后适宜种植花生、豆类、芝麻、油菜等作物，亦可种植桃、李、柑、橘等果树，为本区开发经济林基地的重要土壤资源之一。

小于本区地域面积 3% 的土壤类型还有石灰（岩）土等。

本区域中心区气候特征

本区域中心区气候特征值
Regional climate characteristics in central area of the region

气候带：中亚热带湿润气候 Climate region: Subtropical humid climate	
年平均气温 /℃ Annual average temperature /℃	19.4
年平均最高气温 /℃ Annual average maximum temperature /℃	24.8
年平均最低气温 /℃ Annual average minimum temperature /℃	15.8
年降水量 /mm Annual precipitation /mm	1621
≥ 10℃的积温 /℃ Daily temperature accumulated in a year（≥ 10℃）/℃	7144
年日照时数 /h Annual sunshine /h	1685
年平均相对湿度 /% Annual average relative humidity /%	79
干燥度 Dryness	0.70

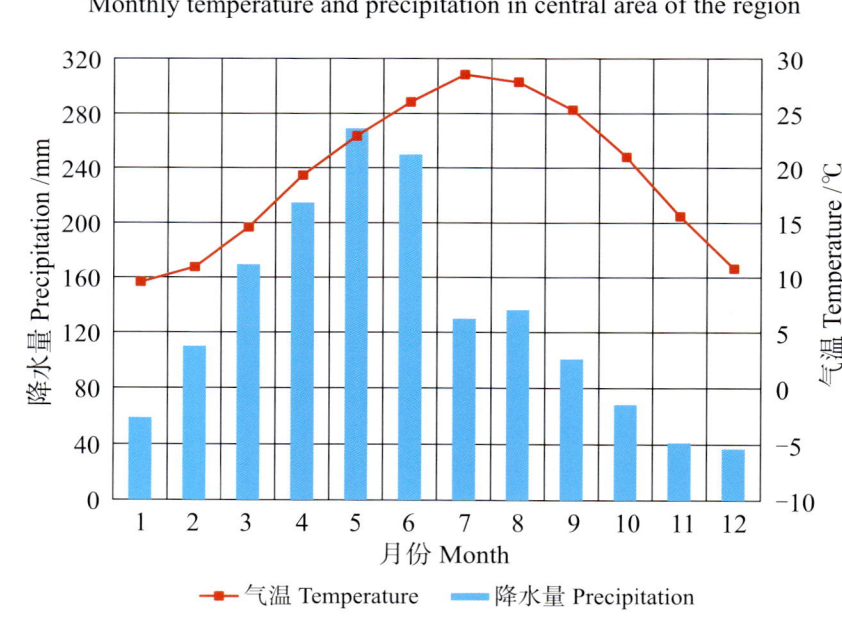

本区域中心区月平均气温与月平均降水量
Monthly temperature and precipitation in central area of the region

沙县主要土壤类型与土壤剖面点分布图
1:250 000

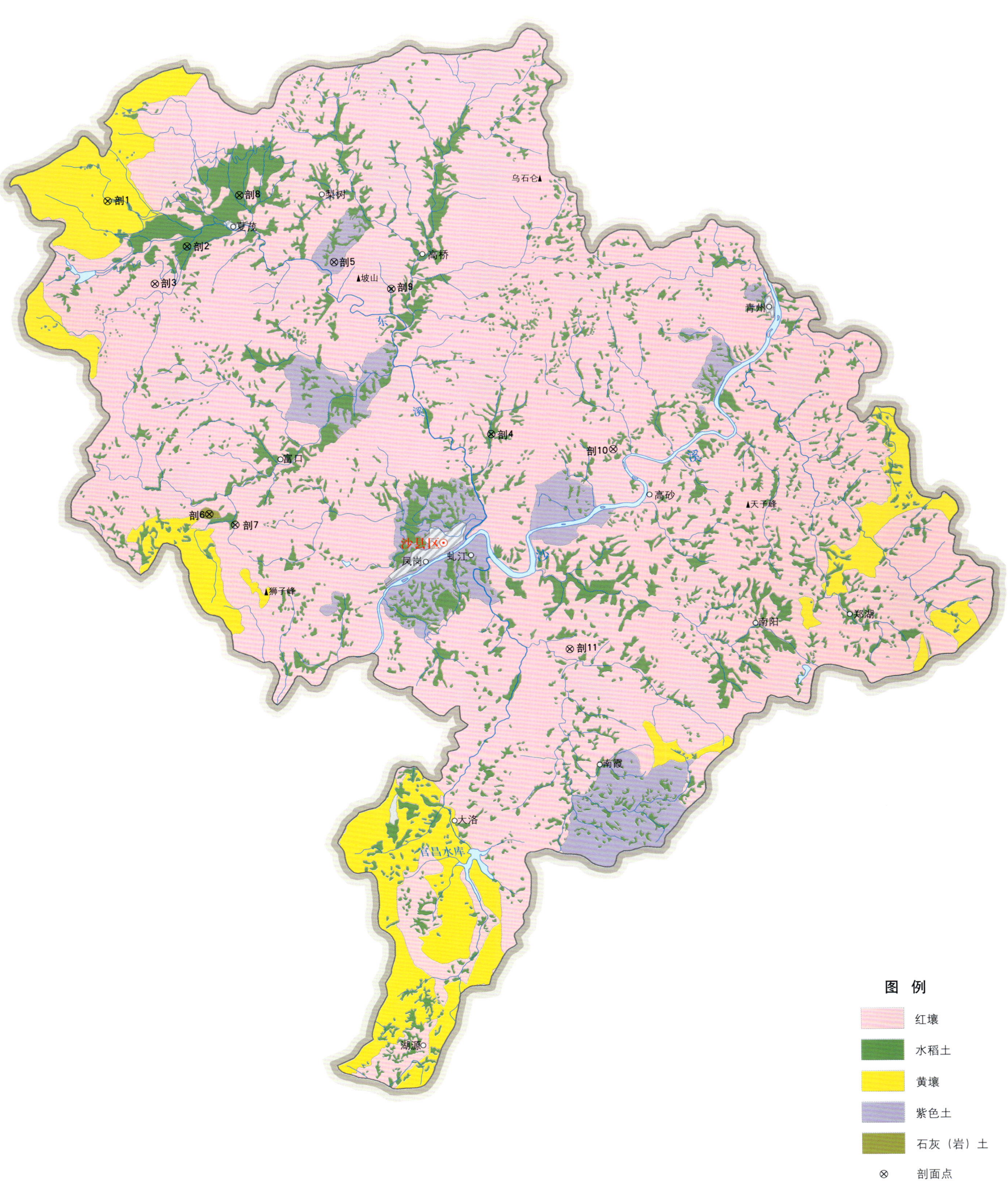

注：国务院 2021 年 2 月批准，撤销沙县，设立沙县区。

沙县区土壤剖面理化性状表

剖面号 Soil profile	土纲 Soil order	土类 Soil great group	亚类 Soil subgroup	土属 Soil genus	土种 Soil species	土层码 Layer code	土层厚度 Depth/cm	颜色 Soil color	质地 Soil texture	土壤结构 Soil structure	pH	有机质 OM/(g/kg)	全氮 TN/(g/kg)	全磷 TP/(g/kg)	全钾 TK/(g/kg)	碱解氮 AN/(mg/kg)	有效磷 AP/(mg/kg)	速效钾 AK/(mg/kg)	阳离子交换量 CEC/(cmol/kg)	土壤母质 Parent material	剖面点坐标 Profile coordinate	匹配指数 Matching index/%
剖1	铁铝土	黄壤	粗骨性黄壤	沉积岩粗骨性黄壤		A	0—12	黑色	重壤土	粒状	5.5	20.6	0.94			182	5.0	150		沉积岩	E 117°35′28.3″ N 26°35′23.6″	75
						B	12—32	棕色	重壤土	粒状	5.5	16.5	0.75			156	1.0	200				
						C	32—63	红黄色	轻壤土	块状	5.6	15.6	0.71			92	<1.0	60				
剖2	人为土	水稻土	潴育水稻土	灰泥田	灰泥田	A	0—17		中壤土		5.2	23.7	1.60	0.91	27.5	208	15.0	126	7.8		E 117°40′19.9″ N 26°35′31.3″	95
						P	17—25		轻壤土		5.6	21.8	1.45	1.01	26.3	125	<1.0	47	6.2			
						W	25—46		中壤土		6.1	6.7	0.65	1.19	13.4	74	<1.0	42	7.0			
						C	46—100		轻壤土		6.4	4.0	0.37	0.68	46.8	54	1.0	24	4.1			
剖3	铁铝土	红壤	暗红壤	酸性岩暗红壤		A	0—22	棕褐色	中黏土	粒状	5.8	26.4	1.02			116	<1.0	111		酸性岩	E 117°37′05.4″ N 26°32′42.1″	95
						B	22—82	深棕色	中黏土	小团块	5.8	24.4	0.94			107	<1.0	75				
						C	82—145	棕红色	重黏土	大团块	5.7	12.7	0.63			67	1.0	69				
剖4	人为土	水稻土	漂洗水稻土	白鳝泥田	白鳝泥田	A	0—15		轻壤土		5.1	21.9	1.58	0.73	25.0	183	7.0	46	8.2		E 117°38′14.3″ N 26°33′53.6″	95
						P	15—25		轻壤土		5.6	5.8	0.34	0.24		70	1.0	40	6.0			
						E	25—55		轻壤土		5.5	5.1	0.32	0.40		50	2.0	30	5.0			
						C	55—100		中壤土		5.2	6.5	0.39	0.51	29.3	77	3.0	65	4.7			
剖5	初育土	紫色土	酸性紫色土	沉积岩酸性紫色土		A	0—36	紫棕色	轻壤土	粒状	5.2	25.2	0.97			68	6.4	48		沉积岩	E 117°43′23.5″ N 26°33′20.9″	75
						B	36—80	灰紫褐色	轻壤土	块状	5.5	7.6	0.45			42	1.5	33				
						C	80—125	灰紫褐色	轻壤土	块状	5.5	7.3	0.44			33	3.0	30				
剖6	初育土	石灰(岩)土	黑色石灰土	沉积岩黑色石灰土		A	0—7	深灰褐色	中壤土	团块状	8.3	41.8	1.61			113	1.5	12		石灰岩	E 117°38′54.8″ N 26°25′10.0″	75
						B	7—45	灰灰褐色	轻壤土	大团块	8.5	21.0	0.81			57	<1.0	48				
剖7	铁铝土	红壤	黄红壤	酸性岩黄红壤		A	0—22	黄红色	中壤土	粒状	5.8	25.1	0.97			99	2.5	20		酸性岩	E 117°39′49.3″ N 26°24′48.7″	95
						B	22—82	黄红色	重壤土	团块	5.8	10.6	0.49			43	1.5	<5				
						C	82—145	黄红色	中壤土	小团状	5.7	6.8	0.47			40	1.0	85	9.8			
剖8	人为土	水稻土	潴育水稻土	青泥田	青泥田	A	0—25		中壤土	小块状	4.9	50.1	2.09	0.40	31.1	244	<1.0	85	9.8		E 117°45′23.4″ N 26°32′27.9″	95
						P	25—32		中壤土	块状	5.3	34.6	1.43	0.59	25.0	164	<1.0	89	8.5			
						C	32—100		轻壤土		5.3	14.0	0.70	0.53	25.4	98	2.0	36	7.0			
剖9	人为土	水稻土	潴育水稻土	灰泥田	黄底灰泥田	A	0—15	灰黄色	黏壤土	块状	5.0	27.6	1.43	0.35		203	5.0	144	9.6	冲积物,坡积物	E 117°48′50.2″ N 26°27′40.0″	95
						AP	15—23	灰黄色	黏壤土	棱柱状	4.8	28.4	1.21	0.32		158	<1.0	102				
						W	23—52	灰黄色	黏壤土	块状	6.2	9.6	0.33	0.39		117	1.0	33				
						Gy	52—100	黄色	黏土		6.1	8.4	0.39	0.33		91	5.0	36				
剖10	铁铝土	红壤	红土	红土		A	0—10	灰褐色	中壤土	碎粒状	5.5	12.6	0.63	0.74		74	4.0	89	7.1		E 117°53′06.0″ N 26°27′08.0″	81
						C	10—100	棕红色	中壤土	碎粒状	5.3	4.0	0.38	0.64		63	<1.0	50	5.0			
剖11	铁铝土	红壤	水化红壤	酸性岩水化红壤		A	0—29	灰红色	中壤土	碎粒状	5.5	47.1	1.81			102	14.0	125		酸性岩	E 117°51′29.2″ N 26°20′36.7″	93
						B	29—45	棕红色	中壤土		5.4	20.2	0.78			58	4.0	134				
						C	45—107	黄红色	轻壤土		5.7	8.3	0.49			27	9.0	60				

明 溪 县

主要土类说明

红壤是明溪县主要土壤类型，占本县地域面积的83%，主要分布于本县各乡镇低山丘陵的山坡、山顶脊部或全部。依地域小气候、植被的不同以及人为活动的影响，本县红壤分为红壤、粗骨性红壤、黄红壤、水花红壤和红土等亚类。其中，红壤亚类占本土类面积的70%以上，分布于本县海拔700m以下的低山、丘陵，土壤脱硅富铝化作用强烈，全剖面呈深红色、浅红色或棕红色，土层深厚，大多在1m以上，有的可达几米。土壤质地黏重，较紧实，呈核状或块状结构、酸性，pH为4.1—5.3。

水稻土是明溪县第二大土壤类型，占本县地域面积的13%。水稻土是在长期人为淹灌、耕作、施肥、轮作等农业措施综合影响下而形成的独特土壤类型。大量的灌溉水和天然雨水，缓冲了本地气候条件的影响，剖面内的水、热、气、肥都发生了完全不同于气候性土壤特征（如本县地带性红壤）；频繁的耕作、水耕水耙，使表土高度分散，以致可见结构破散，机械和化学淋溶极为强烈，这在自然状态下的水成土剖面上是不可能出现的；有机肥和化学肥料大量的施用以及厂矿周围污水流进稻田，极显著地改变了原来剖面的有机质成分，土壤溶液的反应、生物学变化其至机械组成影响了游离矿质的活动程度等一系列物理化学的变化，最后加速了剖面的发育进程。由于还原淋溶和氧化淀积等作用，使水稻土形成具有灰色化耕作层、紧实的犁底层、明显的渗育层或潜育层等基本发生层次的独特剖面结构。在还原条件下，硅酸盐内分解，导致铁锰的离析，在腐殖质的合力下，向剖面下部侧方移动、沉淀或流失。在剖面内除了一般易溶的元素如碱金属，最活跃的元素是铁和锰。因此在水稻土的渗育层常有松散型铁锰结核和灰色或土黄色胶膜存在。按照土壤水分补给类型的不同和附加成土过程的明显分异，本县水稻土分为渗育型、潴育型、潜育型等亚类。

小于本县地域面积3%的土壤类型还有粗骨土、黄壤、紫色土等。

本区域中心区气候特征

本区域中心区气候特征值
Regional climate characteristics in central area of the region

气候带：中亚热带湿润气候 Climate region: Subtropical humid climate	
年平均气温 /℃ Annual average temperature /℃	19.0
年平均最高气温 /℃ Annual average maximum temperature /℃	24.4
年平均最低气温 /℃ Annual average minimum temperature /℃	15.3
年降水量 /mm Annual precipitation /mm	1605
≥10℃的积温 /℃ Daily temperature accumulated in a year（≥10℃）/℃	7797
年日照时数 /h Annual sunshine /h	1645
年平均相对湿度 /% Annual average relative humidity /%	80
干燥度 Dryness	0.70

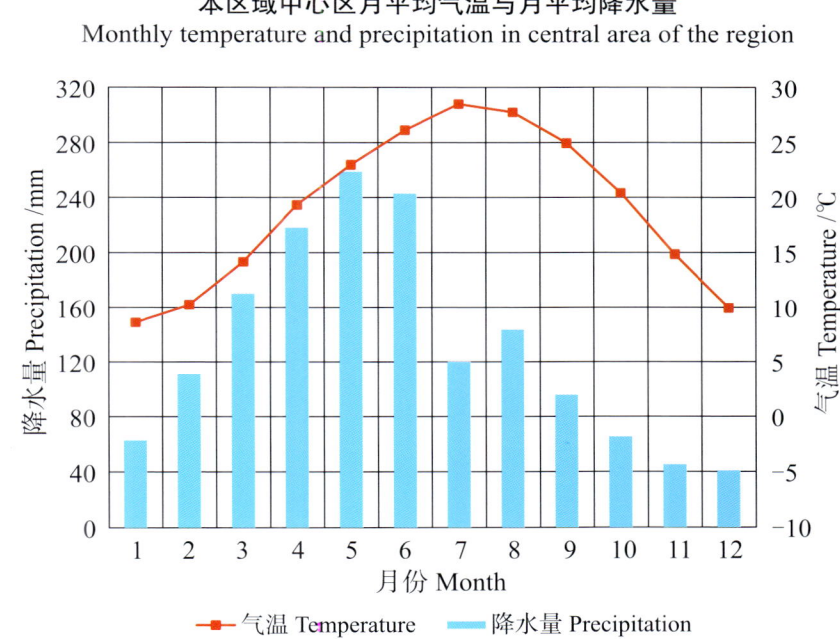

本区域中心区月平均气温与月平均降水量
Monthly temperature and precipitation in central area of the region

明溪县主要土壤类型与土壤剖面点分布图

1:270 000

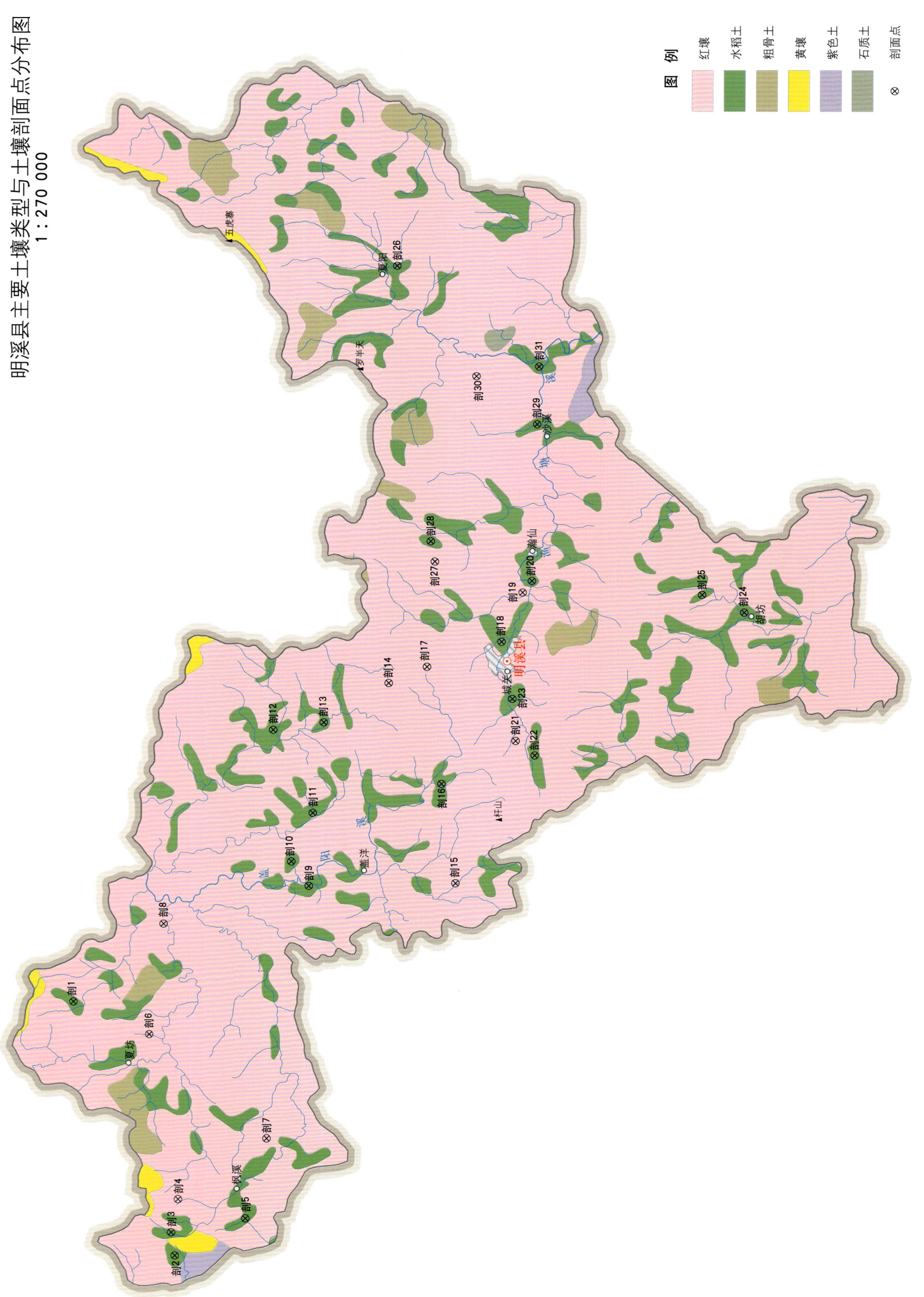

图例：红壤、水稻土、粗骨土、黄壤、紫色土、石质土、⊗ 剖面点

明溪县土壤剖面理化性状表

剖面号 Soil profile	土纲 Soil order	土类 Soil great group	亚类 Soil subgroup	土属 Soil genus	土种 Soil species	土层码 Layer code	土层厚度 Depth/cm	颜色 Soil color	质地 Soil texture	土壤结构 Soil structure	pH	有机质 OM/(g/kg)	全氮 TN/(g/kg)	全磷 TP/(g/kg)	全钾 TK/(g/kg)	碱解氮 AN/(mg/kg)	有效磷 AP/(mg/kg)	速效钾 AK/(mg/kg)	阳离子交换量CEC/(cmol/kg)	土壤母质 Parent material	剖面点坐标 Profile coordinate	匹配指数 Matching index/%
剖1	人为土	水稻土	渗育水稻土	黄泥田	灰黄泥田	A	0—15	暗灰色	中壤土	粒状	4.9	27.6	1.80	1.10	25.0		10.0	57	12.6		E 116°58′28.1″ N 26°36′14.1″	95
						P	15—23	灰黄色	重壤土	块状	4.9	24.5	1.60	1.00	26.3		6.0	33	5.4			
						W	23—47	土黄色	重壤土	块状	5.0	15.8	0.80	1.00	22.8		1.0	24	5.7			
						C	47—100	棕黄色	中壤土	块状	5.1	8.6	0.50	0.70	23.8		1.0	21	3.3			
剖2	人为土	水稻土	渗育水稻土	黄泥田	黄泥田	A	0—14	灰黄色	中壤土	粒状	4.9	24.1	1.20	0.70	34.4		4.0	69	6.0		E 116°48′32.1″ N 26°32′41.6″	95
						P	14—19	浅黄色	中壤土	块状	5.6	12.2	0.70	0.60	32.5		1.0	39	6.0			
						C	19—100	黄色	重壤土	块状	6.2	6.9	0.30	0.50	31.3		1.0	64	5.7			
剖3	人为土	水稻土	潴育水稻土	潮砂田	乌砂田	A	0—16	暗灰色	轻壤土	粒状	4.8	33.1	2.00	1.30	27.5		10.0	54	8.9	冲积物	E 116°49′26.5″ N 26°32′49.6″	95
						P	16—23	暗黄色	轻壤土	柱状	5.0	24.5	1.70	1.10	21.5		3.0	12	5.6			
						W₁	23—37	暗黄灰色	轻壤土	柱状	5.2	14.3	1.80	1.00	28.8		1.0	36	5.6			
						W₂	37—75	暗黄灰色	砂壤土	块状	5.6	4.6	0.50	0.70	27.5		1.0	51	4.8			
						C	75—100	灰黄色	砂壤土	块状	5.5	4.3	0.30	0.60	30.0		1.0	54	4.3			
剖4	铁铝土	红壤	红土	红泥土	红泥土	A	0—20	灰红色	中壤土	块状	4.5	23.3	1.50	2.20		88	1.0	45			E 116°50′44.6″ N 26°32′35.8″	75
						B	20—45	红色	重壤土	粒状	4.0	10.5	1.30	1.60		64	1.0	134				
剖5	人为土	水稻土	渗育水稻土	黄泥田	黄泥骨	A	0—10	灰黄色	中壤土	块状	5.1	28.2	1.80	1.00	28.8		2.0	23	7.0		E 116°50′00.7″ N 26°30′17.1″	95
						P	10—16	暗黄色	轻壤土	块状	5.3	13.1	0.80	0.80	25.0		1.0	54	5.6			
						C	16—80	黄色	中壤土	块状	4.8	6.3	0.40	0.70	20.6		1.0	62	4.3			
剖6	铁铝土	红壤	粗骨性红壤	酸性岩粗骨红壤		A₃	1—11	橙色	轻壤土	粒状	4.9	22.6	1.00	1.20	15.9	67	2.0	78		花岗岩和凝灰熔岩	E 116°57′11.1″ N 26°33′37.6″	93
						B₂	11—31	棕红色	轻壤土	粒状	4.9	11.0	0.50	1.20	15.3	76	1.0	42				
剖7	铁铝土	红壤	红壤	酸性岩红壤		A₁	2—10	棕色	轻壤土	块状	4.0	42.8	1.80	0.80	21.6	78	9.0	53		酸性岩	E 116°53′08.1″ N 26°29′34.8″	75
						A₃	10—23	棕色	中壤土	块状	4.4	25.0	1.10	0.30	27.5	58	4.0	60				
						B₁	23—88	棕红色	重壤土	块状	4.7	8.8	0.50	0.30	36.3	18	1.0	60				
						B₂	88—125	深红色	重壤土	块状	4.8	4.5	0.40	0.20	35.4	28	1.0	71				
						B₃	125—	深红色	重壤土	块状	4.8	2.2	0.20	0.20	40.2	12	1.0	75				
剖8	铁铝土	红壤	黄红壤	中性岩黄红壤		A₁	1—6	黑灰色	轻壤土	粒块状	4.9	61.5	3.50	1.10	30.0	186	30.0	191	15.6	正长岩	E 117°01′35.0″ N 26°33′09.2″	95
						A₃	6—35	灰棕色	中壤土	块状	5.1	27.2	1.80	0.80	36.3	104	8.0	140	11.9			
						B₁	35—112	暗棕色	中壤土	块状	5.0	12.5	1.00	0.60	37.6	42	1.0	126	7.7			
						B₂	112—	淡棕色	轻壤土	块状	4.9	6.6	0.80	0.60	40.2	61	1.0	75	6.4			
剖9	人为土	水稻土	潴育水稻土	乌泥田	青底乌泥田	A	0—14	暗灰色	中壤土	粒状	5.2	71.1	3.70	3.00	27.8		43.0	177	3.5	冲积物或坡积物	E 117°03′06.1″ N 26°28′10.9″	75
						P	14—19	暗灰色	中壤土	块状	5.1	59.4	2.30	2.70	29.1		20.0	84	9.4			
						W₁	19—40	暗灰色	中壤土	柱状	5.6	15.7	0.70	1.80	34.5		26.0	123	9.1			
						W₂	40—71	暗灰色	重壤土	柱状	5.7	13.3	0.50	1.70	34.5		25.0	16	8.6			
						G	71—100	青灰色	重壤土	块状	6.2	5.3	0.40	0.80	40.4		9.0	72	9.7			
剖10	人为土	水稻土	潜育水稻土	烂泥田	浅脚烂泥田	A	0—27	淡灰色	中壤土	糊烂无结构	5.0	34.3	1.60	1.10	47.0		1.0	78	9.4		E 117°04′03.2″ N 26°28′47.4″	75
						G	27—100	青灰色	中壤土	无结构	5.1	34.0	1.50	0.60	40.0		1.0	93	9.1			
剖11	人为土	水稻土	潜育水稻土	冷浸田	锈水田	A	0—20	暗青色	重壤土	糊烂无结构	4.9	28.6	1.70	0.80	>50.0		4.0	39	8.6	坡积物	E 117°05′59.8″ N 26°28′03.5″	75
						P	20—28	暗青色	轻壤土	块状	5.0	34.9	1.40	0.60	>50.0		1.0	33	9.7			
						G	28—100	青灰色	中壤土	糊烂无结构	4.9	23.5	0.90	0.50	>50.0		1.0	39	7.8			
剖12	人为土	水稻土	潜育水稻土	冷浸田	冷水田	A	0—26	暗青色	中壤土	块状	4.9	29.3	1.60	0.70	27.5		1.0	32	6.1		E 117°09′16.9″ N 26°29′25.9″	75
						P	26—32	青灰色	中壤土	块状	4.9	33.6	1.30	0.60	26.3		1.0	24	5.8			
						G	32—100	青灰色	重壤土	块状	4.8	32.0	1.20	0.70	25.6		1.0	38	7.1			

续表 Continued

剖面号 Soil profile	土纲 Soil order	土类 Soil great group	亚类 Soil subgroup	土属 Soil genus	土种 Soil species	土层码 Layer code	土层厚度 Depth/cm	颜色 Soil color	质地 Soil texture	土壤结构 Soil structure	pH	有机质 OM/(g/kg)	全氮 TN/(g/kg)	全磷 TP/(g/kg)	全钾 TK/(g/kg)	碱解氮 AN/(mg/kg)	有效磷 AP/(mg/kg)	速效钾 AK/(mg/kg)	阳离子交换量CEC/(cmol/kg)	土壤母质 Parent material	剖面点坐标 Profile coordinate	匹配指数 Matching index/%
剖13	人为土	水稻土	潴育水稻土	乌泥田	乌泥田	A	0—15	暗灰色	轻壤土	粒状	5.7	34.4	2.00	2.90	39.4		35.0	111	10.4	冲积物或坡积物	E 117°09′35.0″ N 26°27′41.8″	75
						P	15—21	淡灰色	轻壤土	块状	6.4	29.2	1.40	2.70	40.3		34.0	150	8.8			
						W₁	21—42	淡灰色	中壤土	柱状	7.0	19.2	1.00	1.20	43.1		26.6	158	7.6			
						W₂	42—61	暗棕色	轻壤土	柱状	6.8	10.8	0.80	3.30	47.1		4.0	233	7.1			
						C	61—	灰黄色	轻壤土	粒状	6.5	8.2	0.90	0.70	31.2		3.0	105	6.1			
剖14	铁铝土	红壤		硅质红壤		A₁	2—8	暗棕色	轻壤土	粒状	4.0	55.6	1.80	0.70	15.9	96	7.0	24		砂岩、粗砂岩、石英砂岩	E 117°11′07.7″ N 26°25′28.3″	96
						A₃	8—21	棕色	轻壤土	粒状	4.2	19.4	0.80	0.60	21.4	62	3.0	14				
						B₁	21—52	暗黄色	轻壤土	块状	4.3	8.8	0.80	0.50	21.6	31	1.0	<5				
						B₃	52—139	黄橙色	轻壤土	块状	4.4	5.1	0.40	0.50	22.1	29	1.0	27				
剖15	铁铝土	红壤	黄红壤	泥质岩黄红壤		A₁	1—7	暗棕色	轻壤土	粒状	4.6	59.9	1.80	0.60	23.8	149	4.0	60	4.3	泥岩和页岩	E 117°03′13.7″ N 26°23′09.9″	75
						A₃	7—29	红棕色	轻壤土	粒状	4.5	35.2	1.50	0.50	23.8	110	3.0	21	3.8			
						B₁	29—39	红棕色	中壤土	块状	4.6	23.1	0.90	0.50	25.0	73	1.0	12	5.6			
						B₂	39—70	棕红色	中壤土	块状	4.7	14.4	0.70	0.40	25.6	52	1.0	26	5.6			
						B₃	70—150	棕红色	中壤土	块状	4.6	10.6	0.60	0.40	26.2	44	1.0	6				
剖16	人为土	水稻土	潴育水稻土	黄泥砂田	灰黄泥砂田	A	0—12	暗灰黄色	砂壤土	粒状	4.9	24.7	1.40	0.80	19.2		4.0	28	4.3	含石英较多的花岗岩风化物	E 117°07′09.3″ N 26°23′39.9″	95
						P	12—24	灰黄色	砂壤土	块状	4.9	11.3	0.70	0.90	15.3		1.0	25	3.8			
						W	24—65	灰黄色	轻壤土	块状	5.7	9.8	0.50	0.90	15.3		1.0	13	5.6			
						C	65—100	灰黄色	轻壤土	块状	6.1	9.2	0.40	0.80	11.6		1.0	17	5.6			
剖17	铁铝土	红壤	水化红壤	泥质岩水化红壤		A₁	2—21	灰褐色	轻壤土	粒状	4.6	34.9	1.70	0.50	7.0	82	9.0	27		泥岩	E 117°11′45.6″ N 26°24′09.7″	75
						B₁	21—40	暗棕色	轻壤土	粒状	4.7	8.7	0.90	0.40	8.8	35	1.0	56				
						B₂	40—77	黄棕色	轻壤土	块状	4.7	7.7	0.80	0.40	9.4	30	1.0	60				
						B₃	77—150	黄棕色	中壤土	块状	4.6	18.6	1.10	0.40	8.1	49	5.0	26				
剖18	人为土	水稻土	潜育水稻土	青泥田	青泥田	A	9—17	暗灰黄色	中壤土	粒状	4.5	38.1	1.50	0.70	20.3		3.0	84	9.6	坡积物	E 117°12′45.9″ N 26°21′36.6″	75
						P	17—24	灰灰色	重壤土	块状	4.8	33.2	1.50	0.30	19.3	152	2.1	81	8.0			
						G	24—100	青灰色	重壤土	块状	4.6	25.2	1.00	0.30	21.5	129	1.0	<5	6.9			
剖19	铁铝土	红壤		砂质岩红壤		A₁	1—10	暗红色	轻壤土	粒状	4.2	83.3	3.50	1.20	26.9		11.0	125		砂岩、石英砂岩和变质砂岩	E 117°14′42.4″ N 26°20′53.9″	75
						A₃	10—21	棕色	中壤土	粒状	4.2	41.1	1.80	0.80	29.1		4.0	42				
						B₁	21—40	暗棕色	中壤土	块状	4.7	24.5	1.30	0.70	29.4		1.0	44				
						B₂	40—67	黄棕色	重壤土	块状	4.3	16.2	1.00	0.70	28.8		1.0	41				
						B₃	67—110	黄橙色	重壤土	块状	5.0	3.9	0.70	0.70	30.0		1.0	57				
剖20	人为土	水稻土	潴育水稻土	棕泥田	棕泥田	A	0—19	暗棕色	重壤土	粒状	5.4	43.1	2.20	1.40	5.3	196	3.5	92	14.4	玄武岩坡积物	E 117°14′58.2″ N 26°20′37.8″	75
						P	19—30	紫棕色	重粘土	块状	4.9	31.4	1.80	1.10	5.3	127	2.1	66	11.9			
						W	30—90	紫灰色	轻粘土	块状	6.4	20.9	0.90	0.70	5.3	92	1.0	63	19.3			
						C	90—110	灰棕色	重粘土	块状	6.4	21.0	0.60	0.60	6.4	71	1.0	95	14.5			
剖21	铁铝土	红壤		基性岩红壤		A₁	0—6	暗棕色	中壤土	块状	4.3	52.8	3.00	1.30	36.3		5.0	96		橄榄玄武岩	E 117°08′52.6″ N 26°21′07.2″	81
						A₃	6—44	暗棕色	重壤土	块状	4.6	29.6	1.70	1.20	37.5	46	2.0	53				
						B₁	44—74	紫棕色	重粘土	块状	4.6	19.9	1.50	1.00	36.9	91	1.0	47				
						B₃	74—	紫棕色	重粘土	块状	4.7	16.8	1.10	1.00	36.9	90	1.0	41				
剖22	人为土	水稻土	渗育水稻土	白土田	白底田	A			轻壤土		5.1	12.3	0.60	0.50	35.0		1.0	54	5.8		E 117°08′17.8″ N 26°20′27.9″	75
						P			轻壤土		5.1	11.9	0.50	0.40	33.8		1.0	33	4.6			
						W			中壤土		4.8	12.3	0.50	0.30	28.8		1.0	60	4.8			
						C			砂壤土		5.1	<1.0		0.70	36.3		1.0	66	8.9			

续表 Continued

剖面号 Soil profile	土纲 Soil order	土类 Soil great group	亚类 Soil subgroup	土属 Soil genus	土种 Soil species	土层码 Layer code	土层厚度 Depth/cm	颜色 Soil color	质地 Soil texture	土壤结构 Soil structure	pH	有机质 OM/(g/kg)	全氮 TN/(g/kg)	全磷 TP/(g/kg)	全钾 TK/(g/kg)	碱解氮 AN/(mg/kg)	有效磷 AP/(mg/kg)	速效钾 AK/(mg/kg)	阳离子交换量CEC/(cmol/kg)	土壤母质 Parent material	剖面点坐标 Profile coordinate	匹配指数 Matching index/%
剖23	人为土	水稻土	潴育水稻土	乌泥田	砂底乌泥田	A	0—16	暗灰色	中壤土	粒状	5.1	28.4	1.40	1.70	27.5		18.0	35	10.6	冲积物或坡积物	E 117°10′31.7″ N 26°21′14.4″	75
						P	16—21	暗灰色	轻壤土	块状	5.2	18.4	0.90	1.20	27.5		12.0	35	9.6			
						W₁	21—41	土黄色	砂壤土	柱状	5.6	20.2	0.70	1.00	22.8		1.0	8	5.8			
						W₂	41—75	黄褐色	砂壤土	柱状	5.9	7.1	0.40	1.00	24.1		2.0	15	7.9			
						C(s)	75—100	淡灰色	砂壤土	粒状	4.6	20.5	0.90	0.50	22.8		2.0	12	4.1			
剖24	人为土	水稻土	潴育水稻土	灰泥田	黄底灰泥田	A	0—14	暗灰色	中壤土	粒状	5.0	41.0	2.00	0.90	40.4		10.0	41	8.8		E 117°13′55.5″ N 26°13′17.7″	95
						P	14—23	暗灰黄色	中壤土	块状	5.2	34.1	1.30	0.50	41.9		4.0	48	9.4			
						W	23—51	灰黄色	重壤土	块状	5.1	34.8	1.50	0.40	41.1		1.0	48	9.4			
						C	51—100	灰黄色	重壤土	块状	4.8	43.2	1.80	0.40	34.7		1.0	72	9.2			
剖25	人为土	水稻土	潴育水稻土	灰泥田	青底灰泥田	A	0—15	暗灰色	中壤土	粒状	4.9	38.1	2.10	2.50	38.9		5.0	42	9.2		E 117°14′37.2″ N 26°14′44.2″	95
						P	15—21	暗灰色	中壤土	块状	5.0	37.0	2.00	3.80	43.1		1.0	20	10.4			
						W	21—67	淡灰色	重壤土	块状	5.1	25.5	1.40	1.80	43.1		1.0	84	9.1			
						G	67—100	青灰色	重壤土	块状	5.1	25.0	1.20	1.80	40.3		1.0	90	9.1			
剖26	人为土	水稻土	潴育水稻土	白土田	茹粉田	A	0—14	淡灰色	轻壤土	粒状	5.0	15.7	1.00	1.30	>50.0		11.0	162	13.2		E 117°27′35.6″ N 26°25′11.5″	95
						E	14—19	灰白色	砂壤土	粒状	5.3	10.8	0.70	0.80	>50.0		8.0	143	6.7			
						C	19—100	灰白色	轻壤土	粒状	5.7	4.1	0.30	1.10	45.0		5.0	119	7.4			
剖27	铁铝土	红壤	红壤	中性岩红壤		A₁	3—11	暗红色	中壤土	块状	4.6	84.0	2.70	2.00	48.9	194	12.0	152		正长岩、正长斑岩等	E 117°15′55.4″ N 26°23′54.4″	95
						A₃	11—17	暗红色	中壤土	块状	4.8	32.0	1.20	1.80	>50.0	114	2.0	57				
						B	17—148	棕红色	重壤土	块状	5.1	9.4	0.60	2.00	>50.0	65	1.0	72				
剖28	人为土	水稻土	渗育水稻土	黄泥田	乌黄泥田	A	0—15	暗灰色	中壤土	粒状	5.5	36.2	2.50	1.10	22.8		12.0	124	10.0		E 117°16′43.8″ N 26°24′02.9″	95
						P	15—36	暗灰色	重壤土	块状	5.2	21.7	1.70	1.20	22.0		8.0	85	6.9			
						W	36—60	暗灰黄色	重壤土	块状	6.3	12.1	0.80	1.20	19.1		1.0	86	8.5			
						C	60—100	土黄色	重壤土	块状	6.5	10.8	0.60	1.40	8.5		1.0	48	8.5			
剖29	人为土	水稻土	潴育水稻土	灰泥田	砂底灰泥田	A	0—15	暗灰色	轻壤土	粒状	4.8	22.1	1.70	0.70	38.9		17.0	36	6.2		E 117°21′19.6″ N 26°20′24.1″	95
						P	15—24	暗灰色	砂壤土	粒状	4.9	12.8	0.90	0.50	42.2		2.0	18	6.1			
						W	24—71	黄灰色	砂壤土	粒状	5.7	7.0	0.50	0.60	42.2		2.0	18	6.7			
						S	71—100	淡灰色	紧砂土		6.1	5.2	0.50	0.80	39.4		4.0	15	6.9			
剖30	铁铝土	红壤	暗红壤	酸性岩暗红壤		A	6—27	灰棕色	轻壤土	粒状	4.7	70.0	1.50	0.60	45.7	203	10.0	117		花岗岩	E 117°23′13.2″ N 26°22′28.7″	95
						B₁	27—72	暗棕色	轻壤土	粒状	5.0	15.5	0.80	0.30	44.4	60	2.0	108				
						B₂	72—115	棕红色	中壤土	粒状	5.2	19.7	0.70	0.30	43.1	44	1.0	75				
						B₃	115—160	淡红色	中壤土	粒状	5.3	6.2	0.40	0.30	37.5	29	1.0	50				
剖31	人为土	水稻土	淹育水稻土	紫泥田	棕泥田	A	0—19	暗棕色	壤黏土	粒状	5.4	21.5	1.10	0.61	4.4		3.5	92	14.4	橄榄辉玢岩风化坡积物	E 117°23′36.3″ N 26°20′20.2″	82
						AP	19—30	紫棕色	黏土	块状	4.9	15.7	0.90	0.48	4.4		2.1	66	11.9			
						C	30—110	灰棕色	黏土	块状	6.4	10.4	0.75	0.30	4.5		1.0	63	19.3			

清 流 县

主要土类说明

红壤是清流县主要土壤类型，占本县地域面积的 83%，主要分布于本县海拔 265—800m 的丘陵山地。本县红壤主要发生于中亚热带常绿阔叶林下，呈中度脱硅富铝化特征，土壤黏粒中游离铁占全铁 50%—60%。土体有深厚红色土层，剖面具 A-Bs-Bv 或 A-Bs-C 构型，底层可见深厚红、黄、白相间网纹红色黏土。黏土矿物以高岭石、赤铁矿为主，黏粒硅铝率为 1.8—2.4，风化淋溶系数小于 0.2，盐基饱和度小于 35%，pH 为 4.5—5.5。本县红壤分为红壤、黄红壤、暗红壤、水化红壤、粗骨性红壤和红土等亚类，其中，红壤亚类占本县红壤面积的 70% 以上。

水稻土是清流县第二大土壤类型，占本县地域面积的 10%，主要分布在山垅谷地、河谷平原及缓坡地上，是本县的主要耕作土壤。水稻土是在人工种稻条件下发育起来的一种土壤，受人为活动影响较大，在特殊的成土条件与成土过程下，逐步形成具有耕作层（有明显表潜现象及氧化锈斑）、犁底层（紧实而有锈纹）、渗育层（有明显还原淋溶、氧化淀积现象）等基本发生层次的特有剖面结构。其水、肥、气、热状况较其他土壤稳定。根据分布地形部位、成土母质、水文地质条件、开发利用年限长短等不同，本县水稻土分为渗育型、潴育型和潜育型等亚类。

小于本县地域面积 3% 的土壤类型还有紫色土、山地草甸土和黄壤等。

本区域中心区气候特征

本区域中心区气候特征值
Regional climate characteristics in central area of the region

气候带：中亚热带湿润气候 Climate region: Subtropical humid climate	
年平均气温 /℃ Annual average temperature /℃	19.2
年平均最高气温 /℃ Annual average maximum temperature /℃	24.5
年平均最低气温 /℃ Annual average minimum temperature /℃	15.5
年降水量 /mm Annual precipitation /mm	1579
≥10℃的积温 /℃ Daily temperature accumulated in a year (≥10℃) /℃	8242
年日照时数 /h Annual sunshine /h	1657
年平均相对湿度 /% Annual average relative humidity /%	80
干燥度 Dryness	0.72

清流县主要土壤类型与土壤剖面点分布图
1∶240 000

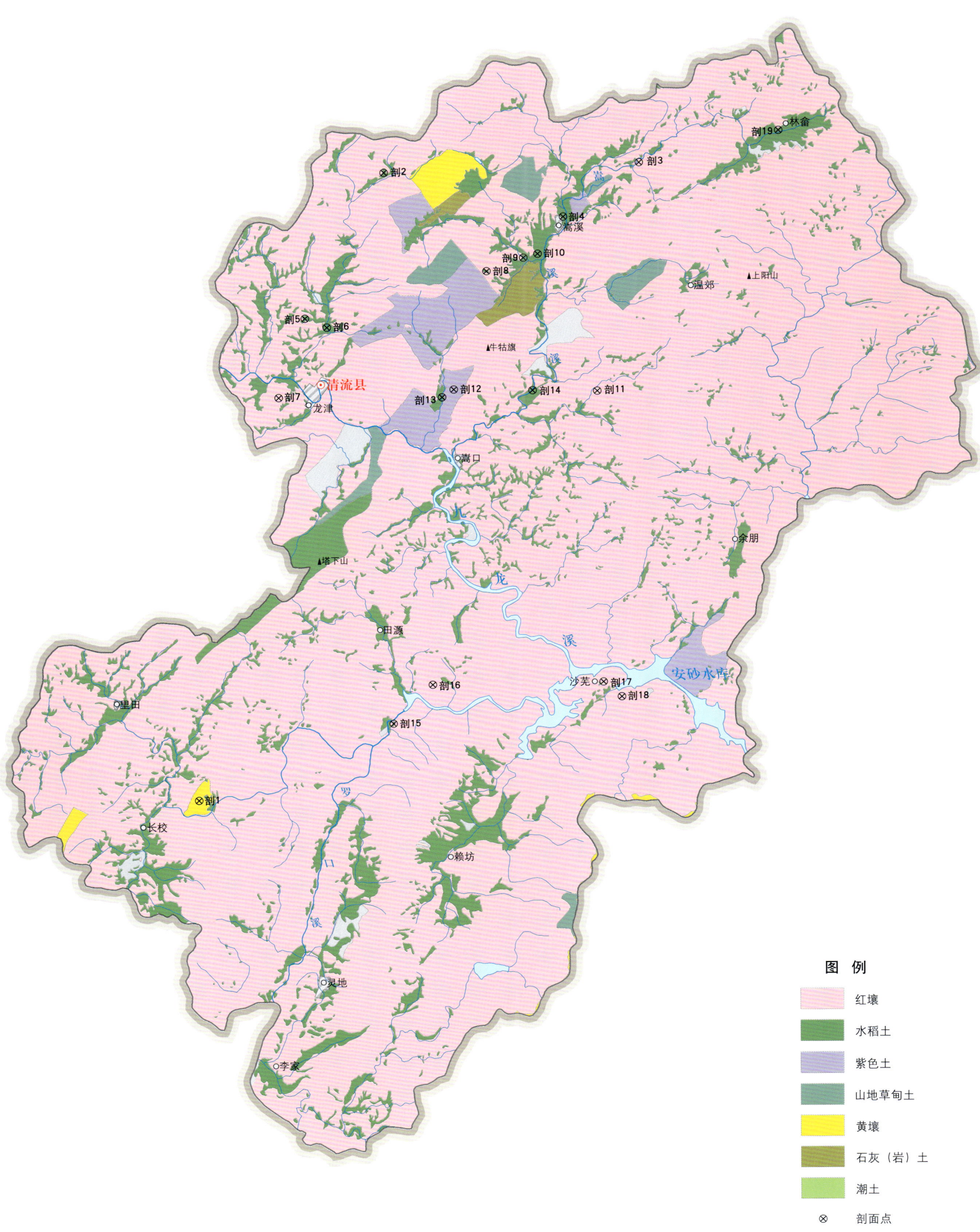

清流县土壤剖面理化性状表

剖面号 Soil profile	土纲 Soil order	土类 Soil great group	亚类 Soil subgroup	土属 Soil genus	土种 Soil species	土层码 Layer code	土层厚度 Depth/cm	颜色 Soil color	质地 Soil texture	土壤结构 Soil structure	pH	有机质 OM/(g/kg)	全氮 TN/(g/kg)	全磷 TP/(g/kg)	全钾 TK/(g/kg)	碱解氮 AN/(mg/kg)	有效磷 AP/(mg/kg)	速效钾 AK/(mg/kg)	阳离子交换量 CEC/(cmol/kg)	土壤母质 Parent material	剖面点坐标 Profile coordinate	匹配指数 Matching index/%
剖1	铁铝土	黄壤	黄壤	砂质岩黄壤		A	0—20	灰黑色	轻壤土	粒状	4.0	38.8	1.57	1.03		121	5.0	135	16.2	砂质岩	E 116°44′41.3″ N 25°57′52.1″	97
剖2	人为土	水稻土	渗育水稻土	黄泥田	乌黄泥田	B	20—130	黄灰色	轻黏土	粒状	4.5	13.2	0.41	0.35		71	2.0	47	4.9		E 116°50′51.5″ N 26°17′30.2″	97
						A	0—13	暗灰黄色	轻壤土	核状	5.0	40.7	1.53	1.17	20.6	161	14.0		7.1			
						P	13—18	暗灰黄色	中壤土	块状	5.1	29.3	1.48	0.36	21.1	136	12.0		7.5			
						W	18—74	红灰色	中壤土	块状	6.0	9.9	0.53	0.31	23.8	26	1.0		2.6			
						C	74—105	红灰色	中壤土	块状	5.6	5.0	0.22	0.75	35.6	25			8.1			
剖3	铁铝土	红壤	暗红壤	泥质岩暗红壤		A	0—38	暗红色	中壤土	团块状	4.6	64.6	4.30	1.45		78	13.0	132	15.5	泥质岩	E 116°59′23.5″ N 26°17′51.4″	97
						B	38—150	暗红色	中壤土	团块状	5.2	12.5	0.62	0.73		74	3.0	42	10.0			
剖4	人为土	水稻土	潜育水稻土	潮砂田	乌砂田	A	0—13	暗灰黄色	轻壤土	粒状	4.8	27.8	1.33	1.01	23.8	128	10.0	66	6.8	河流冲积物	E 116°56′51.7″ N 26°16′09.3″	97
						P	13—17	暗灰黄色	砂壤土	块状	5.3	24.5	0.75	0.88	23.8	103	5.0	18	17.8			
						W₁	17—28	暗灰棕色	砂壤土	棱柱状	5.2	14.7	0.69	0.77	23.8	70	3.0	44	28.2			
						W₂	28—41	暗灰棕色	砂壤土	棱柱状	6.3	13.6	0.42	0.46	23.8	62	3.0	18	28.6			
						C	41—102	暗灰黄色	轻壤土	棱柱状	6.7	10.7	0.50	0.13	24.4	40	2.0	20	29.4			
剖5	人为土	水稻土	潜育水稻土	冷烂田	冷水田	A	0—12	暗灰黄色	轻壤土	块状	5.0	42.5	1.73	0.67	42.5	220	5.0	39	11.7	河流冲积物	E 116°48′13.3″ N 26°12′56.0″	97
						P	12—18	棕灰色	砂壤土	块状	5.4	16.5	0.80	0.28	45.6	63	2.0	32	6.9			
						G	18—103	淡灰色	砂壤土	无结构	6.3	13.8	0.21	0.40	46.3	30	4.0	47	5.8			
剖6	人为土	水稻土	潜育水稻土	潮砂田	灰砂田	A	0—15	暗灰棕色	砂壤土	粒状	5.0	22.7	1.10	0.79	35.7	115	10.0	30	6.7	酸性岩	E 116°48′57.5″ N 26°12′39.1″	97
						P	15—20	灰黄棕色	砂壤土	片状	5.0	20.5	0.97	0.53	32.9	86	2.0	6	7.8			
						W	20—57	淡灰色	轻壤土	块状	5.1	22.5	0.97	0.48	32.9	105	2.0	17	7.2			
						C	57—105	淡灰色	轻壤土	无结构	4.8	22.4	1.00	0.58	22.7	103	5.0	42	8.8			
剖7	铁铝土	红壤	黄红壤	酸性岩黄红壤		A	0—22	浅灰黑色	重壤土	粒状	4.4	62.5	2.35	0.88		235	5.0	102	12.8		E 116°47′20.9″ N 26°10′28.4″	97
						B	22—75	黄红色	重壤土	块状	4.5	20.5	0.54	0.33		107	3.0	12	5.7			
剖8	人为土	水稻土	渗育水稻土	黄泥田	灰黄泥砂田	A	0—14	棕灰色	砂壤土	块状	4.9	19.3	0.75	0.51	12.5	74	15.0	66	4.5		E 116°54′17.7″ N 26°14′25.4″	95
						P	14—18	棕灰色	砂壤土	块状	5.1	13.3	0.47	0.28	12.3	42	6.0	54	1.7			
						C	18—69	黄灰色	重壤土	块状	6.0	17.2	0.19	0.28	24.5	37	1.0	6	7.3			
剖9	人为土	水稻土	渗育水稻土	白土田	白底田	A	0—14	灰黄棕色	中壤土	核状	5.2	32.9	1.65	0.79	10.6	140	5.0	39	10.6		E 116°55′31.5″ N 26°14′51.4″	97
						P	14—19	暗灰色	轻壤土	块状	6.0	27.7	1.28	0.73	10.5	140	3.0	46	9.4			
						W	19—47	淡灰色	轻壤土	弱棱柱状	6.1	17.4	0.92	0.53	10.5	105	2.0	54	6.8			
						E	47—92	灰白色	砂壤土	无结构	5.5	12.3	0.39	0.21	11.6	27	2.0	51	3.7			
剖10	人为土	水稻土	渗育水稻土	白土田	白鳝泥田	A	0—14	褐色	砂壤土	粒状	5.7	21.0	1.54	0.84	>50.0	120	13.0	37	5.6		E 116°56′00.2″ N 26°14′59.0″	97
						P	14—21	白色	砂壤土	块状	5.3	8.8	0.53	0.64	38.3	55	3.0	29	4.1			
						E	21—98	灰黄色	砂壤土	无结构	6.3	2.5	0.12	0.53	>50.0	21	2.0	93	4.2			
						C	98—120	灰灰色	砂土	无结构	6.6	2.1	0.13	0.42	35.6	18	2.0	87	3.7			
剖11	铁铝土	红壤	红壤	酸性岩红壤		A	0—10	浅红色	中壤土	粒状	5.1	21.7	1.12	1.08		120	10.0	267	10.4	酸性岩	E 116°58′00.0″ N 26°10′42.8″	97
						B	10—60	黄红色	重壤土	块状	5.1	6.5	0.32	0.56		108	1.0	177	6.2			
剖12	初育土	紫色土	酸性紫色土	泥质岩酸性紫色土		A	0—30	暗红色	重壤土	粒状	4.6	53.7	2.60	0.88		157	6.0	61	20.9	泥质岩	E 116°53′12.2″ N 26°10′44.6″	97
						B	30—150	紫色	中壤土	块状	4.7	7.1	0.40	0.35		91	5.0	50	16.7			
剖13	人为土	水稻土	渗育水稻土	紫泥田	紫泥砂田	A	0—15	暗红色	重壤土	块状	5.0	21.4	0.90	0.51	26.3	78	5.0	39	12.0	紫色砂页岩风化物	E 116°52′48.8″ N 26°10′30.1″	97
						P	15—19	紫灰色	重壤土	块状	5.5	13.4	0.83	0.28	27.7	86	4.0	49	10.1			
						C	19—96	紫灰色	重壤土	块状	4.8	8.0	0.29	0.38	26.3	19	1.0	30	9.4			
剖14	人为土	水稻土	潜育水稻土	冷烂田	深脚烂泥田	A	0—45	灰灰色	重壤土	无结构	6.5	97.2	3.59	1.07	17.0	235	5.0	93	19.4		E 116°55′50.0″ N 26°10′43.8″	97
						G	45—102	黑色	中壤土	无结构	6.1	89.0	3.48	1.26	17.1	113	1.6	45	11.0			

续表 Continued

剖面号 Soil profile	土纲 Soil order	土类 Soil great group	亚类 Soil subgroup	土属 Soil genus	土种 Soil species	土层码 Layer code	土层厚度 Depth/cm	颜色 Soil color	质地 Soil texture	土壤结构 Soil structure	pH	有机质 OM/(g/kg)	全氮 TN/(g/kg)	全磷 TP/(g/kg)	全钾 TK/(g/kg)	碱解氮 AN/(mg/kg)	有效磷 AP/(mg/kg)	速效钾 AK/(mg/kg)	阳离子交换量CEC/(cmol/kg)	土壤母质 Parent material	剖面点坐标 Profile coordinate	匹配指数 Matching index/%
剖15	人为土	水稻土	潴育水稻土	乌泥田	砂底乌泥田	A	0—15	棕灰色	中壤土	粒状	5.1	39.9	2.15	1.81	36.9	147	40.0	91	10.0			97
						P	15—20	暗棕色	轻壤土	片状	5.3	36.4	1.59	1.48	33.6	166	17.0	63	10.7			
						W₁	20—36	黑棕色	砂壤土	柱状	5.4	14.5	0.65	1.45	39.6	86	12.0	42	3.6			
						W₂	36—54	淡灰黄色	轻壤土	无结构	5.2	11.8	0.22	0.95	>50.0	28	2.0	24	5.7			
						S	54—120	淡黄色	砂壤土	无结构	5.6	2.1	0.11	0.18	>50.0	26	2.0	20	7.0			
剖16	铁铝土	红壤	红土	红泥土		A	0—25	暗红棕色	中壤土	小块状	4.6	22.5	1.12	1.06	21.6	132	5.0	132	9.5		E 116°52′29.6″ N 26°01′31.5″	97
						B	25—34	红棕色	重壤土	块状	4.5	14.4	0.98	1.02	20.5	99	2.0	37	9.8			
						C	34—100	红色	重壤土	块状	4.4	9.4	0.78	0.46	20.0	86	1.0	18	10.4			
剖17	铁铝土	红壤	粗骨性红壤	石灰岩粗骨性红壤		A	0—30	灰红色	中壤土	块状	4.8	12.5	0.58	0.46		149	3.0	60	6.2	石灰岩	E 116°58′11.7″ N 26°01′37.8″	97
剖18	铁铝土	红壤	黄红壤	泥质岩黄红壤		A	0—35	暗红色	中壤土	团块状	4.4	62.8	2.80	1.14		272	3.0	78	14.3	泥质岩	E 116°58′48.4″ N 26°01′10.1″	97
						B	35—160	红色	重壤土	团块状	5.0	13.6	0.43	0.53		32	1.0	72	9.9			
剖19	人为土	水稻土	潴育水稻土	乌泥田	乌泥田	A	0—14	暗灰色	重壤土	粒状	5.9	68.0	4.36	1.83	18.1	243	17.0	87	16.7		E 117°04′03.6″ N 26°18′52.0″	97
						P	14—17	淡灰色	重壤土	块状	6.0	64.4	2.35	2.04	18.8	186	15.0	26	15.7			
						W₁	17—46	黄棕色	重壤土	柱状	6.4	23.8	1.30	0.82	23.8	79	4.0	39	11.8			
						W₂	46—100	灰白色	重壤土	柱状	6.1	17.2	1.34	0.67	23.8	37	5.0	39	4.8			
						C	100—112	灰黄色	中壤土	块状	6.6	10.5	0.39	0.38	36.9	37	5.0	40	7.0			

宁 化 县

主要土类说明

红壤是宁化县主要土壤类型，占本县地域面积的 77%，主要分布于全县各乡镇海拔 750m 以下的山地、丘陵，因地形、地貌、地质、微域小气候、植被的不同及人为活动的影响，本县红壤可分为红壤、黄红壤、暗红壤、水化红壤和粗骨性红壤等亚类。其中，红壤亚类占本土类面积的 70% 以上，土壤脱硅富铝化作用强烈，铁铝相对富集，生物循环旺盛，有机质积累量大，全剖面呈红色，土层大部分在 1m 以上，有的可达 10 多米，层次过渡较明显，质地为轻壤或中壤，呈核状或团块状结构，土壤较疏松，pH 为 4.2—5.5。黄红壤亚类约占本土类面积的 20%，除中沙乡外各乡镇均有分布，其分布于红壤与黄壤之间，是红壤向黄壤过渡的土壤，分布于海拔 600—1000m 的低山或中山的山坡或山脊。

水稻土是宁化县第二大土壤类型，占本县地域面积的 13%。水稻土是在长期人为淹灌、耕作、施肥、轮作等农业措施综合影响下而形成的一种独特的土壤类型，是本县的主要耕作土壤，主要分布在溪河两侧及丘陵盆谷地。由于还原淋溶和氧化淀积等作用，形成了具有灰色化耕作层、紧实的犁底层、明显的渗育层和潜育层等基本发生层次的特有剖面结构。这些层次的发育程度和组合，特别是耕作层性质不同，使各种水稻土具有各自的肥力特性。根据成土过程的不同水型，本县水稻土分为渗育型、潴育型和潜育型等亚类。

紫色土是宁化县第三大土壤类型，占本县地域面积的 8%，主要分布于安远、水茜、安乐、曹坊、中沙、河龙、淮土、济村、泉上等乡镇海拔 650m 以下的低山、丘陵。成土母岩为紫色页岩、紫色粉砂岩等。紫色土是一种非地带性土壤，与红壤呈复区分布，是由中生代紫色母岩发育的一种岩性土，由于岩性松脆、抗蚀力弱、易风化，在亚热带水热条件丰富的情况下，物理风化作用强烈，化学风化微弱，风化物中保留了许多与母岩相同的特性，其成土作用又常为侵蚀作用所打断，阻止或延缓了土壤的正常发育和发展。土壤常处于幼年阶段，土层较薄，厚多在 20—30cm，少数达 1m。层次过渡不明显，质地黏重，呈核状结构，肥力中等。本县紫色土分为酸性紫色土、紫泥土等亚类。

小于本县地域面积 3% 的土壤类型还有黄壤等。

本区域中心区气候特征

本区域中心区气候特征值
Regional climate characteristics in central area of the region

气候带：中亚热带湿润气候 Climate region: Subtropical humid climate	
年平均气温 /℃ Annual average temperature /℃	19.0
年平均最高气温 /℃ Annual average maximum temperature /℃	24.1
年平均最低气温 /℃ Annual average minimum temperature /℃	15.4
年降水量 /mm Annual precipitation /mm	1583
≥10℃的积温 /℃ Daily temperature accumulated in a year（≥10℃）/℃	8894
年日照时数 /h Annual sunshine /h	1664
年平均相对湿度 /% Annual average relative humidity /%	80
干燥度 Dryness	0.71

本区域中心区月平均气温与月平均降水量
Monthly temperature and precipitation in central area of the region

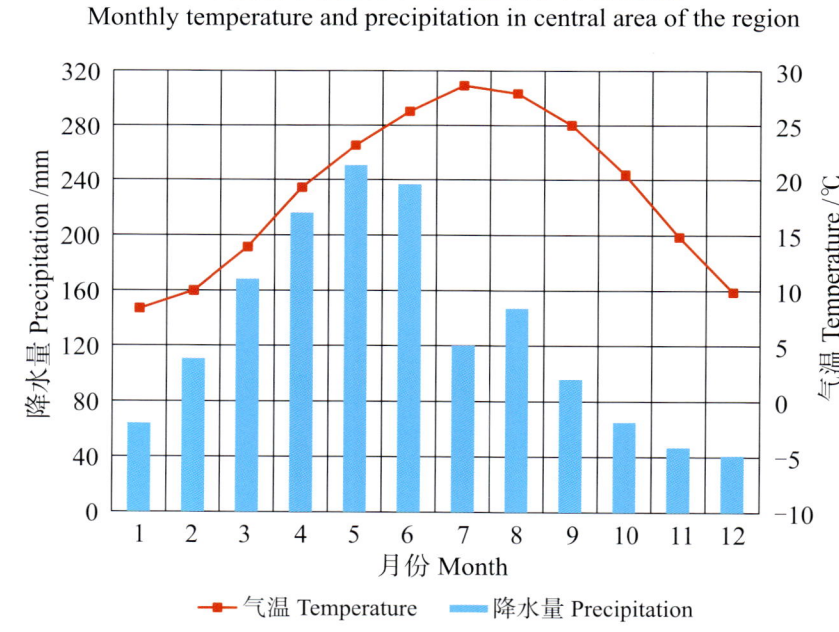

宁化县主要土壤类型与土壤剖面点分布图
1∶290 000

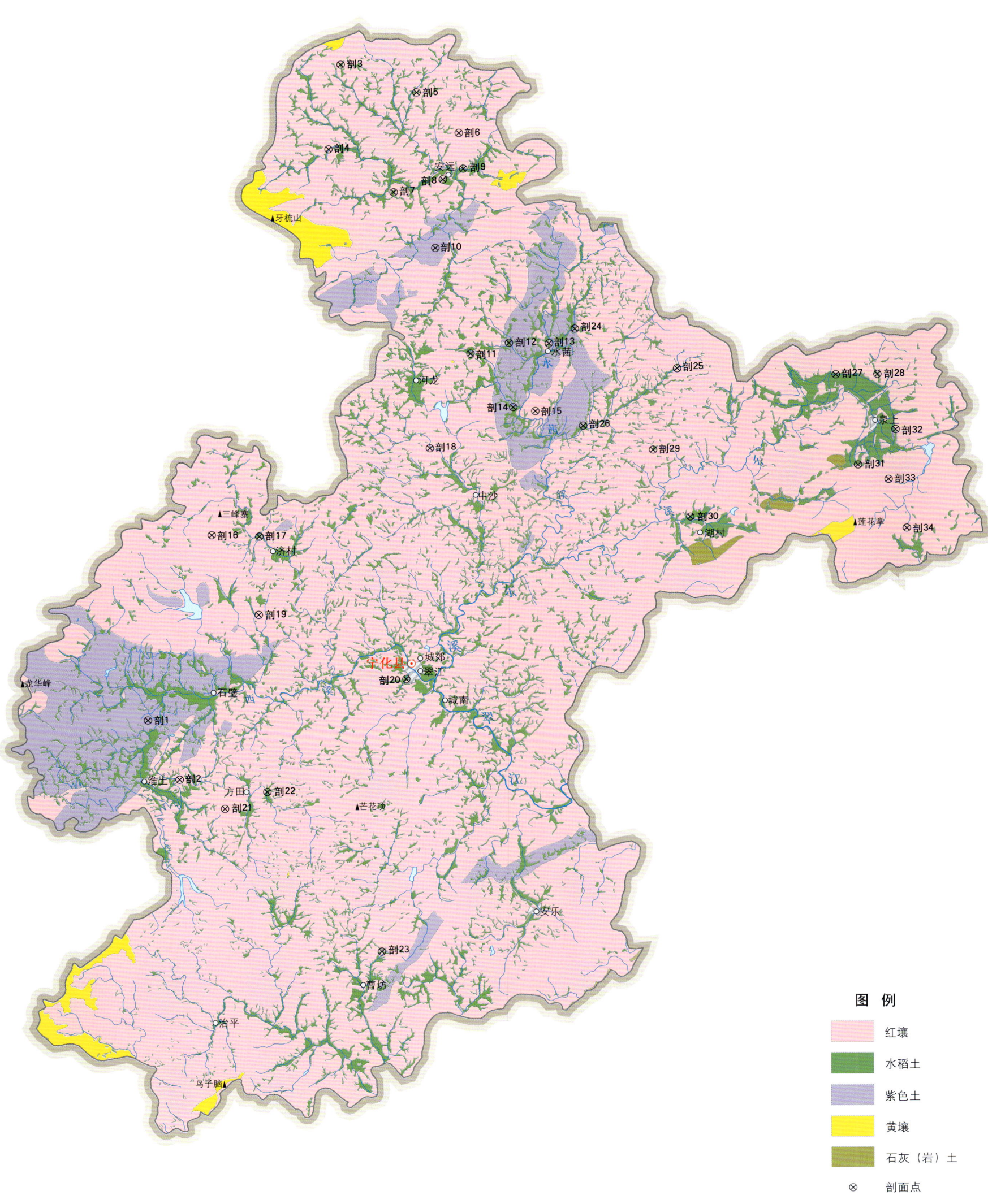

图 例
- 红壤
- 水稻土
- 紫色土
- 黄壤
- 石灰（岩）土
- ⊗ 剖面点

宁化县土壤剖面理化性状表

剖面号 Soil profile	土纲 Soil order	土类 Soil great group	亚类 Soil subgroup	土属 Soil genus	土种 Soil species	土层码 Layer code	土层厚度 Depth/cm	颜色 Soil color	质地 Soil texture	土壤结构 Soil structure	pH	有机质 OM/(g/kg)	全氮 TN/(g/kg)	全磷 TP/(g/kg)	全钾 TK/(g/kg)	碱解氮 AN/(mg/kg)	有效磷 AP/(mg/kg)	速效钾 AK/(mg/kg)	阳离子交换量CEC/(cmol/kg)	土壤母质 Parent material	剖面点坐标 Profile coordinate	匹配指数 Matching index/%
剖1	初育土	紫色土	酸性紫色土	侵蚀紫色土		B	0—15	紫色	轻壤土	核状	5.2	10.6	0.55								E 116° 28′ 13.6″ N 26° 13′ 50.1″	95
						C	15—															
剖2	铁铝土	红壤	黄红壤	侵蚀黄红壤	厚侵蚀强黄红壤	B₁	0—6	褐色	轻蚀土	核状	5.4	3.2	0.24			45	<1.0	30			E 116° 29′ 31.7″ N 26° 11′ 32.9″	95
						B₂	6—55	黄红色	轻蚀土	核状	5.7	2.9	0.25			19	<1.0	12				
						B₃	55—110	黄红色	中壤土	小团块状	4.4					15	<1.0	12				
剖3	人为土	水稻土	渗育水稻土	紫泥田	紫泥田	A	0—13	紫色	轻黏土	粒状	4.5	26.4	1.63	0.56	28.3	240	4.0	51	7.5	坡积物、残积物和洪积物	E 116° 36′ 03.3″ N 26° 38′ 47.7″	97
						P	13—21	紫褐色	黏土	块状	5.6	21.5	1.61	0.49	30.6	124	2.0	46	7.3			
						C	21—100	紫色	黏土	块状	5.3	6.1	0.86	0.28	29.6	52	1.0	31	5.1			
剖4	铁铝土	红壤	黄红壤	酸性岩黄红壤	厚酸性岩黄红壤	A₁	0—5	黑色	轻壤土	核状	5.3	63.3	2.23			114	<1.0	70		花岗岩	E 116° 35′ 33.8″ N 26° 35′ 35.6″	95
						A₃	5—18	茶褐色	轻壤土	小团块状	5.3	32.2	1.34			74	<1.0	<5				
						B₁	18—48	黄棕色	轻壤土	小团块状	5.9	12.2	0.64			39	<1.0	17				
						B₂	48—120	红黄色	轻壤土	小团块状	5.6	7.4	0.67			29	<1.0	<5				
						B₃	120—150	浅黄色	轻壤土	核状	5.2	4.4	0.35					13				
剖5	人为土	水稻土	潜育水稻土	冷烂田	锈水田	A	0—19	棕灰色	中壤土		5.0	39.0	2.44	1.53	43.1	210	25.0	47	8.9	坡积物	E 116° 39′ 10.0″ N 26° 37′ 44.8″	97
						P	19—25	暗灰色	中壤土	块状	4.1	28.8	1.64	1.33	46.6	199	6.0	40	7.7			
						G	25—70	青灰色	中壤土		5.0	10.6	0.81	1.35	44.7	92	13.0	50	6.0			
剖6	铁铝土	红壤		酸性岩红壤	厚酸性岩红壤	A₁	0—13	浅黑色	轻壤土	大核状	4.0	55.0	9.90			111	3.0	81		中粗粒黑云母岩、花岗岩	E 116° 40′ 53.8″ N 26° 36′ 13.3″	95
						B₁	13—36	棕褐色	轻壤土	核状	4.0	30.0	1.75			90	3.0	38				
						B₂	36—43	黄褐色	轻壤土	柱状	4.1	21.3	1.12			54	2.0	62				
						B₃	43—82	棕红色	轻壤土	柱状	4.0	14.0	1.16			42	2.0	16				
							82—114	红色	轻壤土	柱状	4.3	7.0	0.71			67	<1.0	7				
剖7	人为土	水稻土	潜育水稻土	冷烂田	冷水田	A	0—14	淡棕色	重壤土	粒状	4.8	30.1	1.44	0.80	36.2	186	<1.0	44	7.3	坡积物	E 116° 38′ 13.9″ N 26° 33′ 58.0″	97
						P	14—18	暗灰色	重壤土		5.0	28.0	0.53	0.78	37.5	121	<1.0	70	6.4			
						G	18—80	青灰色	中壤土	粒状	5.1	28.0	1.59	0.73	36.2	101	<1.0	27	6.4			
剖8	人为土	水稻土	潜育水稻土	乌泥田	砂底乌泥田	A	0—17	暗灰色	轻壤土	粒状	5.1	22.3	1.29	0.35	47.5	87	13.0	23	4.8	冲积、坡积物	E 116° 40′ 14.9″ N 26° 34′ 27.5″	95
						P	17—22	暗灰色	轻壤土	块状	5.1	15.8	1.01	0.21	47.4	78	3.0	29	4.7			
						W₁	22—38	淡灰色	中壤土	块状	5.5	6.2	0.67	0.78	47.4	53	1.0	33	4.6			
						W₂	38—62	棕黄色	中壤土	核状	5.9	6.6	0.71	0.24	>50.0	37	<1.0	29	5.2			
						S	62—100	灰白色	轻壤土	核状	6.2	5.9	0.51	<0.10	>50.0	32	<1.0	39	5.0			
剖9	人为土	水稻土	潜育水稻土	石灰泥结田	石灰板结田	A	0—13	暗棕色	中壤土	粒状	6.7	33.7	2.12	1.12	8.8	142	19.0	33	12.9	坡积物或洪积物	E 116° 41′ 04.4″ N 26° 34′ 52.4″	97
						P	13—20	棕灰色	重壤土	块状	7.8	13.1	0.97	0.49	8.8	58	14.0	33	10.2			
						W	20—52	淡黄棕色	重壤土	小块状	7.6	11.3	0.93	0.19	12.5	47	<1.0	23	7.4			
						C	52—101	淡棕黄色	中壤土	小块状	7.4	15.0	1.08	0.13	16.3	57	<1.0	26	6.3			
剖10	初育土	紫色土	酸性紫色土	泥质岩酸性紫色土		A	0—7	灰黑色	轻壤土	核状	4.4	32.5	0.94			109	3.0	61		紫色砂岩	E 116° 39′ 56.5″ N 26° 31′ 50.7″	75
						A₃	7—22	褐色	中壤土	核状	4.8	10.5	0.53			37	<1.0	40				
						B₁	22—41	紫色	中壤土	小块状	5.0	9.2	0.62			39	1.0	20				
						B₃	41—	暗紫色	中壤土	小块状	5.1	6.7	0.31			34	<1.0	20				
剖11	人为土	水稻土	潜育水稻土	灰泥田	灰泥田	A	0—14	暗黑色	中壤土	粒状	4.3	35.2	2.21	1.76	26.3	172	21.0	56	9.4		E 116° 41′ 22.8″ N 26° 27′ 49.0″	95
						P	14—20	暗黄色	中壤土	块状	4.5	21.8	1.25	2.63	23.9	113	6.0	50	7.3			
						W	20—73	淡灰色	中壤土	块状	5.3	8.1	0.53	0.62	22.5	65	<1.0	24	6.9			
						C	73—110	淡灰黄色	黏土	块状	5.8	4.2	0.59	0.31	16.3	36	<1.0	92	6.9			

续表 Continued

剖面号 Soil profile	土纲 Soil order	土类 Soil great group	亚类 Soil subgroup	土属 Soil genus	土种 Soil species	土层码 Layer code	土层厚度 Depth/cm	颜色 Soil color	质地 Soil texture	土壤结构 Soil structure	pH	有机质 OM/(g/kg)	全氮 TN/(g/kg)	全磷 TP/(g/kg)	全钾 TK/(g/kg)	碱解氮 AN/(mg/kg)	有效磷 AP/(mg/kg)	速效钾 AK/(mg/kg)	阳离子交换量CEC/(cmol/kg)	土壤母质 Parent material	剖面点坐标 Profile coordinate	匹配指数 Matching index/%
剖12	人为土	水稻土	渗育水稻土	紫泥田	乌紫紫泥田	A	0—16	灰紫色	黏土	粒状	4.7	21.5	1.42	0.83	23.8	131	7.0	37	8.4	坡积物、残积物和洪积物	E 116° 42' 57.4" N 26° 28' 13.8"	97
						P	16—25	紫色	重壤土	块状	4.6	18.8	1.28	0.78	26.3	108	6.0	43	7.1			
						W₁	25—34	紫色	重壤土	柱状	5.6	7.0	0.64	0.83	25.0	62	2.0	25	7.6			
						W₂	34—81	紫棕色	重壤土	柱状	5.5	6.6	0.87	0.75	23.8	52	1.0	37	9.2			
						C	81—102	紫灰色	黏土		5.0	7.3	0.64	0.43	23.8	54	<1.0	63	8.2			
剖13	人为土	水稻土	潴育水稻土	潮砂田	灰砂田	A	0—15	暗灰色	中壤土		5.1	27.3	1.53	0.78	23.8	102	23.0	85	7.0	河流冲积物	E 116° 44' 35.4" N 26° 28' 07.2"	95
						P	15—26	灰色	中壤土	块状	5.3	15.9	1.24	0.34	25.0	74	4.0	59	6.3			
						W₁	26—41	棕灰色	中壤土	柱状	5.8	5.0	0.56	0.39	26.6	40	2.5	33	5.7			
						W₂	41—58	黄灰色	中壤土	柱状	6.1	4.7	0.38	0.32	37.5	28	<1.0	33	5.0			
						C	58—101	灰黄色	轻壤土		6.3	3.8	0.45	0.32	40.3	32	<1.0	49	4.3			
剖14	人为土	水稻土	潴育水稻土	潮砂田	灰砂田	A	0—16	灰色	中壤土	粒状	5.0	21.0	1.17	0.85	45.9	92	9.0	90	6.6	河流冲积物	E 116° 43' 07.6" N 26° 25' 47.9"	95
						P	16—24	暗灰色	中壤土	块状	5.1	16.2	1.16	1.02	48.8	86	6.0	57	6.3			
						W	24—74	棕灰色	中壤土	柱状	5.7	6.6	0.56	1.13	48.8	46	1.0	58	7.6			
						C	74—98	灰黄色	中壤土	块状	6.1	5.6	0.57	0.85	48.1	35	<1.0	44	7.6			
剖15	铁铝土	红壤	黄红壤	砂质岩黄红壤		A₁	2—4	黑褐色	轻壤土	粒状	4.9	40.6	2.24			169	3.0	155		砂质岩	E 116° 44' 02.1" N 26° 25' 39.3"	97
						A₃	4—6	灰褐色	轻壤土	粒状	5.1	49.2	1.64			130	<1.0	103				
						B₁	6—22	紫红色	中壤土	粒状	5.4	22.8	0.83			92	10.0	81				
						B₂	22—150	紫红色	中壤土	粒状	5.6	23.9	0.64			68	2.0	85				
剖16	铁铝土	红壤		砂质岩红壤		B₁	0—14	浅红色	轻壤土	核状	5.2	44.7	1.57			161	<1.0	100		侵蚀岩	E 116° 30' 49.5" N 26° 20' 52.9"	95
						B₁	14—31	红黄色	轻壤土	团块状	5.4	17.9	0.62			69	<1.0	38				
						B₂	31—54	黄灰色	中壤土	团块状	5.5	11.9	0.54			49	<1.0	38				
剖17	人为土	水稻土	潴育水稻土	乌黄泥田		P	15—21				5.3										E 116° 32' 45.8" N 26° 20' 50.1"	95
						W	21—62				5.2											
						C	62—100				5.8											
剖18	铁铝土	红壤	粗骨性红壤	酸性岩粗骨性红壤	薄酸性岩粗骨性红壤	A	0—4	灰褐色	轻壤土	核状	4.9	43.8	2.67	0.32	36.3	115	4.0	115	1.5	花岗岩	E 116° 39' 44.0" N 26° 24' 13.7"	93
						B₁	4—20	棕褐色	轻壤土	核状	5.3	22.5	0.89	0.29	31.1	105	<1.0	62	1.8			
						B₂	20—45	红红色	中壤土	小团块状	5.5	9.4	0.65	9.20	29.0	40	2.0	77	1.5			
						C	45—												1.6			
剖19	铁铝土	红壤	粗骨性红壤	砂质岩粗骨性红壤	薄砂质岩粗骨性红壤	A	0—17	浅红色	轻壤土	粒状	5.1	9.7	1.84		39.7	125	<1.0	212		沉积岩残积物	E 116° 32' 44.7" N 26° 17' 52.5"	93
						B	17—49	红红色	轻壤土	核状	5.2	9.0	1.75			70	<1.0	9				
						C	49—															
剖20	人为土	水稻土	潴育水稻土	灰泥田	青底灰泥田	A	0—14	棕灰色	重壤土	块状	4.2	34.5	1.84	0.32	36.3	168	1.0	76			E 116° 38' 46.0" N 26° 15' 26.2"	95
						P	14—21	暗灰色	重壤土	块状	4.2	36.2	1.75	0.29	31.1	174	1.0	35				
						W	21—62	青灰色	重壤土	柱状	4.3	38.9	1.71	9.20	29.0	126	<1.0	38				
						G	62—90	青色	重壤土		3.9	30.2	1.10	0.12	39.7	97	11.0	44				
剖21	铁铝土	红壤	暗红壤	酸性岩岩红壤	厚酸性岩暗红壤	A₁	0—10	黑色	轻壤土	核状	4.9	32.5	0.92			92	1.0	85		酸性岩	E 116° 31' 22.3" N 26° 10' 27.3"	95
						A₃	10—21	栗红色	轻壤土	小团块状	5.1	18.2	0.56			64	<1.0	40				
						B₁	21—42	暗红色	轻壤土	小团块状	5.3	11.3	0.35			28	<1.0	35				
						B₂	42—47	红色	中壤土	团块状	5.4	4.7	0.17			28	<1.0	40				
						B₃	47—130	红色	中壤土	团块状	5.1	3.5	0.13			22	<1.0	42				
剖22	人为土	水稻土	潴育水稻土	灰泥田	砂底灰泥田	A	0—14	暗灰色	轻壤土	粒状	5.0	48.5	2.65	1.20	36.3	235	14.0	108	13.4	酸性岩	E 116° 33' 05.7" N 26° 11' 05.7"	95
						P	14—21	暗灰色	重黏土	块状	5.0	48.5	2.39	1.19	41.9	188	6.0	37	10.3			
						W	21—36	灰色	中黏土	柱状	5.2	24.6	1.17	0.29	46.9	92	1.0	36	5.8			
						S	36—98	淡灰色	轻壤土	松散状	5.3	3.7	0.30	0.35	>50.0	27	3.0	77	2.7			

续表 Continued

剖面号 Soil profile	土纲 Soil order	亚类 Soil subgroup	土属 Soil genus	土种 Soil species	土层码 Layer code	土层厚度 Depth/cm	颜色 Soil color	质地 Soil texture	土壤结构 Soil structure	pH	有机质 OM/(g/kg)	全氮 TN/(g/kg)	全磷 TP/(g/kg)	全钾 TK/(g/kg)	碱解氮 AN/(mg/kg)	有效磷 AP/(mg/kg)	速效钾 AK/(mg/kg)	阳离子交换量CEC/(cmol/kg)	土壤母质 Parent material	剖面点坐标 Profile coordinate	匹配指数 Matching index/%
剖23	人为土	潴育水稻土	乌泥田	黄底乌泥田	A	0—16	暗灰色	中壤土	粒状	5.1	44.2	1.82	2.07	18.1	176	45.0	98	8.0	冲积物、坡积物	E 116°37′45.3″ N 26°05′03.7″	95
					P	16—22	暗灰色	中壤土	块状	5.2	32.5	2.08	2.22	20.0	158	25.0	51	7.6			
					W_1	22—32	灰色	中壤土	块状	5.4	15.0	0.79	2.41	18.8	96	2.0	93	6.9			
					W_2	32—82	棕灰色	中壤土	柱状	5.5	10.2	1.34	1.44	18.1	73	4.0	25	6.8			
					C	82—107	黄色	重壤土	块状	5.5	5.8	0.59	1.81	16.9	42	15.0	50	7.3			
剖24	铁铝土	红土	红泥土	红泥土	A	0—20				5.0									红壤坡积物	E 116°45′38.8″ N 26°28′46.7″	97
					B	20—30				5.0											
					C	30—90				5.4											
剖25	人为土	渗育水稻土	黄泥田	浅灰黄泥田	A	0—16	淡灰色	砂壤土	粒状	4.9	8.5	0.71	0.30	9.5	79	2.0	42	2.5	冲积物	E 116°49′49.8″ N 26°27′17.3″	95
					C	16—82	暗灰色	砂壤土	粒状	4.6	4.7	0.53	0.30	10.6	52	3.0	60	2.0			
剖26	人为土	渗育水稻土	紫泥田	紫砂田	A	0—16	紫灰色	轻壤土	粒状	5.0	17.4	0.67	0.20	23.8	83	5.0	85	5.2	坡积物、残积物和洪积物	E 116°45′59.5″ N 26°25′05.8″	97
					P	16—21	紫色	轻壤土	块状	4.9	8.8	0.58	0.14	22.8	43	4.0	39	3.4			
					C	21—107	紫色	中壤土	块状	5.8	3.6	0.47	0.13	26.6	27	<1.0	68	3.8			
剖27	人为土	渗育水稻土	黄泥田	黄泥田	A	0—13	淡灰黄色	中壤土	粒状	4.8	27.2	1.30	0.92	26.3	56	<1.0	128	8.1		E 116°56′18.3″ N 26°27′03.4″	97
					P	13—20	灰黄色	中壤土	块状	4.9	17.2	0.90	0.77	25.0	85	<1.0	114	6.6			
					C	20—96	黄色	中壤土	块状	5.1	7.0	0.56	1.21	33.6	64	<1.0	89	7.4			
剖28	人为土	潜育水稻土	冷烂田	浅脚烂泥田	A	0—15	青灰色	重壤土	粒状	4.4	39.5	1.85	0.30	25.0	157	<1.0	48	8.4	坡积物或洪积物	E 116°58′00.1″ N 26°27′04.3″	97
					G	15—90	青灰色	重壤土		4.2	40.6	1.73	0.25	25.0	155	<1.0	41	7.4			
剖29	人为土	渗育水稻土	黄泥田	黄泥砂田	A	0—13	暗黄色	中壤土	粒状	4.7	22.9	1.17	0.35	40.3	107	<1.0	44	4.5		E 116°48′50.5″ N 26°24′11.4″	97
					C	13—50	淡灰黄色	中壤土	粒状	4.9	12.6	0.69	0.28	38.9	70	<1.0	59	3.7			
剖30	人为土	渗育水稻土	黄泥田	黄泥骨	A	0—9	灰色	重壤土	块状	5.0	26.0	1.38	1.11	48.1	163	2.0	150	5.9		E 116°50′21.4″ N 26°21′37.7″	97
					P	9—16	灰灰色	重壤土	块状	5.0	23.2	1.21	0.30	45.9	110	<1.0	77	5.4			
					C	16—54	灰色	重壤土	块状	5.6	10.4	0.72	0.27	47.8	68	<1.0	52	4.4			
剖31	铁铝土	红壤	砂质岩红壤		A	0—19	红褐色	轻壤土	小团块状	5.2	23.7	0.88			87	11.0	35		石灰岩	E 116°57′12.7″ N 26°23′36.8″	95
					B_1	19—46	红色	中壤土	团块状	5.4	4.7	0.48			53	<1.0	10				
					B_2	46—128	红色	重壤土	团块状	5.5	3.8	0.63			30	<1.0	10				
					B_3	128—135	红色	重壤土	团块状	5.8	1.6	0.31			18	<1.0	10				
剖32	铁铝土	红土	红泥土	红泥土	A	0—20	红棕色	黏土	粒状	4.6	17.7	0.87	0.65	12.5	67	<1.0	29		红壤坡积物	E 116°58′44.9″ N 26°24′58.6″	97
					B	20—30	暗红棕色	重壤土	块状	4.5	11.3	1.33	0.60	8.4	95	<1.0	26				
					C	30—100	淡棕红色	重壤土	块状	4.8	11.0	0.63	0.62	12.8	53	<1.0	15				
剖33	铁铝土	黄红壤	泥质岩黄红壤		A_1	4—26	黑色	轻壤土	核状	5.4	50.9	2.95			228	10.0	379			E 116°58′27.6″ N 26°23′04.2″	97
					A_3	26—34	浅灰色	中壤土	核状	4.3	15.8	1.17			108	<1.0	229				
					B_1	34—50	灰黄色	中壤土	小块状	5.0	13.7	0.81			65		266				
					B_2	50—100	黄红色	重壤土	小块状	4.9	7.9	0.59			39		265				
					B_3	100—120	黄红色	中壤土	小块状	5.1	8.1	0.57			37		297				
剖34	铁铝土	粗骨性红壤	泥质岩粗骨性红壤		A	0—10	棕色	中壤土	块状	4.8	61.1	2.92			189	<1.0	100		泥质岩	E 116°59′11.7″ N 26°21′12.3″	93
					B	10—45	褐色	中壤土	块状	5.2	20.6	1.67			79	<1.0	20				

大 田 县

主要土类说明

红壤是大田县主要土壤类型，占本县地域面积的 72%，主要分布于海拔 220—900m（个别地带海拔 1050m）的丘陵山地，全县各乡镇均有分布，尤以广平、奇韬、文江、梅山、均溪、石牌、湖美、太华等乡镇分布面积较大。土壤呈红色或浅红色，剖面具有 A–B–C 或 A–C 构型，土层厚度在 1.5m 以上，最厚可达 10m。根据成土条件、母质类型、肥力特性和利用特点，本县红壤分为黄红壤、红壤、暗红壤、红土、粗骨性红壤和水化红壤等亚类。其中，黄红壤亚类面积最大，分布于本县海拔 630—900m 的低山、中山。黄红壤是红壤向黄壤过渡的土壤类型，由于其分布地区地势较高，日照短，气温低，相对湿度大，植被覆盖好，水湿条件优越，使土壤铁氧化物长期处于水化状态，土体中硅的含量较高，全剖面呈黄红色、红黄色，质地较黏重，土壤水湿条件好，肥力较高，适宜种植杉木和珍贵阔叶林树种。

黄壤是大田县第二大土壤类型，占本县地域面积的 15%，主要分布于建设、梅山、太华、桃源、武陵、屏山、谢祥、吴山、湖美、前坪、均溪、石牌等乡镇海拔 900m 以上的中山区。成土母岩主要有白云母花岗岩、黑云母花岗岩、花岗斑岩、浅灰色变粒岩、砂质泥岩、钙质泥岩、钙质粉砂岩、凝灰岩、粉砂岩、石英砾岩、石英砂岩、变质砂岩、砂岩和砂砾岩等。分布区植被茂密，云雾大，湿度大，日照短，气温较低，土壤脱硅富铝化作用弱，有利于黄化作用而形成黄色土层，土色呈蜡黄色、金黄色，腐殖质积累较多，土壤有机质和氮、磷、钾养分含量高，水肥条件好。根据母质类型差异，本县黄壤分为黄壤和粗骨性黄壤两个亚类。

水稻土是大田县第三大土壤类型，占本县地域面积的 13%。水稻土是本县的主要耕作土壤，主要分布于山垄谷地、河流两岸及丘陵坡地。由于长期受到淹水灌溉、滞水耕作、施肥等影响，土壤长期处于氧化还原交替作用状态，土壤进行着盐基淋失与复盐基、黏粒的淋失与累积作用，形成了耕作层、犁底层、渗育层等基本发生层次，由于地下水的影响，干湿交替形成了斑淀层、漂洗层和潜育层等诊断层次。根据不同的地形部位、成土母质、土壤熟化度和水型，本县水稻土分为渗育型、潴育型、潜育型等亚类。

小于本县地域面积 3% 的土壤类型还有潮土等。

本区域中心区气候特征

本区域中心区气候特征值
Regional climate characteristics in central area of the region

气候带：中亚热带湿润气候 Climate region: Subtropical humid climate	
年平均气温 /℃ Annual average temperature /℃	19.8
年平均最高气温 /℃ Annual average maximum temperature /℃	25.0
年平均最低气温 /℃ Annual average minimum temperature /℃	16.3
年降水量 /mm Annual precipitation /mm	1499
≥ 10℃的积温 /℃ Daily temperature accumulated in a year（≥ 10℃）/℃	7206
年日照时数 /h Annual sunshine /h	1682
年平均相对湿度 /% Annual average relative humidity /%	79
干燥度 Dryness	0.78

本区域中心区月平均气温与月平均降水量
Monthly temperature and precipitation in central area of the region

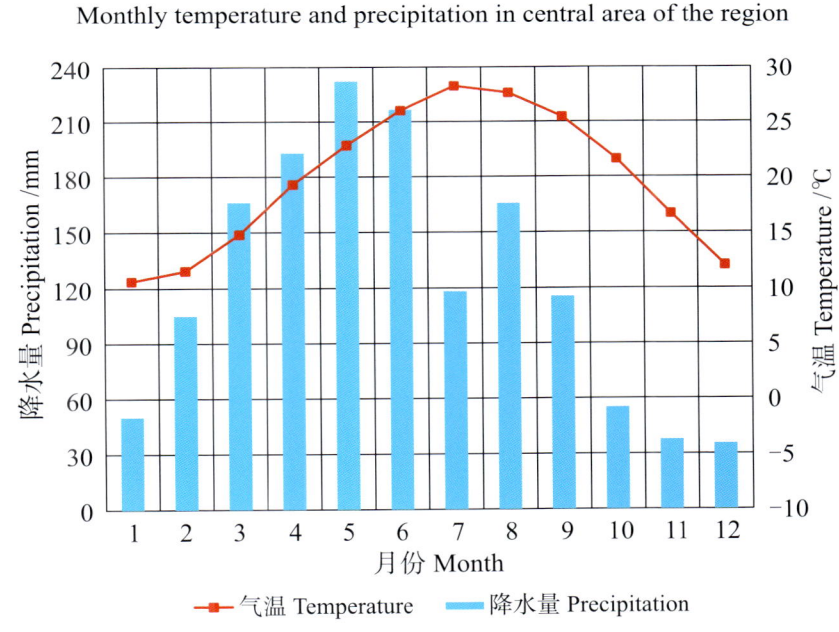

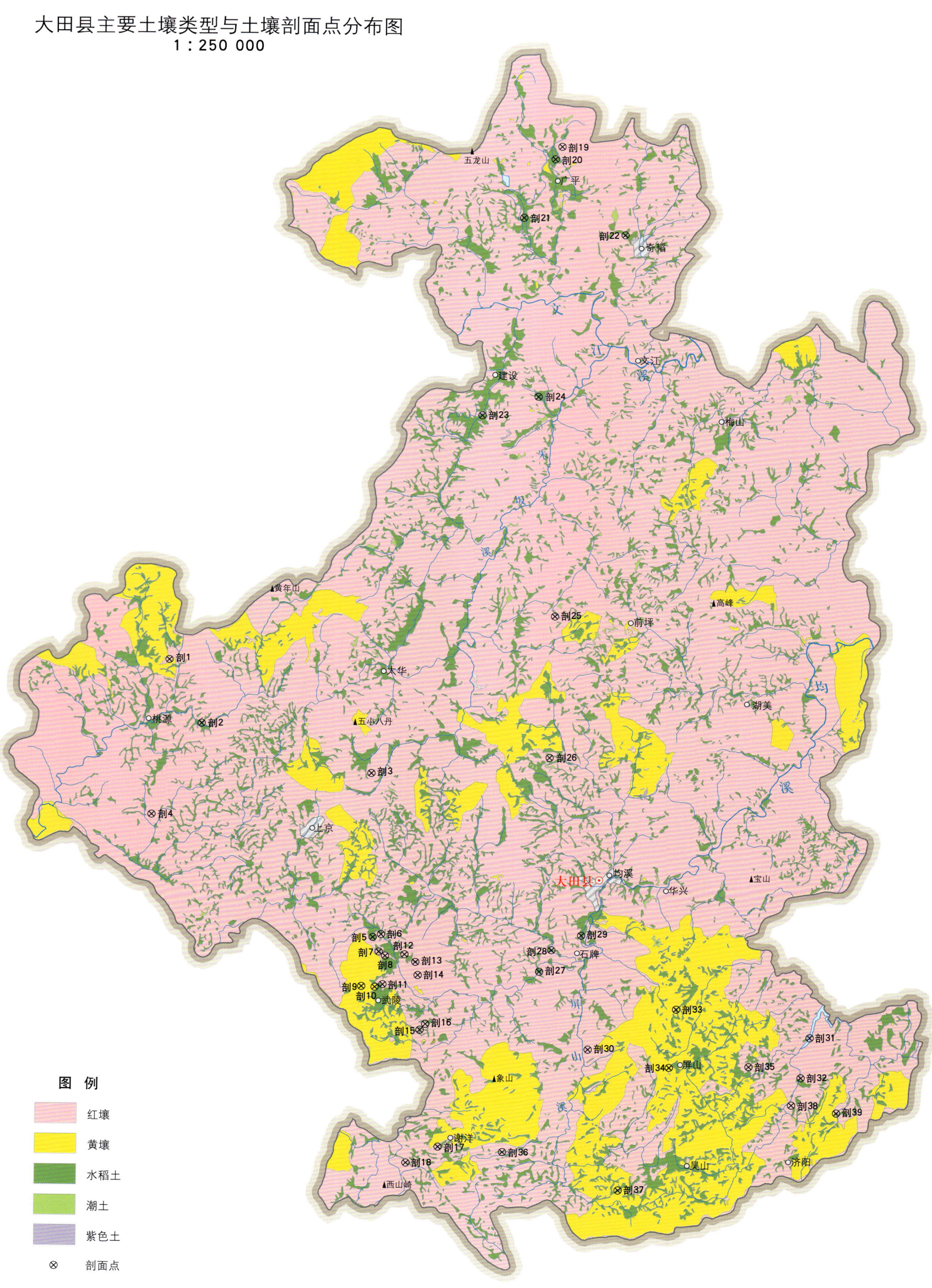

大田县土壤剖面理化性状表

剖面号 Soil profile	土纲 Soil order	土类 Soil great group	亚类 Soil subgroup	土属 Soil genus	土种 Soil species	土层码 Layer code	土层厚度 Depth/cm	颜色 Soil color	质地 Soil texture	土壤结构 Soil structure	pH	有机质 OM/(g/kg)	全氮 TN/(g/kg)	全磷 TP/(g/kg)	全钾 TK/(g/kg)	碱解氮 AN/(mg/kg)	有效磷 AP/(mg/kg)	速效钾 AK/(mg/kg)	阳离子交换量CEC/(cmol/kg)	土壤母质 Parent material	剖面点坐标 Profile coordinate	匹配指数 Matching index/%
剖1	铁铝土	红壤	红土	红泥土	灰红泥土	A	0—24	淡灰色	轻黏土	粒状	4.1	34.0	1.96	0.65	6.3		2.0	14	13.1		E 117°35′13.5″ N 25°49′16.5″	100
						B	24—63	淡灰色	轻黏土	块状	4.8	15.2	0.86	0.59	5.1		2.0	<5	7.5			
						C	63—100	暗黄橙色	重黏土	块状	4.6	9.2	0.70	0.56	4.3		2.0	10	7.5	砂质粉砂岩		
剖2	人为土	水稻土	潜育水稻土	冷烂田	浅脚烂泥田	A	0—17	浅灰色	轻黏土		5.5	31.3	1.55	0.88	12.0		4.0	40	5.8		E 117°36′23.5″ N 25°47′06.9″	95
						G	17—100	青灰色	中壤土		6.2	36.8	1.68	1.03	12.0		7.0	32	8.2			
剖3	铁铝土	红壤	黄红壤	砂质岩黄红壤		A_1	2.5—8	暗棕色	轻壤土	粒状	4.3	69.2	2.61			230	3.0	90			E 117°42′30.0″ N 25°45′26.9″	99
						B_1	8—19	黄棕色	中壤土	核状	4.8	33.4	1.56			165	1.0	50				
						B_2	19—70	淡红黄色	中黏土	核状	5.2	8.8	0.81			57	<1.0	33				
						B_3	70—85	淡红黄色	中黏土	核状	4.9	19.8	0.82			105	1.0	22				
剖4	铁铝土	红壤	粗骨性红壤	酸性粗骨性红壤		A	0—22	暗棕色	轻壤土	粒状	4.5	45.1	1.74			179	2.0	111		流纹岩	E 117°34′36.2″ N 25°44′03.0″	93
						C	22—56	淡棕色	中壤土	粒状	4.8	21.6	0.97			103	1.0	65				
剖5	人为土	水稻土	潴育水稻土	灰泥田	灰泥田	A	0—16	暗棕色	中壤土	块状	4.7	25.6	1.50	0.59	18.1		2.0	46	8.3	冲积物或坡积物	E 117°42′34.1″ N 25°39′54.0″	97
						P	16—27	棕色	中壤土	块状	5.8	15.4	0.74	0.38	18.1		2.0	19	8.6			
						W	27—63	棕红色	轻黏土	柱状	4.6	30.9	1.31	0.36	16.9		1.0	14	8.0			
						C	63—100	暗棕色	中壤土	块状	4.0	41.2	1.29	0.33	16.9		1.0	26	8.0			
剖6	人为土	水稻土	潜育水稻土	冷烂田	锈水田	A	0—12		中壤土		5.1	20.1	1.00	0.62	34.0		1.0	43	10.5		E 117°42′52.4″ N 25°39′59.6″	75
						P	12—19		中壤土	块状	5.0	20.1	1.01	0.63	21.0		1.0	32	8.5			
						G	19—100		中黏土	块状	5.2	18.6	0.81	0.53	24.0		1.0	22	8.0			
剖7	人为土	水稻土	渗育水稻土	黄泥田	黄泥田	A	0—12	灰黄色	中壤土	块状	4.5	17.0	0.91	0.52	10.0		4.0	14	5.4	红壤、黄红壤和黄壤再积物	E 117°42′47.4″ N 25°39′24.1″	97
						P	12—23	灰黄色	轻黏土	块状	5.3	12.6	0.69	0.44	10.0		2.0	9	4.7			
						C	23—100		中壤土	块状	5.6	9.8	0.48	0.44			2.0	26	5.6			
剖8	铁铝土	红壤	暗红壤	石灰岩暗红壤		A_1	2—15	暗黄棕色	轻壤土	粒状	4.4	113.7	2.59			284	1.5	57		石灰岩	E 117°43′01.1″ N 25°39′15.8″	75
						A_3	15—27	暗黄棕色	中壤土	粒状	4.9	31.3	0.77			83	1.0	22	8.5			
						B_1	27—65	黄棕色	重壤土	粒状	5.3	17.1	0.48			220	1.0	<5	8.0			
						B_3	65—150	黄红色	重壤土	粒状	5.4	4.1	0.16			27	1.0	12	5.4			
剖9	铁铝土	红壤	黄壤	砂质岩黄壤	黄底黄泥田	A_1	0.4—10	暗棕色	中壤土	粒状	4.2	83.1	2.18			471	1.2	97	14.1	凝灰岩残积物	E 117°42′10.6″ N 25°38′14.8″	97
						A_3	10—28	暗棕色	中壤土	块状	4.7	60.5	1.49			162	1.3	20	11.5			
						B_1	28—45	棕色	重壤土	块状	4.8	12.4	0.69			59	1.2	16	9.4			
						B_2	45—100	淡红黄色	重黏土	柱状	5.2	3.3	0.26			30	1.4	<5	9.0			
剖10	铁铝土	黄壤	黄壤	黄泥土	黄泥土	A	0—24	灰黄色	重壤土	粒状	4.5	20.9	1.01				3.6	77	10.9	黄壤再积物	E 117°42′39.3″ N 25°38′13.3″	97
						B	24—32	黄色	轻黏土	块状	5.0	5.6	0.32				2.1	15	8.1			
						C	32—100	黄色	重黏土	块状	4.7	5.9	0.42				2.8	<5	7.6			
剖11	人为土	水稻土	潴育水稻土	乌泥田	黄底乌泥田	A	0—16	暗黄色	轻黏土	粒状	5.1	32.5	1.75	1.16	12.0		3.0	47	11.5		E 117°42′48.6″ N 25°38′15.9″	97
						P	16—26	棕色	中壤土	块状	6.7	31.0	1.63	0.67	12.5		2.0	22	9.4			
						W_1	26—48	淡黄色	轻黏土	块状	4.4	5.1	0.34	0.31	12.0		1.0	14	9.0			
						W_2	48—80	淡红黄色	轻黏土	棱柱状	6.4	6.6	0.62	0.28	2.5		1.0	22	5.5			
						C	80—100	棕灰色	轻黏土	柱状	5.5	6.3	0.49	0.27	17.5		2.0	18	12.5			
剖12	铁铝土	红壤	红土	红泥砂土	红泥砂土	A	0—24	红黄色	重黏土	粒状	5.0	14.0	0.56				3.0	33			E 117°43′43.3″ N 25°39′18.7″	75
						B	24—68	黄红色	中壤土	块状	5.1	10.1	0.54				3.0	29	12.7			
						C	68—100	黄红色	重黏土	块状	5.3	3.6	0.25				3.0	28	11.9			

续表 Continued

剖面号 Soil profile	土纲 Soil order	土类 Soil great group	亚类 Soil subgroup	土属 Soil genus	土种 Soil species	土层码 Layer code	土层厚度 Depth/cm	颜色 Soil color	质地 Soil texture	土壤结构 Soil structure	pH	有机质 OM/(g/kg)	全氮 TN/(g/kg)	全磷 TP/(g/kg)	全钾 TK/(g/kg)	碱解氮 AN/(mg/kg)	有效磷 AP/(mg/kg)	速效钾 AK/(mg/kg)	阳离子交换量CEC/(cmol/kg)	土壤母质 Parent material	剖面点坐标 Profile coordinate	匹配指数 Matching index/%
剖13	人为土	水稻土	潴育水稻土	灰泥田	黄底灰泥田	A	0—17	棕灰色	重壤土	块状	5.3	42.6	2.07	0.51	11.0		3.0	14	9.3	冲积物或坡积物	E 117°44′06.6″ N 25°39′03.4″	97
						P	17—33	淡灰色	重壤土	块状	5.3	27.4	1.39	0.48	11.0		2.0	6	8.5			
						W	33—50	灰黄色	重壤土	柱状	4.9	7.2	0.39	0.51	10.0		2.0	<5	6.2			
						C	50—100	浅黄色	轻黏土	块状	6.8	3.0	0.27	1.97	11.0		4.0	9	7.2			
剖14	铁铝土	红壤		泥质岩红壤		A_1	2—15	暗棕色	轻壤土	粒状	4.9	20.4	0.96			103	1.0	61		粉砂岩	E 117°44′11.7″ N 25°38′37.0″	97
						B_1	15—30	棕色	重壤土	块状	5.1	11.8	0.86			91	1.0	6				
						B_2	30—48	淡棕色	重壤土	块状	4.7	10.4	0.82			89	1.0	<5				
						B_3	48—156	淡棕红色	重壤土	块状	5.0	5.7	0.65			61	<1.0	<5				
剖15	铁铝土	红壤	水化红壤	砂质岩水化红壤		A_1	0.4—15	暗棕色	砂壤土	粒状	4.4	31.5	1.17			144	<1.0	28		灰白色、灰黑色砂质岩	E 117°44′22.6″ N 25°36′52.2″	75
						A_3	15—25	棕色	砂壤土	粒状	5.3	6.7	0.63			104	1.2	31				
						B_1	25—35	黄棕色	砂壤土	粒状	5.3	6.3	0.53			86	1.5	22				
						B_2	35—150	淡棕色	砂壤土	粒状	5.4	3.3	0.32			54	2.0	52				
剖16	铁铝土	红壤		砂质岩红壤		A_1	0.3—8	暗棕色	轻壤土	粒状	4.8	31.8	1.43			166	1.0	120		砂质岩	E 117°44′28.8″ N 25°36′59.1″	97
						A_3	8—18	暗红棕色	中壤土	粒状	4.9	29.5	0.95			110	<1.0	44				
						B_1	18—32	淡红黄色	中壤土	块状	4.9	19.1	0.70			76	<1.0	22				
						B_2	32—103	红黄色	重壤土	块状	5.2	7.5	0.32			46	<1.0	<5				
剖17	人为土	水稻土	潴育水稻土	黄泥田	乌黄泥田	A	0—14	暗灰色	中壤土	小块状	5.2	37.4	1.05	1.44	33.8		11.0	30	12.2	红壤、黄红壤和黄壤再积物	E 117°44′57.1″ N 25°32′52.5″	97
						P	14—24	暗灰色	轻壤土	块状	4.6	31.4	1.34	0.51	31.9		8.0	14	11.7			
						W	24—39	灰黄色	重壤土	柱状	6.1	9.2	0.53	0.35	37.5		1.0	9	9.0			
						C	39—100	灰黄色	重壤土	块状	6.9	3.1	0.33	0.33	28.8		2.0	20	6.0			
剖18	铁铝土	红壤	水化红壤	泥质岩水化红壤		A_1	0.2—9	暗黄棕色	中壤土	粒状	4.6	98.9	2.82			244	12.0	101		钙质泥岩、泥质粉砂岩等	E 117°43′48.2″ N 25°32′19.9″	75
						A_3	9—25	黄黄棕色	中壤土	块状	4.9	29.9	0.85			113	1.3	110				
						B_1	25—60	黄棕色	中壤土	块状	5.0	12.4	0.62			69	1.6	73				
						B_2	60—150	淡棕色	重壤土	块状	5.2	3.2	0.42			50	1.7	41				
剖19	铁铝土	红壤		石灰岩红壤		A_1	2—15	暗灰色	重壤土	粒状	4.8	48.1	0.61			130	1.0	54	16.5	石灰岩	E 117°49′18.6″ N 26°06′34.8″	95
						B_1	15—25	黄棕色	轻壤土	小块状	4.7	28.6	0.44			124	2.0	17	15.0			
						B_2	25—75	棕色	重壤土	小块状	4.3	7.3	0.20			30	2.0	10	14.7			
						B_3	75—150	淡棕色	壤质黏土	小块状	5.5	6.2	0.18			53	1.0	<5	40.6			
剖20	人为土	水稻土	潴育水稻土	灰泥田	砂底灰泥田	A	0—18	黄灰黄色	壤质黏土	无结构	4.4	56.2	2.74	0.57	10.9		3.0	22	10.7	冲积物	E 117°49′04.0″ N 26°06′09.4″	95
						AP	18—28	暗灰黄色	黏土	糊烂无结构	5.2	55.4	2.12	0.41	11.2		2.0	9	8.8			
						W (g)	28—68	青灰色	黏土	块状	4.3	65.6	1.98	0.34	10.3		2.0	9	6.8			
						h (g)	68—97	黑色	壤质黏土	无结构	4.3	>250.0	4.98	0.37	7.2		2.0	42	8.5			
剖21	人为土	水稻土	潜育水稻土	冷烂田	冷水田	A	0—14	暗灰色	重壤土	粒状	5.3	32.3	1.47	0.58	40.0		2.0	41	10.7	冲积物或坡积物	E 117°47′56.2″ N 26°04′11.1″	95
						P	14—30	暗灰黄色	重壤土	块状	5.0	34.4	1.43	0.47	40.0		2.0	18	8.8			
						G	30—100	青灰色	轻壤土	块状	4.9	35.0	1.27	0.43	36.0		1.0	29	6.8			
剖22	人为土	水稻土	潜育水稻土	灰泥田	青底灰泥田	A	0—17	灰棕色	重壤土	块状	5.0	35.3	1.74	0.73	19.0		4.0	33	8.5	冲积物或坡积物	E 117°51′35.2″ N 26°03′35.5″	98
						P	17—28	棕色	重壤土	块状	5.0	27.8	1.39	0.61	17.0		3.0	14	8.6			
						W	28—53	棕灰色	重壤土	柱状	4.5	23.2	1.06	0.45	18.0		1.0	19	7.0			
						G	53—100	青灰色	中壤土	块状	4.8	12.9	0.63	0.41	26.0		2.0	6	6.3			
剖23	人为土	水稻土	潜育水稻土	潮砂田	乌砂田	A	0—15	暗灰色	中壤土	粒状	5.7	40.3	1.89	0.82	22.0		17.0	128	10.1	冲积物或二元母质	E 117°46′26.6″ N 25°57′32.0″	95
						P	15—32	棕灰色	中壤土	块状	4.2	21.8	1.11	0.59	26.0		4.0	46	9.0			
						W	32—73	棕灰色	中壤土	块状	4.4	16.0	0.65	0.51	26.0		3.0	29	8.4			
						C	73—100	灰白色	轻壤土	碎块状	5.4	7.2	0.34	0.36	24.0		3.0	29	7.4			

续表 Continued

剖面号 Soil profile	土纲 Soil order	土类 Soil great group	亚类 Soil subgroup	土属 Soil genus	土种 Soil species	土层码 Layer code	土层厚度 Depth/cm	颜色 Soil color	质地 Soil texture	土壤结构 Soil structure	pH	有机质 OM/(g/kg)	全氮 TN/(g/kg)	全磷 TP/(g/kg)	全钾 TK/(g/kg)	碱解氮 AN/(mg/kg)	有效磷 AP/(mg/kg)	速效钾 AK/(mg/kg)	阳离子交换量CEC/(cmol/kg)	土壤母质 Parent material	剖面点坐标 Profile coordinate	匹配指数 Matching index/%
剖24	人为土	水稻土	渗育水稻土	黄泥田	灰黄泥砂田	A	0—12	淡黄色	轻壤土	小块状	4.8	24.5	1.45	0.48	>50.0		3.0	77	10.8	红壤、黄红壤和黄壤再积物	E 117°48′27.4″ N 25°58′09.7″	98
						P	12—24	棕灰色	中壤土	块状	5.7	20.9	1.18	0.49	47.2		2.0	38	10.3			
						W	24—56	暗黄棕色	轻壤土	柱状	4.5	9.5	0.53	0.35	>50.0		1.0	21	7.3			
						C	56—100	暗黄橙色	轻壤土	粒状	6.3	3.3	0.16	0.46	47.2		1.0	14	4.0			
剖25	铁铝土	红壤	黄红壤	石灰岩黄红壤		A_1	1—6	暗黄棕色	轻壤土	粒状	4.3	94.8	3.02			262	2.0	150		石灰岩	E 117°49′04.5″ N 25°50′45.8″	97
						A_3	6—13	棕色	中壤土	核状	4.7	35.7	1.46			175	<1.0	37				
						B_1	13—37	黄棕色	中壤土	核状	5.4	12.9	0.83			102	<1.0	37				
						B_2	37—78	灰棕色	中壤土	核状	5.1	19.1	0.77			136	<1.0	18				
剖26	铁铝土	红壤	红壤	砂质红壤		A_3	4—15	暗黄棕色	中壤土	核状	4.7	28.7	1.48			115	<1.0	91		侵蚀岩	E 117°48′53.7″ N 25°45′58.6″	95
						B_1	15—31	淡黄棕色	中壤土	块状	4.9	9.7	0.81			52	<1.0	17				
						B_2	31—68	淡红黄色	中壤土	块状	5.2	7.6	0.58			42	<1.0	13				
						B_3	68—105	黄棕色	轻壤土	块状	5.2	3.3	0.61			34	<1.0	12				
剖27	人为土	水稻土	潴育水稻土	灰泥田	砂底灰泥田	A	0—13	暗灰色	中壤土	粒状	5.0	24.0	1.29	1.33	15.0		12.0	<5	13.5	冲积物或坡积物	E 117°48′33.1″ N 25°38′44.9″	97
						P	13—21	暗灰黄色	中壤土	块状	5.1	18.4	0.93	0.81	38.0		4.0	18	9.3			
						W	21—51	黄棕色	中壤土	块状	4.9	9.4	0.48	0.46	40.0		2.0	6	5.3			
						G	51—100	黄棕色	松砂土		4.7	<1.0	<0.10	0.56	46.0		2.0	18	5.0			
剖28	人为土	水稻土	渗育水稻土	黄泥田	黄泥骨	A	0—9	灰黄色	中壤土	块状	5.8	15.3	0.85	0.68	12.0		2.0	52	6.5	红壤、黄红壤和黄壤再积物	E 117°48′59.6″ N 25°39′28.5″	97
						P	9—20	黄棕色	重壤土	块状	5.1	11.8	0.81	0.51	13.0		1.0	17	6.3			
						C	20—100	黄色	重壤土	块状	6.5	3.1	0.36	0.48	18.0		2.0	47	6.1			
剖29	人为土	水稻土	渗育水稻土	红土田	红土田	A	0—11	灰棕色	重壤土	块状	4.9	15.0	0.89	1.02	6.3		8.0	6	7.3	红壤坡积物	E 117°50′03.4″ N 25°39′58.4″	97
						C	11—100	红色	重壤土	块状	4.9	8.6	0.45	0.42	5.3		2.0	<5	7.3			
剖30	铁铝土	红壤	红壤	中性岩红壤		A_1	3—7	暗棕色	中壤土	粒状	5.0	59.8	2.21			315	3.0	212		花岗闪长岩	E 117°50′18.5″ N 25°36′09.6″	97
						B_1	7—30	暗棕色	中壤土	小块状	4.6	27.9	1.22			133	<1.0	6				
						B_3	30—130	暗棕色	重壤土	块状	5.6	6.6	0.55			41	<1.0	<5				
剖31	初育土	紫色土	酸性紫色土	凝灰岩酸性紫色土		A	0—2	灰棕色	轻壤土	粒状	5.1	32.6	2.12			327	2.0	289	14.2	紫红色凝灰质砂岩	E 117°58′16.2″ N 25°36′34.1″	75
						B_1	2—24	灰红棕色	中壤土	块状	5.1	11.6	0.54			91	1.0	112	14.4			
						B_2	24—70	灰红棕色	中壤土	块状	5.4	14.0	0.24			23	1.0	79	7.5			
剖32	铁铝土	红壤	红土	红泥土		A	0—21	淡棕红色	轻黏土	块状	4.3	20.2	0.76	0.36	4.7		1.0	26		砂砾岩	E 117°57′57.1″ N 25°35′13.8″	97
						B	21—63	红色	重壤土	块状	5.1	10.6	0.65	0.65	17.8		2.0	9				
						C	63—100	红色	重壤土	块状	4.6	7.7	0.24	0.24	5.3		2.0	<5				
剖33	初育土	紫色土	酸性紫色土	砂砾岩酸性紫色土		A_1	0.4—10	暗棕色	轻壤土	粒状	5.1	27.0	1.21			137	2.8	110		砂砾岩	E 117°53′28.3″ N 25°37′29.8″	75
						A_2	10—30	暗黄棕色	中壤土	核状	5.1	18.3	0.83			102	1.0	32				
						B_1	30—100	淡黄棕色	中壤土	块状	4.9	7.1	0.46			98	<1.0	17				
剖34	人为土	水稻土	潴育水稻土	石灰泥田	石灰板结田	A	0—21	暗棕色	重壤土											石灰岩	E 117°53′13.6″ N 25°35′33.3″	97
						P	21—27	暗棕色	重壤土													
						W_1	27—55	暗棕色	重壤土													
						W_2	55—85	棕色	重壤土													
						C	85—100	暗棕色	重壤土													
剖35	铁铝土	红壤	黄红壤	酸性岩黄红壤		A_1	0—6	暗黄棕色	黏壤土	粒状	4.3	94.6	3.00			262	2.0	150		白色石灰岩风化物	E 117°56′05.1″ N 25°35′35.8″	95
						A_3	6—13	棕色	黏壤土	粒状	4.7	35.7	1.50			175	1.0	37				
						B_1	13—37	黄棕色	粉砂质黏壤土	核状	5.4	12.9	0.83			107	1.0	37				
						B_2	37—78	灰黄棕色	粉砂质黏壤土	块状	5.1	19.1	0.77			136	1.0	18				

续表 Continued

剖面号 Soil profile	土纲 Soil order	土类 Soil great group	亚类 Soil subgroup	土属 Soil genus	土种 Soil species	土层码 Layer code	土层厚度 Depth/cm	颜色 Soil color	质地 Soil texture	土壤结构 Soil structure	pH	有机质 OM/(g/kg)	全氮 TN/(g/kg)	全磷 TP/(g/kg)	全钾 TK/(g/kg)	碱解氮 AN/(mg/kg)	有效磷 AP/(mg/kg)	速效钾 AK/(mg/kg)	阳离子交换量 CEC/(cmol/kg)	土壤母质 Parent material	剖面点坐标 Profile coordinate	匹配指数 Matching index/%
剖36	人为土	水稻土	潴育水稻土	乌泥田	乌泥田	A	0—19	暗灰色	轻黏土	块状	5.0	40.3	1.94	0.65	10.9		6.0	65	9.3		E 117°47′15.7″ N 25°32′42.5″	97
						P	19—32	暗灰色	重壤土	块状	4.8	27.6	1.82	0.48	10.1		2.0	54	8.1			
						W₁	32—60	灰黄棕色	重壤土	核柱状	5.1	14.7	0.56	0.34	10.0		1.0	45	7.5			
						W₂	60—88	灰黄棕色	中壤土	柱状	5.7	6.6	0.24	0.27	8.1		1.0	18	5.8			
						C	88—100	棕灰色	轻壤土	块状	4.7	7.6	0.20	0.27	10.0		1.0	12	3.7			
剖37	人为土	水稻土	潴育水稻土	潮砂田	灰砂田	A	0—13	淡灰色	砂壤土	粒状	5.9	12.2	0.73	0.46	18.0		3.0	21	7.8	冲积物或二元母质	E 117°51′25.0″ N 25°31′26.8″	95
						P	13—22	淡灰色	砂壤土	块状	5.1	13.0	0.70	0.45	19.0		6.0	20	5.1			
						W	22—41	暗灰黄色	轻壤土	块状	5.7	12.0	0.51	0.33	23.0		1.0	18	7.2			
						C	41—100	淡灰黄色	松砂土	块状	5.3	4.7	0.46	0.46	25.0		2.0	19	6.0			
剖38	铁铝土	红壤	黄红壤	泥质岩黄红壤		A₁	4—14	暗黄棕色	轻壤土	粒状	4.0	35.2	1.71			178	2.0	129		粉砂岩残积物	E 117°57′37.2″ N 25°34′18.9″	98
						A₃	14—32	暗棕色	轻壤土	核状	4.4	32.8	1.16			136	1.0	116				
						B₁	32—57	棕色	中壤土	核状	4.7	17.1	0.32			95	1.0	87				
						B₂	57—84	淡红黄色	重壤土	小块状	5.0	5.0	0.26			48	4.0	56				
						B₃	84—157	黄红黄色	重壤土	大块状	5.1	1.9	0.19			37	1.0	44				
剖39	人为土	水稻土	潴育水稻土	乌泥田	砂底乌泥田	A	0—16	暗灰色	重壤土	块状	5.1	35.8	2.08	0.68	15.6		7.0	42	18.3	冲积物或二元母质	E 117°59′13.7″ N 25°34′03.2″	97
						P	16—24	淡灰色	重壤土	块状	4.9	34.0	1.95	0.61	16.1		2.0	18	15.1			
						W₁	24—45	淡灰色	重壤土	核柱状	4.5	34.6	1.77	0.53	16.1		2.0	19	12.5			
						W₂	45—63	淡灰色	重壤土	柱状	6.6	14.9	0.89	0.44	16.9		2.0	32	5.6			
						S	63—100	灰白色	砂壤土	粒状	5.8	6.0	0.61	0.28	14.4		1.0	6	3.6			

尤 溪 县

主要土类说明

红壤是尤溪县主要土壤类型，占本县地域面积的64%，广泛分布于全县各地，尤以城关、西滨、溪尾、梅仙、洋中等乡镇分布最多，主要分布在低山、丘陵地带，海拔多在650m以下。分布区气候温和，水量充沛，森林茂密，日照较长，干湿交替明显。主要植被有马尾松、杉木、毛竹、米槠、甜槠、油茶、福建青冈栎、槭木、卡氏乌饭、岭南杜鹃、芒萁、中华里白等。成土母岩有花岗岩、花岗斑岩、黑云母花岗岩、凝灰质砂砾岩、粉砂岩。成土母质一般为坡积物，部分为残积物。土壤脱硅富铝化作用强烈，铁铝相对富集。土壤全剖面呈红色、浅红色，土层厚1.0—1.5m，甚至可达7—10m，枯枝落叶层厚0—10cm，腐殖质层厚10—65cm，质地多为中壤至重壤，呈块状结构，稍紧实，有机质含量为34—50g/kg，全氮含量为1.2%—2.0%。

黄壤是尤溪县第二大土壤类型，占本县地域面积的22%。黄壤是本县中高海拔地区的主要土壤类型，多分布于中低山，以中仙、汤川分布最广。主要植被有马尾松、甜槠、杉木、毛竹、黄山松、油茶、岭南杜鹃、小叶赤楠、槭木、芒萁等。成土母岩有凝灰质砂砾岩、粉砂岩、粒状碎斑熔岩、黑云母花岗岩、闪长岩等。黄壤一般分布在海拔850m以上地区，海拔高，温度低，湿度大，土壤脱硅富铝化作用较弱，土壤中游离氧化铁受到水化作用，剖面呈黄色，土层厚1m左右。根据成土母岩，本县黄壤分为黄壤、粗骨性黄壤和黄泥土等亚类。

水稻土是尤溪县第三大土壤类型，占本县地域面积的12%。水稻土是在长期人为种稻、水耕熟化条件下形成的一种独特土壤类型，为本县的主要耕作土壤，从海拔50m的尤墩到海拔920m的汤川岭头均有分布，主要分布在沿河两岸及丘陵盆谷地。由于干湿交替，土壤发生氧化与还原、盐基淋失与铁锰淀积、有机质分解与合成、物理性黏粒移动与堆积等作用，从而形成了具有耕作层、犁底层、淀斑层、潜育层以及母质层等基本层次的特殊剖面结构，这些层次的发育程度和组合，使水稻土具有不同的肥力特性。根据成土过程中的不同地形、水型、母质类型以及土体构型，本县水稻土分为渗育型、潴育型和潜育型等亚类。

小于本县地域面积3%的土壤类型还有紫色土等。

本区域中心区气候特征

本区域中心区气候特征值
Regional climate characteristics in central area of the region

气候带：中亚热带湿润气候 Climate region: Subtropical humid climate	
年平均气温 /℃ Annual average temperature /℃	19.7
年平均最高气温 /℃ Annual average maximum temperature /℃	24.9
年平均最低气温 /℃ Annual average minimum temperature /℃	16.2
年降水量 /mm Annual precipitation /mm	1549
≥10℃的积温 /℃ Daily temperature accumulated in a year（≥10℃）/℃	7092
年日照时数 /h Annual sunshine /h	1678
年平均相对湿度 /% Annual average relative humidity /%	78
干燥度 Dryness	0.75

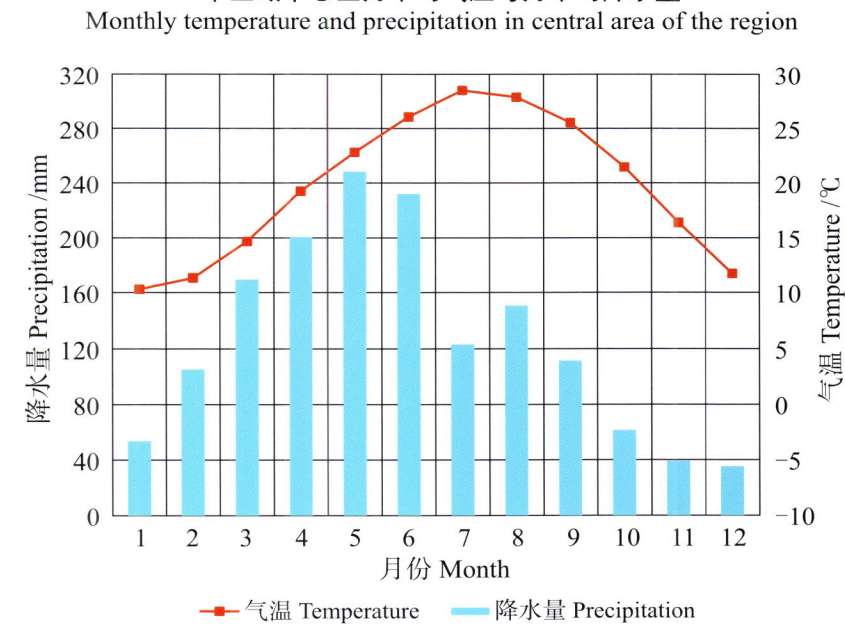

本区域中心区月平均气温与月平均降水量
Monthly temperature and precipitation in central area of the region

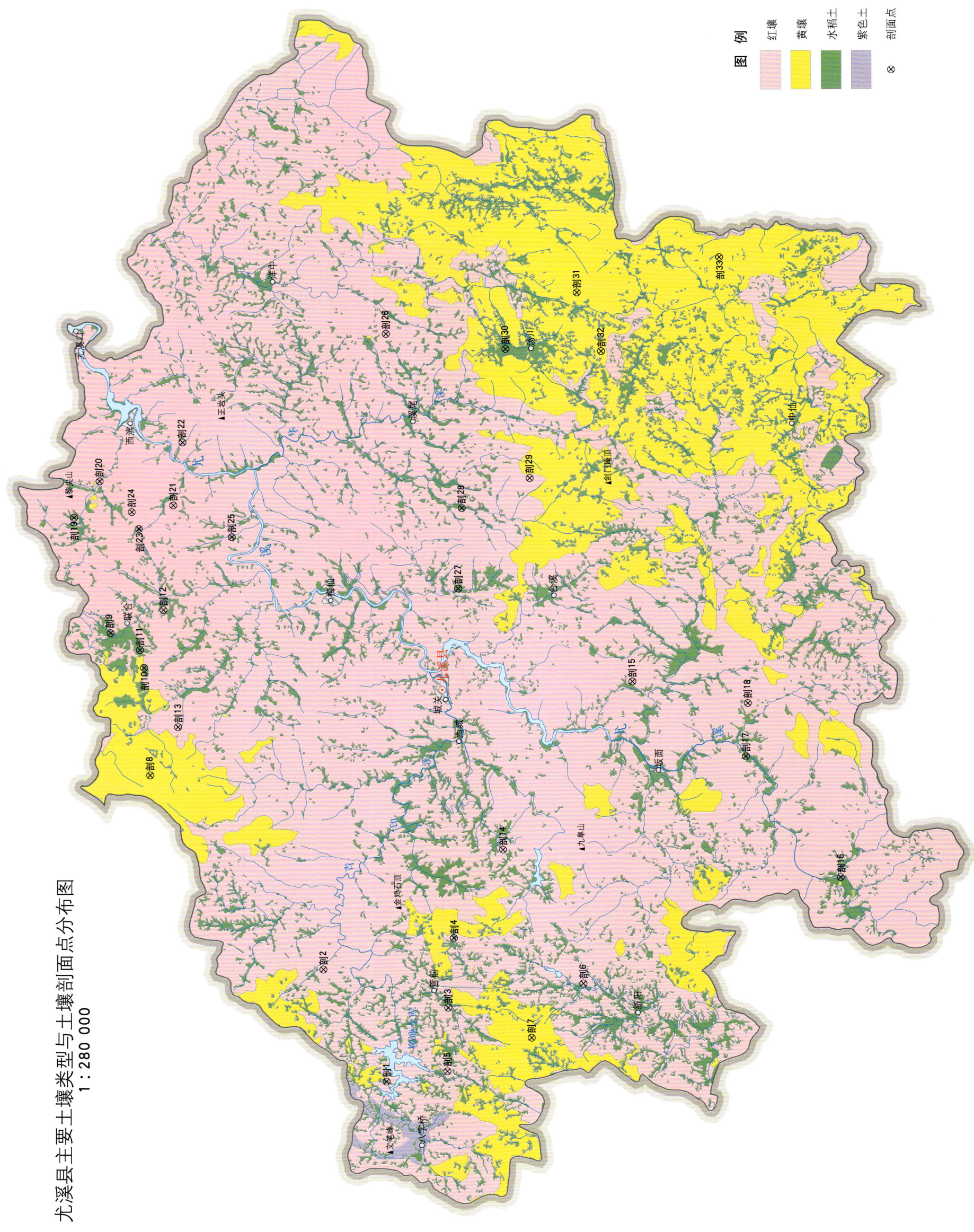

尤溪县主要土壤类型与土壤剖面点分布图
1:280 000

尤溪县土壤剖面理化性状表

剖面号 Soil profile	土纲 Soil order	土类 Soil great group	亚类 Soil subgroup	土属 Soil genus	土种 Soil species	土层码 Layer code	土层厚度 Depth/cm	颜色 Soil color	质地 Soil texture	土壤结构 Soil structure	pH	有机质 OM/(g/kg)	全氮 TN/(g/kg)	全磷 TP/(g/kg)	全钾 TK/(g/kg)	碱解氮 AN/(mg/kg)	有效磷 AP/(mg/kg)	速效钾 AK/(mg/kg)	阳离子交换量CEC/(cmol/kg)	土壤母质 Parent material	剖面点坐标 Profile coordinate	匹配指数 Matching index/%
剖面1	人为土	水稻土	潴育水稻土	冷烂田	深脚烂泥田	A	0—68	青灰色	重壤土		4.7	34.1	1.47	0.22	7.8	291	<1.0	11	7.7	洪积物	E 117°53′46.7″ N 26°12′34.9″	97
						G	68—100	青灰色	重壤土		4.4	19.0	0.70	0.14	<1.0	92	<1.0	23	8.2			
剖面2	铁铝土	红壤	粗骨性红壤	酸性岩粗骨红壤		A₁	1—20	灰黄色	砂壤土	粒状	4.5	28.9	1.07	0.17			2.0	59		二长花岗岩	E 117°58′36.3″ N 26°14′57.1″	97
						B₃	20—40				5.5	21.9	0.89	0.31			2.0	60				
剖面3	人为土	水稻土	渗育水稻土	砂质田	砂质田	A	0—13	灰白色	砂壤土	小粒状	4.8	14.6	0.74	0.66	27.7	97	10.0	9	3.9	河流冲积物	E 117°56′57.3″ N 26°10′13.9″	95
						C	13—140	淡黄色	砂壤土	小粒状	5.7	1.9	0.24	0.44	31.6	25	<1.0	16	2.8			
剖面4	人为土	水稻土	渗育水稻土	白土田	白底田	A	0—16	淡黄棕色	中壤土	块状	5.0	20.4	1.10	0.61	18.8	246	10.0	24	4.2	坡积物	E 117°59′57.1″ N 26°10′00.6″	97
						P	16—21	淡棕色	重壤土	块状	5.1	18.0	0.99	0.33	19.4	92	3.0	<5	4.5			
						W	21—30	淡灰色	重壤土	柱状	5.0	14.1	0.77	0.36	18.1	85	1.0	8	4.4			
						E	30—90	白色	重壤土	块状	5.3	5.8	0.28	0.22	18.1	45	<1.0	27	5.6			
剖面5	铁铝土	红壤		酸性岩侵蚀红壤		A₁	0—4	红棕色	轻壤土	粒状	5.5	21.8	0.98	0.79			10.0	52		二长花岗岩	E 117°54′13.0″ N 26°10′16.4″	95
						A₃	4—28	淡棕色	轻壤土	粒状	5.3	20.7	0.96	0.93			12.0	8				
						B₂	28—56	紫棕色	轻壤土	核状	4.6	19.8	0.93	0.99			11.0	6				
						B₃	56—108	棕红色	中壤土	核状	3.8	11.7	0.50	1.05			10.0	8				
剖面6	铁铝土	红壤土		红泥土	红泥土	A	0—32	灰红色	重壤土	块状	4.9	11.3	0.53	0.84	18.1	103	5.1	39	8.3		E 117°57′57.1″ N 26°05′06.9″	81
						B	32—66	灰红色	轻壤土	块状	4.9	7.7	0.37	0.23	17.0	65	1.0	<5	10.1			
						C	66—115	红色	黏土	块状	4.9	4.4	0.19	0.14	18.1	58	8.0	<5	7.8			
剖面7	铁铝土	黄壤		侵蚀黄壤		A₁	1—11	黄棕色	轻壤土	粒状	5.0	55.3	1.88	0.33			8.0	62		花岗斑岩	E 117°55′38.9″ N 26°07′05.0″	97
						A₃	11—45	暗黄橙色	中壤土	核状	5.5	14.6	0.64	0.31			1.0	14				
						B₁	45—92	暗黄橙色	中壤土	核状	5.5	11.5	0.50				1.0	<5				
						B₂	92—130	暗黄棕色	中壤土	核状	4.5	5.1	0.27	0.23			1.0	25				
剖面8	铁铝土	黄壤		泥质岩类黄壤		A₁	2—12	暗黄棕色	轻壤土	粒状	4.5	51.3	1.99	0.43			6.0	90		凝灰熔岩类、凝灰质砂岩	E 118°07′09.6″ N 26°21′27.4″	97
						A₃	12—37	灰黄棕色	中壤土	核状	5.0	27.8	1.15	0.36			1.0	<5				
						B	37—95	黄棕色	中壤土	块状	4.5	10.3	0.48	0.37			1.0	<5				
						C	95—150	黄棕色	重壤土	块状	4.5	4.6	0.38	0.11			1.0	<5	5.2			
剖面9	人为土	水稻土	潴育水稻土	灰泥田	砂底灰泥田	A	0—15	灰色	中壤土	块状	5.0	36.5	1.73	0.75	19.4	199	8.0	6	4.7		E 118°13′27.2″ N 26°22′55.6″	97
						P	15—22	灰色	中壤土	块状	5.2	19.6	0.96	0.55	22.7	97	1.0	38	3.6			
						W	22—81	灰色	中壤土	柱状	5.2	6.6	0.38	0.61	32.9	42	3.0	15	4.1			
						S	81—130	灰黄色	砂壤土	粒状	5.5	3.8	0.18	0.63	32.9	15	3.0	15				
剖面10	人为土	水稻土	渗育水稻土	黄泥田	黄泥骨	A	0—11	淡黄色	重壤土	块状	4.8	30.9	1.40	0.53	10.5	176	<1.0	15	6.7		E 118°11′52.2″ N 26°21′38.7″	97
						P	11—19	淡黄色	重壤土	大块状	4.9	28.8	1.43	0.28	11.8	166	<1.0	6	7.7			
						C	19—92	淡黄色	黏土	大块状	4.6	14.3	0.83		14.8	99	<1.0	10	10.1			
剖面11	人为土	水稻土	渗育水稻土	黄泥田	乌黄泥田	A	0—17	暗黄棕色	中壤土	小块状	4.5	43.9	2.35	1.78	16.9	>500	5.0	19	10.1	坡积物	E 118°12′39.1″ N 26°21′47.8″	99
						P	17—26	灰色	中壤土	块状	5.1	15.3	0.88	1.11	17.5	107	1.0	14	7.1			
						W₁	26—60	灰色	中壤土	柱状	5.7	9.5	0.68	0.89	16.3	197	1.0	19	8.7			
						W₂	60—128	灰色	中壤土	块状	5.5	16.2	0.61	1.52	15.6	160	1.0	10	9.6			
						C	128—150	灰黄色	重壤土	块状	5.1	9.8	0.38	1.91	12.5	64	2.0	8	9.8			
剖面12	铁铝土	红壤	红泥土	红泥土	红泥土	A	0—13	红棕色	重壤土	块状	5.0	17.8	0.72	3.05	9.4	163	4.0	97	10.7	坡积物	E 118°14′23.1″ N 26°20′53.7″	
						B	13—24	棕红色	重壤土	块状	4.9	16.6	0.20	2.71	9.1	304	4.0	14	10.4			
						C	24—150	棕红色	黏土	块状	4.7	1.4	0.20	2.71	10.3	91	4.0	10	7.5			

续表 Continued

剖面号 Soil profile	土纲 Soil order	土类 Soil great group	亚类 Soil subgroup	土属 Soil genus	土种 Soil species	土层码 Layer code	土层厚度 Depth/cm	颜色 Soil color	质地 Soil texture	土壤结构 Soil structure	pH	有机质 OM/(g/kg)	全氮 TN/(g/kg)	全磷 TP/(g/kg)	全钾 TK/(g/kg)	碱解氮 AN/(mg/kg)	有效磷 AP/(mg/kg)	速效钾 AK/(mg/kg)	阳离子交换量CEC/(cmol/kg)	土壤母质 Parent material	剖面点坐标 Profile coordinate	匹配指数 Matching index/%
剖面13	铁铝土	红壤	黄红壤	泥质岩黄红壤		A₁	1—14	红棕色	轻壤土	屑状	4.5	62.5	2.29	0.89			7.0	78		千枚岩	E 118°09′14.8″ N 26°20′23.4″	97
						A₃	14—29	暗红棕色	轻壤土	粒状	4.0	33.2	1.27	0.77			2.0	112				
						B₁	29—55	淡红棕色	中壤土	核状	4.5	16.7	0.66	0.57			<1.0	91				
						B₃	55—150	棕红色	重壤土	块状	4.5	17.6	0.40	0.62			1.0	15				
剖面14	铁铝土	红壤	黄红壤	中性岩黄红壤		A₁	1—25	淡棕色	中壤土	核状	4.0	42.9	1.53	1.28			2.0	45		石英闪长岩	E 118°03′48.6″ N 26°08′07.6″	98
						B₁	25—70	暗黄棕色	重壤土	团块状	5.5	14.5	0.64	0.64			2.0	22				
剖面15	铁铝土	红壤	黄红壤	砂质岩黄红壤		A₁	1—8	棕黄色	轻壤土	粒状	5.5	35.0	1.53	0.89			3.0	12		石英岩	E 118°11′04.9″ N 26°03′10.9″	98
						B₁	8—58	灰黄棕色	中壤土	团块状	6.0	20.3	0.90	0.74			1.0	14				
						B₂	58—150	淡棕色	中壤土	团块状	6.0	5.7	0.29	0.44			2.0	7				
剖面16	半水成土	潮土	砂土	灰砂土	灰砂土	A	0—19	淡棕色	砂壤土	粒状	5.1	6.0	0.47	0.66	22.7	44	5.0	26	7.9	河流冲积物	E 118°02′30.7″ N 25°55′21.3″	97
						C	19—140	棕黄色	砂土	粒状	4.9	5.0	0.29	0.55	21.7	36	3.0	26	3.7			
剖面17	人为土	水稻土	渗育水稻土	黄泥田	黄泥田	A	0—12	黄灰色	轻壤土	小块状	4.8	18.1	1.09	0.38	9.4	108	1.0	6	3.1	坡积物	E 118°07′47.3″ N 25°58′54.5″	95
						C	12—125	灰黄色	轻壤土	块状	4.9	3.9	0.32	0.26	13.8	26	1.0	12	4.7			
剖面18	铁铝土	红壤	暗红壤	砂质岩暗红壤		A₁	0—41	棕色	轻壤土	粒状	5.5	12.6	0.86	0.68			1.0	6		石英砂岩	E 118°10′05.7″ N 25°58′49.0″	98
						B₁	41—79	淡棕色	轻壤土	核状	6.0	2.4	0.22	0.22			1.0	10				
						B₂	79—95	暗棕色	轻壤土	核状	6.0	1.9	0.20	0.17			1.0	19				
						B₃	95—130	黑色	轻壤土	核状	6.0		0.39	0.34			1.0	11				
剖面19	人为土	水稻土	潴育水稻土	灰泥田	白底灰泥田	A	0—16	灰色	重壤土	块状	4.8	27.5	1.25	0.51	14.3	171	<1.0	14	7.9	坡积物	E 118°18′26.2″ N 26°24′14.3″	97
						P	16—24	灰色	中壤土	块状	5.0	26.0	1.14	0.36	13.8	194	<1.0	<5	6.1			
						W	24—51	暗黄棕色	中壤土	柱状	4.9	23.9	1.06	0.31	13.9	89	<1.0	<5	6.0			
						E	51—150	灰白色	黏土	团块状	5.1	4.6	0.18	0.14	5.9	32	<1.0	27	5.1			
剖面20	人为土	水稻土	渗育水稻土	白土田	白鳝泥田	A	0—13	淡灰色	中壤土	小块状	5.0	14.3	0.61	0.39	41.3	168	3.0	39	4.4	坡积物	E 118°20′01.0″ N 26°23′15.3″	97
						P	13—20	灰色	中壤土	块状	5.2	15.9	0.74	0.25	39.1	183	1.0	<5	5.1			
						E	20—64	白色	轻壤土	块状	5.2	4.5	0.38	0.17	36.9	43	1.0	81	6.1			
						C	64—115	棕灰色	重壤土	块状	5.1	14.3	1.12	0.31	37.5	87	1.0	33	5.0			
剖面21	铁铝土	红壤	红壤	酸性岩红壤		A₁	1—14	暗棕色	重壤土	粒状	5.5	90.2	3.22	0.91			4.0	101		黑云母花岗岩	E 118°18′55.1″ N 26°20′29.0″	98
						B₁	14—29	暗红棕色	中壤土	团块状	6.0	41.6	1.59	0.95			3.0	17				
						B₂	29—150	淡红棕色	中壤土	团块状	5.5	14.0	1.40	0.60			<1.0	8				
剖面22	铁铝土	红壤	暗红壤	泥质岩暗红壤		A₁	0.5—18	紫棕色	轻壤土	核状	5.5	61.8	2.23	1.02	41.3	206	3.0	241		粉砂岩	E 118°21′41.2″ N 26°20′06.8″	97
						B₁	18—32	棕红色	中壤土	块状	5.0	24.1	0.86	1.01	39.1	160	1.0	70				
						B₂	32—120	暗棕红色	中壤土	块状	5.5	11.6	0.55	0.91	36.9	73	1.0	271				
剖面23	人为土	水稻土	渗育水稻土	黄泥田	灰黄泥田	A	0—13	黄灰色	重壤土	小块状	4.8	28.8	1.02	0.20	7.7		4.0	15	3.5	坡积物	E 118°17′55.1″ N 26°21′47.5″	98
						A₂	13—20	淡棕色	中壤土	块状	4.8	17.4	0.85	0.19	7.2		3.0	11	3.1			
						B₁	20—53	淡红棕色	重壤土	核状	4.7	11.7	0.57	0.17	7.2		<1.0	40	5.5			
						B₃	53—150	黄黄棕色	中壤土	核状	5.3	6.1	0.27	0.23	9.4		1.0	37	7.6			
剖面24	铁铝土	红壤	红壤	砂质岩红壤		A	2—19	暗灰色	轻壤土	粒状	5.0	25.3	1.04	0.31			4.0	74		坡积物	E 118°18′39.2″ N 26°22′03.5″	97
						A₂	19—41	淡棕色	轻壤土	块状	4.8	15.5	0.74	<0.10			3.0	18				
						B₁	41—68	淡红棕色	轻壤土	块状	5.0	9.7	0.61	0.59			3.0	8				
						B₃	68—100	淡红棕色	轻壤土	块状	5.5	7.7	0.53	0.42			1.0	11				
剖面25	人为土	水稻土	潴育水稻土	潮砂田	乌砂田	A	0—16	暗灰色	轻壤土	粒状	5.0	35.5	1.75	0.86	30.3	194	8.0	151	6.1	冲积物	E 118°17′31.4″ N 26°18′17.0″	97
						P	16—24	暗黄色	轻壤土	块状	5.0	15.5	0.90	0.80	28.8	93	1.0	15	4.7			
						W₁	24—59	棕灰色	砂壤土	块状	5.4	7.7	0.35	0.45	32.5	35	<1.0	30	3.8			
						W₂	59—98	棕灰色	砂壤土	块状	5.8	5.2	0.29	0.95	30.6	20	4.0	<5	5.6			
						C	98—150	棕黄色	砂壤土	块状	5.8	3.5	0.25	0.75	30.6	56	<1.0	<5	5.8			

续表 Continued

剖面号 Soil profile	土纲 Soil order	土类 Soil great group	亚类 Soil subgroup	土属 Soil genus	土种 Soil species	土层码 Layer code	土层厚度 Depth/cm	颜色 Soil color	质地 Soil texture	土壤结构 Soil structure	pH	有机质 OM/(g/kg)	全氮 TN/(g/kg)	全磷 TP/(g/kg)	全钾 TK/(g/kg)	碱解氮 AN/(mg/kg)	有效磷 AP/(mg/kg)	速效钾 AK/(mg/kg)	阳离子交换量CEC/(cmol/kg)	土壤母质 Parent material	剖面点坐标 Profile coordinate	匹配指数 Matching index/%
剖26	铁铝土	红壤	黄红壤	酸性岩轻度侵蚀黄红壤		A₁	1—25	淡棕色	中壤土	核状	5.0	28.1	0.95	0.40			2.0	<5		花岗斑岩	E 118°26′18.7″ N 26°12′21.2″	98
						A₃	25—55	暗黄橙色	中壤土	核状	5.0	12.6	0.51	0.40			1.0	57				
						B₁	55—91	暗黄橙色	中壤土	核状	5.0	9.7	0.48	0.31			1.0	<5				
						B₃	91—141	黄色	中壤土	核状	5.0	5.5	0.39	0.28			1.0	8				
剖27	人为土	水稻土	潴育水稻土	乌泥田	乌泥田	A	0—16	暗灰色	粒状土	粒状	4.9	36.4	1.76	0.76	20.0	213	8.0	21	8.8	坡积物	E 118°15′12.2″ N 26°09′44.3″	99
						P	16—26	暗灰色	重壤土	块状	5.0	32.5	1.62	0.56	20.0	166	5.0	18	10.1			
						W₁	26—65	灰色	重壤土	块状	4.5	23.7	0.95	0.51	14.4	128	1.0	<5	9.2			
						W₂	65—90	灰色	重壤土	柱状	5.4	22.1	0.88	0.33	15.4	78	1.0	26	8.0			
						C	90—135	灰色	黏土	块状	5.3	5.5	0.44	0.43	25.0	50	1.0	41	6.2			
剖28	人为土	水稻土	潴育水稻土	灰泥田	黄底灰泥田	A	0—15	暗棕色	轻壤土	粒状	5.0	24.6	1.34	0.56	27.7	152	4.0	23	6.0		E 118°18′40.7″ N 26°09′33.9″	98
						P	15—23	灰色	轻壤土	块状	4.6	13.2	0.64	0.28	28.8	138	1.0	11	6.0			
						W	23—62	灰色	轻壤土	柱状	5.3	16.0	0.25	0.22	32.9	59	<1.0	11	4.7			
						C	62—123	灰黄色	重壤土	块状	5.4	4.9	0.51	0.20	32.2	46	1.0	47	3.5			
剖29	铁铝土	红壤	黄红壤	酸性岩黄红壤		A	3—24	暗棕色	中壤土	核状	5.0	38.9	1.33	0.26			3.0	34		斑状花岗岩	E 118°19′57.5″ N 26°06′58.9″	98
						A₁	24—42	灰色	中壤土	块状	5.0	17.1	0.72	0.36			1.0	26				
						B₂	42—55	暗黄橙色	重壤土	块状	5.0	<1.0	0.55	0.40			1.0	<5				
						B₃	55—86	暗黄橙色	重壤土	块状	5.5	<1.0	0.42	0.31			1.0	<5				
剖30	人为土	水稻土	潴育水稻土	灰泥田	青底灰泥田	A	0—15	灰色	中壤土	块状	5.3	33.6	1.90	0.76	16.6	>500	6.0	65	6.9	坡积物	E 118°25′36.2″ N 26°07′50.3″	98
						P	15—22	灰色	重壤土	块状	4.8	17.2	0.93	0.39	18.1	199	1.0	6	6.2			
						W	22—57	灰色	重壤土	柱状	5.3	8.8	0.30	0.28	22.7	67	1.0	17	7.8			
						G	57—130	青灰色	重壤土	块状	5.0	12.9	0.37	0.34	19.4	70	1.0	35	11.9			
剖31	铁铝土	黄壤	粗骨性黄壤	酸性岩粗骨黄壤		A	0—10	灰棕色	轻壤土	粒状	4.5	72.2	2.98	0.35			2.0	209		硅质岩	E 118°27′59.6″ N 26°05′06.6″	93
						B	10—30	黄色	中壤土	粒状	4.5	33.1	1.39	0.31			2.0	39				
剖32	铁铝土	黄壤	黄壤	酸性岩黄壤		A₁	2—27	棕色	轻壤土	粒状	4.5	51.0	1.39	0.58			3.0	43		花岗岩	E 118°25′27.6″ N 26°04′13.5″	98
						AB	27—46	黄棕色	轻壤土	核状	5.0	12.8	0.72	0.53			3.0	24				
						B	46—85	暗黄色	中壤土	块状	4.5	12.0	0.54	0.56			1.0	<5				
剖33	铁铝土	黄壤	黄壤	基性岩黄壤		A₁	0—18	暗黄棕色	中壤土	核状	5.0	76.9	2.77	1.66			5.0	13		橄榄玄武岩	E 118°29′27.7″ N 25°59′42.5″	97
						A₃	18—22	黄棕色	中壤土	核状	4.5	64.0	2.54	0.57			4.0	13				
						B₁	22—35	黄棕色	重壤土	核状	4.0	36.1	1.48	0.99			1.0	17				
						B₂	35—	红色	重壤土	块状	5.5	7.8	0.45	0.45			3.0	17				

将 乐 县

主要土类说明

红壤是将乐县主要土壤类型，占本县地域面积的 79%。本县红壤分为红壤、粗骨性红壤、黄红壤、水化红壤、暗红壤、红土等亚类。红壤亚类分布在中山坡段、山脊、山顶以及低山、丘陵，海拔一般在 750m 以下，土壤全剖面为浅红色，土层厚度达 80—150cm，腐殖质层厚 14—50cm。粗骨性红壤亚类分布在低山或高丘的顶部、脊部、陡坡地带，全剖面呈黄红色，土层浅薄，厚度为 5—50cm，土中含大量粗砂或石砾碎块，腐殖质含量较少，腐殖质层厚 1—5cm。黄红壤亚类是红壤向黄壤的过渡类型，主要分布在高唐的云衢山、安仁的莲花山、白莲的九天山、余坊的九峰山一带，所处地形位置为中山的中下部、山洼和山脚，地势较隐蔽，海拔为 500—920m，水热条件优越，水分充足，土壤全剖面呈黄红色，土层厚度为 85—130cm，腐殖质层厚为 5—49cm。水化红壤亚类主要分布在南口、高唐、白莲的中山、低山低洼部和山谷小溪旁，海拔在 200—860m，土壤全剖面呈黄红色，土层厚度为 50—145cm，腐殖质层厚 7—60cm。暗红壤亚类分布在中、低山的中下部，地表植被浓密的地段，海拔在 260—700m，森林茂密，枯枝落叶长期布满林地，土壤生物累积较明显，腐殖质含量较丰富，表土层厚而黑，腐殖质层厚达 25—74cm，土层厚度为 84—130cm，土壤全剖面呈棕红色。红土亚类分布在低丘坡地，是红壤母质经多年种植旱作物，由旱耕熟化而形成的旱地耕作土壤，多数种植茶叶、柑橘。

黄壤是将乐县第二大土壤类型，占本县地域面积的 11%，主要分布在海拔 1000m 以上的中山。本县黄壤分为黄壤、粗骨性黄壤、表潜黄壤三个亚类。其中，黄壤亚类分布面积最大，主要分布在陇西山、高唐的云衢山、光明的宝台山、余坊的九峰山一带，地形位置为中山的山坡、山脊和山顶，海拔在 800m 以上，所处高山多雾、相对湿度大、气温低，土壤长期处于湿润状态，全剖面呈黄色，土层厚度 60—130cm，腐殖质层厚 15—39cm。

水稻土是将乐县第三大土壤类型，占本县地域面积的 9%，主要分布在溪流两岸、山垅和缓坡地带。本县水稻土分为渗育型、潴育型、潜育型等亚类。其中，潴育水稻土面积最大，主要分布在河谷两岸、村庄周围的平缓地带及山垅下部，地下水位一般在 50—120cm，土壤氧化还原作用交替进行，剖面中锈纹、锈斑、铁锰结核较多，土壤熟化度较高，水、气、热较协调，是旱涝保收、高产稳产的水稻土。

小于本县地域面积 3% 的土壤类型还有紫色土等。

本区域中心区气候特征

本区域中心区气候特征值
Regional climate characteristics in central area of the region

气候带：中亚热带湿润气候 Climate region: Subtropical humid climate	
年平均气温 /℃ Annual average temperature /℃	18.9
年平均最高气温 /℃ Annual average maximum temperature /℃	24.1
年平均最低气温 /℃ Annual average minimum temperature /℃	15.3
年降水量 /mm Annual precipitation /mm	1656
≥10℃的积温 /℃ Daily temperature accumulated in a year（≥10℃）/℃	7322
年日照时数 /h Annual sunshine /h	1666
年平均相对湿度 /% Annual average relative humidity /%	80
干燥度 Dryness	0.67

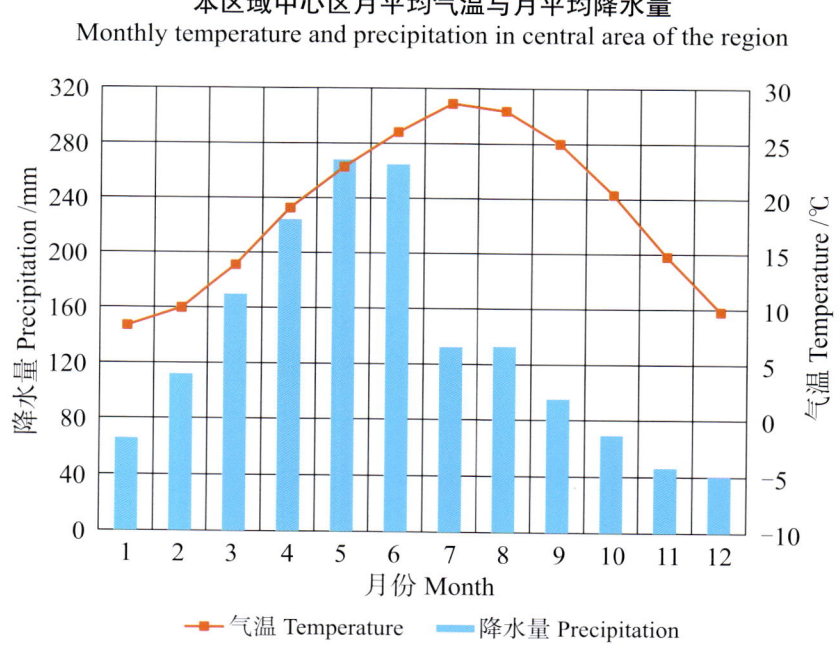

本区域中心区月平均气温与月平均降水量
Monthly temperature and precipitation in central area of the region

将乐县主要土壤类型与土壤剖面点分布图
1∶260 000

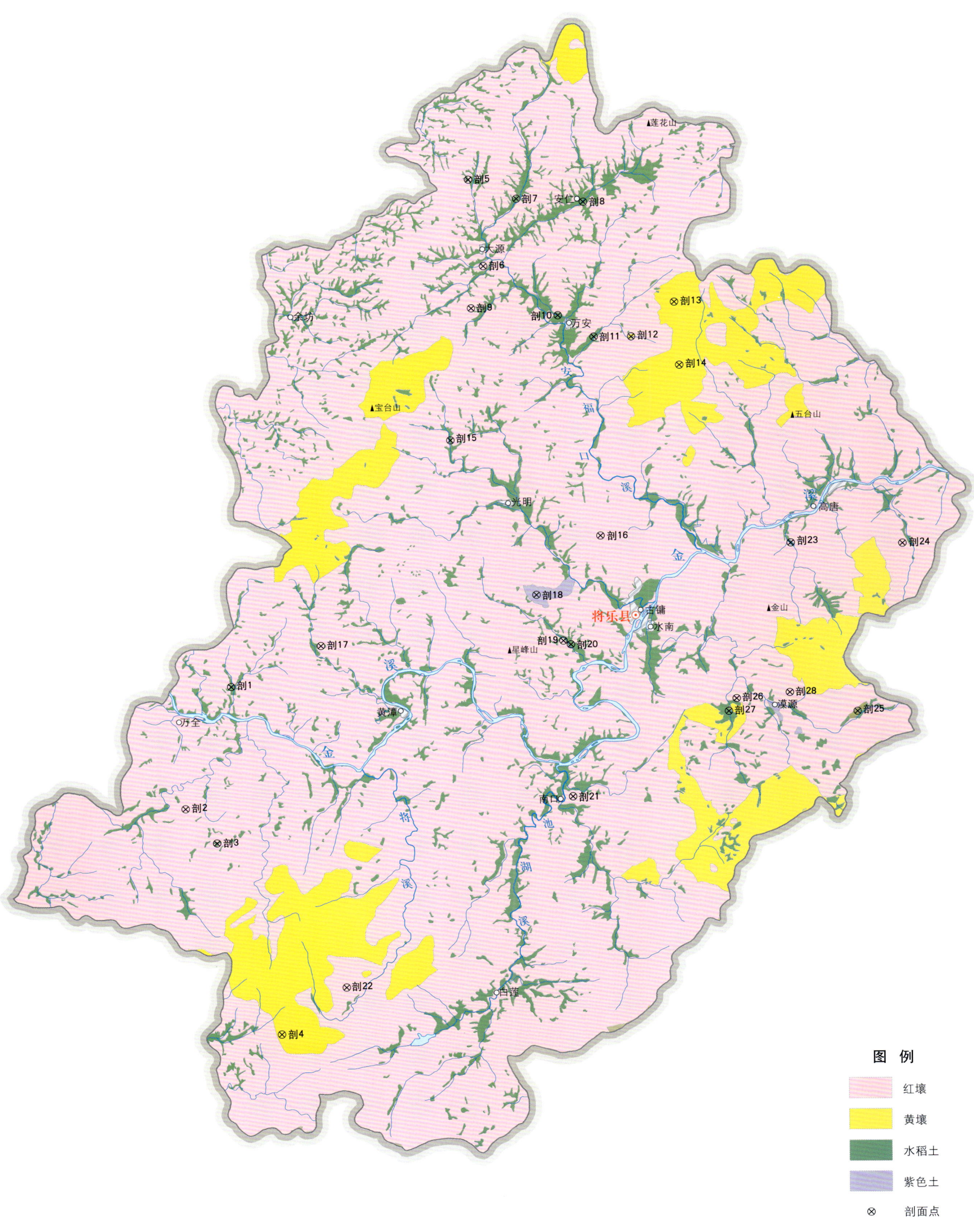

将乐县土壤剖面理化性状表

剖面号 Soil profile	土纲 Soil order	土类 Soil great group	亚类 Soil subgroup	土属 Soil genus	土种 Soil species	土层码 Layer code	土层厚度 Depth/cm	颜色 Soil color	质地 Soil texture	土壤结构 Soil structure	pH	有机质 OM/(g/kg)	全氮 TN/(g/kg)	全磷 TP/(g/kg)	全钾 TK/(g/kg)	有效磷 AP/(mg/kg)	速效钾 AK/(mg/kg)	阳离子交换量 CEC/(cmol/kg)	土壤母质 Parent material	剖面点坐标 Profile coordinate	匹配指数 Matching index/%
剖1	人为土	水稻土	渗育水稻土	黄泥田	黄泥田	A	0—15	灰黄色	轻黏土	粒状	4.7	25.5	1.47	0.54	19.7	1.0	56	7.8	坡积物	E 117°13′03.2″ N 26°41′26.7″	95
						P	15—23	浅灰色	重壤土	块状	5.1	24.3	1.22	0.33	19.7	1.0	11	7.0			
						C	23—100	黄色	轻黏土	块状	5.5	20.5	0.99	0.41	20.3	1.0	12	6.9			
剖2	铁铝土	红壤	黄红壤	泥质岩黄红壤		1	6—30	灰黑色	重壤土	粒状	4.3	60.2	1.71	0.68	7.5	2.0	101	13.5	泥质岩	E 117°11′20.7″ N 26°37′16.1″	97
						2	30—54	红黄色	重壤土	块状	4.9	4.8	0.55	0.22	25.0	1.0	130	13.1			
						3	54—74	黄红色	重壤土	块状	5.1	10.9	0.65	0.58	8.1	1.0	103	12.2			
						4	74—110	红黄色	重壤土	块状	5.4	4.2	0.33	0.63	7.5	1.0	38	7.7			
剖3	人为土	水稻土	渗育水稻土	白土田	白底田	A	0—18	浅灰黄色	砂壤土	粒状	4.8	17.5	1.05	0.38	33.1	3.0	6	3.4	坡积物	E 117°12′29.7″ N 26°36′05.3″	95
						P	18—32	灰黄色	中壤土	块状	5.1	5.8	0.36	0.51	34.4	2.0	7	2.8			
						W	32—52	灰灰色	轻壤土	块状	5.0	8.8	0.54	0.44	33.1	2.0	7	4.0			
						E	52—98	白灰色	轻壤土	无结构	5.1	12.7	0.54	0.34	37.5	2.0	13	8.4			
剖4	铁铝土	黄壤	粗骨性黄壤	砂质岩粗骨黄壤		1	12—60	灰黑黄色	中壤土	核状	5.0	47.6	1.29			3.0			砂质岩	E 117°14′49.0″ N 26°29′36.4″	97
						2	60—100	浅黄色	砂壤土	核状							195				
						3	100—120	灰灰色	砂壤土	核状											
剖5	人为土	水稻土	潴育水稻土	灰泥田	灰黄泥田	A	0—12	暗黄色	重壤土	粒状	4.9	23.7	1.33	0.72	42.0	2.0	12	8.0	冲积物	E 117°21′54.3″ N 26°58′46.1″	95
						P	12—19	浅灰色	重壤土	柱状	4.9	14.7	0.87	0.88	42.0	1.0	8	7.0			
						W	19—55	灰灰色	中壤土	块状	5.7	11.2	0.63	0.27	40.7	<1.0	9	7.8			
						C	55—95	黄色	轻壤土	块状											
剖6	铁铝土	红壤		沉积岩红壤		1	15—25	灰黑色	轻壤土	核状	4.7	57.7	1.85	0.63	17.8	1.0	50	7.5	砂质岩	E 117°22′26.6″ N 26°55′47.8″	95
						2	25—70	红黑色	中壤土	团团		57.7	1.85	0.46	19.1	2.0	25	7.8			
剖7	人为土	水稻土	渗育水稻土	黄泥田	浅脚烂泥田	A	0—14	浅灰色	重壤土	粒状	4.7	36.0	1.81	0.55	20.1	<1.0	18	5.3	坡积物	E 117°23′40.7″ N 26°58′06.6″	95
						P	14—20	浅灰黄色	中壤土	块状	4.5	41.6	1.77	0.43	18.9	3.0	9				
						W	20—39	灰灰色	重黏土	块状	5.5	23.4	0.95				12	4.0			
						C	39—59	黄色	轻壤土	无结构	5.0	7.8	0.31								
剖8	人为土	红壤	水化红壤	冷烂田		A	0—25	灰色	重壤土	无结构	5.3	53.6	2.41	1.03	17.8	2.0	67	10.6	砂质岩	E 117°26′02.0″ N 26°58′03.3″	95
						G	25—100	青灰色	重壤土	团团状	5.3	46.1	1.78	0.57	19.1	1.0	88	7.5			
剖9	铁铝土			酸性岩水化红壤		1	1—9	红黑色	中壤土	团团状	4.1	57.0	1.94			4.0	91		坡积物	E 117°21′59.0″ N 26°54′21.3″	95
						2	9—24	黄红色	中壤土	团团状											
						3	24—53	粉红色	轻壤土	团团状											
						4	53—100	水红色	中壤土	团团状											
剖10	人为土	水稻土	渗育水稻土	黄泥田	黄泥青	A	0—9	浅灰黄色	重壤土	粒状	5.3	24.3	1.21	0.87	33.0	2.0	24	4.4	坡积物	E 117°25′10.8″ N 26°54′06.4″	95
						P	9—16	黄黄色	中壤土	块状	5.6	10.2	0.74	0.60	30.0	1.0	22	3.2			
						C	16—30	暗黄色	重黏土	块状	6.1	7.1	0.51	0.47	33.3	1.0	12	3.2			
剖11	人为土	水稻土	潴育水稻土	乌泥田	乌泥田	A	0—17	暗黄色	重壤土	团粒状	5.2	40.3	2.29	1.49	26.9	27.0	76	10.3	冲积物	E 117°26′29.7″ N 26°53′22.8″	95
						P	17—20	浅灰色	重壤土	块状	5.8	30.0	1.60	1.56	26.3	9.0	13	7.6			
						W	20—76	灰灰黄色	重壤土	柱状	6.4	16.5	0.83	1.20	27.5	3.0	17	6.6			
						C	76—100	灰黄色	重壤土	块状	6.4	10.4	0.58	1.30	28.1	11.0	22	7.6			
剖12	铁铝土	黄壤	表潜黄壤	砂质岩表潜黄壤		1	6—22	黑黑色	中壤土	核状	4.3	124.5	5.17	0.91	23.6	5.0	88	20.7	砂质岩	E 117°27′52.2″ N 26°53′23.0″	75
						2	22—43	黄黑色	中壤土	团块状	4.8	38.1	1.95	0.52	6.1	1.0	12	12.8			
						3	43—66	浅黄色	中壤土	团块状	4.9	25.5	1.34	0.42	6.9	36		9.1			
						4	66—112	浅黄色	中壤土	团块状	5.1	5.2	0.49	0.32	26.3	1.0	38	8.6			

续表 Continued

剖面号 Soil profile	土纲 Soil order	土类 Soil great group	亚类 Soil subgroup	土属 Soil genus	土种 Soil species	土层码 Layer code	土层厚度 Depth/cm	颜色 Soil color	质地 Soil texture	土壤结构 Soil structure	pH	有机质 OM/(g/kg)	全氮 TN/(g/kg)	全磷 TP/(g/kg)	全钾 TK/(g/kg)	有效磷 AP/(mg/kg)	速效钾 AK/(mg/kg)	阳离子交换量CEC/(cmol/kg)	土壤母质 Parent material	剖面点坐标 Profile coordinate	匹配指数 Matching index/%
剖13	铁铝土	黄壤	黄壤	沉积岩黄壤		1	0—12	暗黄色	中壤土	团块状	4.7	177.1	4.49	0.72	26.9	3.0	274	41.8	沉积岩	E 117°29′28.0″ N 26°54′33.2″	75
						2	12—23	灰黄色	中壤土	团块状	4.8	71.3	2.23	0.54	28.7	3.0	276	23.4			
						3	23—50	浅黄色	轻壤土	核状	4.8	32.3	1.30	0.43	24.4	1.0	71	14.2			
						4	50—98	深黄色	轻壤土	粒状	5.1	12.0	0.40	0.35	31.2	1.0	100	11.9			
						5	98—125	深黄色	中壤土	核状	5.1	6.8	0.49	0.37	30.0	1.0	51	9.5			
剖14	铁铝土	黄壤	黄壤	酸性岩黄壤		1	3—14	黑色	重壤土	核状	4.7	36.2	2.06			1.0	59		酸性岩	E 117°29′38.0″ N 26°52′24.5″	97
						2	14—36	灰黑色	中壤土	团块状											
						3	36—62	浅黄色	中壤土	核状											
						4	62—102	金黄色	中壤土												
剖15	人为土	水稻土	潜育水稻土	青泥田	青泥田	A	0—20	暗黑色	轻黏土	块状	4.7	28.5	1.36	0.37	32.7	3.0	39	6.3	泥质岩	E 117°21′11.3″ N 26°49′50.7″	95
						P	20—25	暗黑色	轻黏土	块状	6.0	22.3	1.04	0.20	31.0	1.0	18	5.9			
						G	25—65	青青色	重壤土	粒状	5.2	12.8	0.60	0.29	29.7	1.0	19	5.2			
剖16	铁铝土	红壤	红壤	沉积岩红壤		1	2—8	黑色	黏土	核状	4.7	43.2	1.91			7.0	108		石灰岩	E 117°26′40.6″ N 26°46′33.3″	95
						2	8—12	黑黄色	重壤土	核状											
剖17	铁铝土	红壤	红壤	泥质岩红壤		1	0—7	暗红色	轻壤土	核状	4.3	19.8	1.22	1.05	16.9	1.0	73	6.9	泥质岩	E 117°16′22.1″ N 26°42′50.2″	97
						2	7—15	黄红色	轻壤土	核状	4.3	19.5	1.50	0.98	16.9	2.0	77	7.2			
						3	15—45	红色	轻壤土	核状	4.8	19.5	0.94	0.57	22.6	1.0	78	6.6			
剖18	初育土	紫色土	酸性紫色土	泥质岩酸性紫色土		1	2—9	灰黑色	砂壤土	块状	4.7	60.9	1.49	0.76	8.8	4.0	115	9.5	泥质岩	E 117°24′18.2″ N 26°44′33.2″	97
						2	9—57	黄黑色	轻壤土	核状	5.2	8.1	0.37	0.66	22.6	4.0	34	4.1			
						3	57—76	紫红色	中壤土	核状	6.0	4.1	0.31	0.57	18.8	3.0	427	2.5			
剖19	铁铝土	红壤	红壤	中性岩红壤		A₁	4—14	灰黑色	中壤土	块状									中性岩	E 117°25′18.4″ N 26°42′56.5″	97
						B₁	14—28	浅灰色	中壤土	团块状											
						B₂	28—125	红色	轻壤土	团块状											
剖20	人为土	水稻土	渗育水稻土	黄泥田	乌黄泥田	1	0—13	暗灰色	轻黏土	粒状	5.1	30.2	1.62	0.89	16.3	17.0	9	2.4	坡积物	E 117°25′33.9″ N 26°42′50.7″	95
						2	13—18	灰色	轻黏土	块状	5.4	18.1	0.88	0.48	16.5	2.0	9	3.6			
						3	18—48	黄灰色	轻黏土	块状	6.2	10.4	0.64	0.79	21.3	1.0	25	6.1			
						4	48—63	黄灰色	轻黏土	块状	6.0	10.2	0.62	0.51	18.8	1.0	7	5.4			
剖21	铁铝土	红壤	水化红壤	酸性岩酸性红壤		1	4—13	黑色	黏土	粒状	4.4	61.1	1.78			7.0	194		泥质岩	E 117°16′35.3″ N 26°37′37.3″	95
						2	13—23	灰黑色	黏土	块状											
						3	23—35	黄红色	黏土	团块状											
						4	35—48	黄红色	黏土	团块状											
						5	48—102	深红色	重壤土	团块状							184				
剖22	铁铝土	红壤	黄红壤	砂质岩黄红壤		1	2—10	黑褐色	重壤土	核状	4.7	127.7	4.34	0.74	27.5	8.0	19	4.3	砂质岩	E 117°25′35.3″ N 26°37′37.3″	95
						2	10—45	灰灰色	重壤土	块状	4.9	26.1	1.65	0.73	27.5	1.0	12	4.0			
						3	45—73	浅红色	粘壤土	块状	5.6	13.9	0.85	0.80	28.4	1.0	11	5.6			
						4	73—125	深红色	粘壤土	块状	6.2	7.2	0.50								
剖23	人为土	水稻土	潜育水稻土	灰泥田		A	0—20	灰色	中黏土	块状	4.6	32.3	1.31	0.38		2.0	111	19.7	冲积物	E 117°17′12.5″ N 26°31′09.6″	95
						2	20—24	青黄色	轻黏土	团块状	5.0	6.4	0.61	0.23		1.0	70	15.1			
						3	24—47	黄灰色	轻黏土	团块状	7.2	7.2					58				
剖24	铁铝土	红壤	红壤	变质岩红壤		1	1—8	浅黄红色	重壤土	块状	5.0	31.5	2.05	1.05	7.1	1.0	58	19.0	泥质岩	E 117°33′40.7″ N 26°46′14.4″	95
						2	8—32	灰灰色	重壤土	块状											
剖25	初育土	石灰（岩）土	红色石灰土	红色石灰土		1	2—20	灰灰色	轻黏土	团块状	7.4	19.2	1.47	0.90	7.8	1.0	10	12.4	泥质岩	E 117°36′04.4″ N 26°40′28.5″	75
						2	20—40	红色	重壤土	块状											

续表 Continued

剖面号 Soil profile	土纲 Soil order	土类 Soil great group	亚类 Soil subgroup	土属 Soil genus	土种 Soil species	土层码 Layer code	土层厚度 Depth/cm	颜色 Soil color	质地 Soil texture	土壤结构 Soil structure	pH	有机质 OM/(g/kg)	全氮 TN/(g/kg)	全磷 TP/(g/kg)	全钾 TK/(g/kg)	有效磷 AP/(mg/kg)	速效钾 AK/(mg/kg)	阳离子交换量CEC/(cmol/kg)	土壤母质 Parent material	剖面点坐标 Profile coordinate	匹配指数 Matching index/%
剖26	铁铝土	红壤	红壤	酸性岩侵蚀红壤		1	0—38	浅灰红色	轻黏土	团块状	4.8	37.4	1.26	0.81	3.8	1.0	74	10.0	酸性岩	E 117°31′38.0″ N 26°40′57.2″	97
						2	38—52	灰红色	重壤土	团块状	5.0	26.7	1.25	0.71	3.8	1.0	20	14.9			
						3	52—100	红色	轻黏土	块状	5.5	8.6	0.47	0.71	4.4	1.0	9	13.1			
剖27	人为土	水稻土	潴育水稻土	灰泥田		A	0—14	浅灰色	轻黏土	粒状	5.2	32.6	1.70	1.32	37.5	15.0	52	9.6	冲积物	E 117°31′20.6″ N 26°40′30.8″	95
						P	14—19	灰色	轻黏土	块状	6.7	12.9	0.82	1.20	26.3	1.0	15	9.6			
						W	19—53	灰色	中黏土	柱状	6.9	10.0	0.42	0.87	40.3	1.0	64	11.1			
						G	53—100	青灰色	轻黏土	块状	7.1	7.8	0.46	0.81	26.9	6.0	38	11.2			
剖28	铁铝土	红壤	粗骨性红壤	变质岩粗骨性红壤		1	3—8	黑灰色	中壤土	核状	4.7	173.3	4.67	1.01	11.8	1.0	176	20.8	泥质岩	E 117°33′35.5″ N 26°41′09.0″	95
						2	8—32	浅红色	中壤土	核状	5.0	41.1	1.69	0.71	19.9	1.0	57	8.1			

建 宁 县

主要土类说明

红壤是建宁县主要土壤类型，占本县地域面积的 65%，全县各乡镇的山地、丘陵均有分布。土壤全剖面呈红色或浅红色，具有 A-B-C 或 A-C 构型，土层厚度多在 1m 以上，典型的厚达 10m 以上。本县红壤分为红壤、黄红壤、暗红壤和粗骨性红壤等亚类。其中红壤亚类面积最大，分布于各乡镇。黄红壤亚类次之，各乡镇海拔 600—1000m 的高丘、低山、中山均有分布，成土母岩有花岗岩、黑云母花岗岩、混合岩、变粒岩等，由于植被覆盖好，日照短，相对湿度大，水湿条件优越，氧化铁长期处于水化状态，土体中的硅含量高，全剖面呈黄红色、红黄色，层次过渡逐渐或较明显，质地为中壤、中黏，呈核状或块状结构，结持力松散，植物根多，土壤湿润，pH 为 5.5，水肥条件好。暗红壤亚类分布于海拔 350—750m 的低山、高丘山坡下部和山凹处，成土母岩有云母斜长变粒岩、粉砂岩、细砂岩等，由于所处环境较隐蔽，温差小，水热条件优越，植被好，枯枝落叶层较厚，有机质丰富，氮、磷、钾含量高，全剖面呈暗红色、浅红色，质地多重黏、中黏、轻黏，呈粒状结构，结持力松散，土壤湿润，pH 为 5.6，水肥条件较佳。粗骨性红壤亚类分布在黄坊、溪源、溪口、均口等乡镇海拔 300—600m 的高丘、低山山顶、山脊，成土母岩有混合花岗岩，植被稀疏且不均匀，土层浅薄，厚度为 40cm 左右，土体含有粗砂砾碎石，具 A-C 或 A-D 剖面构型，全剖面呈浅红色，枯枝落叶层厚 1cm，腐殖质层厚 31cm，层次过渡不明显，质地多为砂壤土，呈粒状结构，结持力松散，土壤湿润，pH 为 5.5，土壤肥力差。

水稻土是建宁县第二大土壤类型，占本县地域面积的 17%，从海拔 280m 的袁庄到海拔 1100m 的坪岗均有分布。本县水稻土分为潴育型、渗育型和潜育型等亚类。其中，潴育水稻土占本土类的 60% 以上，主要分布在溪河两岸的平洋地段及较开阔山间垄地，地下水位在 50cm 以下，土体中有发育明显的斑淀层，心土层有明显的棱柱状结构，剖面构型为 $A-P-W_1/W_2-G$ 或 $A-P-W-G$ 型。

黄壤是建宁县第三大土壤类型，占本县地域面积的 15%，多分布在海拔 700—1500m 的中山地带。由于分布区植被茂密、云雾大、湿度高、日照短、气温低，终年气候比较潮湿，表层腐殖质积累比较丰富，土壤呈酸性。有机质和氮、磷、钾含量高，水肥条件好。本县黄壤分为黄壤和粗骨性黄壤两个亚类。

紫色土占建宁县地域面积的 3%，主要分布在均口、伊家等乡镇，多位于丘陵、低山地带。成土母岩有紫红色粉砂岩、紫红色砂砾岩及紫色凝灰熔岩。因母岩中含有紫色蓝铁矿和菱铁矿，其化学性质比较稳定，土壤颜色基本保持着与母岩相同的紫色，同时由于周期性的侵蚀作用，土壤常处于幼年发育阶段，又因土壤表层容易受到侵蚀，所以表土层较为浅薄，但质地较黏，保肥力较强，故土壤中氮、磷、钾尚为丰富，肥力较高。本县紫色土分为酸性紫色土和紫色土两个亚类。

小于本县地域面积 3% 的土壤类型还有山地草甸土等。

本区域中心区气候特征

本区域中心区气候特征值
Regional climate characteristics in central area of the region

气候带：中亚热带湿润气候 Climate region: Subtropical humid climate	
年平均气温 /℃ Annual average temperature /℃	18.8
年平均最高气温 /℃ Annual average maximum temperature /℃	23.9
年平均最低气温 /℃ Annual average minimum temperature /℃	15.2
年降水量 /mm Annual precipitation /mm	1632
≥10℃的积温 /℃ Daily temperature accumulated in a year（≥10℃）/℃	7870
年日照时数 /h Annual sunshine /h	1645
年平均相对湿度 /% Annual average relative humidity /%	80
干燥度 Dryness	0.68

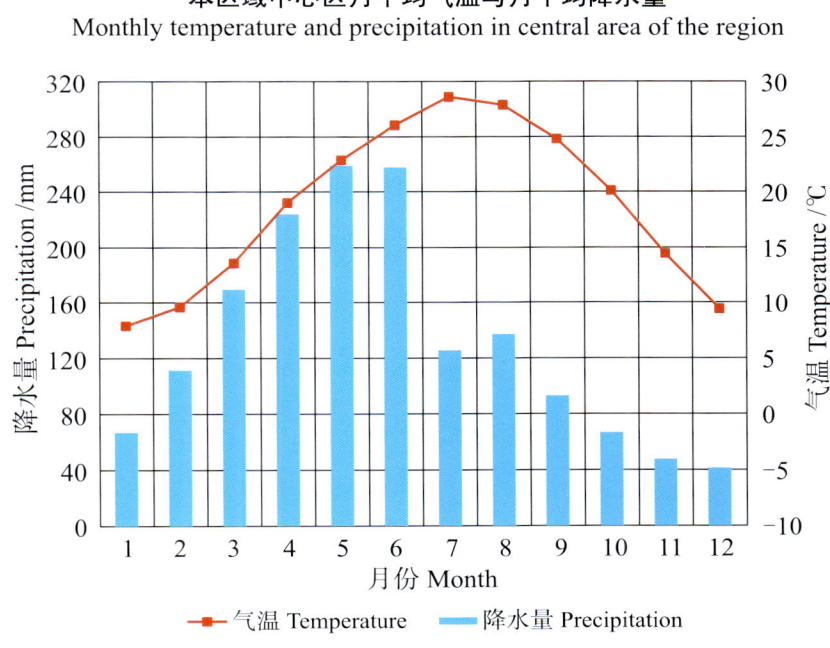

本区域中心区月平均气温与月平均降水量
Monthly temperature and precipitation in central area of the region

建宁县主要土壤类型与土壤剖面点分布图
1∶250 000

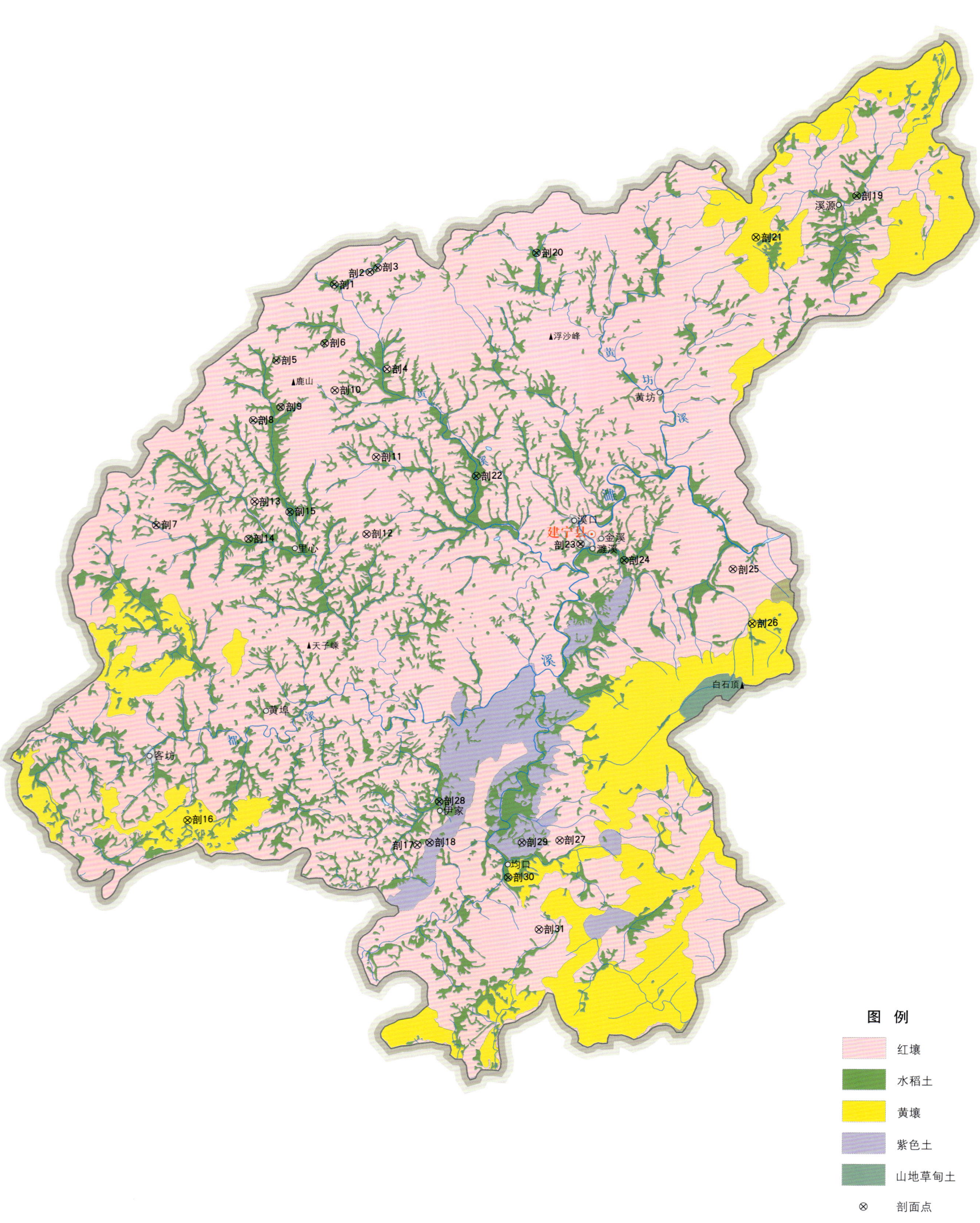

图 例
- 红壤
- 水稻土
- 黄壤
- 紫色土
- 山地草甸土
- ⊗ 剖面点

建宁县土壤剖面理化性状表

剖面号 Soil profile	土纲 Soil order	土类 Soil great group	亚类 Soil subgroup	土属 Soil genus	土种 Soil species	土层码 Layer code	土层厚度 Depth/cm	颜色 Soil color	质地 Soil texture	土壤结构 Soil structure	pH	有机质 OM/(g/kg)	全氮 TN/(g/kg)	全磷 TP/(g/kg)	全钾 TK/(g/kg)	碱解氮 AN/(mg/kg)	有效磷 AP/(mg/kg)	速效钾 AK/(mg/kg)	阳离子交换量 CEC/(cmol/kg)	土壤母质 Parent material	剖面点坐标 Profile coordinate	匹配指数 Matching index/%
剖1	人为土	水稻土	潴育水稻土	潮砂田	灰砂田	A	0—14	浅灰色	中壤土	块状	6.3	26.4	1.70	1.03	39.7	164	52.0	48	10.6	河流冲积物	E 116°41′30.2″ N 26°58′19.1″	97
						P	14—26	灰色	中壤土	片状	4.9	21.7	1.21	0.81	39.7	104	50.0	21	6.7			
						W	26—49	黄灰色	中壤土	柱状	5.2	14.0	0.98	0.70	40.3	43	10.0	8	6.7			
						C	49—100	灰色	中壤土	柱状	5.2	8.4	0.51	0.71	39.7	63	9.0	8	8.5			
剖2	人为土	水稻土	潴育水稻土	灰泥田	灰泥田	A	0—19	灰色	重壤土	块状	5.0	28.3	1.83	0.84	47.2	262	19.0	22	9.8	冲积物或坡积物	E 116°42′45.1″ N 26°58′43.8″	97
						P	19—28	暗灰色	重壤土	块状	4.6	21.9	1.17	0.56	47.2	102	3.0	9	15.2			
						W	28—45	深灰色	重壤土	棱柱状	5.1	18.8	0.71	0.49	46.0	73	4.0	19	13.5			
						C	45—100	深灰色	重壤土	无结构	5.7	11.8	0.85	0.55	48.7	79	9.0	9	6.1			
剖3	人为土	水稻土	潴育水稻土	青泥田	青泥田	A	0—10	棕灰色	重壤土	块状	4.7	29.8	1.89	0.26	25.0	181	2.0	46	11.3		E 116°42′52.4″ N 26°58′46.9″	97
						P	10—19	暗灰色	重壤土	块状	4.7	30.2	1.93	0.10	26.6	121	1.0	18	9.7			
						G	19—100	青灰色	重壤土	棱柱状												
剖4	铁铝土	红壤	暗红壤	砂质岩暗红壤		A_1	0—18	紫棕色	砂壤土	粒状	4.1	49.1	3.11			98	2.0	79	13.4	砂质岩	E 116°43′21.5″ N 26°55′33.5″	75
						A_2	18—38	暗红色	轻壤土	粒状	4.7	24.1	0.95			70	1.5	60	5.9			
剖5	人为土	水稻土	潴育水稻土	冷烂田	浅脚烂泥田	A	0—18	暗灰色	重壤土	无结构	4.5	50.2	3.22	0.25	40.5	234	1.0	69	5.3	花岗岩、流纹岩风化物	E 116°39′29.5″ N 26°55′50.6″	97
						G	18—	青灰色	重壤土	无结构	4.4	40.0	2.15	0.37	40.5	185	1.0	43	5.9			
剖6	人为土	水稻土	潴育水稻土	黄泥田	乌黄泥田	A	0—12	灰黄色	中壤土	块状	4.8	23.5	1.49	0.53	32.1	105	4.0	25	6.0	河流冲积物	E 116°41′10.5″ N 26°56′24.4″	97
						P	12—19	暗黄色	中壤土	柱状	4.7	14.4	0.94	0.41	30.6	100	<1.0	16	5.4			
						W_1	19—32	棕红色	中黏土	柱状	5.7	11.6	0.74	0.34	30.6	43	<1.0	12	4.0			
						W_2	32—61	黄棕色	中黏土	柱状	5.4	12.3	0.78	0.37	30.6	41	<1.0	10	6.9			
						C	61—100	棕黄色	重壤土	粒状	5.0	7.8	0.55	0.37	33.4	28	24.0	9	6.2			
剖7	人为土	水稻土	潴育水稻土	潮砂田	乌砂泥田	A	0—14	黑灰色	砂壤土	粒状	5.1	29.4	1.77	0.49	20.0	235	6.0	137	4.3		E 116°35′18.5″ N 26°50′29.3″	97
						P	14—20	棕灰色	中壤土	块状	5.6	7.1	0.46	0.50	25.0	41	6.0	112	4.3			
						W	20—58	灰黄色	中壤土	柱状	5.2	5.8	0.38	0.49	23.4	52	8.0	98	4.2			
						C	58—100	灰色	砂壤土	柱状	6.0	3.2	0.21	0.45	28.3	43	9.0	86	2.1			
剖8	铁铝土	黄红壤		泥质岩黄红壤		A	0—12	暗灰色	轻黏土	粒状	5.7	18.5	1.25			190	3.0	26		粉砂岩	E 116°38′40.9″ N 26°53′53.6″	97
						B_1	12—31	淡红棕色	轻黏土	粒状	5.7	12.3	0.80			77	1.0	77				
						B_2	31—100	淡黄棕色	中壤土	粒状	5.3	8.6	0.56			100	3.0	87				
剖9	铁铝土	红壤		泥质岩红壤		A_1	0—6	暗灰色	重黏土	块状	3.9	73.2	4.80			229	3.0	62			E 116°39′38.6″ N 26°54′19.4″	97
						A_2	6—31	棕红色	中黏土	块状	4.8	21.0	1.33			127	3.0	25				
						B	31—100	黄棕色	重壤土	块状	4.8	10.0	0.80			69	1.0	6				
剖10	铁铝土	粗骨性红壤		酸性岩粗骨性红壤		A	0—33	暗棕色	中黏土	粒状	4.8	24.5	1.51			121	1.0	40		混合花岗岩	E 116°41′31.9″ N 26°54′52.3″	97
						C	33—	暗棕色	重壤土	粒状	6.4	5.8	0.30			34	7.0	42				
剖11	铁铝土	红壤		中性岩红壤		A_1	0—15	灰棕色	重黏土	粒状	5.0	19.1	1.22			74	4.0	25		安山岩	E 116°42′59.3″ N 26°52′43.1″	75
						A_2	15—35	红棕色	轻壤土	粒状	5.1	2.9	0.14			78	2.0	44				
						B	35—100	棕色	重黏土	粒状	5.6	2.2	0.12			69	7.0	31				
剖12	铁铝土	红壤		酸性岩红壤		A_1	0—4	暗红色	重黏土	块状	5.2	37.9	1.77			96	4.0	93		混合花岗岩	E 116°42′39.5″ N 26°50′13.0″	98
						A_2	4—14	淡红棕色	重黏土	块状	5.5	7.2	0.34			29	2.0	128				
						B_1	14—35	淡红棕色	重黏土	块状	5.4	1.6	0.13			30	3.0	114				
						B_2	35—52	棕色	轻壤土	块状	5.4	3.0	0.26			36	7.0	120				
						B_3	52—60	灰棕色	重壤土	块状	5.1	2.5	0.14			51	1.0	14				
剖13	铁铝土	黄红壤		酸性岩黄红壤		A	0—38	棕红色	中黏土	块状	4.9	40.6	2.59			119	<1.0	9		黑云母花岗岩	E 116°38′44.6″ N 26°51′15.9″	97
						B_1	38—93	淡棕红色	中黏土	块状	5.5	22.0	1.45			39	7.0	19				
						B_2	93—	淡棕红色	中黏土	块状	5.9	8.1	0.35			61	3.0	19				

续表 Continued

剖面号 Soil profile	土纲 Soil order	土类 Soil great group	亚类 Soil subgroup	土属 Soil genus	土种 Soil species	土层码 Layer code	土层厚度 Depth/cm	颜色 Soil color	质地 Soil texture	土壤结构 Soil structure	pH	有机质 OM/(g/kg)	全氮 TN/(g/kg)	全磷 TP/(g/kg)	全钾 TK/(g/kg)	碱解氮 AN/(mg/kg)	有效磷 AP/(mg/kg)	速效钾 AK/(mg/kg)	阳离子交换量CEC/(cmol/kg)	土壤母质 Parent material	剖面点坐标 Profile coordinate	匹配指数 Matching index/%
剖14	铁铝土	红壤	红壤	酸性岩侵蚀红壤		B_1	0—10	红灰色	中壤土	粒状	5.9	13.9	0.51			78	9.0	131		花岗岩	E 116°38′32.4″ N 26°50′03.0″	95
						B_2	10—26	淡红橙色	轻壤土	粒状	5.4	4.5	0.21			50	5.0	85				
剖15	人为土	水稻土	渗育水稻土	黄泥田	灰黄泥砂田	A	0—9	中灰色	中壤土	块状	5.1	30.2	2.55	1.25	34.4	161	53.0	31	9.3	花岗岩、流纹岩风化物	E 116°39′58.4″ N 26°50′55.5″	95
						P	9—16	灰黄色	重壤土	块状	5.2	27.7	1.88	0.83	38.9	133	21.0	14	7.0			
						W	16—41	黄灰色	中壤土	块状	5.6	21.4	1.39	1.40	36.9	84	10.0	15	6.1			
						S	41—100	棕灰色	中壤土	柱状	5.6	10.1	0.65	1.16	41.8	81	8.0	21	6.9			
剖16	铁铝土	黄壤	黄壤	酸性岩黄壤		A	0—10	黄棕色	中壤土		4.9	39.4	1.56			33	<1.0	150		二母母花岗岩	E 116°36′27.5″ N 26°40′52.5″	98
						B_1	10—40	暗黄色	重壤土	粒状	5.7	11.6	0.63			111	27.0	79				
						B_2	40—100	黄棕色	轻壤土	粒状	5.5	3.1	0.20			37	15.0	79				
剖17	铁铝土	红壤	黄红壤	中性岩黄红壤		A_1	0—25	黄棕色	中黏壤土	粒状	4.8	23.3	1.48			98	3.0	<5		安山岩	E 116°44′28.4″ N 26°40′05.3″	97
						A_2	25—60	黑灰色	中壤土	粒状	5.1	18.9	1.25			81	1.0	22				
						B	60—100	黄红色	轻黏土	块状	5.5	9.0	0.40			36	3.0	117				
剖18	初育土	紫色土	酸性紫色土	猪肝土		A	0—40	暗紫色	壤土	粒状	6.0	25.4	1.69			121	7.0	108			E 116°44′54.3″ N 26°40′09.8″	75
						B	40—109	暗紫色	轻壤土	粒状	5.6	14.4	0.96			92	2.0	50				
剖19	人为土	水稻土	潴育水稻土	乌泥田	砂底乌泥田	A	0—26	暗灰色	重壤土	块状	4.9	41.0	2.86	0.79	46.3	264	20.0	8	13.0	冲积物或缓坡地的坡积物	E 116°59′46.7″ N 27°01′11.1″	95
						P	26—31	暗灰色	重壤土	块状	4.6	17.5	1.15	0.73	48.3	88	2.0	10	10.1			
						W	31—71	棕灰色	重壤土	块状	4.5	13.6	0.63	0.65	>50.0	63	9.0	8	8.3			
						S	71—100	棕灰色	中壤土	块状	4.3	11.8	0.41	0.40	>50.0	46	12.0	18	5.0			
剖20	人为土	水稻土	潴育水稻土	灰泥田	青底灰泥田	A	0—14	棕灰色	重壤土	粒状	5.4	24.5	1.47	1.74	40.3	270	20.0	50	13.5	冲积物或坡积物	E 116°48′34.7″ N 26°59′21.1″	98
						P	14—23	暗灰色	重壤土	块状	4.9	22.5	1.43	1.67	40.3	203	2.0	14	13.4			
						W	23—68	灰色	中壤土	棱柱状	6.0	12.2	0.78	0.78	40.3	53	4.0	17	25.4			
						G	68—100	青灰色	中壤土	棱柱状	5.1	11.4	0.74	0.58	34.4	56	7.0	34	16.9			
剖21	铁铝土	黄壤	黄壤	泥质岩类黄壤		A	0—32	暗棕色	轻壤土	块状	4.5	53.4	2.80			198	3.0	73	5.6	灰黑色中薄层炭质粉砂岩	E 116°56′15.4″ N 26°59′51.6″	97
						B_1	32—71	暗棕灰色	中壤土	块状	5.8	11.0	0.69			90	1.7	25	5.1			
						B_2	71—	黄橙色	中壤土	柱状	5.4	4.0	0.39			19	2.5	21	9.3			
剖22	人为土	水稻土	渗育水稻土	白底田	白底田	A	0—16	棕灰色	重壤土	无结构	4.7	24.4	1.62	0.43	37.5	199	5.0	155	7.4		E 116°46′29.3″ N 26°52′06.1″	97
						P	16—23	暗灰色	重壤土	块状	4.9	21.9	1.42	0.32	32.1	94	2.0	48	4.3			
						W	23—74	青灰色	重壤土	块状	5.1	13.4	0.90	0.31	36.3	69	1.0	40	10.4			
						E	74—95	黄灰色	中壤土	块状	4.6	5.1	0.32	0.22	41.9	62	<1.0	36	6.4			
						C	95—100	白灰色	中壤土	柱状												
剖23	人为土	水稻土	渗育水稻土	灰泥田	灰泥田	A	0—17	浅灰色	轻壤土	块状	5.0	23.4	1.67	0.41	29.4	147	10.0	9	5.5	冲积物或坡积物	E 116°50′07.3″ N 26°49′54.2″	95
						P	17—24	暗灰色	中壤土	块状	5.0	16.2	1.35	0.57	29.4	147	6.0	12	5.1			
						W	24—35	灰色	中壤土	柱状	5.2	6.9	1.56	0.62	30.6	44	3.0	15	9.3			
						S	35—100	白灰色	砂壤土	柱状	5.9	5.2	0.97	0.84	31.4	43	8.0	8	2.8			
剖24	人为土	水稻土	渗育水稻土	白土田	白鳝泥田	A	0—12	浅灰色	中壤土	块状	4.3	15.4	1.03	0.26	28.1	183	2.0	6	7.1		E 116°51′39.5″ N 26°49′22.4″	98
						P	12—20	暗灰色	中壤土	柱状	4.9	8.8	0.57	0.25	28.1	133	1.0	34	6.1			
						E	20—57	灰白色	中壤土	柱状	4.6	8.3	0.54	0.22	26.6	28	<1.0	11	7.3			
						C	57—100	灰白色	重壤土	柱状	4.7	7.3	0.49	0.14	23.8	62	<1.0	12	7.5			
剖25	铁铝土	红壤	黄红壤	砂质岩红壤		A_1	0—6	暗棕色	轻壤土	粒状	4.4	80.9	4.14			316	5.0	145		炭质粉砂岩	E 116°55′27.2″ N 26°49′05.9″	95
						A_2	6—33	棕色	轻壤土	粒状	4.9	46.0	2.66			197	1.0	14				
						B	33—78	淡棕色	轻壤土	粒状	4.8	18.5	0.89			87	<1.0	9				
剖26	铁铝土	黄壤	黄壤	砂质岩黄壤		A_1	0—22	暗棕灰色	中壤土	小粒状	5.8	50.2	1.63			187	<1.0	<5		变粒岩	E 116°56′08.1″ N 26°47′19.1″	97
						A_2	22—39	灰棕色	中壤土	小粒状	5.7	34.1	1.05			85	1.7	9				
						B	39—100	紫棕色	中壤土		4.6	14.0	0.88			83	2.8	25				

续表 Continued

剖面号 Soil profile	土纲 Soil order	土类 Soil great group	亚类 Soil subgroup	土属 Soil genus	土种 Soil species	土层码 Layer code	土层厚度 Depth/cm	颜色 Soil color	质地 Soil texture	土壤结构 Soil structure	pH	有机质 OM/(g/kg)	全氮 TN/(g/kg)	全磷 TP/(g/kg)	全钾 TK/(g/kg)	碱解氮 AN/(mg/kg)	有效磷 AP/(mg/kg)	速效钾 AK/(mg/kg)	阳离子交换量CEC/(cmol/kg)	土壤母质 Parent material	剖面点坐标 Profile coordinate	匹配指数 Matching index/%
剖27	铁铝土	红壤	暗红壤	中性岩暗红壤		A_1	0—16	黑棕色	轻黏土	粒状	4.3	34.9	2.19			162	3.0	71		中性岩	E 116°49′26.4″ N 26°40′15.4″	97
						A_2	16—30	暗棕色	中黏土	粒状	6.1	23.0	0.90			111	8.0	65				
						B_1	30—48	棕色	轻黏土	粒状	5.9	10.5	0.57			69	3.0	75				
						B_2	48—103	红棕色	中黏土	粒状	5.9	5.2	0.34			39	3.0	43				
剖28	初育土	紫色土	酸性紫色土	砂砾岩酸性紫色土		A_1	0—4	暗紫棕色	轻黏土	核状	4.3	17.2	1.14			165	<1.0	<5		紫红色砂砾岩	E 116°45′17.3″ N 26°41′24.3″	98
						A_2	4—10	棕红色	轻壤土	粒状	4.8	12.9	0.90			112	<1.0	6				
						C	10—															
剖29	初育土	紫色土	酸性紫色土	泥质岩酸性紫色土		A	0—28	紫色	轻黏土	粒状	6.1	18.3	1.24			111	<1.0	93		紫红色粉砂岩	E 116°48′07.5″ N 26°40′10.5″	98
						B	28—83	红棕色	重壤土	粒状	4.5	12.5	0.84			87	2.5	8				
剖30	人为土	水稻土	渗育水稻土	紫泥田	紫泥砂田	A	0—14	灰紫色	中壤土	块状	5.4	19.7	1.09	0.32	39.1	119	18.0	62	6.5	紫色砂岩风化坡积物	E 116°47′38.8″ N 26°39′02.3″	95
						(P)	14—20	紫色	轻壤土	块状	5.8	14.0	0.96	0.53	37.5	107	13.0	28	5.9			
						C	20—100	紫色	中壤土	粒状	6.2	7.4	0.61	0.25	29.4	60	9.0	24	6.2			
剖31	铁铝土	红壤	暗红壤	泥质岩暗红壤		A	0—40	暗棕色	重黏土	粒状	4.4	54.2	3.43			188	3.0	62		粉砂岩细砂岩	E 116°48′44.0″ N 26°37′21.2″	98
						B	40—59	暗棕红色	重黏土	粒状	5.7	45.9	2.29			107	3.0	22				
						C	59—	淡棕色	重黏土	团块状	5.6	27.4	0.81			137	3.0	38				

永 安 市

主要土类说明

红壤是永安市主要土壤类型，占本市地域面积的 68%。红壤主要发生于中亚热带常绿阔叶林，呈中度脱硅富铝化特征，土壤黏粒中游离铁占全铁的 50%—60%。红壤具深厚红色土层，底层可见深厚红、黄、白相间网纹红色黏土。黏土矿物以高岭石、赤铁矿为主，黏粒硅铝率为 1.8—2.4，风化淋溶系数小于 0.2，盐基饱和度小于 35%，pH 为 4.5—5.5。

黄壤是永安市第二大土壤类型，占本市地域面积的 20%。黄壤发生于亚热带湿润条件下，中度富铝化，多见于海拔 700—1200m 的山区。土壤具 O–A–AB–B–C 剖面构型。淀积层富含水合氧化物（针铁矿），呈黄色，有时多含三水铝石。土壤有机质含量较高，可达 100g/kg，pH 为 4.5—5.5。多为林地，间亦耕种。

水稻土是永安市第三大土壤类型，占本市地域面积的 9%。水稻土是在长期季节性淹灌、水下翻耕、季节性脱水、氧化还原交替影响下，原来成土母质或母土的特性发生重大改变，形成的新的土壤类型。由于干湿交替，形成糊状淹育层、较坚实板结的犁底层、渗育层、潴育层与潜育层等多种发生层分异。这些不同发生层段是在人为耕作、水浆管理下形成的。

小于本市地域面积 3% 的土壤类型还有石灰（岩）土、紫色土等。

本区域中心区气候特征

本区域中心区气候特征值
Regional climate characteristics in central area of the region

气候带：中亚热带湿润气候 Climate region: Subtropical humid climate	
年平均气温 /℃ Annual average temperature /℃	19.4
年平均最高气温 /℃ Annual average maximum temperature /℃	25.1
年平均最低气温 /℃ Annual average minimum temperature /℃	15.5
年降水量 /mm Annual precipitation /mm	1562
≥10℃的积温 /℃ Daily temperature accumulated in a year（≥10℃）/℃	7374
年日照时数 /h Annual sunshine /h	1633
年平均相对湿度 /% Annual average relative humidity /%	80
干燥度 Dryness	0.73

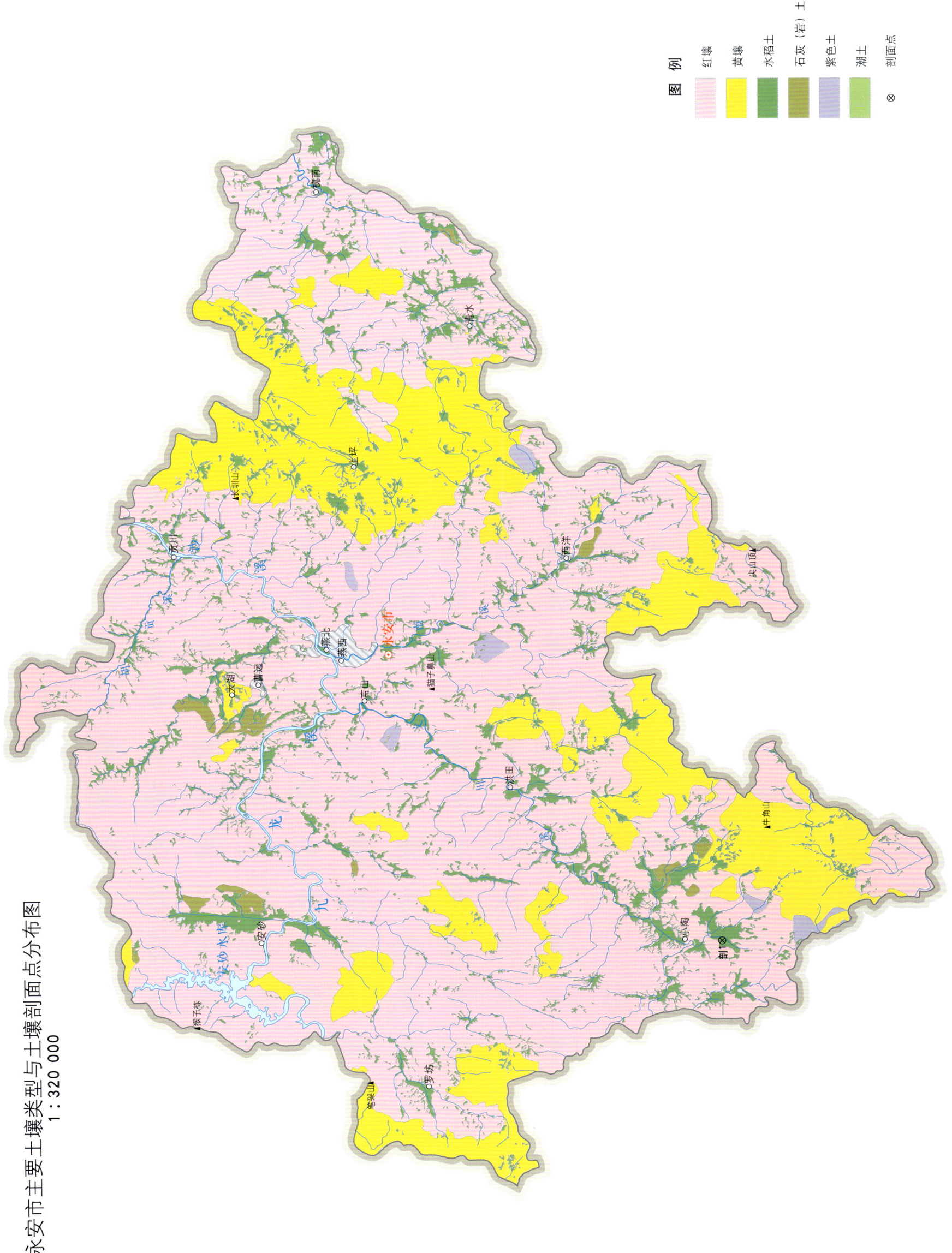

永安市土壤剖面理化性状表

剖面号 Soil profile	土纲 Soil order	土类 Soil great group	亚类 Soil subgroup	土属 Soil genus	土种 Soil species	土层码 Layer code	土层厚度 Depth/cm	颜色 Soil color	质地 Soil texture	土壤结构 Soil structure	pH	有机质 OM/(g/kg)	全氮 TN/(g/kg)	全磷 TP/(g/kg)	全钾 TK/(g/kg)	有效磷 AP/(mg/kg)	速效钾 AK/(mg/kg)	阳离子交换量CEC/(cmol/kg)	剖面点坐标 Profile coordinate	匹配指数 Matching index/%
剖1	人为土	水稻土	潴育水稻土	灰泥田	白底灰泥田	A	0—16	灰色	壤质黏土	碎块状	4.8	25.0	1.08	0.25	26.9	42.0	129	6.8	E 117°07′28.4″ N 25°42′29.9″	98
						AP	16—24	暗灰色	重壤	块状	5.5	18.0	1.39	0.29	26.0	36.0	127	6.8		
						W	24—58	淡灰色	粒砂质黏土	棱柱状	6.5	8.8	0.54	0.18	27.5	36.0	205	6.9		
						Cg	58—107	灰白色	粉砂质黏土	无结构	5.6	8.9	0.12	0.18	37.2	2.0	118	5.3		

泉 州 市

市 辖 区

主要土类说明

红壤是泉州市主要土壤类型，占本市地域面积的40%，主要分布于北部罗溪、马甲、河市等地海拔300m以上的低山丘陵。成土母岩有花岗岩、流纹岩、安山岩、砂页岩、凝灰岩等。分布区水热条件丰富，干湿季交替明显。黏土矿物以高岭石为主，土壤呈红色或浅红色。本市红壤分为红壤、粗骨性红壤和红土等亚类。

赤红壤是泉州市第二大土壤类型，占本市地域面积的25%，分布于海拔300m以下的丘陵台地。成土母岩有花岗岩、黑云母花岗岩、石英闪长岩、流纹岩、凝灰熔岩、安山岩、角闪辉长岩等。在南亚热带生物气候条件下，土壤物质风化剧烈，脱硅富铝化作用明显。本市赤红壤分为赤红壤、粗骨性赤红壤和赤土等亚类。

水稻土是泉州市第三大土壤类型，占本市地域面积的24%，多分布于泉州平原及大龙溪、龙潭溪、河市溪等溪流两岸的河谷平原。成土母质以冲积物或冲积–海积物为主，少部分为坡积物、残积物。水稻土是在季节性淹水、水耕和旱耕熟化过程交替影响下，产生明显的淋溶淀积作用，形成的具有独特剖面形态和理化性状的土壤类型。在淹水时，由于灌溉水层中可溶氧的补给，土壤表面形成黄棕色或棕黄色的薄氧化层；其下为耕作层和犁底层，这两层处于水分饱和状态，属还原层；犁底层之下是淀积层，根据淀积程度差异，分为渗育层、斑淀层，由于水分不饱和，有一定比例的空隙，处于氧化状态，属氧化层；淀积层之下是母质层，多数情况下是氧化层，但有少数为潜育层，因长期受潜水浸渍，而处于还原状态。本市水稻土分为渗育型、潴育型、潜育型和盐渍型等亚类。

小于本市地域面积3%的土壤类型还有滨海盐土等。

本区域中心区气候特征

本区域中心区气候特征值
Regional climate characteristics in central area of the region

气候带：南亚热带湿润气候 Climate region: South subtropical humid climate	
年平均气温 /℃ Annual average temperature /℃	20.2
年平均最高气温 /℃ Annual average maximum temperature /℃	24.7
年平均最低气温 /℃ Annual average minimum temperature /℃	17.2
年降水量 /mm Annual precipitation /mm	1380
≥10℃的积温 /℃ Daily temperature accumulated in a year (≥10℃) /℃	7205
年日照时数 /h Annual sunshine /h	1744
年平均相对湿度 /% Annual average relative humidity /%	78
干燥度 Dryness	0.88

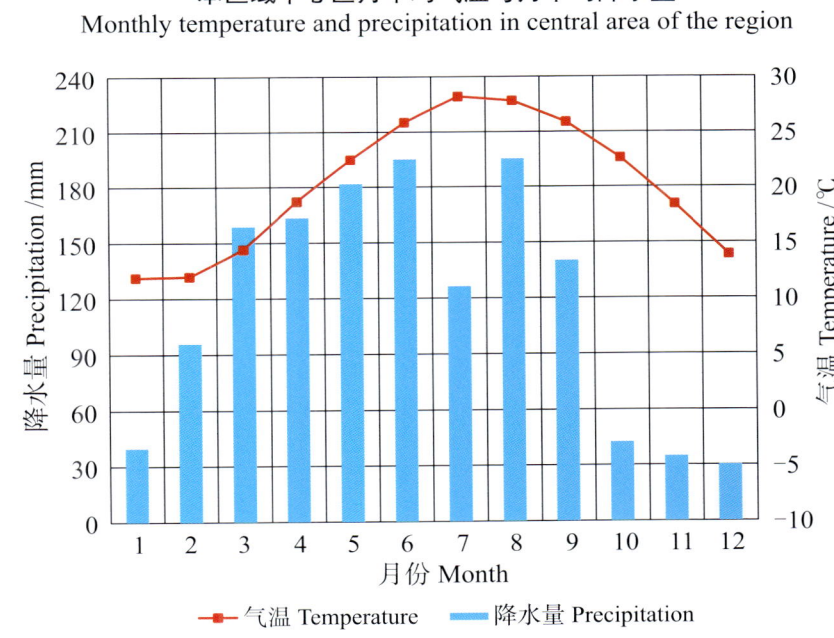

本区域中心区月平均气温与月平均降水量
Monthly temperature and precipitation in central area of the region

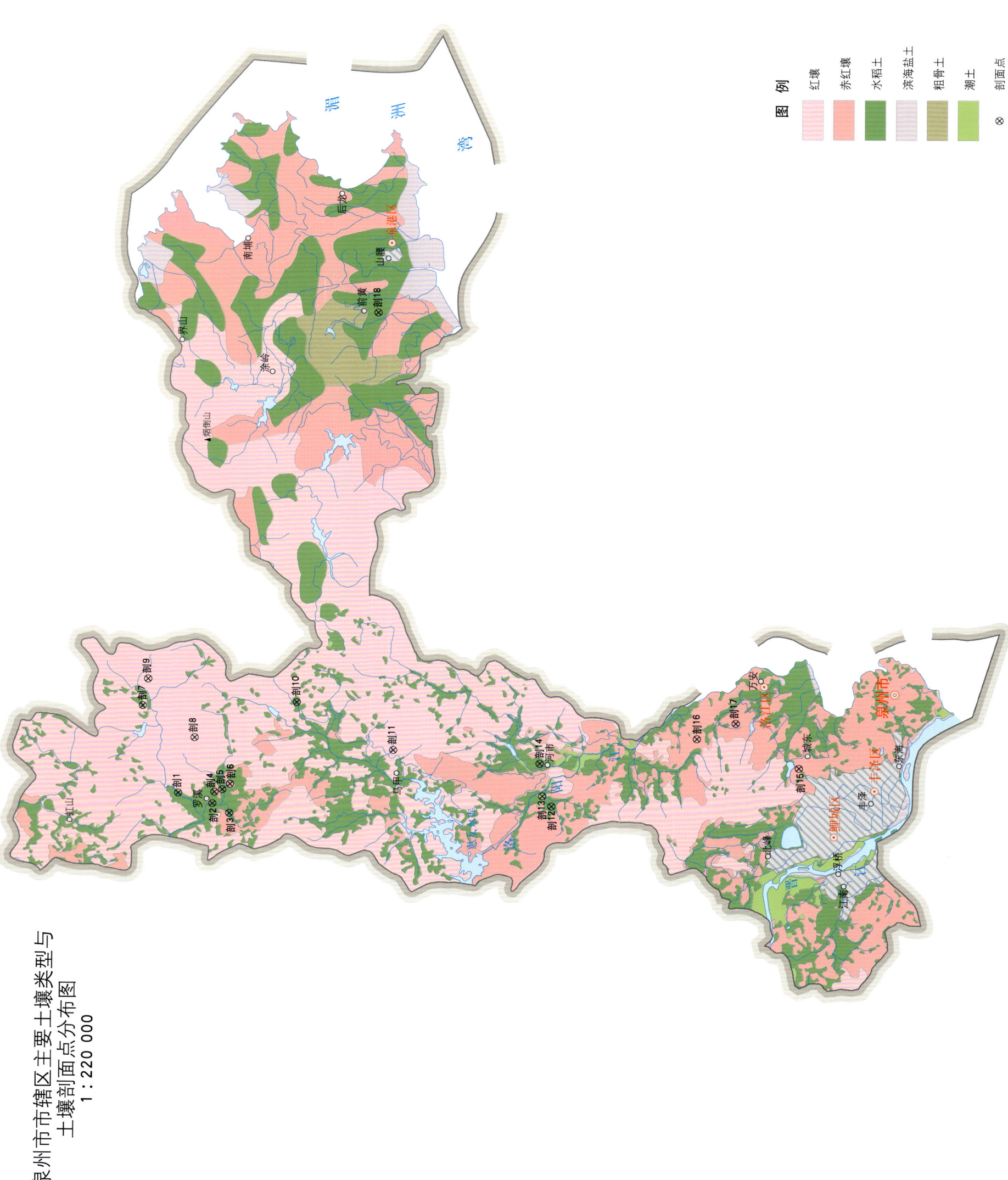

泉州市市辖区主要土壤类型与土壤剖面点分布图
1:220 000

泉州市土壤剖面理化性状表

剖面号 Soil profile	土纲 Soil order	土类 Soil great group	亚类 Soil subgroup	土属 Soil genus	土种 Soil species	土层码 Layer code	土层厚度 Depth/cm	颜色 Soil color	质地 Soil texture	土壤结构 Soil structure	pH	有机质 OM/(g/kg)	全氮 TN/(g/kg)	全磷 TP/(g/kg)	全钾 TK/(g/kg)	有效磷 AP/(mg/kg)	速效钾 AK/(mg/kg)	阳离子交换量CEC/(cmol/kg)	土壤母质 Parent material	剖面点坐标 Profile coordinate	匹配指数 Matching index/%
剖1	人为土	水稻土	潴育水稻土	灰泥田	砂底灰泥田	A	0—15	灰色	中壤土	碎块状	7.2	33.0	1.43	0.35	36.5	9.0	84	10.1		E 118°36′24.2″ N 25°13′32.4″	97
						P	15—22	灰色	中壤土	碎块状	7.6	24.6	1.20	0.35	31.1	9.0	46	10.3			
						W	22—68	棕灰色	轻壤土	梭柱状	7.8	9.4	0.46	0.41	34.7	14.0	122	10.8			
						C	68—100	浅黄色	轻壤土	碎块状	7.2	3.6	0.14	0.18	45.1	7.0	121	3.6			
剖2		水稻土	潴育水稻土	乌泥田	砂底乌泥田	A	0—16	暗黄色	中壤土	碎块状	6.6	36.6	1.65	0.60	24.5	79.0	214	5.9		E 118°36′02.5″ N 25°12′34.1″	97
						P	16—24	暗黄色	中壤土	块状	6.2	27.9	1.32	0.53	23.5	60.0	197	5.1			
						W_1	24—47	灰棕色	轻壤土	梭柱状	6.3	12.1	0.70	0.73	27.7	34.0	228	6.6			
						W_2	47—68	黄棕色	中壤土	碎块状	6.9	6.1	0.32	0.43	38.1	24.0	172	5.8			
						Cs	68—100	黄灰色	轻壤土	粒状	5.8	3.9	0.24	0.21	36.7	23.0	181	1.6			
剖3	人为土	水稻土	渗育水稻土	黄泥田	乌黄泥田	A	0—21	暗黄色	中壤土	中块状	5.0	20.6	1.39	0.27	22.0	18.0	291	8.3	红壤或赤红壤坡积物、洪积物	E 118°35′42.9″ N 25°12′04.8″	98
						P	21—29	棕灰色	中壤土	块状	5.7	16.0	0.89	0.27	21.1	18.0	275	5.9			
						W	29—66	灰黄色	重壤土	梭柱状	6.7	3.7	0.21	0.20	20.3	1.0	206	7.6			
						C	66—100	黄色	重壤土	粒状	7.0	2.4	0.11	<0.10	20.7	2.0	222	8.6			
剖4	铁铝土	赤红壤		侵蚀赤红壤	红土田	A	0—21	暗红色	中壤土	块状	5.0	2.0	0.34	0.13	25.4	<1.0	60		英安质凝灰熔岩残积物	E 118°36′27.6″ N 25°12′24.2″	97
						B_1	0—70	暗红色	重壤土	块状	5.5	4.0	0.53	0.23	19.5	<1.0	60	5.9			
						B_2	70—118	红棕色	重壤土	块状	6.2	19.4	1.25	0.56	11.9	14.0	246	10.2			
剖5	人为土	水稻土	潴育水稻土	红土田		A	0—13	棕棕色	重壤土	梭柱状	6.4	14.3	0.86	0.34	8.8	2.0	161	12.1	石英闪长岩坡积物	E 118°36′30.2″ N 25°12′16.4″	97
						P	13—21	红棕色	重壤土	块状	6.7	10.8	0.52	0.49	9.4	1.0	161	10.4			
						C	21—100	红色	轻壤土	块状	7.0	2.4	0.11	<0.10	20.7	2.0	222				
剖6	铁铝土	赤红壤		中性岩赤红壤		A	0—10	棕灰色	中壤土	小块状	5.1	14.5	0.48	0.50	3.4	1.0	80	13.2	石英闪长岩坡积物	E 118°36′41.1″ N 25°12′03.3″	97
						B	10—80	砖红色	重壤土	梭柱状	5.5	4.7	0.28	0.56	3.7	1.0	60	13.8			
剖7	人为土	水稻土	潴育水稻土	灰泥田	青底灰泥田	A	0—15	灰色	中壤土	块状	5.5	26.1	1.30	0.26	24.0	5.0	155	13.9		E 118°39′17.0″ N 25°14′32.7″	97
						P	15—22	暗灰色	重壤土	梭柱状	6.9	14.3	0.67	0.24	23.2	2.0	124	13.7			
						W	22—71	青灰色	中黏土	梭柱状	7.6	12.5	0.51	0.19	24.3	1.0	156				
						G	71—100	青黄色	中黏土	块状	7.1	9.6	0.38	0.27	23.5	<1.0	220				
剖8	铁铝土	红壤		砂质岩粗骨红壤		B_1	0—14	褐色	轻壤土	单粒状	7.1	22.0	1.30	0.26	16.8	1.0	80		凝灰质岩	E 118°38′13.4″ N 25°13′03.7″	75
						B_2	14—70	浅灰色	轻壤土	粒状	6.5	17.0	0.53	0.31		1.0	50				
						C	70—														
剖9	铁铝土	红壤		中性岩粗骨红壤		1	0—50		砂壤土	无结构	6.0	10.0	0.25	<0.10	18.4	1.0	80		中性岩残积物	E 118°40′09.4″ N 25°14′22.8″	97
剖10	人为土	水稻土	潴育水稻土	冷烂田	冷水田	A	0—16	灰色	重壤土	无结构	5.5	25.4	1.75	0.35	9.4	7.0	59	7.2	坡积物	E 118°39′21.3″ N 25°10′07.2″	97
						P	16—20	棕灰色	轻黏土	无结构	5.5	19.0	1.29	0.34	9.4	6.0	31	7.5			
						G	20—100	青灰色	重黏土	块状	6.9	12.7	0.59	0.19	6.3	2.0	17	4.2			
剖11	铁铝土	赤红壤		侵蚀红壤		A	0—17	褐红色	中壤土	小块状	5.0	28.9	0.95	0.13	25.4	<1.0	70		中性岩残积物	E 118°37′45.8″ N 25°07′21.8″	98
						B	17—80	红色	重壤土	块状	7.2	10.0		0.23	19.5	<1.0	70				
剖12	人为土	水稻土	盐渍水稻土	盐斑田	轻盐斑田	A_3	0—11	暗灰色	重壤土	块状	6.5	15.5	0.78	0.16	23.7	9.0	279	13.3	海积物	E 118°35′52.9″ N 25°02′49.7″	81
						B_1	11—15	暗灰色	中黏土	块状	7.2	16.1	0.84	0.19	21.5	10.0	83	13.2			
						Asa	15—100	黑灰色	黏土	无结构	7.5	13.5	0.70	0.15	21.5	14.0	117	13.3			
						Apsa	0—14	灰色	砂壤土	碎块状	7.7	7.7	0.37	0.36	34.4	20.0	67	2.7			
						Gsa	14—54	棕灰色	砂壤土	无结构	7.1	7.1	0.34	0.38	33.7	14.5	130	5.2			
剖13	潮土	潮土	砂土	灰砂土	灰砂田	A	0—14	黄灰色	砂壤土	碎块状	7.2	1.1	<0.10	0.23	30.1	22.0	181	4.9	坡积物	E 118°36′13.3″ N 25°03′05.1″	97
						B	14—20	灰色	中壤土	碎块状	6.6	20.9	1.34	0.36	37.2	11.5	143	7.1			
剖14	半水成土		潴育水稻土	潮砂田		A	14—20	灰色	轻壤土	碎块状	6.1	15.3	1.04	0.33	41.9	4.5	189	5.4	河流冲积物	E 118°37′19.7″ N 25°03′04.7″	95
						P	20—70	灰棕色	轻壤土	粒状	6.9	4.5	0.31	0.36	41.1	<1.0	129	3.6			
						W	70—100														

续表 Continued

剖面号 Soil profile	土纲 Soil order	土类 Soil great group	亚类 Soil subgroup	土属 Soil genus	土种 Soil species	土层码 Layer code	土层厚度 Depth/cm	颜色 Soil color	质地 Soil texture	土壤结构 Soil structure	pH	有机质 OM/(g/kg)	全氮 TN/(g/kg)	全磷 TP/(g/kg)	全钾 TK/(g/kg)	有效磷 AP/(mg/kg)	速效钾 AK/(mg/kg)	阳离子交换量 CEC/(cmol/kg)	土壤母质 Parent material	剖面点坐标 Profile coordinate	匹配指数 Matching index/%
剖15	铁铝土	赤红壤	粗骨性赤红壤	粗骨性赤红壤		A	0—30	黄红色	轻壤土	小块状	5.5	5.5	0.22	0.19	15.2	<1.0	60		花岗岩残积物	E 118°37′05.1″ N 24°55′42.3″	98
						B	30—87	红色	轻壤土	小块状						<1.0	70				
剖16	铁铝土	赤红壤	赤红壤	基性岩赤红壤		A	0—13	暗红色	重壤土	块状	6.8	22.8	0.92	0.80	1.7	<1.0	30		角闪辉长岩	E 118°38′04.2″ N 24°58′37.8″	97
						B	13—90	赤红色	重壤土	块状	7.2	12.0	0.48	<0.10	2.5	<1.0	10				
剖17	铁铝土	赤红壤	赤红壤	铁质赤红壤	东岳山暗赤土	A	0—45	暗棕红色	黏壤土	小团块状		34.7	1.64	0.37	6.1				辉长岩坡残积物	E 118°38′34.5″ N 24°57′31.0″	95
						B₁	45—120	红橙色	黏壤土	块状		8.8	0.39	0.19	6.1						
						B₂	120—185	暗棕红色	壤质黏土	块状		6.4	0.28	0.18	2.3						
						C	185—					5.0	0.24	0.22	2.4						
剖18	人为土	水稻土	漂洗水稻土	漂红泥田	河市白底田	Aa	0—18	灰黄棕色	壤土	块状	5.8	20.4	0.98	0.45	10.7	3.0	62	7.7	石英闪长岩风化坡积物	E 118°52′04.8″ N 25°07′41.3″	81
						B₁	18—26	暗棕色	壤土	块状	5.7	17.4	0.92	0.40	10.7	3.0	62	7.9			
						B₂	26—43	黄棕色	壤土		6.1	3.7	0.26	0.28	11.9	2.0	72	7.9			
						E	43—65	淡灰色	壤土		6.4	4.0	0.17	0.29	12.0	2.0	72	10.9			
						C	65—100	黄橙色	砂壤土		6.6	2.9	<0.10	0.19	10.7	<1.0	78	8.0			

惠 安 县

主要土类说明

赤红壤是惠安县主要土壤类型，占本县地域面积的 59%，主要分布于海拔 300m 以下的丘陵台地，遍及全县各乡镇，是本县分布最广的地带性土壤。赤红壤脱硅富铝化程度仅次于砖红壤，比红壤强，铁的游离度介于两者之间。土壤黏粒硅铝率为 1.7—2.0，风化淋溶系数为 0.05—0.15，剖面具 A-Bs-C 构型，盐基饱和度为 15%—25%，pH 为 4.5—5.5。根据成土过程、发育阶段不同，本县赤红壤分为赤红壤、粗骨性赤红壤和赤土等亚类。

水稻土是惠安县第二大土壤类型，占本县地域面积的 27%，除小岞镇外，其余乡镇均有分布，集中分布于海拔 5—80m 的各种地形上。水稻土是在水耕熟化作用下，经过长期氧化还原、盐基淋溶与复盐基、有机质分解与合成、黏粒淋移与淀积过程而形成的。其具有独特的剖面层次，即耕作层，耕作层以下受机械压力而形成较紧实、起托水托肥作用的犁底层，犁底层以下由下渗水流形成有棱柱状结构、灰色胶膜和少量锈色斑纹的渗育层，在水文条件较好、剖面发育完善的水稻土中渗育层以下因有地表水及地下水共同作用，形成具有锈斑锈纹和铁锰结核的淀斑层，再下面为底土层或母质层，若长期受地下水浸渍即形成青泥层或潜育层。根据分布地形部位和土壤水分补给形式的不同，本县水稻土分为渗育型、潴育型、潜育型和盐渍型等亚类。

滨海盐土是惠安县第三大土壤类型，占本县地域面积的 4%，主要分布于高潮位线以上的海积平原（历史上曾受海潮淹没）。分布区地势低平，受海水渗透的地下水和不同时期的海水淹渍，故土体中仍含有一定量的盐分，以氯化物为主，土壤处于脱盐化与盐渍化交替过程中。本县滨海盐土为垦殖后旱耕熟化发育而成，土体上层已逐渐脱盐，下层土壤及地下水仍含有盐分，干旱季节盐分易随毛细管水上升到地表，引起返盐而出现盐斑。土壤含盐分 0.1%—0.5%，但表土含盐较少，大多数在 0.2% 以下，底土含盐分较多，一般在 0.5% 左右，剖面构型为 Asa-Csa 或 Asa-（Bsa）-Csa。

红壤占惠安县地域面积的 4%，集中分布于黄塘等地海拔 300—798m 地带。成土母岩为兜岭群酸性火山熔岩。红壤是在温湿气候条件下，经脱硅富铝化作用形成的地带性土壤。土壤全剖面呈棕红色，可见少量铁质胶膜，多见网状杂斑。根据土壤发育阶段差异，本县红壤分为红壤、粗骨性红壤两个亚类。

小于本县地域面积 3% 的土壤类型还有风沙土、潮土等。

本区域中心区气候特征

本区域中心区气候特征值
Regional climate characteristics in central area of the region

气候带：南亚热带湿润气候 Climate region: South subtropical humid climate	
年平均气温 /℃ Annual average temperature /℃	20.2
年平均最高气温 /℃ Annual average maximum temperature /℃	24.6
年平均最低气温 /℃ Annual average minimum temperature /℃	17.4
年降水量 /mm Annual precipitation /mm	1369
≥10℃的积温 /℃ Daily temperature accumulated in a year（≥10℃）/℃	7142
年日照时数 /h Annual sunshine /h	1753
年平均相对湿度 /% Annual average relative humidity /%	78
干燥度 Dryness	0.89

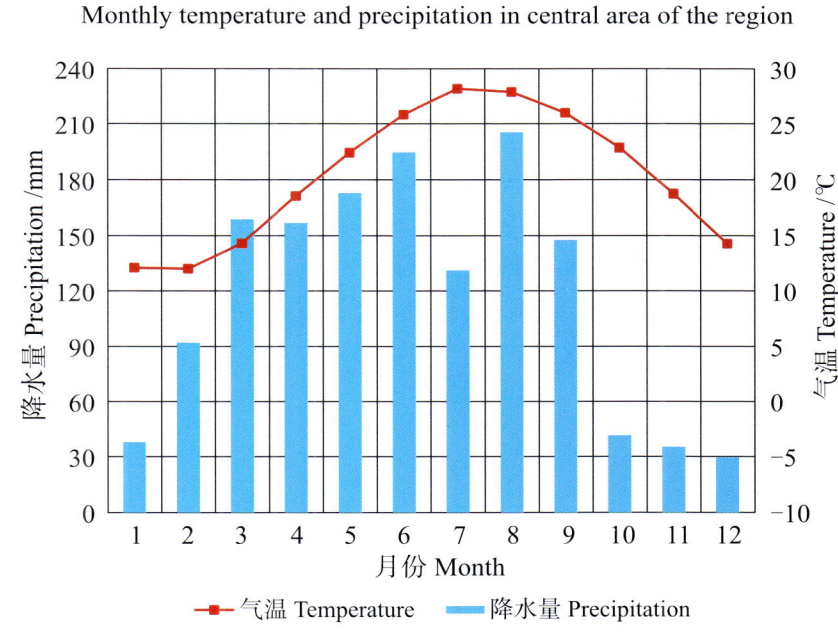

本区域中心区月平均气温与月平均降水量
Monthly temperature and precipitation in central area of the region

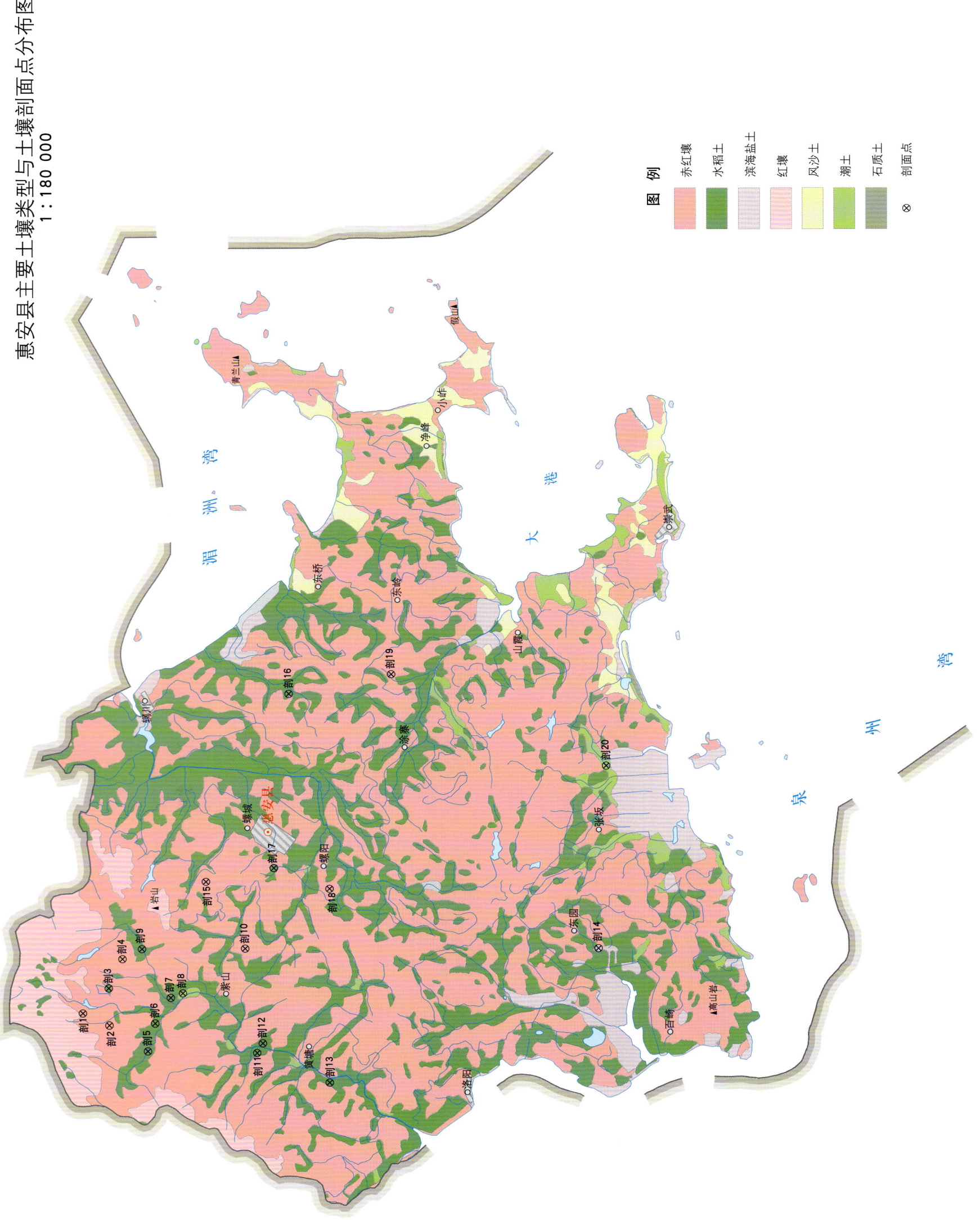

惠安县土壤剖面理化性状表

剖面号 Soil profile	土纲 Soil order	土类 Soil great group	亚类 Soil subgroup	土属 Soil genus	土种 Soil species	土层码 Layer code	土层厚度 Depth/cm	颜色 Soil color	质地 Soil texture	土壤结构 Soil structure	pH	有机质 OM/(g/kg)	全氮 TN/(g/kg)	全磷 TP/(g/kg)	全钾 TK/(g/kg)	有效磷 AP/(mg/kg)	速效钾 AK/(mg/kg)	阳离子交换量CEC/(cmol/kg)	土壤母质 Parent material	剖面点坐标 Profile coordinate	匹配指数 Matching index/%
剖1	铁铝土	赤红壤	赤红壤	赤土		A	0—21	棕灰色	轻壤土	碎块状	6.2	8.5	0.40	0.41	4.2	14.0	71	4.5	第四纪红色黏土	E 118°43′04.3″ N 25°06′19.8″	75
						B	21—58	浅灰色	轻壤土	块状	6.2	6.5	0.27	0.29	4.2	13.0	65	4.2			
						C	58—100	红赤色	中壤土	块状	6.4	5.8	0.29	0.19	3.4	2.0	62	1.8			
剖2	铁铝土	赤红壤		酸性岩含赤红壤		A	0—4	红色	轻壤土	粒状	5.6	29.3	1.25			2.0	172		花岗岩风化坡残积物	E 118°42′45.4″ N 25°05′43.4″	97
						B₁	4—16	暗红色	中壤土	核状		14.0	0.84			1.0	135				
						B₂	16—68	暗红色	重壤土	棱柱状		7.0	0.29			1.0	115				
						B₃	68—115	赤红色	重壤土	小块状		3.9	0.28			1.0	97				
剖3	人为土	水稻土	渗育水稻土	黄泥田	灰黄泥田	A	0—18	暗黄色	中壤土	块状	5.9	17.0	0.92	0.44	20.1	12.0	80	7.8	坡积物、残积物	E 118°43′43.0″ N 25°05′43.9″	97
						P	18—25	灰黄色	中壤土	块状	6.0	12.0	0.76	0.26	20.1	10.0	77	7.6			
						C	25—100	浅黄色	重壤土	块状	6.0	5.8	0.39	0.18	19.3	10.0	45	7.6			
剖4	铁铝土	赤红壤		粗骨性赤红壤		B₂	0—10	灰黄色	砂壤土	块状	6.0	8.0	0.32	0.54		2.0	120		坡积物、残积物	E 118°44′29.1″ N 25°05′24.7″	97
						B₃	10—40	浅红色	砂壤土	块状	6.0	3.0	0.32	0.19		1.0	81				
剖5	人为土	水稻土	潴育水稻土	潮砂田	灰砂田	A	0—12	橘红色	轻壤土	单粒状	5.2	14.2	0.99	0.13	26.0	2.0	90	5.8	冲积物	E 118°42′47.7″ N 25°04′40.4″	97
						P	12—18	灰色	轻壤土	单粒状	5.2	11.5	0.63	0.13	26.0	1.0	75	5.6			
						W	18—41	黄棕色	轻壤土	块状	5.8	10.4	0.61	0.18	25.0	1.0	54	6.6			
						C	41—100	黄黄色	轻壤土	单粒状	5.8	7.3	0.42	0.54	26.0	1.0	60	4.9			
剖6	人为土	水稻土	潴育水稻土	灰泥田	砂底灰泥田	A	0—15	灰色	中壤土	小团状	5.2	13.7	0.83	0.19	5.9	8.0	56	7.6		E 118°42′05.0″ N 25°04′51.0″	97
						P	15—21	灰色	轻壤土	块状	5.9	10.6	0.67	0.21	5.1	7.0	49	6.8			
						W	21—65	黄灰色	轻壤土	棱柱状	6.2	3.9	0.27	0.12	4.2	2.0	39	6.1			
						C	65—100	灰色	轻壤土	单粒状	6.1	1.1	0.16	<0.10	4.2	4.0	72	2.7			
剖7	人为土	水稻土		砂质田	砂质田	A	0—20	浅灰色	轻壤土	单粒状	5.9	10.8	0.76	0.37	23.4	16.0	98	6.0	堆积物或冲积物	E 118°43′27.3″ N 25°04′18.8″	97
						C	20—100	暗黄色	轻壤土	单粒状	5.7	1.3	<0.10	0.70	24.3	5.0	63	2.4			
剖8	半成土	潮土		黄砂土	黄砂土	A	0—18	浅灰色	中壤土	单粒状	5.8	7.6	0.40	0.13	20.8	14.0	58	2.9	河流冲积物	E 118°43′34.0″ N 25°04′01.8″	97
						C	18—100	黄灰色	紧砂土	单粒状	6.8	1.3	0.20	<0.10	1.7	6.0	49	2.0			
剖9	人为土	水稻土	潴育水稻土	灰泥田		A	0—16	暗灰色	轻壤土	碎块状	5.4	22.5	1.21	0.26	18.6	13.0	92	8.0		E 118°42′44.4″ N 25°04′57.2″	97
						P	16—23	褐灰色	中壤土	块状	5.9	9.5	0.58	0.16	19.4	6.0	87	8.2			
						W	23—39	褐灰色	中壤土	柱状	6.0	8.6	0.48	0.23	15.3	4.0	96	9.6			
						C	39—100	灰色	中壤土	块状	6.4	6.4	0.39	0.32	16.4	3.0	112	10.4			
剖10	铁铝土	赤红壤		侵蚀赤红壤		B₁	0—23	浅砖红色	中壤土	块状	5.6	11.1	0.62	0.26	6.1	3.0	110	6.7		E 118°44′43.4″ N 25°02′35.6″	97
						B₂	23—130	砖红色	中壤土	块柱状	5.8	8.1	0.40	0.22	6.9	2.0	60	6.5			
剖11	人为土	水稻土	潴育水稻土	灰泥田	青底灰泥田	A	0—22	暗灰色	中壤土	块状	5.3	21.9	0.93	0.14	19.5	2.0	66	13.9		E 118°42′00.8″ N 25°02′20.8″	97
						P	22—30	褐灰色	中壤土	柱状	5.6	19.7	0.78	0.13	19.3	5.0	96	15.0			
						W	30—51	黄灰色	轻黏土	棱柱状	4.8	16.5	0.41	0.15	13.5	6.0	58	16.3			
						G	51—100	青灰色	砂壤土	块状	5.0	14.4	0.27	<0.10	13.5	2.0	49	11.8			
剖12	人为土	水稻土		潮砂田	灰泥田	Aa	0—15	暗灰色	轻壤土	块状	6.0	20.8	0.89	0.91	24.9	13.0	184	12.7		E 118°44′44.4″ N 25°04′57.2″	95
						B	15—21	灰棕色	砂质黏壤土	块状	6.5	17.6	0.74	0.62	25.6	12.0	216	16.3			
						W	21—70	暗黄灰色	粉砂砂壤土	棱柱状	6.9	7.6	0.43	0.86	26.4	2.9	221	16.5			
						Cg	70—100	暗蓝灰色	粉砂砂壤土	柱状	6.9	5.1	0.40	0.91	26.9	12.0	200	21.8			
剖13	人为土	水稻土	渗育水稻土	渗麻赤土田	螺城灰黄泥砂田	Aa	0—18	灰棕色	砂壤土	块状	6.5	12.4	0.55	0.83	17.9	3.0	91	5.4	赤红壤再积物	E 118°41′13.7″ N 25°00′41.6″	95
						B₁	18—26	棕色	砂壤土	块状	6.4	6.7	0.29	0.53	16.0	2.0	41	7.7			
						B₂	26—67	暗黄色	砂壤土	棱柱状	6.5	4.1	0.16	0.40	9.2	1.0	36	7.1			
						C	67—100	黄橙色	砂壤土	大块状	6.4	2.1	<0.10	0.32	9.2	1.0	31	7.3			

续表 Continued

剖面号 Soil profile	土纲 Soil order	土类 Soil great group	亚类 Soil subgroup	土属 Soil genus	土种 Soil species	土层码 Layer code	土层厚度 Depth/cm	颜色 Soil color	质地 Soil texture	土壤结构 Soil structure	pH	有机质 OM/(g/kg)	全氮 TN/(g/kg)	全磷 TP/(g/kg)	全钾 TK/(g/kg)	有效磷 AP/(mg/kg)	速效钾 AK/(mg/kg)	阳离子交换量CEC/(cmol/kg)	土壤母质 Parent material	剖面点坐标 Profile coordinate	匹配指数 Matching index/%
剖14	盐碱土	滨海盐土	滨海盐土	咸土	灰咸砂土	A	0—20	灰色	轻壤土	小块状	6.9	12.2	0.79	0.22	31.9	10.0	100		海相沉积物	E 118°44′37.9″ N 24°54′29.4″	97
						C	20—100	青灰色	中黏土	棱柱状	6.7	8.3	0.53	0.40	20.9	9.0	62				
剖15	铁铝土	赤红壤	侵蚀赤红壤			A	0—12	淡棕色	砂壤土	粒状	5.9	8.4	0.39	0.21	27.9	5.0	71	4.4	花岗岩残积物	E 118°46′30.5″ N 25°03′28.3″	95
						AB	12—22	淡棕红色	砂壤土	块状	6.0	4.8	0.31	<0.10	22.0	3.0	53	3.8			
						B	22—100	棕红色		块状	5.6	4.7	0.24	0.12	27.1	1.0	51	7.9			
剖16	人为土	水稻土	渗育水稻土	黄泥田	黄泥田	A	0—15	暗灰色	中壤土	块状	5.5	22.2	1.12	0.21	9.2	12.0	101	8.7	坡积物、残积物	E 118°51′22.7″ N 25°01′31.0″	97
						P	15—23	暗灰色	轻壤土	块状	5.3	14.1	0.79	0.24	8.7	7.0	65	7.0			
						W₁	23—40	黄棕色	中壤土	棱柱状	5.9	5.4	0.36	<0.10	5.0	5.0	44	6.6			
						C	40—100	灰黄色	中壤土	块状	6.0	4.1	0.26	<0.10	5.0	3.0	40	6.1			
剖17	人为土	水稻土	潴育水稻土	乌泥田	乌泥田	A	0—17	暗灰色	中壤土	碎块状	5.1	32.2	1.73	0.27	23.7	18.0	62	10.6	冲积物、海积物或坡积物	E 118°46′50.4″ N 25°01′54.7″	97
						P	17—23	褐灰色	中壤土	棱柱状	5.4	11.6	0.65	0.22	23.0	4.0	51	8.4			
						W₁	23—47	黄灰色	中壤土	棱柱状	5.4	16.1	0.90	0.81	19.6	7.0	52	8.5			
						W₂	47—77	黄灰色	中壤土	棱柱状	5.0	6.0	0.40	0.21	19.5	7.0	45	9.3			
						G	77—100	青灰色	重壤土	块状	5.5	10.2	0.60	0.21	19.6	7.0	52	11.2			
剖18	铁铝土	赤红壤		赤砂土		A	0—24	暗灰色	砂壤土	小块状	6.2	16.7	0.58	0.18	12.6	2.0	70	5.9	酸性岩	E 118°46′16.5″ N 25°00′38.5″	95
						B	24—64	浅黄色	中壤土	块状	6.2	8.7	0.53	<0.10	3.4	1.0	54	6.7			
						C	64—100	红黄色	重壤土	块状	5.6	3.8	0.36	<0.10	1.7	1.0	49	8.2			
剖19	铁铝土	赤红壤		赤砂土		A	0—12	浅红色	砂壤土	单粒状	5.9	8.4	0.24	0.21	27.9	5.0	71	4.4	酸性岩	E 118°51′51.3″ N 24°59′09.9″	95
						B	12—22	浅红色	砂壤土	块状	6.0	4.8	0.31	<0.10	22.0	3.0	53	3.8			
						C	22—100	浅红色	重壤土	块状	5.6	4.7	0.59	0.12	22.1	1.0	51	7.9			
剖20	半水成土	潮土	砂土	灰砂土	灰砂土	A	0—20	浅灰色	砂壤土	小碎块	4.8	8.1	0.84	0.13	35.1	10.0	80	5.2	河流冲积物	E 118°49′24.0″ N 24°54′15.9″	98
						B	20—46	灰色	砂壤土	单粒状	5.6	5.6	0.73	<0.10	36.8	3.0	78	4.4			
						C	46—100	灰黄色	砂壤土	单粒状	5.8	2.5	0.28	<0.10	37.9	3.0	63	2.2			

安 溪 县

主要土类说明

红壤是安溪县主要土壤类型，占本县地域面积的 66%，广泛分布于海拔 300—700m 的低丘陵地带。本县气候温和，水量充足，无霜期长，且有常绿阔叶林等原生植被，在这种生物气候条件下，母质经脱硅富铝化过程，形成了具有 A-B-C 或 A-C 剖面构型的红壤。红壤土层深厚，典型的深达数米，土色为深红色、浅红色或棕红色，质地黏重、坚实，呈块状或粒状结构，且可见铁铝胶膜，土壤呈酸性。本县红壤有红壤、黄红壤、暗红壤、粗骨性红壤和红土等亚类。

水稻土是安溪县第二大土壤类型，占本县地域面积的 20%，是本县的主要耕作土壤，广泛分布于山坡梯田和西溪、兰溪两岸冲积平原以及山坡谷地，主要集中分布在海拔 600m 以下的坡地及河谷盆地。水稻土是由各种土壤在人为开垦、淹水种植水稻、长期水耕熟化的影响下，经过氧化与还原、有机质的合成与分解、盐基淋溶以及黏粒的积累与淋溶等一系列作用，形成的具有独特剖面构型的土壤类型。其剖面结构具有耕作层、犁底层、渗育层、母质层或青泥层，熟化度高的水稻土还具有斑淀层。不同土壤类型，其剖面构型不同，分别有 A-P-C（G）型、A-P-W-C（G）型、A-P-W_1-W_2-C 型、A-C 型、A-P-E-C 型、A-P-W-Cs 型、Aca-Pca-Wca-C 型。根据地形部位、成土母质、水文地质、水型的差异，本县水稻土分为渗育型、潴育型、潜育型三个亚类，其中，渗育水稻土面积最多，其次是潴育水稻土，潜育水稻土较少。

黄壤是安溪县第三大土壤类型，占本县地域面积的 9%，主要分布于本县海拔 880m 以上的中山区。由于分布区地势高，气温较低，日照短，多雾，植被为常绿阔叶林，土壤脱硅富铝化程度较弱，有利于黄壤化过程的进行，土壤呈金黄色。土层深厚，质地黏重，呈核状或块状结构，水肥条件较好。本县黄壤分为黄壤、表潜黄壤、粗骨性黄壤和黄泥土等亚类。

赤红壤占安溪县地域面积的 4%。赤红壤发生于南亚热带季雨林下，其脱硅富铝化程度仅次于砖红壤，强于红壤，铁的游离度介于两者之间。土壤黏粒硅铝率为 1.7—2.0，风化淋溶系数为 0.05—0.15，具 A-Bs-C 剖面构型，盐基饱和度为 15%—25%，pH 为 4.5—5.5，适宜种植龙眼、荔枝等。

小于本县地域面积 3% 的土壤类型还有紫色土、潮土和石灰（岩）土等。

本区域中心区气候特征

本区域中心区气候特征值
Regional climate characteristics in central area of the region

气候带：南亚热带湿润气候 Climate region: South subtropical humid climate	
年平均气温 /℃ Annual average temperature /℃	20.1
年平均最高气温 /℃ Annual average maximum temperature /℃	24.9
年平均最低气温 /℃ Annual average minimum temperature /℃	16.9
年降水量 /mm Annual precipitation /mm	1433
≥10℃的积温 /℃ Daily temperature accumulated in a year（≥10℃）/℃	7498
年日照时数 /h Annual sunshine /h	1750
年平均相对湿度 /% Annual average relative humidity /%	79
干燥度 Dryness	0.84

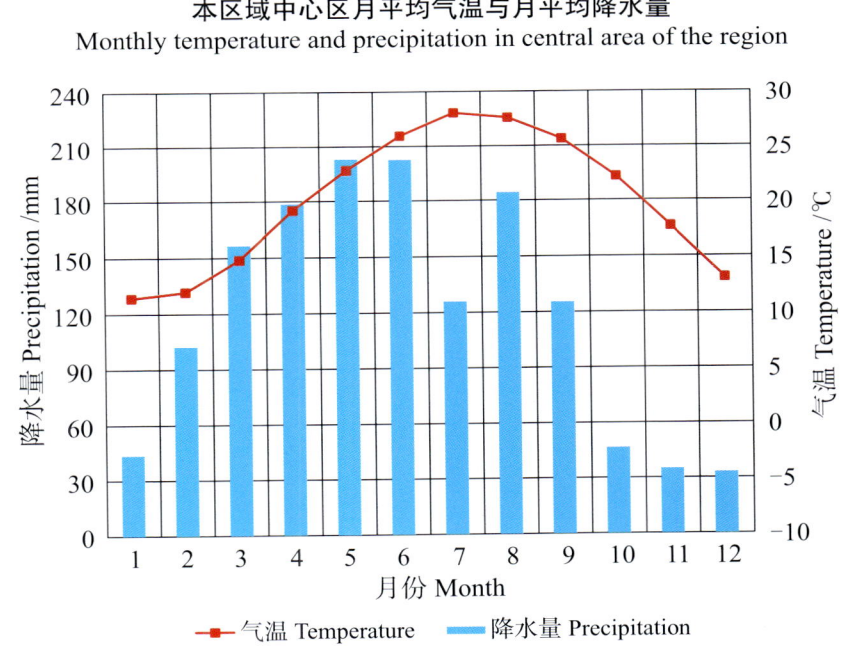

本区域中心区月平均气温与月平均降水量
Monthly temperature and precipitation in central area of the region

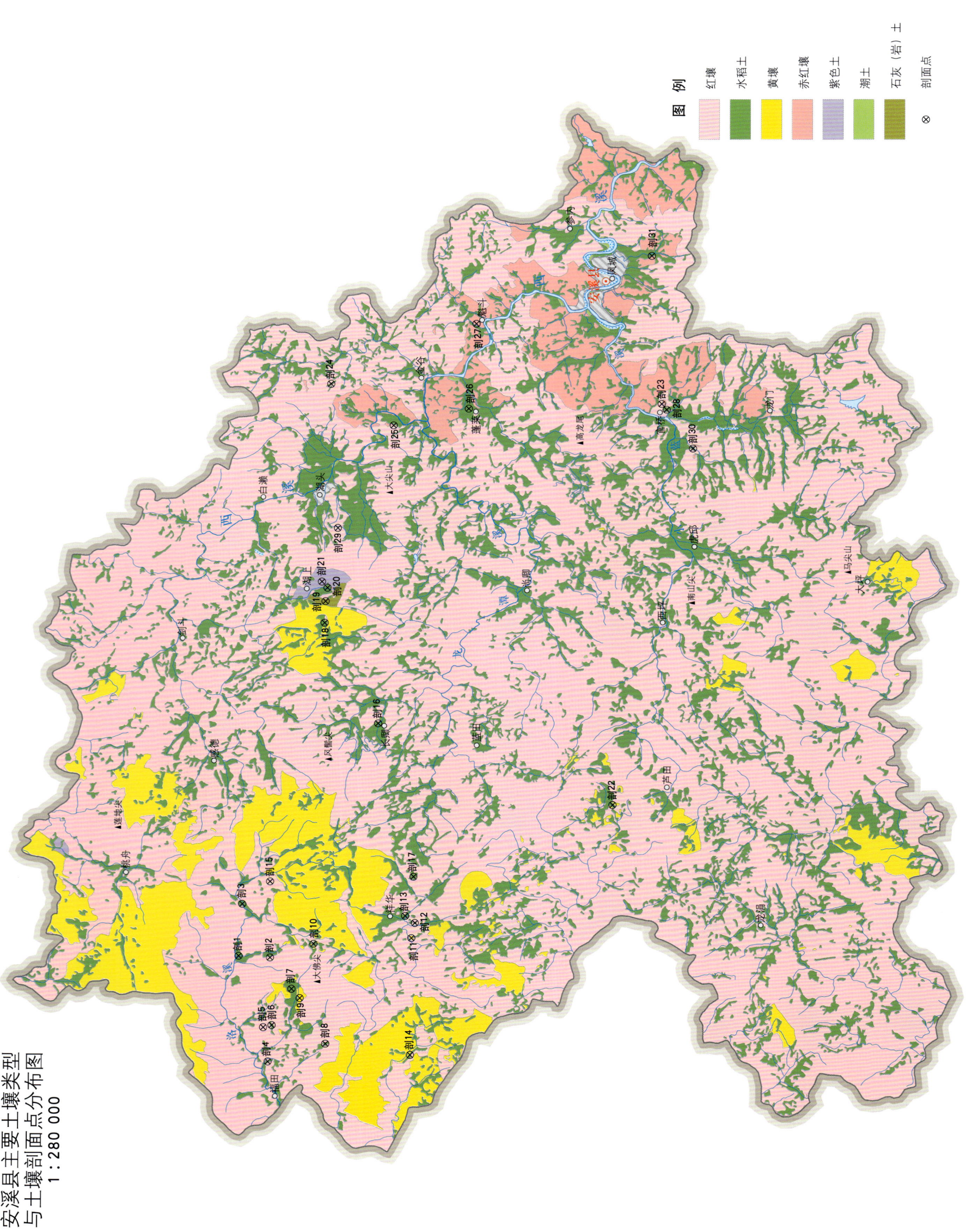

安溪县主要土壤类型与土壤剖面点分布图
1∶280 000

安溪县土壤剖面理化性状表

剖面号 Soil profile	土纲 Soil order	土类 Soil great group	亚类 Soil subgroup	土属 Soil genus	土种 Soil species	土层码 Layer code	土层厚度 Depth/cm	颜色 Soil color	质地 Soil texture	土壤结构 Soil structure	pH	有机质 OM/(g/kg)	全氮 TN/(g/kg)	全磷 TP/(g/kg)	全钾 TK/(g/kg)	碱解氮 AN/(mg/kg)	有效磷 AP/(mg/kg)	速效钾 AK/(mg/kg)	阳离子交换量 CEC/(cmol/kg)	土壤母质 Parent material	剖面点坐标 Profile coordinate	匹配指数 Matching index/%
剖1	人为土	水稻土	潴育水稻土	灰泥田	灰泥田	A	0—17	暗灰色	中壤土	粒状	5.5	25.6	1.05	0.50	16.1	144	4.0	108	8.3	冲洪积物及坡积物	E 117° 42′ 31.9″ N 25° 17′ 07.9″	97
						P	17—24	灰褐色	中壤土	块状	5.4	21.8	0.88	0.50	16.1	127	2.0	90	7.9			
						W	24—75	褐黄色	中壤土	棱柱状	5.7	8.3	0.60	0.13	19.5	91	1.0	76	8.2			
						C	75—100	灰黄色	中壤土	块状	6.0	5.5	0.20	0.18	26.6	72	1.0	66	7.2			
剖2	铁铝土	红壤	红土	红泥土	红泥田	A	0—24	棕红色	重壤土	块状	5.7	8.4	0.65	0.26	9.3	97	<1.0	87	7.7	红壤再积物	E 117° 42′ 28.2″ N 25° 15′ 57.9″	97
						B	24—42	棕红色	重壤土	块状	5.6	8.3	0.53	0.32	9.3	96	<1.0	68	7.7			
						C	42—106	红色	轻壤土	块状	5.7	5.3	0.29	0.29	4.6	57	<1.0	62	6.8			
剖3	人为土	水稻土	渗育水稻土	砂质田	砂质田	A	0—16	暗黄色	中壤土	粒状	5.7	11.6	0.65	0.19	16.0		4.0	77	5.2	冲积物	E 117° 44′ 44.9″ N 25° 16′ 59.1″	97
						C	16—103	棕黄色	紧砂土	粒状	6.2	5.5	0.49	0.13	14.2		1.0	64	5.5			
剖4	人为土	水稻土	潜育水稻土	冷烂田	浅脚烂泥田	A	0—19	灰蓝色	重壤土	无结构	5.9	24.3	1.00	0.37	7.9		1.0	96	21.6	冲积物	E 117° 38′ 09.1″ N 25° 16′ 03.4″	97
						G	19—105	灰黄色	重壤土	无结构	6.1	19.6	0.87	0.12	15.4		1.0	70	18.0			
剖5	铁铝土	红壤	红土	灰红泥土	灰红泥土	A	0—21	浅灰色	中壤土	块状	5.4	15.9	1.00	0.90	5.5	191	<1.0	119	8.5	红壤再积物	E 117° 39′ 36.2″ N 25° 16′ 10.9″	97
						B	21—36	灰红色	中壤土	块状	5.4	11.6	0.93	0.72	4.3	105	<1.0	104	8.3			
						C	36—100	红色	中壤土	无结构	5.1	4.8	0.43	0.94	3.8	97	<1.0	85	3.0			
剖6	人为土	水稻土	潜育水稻土	冷烂田	冷水田	A	0—18	暗灰色	中壤土	无结构	5.4	30.4	1.45	0.25	11.9	180	4.0	152	7.5	火山岩风化坡积物	E 117° 39′ 39.8″ N 25° 15′ 54.7″	97
						P	18—25	浅灰色	重壤土	块状	5.0	27.4	1.28	0.18	11.9	150	2.0	128	7.2			
						G	25—100	青灰色	重壤土	无结构	5.2	25.5	1.22	0.18	10.2	109	<1.0	122	7.1			
剖7	人为土	水稻土	渗育水稻土	黄泥田	黄泥田	A	0—14	黄灰色	中壤土	块状	5.7	17.4	1.20	0.30	9.5		2.0	134	6.7	火山岩风化坡积物残积物	E 117° 41′ 09.6″ N 25° 15′ 10.6″	97
						P	14—26	灰黄色	重壤土	块状	5.9	15.5	0.90	<0.10	10.1		<1.0	93	6.5			
						C	26—100	褐黄色	中壤土	块状	6.0	9.8	0.70	0.20	9.3		<1.0	76	5.8			
剖8	人为土	水稻土	潜育水稻土	冷烂田	深脚烂泥田	A	0—50	暗灰色	重壤土	糊烂无结构	6.1	31.0	1.55	0.13	12.9	121	3.0	169	5.7	花岗岩风化坡积物残积物	E 117° 38′ 53.1″ N 25° 13′ 55.8″	97
						G	50—110	青灰色	重壤土	块状	5.8	31.1	1.44	0.69	15.7	116	2.0	115	5.4			
剖9	铁铝土	黄壤	黄壤	黄泥土	黄泥砂土	A	0—20	灰灰色	砂壤土	块状	6.1	15.0	0.83	0.69	23.9	116	<1.0	115	11.6	花岗岩风化坡积物残积物	E 117° 40′ 46.6″ N 25° 14′ 52.4″	97
						B	20—35	黄色	重壤土	块状	4.9	12.0	0.76	0.69	23.4	116	<1.0	115	13.8			
						C	35—100	深黄色	重壤土	块状	4.9	10.5	0.61	0.71	21.7	53	<1.0	103	11.9			
剖10	人为土	水稻土	潜育水稻土	黄泥田	黄砂土	A	0—16	浅灰色	中壤土	小块状	6.0	20.5	1.14	0.43	10.3		2.3	153	8.4	火山岩风化坡积物	E 117° 38′ 02.7″ N 25° 14′ 21.9″	97
						P	16—22	浅灰色	重壤土	块状	5.9	12.0	0.68	0.20	7.1		<1.0	134	5.5			
						W	22—37	灰黄色	轻壤土	块状	5.9	8.2	0.46	0.20	7.2		<1.0	123	8.9			
						C	37—103	黄灰色	中壤土	块状	5.5	9.8	0.56	0.23	7.3		<1.0	117	10.4			
剖11	人为土	水稻土	潴育水稻土	灰黄泥田	灰黄泥田	A	0—21	浅灰色	中壤土	块状	5.1	21.0	1.20	0.54	9.3	195	7.0	90	9.1	冲积物	E 117° 43′ 17.2″ N 25° 10′ 46.0″	97
						C	21—101	红黄色	砂壤土	块状	4.5	6.3	0.60	0.35	8.6	143	<1.0	85	9.5			
剖12	铁铝土	黄壤	黄壤	砂质田	黄砂土	A	0—13	灰灰色	砂壤土	碎团状	5.3	15.4	0.68	0.33	25.1		8.0	83	5.4	火山岩风化坡积物	E 117° 43′ 55.5″ N 25° 10′ 38.0″	97
						P	13—24	灰黄色	砂壤土	小块状	5.5	8.9	0.63	0.31	24.5		3.0	76	5.0			
						C	24—105	灰黄色	中壤土	无结构	6.0	4.6	0.43	0.34	27.1		5.0	67	6.0			
剖13	人为土	水稻土	潴育水稻土	灰泥田	砂底灰泥田	A	0—15	暗灰色	中壤土	块状	5.6	19.9	1.22	0.90	16.2	156	12.0	91	7.9	洪积物及坡积物	E 117° 44′ 13.2″ N 25° 10′ 59.3″	97
						P	15—23	灰色	中壤土	棱柱状	5.6	18.2	0.99	0.24	20.6	155	12.0	78	7.2			
						W	23—47	灰红色	轻壤土	无结构	6.2	5.9	0.43	0.23	28.6	70	1.0	53	6.7			
						C	47—112	灰白色	砂壤土	碎团状	6.3	5.2	0.23	0.12	27.6	39	1.0	47	4.6			
剖14	人为土	水稻土	渗育水稻土	灰泥田	黄泥砂田	A	0—11	灰黄色	中壤土	块状	5.1	10.2	0.77	0.14	18.9		7.0	111	5.2	火山岩风化岩坡残积物	E 117° 38′ 24.9″ N 25° 10′ 49.2″	97
						C	11—116	黄橙色	轻壤土	小块状	5.2	7.1	0.46	0.16	16.1		<1.0	90	7.4			
剖15	铁铝土	红壤	酸性岩黄红壤			AB	0—23	黄橙色	黏土	大块状	5.4	11.5	0.61	0.72	9.9	68	1.0	68	6.1	花岗闪长岩坡残积物	E 117° 45′ 42.2″ N 25° 15′ 57.8″	95
						B	23—52	黄橙色	黏土		5.6	8.3	0.51	0.72	10.3		1.0	89	6.6			
						BC	52—100	黄橙色	黏土		5.4	5.8	0.30	0.64	10.2		1.0	11	5.4			

续表 Continued

剖面号 Soil profile	土纲 Soil order	土类 Soil great group	亚类 Soil subgroup	土属 Soil genus	土种 Soil species	土层码 Layer code	土层厚度 Depth/cm	颜色 Soil color	质地 Soil texture	土壤结构 Soil structure	pH	有机质 OM/(g/kg)	全氮 TN/(g/kg)	全磷 TP/(g/kg)	全钾 TK/(g/kg)	碱解氮 AN/(mg/kg)	有效磷 AP/(mg/kg)	速效钾 AK/(mg/kg)	阳离子交换量CEC/(cmol/kg)	土壤母质 Parent material	剖面点坐标 Profile coordinate	匹配指数 Matching index/%
剖16	人为土	水稻土	渗育水稻土	黄泥田	灰黄泥砂田	A	0—14	浅灰色	轻壤土	粒状	6.0	16.2	0.99	0.16	23.4		3.8	<5	7.2	火山岩风化堆积物	E 117° 52′ 20.3″ N 25° 11′ 57.9″	98
						P	14—26	灰黄色	砂壤土	小块状	6.0	9.8	0.60	0.10	16.0		1.0	67	6.3			
						C	26—103	灰黄色	砂壤土	碎块状	6.1	6.4	0.40	<0.10	20.6		<1.0	84	5.8			
剖17	人为土	水稻土	潜育水稻土	冷烂田	锈水田	A	0—16	浅灰色	重壤土	块状	6.0	24.4	0.97	0.13	9.5		1.0	61	12.9		E 117° 45′ 53.4″ N 25° 10′ 40.7″	97
						P	16—27	青灰色	重壤土	块状	5.7	23.5	1.26	0.36	10.2		<1.0	51	8.0			
						G	27—100	青灰色	重壤土	碎块状	5.7	23.3	0.94	0.37	15.2		<1.0	46	8.3			
剖18	人为土	水稻土	渗育水稻土	黄泥田	乌黄泥田	A	0—16	黄色	中壤土	块状	5.4	23.6	1.17	0.40	18.6		15.0	118	8.6	火山岩风化堆积物	E 117° 56′ 35.8″ N 25° 13′ 55.6″	97
						P	16—26	橘黄色	重壤土	块状	5.4	16.1	0.97	0.36	17.7		4.0	98	7.3			
						W	26—74	灰黄色	重壤土	棱柱状	5.7	3.8	0.14	0.17	17.7		<1.0	93	6.4			
						C	74—108		重壤土		5.8	4.2	0.28	0.17	17.8		<1.0	90	6.1			
剖19	初育土	石灰（岩）土	黑色石灰土	黑灰泥		A	0—15	灰色	轻壤土	粒状	7.8	23.8	1.43				2.0	92		石灰岩	E 117° 57′ 30.5″ N 25° 13′ 53.0″	97
						B	15—120	黑色	轻壤土	粒状	7.5	19.8	0.57				4.0	93				
						C	120—	灰黑色	轻壤土	粒状	8.1	9.0	0.49				2.0	30				
剖20	人为土	水稻土	潴育水稻土	石灰泥田	石灰泥田	Aca	0—17	灰宗色	中壤土	小块状	7.7	32.1	1.43	0.40	8.6		7.0	46	17.5	石灰岩风化坡积物	E 117° 58′ 04.4″ N 25° 13′ 48.7″	97
						Pca	17—24	浅灰色	中壤土	块状	8.1	25.6	1.13	0.35	9.4		4.0	43	15.7			
						Wca	24—61	棕灰色	中壤土	柱状	8.3	9.4	0.58	0.31	8.5		1.0	43	17.5			
						C	61—107	棕灰色	重壤土	块状	8.3	3.3	0.20	0.16	7.7		<1.0	44	16.0			
剖21	初育土	紫色土	酸性紫色土	泥质岩酸性骨性紫色土		A_1	0—5	灰褐色	中壤土	块状	5.5	21.0	0.64	0.22			2.0	90		紫色岩风化物	E 117° 58′ 20.1″ N 25° 14′ 00.9″	97
						A_3	5—10	褐红色	重壤土	小核状	5.5	16.0	0.91				2.0	130				
						B_1	10—22	褐红色	重壤土	棱柱状	4.5	8.0					1.0	120				
						B_3	22—133	紫红色	重壤土	小块状	4.5	4.0					1.0	40				
剖22	人为土	水稻土	潴育水稻土	白土田	白鳝泥田	A	0—16	灰色	中壤土	小块状	5.4	17.5	1.02	0.22	19.2	160	8.0	93	5.3		E 117° 48′ 53.5″ N 25° 03′ 20.5″	97
						P	16—22	白灰色	中壤土	块状	5.1	17.4	0.99	0.16	10.9	87	7.0	71	5.2			
						E	22—64	灰白色	中壤土	碎块状	5.1	9.6	0.54	<0.10	10.9	78	1.0	61	3.9			
						C	64—100	黄白色	重壤土	柱状	4.9	3.7	0.34	<0.10	16.9	101	<1.0	58	7.6			
剖23	铁铝土	红壤		红土田	红土	A_1	0—23	暗红色	砂壤土	小块状	5.0	20.0					1.0	50			E 118° 00′ 33.9″ N 25° 13′ 24.9″	95
						A_3	23—30	褐红色	轻壤土	块状	5.5	16.0					1.0	60				
						B_1	30—120	浅红色	轻砂壤	小块状	5.8	16.0					1.0	70				
剖24	人为土	水稻土	潴育水稻土	赤土田	赤土	A	0—14	棕红色	重壤土	块状	6.4	10.4	0.64	0.19	9.4	103	<1.0	141	11.3		E 118° 06′ 38.1″ N 25° 13′ 37.6″	97
						P	14—100	红色	重壤土	棱柱状	4.7	8.1	0.49	0.15	8.6	66	<1.0	129	11.2			
						C	100—	红色	重壤土	碎块状	5.2	10.4	0.78	0.25	6.0	44	<1.0	160	10.0			
剖25	赤红壤		赤红壤	赤土	赤土	A	0—14	棕灰色	重壤土	块状	4.7	8.8	0.63	0.21	8.6		30.1	118		赤红壤再积物	E 118° 04′ 51.6″ N 25° 11′ 20.4″	97
						B	14—20	红黄色	中壤土	块状	4.6	2.8	0.26	<0.10	8.9		<1.0	108				
						C	20—105	红灰色	中壤土	块状	5.7	26.6	1.14	0.61	15.3		6.0	76	10.1			
剖26	人为土	水稻土	潴育水稻土	灰泥田	黄底灰泥田	A	0—17	灰色	中壤土	小块状	6.4	20.1	0.97	0.53	15.3		2.0	84	9.9	冲洪积物及坡积物	E 118° 05′ 33.4″ N 25° 08′ 33.9″	98
						P	17—26	褐黄色	中壤土	棱柱状	6.8	9.7	0.54	0.32	13.6		4.0	76	8.5			
						W	26—46	黄黄色	重壤土	柱状	6.9	11.8	0.11	0.18	12.9		3.0	63	8.5			
						C	46—102	深红色	轻壤土	粒状	5.0	20.0	0.61					60				
剖27	铁铝土	赤红壤		侵蚀赤红壤		A	0—3	赤红色	中壤土	团块状	4.5	11.0					<1.0	50			E 118° 09′ 12.4″ N 25° 08′ 13.7″	95
							3—10	赤红色	轻壤土	碎块状	5.5	8.0					<1.0	50				
剖28	人为土	水稻土	潴育水稻土	潮砂田	乌砂田	A	0—17	暗灰色	轻壤土	块状	6.2	25.9	1.02	<0.10	15.1		16.0	47	6.8	冲积物或二元母质	E 118° 05′ 27.7″ N 25° 01′ 16.3″	97
						P	17—23	灰色	轻壤土	块状	6.4	19.0	0.74	0.11	14.3		<1.0	35	5.4			
						W_1	23—39	浅灰色	轻壤土	棱柱状	6.5	5.1	0.37	<0.10	15.1		<1.0	38	3.7			
						W_2	39—55	黄灰色	砂壤土	块状	6.6	4.2	0.17	<0.10	12.1		<1.0	41	4.3			
						C	55—100	灰黄色	砂壤土	粒状	6.6	1.0	<0.10	<0.10	12.7		<1.0	38	6.2			

续表 Continued

剖面号 Soil profile	土纲 Soil order	土类 Soil great group	亚类 Soil subgroup	土属 Soil genus	土种 Soil species	土层码 Layer code	土层厚度 Depth/cm	颜色 Soil color	质地 Soil texture	土壤结构 Soil structure	pH	有机质 OM/(g/kg)	全氮 TN/(g/kg)	全磷 TP/(g/kg)	全钾 TK/(g/kg)	碱解氮 AN/(mg/kg)	有效磷 AP/(mg/kg)	速效钾 AK/(mg/kg)	阳离子交换量CEC/(cmol/kg)	土壤母质 Parent material	剖面点坐标 Profile coordinate	匹配指数 Matching index/%
剖29	铁铝土	红壤	红壤	侵蚀红壤		A₁	0—14	浅黑色	砂壤土	粒状	6.0	12.0	1.05				4.0	100			E 118°05′37.9″ N 25°01′26.3″	93
						A₂	14—54	浅黄色	砂壤土	粒状	6.0	24.0					<1.0	80				
						B₁	54—103	黄红色	砂壤土	粒状	6.0	9.0					1.5	80				
						B₂	103—125	黄红色	砂壤土	粒状	6.5	9.0					<1.0	80				
剖30	人为土	水稻土	潴育水稻土	灰泥田	青底灰泥田	A	0—18	灰色	中壤土	碎块状	5.1	20.9	0.91	1.23	26.6	132	2.0	98	7.6	洪冲积物反坡积物	E 118°03′48.9″ N 25°00′18.7″	98
						P	18—24	灰色	中壤土	块状	5.1	16.7	0.94	0.18	22.1	105	1.0	84	8.2			
						W	24—44	褐灰色	中壤土		5.1	15.9	0.77	0.13	20.4	97	<1.0	70	8.4			
						C	44—102	灰青色	重壤土		5.5	9.0	0.57	0.28	20.3	75	3.0	63	7.2			
剖31	人为土	水稻土	潴育水稻土	乌泥田	黄底乌泥田	A	0—18	乌灰色	中壤土	小核状	6.1	27.9	1.37	<0.10	21.1		15.0	41	12.2	坡积物	E 118°11′53.0″ N 25°01′46.4″	97
						P	18—24	暗灰色	中壤土	块状	6.1	21.8	1.14	0.24	21.1		8.0	38	11.4			
						W₁	24—45	橘红色	轻黏土	棱柱状	6.6	15.5	0.68	0.18	21.1		1.0	35	11.2			
						W₂	45—70	浅灰色	轻黏土	柱状	7.1	6.7	0.34	0.17	19.4		<1.0	47	12.6			
						C	70—100	浅灰色	轻黏土		7.2	7.1	0.17	0.23	18.6		<1.0	41	12.5			

永 春 县

主要土类说明

红壤是永春县主要土壤类型,占本县地域面积的 68%,主要分布在海拔 250—1230m 的高丘、低中山地带。成土母质为流纹质凝灰岩、花岗斑岩、黑云母花岗岩、英安质凝灰岩、次石英闪长斑岩、石英闪长岩、粉砂岩、泥岩、砂砾岩、钙质粉砂岩等风化物。在亚热带生物气候条件作用下,土壤脱硅富铝化作用强烈,铁铝相对富集,土体中能见到铁膜淀积或铁锰结核。土壤全剖面呈红色,具有 A–B–C 或 B–C 构型。根据土壤发育阶段与人为附加成土过程的作用,本县红壤分为红壤、黄红壤、暗红壤、粗骨性红壤、耕作红壤（红土）等亚类。

水稻土是永春县第二大土壤类型,占本县地域面积的 26%,是本县的主要耕作土壤,主要分布在河谷盆地、山垄和坡地。本县水稻土大多发育于坡积物,少部分发育于冲积物与残积物,在自然因素和人为种植的综合作用下,土壤干湿交替频繁,促使土壤进行氧化与还原、盐基淋溶与复盐基、有机质分解与合成、黏粒淋移与淀积等作用,土壤剖面分化明显,逐渐形成灰色化耕作层、紧实的犁底层及明显的还原淋溶、氧化淀积的潴育层或白土层、青泥层、母质层、渗育层、高度发育者具有铁锰结核的斑淀层等基本发生层次。本县水稻土分为渗育型、潴育型、潜育型等亚类。

黄壤是永春县第三大土壤类型,占本县地域面积的 5%,主要分布在本县的中山地带,属垂直地带性土壤类型。成土母岩为流纹质凝灰岩、细粒花岗岩、凝灰质粉砂岩、泥岩、页岩等。由于气温凉爽,多雾高湿,土壤脱硅富铝化作用较弱,而黄壤化（土壤中氧化铁受水化作用）过程强烈,使整个剖面变为黄色或灰黄色。土壤的腐殖质积累丰富,质地较黏重,各种养分含量较丰富。根据发育情况、侵蚀程度与人为附加成土过程的作用,本县黄壤分为黄壤、粗骨性黄壤、黄泥土等亚类。

小于本县地域面积 3% 的土壤类型还有赤红壤、紫色土、潮土等。

本区域中心区气候特征

本区域中心区气候特征值
Regional climate characteristics in central area of the region

气候带：南亚热带湿润气候 Climate region: South subtropical humid climate	
年平均气温 /℃ Annual average temperature /℃	20.0
年平均最高气温 /℃ Annual average maximum temperature /℃	24.9
年平均最低气温 /℃ Annual average minimum temperature /℃	16.7
年降水量 /mm Annual precipitation /mm	1448
≥ 10℃的积温 /℃ Daily temperature accumulated in a year（≥ 10℃）/℃	7282
年日照时数 /h Annual sunshine /h	1713
年平均相对湿度 /% Annual average relative humidity /%	79
干燥度 Dryness	0.82

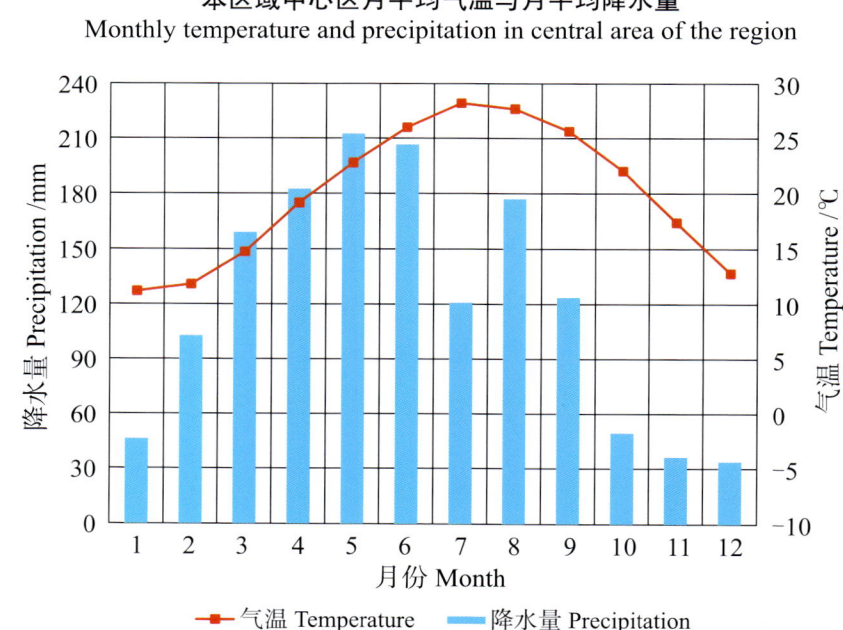

本区域中心区月平均气温与月平均降水量
Monthly temperature and precipitation in central area of the region

永春县主要土壤类型与土壤剖面点分布图
1∶280 000

图 例
红壤 水稻土 黄壤 赤红壤 紫色土 潮土 剖面点

第二编 福建省分县土壤图与土壤剖面数据

永春县土壤剖面理化性状表

剖面号 Soil profile	土纲 Soil order	土类 Soil great group	亚类 Soil subgroup	土属 Soil genus	土种 Soil species	土层码 Layer code	土层厚度 Depth/cm	颜色 Soil color	质地 Soil texture	土壤结构 Soil structure	pH	有机质 OM/(g/kg)	全氮 TN/(g/kg)	全磷 TP/(g/kg)	全钾 TK/(g/kg)	有效磷 AP/(mg/kg)	速效钾 AK/(mg/kg)	阳离子交换量 CEC/(cmol/kg)	土壤母质 Parent material	剖面点坐标 Profile coordinate	匹配指数 Matching index/%
剖1	铁铝土	红壤	红壤	泥质岩红壤		A₃	0—5	浅红色	轻壤土	团块状	4.8	41.7	1.62			1.0	231		粉砂岩	E 117°43′13.3″ N 25°27′25.5″	97
						B₁	5—15	橙红色	中壤土	团块状	5.2	11.1	0.75			3.0	202				
						B₂	15—60	淡红色	中壤土	块状	5.3	9.4	0.43			<1.0	154				
						B₃	60—92	灰紫色	中壤土	块状	5.4	4.0	0.20			<1.0	184				
剖2	人为土	水稻土	渗育水稻土	紫泥田	紫泥田	A	0—11	灰紫色	中壤土	块状	5.0	12.6	0.87	0.18	25.5	1.0	112	9.3	紫色岩风化物	E 117°57′30.3″ N 25°30′06.6″	97
						P	11—15	灰紫色	重壤土	块状	5.0	11.3	0.72	<0.10	35.7	2.0	148	9.3			
						C	15—100	暗紫色	重壤土	块状	5.2	3.0	0.31	0.18	42.4	<1.0	90	11.9			
剖3	铁铝土	黄壤	黄壤	黄泥土	黄泥土	A	0—41	浅黄色	轻黏土	块状	5.3	23.9	1.19	0.78	6.0	1.0	143	14.2	黄壤坡积物、残积物	E 117°59′27.7″ N 25°30′01.8″	97
						B	41—76	灰黄色	中壤土	块状	5.4	12.0	0.73	0.32	7.8	<1.0	63	12.9			
						C	76—100	黄色	中黏土	块状	5.3	11.0	0.64	0.48	7.3	<1.0	46	13.4			
剖4	初育土	紫色土	酸性紫色土	泥质岩酸性紫色土		A₃	0—9	暗紫色		核状	5.4	24.7	1.20			5.0	110		紫色粉砂岩	E 117°58′01.9″ N 25°29′33.4″	97
						B₁	9—34	紫灰色		大核状	5.4	15.0	0.90			<1.0	139				
						B₂	34—102	暗紫色		小核状	5.4	10.8	0.80			<1.0	133				
剖5	铁铝土	红壤	红壤	砂质岩红壤		A₃	0—5	暗紫色	轻壤土	粒状	6.0	33.8	2.10			1.0	65		灰黑色砂岩	E 117°59′50.4″ N 25°27′40.4″	97
						A₁	5—12	灰红色	中壤土	核状	5.0	24.1	0.92			2.0	154				
						B	12—42	灰红色	中壤土	核状	5.5	31.1	0.81			1.0	197				
						B₃	42—82	淡红色	轻壤土	碎块状	5.0	13.9	0.75			<1.0	131				
						C	82—100	红色	轻壤土	粒状	5.0	12.9	0.76			1.0	141				
剖6	铁铝土	红壤	暗红壤	泥质岩暗红壤		A₃	1—7	浅黑色	中壤土	核状	5.5	54.6	2.80			1.0	210		黑色粉砂岩	E 117°56′09.8″ N 25°25′56.5″	97
						A₁	7—18	暗黑色	中壤土	团块状	5.4	28.1	2.10			<1.0	226				
						B₁	18—45	灰灰色	中壤土	团块状	5.2	14.0	1.50			<1.0	196				
						B₂	45—112	暗红色	中壤土	团块状	5.6	12.9	1.70			<1.0	196				
						B₃	112—140	浅红色	中壤土	团块状	5.7	44.8	1.80			<1.0	94				
剖7	铁铝土	红壤	红壤	黄泥壤	黄泥砂土	A	0—13	黄灰色	轻壤土	块状	5.4	13.8	0.67	0.13	30.5	3.0	178	7.8	红壤坡积物	E 118°11′54.2″ N 25°26′12.0″	95
						C	13—100	灰灰色	轻壤土	块状	5.4	7.6	0.35	0.13	32.2	1.0	57	5.8			
剖8	铁铝土	红壤	红壤	红泥砂土	灰红泥砂土	A	0—8	浅红色	轻壤土	粒状	5.6	7.9	0.51	0.21	34.3	5.0	118	6.0	红壤坡积物	E 118°03′09.2″ N 25°22′18.0″	98
						B	8—41	浅红色	中壤土	粒状	5.5	6.5	0.39	0.23	33.7	<1.0	148	6.1			
						C	41—91	赤色	中壤土	粒状	5.0	5.2	0.31	0.20	32.1	<1.0	146	6.7			
							91—100	浅红色	中壤土	碎块状	5.7	6.3	0.31	0.23	21.3	<1.0	77	8.2			
剖9	人为土	水稻土	渗育水稻土	黄泥骨	黄泥骨	A	0—9	黄灰色	中壤土	块状	5.0	14.4	0.78	0.12	18.6	2.0	205	7.4	火山岩、花岗岩等风化坡积物、残积物	E 118°14′14.7″ N 25°21′29.0″	95
						P	9—15	黄灰色	中壤土	块状	4.9	10.1	0.45	0.11	18.6	1.0	95	7.0			
						C	15—100	红灰色	重壤土	块状	5.2	6.6	0.34	0.11	16.4	3.0	155	9.4			
剖10	人为土	水稻土	潜育水稻土	冷烂田	锈水田	A	0—13	褐灰色	重壤土	块状	5.2	27.4	1.31	0.37	16.9	3.0	125	9.7	坡积物、沉积物	E 118°09′56.9″ N 25°21′21.1″	97
						P	13—18	褐黄色	重壤土	块状	5.3	26.5	1.17	0.24	19.6	<1.0	55	9.7			
						G	18—100	青灰色	重壤土	块状	5.2	21.6	0.93	0.21	19.6	<1.0	83	9.0			
剖11	人为土	水稻土	潜育水稻土	灰泥田	青底灰泥田	A	0—15	灰色	中壤土	块状	5.7	26.7	1.26	0.39	24.7	4.0	86	10.2	冲积物、个别为坡积物	E 118°05′43.1″ N 25°18′30.1″	97
						P	15—20	灰灰色	重壤土	块状	5.7	16.9	0.77	0.23	25.4	2.0	113	8.0			
						W	25—60	灰黄色	重壤土	块状	6.7	9.5	0.45	0.18	20.9	1.0	85	10.1			
						G	60—100	青灰色	重壤土	小块状	4.8	10.7	0.42	0.16	21.4	1.0	173	10.8			
剖12	人为土	水稻土	渗育水稻土	黄泥田	灰黄泥田	A	0—12	浅灰色	中壤土	块状	5.1	22.8	1.24	0.38	22.5	3.0	52	11.5	火山岩、花岗岩等风化坡积物、残积物	E 118°10′04.8″ N 25°18′19.3″	95
						P	12—20	灰色	重壤土	柱状	5.2	21.8	1.14	0.37	23.2	1.0	56	11.6			
						W	20—35	黄灰色	重壤土	块状	5.3	15.8	0.78	0.37	23.2	1.0	25	10.6			
						C	35—100	灰黄色	重壤土	块状	5.6	9.6	0.63	0.40	23.2	2.0	46	10.1			

续表 Continued

剖面号 Soil profile	土纲 Soil order	土类 Soil great group	亚类 Soil subgroup	土属 Soil genus	土种 Soil species	土层码 Layer code	土层厚度 Depth/cm	颜色 Soil color	质地 Soil texture	土壤结构 Soil structure	pH	有机质 OM/(g/kg)	全氮 TN/(g/kg)	全磷 TP/(g/kg)	全钾 TK/(g/kg)	有效磷 AP/(mg/kg)	速效钾 AK/(mg/kg)	阳离子交换量CEC/(cmol/kg)	土壤母质 Parent material	剖面点坐标 Profile coordinate	匹配指数 Matching index/%
剖13	人为土	水稻土	潴育水稻土	灰泥田	砂底灰泥田	A	0–16	暗灰色	中壤土	碎块状	4.2	38.5	2.13	0.93	16.1	9.0	166	11.9	冲积物、个别为坡积物	E 118°13′09.4″ N 25°19′22.8″	97
						P	16–22	暗灰色	中壤土	碎块状	5.0	30.4	1.61	0.72	16.9	3.0	70	9.7			
						W	22–49	黄灰色	中壤土	碎块状	5.5	18.3	1.14	0.76	16.9	1.0	83	9.9			
						C	49–100	白色	砂壤土	粒状	5.4	<1.0	0.24	0.16	23.5	1.0	76	4.1			
剖14	人为土	水稻土	潴育水稻土	潮砂田	灰砂田	A	0–14	褐灰色	轻壤土	碎块状	6.5	14.2	0.66	0.30	26.2	17.0	140	6.0	冲积物	E 118°12′38.2″ N 25°17′28.8″	97
						P	14–20	褐灰色	砂壤土	碎块状	5.8	7.4	0.24	0.30	27.7	7.0	126	5.2			
						W	20–38	黄灰色	砂壤土	碎块状	5.7	2.9	0.18	0.10	28.6	4.0	112	4.7			
						C	38–100	灰白色	砂壤土	粒状	6.1	1.9	<0.10	<0.10	29.3	2.0	101	3.9			
剖15	铁铝土	红壤		酸性岩红壤		A_1	0–6	暗灰黑	轻壤土	核状	4.8	65.7	2.23			<1.0	178		黑云母花岗岩	E 118°12′22.8″ N 25°16′37.6″	97
						A_3	6–9	暗灰色	轻壤土	团块状	5.0	40.6	1.64			<1.0	194				
						B_1	9–35	淡红色	中壤土	团块状	4.6	23.8	0.81			<1.0	204				
						B_2	35–120	红色	中壤土	团块状	5.4	9.5	0.44			<1.0	143				
						B_3	120–160	棕红色	中壤土	团块状	5.2	4.3	0.32			<1.0	274				
剖16	铁铝土	红壤		红泥土	红泥土	A	0–20	暗棕色	中壤土	碎块状	5.3	10.9	0.61	0.22	6.8	2.0	116	7.5	红壤坡积物	E 118°10′37.6″ N 25°17′25.6″	97
						B	20–60	棕红色	重壤土	块状	5.2	6.6	0.36	0.22	5.4	4.0	105	8.7			
						C	60–100	红色	重壤土	块状	5.2	3.7	0.15	0.17	5.1	2.0	77	10.1			
剖17	人为土	水稻土	潴育水稻土	乌泥田	黄底乌泥田	A	0–20	暗黑色	中壤土	碎块状	5.9	34.3	1.71	0.58	23.0	4.0	115	13.6	冲积物及二元母质	E 118°15′51.9″ N 25°20′54.7″	98
						P	20–27	暗黑色	重壤土	块状	6.0	30.9	1.59	0.37	23.8	3.0	115	13.3			
						W_1	27–39	灰黄色	重壤土	棱柱状	5.7	30.1	1.44	0.50	23.2	2.0	113	13.5			
						W_2	39–49	灰黄色	重壤土	棱柱状	5.6	23.0	1.29	0.39	23.8	1.0	129	13.2			
						C	49–100	灰白色	中壤土	无结构	5.4	20.3	0.93	0.20	23.7	3.0	104	11.7			
剖18	赤红壤			赤土	薄赤土	A	0–16	红灰色	中壤土	块状	4.9	13.9	0.75	0.22	15.2	2.0	112	7.0		E 118°17′01.0″ N 25°22′06.6″	97
						B	16–38	灰黄色	中壤土	块状	5.0	6.9	0.45	0.29	15.2	2.0	55	6.8			
						C	38–100	砖红色	重壤土	块状	6.2	2.2	0.11	<0.10	13.6	1.0	289	6.9			
剖19	人为土	水稻土	潴育水稻土	潮砂田	乌砂田	A	0–16	暗灰色	中壤土	团粒状	5.5	26.0	1.27	0.38	22.1	16.0	168	8.9	冲积物	E 118°23′28.3″ N 25°23′22.0″	97
						P	16–22	暗灰色	中壤土	块状	5.0	22.2	0.71	0.27	19.4	1.0	117	7.9			
						W_1	22–42	褐黄色	轻壤土	块状	5.6	3.5	0.24	<0.10	24.4	3.0	93	5.8			
						W_2	42–72	黄黄色	轻壤土	块状	6.3	4.8	0.27	0.11	25.3	2.0	137	7.1			
						C	72–100	灰白色	轻壤土	块状	6.6	3.2	0.15	<0.10	28.6	2.0	132	6.2			
剖20	铁铝土			黑赤土	薄黑赤土	A	0–23	黑灰色	中壤土	碎块状	4.8	28.3	1.50	0.94	13.6	6.0	217	11.3	花岗斑岩风化坡积物	E 118°25′27.6″ N 25°23′04.0″	97
						B	23–32	红灰色	重壤土	块状	5.4	7.8	0.60	0.20	15.2	3.0	179	7.8			
						C	32–100	橘红色	轻黏土	块状	5.4	8.4	0.48	0.21	8.5	1.0	85	10.2			
剖21	潮土	砂土		砂质土	灰砂土	A	0–22	灰色	紧砂土	团粒状	6.3	10.4	0.29	0.31	18.7	19.0	83	3.5	河流冲积物	E 118°23′40.1″ N 25°21′44.1″	97
						W_1	22–43	灰黄色	松砂土	块状	6.4	13.0	<0.10	<0.10	20.8	13.0	51	1.9			
						C	43–100	白色	松砂土	单粒状	6.6	14.0	<0.10	<0.10	20.9	14.0	67	1.5			
剖22	半水成土	赤红壤	渗育水稻土	砂质田		A	0–12	黄灰色	砂壤土	粒状	5.3	8.0	0.39	0.18	30.3	25.0	147	5.8	溪流冲积物	E 118°16′28.1″ N 25°19′25.6″	97
						C	12–100	黄色	砂土	粒状	6.5	1.7		<0.10	30.0	6.0	109				
剖23	人为土	水稻土	漂洗水稻土	漂红泥田	龙津白鳝泥田	Aa	0–13	完黄棕色	壤土	块状	4.3	17.9	0.73	0.31	13.3	<1.0	134	7.2	红壤再积物	E 118°16′46.3″ N 25°18′04.4″	95
						B	13–20	浅灰色	壤土	块状	4.4	12.6	0.43	0.32	13.1	<1.0	98	7.8			
						E	20–100	淡灰色	壤土	块状	4.3	9.5	0.30	0.16	12.3	<1.0	92	5.6			
剖24	人为土	水稻土	漂洗水稻土	白鳝泥田	白鳝泥田	AP	13–20	棕灰色	壤质黏土	块状	4.4	17.9	0.73	0.31	13.3	<1.0	134		流纹质凝灰岩坡积物	E 118°17′18.2″ N 25°18′34.7″	81
						E	20–100	灰白色	壤质黏土夹砂	块状	4.3	12.6	0.43	0.32	13.1	<1.0	98	7.8			
						C	100—	黄棕色	黏土	块状	4.3	9.5	0.39	0.16	12.3	<1.0	92	5.6			

续表 Continued

剖面号 Soil profile	土纲 Soil order	土类 Soil great group	亚类 Soil subgroup	土属 Soil genus	土种 Soil species	土层码 Layer code	土层厚度 Depth/cm	颜色 Soil color	质地 Soil texture	土壤结构 Soil structure	pH	有机质 OM/(g/kg)	全氮 TN/(g/kg)	全磷 TP/(g/kg)	全钾 TK/(g/kg)	有效磷 AP/(mg/kg)	速效钾 AK/(mg/kg)	阳离子交换量CEC/(cmol/kg)	土壤母质 Parent material	剖面点坐标 Profile coordinate	匹配指数 Matching index/%
剖25	铁铝土	赤红壤	赤红壤	赤土	中赤土	A	0—21	红灰色	中壤土	块状	5.3	15.0	0.64	0.42	21.3	1.0	97	6.7		E 118°18′03.8″ N 25°18′47.4″	98
						B	21—73	红黄色	重壤土	块状	4.9	3.7	0.19	0.19	16.2	2.0	83	6.8			
						C	73—100	红色	重壤土	块状	5.4	2.5	0.21	0.11	12.8	2.0	108	6.1			
剖26	人为土	潴育水稻土	灰泥田	黄底灰泥田		A	0—15	灰色	中壤土	块状	5.8	24.8	1.38	0.80	29.2	11.0	127	6.2	冲积物,个别为坡积物	E 118°19′50.5″ N 25°18′41.6″	98
						P	15—22	灰色	中壤土	块状	6.4	15.8	0.87	0.71	29.2	1.0	72	10.3			
						W	22—54	褐灰色	中壤土	柱状	6.3	9.5	0.60	0.62	30.6	1.0	86	9.7			
						C	54—100	黄色	重壤土	块状	6.4	6.4	0.39	0.38	30.6	2.0	55	8.2			
剖27	铁铝土	赤红壤	赤砂土	薄赤砂土		A	0—16	淡红色	黏壤土	块状	4.9	13.9	0.75	0.22	15.2	3.0	112	7.0	第四纪坡积物	E 118°15′24.6″ N 25°17′08.1″	95
						B	16—38	棕红色	黏壤土	块状	5.0	6.9	0.45	0.29	15.2	2.0	55	6.8			
						C	38—100	红色	壤质黏土	块状	6.0	2.2	0.11	<0.10	13.6	1.0	289	6.9			
剖28	铁铝土	赤红壤	黑赤土	中黑赤土		A	0—21	暗灰色	中壤土	碎块状	5.2	36.6	1.55	1.05	17.8	25.0	185	12.2	花岗斑岩风化坡积物	E 118°27′42.5″ N 25°19′35.5″	97
						B	21—57	红褐色	重壤土	块状	5.3	5.8	0.45	0.21	11.0	2.0	107	8.7			
						C	57—100	砖红色	轻黏土	无结构	5.4	5.8	0.36	0.16	8.9	<1.0	219	8.7			

德 化 县

主要土类说明

红壤是德化县主要土壤类型，占本县地域面积的72%，广泛分布于本县的山地、丘陵。本县气候温和，水量充沛，原生植被为常绿阔叶林，在潮湿的亚热带生物气候条件下，各种母岩强烈风化，经过脱硅富铝化过程而形成富含铁铝的红壤。土壤土层深厚，淋溶作用明显，层次发育完整，剖面构型为 A-B-C 或 A-C。根据土壤发育阶段和人为附加成土过程，本县红壤分为红壤、粗骨性红壤、黄红壤、暗红壤、红土、水化红壤等亚类。

黄壤是德化县第二大土壤类型，占本县地域面积的14%，主要分布于南埕、水口、雷峰、赤水、上涌、美湖等地海拔 1000—1600m 的中山山坡。分布区山高雾大，气温低，湿度大，日照短，原生植被为亚热带常绿与落叶混交林，已被次生草灌及黄山松所代替，成土母岩以凝灰熔岩为主，土壤化学风化作用比红壤弱，成土过程以黄壤化作用为特征。由于游离铁遭水化以针铁矿及多水氧化铁形态存在而形成黄色的心土层，土层较薄，多数不足 1m；次生黏土矿物以高岭石、水云母、三水铝石为主。表层腐殖质积累较多，土壤呈酸性。根据成土作用及发育程度的差异，本县黄壤分为黄壤、粗骨性黄壤、黄泥土三个亚类。

水稻土是德化县第三大土壤类型，占本县地域面积的13%。水稻土是本县的主要耕作土壤，海拔 210—1300m 地带均有分布，但集中分布于海拔 500—800m 的山丘坡地、垅谷、溪谷平原。本县水稻土多发育于红壤或黄壤，少数发育于冲积土，以种植单季稻为主，有少量的双季稻与单双混作稻。人为水耕熟化过程，有利于有机质的积累和提高磷、钾、钙、镁及二氧化硅的有效性。如由红壤发育的水稻土，随着熟化程度提高，有机质、全氮、全磷、有效磷等含量都较旱地高，但一般仍具有原来母土的残留特征，如土质黏重，氧化铁、氧化铝含量高，磷大部分以闭蓄态的磷酸铁、磷酸铝为主，有效性差。在水耕熟化过程中，水稻土形成了独特的剖面构型，发育有完整的耕作层、犁底层、渗育层、淀斑层、母质层或青泥层。根据土壤水补给和移动形式的不同，本县水稻土分为渗育型、潴育型和潜育型等亚类。

小于本县地域面积 3% 的土壤类型还有山地草甸土等。

本区域中心区气候特征

本区域中心区气候特征值
Regional climate characteristics in central area of the region

气候带：中亚热带湿润气候 Climate region: Subtropical humid climate	
年平均气温 /℃ Annual average temperature /℃	19.8
年平均最高气温 /℃ Annual average maximum temperature /℃	25.0
年平均最低气温 /℃ Annual average minimum temperature /℃	16.4
年降水量 /mm Annual precipitation /mm	1484
≥ 10℃的积温 /℃ Daily temperature accumulated in a year（≥ 10℃）/℃	7183
年日照时数 /h Annual sunshine /h	1686
年平均相对湿度 /% Annual average relative humidity /%	79
干燥度 Dryness	0.79

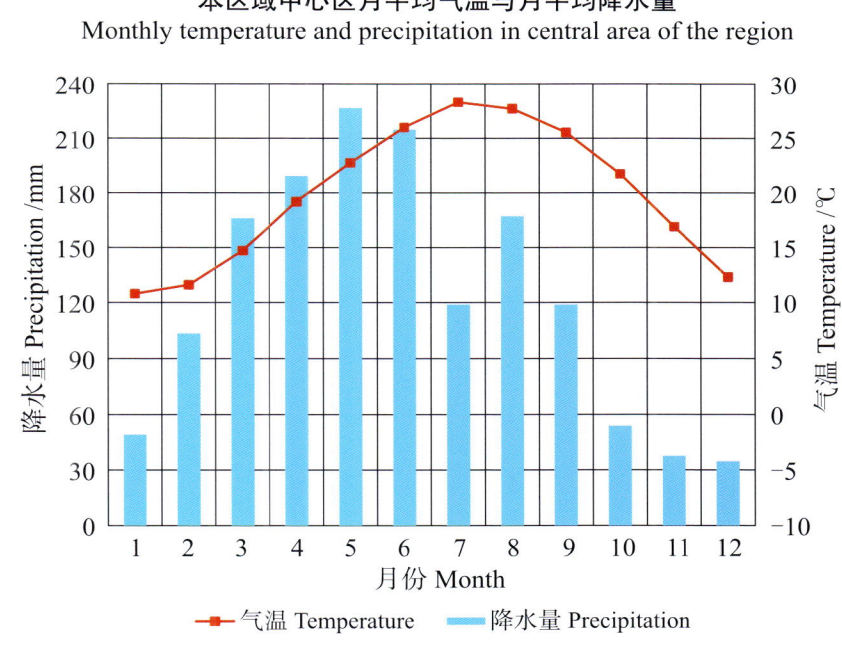

本区域中心区月平均气温与月平均降水量
Monthly temperature and precipitation in central area of the region

德化县主要土壤类型与土壤剖面点分布图
1:260 000

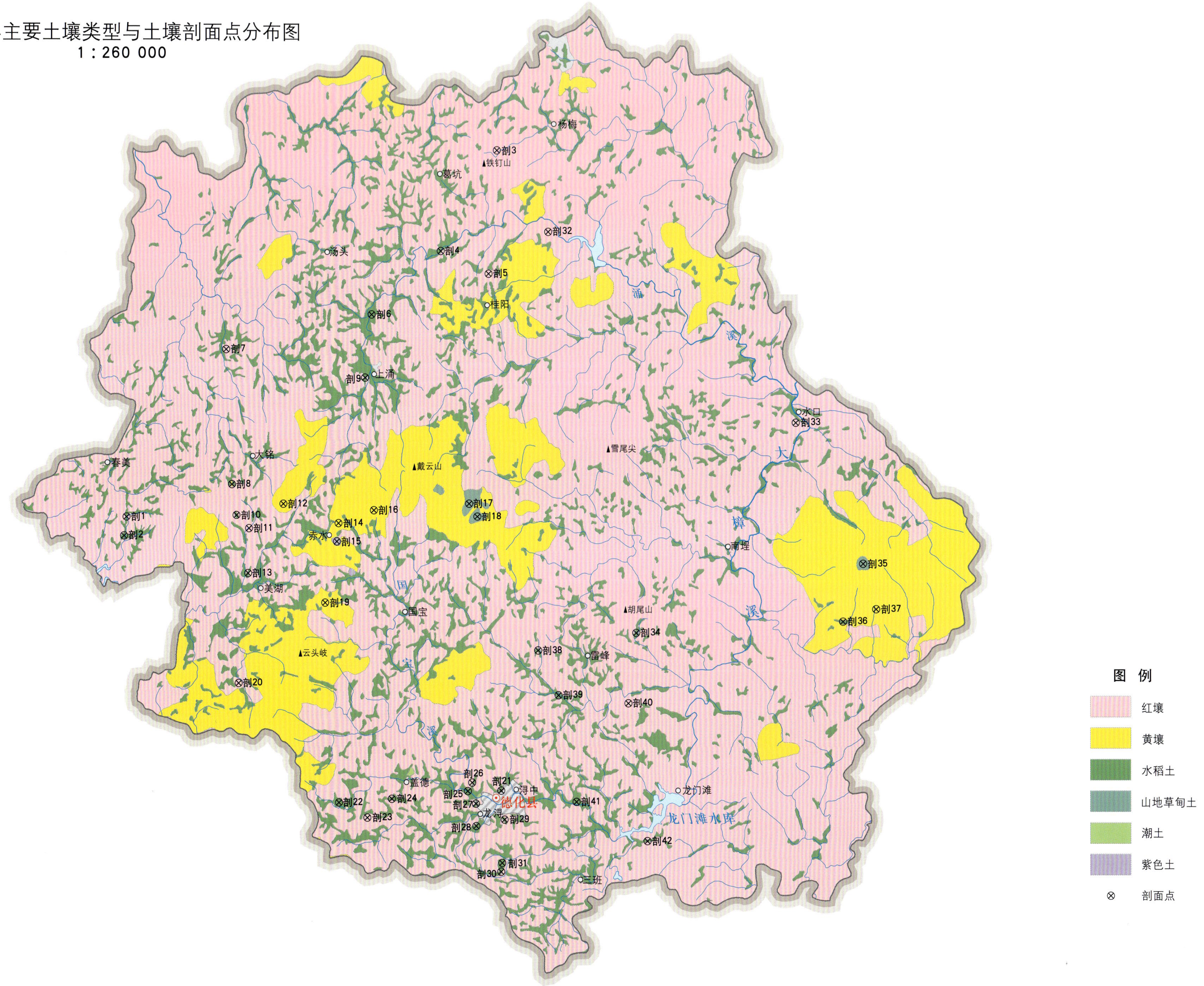

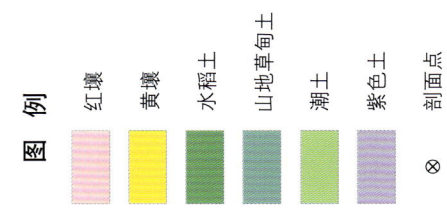

德化县土壤剖面理化性状表

剖面号 Soil profile	土纲 Soil order	土类 Soil great group	亚类 Soil subgroup	土属 Soil genus	土种 Soil species	土层码 Layer code	土层厚度 Depth/cm	颜色 Soil color	质地 Soil texture	土壤结构 Soil structure	pH	有机质 OM/(g/kg)	全氮 TN/(g/kg)	全磷 TP/(g/kg)	全钾 TK/(g/kg)	碱解氮 AN/(mg/kg)	有效磷 AP/(mg/kg)	速效钾 AK/(mg/kg)	阳离子交换量CEC/(cmol/kg)	土壤母质 Parent material	剖面点坐标 Profile coordinate	匹配指数 Matching index/%
剖1	人为土	水稻土	渗育水稻土	黄泥田	灰黄泥砂田	A	0–12	浅灰色	轻壤土	碎块状	5.2	15.8	0.68	0.13	30.3	90	2.0	47	7.5		E 117° 59′ 57.4″ N 25° 39′ 22.2″	97
						P	12–18	浅灰色	中壤土	层状	5.0	18.1	0.74	0.15	30.2		2.0	<5	7.6			
						C	18–80	棕黄色	轻壤土	块状	5.5	6.9	0.35	<0.10	29.1		1.0	47	9.0			
剖2	人为土	水稻土	潴育水稻土	潮砂田	灰砂田	A	0–16	浅灰色	砂壤土	碎块状	5.1	20.5	1.00	0.39	26.0	131	9.0	78	8.5	冲积物	E 117° 59′ 51.7″ N 25° 38′ 43.8″	97
						P	16–27	棕灰色	轻壤土	层状	5.2	10.1	0.48	0.44	26.0		2.0	17	6.3			
						W	27–65	黄灰色	轻壤土	碎块状	5.5	10.2	0.43	0.29	25.3		2.0	12	7.5			
						Cs	65–100	灰灰色	轻壤土	块状	5.5	12.5	0.57	0.35	25.2		4.0	8	8.0			
剖3	铁铝土	红壤	红壤	砂质岩红壤		A_1	0–21	棕灰色	砂壤土	粒状	5.2	53.5	1.90	0.24	25.3		4.0	146		砂质岩	E 118° 14′ 19.5″ N 25° 51′ 36.1″	98
						A_3	21–41	灰红色	轻壤土	核状	5.4	26.2	1.17	0.20	27.1		<1.0	105				
						B_1	41–80	鲜红色	轻壤土	核状	5.4	14.9	0.85	0.19	29.1		<1.0	68				
						B_2	80–112	红色	轻壤土	核状	5.5	18.4	1.04	0.20	29.8		<1.0	90				
剖4	人为土	水稻土	淹育水稻土	浅红泥田	戴云黄泥田	Aa	0–11	浊黄色	壤质黏土	块状	4.5	26.6	1.29	0.55	11.9		3.0	92		英安质凝灰岩风化坡积物	E 118° 12′ 07.3″ N 25° 48′ 14.2″	95
						B	11–16	灰黄色	壤质黏土	块状	4.5	25.4	1.15	0.48	10.7		3.0	87				
						C	16–110	亮黄棕色	中壤土	大块状	4.6	16.0	0.71	0.52	10.7		3.0	82				
剖5	铁铝土	红壤	暗红壤	中性岩暗红壤		A_1	0–9	暗灰色	砂壤土	粒状	5.2	83.5	2.42	0.50	4.3		4.0	207		中性岩	E 118° 13′ 57.7″ N 25° 47′ 27.2″	98
						A_3	9–55	暗褐色	砂壤土	块状	6.0	23.5	0.89	0.29	4.6		1.0	35				
						B_1	55–65	暗褐色	轻壤土	块状	5.8	40.4	1.28	0.40	4.3		1.0	54				
						B_2	65–93	黄红色	中壤土	块状	5.8	15.1	0.62	0.48	4.7		1.0	46				
						B_3	93—	浅红色	中壤土	块状	5.8	9.0	0.35	0.52	4.6		<1.0	32				
剖6	人为土	水稻土	淹育水稻土	黄泥田	戴云黄泥田	A	0–11	黄灰色	壤质黏土	块状	4.5	26.6	1.29	0.55	11.9		1.0	92		英安质凝灰岩风化坡积物	E 118° 09′ 27.2″ N 25° 46′ 06.9″	81
						AP	11–16	灰棕黄色	壤质黏土	块状	4.5	25.4	1.15	0.48	10.7		1.0	87				
						C	16–110	淡黄棕色	壤质黏土	大块状	4.6	16.0	0.71	0.52	10.7		1.0	82				
剖7	铁铝土	红壤	粗骨性红壤	泥质岩骨性红壤		A_1	0–8	灰褐色	轻壤土	碎块状	5.0	81.4	2.00	<0.10	40.2		7.0	126	9.6	泥质岩	E 118° 03′ 47.0″ N 25° 44′ 59.1″	93
						B	8–20	浅褐色	砂壤土	碎块状	5.6	21.0	0.80	0.13	43.1	51	4.0	92	9.2			
						C	20–40	浅褐色	砂壤土	碎块状	5.6	10.1	0.42	<0.10	29.6		1.0	91	12.4			
							40–80	黄红色	重壤土	碎块状	5.7	4.2	0.32	<0.10	21.4		<1.0	102	10.0			
剖8	铁铝土	黄壤	黄壤	黄泥土	黄泥砂土	A	0–16	灰褐色	轻壤土	块状	5.1	7.9	0.47	0.20	35.6		4.0	77			E 118° 03′ 58.2″ N 25° 40′ 26.5″	97
						B	16–40	淡红色	砂壤土	块状	5.3	6.4	0.26	0.12	29.6		<1.0	70				
							40–100	黄红色	中壤土	块状	5.6	5.8	0.31	0.11	21.4		<1.0	56				
剖9	人为土	水稻土	渗育水稻土	黄泥田	乌黄泥田	A	0–15	暗灰色	中壤土	小块状	5.8	26.0	1.42	0.71	21.3	107	17.0	77	9.3		E 118° 09′ 11.1″ N 25° 43′ 59.1″	98
						P	15–24	灰灰色	中壤土	块状	6.0	19.3	0.90	0.67	20.3		15.0	20	7.7			
						W	24–43	黄灰色	中壤土	棱柱状	6.7	4.8	0.28	0.19	20.3		<1.0	51	8.2			
						C	43–100	黄红色	中壤土	块状	6.9	2.9	0.17	0.16	20.3		<1.0	70	7.4			
剖10	人为土	水稻土	渗育水稻土	黄泥田	黄泥田	A	0–15	灰灰色	轻壤土	块状	5.4	15.2	0.82	0.16	26.4	69	1.0	74	7.2		E 118° 04′ 08.5″ N 25° 39′ 24.0″	97
						P	15–23	黄灰色	中壤土	块状	5.5	11.3	0.48	0.14	28.7		<1.0	18	6.7			
						W	23–56	黄红色	中壤土	核状	5.4	10.3	0.48	0.14	28.8		<1.0	21	6.7			
						C	56–100	灰黄色	轻壤土	核状	5.4			<0.10	31.3		<1.0	15				
剖11	铁铝土	黄红壤		泥质岩黄红壤		A_1	0–11	暗黑色	轻壤土	核状	5.3	102.5	2.55	0.37	6.5		5.0	218		泥质岩	E 118° 04′ 38.0″ N 25° 38′ 56.9″	97
						B_1	11–45	暗棕色	中壤土	核状	5.6	14.1	0.57	0.24	8.4		1.0	67				
						B_2	45–65	红黄色	中壤土	核状	5.7	9.8	0.46	0.26	7.7		1.0	53				
						B_3	65–90	红黄色	重壤土	核状	6.0	7.4	0.34	0.24	7.6		1.0	41				

续表 Continued

剖面号 Soil profile	土纲 Soil order	土类 Soil great group	亚类 Soil subgroup	土属 Soil genus	土种 Soil species	土层码 Layer code	土层厚度 Depth/cm	颜色 Soil color	质地 Soil texture	土壤结构 Soil structure	pH	有机质 OM/(g/kg)	全氮 TN/(g/kg)	全磷 TP/(g/kg)	全钾 TK/(g/kg)	碱解氮 AN/(mg/kg)	有效磷 AP/(mg/kg)	速效钾 AK/(mg/kg)	阳离子交换量CEC/(cmol/kg)	土壤母质 Parent material	剖面点坐标 Profile coordinate	匹配指数 Matching index/%
剖12	铁铝土	黄壤	黄壤	砂质岩黄壤		A_1	0—10	黑色	轻壤土	粒状	5.1	100.7	2.84	0.18	15.8		<1.0	139		砂质岩	E 118°05′58.6″ N 25°39′46.0″	97
						A_3	10—22	灰黄色	轻壤土	块状	6.1	28.6	1.30	0.22	11.3		1.0	65				
						B_1	22—75	红黄色	轻壤土	块状	5.3	13.4	0.89	0.22	11.8		<1.0	30				
						B_3	75—120	黄红色	轻壤土	块状	5.4	7.3	0.65	0.18	12.8		<1.0	30				
剖13	人为土	水稻土	潜育水稻土	冷烂田	深脚烂泥田	A	0—48	青灰蓝色	中壤土	糊烂无结构	5.4	34.6	1.25	0.16	14.3	123	<1.0	38	10.3		E 118°04′35.0″ N 25°37′26.2″	97
						G	48—100	青灰蓝色	重壤土	块状	5.5	30.8	1.03	0.17	12.7		<1.0	47	9.7			
剖14	铁铝土	黄壤	粗骨性黄壤	中性岩粗骨性黄壤		A_2	0—12	浅橙色	轻壤土	核状	5.3	43.8	1.75	<0.10	21.3		<1.0	176		中性岩	E 118°08′06.5″ N 25°39′05.8″	93
						A_3	12—24	红黄色	中壤土	小块状	5.3	9.9	0.70	0.13	21.1		<1.0	111				
						B_2	24—70	黄色	中壤土	小块状	5.8	6.5	0.47	<0.10	43.7		<1.0	119				
						C	70—150	黄黄色	中壤土	核状	5.7	6.5	0.43	<0.10	10.1		<1.0	107				
剖15	初育土	紫色土	酸性紫色土	砂质岩酸性紫色土		A	0—17	紫褐色	中壤土	核状	5.3	44.5	1.72	0.17	12.7		1.0	143		凝灰岩	E 118°08′02.3″ N 25°38′29.2″	75
						B	17—60	紫褐色	重壤土	核状	5.7	14.5	0.80	0.17	17.1		<1.0	98				
						C	60—110	紫色	中壤土	粒状	5.7	3.9	0.32	<0.10	13.4		<1.0	78				
剖16	铁铝土	黄壤	粗骨性黄壤	砂质岩粗骨性黄壤		B	0—8	灰乌色	轻壤土	粒状	5.5	46.5	0.19	0.14	14.0		2.0	104		凝灰岩	E 118°09′28.8″ N 25°39′31.6″	75
						B	8—36	黄黄色	轻壤土	粒状	6.0	12.9	0.57	0.14	12.5		1.0	74				
剖17	半水成土	山地草甸土	酸性草甸土		赤水黄红泥土	A_1	0—8	灰黑色	中壤土	团粒状	5.0	84.8	3.38	0.24	12.5		14.0	158		酸性火山凝灰熔岩	E 118°13′08.1″ N 25°39′42.8″	97
						A_3	8—16	褐黑色	中壤土	核状	5.4	49.4	2.10	0.21	11.2		1.0	97				
						B_2	16—52	黄色	中壤土	核状	5.4	18.5	1.00	0.17	11.7		<1.0	59				
剖18	半水成土	山地草甸土	酸性草甸土			A	0—26	黑色	黏壤土	核状	5.0	231.8	6.11	3.40	12.9		25.0	428	29.4	凝灰熔岩	E 118°13′26.6″ N 25°39′16.6″	75
						C	26—50	灰褐色	重砾质壤土	碎粒状	5.5	121.3	3.15	1.38	30.3		4.0	184	24.8	砀积物		
						R	50—															
剖19	铁铝土	黄壤	粗骨性黄壤	砂质岩粗骨性黄壤		A_3	0—10	灰黄色	轻壤土	粒状	5.6	46.1	1.46	0.20	12.6		<1.0	94		砂质岩	E 118°07′34.0″ N 25°36′25.6″	93
						B_1	10—65	黄色	轻壤土	粒状	6.2	16.0	0.66	0.35	10.0		<1.0	52				
						B_3	65—110	红黄色	轻壤土	粒状	6.5	7.3	0.33	0.14	17.5		1.0	40				
剖20	铁铝土	红壤	红壤	红泥土		A	0—7	暗棕色	黏壤土	屑粒状	4.4	60.1	2.34	0.12	12.7					英安质凝灰岩风化坡积物	E 118°04′11.0″ N 25°33′44.2″	95
						B_1	7—50	淡黄橙色	壤质黏土	块状	4.7	6.7	0.90	0.12	2.2							
						B_2	50—100	红棕色	壤质黏土	块状	4.8	4.9	0.48	0.26	1.4							
剖21	人为土	水稻土	潜育水稻土	乌泥田	乌泥田	A	0—20	暗黑色	重壤土	块状	5.5	27.2	1.74	1.14	31.8		15.0	92	10.7		E 118°14′16.5″ N 25°30′00.5″	97
						P	20—30	黄黄色	重壤土	块状	6.5	15.8	0.66	0.78	32.8	104	2.0	49	10.7			
						W_1	30—82	褐黄色	重壤土	棱柱状	6.5	4.6	0.17	0.59	36.1		2.0	72	10.1			
						W_2	82—119	黄黄色	重壤土	块状	6.6	6.2	0.25	0.56	36.8		2.0	56	12.5			
						C	119—172	黄黄色	重壤土	块状	5.8	4.9	0.17	0.27	33.0		2.0	67				
剖22	铁铝土	红壤	红壤	黄泥田	灰黄泥田	A	0—13	黄黄色	重壤土	粒状	5.2	20.8	0.80	0.16	20.3		1.0	63			E 118°08′02.6″ N 25°29′41.4″	97
						P	13—19	灰色	中壤土	块状	5.4	19.2	0.74	0.19	18.6		2.0	92				
						W	19—45	灰黄色	重壤土	块状	5.4	7.8	0.28	0.14	20.3		<1.0	80				
						C	45—100	黄黄色	重壤土	块状	6.0	3.7	0.12	0.13	20.5		<1.0	119				
剖23	铁铝土	红壤	酸性红壤		茹粉田	A	0—4	灰棕色	中壤土	粒状	5.6	27.7	0.72	<0.10	26.6	80	4.0	152	8.4	花岗斑岩、流纹熔岩	E 118°09′08.3″ N 25°29′10.1″	97
						B_1	4—58	黄黄色	轻壤土	碎块状	6.2	4.3	0.10	<0.10	21.6		1.0	100	6.7			
						B_2	58—150	红黄色	中壤土	块状	6.0	2.0	<0.10	<0.10	29.4		1.0	126	7.3			
剖24	人为土	水稻土	渗育水稻土	白土田		A	0—12	浅红色	重壤土	碎块状	5.2	18.0	0.69	0.12	23.6	80	1.0	39	5.9	火山熔岩	E 118°10′05.3″ N 25°29′47.7″	97
						E	12—56	灰白色	轻壤土	块状	5.3	7.5	0.29	0.28	21.9		<1.0	76	4.9			
						C	56—100	黄红色	重壤土	块状	5.5	5.8	0.21	<0.10	22.0		<1.0	110	6.1			
剖25	人为土	水稻土	渗育水稻土	砂质田	黄砂田	A	0—16	灰色	砂壤土	碎块状	5.4	14.1	0.72	0.18	26.9		9.0	87	4.7		E 118°12′59.6″ N 25°29′56.0″	97
						P	16—24	浅黄色	紧砂土	块状	5.6	7.0	0.32	0.11	26.2		1.0	<5				
						C_1	24—60	灰黄色	砂壤土	碎块状	5.8	5.5	0.33	0.20	22.6		<1.0	11				
						C_2	60—100	棕黄色	紧砂土	单粒状	5.8	4.1	0.20	0.12	22.9		<1.0	23				

续表 Continued

剖面号 Soil profile	土纲 Soil order	土类 Soil great group	亚类 Soil subgroup	土属 Soil genus	土种 Soil species	土层码 Layer code	土层厚度 Depth/cm	颜色 color	质地 Soil texture	土壤结构 Soil structure	pH	有机质 OM/(g/kg)	全氮 TN/(g/kg)	全磷 TP/(g/kg)	全钾 TK/(g/kg)	碱解氮 AN/(mg/kg)	有效磷 AP/(mg/kg)	速效钾 AK/(mg/kg)	阳离子交换量 CEC/(cmol/kg)	土壤母质 Parent material	剖面点坐标 Profile coordinate	匹配指数 Matching index/%
剖26	人为土	水稻土	潴育水稻土	灰泥田	灰泥田	A	0—18	灰色	重壤土	块状	5.5	26.3	1.14	0.20	21.9	105	12.0	143	10.8	冲积物或坡积物	E 118°13′07.6″ N 25°29′58.7″	97
						P	18—26	褐灰色	中壤土	块状	5.7	22.1	1.01	0.13	22.1		3.0	188	9.3			
						W	26—75	棕灰色	重壤土	棱柱状	5.7	11.2	0.46	<0.10	22.4		<1.0	60	9.5			
						C	75—100	棕灰色	中壤土	块状	5.7	4.7	0.24	<0.10	22.9		<1.0	53	9.5			
剖27	人为土	水稻土	潜育水稻土	冷烂田	冷水田	A	0—21	灰色	中壤土	糊烂无结构	5.4	28.7	1.25	0.30	19.3	125	1.0	61	10.5		E 118°13′18.3″ N 25°29′36.4″	97
						P	21—31	青灰色	中壤土	块状	5.5	23.5	0.95	0.28	19.5			39	10.1			
						G	31—100	青灰色	中壤土	块状	5.4	23.0	0.90	0.27	19.4			51	10.1			
剖28	人为土	水稻土	潴育水稻土	乌泥田	黄底乌泥田	A	0—19	暗灰色	重壤土	块状	5.6	46.8	2.05	0.77	26.3	168	17.0	71	15.7		E 118°13′18.6″ N 25°28′51.3″	97
						P	19—31	青灰色	重壤土	块状	5.6	32.0	1.66	0.53	27.2		8.0	87	13.2			
						W₁	31—70	黄灰色	重壤土	棱柱状	5.7	10.0	0.46	0.25	29.2		1.0	32	10.2			
						W₂	70—110	灰白色	重壤土	块状	5.5	5.9	0.36	0.17	31.4		<1.0	48	11.2			
						C	110—	黄色														
剖29	人为土	水稻土	潴育水稻土	白田	白鳝泥田	A	0—18	浅灰色	轻壤土	块状	5.3	15.2	0.82	0.13	20.1	96	1.0	152	5.1		E 118°14′24.2″ N 25°29′03.8″	97
						P	18—29	浅灰色	轻壤土	块状	5.2	5.1	0.23	<0.10	20.1		<1.0	<5	4.1			
						E	29—100	黄灰白色	轻壤土	棱柱状	5.9	2.9	0.13	<0.10	20.1		<1.0	13	5.7			
剖30	铁铝土	红壤	红壤	侵蚀红壤	浅脚烂泥田	Ag	0—18	青灰色	壤质黏土	无结构	4.7	35.7	1.42	0.34	13.1		<1.0	53		砂质岩	E 118°14′11.6″ N 25°27′30.5″	97
						G	18—100	暗灰色	壤质黏土	无结构	4.5	32.7	1.15	0.29	10.1		<1.0	<5				
剖31	人为土	水稻土	潴育水稻土	乌泥田	青底乌泥田	A	0—16	灰色	中壤土	块状	5.5	25.8	1.04	0.18	27.2	130	5.0	110	8.5	冲积物或坡积物	E 118°14′19.6″ N 25°27′31.8″	97
						P	16—25	灰色	中壤土	块状	5.5	22.3	0.77	0.22	28.0		3.0	22	8.9			
						W	25—54	灰色	重壤土	棱柱状	5.3	23.0	0.73	<0.10	28.0		<1.0	30	9.7			
						G	54—100	青灰色	重壤土	块状	5.0	19.5	0.77	<0.10	27.9		<1.0	37	8.8			
剖32	铁铝土	红壤	黄红壤	砂质岩黄红壤		A₁	0—7	暗灰色	砂壤土	团粒状	5.1	31.8	1.37	0.20	11.5		4.0	97	12.5	砂质岩	E 118°16′17.5″ N 25°48′50.8″	99
						B₁	7—25	黄棕色	轻壤土	碎块状	5.9	17.9	0.87	0.16	11.8		1.0	59	12.3			
						B₂	25—55	黄红色	中壤土	碎块状	5.8	5.7	0.51	0.14	14.1		<1.0	48	10.5			
						B₃	55—120	红黄色	中壤土	碎块状	6.0	2.4	0.40	0.15	14.5		<1.0	53	10.7			
剖33	铁铝土	红壤	红壤	侵蚀红壤		B₂	0—26	青灰色	大壤土	大块状	5.8	10.1	0.38	<0.10	22.7		2.0	146	12.7		E 118°25′45.8″ N 25°42′19.7″	98
						B₃	26—90	黄灰色	大壤土	大块状	6.0	6.1	0.26	<0.10	26.0		2.0	151				
						C	90—115	红灰色	大壤土	大块状	6.0	4.0	0.16	<0.10	31.9		2.0	175				
剖34	人为土	水稻土	潴育水稻土	乌泥田	青底乌泥田	A	0—19	暗灰色	砂壤土	粒状	5.6	33.0	1.93	1.05	22.9	153	13.0	81	12.5		E 118°28′17.1″ N 25°37′33.3″	97
						P	19—25	暗紫色	中壤土	块状	5.8	30.0	1.71	1.04	22.9		12.0	81	12.3			
						W₁	25—49	棕灰色	中壤土	棱柱状	6.0	8.8	0.42	0.18	23.1		<1.0	11	10.5			
						W₂	49—78	灰紫色	中壤土	棱柱状	6.2	8.0	0.36	0.10	27.2		<1.0	10	10.7			
						G	78—100	灰青色	中壤土	块状	6.0	8.0	0.42	0.11	27.2		2.0	59	12.7			
剖35	半水成土	山地草甸土	山地草甸土	中性岩草甸土		A₁	0—7	黑色	砂壤土	粒状	5.5	91.2	2.96	0.44	13.8		7.0	171		中性岩	E 118°19′32.3″ N 25°35′18.7″	97
						A₃	7—19	暗褐色	砂壤土	粒状	5.8	17.8	0.72	0.22	13.8		1.0	70				
						B	19—75	黄棕色	中壤土	块状	4.7	14.3	0.62	0.18	27.4	69	2.0	76	7.9			
						C	75—120	灰紫色	中壤土	碎块状	4.9	10.0	0.37	0.10	21.0		<1.0	63	8.0			
剖36	人为土	水稻土	潴育水稻土	紫泥田	紫泥田	A	0—20	灰紫色	中壤土	粒状	5.3	63.6	1.47	0.20	27.2		1.0	7	7.2	紫色砂页岩风化物	E 118°27′30.4″ N 25°35′36.9″	97
						P	20—34	黑褐色	中壤土	粒状	5.7	18.5	0.66	0.17	5.4		7.0	78				
剖37	铁铝土	黄壤	黄壤	中性岩黄壤		A	0—15	黄褐色	砂土	块状	4.7	12.8	0.50	<0.10	6.4		2.0	81		中性岩	E 118°28′45.9″ N 25°36′01.1″	97
						P	15—20	灰紫色	重壤土	块状	4.9	5.1	0.23	0.10	8.2	100	2.0	124	6.3			
						C	20—100	淡黄色	重壤土	块状	5.9	7.0	0.77	0.20	14.5		1.0	56				
剖38	人为土	水稻土	潴育水稻土	黄泥田	黄泥青	A	0—9	灰灰色	重壤土	块状	5.1	5.5	0.66	<0.10	8.5		1.0	78			E 118°15′45.6″ N 25°34′45.1″	97
						P	9—13	灰黄色	重壤土	块状	5.7	5.5	0.23	<0.10	5.2		<1.0	100	10.6			
						C	13—100	黄红色	重壤土	碎块状												

续表 Continued

剖面号 Soil profile	土纲 Soil order	土类 Soil great group	亚类 Soil subgroup	土属 Soil genus	土种 Soil species	土层码 Layer code	土层厚度 Depth/cm	颜色 Soil color	质地 Soil texture	土壤结构 Soil structure	pH	有机质 OM/(g/kg)	全氮 TN/(g/kg)	全磷 TP/(g/kg)	全钾 TK/(g/kg)	碱解氮 AN/(mg/kg)	有效磷 AP/(mg/kg)	速效钾 AK/(mg/kg)	阳离子交换量 CEC/(cmol/kg)	土壤母质 Parent material	剖面点坐标 Profile coordinate	匹配指数 Matching index/%
剖39	人为土	水稻土	潴育水稻土	乌泥田	砂底乌泥田	A	0—18	乌灰色	中壤土	块状	5.8	34.0	1.71	1.08	15.7	174	15.0	42	12.1		E 118°16′31.8″ N 25°33′13.9″	95
						P	18—28	暗灰色	中壤土	块状	6.0	23.0	1.54	0.87	15.7		11.0	15	11.2			
						W₁	28—50	灰色	中壤土	棱柱状	5.7	8.0	0.39	0.36	14.7		<1.0	26	10.8			
						W₂	50—99	棕灰色	中壤土	单粒状	6.0	5.0	0.27	0.25	15.6		<1.0	42	11.7			
						Cs	99—150	黄灰色		单粒状												
剖40	铁铝土	红壤	黄红壤	铝硅质黄红壤	赤水黄红泥土	A	0—7	暗棕色	黏壤土	粒状	4.4	60.9	2.34	0.12	12.7		1.0	112		英安质凝灰岩坡积物	E 118°19′12.7″ N 25°32′56.5″	81
						B	7—50	浅黄橙色	黏土	块状	4.7	6.7	0.90	0.12	2.2		<1.0	30				
						C	50—100	棕红色	黏土	块状	4.8	4.9	0.48	0.26	1.4		<1.0	30				
剖41	人为土	水稻土	潴育水稻土	潮砂田	乌砂田	A	0—17	暗灰色	轻壤土	碎块状	5.8	29.0	1.61	0.69	21.1	158	17.0	94	9.8	冲积物	E 118°17′11.4″ N 25°29′38.2″	97
						P	17—24	棕灰色	轻壤土	碎块状	5.9	20.0	1.07	0.39	24.0		7.0	9	9.0			
						W₁	24—52	褐灰色	轻壤土	碎块状	6.0	6.0	0.32	0.24	25.3		2.0	29	7.3			
						W₂	52—78	黄灰色	中壤土	碎块状	6.1	5.0	0.21	<0.10	26.3		<1.0	25	8.4			
						C	78—100	黄色	轻壤土	碎块状	6.3	4.0	0.20	0.19	21.3		<1.0	29	7.4			
剖42	人为土	水稻土	潴育水稻土	灰泥田	砂底灰泥田	A	0—19	灰色	轻壤土	块状	5.4	28.6	1.43	0.87	29.0	123	6.0	98	8.9	冲积物或坡积物	E 118°19′53.7″ N 25°28′17.5″	95
						P	19—25	黄灰色	轻壤土	块状	5.5	24.2	1.17	0.37	29.2		5.0	51	8.7			
						W	25—46	中灰色	中壤土	块状	5.5	10.7	0.72	0.30	31.1		<1.0	8	7.4			
						Cs	46—100	棕黄色	砂石													

晋 江 市

主要土类说明

赤红壤是晋江市主要土壤类型，占本市地域面积的54%，是遍布全市丘陵台地的地带性土壤。成土母岩有花岗岩、混合二长花岗岩、花岗片麻岩及凝灰岩。由于受南亚热带高温、高湿、多雨的季风气候影响，土壤物质风化剧烈，脱硅富铝化过程及淋溶淀积明显，有时在1m以下可见到红口透白的铁铝结核、褐红色的铁锰结核和胶膜的象征层。根据土壤发育程度、侵蚀情况和人为附加成土过程的作用，本市赤红壤分为赤红壤、粗骨性赤红壤和赤土等亚类。其中，赤土亚类面积最大，占本土类面积的50%以上，多分布于海拔50m以下的台地，剖面构型为A–B–C或A–C。因所处地势高，地下水位低，人为开垦破坏了天然植被，水土流失严重，土壤表层变浅，耕作层沙化，盐基淋失，而出现了蚀、旱、沙、瘦、薄、板等严重障碍因素，影响了农业生产的发展。

水稻土是晋江市第二大土壤类型，占本市地域面积的24%，集中分布于池店、青阳、陈埭、西滨、紫帽、磁灶、内坑、安海、罗山等地。水稻土多发育于冲积物、海积物，部分发育于坡积物、残积物。在自然因素和人为种稻的综合作用下，土壤干湿交替频繁，剖面分化明显。土体基本发生层次有耕作层、犁底层、潴育层、母质层或青泥层。高度发育的水稻土，潴育层可细分为渗育层和斑淀层。本市水稻土分为渗育型、潴育型、潜育型、盐渍型等亚类。

风沙土是晋江市第三大土壤类型，占本市地域面积的8%。本市风沙土是滨海风沙地区由海成沙性母质和风成沙性母质发育而成的细沙质土或粉质沙土，是在滨海地区河流入海口由波浪海流、河流和风力三者共同作用的综合产物，属非地带性的隐域性土壤，由于成土时间短暂，土壤不发育，土体构型为C、（A）–C及A–C，不同土体构型反映了风沙流动堆积与固定的不同阶段。

潮土占晋江市地域面积的4%，主要分布于溪流两岸及河沟发达的水网平原地带，是由冲积物发育形成的。在地下水的影响下，土壤表层常有夜潮现象，有时在土体中下部尚可见锈纹锈斑或铁锰结核，已多垦为旱作农地。根据人为附加成土过程的差异，本市潮土分为潮土和沙土两个亚类。

滨海盐土占晋江市地域面积的3%，分布于滨海岸带海拔5m以下的潮间带及局部滨海平原的农地区，是发育于浅海沉积物的土壤类型。因海潮浸淹和人为利用程度不同，土壤处于盐渍化和脱盐化的变化过程中。

小于本市地域面积3%的土壤类型还有红壤等。

本区域中心区气候特征

本区域中心区气候特征值
Regional climate characteristics in central area of the region

气候带：南亚热带湿润气候 Climate region: South subtropical humid climate	
年平均气温 /℃ Annual average temperature /℃	20.3
年平均最高气温 /℃ Annual average maximum temperature /℃	24.6
年平均最低气温 /℃ Annual average minimum temperature /℃	17.5
年降水量 /mm Annual precipitation /mm	1365
≥10℃的积温 /℃ Daily temperature accumulated in a year (≥10℃) /℃	7295
年日照时数 /h Annual sunshine /h	1782
年平均相对湿度 /% Annual average relative humidity /%	79
干燥度 Dryness	0.89

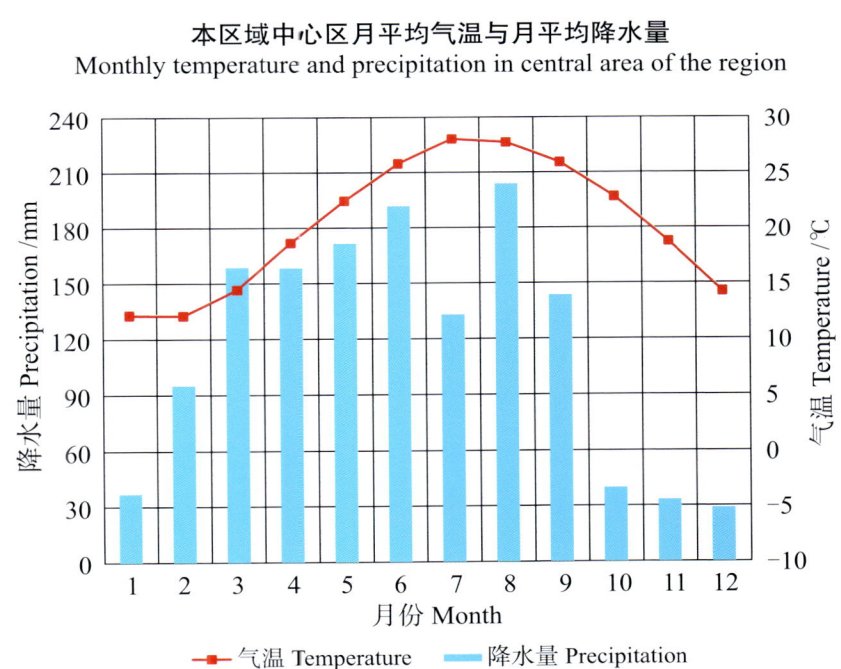

本区域中心区月平均气温与月平均降水量
Monthly temperature and precipitation in central area of the region

晋江市主要土壤类型与土壤剖面点分布图
1:150 000

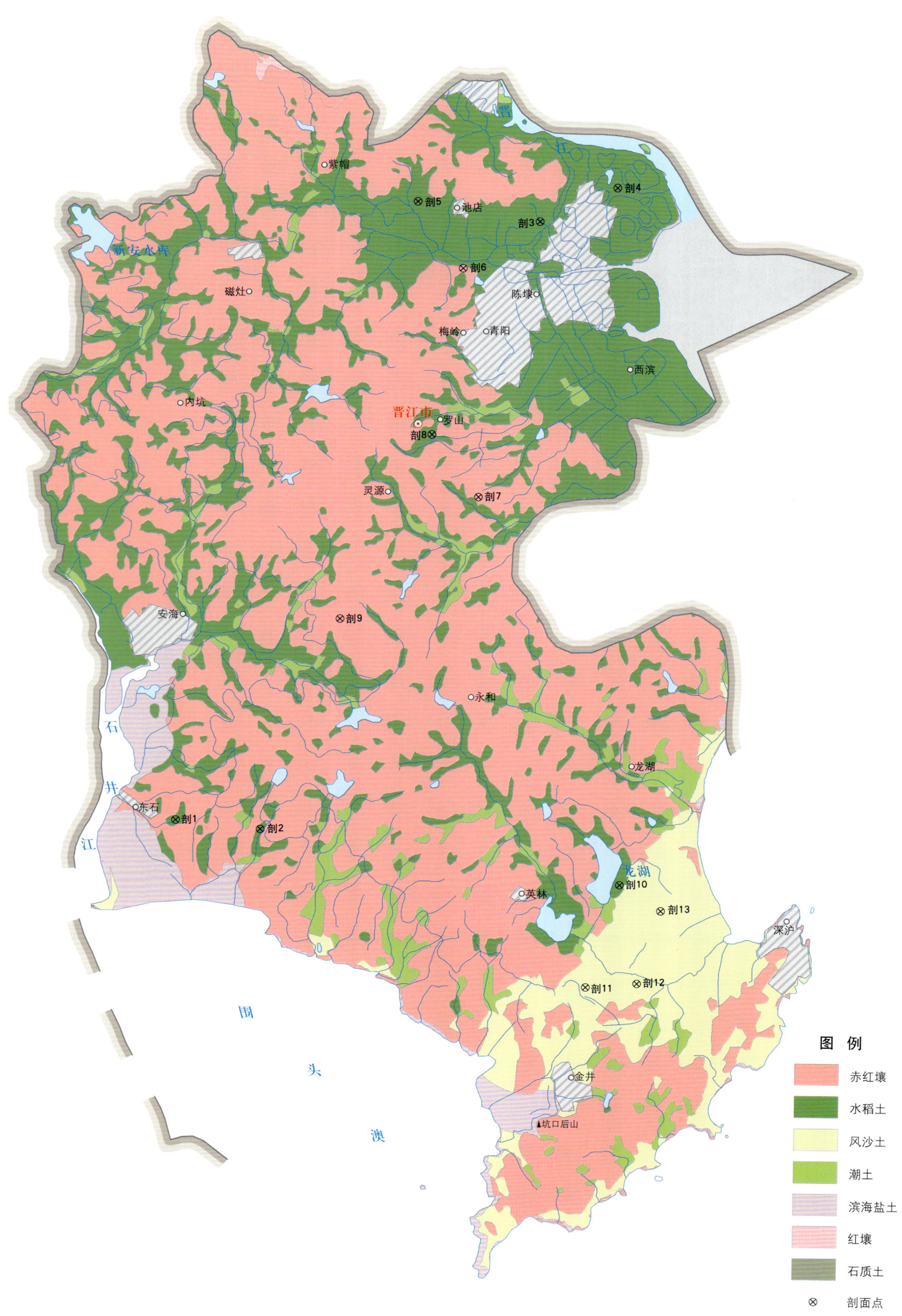

晋江市土壤剖面理化性状表

剖面号 Soil profile	土纲 Soil order	土类 Soil great group	亚类 Soil subgroup	土属 Soil genus	土种 Soil species	土层码 Layer code	土层厚度 Depth/cm	颜色 Soil color	质地 Soil texture	土壤结构 Soil structure	pH	有机质 OM/(g/kg)	全氮 TN/(g/kg)	全磷 TP/(g/kg)	全钾 TK/(g/kg)	有效磷 AP/(mg/kg)	速效钾 AK/(mg/kg)	阳离子交换量CEC/(cmol/kg)	土壤母质 Parent material	剖面点坐标 Profile coordinate	匹配指数 Matching index/%
剖1	人为土	水稻土	渗育水稻土	黄泥田	乌黄泥田	A	0—14	暗灰色	中壤土	粒状	5.6	24.1	1.38	0.20	24.8	20.0	110	7.2		E 118°28′02.5″ N 24°39′25.0″	97
						P	14—23	暗灰色	中壤土	块状	5.6	23.0	0.86	0.32	23.7	8.0	80	6.8			
						W	23—75	黄灰色	中壤土	块状	6.5	8.8	0.63	0.33	25.3	2.0	55	6.1			
						C	75—120	灰黄色	中壤土	块状	7.0	4.1	0.32	0.33	25.3	<1.0	43	6.1			
剖2	人为土	水稻土	渗育水稻土	红土田	红泥砂田	A	0—15	浅灰色	砂壤土	碎块状	6.4	13.3	0.61	0.31	21.1	7.0	58	4.0		E 118°29′45.0″ N 24°39′13.9″	97
						P	15—24	浅灰色	砂壤土	小块状	7.0	8.2	0.39	0.25	16.8	2.0	54	4.6			
						C	24—100	棕灰色	中壤土	小块状	5.5	2.7	0.20	0.22	10.6	<1.0	129	6.1			
剖3	人为土	水稻土	潜育水稻土	乌泥田	乌泥田	A	0—15	暗灰色	轻黏土	小块状	5.5	26.0	1.60	0.44	24.2	13.0	124	15.4		E 118°35′24.8″ N 24°50′47.0″	95
						P	15—24	暗灰色	轻黏土	块状	5.8	16.3	1.08	0.33	24.2	9.0	101	19.3			
						W_1	24—64	褐灰色	轻黏土	柱状	7.2	2.1	0.44	0.38	29.6	7.0	312	19.1			
						W_2	64—144	褐灰色	轻黏土	粒状	7.2	3.1	0.40	0.44	31.5	2.0	224	12.3			
						G	144—165	青色	重黏土	无结构	6.7	3.7	0.45	0.33	27.4	7.0	139	13.3			
剖4	人为土	水稻土	潜育水稻土	青泥田	青泥田	A	0—15	棕灰色	轻黏土	块状	5.6	20.1	1.08	0.23	23.3	4.0	146	12.0	冲积物、海积物	E 118°36′58.6″ N 24°51′24.4″	97
						P	15—24	褐灰色	轻黏土	块状	5.6	11.8	0.76	0.27	25.3	2.0	138	12.2			
						G	24—100	青灰色	轻黏土	无结构	6.7	19.0	0.90	0.25	31.1	38.0	190	16.8			
剖5	人为土	水稻土	潜育水稻土	暗灰泥田		A	0—15	暗灰色	重黏土	块状	6.0	20.6	1.34	0.29	30.0	22.0	80	12.5	冲积物、海积物	E 118°32′57.5″ N 24°51′10.5″	95
						P	15—24	暗灰色	重黏土	块状	7.2	8.8	0.65	0.19	27.8	5.0	61	9.8			
						W_1	24—54	暗灰色	轻黏土	柱状	7.0	8.7	0.61	0.15	26.4	3.0	46	9.8			
						W_2	54—120	浅灰色	轻黏土	柱状	7.5	4.9	0.49	<0.10	25.6	5.0	53	11.3			
						C	120—150	浅灰色	重黏土	无结构	7.5	5.9	0.59	0.15	25.1	10.0	135	17.0			
剖6	铁铝土	赤红壤	赤红壤	赤土	中赤土	A	0—21	暗灰色	砂壤土	粒状	6.8	7.3	0.45	0.16	31.0	14.0	77	2.7	多硅铝质的残积物、坡积物	E 118°33′51.4″ N 24°49′54.5″	95
						B	21—50	褐灰色	砂壤土	块状	7.2	4.2	0.22	0.12	27.2	8.0	85	2.5			
						C	50—100	褐灰色	砂壤土	粒状	7.0	4.6	0.40	0.15	11.1	3.0	151	8.8			
剖7	铁铝土	赤红壤	赤红壤	砂质土	薄赤砂土	A	0—22	褐红色	砂壤土	粒状	6.5	5.6	0.36	0.11	3.3	10.0	84	2.5	多硅铝质的残积物、坡积物	E 118°34′08.6″ N 24°45′33.5″	95
						C	22—85	砖红色	中壤土	块状	6.0	3.3	0.17	0.16	3.7	1.0	84	4.6			
剖8	人为土	水稻土	潜育水稻土	灰泥田	黄底灰泥田	A	0—15	灰色	重黏土	块状	7.0	22.0	1.37	0.24	19.5	9.0	153	8.4	冲积物、海积物	E 118°33′12.8″ N 24°46′44.7″	95
						P	15—23	浅灰色	轻黏土	块状	5.5	12.6	0.74	0.19	22.7	3.0	67	5.1			
						W	23—83	灰色	中壤土	块状	5.6	2.7	0.29	<0.10	25.6	1.0	53	9.7			
						C	83—150	浅黄色	重黏土	无结构	7.0	3.4	0.35	0.15	15.2	1.0	84	7.7			
剖9	铁铝土	赤红壤	粗骨性赤红壤	粗骨性赤红壤		A_3	0—11	棕红色	轻黏土	小块状	5.8	10.0	0.54			1.0	50			E 118°31′21.3″ N 24°43′14.5″	99
						C	11—														
剖10	人为土	水稻土	渗育水稻土	黄泥田	黄泥田	A	0—15	浅灰色	砂壤土	粒状	7.0	12.0	0.74	0.64	18.7	34.0	38	3.4	冲积物	E 118°36′58.1″ N 24°38′09.1″	98
						P	15—24	黄灰色	碎块状	碎块状	7.7	4.6	0.19	0.15	17.5	12.0	6	2.5			
						C	24—100	褐黄色	紫砂土	无结构	7.8	1.6	0.22	<0.10	17.0	2.0	8	<1.0			
剖11	初育土	风沙土	耕种风沙土	风沙田	灰风沙土	A	0—20	暗灰色	砂砂土	粒状	6.7	5.6	0.25	0.24	15.0	9.0	49	1.0	海成和风成沙积物	E 118°36′16.7″ N 24°36′12.7″	95
						B	20—50	浅灰色	松砂土	粒状	7.3	1.4	<0.10	0.19	12.0	3.0	21	1.4			
						C	50—100	灰色	松砂土	无结构	7.3	1.4	<0.10	<0.10	9.2	1.0	25	1.8			
剖12	初育土	风沙土	耕种风沙土	风沙土	幼风沙土	A	0—19	棕灰色	紧砂土	粒状	8.0	5.7	0.34	0.24	7.5	19.0	32	2.1	海成和风成沙积物	E 118°37′19.0″ N 24°36′16.5″	95
						B	19—34	浅棕色	紧砂土	无结构	8.2	1.9	<0.10	0.16	25.0	21.0	12	<1.0			
						C	34—118	浅棕色	紧砂土	粒状	8.3	1.1	<0.10	0.14	24.1	5.0	12	8.0			
剖13	初育土	风沙土	耕种风沙土	风沙土	灰风沙土	A	0—16	灰色	紧砂土	粒状	6.7	4.1	0.22	0.19	13.3	10.0	53	<1.0		E 118°37′47.8″ N 24°37′39.5″	95
						B	16—26	灰色	紧砂土	粒状	7.5	2.7	<0.10	0.20	10.0	4.0	23	<1.0			
						C	26—117	灰白色	重黏土	块状	7.8	4.2	0.36	0.24	5.4	1.0	60	7.8			

南 安 市

主要土类说明

红壤是南安市主要土壤类型，占本市地域面积的 61%，主要分布于海拔 300m 以上的山地丘陵。分布地带水量较多、湿度大、气温较低，植被为亚热带阔叶林和阔叶、针叶混交林或针叶林，如马尾松、杉木、木荷、相思树、油茶、桃金娘、黄端木、乌饭树、赤楠、映山红、山芝麻、芒萁、芒草、茅草等。本市红壤的形成也是经过了脱硅富铝化作用和生物累积过程，由于所处地带湿度大、气温较低，所以成土作用比赤红壤弱。土壤剖面呈红色，结构面上铁锰结核不明显，但有胶膜淀积，硅铝率或硅铁铝率较高，底土层常见到由土壤水的运动和氧化还原交替作用而形成的红、白、黄相间的网纹层。根据附加成土条件和土壤的发育阶段不同，本市红壤分为红壤、粗骨性红壤、黄红壤、红土等亚类。其中，红壤亚类面积最大。

水稻土是南安市第二大土壤类型，占本市地域面积的 29%，从平原到山区，从山丘坡脚到坡腰均有分布，但集中分布在海拔 300m 以下的丘陵盆地和平原地带。水稻土是在长期季节性淹灌、水下翻耕、季节性脱水、氧化还原交替影响下，原来成土母质或母土的特性发生重大的改变形成的具有耕作层、犁底层、潴育层、潜育层或底土层等发生层次的土壤类型。但由于水稻土所处的地形部位不同，受水型作用的方式也不同，土壤中铁质的氧化还原过程产生物质淋溶淀积的情况不一样，因而所形成的水稻土剖面层次组合及理化性状也有不同，本市水稻土分为渗育型、潴育型、潜育型、盐渍型等亚类。

赤红壤是南安市第三大土壤类型，占本市地域面积的 7%，主要分布在海拔 300m 以下的低丘台地，较集中分布在本市东南部、东部和中部。成土母岩有花岗岩、火山岩、变质岩等。分布地带四季暖和，夏湿、冬旱交替。现有植被属于亚热带季雨林与亚热带照叶林的过渡类型，大多数是喜热植物，如马尾松、杉木、相思树、木麻黄、银合欢、橡胶、荔枝、龙眼、洋桃、香蕉、凤梨等，大部分是人工栽培植物，草本以禾本科植物占优势。土壤脱硅富铝化程度仅次于砖红壤，强于红壤，铁的游离度介于两者之间。土壤黏粒硅铝率为 1.7—2.0，风化淋溶系数为 0.05—0.15，剖面具 A–Bs–C 构型，盐基饱和度为 15%—25%，pH 为 4.5—5.5。

小于本市地域面积 3% 的土壤类型还有潮土、滨海盐土等。

本区域中心区气候特征

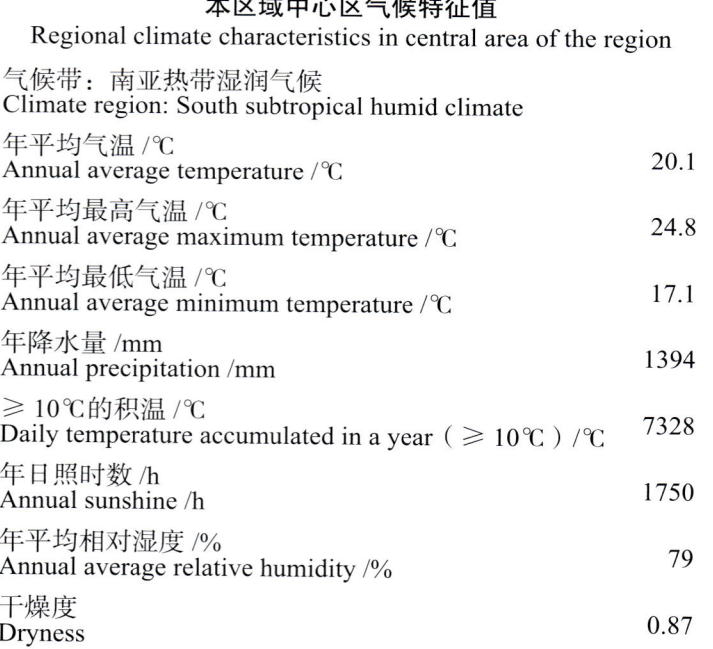

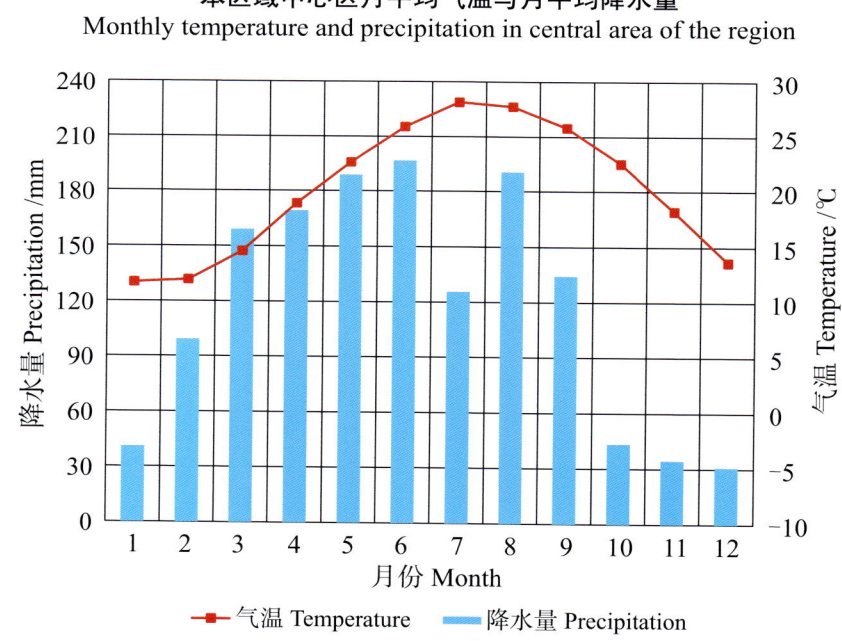

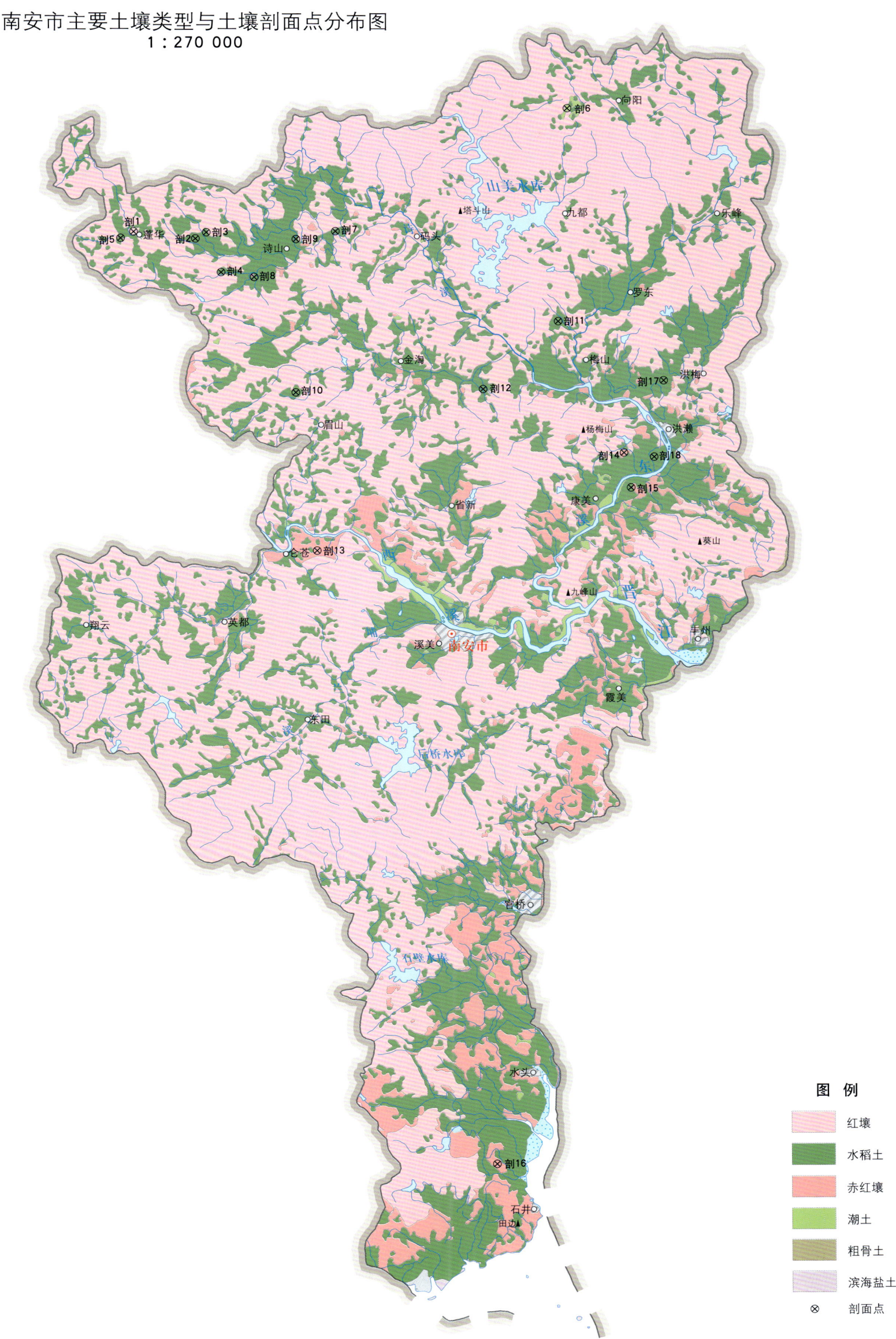

南安市土壤剖面理化性状表

剖面号 Soil profile	土纲 Soil order	土类 Soil great group	亚类 Soil subgroup	土属 Soil genus	土种 Soil species	土层码 Layer code	土层厚度 Depth/cm	颜色 Soil color	质地 Soil texture	土壤结构 Soil structure	pH	有机质 OM/(g/kg)	全氮 TN/(g/kg)	全磷 TP/(g/kg)	全钾 TK/(g/kg)	有效磷 AP/(mg/kg)	速效钾 AK/(mg/kg)	阳离子交换量 CEC/(cmol/kg)	土壤母质 Parent material	剖面点坐标 Profile coordinate	匹配指数 Matching index/%
剖1	铁铝土	红壤	红土	红泥土	红泥土	A	0—20	灰红色	轻黏土	块状	4.6	4.3	0.25	0.27	16.6	6.0	71	7.2		E 118°11′23.9″ N 25°11′47.4″	97
						B	20—37	暗红色	轻黏土	块状	4.7	1.3	0.20	0.11	11.0	<1.0	77	9.1			
						C	37—100	红棕色	轻黏土	块状	4.6	1.3	0.24	0.13	11.0	<1.0	7	11.9			
剖2	人为土	水稻土	渗育水稻土	黄泥田	灰黄泥田	A	0—15	灰色	中壤土	块状	5.6	20.2	1.30	0.30	28.7	12.0	36	9.7		E 118°13′41.0″ N 25°11′31.5″	97
						P	15—30	浅灰色	中壤土	小块状	6.4	14.4	0.69	0.10	28.0	3.0	38	9.6			
						W₁	30—65	黄灰色	重壤土	块状	6.3	12.0	0.47	0.20	25.7	3.0	36	9.5			
						C	65—100	黄色	重壤土	块状	4.7	10.5	0.86	0.11	24.7	4.0	31	9.9			
剖3	人为土	水稻土	渗育水稻土	砂质田	砂质田	A	0—12	浅灰色	轻黏土	碎块状	6.0	10.6	0.43	0.20	48.6	2.0	115	4.7	河流冲积物	E 118°14′04.9″ N 25°11′44.6″	97
						C	12—100	黄色	轻黏土	碎块状			0.19	0.28	>50.0			6.2			
剖4	人为土	水稻土	潜育水稻土	冷烂田	冷水田	A	0—18	暗黄色	重壤土	分散无结构	5.3	21.8	1.00	0.30	17.7	1.0	83	7.0		E 118°14′36.3″ N 25°10′21.1″	97
						P	18—26	浅灰色	中壤土	无结构			0.69	0.16	17.7						
						G	26—100	青灰色	中壤土				0.28	0.14	18.5						
剖5	人为土	水稻土	渗育水稻土	黄泥田	黄泥田	A	0—13	黄灰色	重壤土	块状	5.8	16.5	1.00	0.18	28.8	9.0	38	9.0	砖红壤性红壤再积物	E 118°10′55.1″ N 25°11′34.2″	97
						P	13—21	灰灰色	重壤土	块状	6.3	6.5	0.65	0.13	27.3	2.0	26	8.7			
						C	21—100	赤红色	重壤土	块状	6.1	12.7	0.96	0.37	24.5		25	10.6			
剖6	半水成土	潮土	灰潮土	耕作灰砂土	黄底灰泥田	A	0—19	淡黄棕色	砂质黏壤质	小块状	6.1	10.0	0.38	0.29	22.9	2.0	90	5.3		E 118°27′25.1″ N 25°15′54.7″	75
						C₁	19—30	淡黄棕色	砂壤土	碎块状	6.3	14.3	0.47	0.35	22.9	2.0	54	6.2			
						C₂	30—100	青灰色	砂壤土	块状	5.6	12.3	0.61	0.37	20.5	1.0	46	7.0			
剖7	人为土	水稻土	潜育水稻土	红泥田	黄底灰泥田	Aa	0—17	灰色	重壤土	块状	5.2	22.2	1.08	1.19	23.0	6.0	36		红壤再积物	E 118°18′49.8″ N 25°11′44.0″	95
						B₁	17—25	灰色	重壤土	块状	5.9	10.8	0.45	1.08	25.0	5.0	30				
						B₂	25—40	暗黄灰色	重壤土	棱柱状	6.8	5.6	0.31	0.78	24.0		31				
						W	40—100	黄灰棕色	壤土	棱柱状	6.5	4.8	0.26	0.60	26.0		36				
剖8	人为土	水稻土	潜育水稻土	灰泥田	黄底灰泥田	A	0—15	灰灰色	重壤土	团粒状	5.3	34.0	1.45	0.50	19.3	17.0	40	6.8	冲积物、坡积物二元母质	E 118°15′49.4″ N 25°10′10.1″	98
						P	15—23	灰色	重壤土	块状	6.0	24.0	1.00	0.50	17.7	13.0	51	6.9			
						W	23—45	黄灰色	重壤土	柱状			0.45	0.11	8.7						
						C	45—100	黄灰色	重壤土	块状	6.0	2.3	0.54	0.10	8.7	<1.0	59	5.9			
剖9	人为土	水稻土	渗育水稻土	潮砂田	乌砂田	A	0—17	暗黄色	重壤土	碎块状	6.2	24.8	1.17	0.21	28.4	27.0	35	5.1	冲积物	E 118°17′22.9″ N 25°11′28.9″	97
						P	17—26	灰色	中壤土	碎块状	6.4	5.5	0.42	0.18	27.6	13.0	30	4.7			
						W₁	26—40	灰色	轻壤土	碎块状	6.3	2.8	0.52	<0.10	27.1	1.0	30	4.1			
						W₂	40—70	灰色	轻壤土	碎块状	6.2	7.5	0.39	<0.10	27.1	1.0	30	2.8			
						G	70—100	青灰色	砂壤土	碎块状	6.3	2.0	0.11	0.11	16.8	4.0	25	4.4			
剖10	人为土	水稻土	渗育水稻土	砂坭田	黄砂泥田	A	0—20	灰黄色	砂壤土	小块状	4.4	14.5	0.61	0.50	23.2	13.0	66	4.2	河流冲积物	E 118°17′18.6″ N 25°06′09.1″	95
						(AP)	20—28	淡黄棕色	砂壤土	块状	4.5	5.6	0.28	0.34	23.3	2.0	48	5.0			
						Cs	28—100	淡黄棕色	壤质砂土	柱状	5.2	3.2	0.15	0.28	22.4	1.0	30	3.9			
剖11	人为土	海育水稻土	红土田	红坭沙田	A	0—11	红灰色	轻壤土	小块状	4.8	7.0	0.71	0.12	20.2	<1.0	40	4.9		E 118°26′59.5″ N 25°08′32.2″	95
						P	11—15	浅红灰色	中壤土	块状	5.2	4.3	0.65	1.10	18.8	<1.0	36	6.5			
						C	15—100	灰色	轻壤土	块状	4.9	1.3	0.65	0.12	14.7	<1.0	36	8.6			
剖12	人为土	水稻土	渗育水稻土	黄泥田	乌黄泥田	A	0—17	暗黄色	中壤土	小块状	5.3	25.4	1.33	0.44	12.7	11.0	40	8.6		E 118°24′11.9″ N 25°06′12.3″	97
						P	17—24	浅黄棕色	重壤土	块状	5.5	20.5	0.93	0.33	14.3	9.0	46	8.6			
						W₁	24—76	浅灰棕色	重壤土	碎块状	5.4	4.8	0.71	<0.10	18.6	<1.0	48	8.3			
						C	76—100	灰黄色	重壤土	棱柱状	6.3	2.8	0.37	<0.10	18.2	<1.0	51	6.9			
剖13	铁铝土	赤红壤	侵蚀赤红壤			B	0—70	棕红色	重黏土	块状	5.6	9.0		3.0	21.6	3.0	41	12.7		E 118°18′01.8″ N 25°00′40.1″	97
						C	70—110	淡红色	重黏土	块状	6.0	5.1	0.30		22.7	2.0	31	13.0			

续表 Continued

剖面号 Soil profile	土纲 Soil order	土类 Soil great group	亚类 Soil subgroup	土属 Soil genus	土种 Soil species	土层码 Layer code	土层厚度 Depth/cm	颜色 Soil color	质地 Soil texture	土壤结构 Soil structure	pH	有机质 OM/(g/kg)	全氮 TN/(g/kg)	全磷 TP/(g/kg)	全钾 TK/(g/kg)	有效磷 AP/(mg/kg)	速效钾 AK/(mg/kg)	阳离子交换量CEC/(cmol/kg)	土壤母质 Parent material	剖面点坐标 Profile coordinate	匹配指数 Matching index/%
剖14	铁铝土	赤红壤	赤红壤	赤土	薄赤土	A	0—18	灰棕色	中壤土	块状	5.6	10.9	0.54	0.22	8.8	1.3	170	7.6		E 118°29′21.5″ N 25°03′58.2″	97
						C	18—100	赤红色	重壤土	块状	4.7	5.0	0.17	0.17	9.3	<1.0	82	6.2			
剖15	人为土	潴育水稻土	潮砂田	灰砂田	A	0—17	浅灰色	轻壤土	碎块状	5.3	15.4	1.14	0.21	20.1	11.0	26	6.9	冲积物	E 118°29′36.4″ N 25°02′45.9″	97
						P	17—24	灰色	轻壤土	碎块状	5.3	4.2	0.77	0.14	21.4	1.0	26	4.9			
						W	24—51	黄灰色	轻壤土	碎块状	5.7	3.9	0.51	0.14	23.6	<1.0	25	5.5			
						C	51—	黄色	砂壤土	无结构								2.7			
剖16	铁铝土	赤红壤	酸性岩赤红壤			A	0—10	棕黄色	轻壤土	细核状	5.0	20.0	0.80	<0.10	32.5	3.0	11	3.9		E 118°24′19.6″ N 24°39′21.7″	97
						B	10—70	棕红色	重壤土	棱柱状	5.3	8.0	0.30	<0.10	33.0	3.0	93	8.0			
						C	70—100	淡红色	重壤土	大块状	5.2	2.3	0.70	<0.10	32.7	1.0	82	3.8			
剖17	人为土	盐渍水稻土	埭田	砂埭田	A	0—20	浅灰色	砂壤土	碎块状	5.6	4.7	0.79	0.21	21.3	13.0	25	4.1	海相沉积物	E 118°30′51.3″ N 25°06′26.9″	95
						P	20—34	灰色	重壤土	碎块状	6.6	1.5	0.12	0.16	22.5	3.0	36	11.9			
						C	34—100	灰色	重壤土	块状	6.8	1.8	0.13	0.18	23.4	9.0	93	9.1			
剖18	人为土	潴育水稻土	灰泥田	灰泥田	A	0—15	灰色	中壤土	小块状	5.8	18.1	0.89	0.40	19.3	5.0	30	6.1		E 118°30′27.6″ N 25°03′49.3″	98
						P	15—28	棕灰色	重壤土	块状	6.4	9.4	0.81	0.35	20.2	6.0	38	8.1			
						W	28—46	浅灰色	轻壤土	棱柱状	6.8	5.5	0.49	0.17	20.4	<1.0	38	7.9			
						C	46—100	浅灰色	重壤土	块状	7.0	4.0	0.38	0.21	21.6	<1.0	43				

漳 州 市

市 辖 区

主要土类说明

赤红壤是漳州市主要土壤类型，占本市地域面积的 44%，主要分布于海拔 300m 以下丘陵台地。赤红壤脱硅富铝化作用强烈，盐基淋溶彻底，盐基饱和度较低，具 A-Bs-C 剖面构型，盐基饱和度为 15%—25%，pH 为 4.5—5.5。淀积层深厚，呈棱块状结构，结构面有棕褐色胶膜，有的可见铁铝结核，淀积层下常出现红白交织的网纹层。腐殖质层薄，有机质含量低，营养较为贫乏。土壤酸性较强，肥力低，严重时淀积层裸露地表。

水稻土是漳州市第二大土壤类型，占本市地域面积的 39%，主要分布于九龙江西、北溪沿岸冲积平原及山垅谷地、丘陵缓坡地。成土母质为冲积物、洪积物和坡积物。由于季节性的淹灌及耕作，土壤发生氧化还原、盐基淋溶与复盐基、有机质分解与积累、黏粒淋移与淀积等作用，导致其逐渐形成具有耕作层、犁底层、渗育层和斑淀层、母质层等基本发生层次的剖面结构。本市水稻土分为淹育型、潴育型、漂洗型、潜育型等亚类。

红壤是漳州市第三大土壤类型，占本市地域面积的 5%，主要分布于海拔 250—800m 的高丘及低中山区。成土母岩多为凝灰岩、英安岩。土壤呈中度脱硅富铝化特征，硅铝率为 2.0—2.4。淀积层色较浅，呈红色或黄红色，可见棕红色铁胶膜淀积，多呈块状及竖鳞片状结构，盐基饱和度低。土壤呈酸性，剖面构型为 A-B-C 或 A-C。腐殖质层较厚，有机质含量较高。本市红壤分为红壤、黄红壤、红土、水化红壤、粗骨性红壤等亚类。

小于本市地域面积 3% 的土壤类型还有新积土等。

本区域中心区气候特征

本区域中心区气候特征值
Regional climate characteristics in central area of the region

气候带：南亚热带湿润气候 Climate region: South subtropical humid climate	
年平均气温 /℃ Annual average temperature /℃	20.4
年平均最高气温 /℃ Annual average maximum temperature /℃	24.8
年平均最低气温 /℃ Annual average minimum temperature /℃	17.4
年降水量 /mm Annual precipitation /mm	1427
≥ 10℃的积温 /℃ Daily temperature accumulated in a year（≥ 10℃）/℃	7715
年日照时数 /h Annual sunshine /h	1839
年平均相对湿度 /% Annual average relative humidity /%	79
干燥度 Dryness	0.86

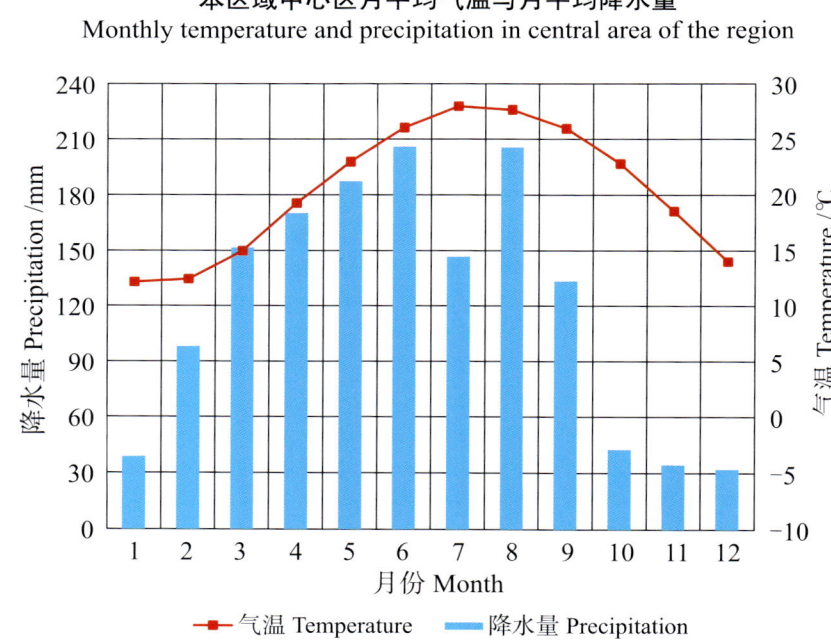

本区域中心区月平均气温与月平均降水量
Monthly temperature and precipitation in central area of the region

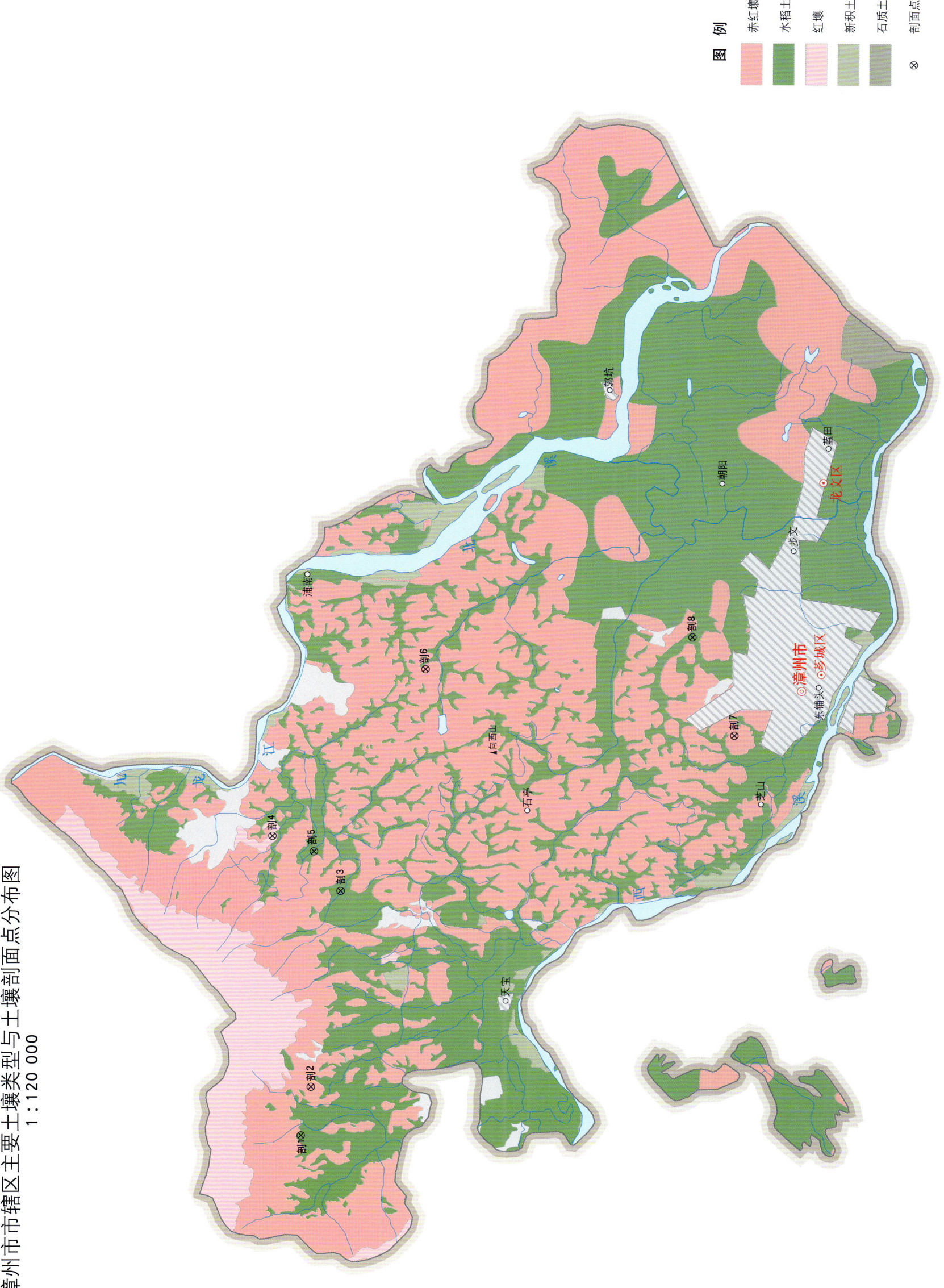

漳州市市辖区主要土壤类型与土壤剖面点分布图
1∶120 000

漳州市土壤剖面理化性状表

剖面号 Soil profile	土纲 Soil order	土类 Soil great group	亚类 Soil subgroup	土属 Soil genus	土种 Soil species	土层码 Layer code	土层厚度 Depth/cm	颜色 Soil color	质地 Soil texture	土壤结构 Soil structure	pH	有机质 OM/(g/kg)	全氮 TN/(g/kg)	全磷 TP/(g/kg)	全钾 TK/(g/kg)	有效磷 AP/(mg/kg)	速效钾 AK/(mg/kg)	阳离子交换量CEC/(cmol/kg)	土壤母质 Parent material	剖面点坐标 Profile coordinate	匹配指数 Matching index/%
剖1	人为土	水稻土	潜育水稻土	灰泥田		A	0—16	灰色	重壤土	屑块状	4.4	25.6	1.49	0.56	22.8	<1.0	14	8.1	冲积物为主，部分为洪冲积物	E 117°31′22.5″ N 24°38′21.1″	97
						P	16—23	暗灰色	重壤土	块状	4.4	15.9	1.07	0.50	22.9	<1.0	14	5.3			
						W₁	23—55	黄灰色	重壤土	棱柱状	5.6	10.1	0.52	0.81	22.7	<1.0	6	7.7			
						W₂	55—89	棕灰色	轻黏土	棱柱状	6.0	8.3	0.82	0.82	22.9	<1.0	<5	9.5			
						C	89—100	青灰色	轻黏土	块状	5.8	5.9	0.57	0.75	22.8	<1.0	6	7.0			
剖2	铁铝土	赤红壤	赤红壤	赤土	赤土	A	0—18	灰色	砂壤土		4.5	12.3	0.45	0.67	35.7	3.1	52	4.1		E 117°32′12.2″ N 24°38′11.9″	95
						B	18—30	浅红色	轻壤土		4.8	7.7	0.29	0.71	25.8	2.8	20	4.3			
						C	30—100	黄灰色	中壤土	小块状	4.7	8.3	0.29	0.76	24.7	<1.0	16	3.5			
剖3	人为土	水稻土	潜育水稻土	冷浸田	锈水田	Ag	0—10	黄灰色	重壤土	糊烂无结构	4.8	32.1	1.53	1.81	6.9	<1.0	6	7.4		E 117°35′32.3″ N 24°37′44.0″	97
						P	10—16	灰蓝色	中壤土		4.8	25.4	1.69	1.69	7.4	<1.0	12	6.9			
						G	16—	青灰色	中壤土	软糊无结构	4.4	37.4	1.87	1.87	9.9	<1.0	57	7.2			
剖4	铁铝土	红壤	红土	红泥土	灰红泥土	A	0—11	棕灰色	重壤土	小块状	4.3	20.6	0.88	1.60	13.5	1.0	6	8.7		E 117°36′29.0″ N 24°38′45.8″	97
						B	11—58	黄色	壤黏土	块状	4.3	3.8	0.28	1.08	17.9	<1.0	6	5.3			
						C	58—100	红色	轻壤土	块状	4.2	1.2	0.11	0.86	10.3	1.2	14	4.4			
剖5	人为土	水稻土	淹育水稻土	砂质田	漏砂田	A	0—15	灰棕色	砂壤土	粒状								3.4		E 117°36′13.4″ N 24°38′08.3″	95
						C	15—100	灰黄色	砂壤土	松散状								2.8			
剖6	铁铝土	赤红壤	赤红壤	赤土	赤土	A	0—30	浅黄色	轻壤土	小块状	4.7	15.5	0.82	0.98	9.6	4.4	17	5.5		E 117°39′20.4″ N 24°36′26.3″	95
						B	30—60	浅黄红色	轻壤土	块状	4.7	7.3	0.44	0.49	11.1	<1.0	<5	4.6			
						C	60—100	灰色	重壤土	小块状	4.9	8.9	0.47	0.94	11.8	<1.0	<5	5.2			
剖7	铁铝土	赤红壤	赤红壤	赤土	赤土	A	0—38	灰棕色	黏壤土	块状	5.7	18.2	0.80	0.43	5.4	3.3	40	5.2	凝灰岩风化	E 117°38′11.6″ N 24°31′46.0″	95
						B	38—130	棕红色	黏土	块状	5.4	11.3	0.56	0.47	2.6	<1.0	<5	6.9			
						BC	130—	棕红色	中壤土	粒状	6.6	9.0	0.40	0.34	3.8	<1.0	<5	10.6			
剖8	人为土	水稻土	潜育水稻土	乌泥田	乌泥田	A	0—16	棕灰色	重壤土	块状	6.4	38.4	1.81	2.99	19.2	33.6	84	9.3	冲积物	E 117°39′53.1″ N 24°32′23.6″	97
						P	16—28	暗灰色	重壤土	棱柱状	6.2	27.3	1.64	2.73	20.2	27.6	135	5.4			
						W₁	28—68	黄灰色	重壤土	棱柱状	5.5	21.1	1.21	2.60	22.9	19.1	117	9.4			
						W₂	68—100	灰黄色	重壤土	无结构	5.4	8.6	0.41	1.20	23.9	3.3	29				
						G	100—	青灰色	重壤土		5.3	21.9	1.34	2.29	21.4	12.1	150				

龙 海 区

主要土类说明

赤红壤是龙海区主要土壤类型，占本区地域面积的51%，主要分布于海拔200—300m以下的丘陵台地，是本区面积最大的地带性土壤。赤红壤主要发生于南亚热带季雨林生物气候条件下，由于高温、多湿的气候，土壤脱硅富铝化作用强烈，盐基淋溶较彻底，硅明显淋失，铁、铝等则在土层中富集，形成富含铁铝氧化物的砖红色淀积层，质地较为黏重，呈棱柱状结构，结构面有明显红棕色胶膜，硅铝率为1.7—2.0。发生于滨海台地的赤红壤淀积层下部常出现红白相间的网纹层，剖面构型为A-B-C。丘陵山地广布花岗岩、黑云母花岗岩等，风化壳深厚，多含石英砂粒，自然植被遭受严重破坏，土壤侵蚀，赤红壤表土沙化普遍，腐殖质层较薄，有机质含量低，是本区面积最大的低产土壤。本区赤红壤分为赤红壤、粗骨性赤红壤和赤土等亚类。

水稻土是龙海区第二大土壤类型，占本区地域面积的35%，是本区的主要耕作土壤，主要分布于九龙江支流"三溪"沿岸两侧冲积平原及滨海平原，部分分布于山坡谷地和有灌溉水源的丘陵坡地。水稻土是在长期季节性淹灌、水下翻耕、季节性脱水影响下，土壤中进行氧化与还原、有机质分解与合成、盐基淋溶和复盐基、黏粒淋移与淀积等而形成的新的土壤类型。水稻土具有灰色耕作层，紧实、呈棱块状结构的犁底层，有明显淋溶和淀积特征的渗育层，由于地下水影响，还可出现具有明显铁锰淀积的潴育层、潜育层和母质层等。本区水稻土分为淹育型、潴育型、潜育型、漂洗型和盐渍型等亚类。

红壤是龙海区第三大土壤类型，占本区地域面积的11%，分布于海拔300—800m的低山、高丘陵地段。腐殖质层深厚，有机质含量较高。红壤脱硅富铝化作用较赤红壤弱，铁铝富集较差，胶膜呈黄褐色，腐殖质层以胡敏酸为主，分子结构简单，分散性强，不易絮凝。因此，土壤结构性较差，抗蚀力较弱，淀积层深厚、色淡、未见铁铝结核，剖面构型为A-B-C。根据发育程度的不同，本区红壤主要分为红壤、黄红壤两个亚类。

小于本区地域面积3%的土壤类型还有滨海盐土、新积土、风沙土、粗骨土等。

本区域中心区气候特征

本区域中心区气候特征值
Regional climate characteristics in central area of the region

气候带：南亚热带湿润气候 Climate region: South subtropical humid climate	
年平均气温 /℃ Annual average temperature /℃	20.5
年平均最高气温 /℃ Annual average maximum temperature /℃	24.7
年平均最低气温 /℃ Annual average minimum temperature /℃	17.7
年降水量 /mm Annual precipitation /mm	1378
≥10℃的积温 /℃ Daily temperature accumulated in a year (≥10℃) /℃	7581
年日照时数 /h Annual sunshine /h	1858
年平均相对湿度 /% Annual average relative humidity /%	79
干燥度 Dryness	0.90

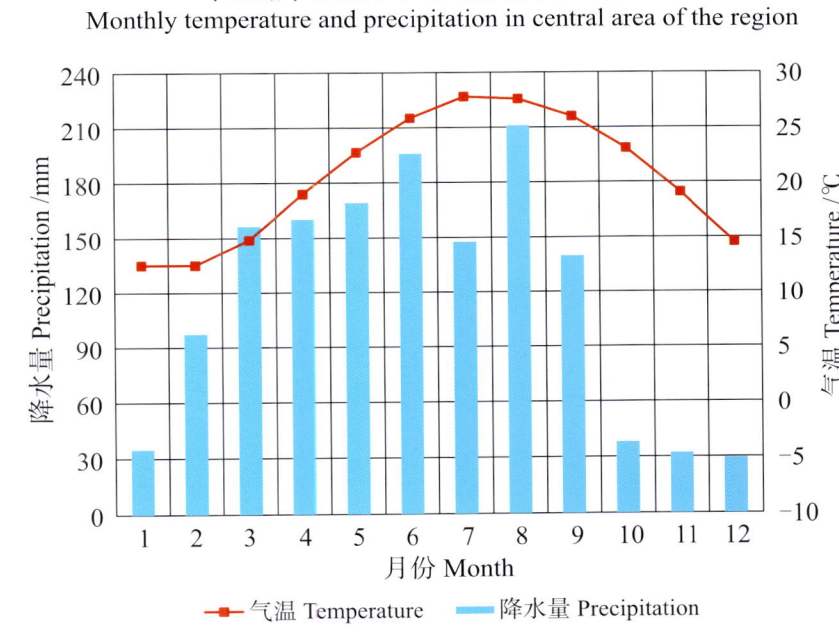

本区域中心区月平均气温与月平均降水量
Monthly temperature and precipitation in central area of the region

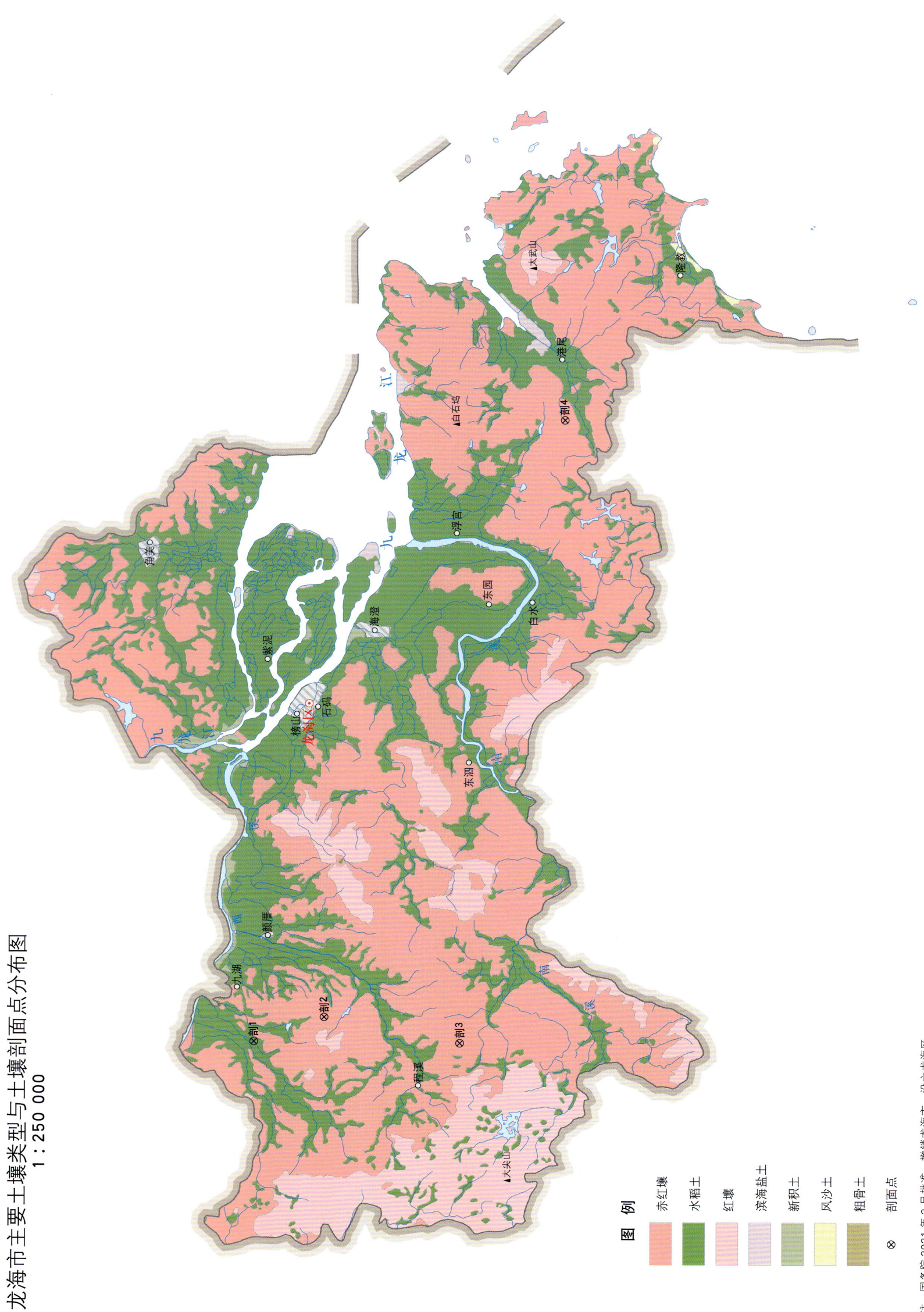

龙海区土壤剖面理化性状表

剖面号	土纲	土类	亚类	土属	土种	土层码	土层厚度/cm	颜色	质地	土壤结构	pH	有机质(g/kg)	全氮(g/kg)	全磷(g/kg)	全钾(g/kg)	有效磷(mg/kg)	速效钾(mg/kg)	阳离子交换量CEC(cmol/kg)	土壤母质	剖面点坐标	匹配指数/%
剖1	人为土	水稻土	潴育水稻土	灰砂泥田	青底灰砂泥田	A	0—14	浅灰色	砂壤土	粒状	4.9	16.0	0.86	0.24	41.9	1.5	40	3.1	冲积物	E 117°36′38.3″ N 24°28′34.4″	95
						AP	14—24	灰色	砂壤土	粒状	5.1	8.5	0.44	0.17	43.4	1.5	35	2.4			
						W	24—77	浅灰色	砂壤土	块状	6.4	3.7	0.19	0.16	49.9	<1.0	37	2.0			
						G	77—100	青灰色	砂壤土		6.8	3.9	0.18	0.15	45.1	<1.0	43	3.2			
剖2	铁铝土	赤红壤	赤红壤	酸性岩侵蚀赤红壤		A	0—16	黑灰色	中壤土	核状	7.0	10.4	0.58	1.14	14.1	15.3	73	24.0	玄武岩风化坡积-残积物	E 117°37′28.1″ N 24°26′24.3″	81
						B	16—34	灰黑色	重壤土	棱块状	7.2	12.2	0.58	0.85	14.1	6.4	48	21.9			
						C	34—100	棕褐色	重壤土	棱块状	7.2	12.5	0.60	0.82	11.2	4.4	49	24.9			
剖3	铁铝土	赤红壤	赤红壤	酸性岩赤红壤		A	0—16	棕灰色	重壤土	小块状	6.1	38.4	1.07	0.28	42.3	1.6	110	6.4	酸性岩	E 117°36′32.4″ N 24°22′13.8″	98
						B	16—50	棕红色	轻黏土	棱块状	6.0	16.7	0.57	0.24	36.8	<1.0	131	4.6			
						C	50—100	暗红色	轻黏土	块状	5.1	7.0	0.31	0.18	36.8	<1.0	133	5.8			
剖4	铁铝土	赤红壤	粗骨性赤红壤	酸性岩粗骨性赤红壤		A	0—10	灰黄色	中壤土	小块状	6.1	4.0	0.29	0.14	47.1	<1.0	113	6.6	酸性岩	E 117°58′16.4″ N 24°18′52.2″	95
						C	10—15	红黄色	砂壤土		6.4	1.8	0.12	<0.10	43.5	<1.0	88	2.5			

长 泰 区

主要土类说明

红壤是长泰区主要土壤类型，占本区地域面积的39%，在本区仅呈垂直带分布于海拔300—700m的丘陵、低山地带。分布区气候温暖，水量充沛。土壤脱硅富铝化作用比赤红壤弱，全剖面呈淡红色至红色，淀积层仍有铁胶膜淀积，盐基饱和度低，土壤呈酸性。根据发育程度的不同，本区红壤可分为红壤、粗骨性红壤、黄红壤、红土四个亚类。

赤红壤是长泰区第二大土壤类型，占本区地域面积的31%，主要分布在海拔300m以下的丘陵台地，是南亚热带地区的地带性土壤。在高温多湿、温湿同季的气候条件下，岩石风化强烈，风化层深厚，土壤脱硅富铝化作用强烈，盐基淋溶彻底，盐基饱和度多小于20%。土壤呈酸性，剖面构型为A-B-C。赤红壤区自然植被多被破坏，土壤侵蚀较为严重，腐殖质层浅薄，有机质含量低，这是赤红壤开垦利用的主要障碍因素，但由于生物气候条件优异，为发展多种经营提供了便利。根据土壤发育程度和人为附加成土过程的差异，本区赤红壤分为赤红壤、粗骨性赤红壤、赤土等亚类。

水稻土是长泰区第三大土壤类型，占本区地域面积的27%。水稻土是本区的主要耕作土壤，主要分布在龙津江、溪河两岸的冲积平原和山垅谷地。由于长期种植水稻，在人为淹灌、水下翻耕、施肥等影响下，土壤进行着以氧化还原为主的水耕熟化过程（包括盐基淋溶与复盐基，有机质分解与合成，黏粒淋移与淀积），而逐渐形成了灰色耕作层、紧实的犁底层及有明显淋溶和淀积特征的渗育层等基本发生层次。根据分布地形部位、土壤水分补给类型、人为附加成土过程的差异，本区水稻土分为淹育型、潴育型、潜育型、漂洗型等亚类。

小于本区地域面积3%的土壤类型还有潮土、黄壤等。

本区域中心区气候特征

本区域中心区气候特征值
Regional climate characteristics in central area of the region

气候带：南亚热带湿润气候 Climate region: South subtropical humid climate	
年平均气温 /℃ Annual average temperature /℃	20.3
年平均最高气温 /℃ Annual average maximum temperature /℃	24.7
年平均最低气温 /℃ Annual average minimum temperature /℃	17.4
年降水量 /mm Annual precipitation /mm	1382
≥10℃的积温 /℃ Daily temperature accumulated in a year（≥10℃）/℃	7550
年日照时数 /h Annual sunshine /h	1820
年平均相对湿度 /% Annual average relative humidity /%	79
干燥度 Dryness	0.89

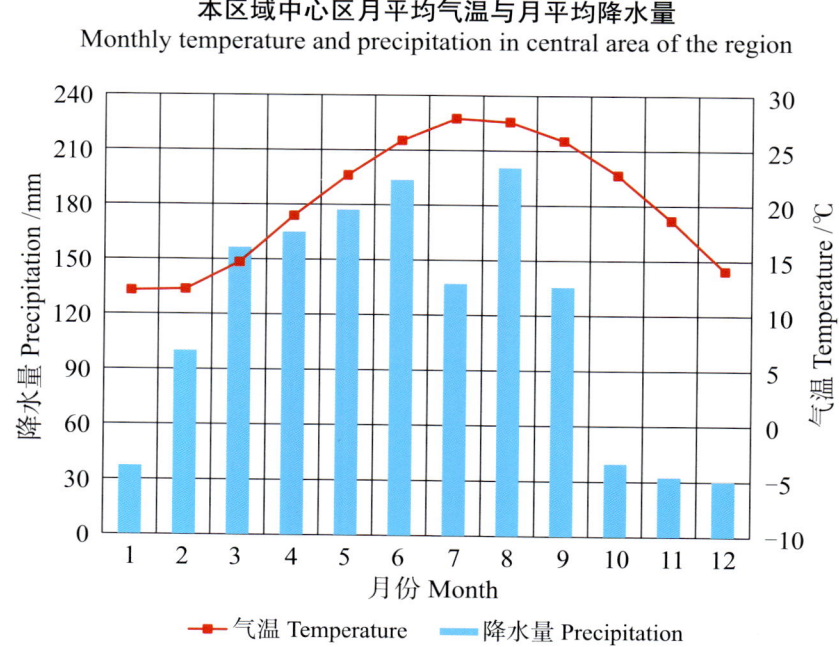

本区域中心区月平均气温与月平均降水量
Monthly temperature and precipitation in central area of the region

长泰县主要土壤类型与土壤剖面点分布图
1∶160 000

注：国务院 2021 年 2 月批准，撤销长泰县，设立长泰区。

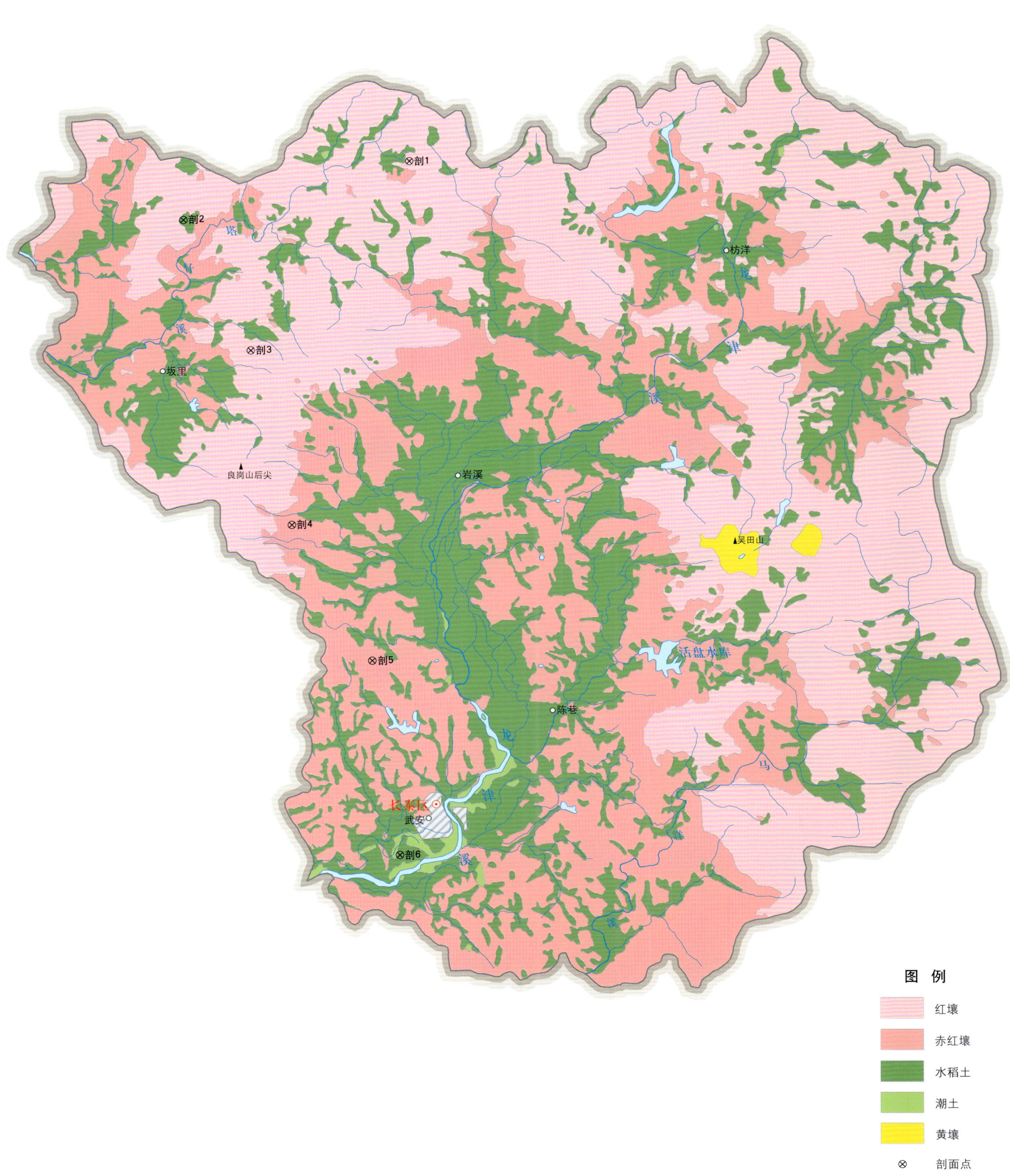

长泰区土壤剖面理化性状表

剖面号 Soil profile	土纲 Soil order	土类 Soil great group	亚类 Soil subgroup	土属 Soil genus	土种 Soil species	土层码 Layer code	土层厚度 Depth/cm	颜色 Soil color	质地 Soil texture	土壤结构 Soil structure	pH	有机质 OM/(g/kg)	全氮 TN/(g/kg)	全磷 TP/(g/kg)	全钾 TK/(g/kg)	有效磷 AP/(mg/kg)	速效钾 AK/(mg/kg)	阴离子交换量CEC/(cmol/kg)	土壤母质 Parent material	剖面点坐标 Profile coordinate	匹配指数 Matching index/%
剖1	铁铝土	红壤	红土	红泥土	灰红泥土	A	0—18	棕灰色	轻黏土	小块状	4.6	25.8	1.06	0.94	23.8	3.5	75	12.6	凝灰岩	E 117°44′36.2″ N 24°51′20.6″	97
						B	18—34	淡红色	重黏土	块状	4.5	11.4	0.72	0.56	20.6	<1.0	47	7.5			
						C	34—75	浅红色	中黏土	块状	5.0	8.6	0.58	0.36	18.0	<1.0	34	7.7			
剖2	人为土	水稻土	潜育水稻土	青泥田	青泥田	A	0—14	灰褐色	重壤土	块状	6.3	33.2	1.80	1.12	41.5	2.2	65	6.8	冲积物、湖积物	E 117°39′36.7″ N 24°50′07.2″	97
						P	14—19	灰青色	黏壤土	块状	6.1	26.1	1.32	0.78	41.2	<1.0	41	6.4			
						G	19—100	青色	黏壤土	无结构	6.0	18.9	1.01	0.76	36.2	<1.0	41	6.8			
剖3	铁铝土	红壤		中性岩红壤		A	0—18	暗灰色	中壤土	粒状	6.0	26.2	1.08	0.33	44.4	<1.0	71	6.2	花岗闪长岩	E 117°41′04.9″ N 24°47′24.8″	97
						B	18—67	褐色	中壤土	块状	6.3	9.6	0.49	0.29	45.5	<1.0	37	5.5			
						C	67—100	赤红色	中壤土	块状	6.4	5.7	0.34	0.27	44.9	<1.0	48	5.3			
剖4	铁铝土	赤红壤	赤红壤	黄色赤红壤		A	0—25	灰黄色	中壤土	碎块状	6.1	24.1	0.98	0.54	30.9	<1.0	103	5.1		E 117°41′58.1″ N 24°43′45.4″	95
						B	25—65	淡红黄色	轻黏土	块状	7.0	11.5	0.59	0.40	11.3	<1.0	100	5.4			
						C	65—100	淡红黄色	轻黏土	块状	6.9	9.7	0.46	0.38	9.4	<1.0	114	7.3			
剖5	铁铝土	赤红壤	赤红壤	侵蚀赤红壤		B	0—62	黄红色	中壤土	块状										E 117°43′43.5″ N 24°40′54.8″	97
						C	62—100	红灰色	黏工土	块状											
剖6	人为土	水稻土	潜育水稻土	乌泥田	青底乌泥田	A	0—18	暗灰色	轻黏土	粒状	5.0	33.0	1.86	1.38	25.0	<1.0	115	7.0		E 117°44′18.3″ N 24°36′51.3″	95
						P	18—25	暗灰色	轻黏土	屑片状	5.1	30.2	1.67	1.32	23.8	<1.0	41	6.8			
						W_1	25—49	黄灰色	轻黏土	核状	5.1	28.5	1.60	1.15	23.1	<1.0	39	7.9			
						W_2	49—65	黄棕色	重黏土	棱柱状	5.1	28.5	1.60	1.15	23.1	<1.0	39	7.9			
						G	65—100	青灰色	重黏土	无结构	6.0	9.1	0.99	0.66	30.6	<1.0	57	4.5			

云 霄 县

主要土类说明

赤红壤是云霄县主要土壤类型，占本县地域面积的54%，主要分布于海拔300m以下的丘陵台地，遍及全县各乡镇和农场。赤红壤是在南亚热带季雨林生物气候条件下发育的地带性土壤，由于温度高，水量充沛，干湿季明显，温湿同季，生物循环旺盛，土壤脱硅富铝化过程强烈。硅铝率一般在1.5—2.0，盐基淋溶彻底，盐基饱和度小于20%。土壤酸性强，铁、铝在土体中累积，形成富含铁铝氧化物的砖红色淀积层。发生于河谷台地、滨海台地的赤红壤淀积层下部常有红、黄、白交错的网纹层，剖面构型为A-B-C。由花岗岩、凝灰岩等母岩经风化发育而成的赤红壤，风化壳一般较深厚，多含石英砂粒，淀积层发育较好，淀积层质地较黏重，呈块状或棱柱状结构，在结构面上常有棕褐色胶膜，部分可见铁锰结核。赤红壤上自然植被破坏后，土壤受侵蚀，腐殖质层较薄，有机质含量低，但由于地处南亚热带，生物气候条件优越，为发展多种经营提供了有利条件。根据土壤发育阶段和人为开发利用情况，本县赤红壤分为赤红壤、黄色赤红壤、粗骨性赤红壤和赤土等亚类。

红壤是云霄县第二大土壤类型，占本县地域面积的23%，主要分布于海拔300—700m的丘陵山地。红壤分布区气候温暖，水量充沛，生物积累过程旺盛，红壤脱硅富铝化程度较赤红壤弱，淀积层铁铝富集较弱，硅铝率在2.0以上，土色较浅，多呈块状或竖鳞片状结构，结构面仍可见淡棕红色胶膜，剖面构型为A-B-C，海拔较高，人为生产活动较少，植被保存较好，有机质含量较高。根据发育程度的不同，本县红壤分为红壤、粗骨性红壤、黄红壤、水化红壤、红土等亚类。

水稻土是云霄县第三大土壤类型，占本县地域面积的20%，是本县的主要耕作土壤，主要分布于溪河两岸冲积平原、滨海平原和山坡谷地。由于长期种植水稻，在季节性淹灌、水下翻耕等影响下，土壤进行着以氧化还原为主的水耕熟化过程（包括盐基淋溶与复盐基、有机质分解与合成、黏粒淋移与淀积），而逐渐形成了耕作层（有明显表潜现象和氧化锈斑）、犁底层（紧实、沿根孔有锈纹）、渗育层（有明显淋溶及氧化淀积特征）等基本发生层次。水稻土的分布地形部位不同，成土母质、水文地质、土壤水的补给移动形式也不同，根据成土过程中土壤水的补给移动形式的不同，本县水稻土分为淹育型、潴育型、潜育型、漂水型和盐渍型等亚类。

小于本县地域面积3%的土壤类型还有滨海盐土、新积土、风沙土等。

本区域中心区气候特征

本区域中心区气候特征值
Regional climate characteristics in central area of the region

气候带：南亚热带湿润气候 Climate region: South subtropical humid climate	
年平均气温 /℃ Annual average temperature /℃	20.9
年平均最高气温 /℃ Annual average maximum temperature /℃	24.9
年平均最低气温 /℃ Annual average minimum temperature /℃	18.1
年降水量 /mm Annual precipitation /mm	1497
≥10℃的积温 /℃ Daily temperature accumulated in a year（≥10℃）/℃	7818
年日照时数 /h Annual sunshine /h	1915
年平均相对湿度 /% Annual average relative humidity /%	80
干燥度 Dryness	0.84

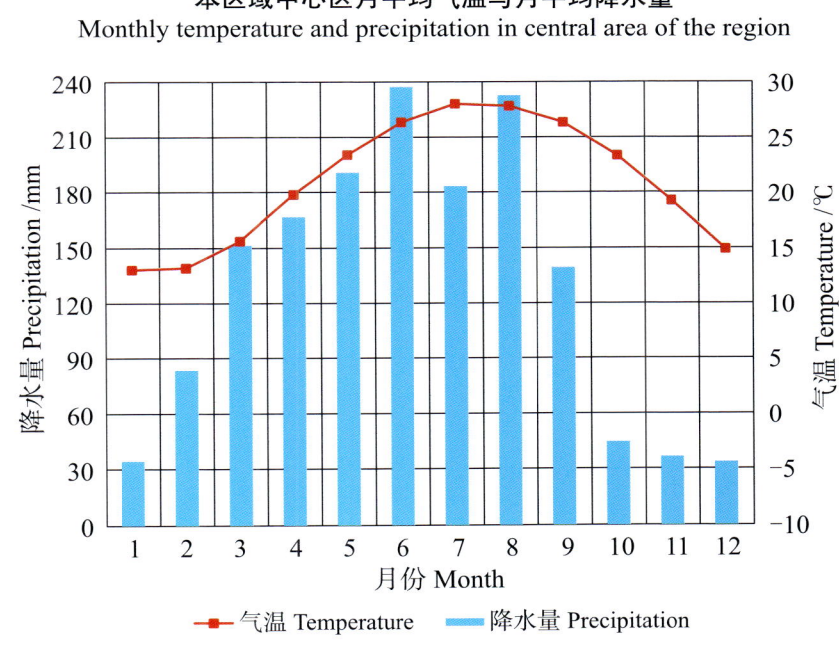

本区域中心区月平均气温与月平均降水量
Monthly temperature and precipitation in central area of the region

云霄县主要土壤类型与土壤剖面点分布图
1∶190 000

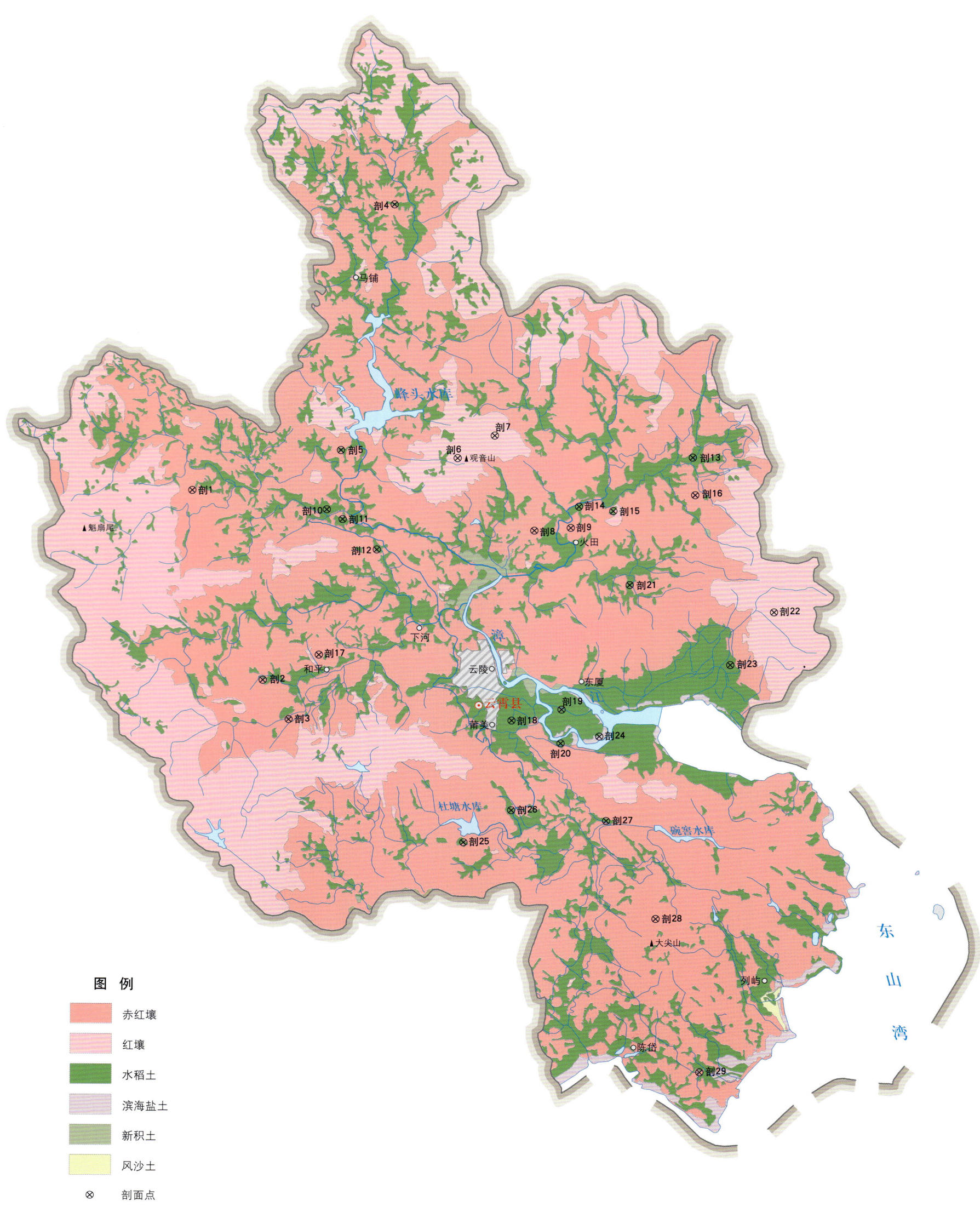

云霄县土壤剖面理化性状表

剖面号 Soil profile	土纲 Soil order	土类 Soil great group	亚类 Soil subgroup	土属 Soil genus	土种 Soil species	土层码 Layer code	土层厚度 Depth/cm	颜色 Soil color	质地 Soil texture	土壤结构 Soil structure	pH	有机质 OM/(g/kg)	全氮 TN/(g/kg)	全磷 TP/(g/kg)	全钾 TK/(g/kg)	有效磷 AP/(mg/kg)	速效钾 AK/(mg/kg)	阳离子交换量 CEC/(cmol/kg)	土壤母质 Parent material	剖面点坐标 Profile coordinate	匹配指数 Matching index/%
剖1	铁铝土	赤红壤	赤红壤	黄色化赤红壤		A	0—10	黄灰色	轻黏土	小块状	4.4	30.1	1.22	0.68	24.2	<1.0	41	10.3		E 117°12′08.6″ N 24°02′02.1″	100
						B	10—31	灰黄色	轻黏土	棱柱状	4.8	18.0	0.93	0.62	24.5	<1.0	26	6.5			
						C	31—100	黄色	轻黏土	块状	5.1	14.2	0.73	0.63	24.2	<1.0	26	6.2			
剖2	铁铝土	赤红壤	赤红壤	赤土	赤土	B_1	0—19	黄赤色	轻黏土	块状	5.3	3.2	0.15	0.47	2.8	<1.0	15	5.9		E 117°14′03.5″ N 23°57′07.7″	95
						B_2	19—59	浅黄色	轻黏土	棱柱状	5.3	2.5	0.14	0.47	4.8	<1.0	16	5.7			
						C	59—100	赤红色	轻黏土	棱柱状	5.3	3.5	<0.10	0.43	5.9	<1.0	16	6.3			
剖3	铁铝土	赤红壤	粗骨性赤红壤	泥质岩粗骨赤红壤		A	0—11	黄灰色	重壤土	小块状	4.3	27.5	0.97	0.26	30.1	<1.0	31	7.8	凝灰岩风化物	E 117°14′45.6″ N 23°56′07.1″	95
						B	11—35	黄赤色	重壤土	块状	4.6	13.2	0.51	0.32	44.3	<1.0	25	6.3			
						C	35—100	红赤色	中壤土	碎块状	5.1	6.5	0.22	0.28	49.6	<1.0	25	3.3			
剖4	人为土	水稻土	潜育水稻土	乌泥田	青底乌泥田	A	0—19	暗灰色	重壤土	团粒状	7.1	21.5	0.98	0.56	27.2	2.1	47	7.7	冲积物, 少部分为冲积-海积物	E 117°17′37.9″ N 24°09′23.0″	97
						P	19—24	灰色	重壤土	块状	7.3	16.8	0.79	0.59	27.4	2.6	32	9.6			
						W_1	24—37	浅黄灰色	重壤土	棱块状	7.3	8.2	0.42	0.36	28.1	<1.0	129	9.5			
						W_2	37—58	黄灰色	轻黏土	棱柱状	7.2	6.8	0.51	0.39	29.1	<1.0	190	13.2			
						G	58—100	蓝灰色	轻黏土	无结构	7.0	7.9	0.47	0.29	29.7	3.7	309	12.3			
剖5	人为土	水稻土	潜育水稻土	烂泥田	浅脚烂泥田	Ag	0—20	深黑色	重壤土	无结构	4.2	38.5	1.71	0.67	33.0	2.9	96	11.9		E 117°16′10.1″ N 24°03′03.8″	97
						G	20—100	蓝黑色	重壤土	无结构	3.6	34.3	0.88	7.00	34.4	<1.0	10	11.7			
剖6	铁铝土	红壤	水化红壤	水化红壤		A	0—18	灰灰色	重壤土	小块状	4.7	26.4	1.09	0.34	19.0	<1.0	198	8.9		E 117°19′19.8″ N 24°02′51.3″	97
						Bh	18—40	灰棕红色	轻壤土	块状	5.1	12.2	0.74	0.30	20.4	<1.0	126	10.0			
						Ch	40—100	黄色	轻黏土	块状	4.9	9.7	0.60	0.25	19.3	<1.0	127	8.7			
剖7	铁铝土	红壤	红壤	泥质岩红壤		A	0—25	灰灰色	中壤土	核状									凝灰岩为主	E 117°20′20.0″ N 24°03′25.5″	97
						B	25—45	浅黄色	重壤土	竖鳞片状											
						C	45—100	黄红色	中壤土	块状											
剖8	铁铝土	赤红壤	赤红壤	堆积性赤红壤		A	0—25	棕灰色	重壤土	块状	4.6	27.9	1.25	0.48	20.8	<1.0	98	6.3	第四纪红色黏土	E 117°21′24.2″ N 24°00′59.0″	97
						B	25—65	黄棕红色	中壤土	棱柱状	5.3	7.0	0.39	0.42	19.2	<1.0	31	5.7			
						C	65—100	棕红色	轻壤土	块状	4.9	3.0	0.14	0.40	26.1	<1.0	62	6.2			
剖9	铁铝土	赤红壤	赤红壤	赤土	赤土	A	0—25	黄灰色	中壤土	核状	4.8	14.3	0.54	0.18	20.8	<1.0	41	5.2		E 117°22′23.0″ N 24°01′03.3″	97
						B	25—60	赤色	重壤土	块状	5.7	5.5	0.28	0.21	19.2	<1.0	31	4.4			
						C	60—100	红赤色	中壤土	块状	6.1	4.6	0.23	0.23	26.1	<1.0	41	4.3			
剖10	人为土	水稻土	潜育水稻土	青泥田	青泥田	A	0—16	黄色	重壤土	小块状	6.9	28.9	1.21	0.64	16.0	<1.0	26	6.9	坡积物, 洪积物	E 117°15′47.3″ N 24°01′32.1″	97
						P	16—21	黄灰色	重壤土	块状	6.8	28.2	1.15	0.50	16.4	<1.0	26	7.8			
						G	21—100	青灰色	重壤土	无结构	7.4	16.8	0.58	0.40	16.4	<1.0	23	6.3			
剖11	人为土	水稻土	潜育水稻土	潮泥田	青底沙泥田	A	0—19	灰色	黏壤土	粒状	7.1	21.5	0.98	0.24	22.5	2.0	47	7.6	冲积物或冲积物	E 117°16′12.7″ N 24°01′17.1″	95
						B_1	19—24	灰色	黏壤土	块状	7.3	16.6	0.79	0.25	23.3	2.0	31	9.6			
						B_2	24—37	暗黄质黏灰土	粉砂质黏壤土	块状	7.2	8.2	0.42	0.15	23.1	<1.0	128	9.5			
						W	37—58	暗黄质黏灰土	粉砂质黏壤土	棱柱状	7.2	6.8	0.51	0.17	24.1	<1.0	186	13.1			
						G	58—100	暗蓝色	粉砂质黏壤土	块状	7.0	7.9	0.47	0.12	24.6	3.0	31	11.2			
剖12	人为土	水稻土	盐渍水稻土	乌埭田	乌埭田	A	0—18	灰灰色	重壤土	微团粒	5.7	21.3	1.15	0.37	47.7	5.5	144	8.9	海相沉积物	E 117°17′08.5″ N 24°00′29.5″	97
						P	18—24	浅灰色	重壤土	棱柱状	5.7	19.3	0.95	0.33	44.5	3.1	170	8.9			
						W_1	24—38	深灰色	重壤土	棱柱状	5.8	19.0	0.96	0.33	44.0	5.4	237	10.0			
						W_2	38—53	灰灰色	轻壤土	块状	6.1	17.8	0.94	0.42	42.1	10.4	328	10.9			
						G	53—100	青灰色	轻壤土	无结构	6.2	21.0	0.95	0.35	41.6	10.1	316	9.7			

续表 Continued

剖面号 Soil profile	土纲 Soil order	土类 Soil great group	亚类 Soil subgroup	土属 Soil genus	土种 Soil species	土层码 Layer code	土层厚度 Depth/cm	颜色 Soil color	质地 Soil texture	土壤结构 Soil structure	pH	有机质 OM/(g/kg)	全氮 TN/(g/kg)	全磷 TP/(g/kg)	全钾 TK/(g/kg)	有效磷 AP/(mg/kg)	速效钾 AK/(mg/kg)	阳离子交换量CEC/(cmol/kg)	土壤母质 Parent material	剖面点坐标 Profile coordinate	匹配指数 Matching index/%
剖13	人为土	水稻土	潜育水稻土	潮砂田	灰砂田	A	0—13	灰色	轻壤土	粒状	5.1	22.8	0.92	<0.10	27.3	2.7	76	4.4	冲积物	E 117°25′41.6″ N 24°02′51.8″	97
						WFe	13—24	黄灰色	轻壤土	屑块状	5.3	16.1	0.62	<0.10	27.3	<1.0	97	4.6			
						C	24—80	灰黄色	砂壤土	无结构	6.0	4.4	0.25	<0.10	26.1	<1.0	81	1.9			
剖14	人为土	水稻土	淹育水稻土	黄泥砂田	灰黄泥田	A	0—12	黄灰色	轻壤土	柱状	5.3	18.3	0.93	0.40	18.5	5.6	24	3.8		E 117°22′36.6″ N 24°01′36.2″	97
						P	12—20	灰黄色	轻壤土	小块状	5.8	14.4	0.74	0.37	18.3	3.3	25	3.9			
						W	20—42	浅黄色	重壤土	块状	6.9	5.1	0.28	0.32	14.9	<1.0	46	3.8			
						C	42—100	黄红色	中壤土	小块状	7.0	6.2	0.33	0.32	19.6	<1.0	25	3.4			
剖15	人为土	水稻土	潜育水稻土	冷浸田	锈水田	AFe	0—15	浅灰色	中壤土	小块状	4.9	18.7	0.96	0.53	25.7	2.9	58	4.6		E 117°23′32.1″ N 24°01′29.1″	97
						P	15—28	黄灰色	中壤土	块状	4.9	17.1	0.93	0.53	25.1	2.6	49	5.0			
						G	28—100	蓝灰色	轻壤土	无结构	5.1	13.3	0.42	0.20	26.1	1.3	123	3.8			
剖16	铁铝土	赤红壤	赤红壤	酸性岩赤红壤		A	0—12	灰色	中壤土	小块状	4.8	42.7	1.46	0.41	6.2	<1.0	103	7.2		E 117°25′45.5″ N 24°01′53.7″	97
						B	12—43	赤红色	重壤土	块状	4.8	19.5	0.81	0.29	6.2	<1.0	62	5.9			
						C	43—100	砖红色	重壤土	块状	5.5	8.0	0.34	0.22	9.7	<1.0	51	5.3			
剖17	铁铝土	赤红壤	赤红壤	泥质岩赤红壤		A	0—13	黄灰色	重壤土	小块状	4.3	21.0	0.80	0.28	14.7	<1.0	29	6.0	凝灰岩风化残积物或坡积物	E 117°15′34.6″ N 23°57′46.6″	100
						B	13—59	棕红色	重壤土	棱块状	4.6	6.8	0.40	0.28	17.3	<1.0	23	5.3			
						C	59—100	赤红色	重壤土	块状	4.9	4.1	0.25	0.29	15.7	<1.0	23	4.7			
剖18	人为土	水稻土	盐渍水稻土	埭田	埭田	A	0—15	灰色	中壤土	块状	7.9	15.4	0.73	0.70	39.5	1.3	235	7.1	海相沉积物	E 117°20′47.1″ N 23°56′05.2″	97
						P	15—38	黄灰色	轻壤土	块状	8.2	10.6	0.48	0.57	41.4	1.8	471	6.6			
						Gsa	38—50	青灰色	中壤土	无结构	8.2	12.0	0.57	0.77	38.7	<1.0	433	5.3			
剖19	新积土	冲积土		灰泥土	灰泥土	A	0—18	黄灰色	重壤土	块状	6.9	13.1	0.78	0.99	29.8	4.6	229	5.6		E 117°22′08.5″ N 23°56′22.2″	97
						B	18—38	黄白色	重壤土	块状	7.2	9.5	0.51	2.60	29.8	5.7	146	14.3			
						C	38—100	青灰色	轻黏土	无结构	7.3	4.4	0.34	1.10	31.8	5.2	172	13.2			
剖20	人为土	水稻土	淹育水稻土	红泥砂田	红泥砂田	A	0—18	黄灰色	轻壤土	粒状								2.1		E 117°22′06.8″ N 23°55′29.6″	97
						C	18—70	灰白色	轻壤土	小块状								1.7			
剖21	人为土	水稻土	漂洗水稻土	白鳝泥田	白土田	AE	0—12	灰白色	壤质黏土	屑块状	5.5	17.1	0.91	0.37	22.9	7.6	111	3.0	坡积物	E 117°23′58.9″ N 23°59′34.3″	98
						PE	12—32	黄灰色	壤质黏土	小块状	5.8	7.2	0.42	0.17	23.5	3.5	30	3.3			
						EC	32—70	棕灰色	中壤土	块状	5.6	6.2	0.32	0.14	22.5	<1.0	30	7.2			
						C	70—105	灰白色	中壤土	棱柱状	6.2	6.9	0.29	0.14	27.0	<1.0	51	7.5			
剖22	铁铝土	红壤	红壤	酸性岩红壤		A	0—3	灰灰色	重壤土	块状	5.2	5.0	0.30	0.42	31.2	<1.0	144	7.3		E 117°27′53.2″ N 23°58′52.0″	95
						B	3—45	淡红色	中壤土	块状、鳞片状	5.3	2.4	0.16	<0.10	36.9	<1.0	107	7.7			
						C	45—100	红色	中壤土	无结构	5.2	1.6	0.13	<0.10	37.2	<1.0	115	9.6			
剖23	人为土	水稻土	潜育水稻土	灰泥田	青底灰泥田	A	0—19	暗黄色	黏土	无结构	7.1	21.5	0.98	0.24	22.5	2.1	47	9.5	冲积物	E 117°26′42.0″ N 23°57′31.0″	98
						AP	19—24	灰色	松质黏土	无结构	7.3	16.6	0.79	0.25	22.7	2.6	32	9.5			
						P	24—37	黄白色	松质黏土	棱柱状	7.3	8.2	0.42	0.15	23.3	<1.0	129	13.2			
						W	37—58	黄灰色	中壤土	块状	7.2	6.8	0.51	0.17	24.1	<1.0	187	11.3			
						G	58—100	青灰色	中壤土	无结构	7.0	7.9	0.47	0.12	24.6	3.6	31				
剖24	盐碱土	滨海盐土	滨海盐土	海砂土		Asa	0—12	白黄色	松砂土	无结构	7.0	1.7	<0.10	0.20	19.2	3.8	70	<1.0		E 117°23′09.7″ N 23°55′40.4″	97
						Csa	12—100	黄白色	松砂土	无结构	7.2	1.1	<0.10	<0.10	19.9	4.0	55	<1.0			
剖25	人为土	水稻土	淹育水稻土	砂质田	漏砂田	A	0—18	黄灰色	紧砂土	粒状	6.4	4.7	0.26	0.38	26.9	11.4	91	2.3	海相沉积物	E 117°19′29.8″ N 23°52′55.0″	97
						C	18—100	暗黄色	中壤土	小块状	6.4	<1.0	0.10	0.18	26.1	15.2	60	1.2			
剖26	人为土	水稻土	潜育水稻土	灰泥田	灰泥田	A	0—16	灰色	中壤土	块状	5.4	21.1	1.00	0.93	31.8	4.6	103	7.3	河流冲积物	E 117°20′46.6″ N 23°53′45.6″	98
						P	16—26	灰色	轻壤土	棱柱状	6.6	11.9	0.66	0.57	32.8	3.9	51	6.1			
						W_1	26—40	灰色	轻壤土	棱柱状	6.7	7.5	0.39	0.56	33.1	3.9	49	5.6			
						W_2	40—56	灰色	轻壤土	块状	6.7	5.1	0.29	0.52	34.4	2.8	36	4.8			
						C	56—100	灰色	中壤土	块状	6.6	5.7	0.25	0.57	33.1	1.8	74	5.9			

续表 Continued

剖面号 Soil profile	土纲 Soil order	土类 Soil great group	亚类 Soil subgroup	土属 Soil genus	土种 Soil species	土层码 Layer code	土层厚度 Depth/cm	颜色 Soil color	质地 Soil texture	土壤结构 Soil structure	pH	有机质 OM/(g/kg)	全氮 TN/(g/kg)	全磷 TP/(g/kg)	全钾 TK/(g/kg)	有效磷 AP/(mg/kg)	速效钾 AK/(mg/kg)	阳离子交换量 CEC/(cmol/kg)	土壤母质 Parent material	剖面点坐标 Profile coordinate	匹配指数 Matching index/%
剖27	人为土	水稻土	潴育水稻土	灰砂泥田	白底灰砂泥田	A	0—13	暗灰色	轻壤土	粒状	5.7	17.3	1.12			7.0	65		河流冲积物	E 117°23′21.0″ N 23°53′29.1″	97
						P	13—22	灰色	中壤土	块状											
						W₁	22—34	灰赤色	轻壤土	块状											
						W₂	34—76	浅黄色	轻壤土	小块状											
剖28	铁铝土	赤红壤	粗骨性赤红壤	酸性岩粗骨赤红壤			A	0—40	红黄色	重壤土	块状	5.1	5.5	0.30	0.24	28.2	<1.0	156	6.8		E 117°24′41.4″ N 23°50′57.8″	95
						C	40—80	黄红色	轻黏土	碎块状	5.2	7.8	0.29	0.19	27.7	<1.0	172	7.4			
剖29	铁铝土	赤红壤	赤红壤	砂质赤土	砂质灰赤土	As	0—17	浅灰色	砂壤土	粒状										E 117°25′53.4″ N 23°47′02.5″	95
						B	17—31	浅灰黄色	中壤土	块状											
						C	31—70	黄红色	重壤土	块状											

漳浦县

主要土类说明

赤红壤是漳浦县主要土壤类型，占本县地域面积的53%，主要分布于海拔200—300m以下的丘陵台地，遍及全县各乡镇。赤红壤发生于南亚热带季雨林下，土壤脱硅富铝化作用强烈，硅铝率一般在1.7—2.0，盐基淋溶彻底，盐基饱和度小于20%，土壤酸性强。成土母质为花岗岩、黑云母花岗岩、花岗闪长岩等风化物，风化壳一般较深厚，可达10m以上，多含石英砂。土壤淋溶过程强烈，剖面层段深厚，淀积层发育较好，淀积层深厚，黏实，呈块状或棱柱状结构，有褐色胶膜，有的可见铁铝结核，淀积层下往往出现红白交织的网纹层。剖面构型为A-B-C。自然植被破坏严重，土壤受侵蚀，腐殖质层较薄，有机质含量不高。本县赤红壤分为赤红壤、粗骨性赤红壤、黄色赤红壤和赤土等亚类。

水稻土是漳浦县第二大土壤类型，占本县地域面积的25%，是本县的主要耕作土壤，主要分布于溪流两岸的冲积平原及滨海平原，部分分布于山垅谷地。本县种植水稻时间较长，在长期种稻淹水耕作、施肥的条件下，土壤经历了以氧化还原为主的水耕熟化过程，逐渐形成了耕作层、犁底层、渗育层等基本发生层次。本县水稻土分为渗育型、潴育型、潜育型、漂洗型和盐渍型等亚类。

红壤是漳浦县第三大土壤类型，占本县地域面积的13%，主要分布于海拔300—800m的丘陵山地。其分布区气候温暖，水量充沛，红壤脱硅富铝化程度较赤红壤弱，铁铝富集较差，淀积层色淡，硅铝率为2.0—2.4，未见铁铝结核，剖面构型为A-B-C。本县红壤分布区人为生产活动较少，森林植被保存较好，腐殖质层较厚，有机质含量较高，但腐殖质组成以克里酸为主，分子结构简单，分散性强，红壤结持性较差。淀积层多呈竖鳞片状结构，土壤侵蚀较为严重。

风沙土占漳浦县地域面积的6%，主要分布于古雷、六鳌、佛昙、前亭等地。本县风沙土分为滨海风沙土和沙质土两个亚类。

小于本县地域面积3%的土壤类型还有滨海盐土、新积土等。

本区域中心区气候特征

本区域中心区气候特征值
Regional climate characteristics in central area of the region

气候带：南亚热带湿润气候 Climate region: South subtropical humid climate	
年平均气温 /℃ Annual average temperature /℃	20.8
年平均最高气温 /℃ Annual average maximum temperature /℃	24.8
年平均最低气温 /℃ Annual average minimum temperature /℃	18.1
年降水量 /mm Annual precipitation /mm	1442
≥10℃的积温 /℃ Daily temperature accumulated in a year（≥10℃）/℃	7676
年日照时数 /h Annual sunshine /h	1897
年平均相对湿度 /% Annual average relative humidity /%	80
干燥度 Dryness	0.87

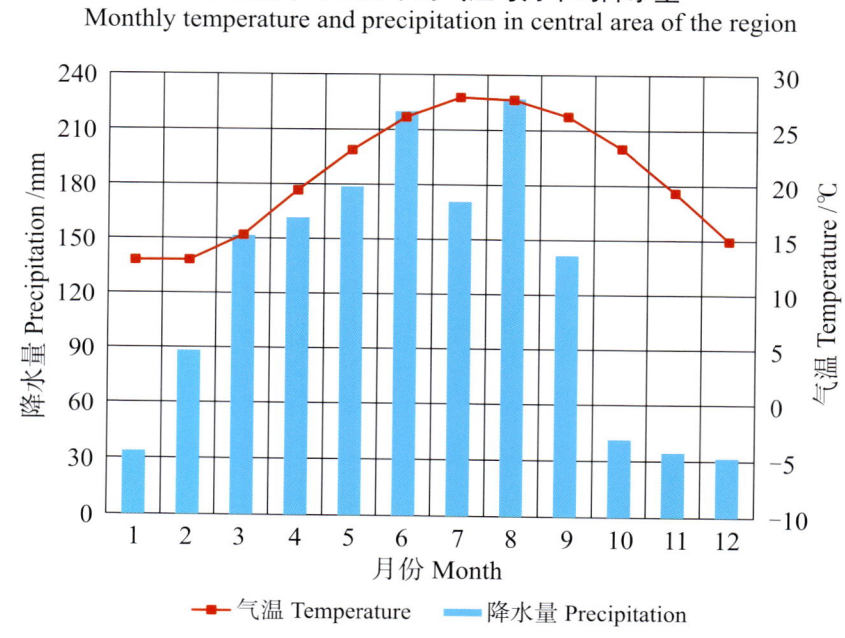

本区域中心区月平均气温与月平均降水量
Monthly temperature and precipitation in central area of the region

漳浦县主要土壤类型与土壤剖面点分布图
1 : 280 000

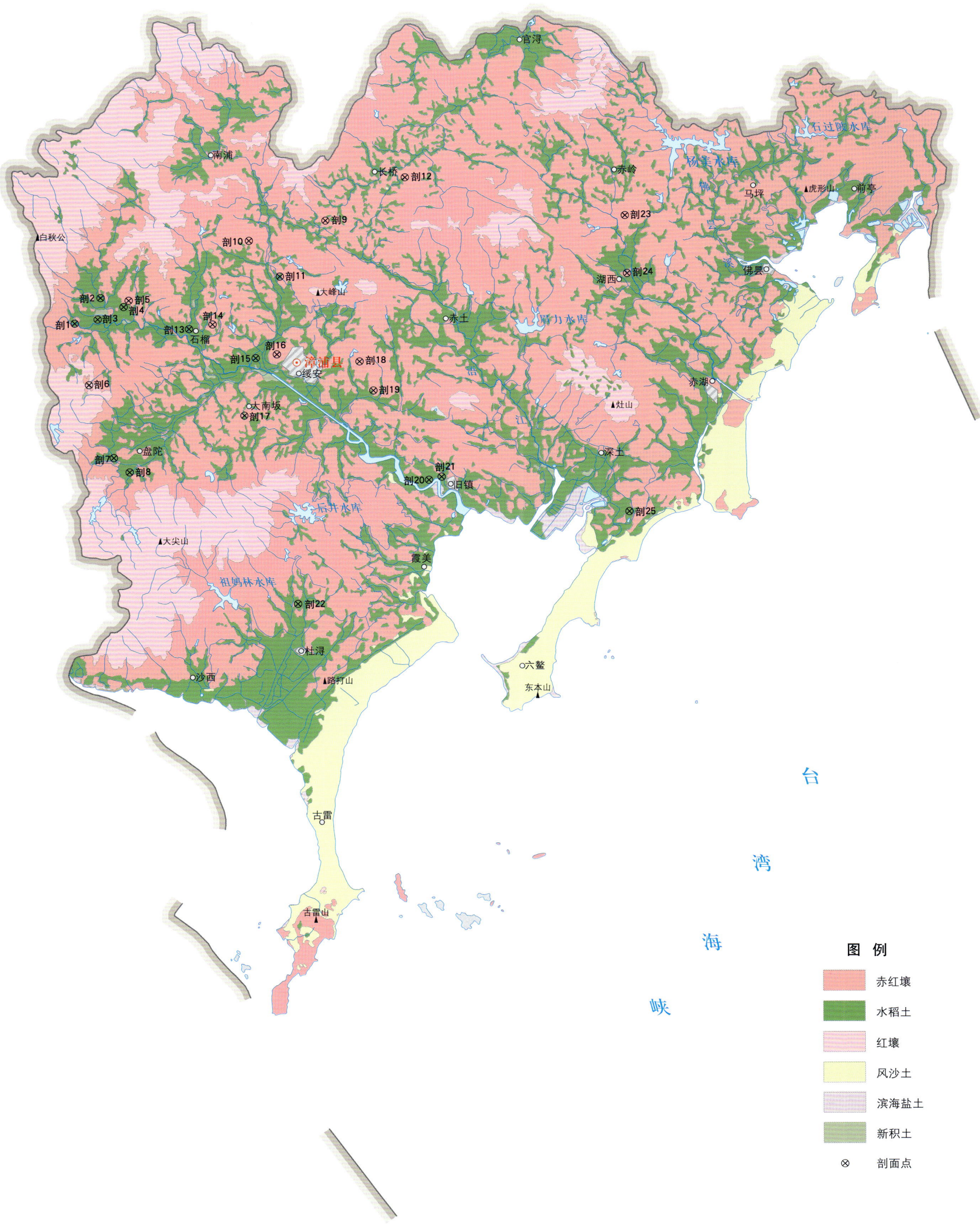

漳浦县土壤剖面理化性状表

剖面号 Soil profile	土纲 Soil order	土类 Soil great group	亚类 Soil subgroup	土属 Soil genus	土种 Soil species	土层码 Layer code	土层厚度 Depth/cm	颜色 Soil color	质地 Soil texture	土壤结构 Soil structure	pH	有机质 OM/(g/kg)	全氮 TN/(g/kg)	全磷 TP/(g/kg)	全钾 TK/(g/kg)	有效磷 AP/(mg/kg)	速效钾 AK/(mg/kg)	阳离子交换量 CEC/(cmol/kg)	土壤母质 Parent material	剖面点坐标 Profile coordinate	匹配指数 Matching index/%
剖1	人为土	水稻土	潴育水稻土	乌泥田		A	0~20	深暗灰色	中壤土	粒状	5.7	34.5	1.86	1.15	31.5	19.0	103	13.1	冲积物	E 117°27′17.4″ N 24°08′58.4″	75
						P	20~25	暗灰色	重壤土	片状	5.7	30.3	1.52	1.15	31.5	22.0	74	11.9			
						W₁	25~42	灰色	中壤土	核块状	5.7	29.2	1.28	1.34	32.2	20.0	77	12.9			
						W₂	42~86	黄灰色	中壤土	明显棱柱状	5.5	16.2	0.92	0.62	32.9	12.0	75	11.6			
						Cg	86~100	青灰色		无结构											
剖2	人为土	水稻土	潴育水稻土	潮砂田	灰砂田	A	0~10	浅灰色	砂壤土		5.0	13.7	0.62	5.00	7.7	2.1	15	3.4	现代河流沉积物	E 117°28′18.9″ N 24°09′55.7″	97
						P	10~20	浅灰色	砂壤土	不明显	5.0	9.8	0.62	0.53	6.1	2.1	25	4.0			
						W	20~43	灰黄色	砂壤土	不明显	5.3	7.2	0.47	0.42	5.6	<1.0	25	4.8			
						C	43~100	灰黄色	重壤土	无结构	6.1	9.9	0.41	0.42	5.9	<1.0	31	10.8			
剖3	人为土	水稻土	盐渍水稻土	咸田	海涂田	A	0~16	黑灰色	重壤土	重结构	6.2	14.3	0.97	1.11	29.9	9.0	363	12.4	海相沉积物	E 117°28′11.6″ N 24°09′07.7″	75
						Psa	16~23	青灰色	重壤土	层片状	5.9	13.4	0.80	1.15	27.8	8.0	321	11.9			
						Csa	23~89	青灰色	重壤土	无结构	5.2	9.9	0.63	1.51	25.4	18.0	341	15.0			
剖4	人为土	水稻土	潜育水稻土	烂泥田	浅脚烂泥田	Ag	0~30	青灰色	中壤土	无结构	4.5	27.0	0.94	0.56	38.4	1.5	67	7.8	海相沉积物	E 117°29′17.1″ N 24°09′35.8″	97
						G	30~70	灰蓝色	黏土	无结构	5.1	6.4	0.31	0.18	39.0	<1.0	76	4.0			
剖5	铁铝土	赤红壤	赤红壤	基性岩赤红壤		A	0~15	灰黑色	重壤土	核块及屑块状	6.3	12.1	0.38	0.52	9.8	<1.0	41	16.6		E 117°29′25.1″ N 24°09′50.1″	75
						B	15~35	灰黑色	轻壤土	屑块状	6.1	10.0	0.20	0.42	13.1	<1.0	48	16.7			
						C	35~60	棕黑色	轻壤土	弱块状	5.6	3.5	<0.10	0.45	13.9	<1.0	65	16.3			
剖6	铁铝土	赤红壤	赤红壤	赤土	灰赤土	A	0~12	灰赤红色	重壤土	核块状	4.9	14.2	0.67	0.67	5.7	<1.0	102	5.6		E 117°27′50.8″ N 24°06′39.7″	98
						B	12~20	灰赤红色	重壤土	无结构	5.3	9.1	0.57	0.43	5.9	<1.0	48	4.8			
						C	20~50	黄红色	重壤土	块状	5.2	9.6	0.52	0.45	5.1	<1.0	138	10.6			
剖7	人为土	水稻土	盐渍水稻土	灰埭田		A	0~15		轻壤土		5.1	15.5	0.83	1.18	28.2	2.0	282	11.6	海相沉积物	E 117°28′49.4″ N 24°03′55.0″	75
						P	15~25		重壤土		5.8	7.3	0.43	1.47	26.8	2.0	290	12.5			
						W	25~50		重壤土		5.5	9.0	0.52	1.11	25.0	2.0	274	7.2			
						Csa	50~70		轻壤土		4.7	7.8	0.44	0.88	37.5	1.0	424	14.9			
剖8	人为土	水稻土	渗育水稻土	黄砂田		A	0~16	黄灰色	砂壤土	不明显	5.6	12.3	0.71	0.69	34.2	6.0	61	3.6		E 117°29′26.5″ N 24°03′23.0″	95
						P	16~25	灰黄色	中壤土	屑块状	5.4	8.7	0.46	0.43	34.0	<1.0	40	4.5			
						W	25~52	黄色	轻壤土	块状	5.3	2.8	0.15	0.22	33.9	<1.0	57	2.1			
						C	52~	黄白相间	轻壤土	块状	5.5	8.0	0.41	0.28	35.9	1.0	57	6.6			
剖9	铁铝土	赤红壤	赤红壤	赤土		A	0~13	暗红棕色	黏土	屑块状	5.4	46.8	2.25	1.07	3.6	4.6			玄武岩	E 117°37′11.2″ N 24°12′48.3″	93
						AB	13~36	暗棕红色	黏土	核状	5.5	16.9	0.93	0.79	2.2	3.2	118	6.7			
						B	36~80	暗棕红色	黏土	碎块状及核状	5.4	12.7	0.77	0.81	2.1	2.1	94	4.1			
						C	80~110	暗棕红色	黏土	碎块状	5.2	7.2	0.50	1.27	1.5		75	6.2			
剖10	铁铝土	赤红壤	赤红壤	酸性岩赤红壤		A	0~15	黄灰色	重壤土	屑块状	5.2	7.3	0.42	0.73	18.6	<1.0		6.1	花岗岩	E 117°34′09.9″ N 24°12′03.5″	95
						B	15~45	棕红色	中壤土	块状	5.2	16.3	0.72	0.48	17.1	<1.0		5.7			
						C	45~60	红黄相间	轻壤土	块状	5.1	4.6	0.17	0.16	17.1	<1.0		5.6			
剖11	人为土	水稻土	渗育水稻土	黄埭田		A	0~13	灰黄色	中壤土	屑块状	5.9	19.2	0.86	1.09	29.9	4.6			赤红壤再积物	E 117°35′22.9″ N 24°10′43.3″	95
						P	13~18	灰黄色	中壤土	块状	6.1	6.2	0.63	1.01	26.2	3.2					
						W	18~40	黄色	中壤土	块状	6.0	5.7	0.23	0.58	24.4	2.1					
						C	10~100	黄红色	中壤土	块状											
剖12	铁铝土	赤红壤	赤红壤	黑赤土	黑赤土	A	0~20	灰黑色	重壤土	核状	6.6	24.7	1.13	0.91	14.1	1.0	62	31.2	玄武岩坡积物、残积物	E 117°40′20.0″ N 24°14′25.5″	97
						B	20~80	灰黑色	轻黏土	核块状	6.9	18.4	0.82	0.75	4.5	1.0	37	39.5			
						C	80~100	棕黑色	砂壤土	块状	6.1	9.4	0.32	0.34	4.7	2.0	35	≥50.0			

续表 Continued

剖面号 Soil profile	土纲 Soil order	土类 Soil great group	亚类 Soil subgroup	土属 Soil genus	土种 Soil species	土层码 Layer code	土层厚度 Depth/cm	颜色 Soil color	质地 Soil texture	土壤结构 Soil structure	pH	有机质 OM/(g/kg)	全氮 TN/(g/kg)	全磷 TP/(g/kg)	全钾 TK/(g/kg)	有效磷 AP/(mg/kg)	速效钾 AK/(mg/kg)	阳离子交换量CEC/(cmol/kg)	土壤母质 Parent material	剖面点坐标 Profile coordinate	匹配指数 Matching index/%
剖13	人为土	水稻土	潜育水稻土	冷浸田	冷浸田	A	0—13	浅灰色	中壤土	不明显	4.5	25.7	0.76	0.56	12.4	2.6	33	5.9	坡积物和洪积物	E 117°31′60.0″ N 24°08′42.1″	95
						P	13—18	青灰色	中壤土	块状	4.5	15.7	0.76	0.32	11.7	<1.0	35	4.5			
						G	18—38	蓝灰色	砂壤土	粒状	5.0	9.9	0.64	0.23	11.2	<1.0	42	2.8			
剖14	铁铝土	赤红壤	赤红壤性土		幼赤土	A	0—15	灰棕色	砺质黏壤土	小块状	5.3	8.3	0.61	0.10	8.6	<1.0	99	5.2	粗晶花岗岩风化物	E 117°32′43.3″ N 24°08′56.1″	95
						(B)	15—35	淡棕色	砺质黏壤土	块状	4.9	7.3	0.49	0.13	8.4	<1.0	71	4.8			
						C	35—	灰黄色			5.6	2.5	0.19	0.11	4.4	<1.0	71	7.6			
剖15	人为土	水稻土	潴育水稻土	灰泥田	灰泥田	A	0—15	灰色	重壤土	核状	4.5	24.0	1.39	0.79	25.7	13.1	67	10.4		E 117°34′25.5″ N 24°07′40.3″	95
						P	15—20	暗灰色	黏壤土	块状	5.2	19.7	0.99	0.79	26.2	1.2	52	9.6			
						W₁	20—52	灰色	重壤土	棱柱状	4.4	10.2	0.44	0.75	27.8	1.2	66	10.8			
						W₂	52—100	棕黄色	重壤土	块状	4.5	9.5	0.49	0.68	28.2	<1.0	54	10.6			
剖16	铁铝土	赤红壤		赤土	赤土	A	0—10	黄灰色	壤质黏土	屑块状	4.2	34.8	1.30	0.37	17.7	1.7	109	9.4	黑云母花岗岩坡积物、残积物	E 117°35′15.7″ N 24°07′48.8″	95
						AB	10—23	红黄色	黏土	屑状	4.1	23.1	0.90	0.37	15.3	<1.0	71	11.3			
						B	23—64	棕红色	砂质黏壤土	块状	4.5	8.8	0.37	0.36	12.0	<1.0	49	8.5			
						BC	64—140	淡棕红色	黏土	块状	4.6	2.9	0.30	0.25	12.1	<1.0	19	5.3			
剖17	人为土	水稻土	漂洗水稻土	白鳝泥田	白鳝泥田	A	0—15	灰灰色	重壤土	屑块状	5.5	9.5	0.58	0.72	7.0	10.2	57	7.8	坡积物	E 117°33′57.9″ N 24°05′30.1″	95
						P	15—20	灰灰色	重壤土	块状	5.4	2.3	0.15	0.35	26.7	<1.0	78	7.0			
						E	20—40	灰白色	重壤土	块状	5.0	2.5	0.13	0.29	29.2	<1.0	65	7.3			
剖18	铁铝土	赤红壤		酸性岩侵蚀赤红壤		A	0—10	灰棕色	壤质黏土	屑粒状	5.7	24.9	1.15	0.17	16.4				晶洞花岗岩风化物、残积物	E 117°38′31.0″ N 24°07′32.2″	82
						B₁	13—31	红棕色	壤质黏土	屑块状	5.1	11.6	0.68	0.15	16.4						
						B₂	31—84	红棕色	砂质黏土	夹状粗砂块状	5.1	6.1	0.58	0.15	15.4						
						C	84—110	亮棕红色	砂质黏土		5.1	3.2	0.24	0.12	22.3						
剖19	铁铝土	赤红壤		赤砂土	灰赤砂土	A	0—10	棕色	砂质壤土	屑粒状	5.2	20.9	0.73						花岗岩风化残积物	E 117°39′03.5″ N 24°06′26.3″	95
						B₁	10—37	红棕色	砂质黏土	小块状	5.5	7.6	0.50		7.0						
						B₂	37—87	亮红棕色	砂质黏土	不明显	6.0	4.9	0.35								
						C	87—	亮棕色	砂质黏土	片、块状	6.2	4.1	0.30								
剖20	人为土	水稻土	盐渍水稻土	盐斑田	轻盐斑田	A	0—15	暗棕色	重壤土	块状	5.3	11.6	0.75	0.80	26.7	15.0	434	9.8	海相沉积物	E 117°41′14.3″ N 24°03′04.6″	97
						P	15—25	灰色	重壤土	块状	5.2	19.4	0.91	0.94	28.6	6.0	437	16.2			
						Csa	25—56	青灰色	重壤土	屑块状	5.2	12.8	0.73	0.84	25.9	16.0	332	13.3			
剖21	人为土	水稻土	潴育水稻土	乌埭田	乌埭田	A	0—15	乌灰色	中壤土	屑块状	4.7	22.2	1.10	0.80	21.2	7.5	250	7.9	海相沉积物	E 117°41′44.2″ N 24°12′11.5″	97
						P	15—23	深棕色	中壤土	块状略有层理	4.7	16.8	0.91	0.77	27.4	4.6	360	8.3			
						W₁	23—56	深棕色	重壤土	棱柱状	4.5	15.9	0.89	0.27	11.7	3.1	271	12.9			
						W₂	56—70	青灰色	黏土	无结构	5.3	8.5	0.44	0.74	12.4	4.4	415	13.4			
剖22	人为土	水稻土	渗育水稻土	砂质田	砂质田	A	0—15	灰灰色	轻壤土	不明显	5.3	9.8	0.70	0.87	26.7	11.8	45	3.0		E 117°36′02.8″ N 23°58′26.9″	95
						B₁	15—20	黄灰色	中壤土	层片状	5.3	11.6	0.60	0.79	31.6	8.6	40	3.1			
						C	20—60	灰棕色	中壤土	层理明显	5.7	5.8	0.30	0.37	33.3	<1.0	47	5.0			
剖23	铁铝土	赤红壤	粗骨性赤红壤	酸性岩（硅质）粗骨赤红壤		A	0—15	灰棕色	中壤土	小块状	5.3	8.3	0.61	0.23	10.4	<1.0	99	5.2	粗晶花岗岩	E 117°41′00.2″ N 24°12′59.1″	95
						B	15—35	淡棕色	中壤土	块状	4.9	7.3	0.49	0.31	10.2	<1.0	71	4.8			
						C	35—	灰黄色	砂土		5.6	2.5	0.19	0.26	5.3	<1.0	71	7.6			
剖24	铁铝土	赤红壤		赤砂土	灰赤砂土	A	0—10	灰赤色	重壤土	块状	4.8	8.4	0.44	0.32	9.4	<1.0	51	2.1	粗晶花岗岩风化物	E 117°49′04.8″ N 24°10′49.5″	95
						B	10—16	灰黄色	重壤土	块状	5.4	7.5	0.31	0.26	6.7	<1.0	98	8.8			
						C	16—46	黄色	黏土	块状	5.1	6.0	0.19	0.32	8.8	<1.0	74	4.3			
剖25	人为土	水稻土	盐渍水稻土	埭田	埭田	A	0—12	灰灰色	黏土	块状	6.1	6.3	0.40	0.88	31.1	65.0	448	12.6	海相沉积物	E 117°49′07.4″ N 24°01′53.1″	95
						P	12—20	暗灰色	重壤土	块状	4.0	5.3	0.38	0.76	30.7	55.0	448	14.1			
						Csa	20—50	青灰色	中壤土		<3.5	4.6	0.23	0.39	38.9	4.0	294	8.4			

诏 安 县

主要土类说明

赤红壤是诏安县主要土壤类型，占本县地域面积的47%，主要分布在海拔400m以下的丘陵台地，遍及全县各地。其分布区属南亚热带季雨林生物气候，具有高温多湿、干湿季节明显、温湿同季的特点。土壤脱硅富铝化作用强烈，盐基淋溶彻底，盐基饱和度一般小于30%，土壤呈酸性。硅的淋溶也较明显，铁铝氧化物在土壤中明显富集。土壤中黏粒含量较高，并以淀积层最高，黏粒的矿物组成以高岭石为主，交换性能差，阳离子交换量多在10cmol/kg以下，且以交换性Al^{3+}为主。在风化成土过程中，铁、锰多从矿物中分解游离，形成无定形铁和各种结晶态的氧化铁。在干湿交替的气候条件下，游离铁脱水而形成无水Fe_2O_3或$Fe_2O_3 \cdot H_2O$，淀积于土壤中，形成棕红色的淀积层。生物物质循环旺盛，生物量大，分解迅速是赤红壤的一个重要成土特点。在植被完好、覆盖度高的丘陵坡地，土壤有机质明显积累，含量在30g/kg以上。但由于人为活动影响，赤红壤上植被遭受破坏，生物量少，有机质分解迅速，土壤有机质含量极低。本县赤红壤分为赤红壤、黄色赤红壤、粗骨性赤红壤和赤土等亚类。

红壤是诏安县第二大土壤类型，占本县地域面积的28%，主要分布于海拔400—1150m低山、高丘地区。其分布区环境气候温和，水量充沛，土壤脱硅富铝化程度比赤红壤弱，生物富集过程旺盛。本县红壤分为红壤、水化红壤、粗骨红壤、黄红壤和红土等亚类。

水稻土是诏安县第三大土壤类型，占本县地域面积的22%，是本县的主要耕作土壤，遍布全县各地。在淹灌、耕作、施肥、栽培等农业措施影响下，土壤进行着以氧化还原为主的水耕熟化过程，包括有机质合成与分解、复盐基与盐基淋溶、黏粒的淋移与淀积等，形成了具有独特形态特征和性状的水稻土。季节性淹灌造成的干湿交替环境，加剧了土壤氧化还原作用，土体中铁、锰的还原淋溶和氧化淀积作用甚为明显，导致铁、锰的剖面分异。全铁及游离铁在淋溶层较少，而在淀积层明显增加。本县水稻土划分为淹育型、潴育型、潜育型、漂洗型和盐渍型等亚类。

小于本县地域面积3%的土壤类型还有潮土、风沙土、滨海盐土等。

本区域中心区气候特征

本区域中心区气候特征值
Regional climate characteristics in central area of the region

气候带：南亚热带湿润气候 Climate region: South subtropical humid climate	
年平均气温 /℃ Annual average temperature /℃	21.0
年平均最高气温 /℃ Annual average maximum temperature /℃	25.0
年平均最低气温 /℃ Annual average minimum temperature /℃	18.1
年降水量 /mm Annual precipitation /mm	1519
≥10℃的积温 /℃ Daily temperature accumulated in a year (≥10℃) /℃	7897
年日照时数 /h Annual sunshine /h	1918
年平均相对湿度 /% Annual average relative humidity /%	80
干燥度 Dryness	0.82

本区域中心区月平均气温与月平均降水量
Monthly temperature and precipitation in central area of the region

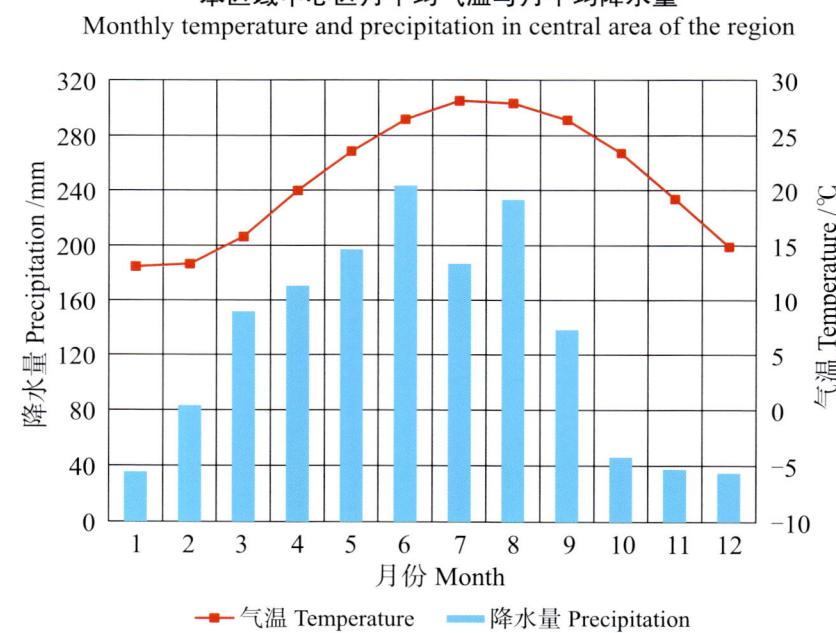

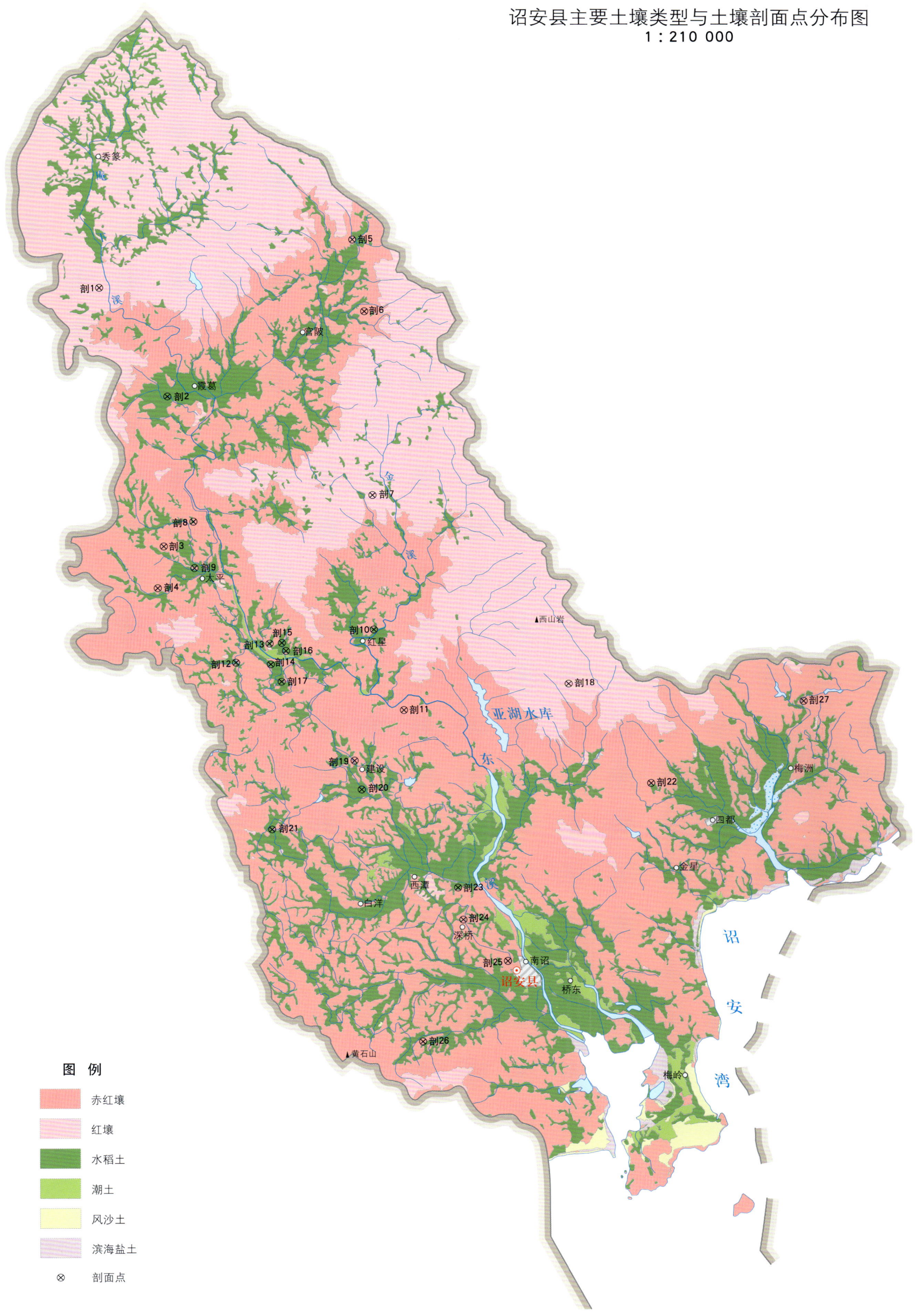

诏安县土壤剖面理化性状表

剖面号 Soil profile	土纲 Soil order	土类 Soil great group	亚类 Soil subgroup	土属 Soil genus	土种 Soil species	土层码 Layer code	土层厚度 Depth/cm	颜色 Soil color	质地 Soil texture	土壤结构 Soil structure	pH	有机质 OM/(g/kg)	全氮 TN/(g/kg)	全磷 TP/(g/kg)	全钾 TK/(g/kg)	有效磷 AP/(mg/kg)	速效钾 AK/(mg/kg)	阳离子交换量CEC/(cmol/kg)	土壤母质 Parent material	剖面点坐标 Profile coordinate	匹配指数 Matching index/%
剖1	铁铝土	红壤	红土	红泥土	红泥田	A	0~18	浅红色	重壤土	小块状		23.8	0.90	0.51	32.9	<1.0	88	5.9	细晶花岗岩、凝灰岩风化物	E 116°57′49.0″ N 24°02′24.8″	82
						B	18~36	灰红色	重壤土	块状		9.1	0.45	0.40	26.2	<1.0	58	6.9			
						C	36~60	赤红色	重壤土	块状		4.8	0.15	0.39	6.5	<1.0	38	6.1			
剖2	人为土	水稻土	潴育水稻土	冷浸田	锈水田	A	0~13	浅红色	中壤土	无结构	4.8	29.7	1.43	0.69	30.8	7.7	62	4.8	坡积物、坡积-洪积物	E 116°59′53.5″ N 23°59′17.7″	97
						P	13~22	浅红色	中壤土	块状	4.9	21.4	0.97	0.41	29.2	1.0	15	4.9			
						C	22~63	青灰色	轻壤土	无结构	4.6	8.2	0.34	0.14	31.1	<1.0	20	3.2			
剖3	铁铝土	赤红壤	赤土	赤土	赤土	A	0~4	橙色	砂壤土			31.4	1.46	0.69	22.1				花岗闪长岩坡积-坡积物	E 116°59′46.6″ N 23°54′56.6″	75
						B_1	4~22	棕红色	壤质黏土	块状		14.5	0.71	0.61	16.5						
						B_2	22~56	棕红色	壤质黏土	块状		11.0	0.62	0.70	16.8						
						C	56~110	红棕色	壤质黏土	块状		7.7	0.45	0.57	19.4						
剖4	铁铝土	赤红壤	赤砂土	赤砂土	灰赤砂土	A	0~14	红棕色	壤质黏土	块状		17.3	0.71	0.26	2.1			4.8	凝灰溶岩坡积物	E 116°59′35.4″ N 23°53′44.6″	95
						B	14~66	红棕色	壤质黏土	块状		10.9	0.23	0.24	2.0			5.5			
						BC	66~100	暗黄橙色	黏土	块状		8.2	0.18	0.26	2.0			6.9			
剖5	铁铝土	赤红壤	黄色赤红壤			A	0~30	暗黄色	重壤土	小块状	5.1	13.1	0.56	0.82	48.9	<1.0	155	7.2	凝灰溶岩坡积物	E 117°05′32.2″ N 24°03′49.5″	97
						B	30~70	赤黄色	轻黏土	块状	5.3	6.6	0.38	0.17	44.3	<1.0	140	8.1			
						C	70~110	黄灰色	轻黏土	块状	5.5	6.5	<0.10	<0.10	18.9	<1.0	127	5.9			
剖6	铁铝土	赤红壤	侵蚀赤红壤			A	0~6	浅黄灰色	中壤土	小块状	4.7	16.2	0.88	0.27	23.3	<1.0	32	6.9	花岗岩风化物	E 117°05′54.4″ N 24°01′45.2″	99
						B	6~68	黄红色	轻黏土	棱柱状	4.7	11.3	0.60	0.25	9.5	<1.0	32	4.7			
						C	68~100	黄色	中壤土	大块状	5.0	3.1	0.31	0.23	8.4	<1.0	32	4.7			
剖7	红壤	红壤	泥质岩红壤			A	0~12	暗黄色	重壤土	小块状	5.1	28.5	0.96	0.52	16.4	<1.0	31	3.4		E 117°06′08.5″ N 23°56′25.3″	97
						B	12~53	灰黄色	中壤土	块状	5.9	6.6	0.25	0.50	19.4	<1.0	16	3.2			
						C	53~95	浅黄色	重壤土	大块状	6.7	3.4	0.13	0.50	16.5	<1.0	10	1.3			
剖8	人为土	水稻土	潴育水稻土	潮砂田	灰砂田	A	0~12	浅灰色	轻壤土	粒状	5.3	13.2	0.63	0.37	36.9	2.8	33	3.1	冲积物	E 117°00′40.8″ N 23°55′39.3″	97
						WFe	12~22	灰白色	重壤土	粒状	5.3	8.7	0.49	0.32	36.2	1.0	35	3.0			
						C	22~70	灰白色	砂壤土	粒状	7.7	3.6	0.20	0.12	35.6	1.4	55	5.0			
剖9	铁铝土	赤红壤	赤土	赤土		A	0~30	浅黄灰色	多砾质黏壤土	小块状		13.1	0.56	0.36	40.5	<1.0	155	4.3	花岗岩坡积物	E 117°00′42.3″ N 23°54′19.5″	81
						B	30~70	赤黄色	多砾质黏壤土	块状		6.6	0.38	<0.10	36.7	<1.0	140	3.8			
						C	70~110	黄色	多砾质黏壤土	块状		6.5	<0.10	<0.10	15.6	<1.0	127	3.4			
剖10	人为土	水稻土	潴育水稻土	黄泥田	黄泥田	A	0~12	灰黄色	重壤土	块状		17.8	0.95	0.60	25.8	<1.0	48	3.8	花岗岩坡积物	E 117°06′10.4″ N 23°52′32.6″	97
						P	12~16	灰黄色	重壤土	棱柱状		10.9	0.53	0.41	25.5	<1.0	34	3.4			
						W	16~36	棕黄色	轻壤土	块状		6.3	0.36	0.45	27.6	<1.0	31	1.9			
						C	36~70	黄灰色	重壤土	大块状		6.1	0.30	0.37	27.0	<1.0	43	5.9			
剖11	铁铝土	赤红壤	泥质岩红壤			A	0~15	棕红色	重壤土	屑块状		27.1	1.09	0.27	25.6	3.0	46	4.4	凝灰岩和砂页岩	E 117°07′04.9″ N 23°50′11.7″	97
						B	15~30	赤红色	重壤土	块状		17.7	0.66	0.33	29.1	2.0	77	4.2			
						C	30~70	棕红色	重壤黏土	块状		9.9	0.24	0.26	40.5	<1.0	27	3.7			
剖12	人为土	水稻土	渗育水稻土	黄泥田	铁屎瑞黄泥田	AP	0~16	灰黄色	壤质黏土	块状	4.9	24.0	1.12	0.39	21.9	<1.0	67	4.9	坡积物	E 117°01′58.6″ N 23°51′35.0″	95
						P	16~24	灰黄色	黏土	块状	5.3	15.3	0.78	0.31	20.8	<1.0	26	4.9			
						C	24~29	棕黄色	砂质黏壤土		6.2	6.4	0.46	0.19	20.8	<1.0	26	5.0			
							29~79	黄色	砂质盐壤土		6.5	4.2	0.26	<0.10	25.4	<1.0	34	3.7			
剖13	人为土	水稻土	漂洗水稻土	白鳝泥田	白底田	P	0~12	灰白色	重壤土	块状	5.1	19.6	1.02	0.33	25.5	2.2	26	4.9	坡积物	E 117°02′59.5″ N 23°52′08.2″	95
						W	12~19	灰白色	重壤土	块状	5.7	12.9	0.65	0.27	25.6	<1.0	26	5.0			
						E	19~36	白色	重壤土	块状	5.7										
							36~70		重壤土	块状	6.9	8.2	0.32	0.12	25.9	<1.0	21	5.3			

续表 Continued

剖面号 Soil profile	土纲 Soil order	土类 Soil great group	亚类 Soil subgroup	土属 Soil genus	土种 Soil species	土层码 Layer code	土层厚度 Depth/cm	颜色 Soil color	质地 Soil texture	土壤结构 Soil structure	pH	有机质 OM/(g/kg)	全氮 TN/(g/kg)	全磷 TP/(g/kg)	全钾 TK/(g/kg)	有效磷 AP/(mg/kg)	速效钾 AK/(mg/kg)	阳离子交换量CEC/(cmol/kg)	土壤母质 Parent material	剖面点坐标 Profile coordinate	匹配指数 Matching index/%
剖14	人为土	水稻土	渗育水稻土	黄泥砂田	诏安灰黄泥砂田	A	0–15	灰色	砂壤土	小块状	5.4	23.3	1.08	0.23	15.4	4.4	32	3.7	粗晶花岗岩风化坡积物	E 117°03′01.8″ N 23°51′32.0″	81
						AP	15–25	灰黄色	砂壤土	块状		5.8	7.7	0.44	0.12	15.1	1.0	25	3.1			
						P	25–46	灰黄色	壤质黏土	块状	6.4	6.6	0.41	0.16	17.4	<1.0	37	6.2			
						C	46–70	棕黄色	壤质黏土	块状	7.0	5.4	0.38	0.13	15.9	<1.0	26	6.4			
剖15	人为土	水稻土	潴育水稻土	灰泥田	灰泥田	A	0–16	灰色	重壤土	小块状	6.2	235.0	>10.00	0.46	5.6	3.7	97	6.8	冲积物为主, 部分为冲积-洪积物	E 117°03′22.2″ N 23°52′09.0″	98
						P	16–22	深黄色	重壤土	块状	7.6	8.8	0.51	0.35	4.7	<1.0	121	3.7			
						W₁	22–32	浅灰色	重壤土	棱柱状	7.6	6.3	0.46	0.22	4.8	<1.0	109	3.9			
						W₂	32–42	灰黄色	中壤土	棱柱状	7.5	4.2	0.18	0.12	4.7	<1.0	78	3.4			
						C	42–60	灰色	重壤土	块状	7.4	2.5	0.14	<0.10	4.7	<1.0	90	4.9			
剖16	人为土	水稻土	盐渍水稻土	盐斑田	轻盐斑田	A	0–17	棕灰色	重壤土	块状	4.6	20.9	0.93	0.33	17.7	18.7	95	6.9	海相沉积物	E 117°03′29.8″ N 23°51′55.5″	97
						P	17–24	棕灰色	重壤土	块状	4.5	15.2	0.69	0.28	17.8	16.1	155	6.6			
						Gsa	24–70	青灰色	轻壤土	无结构	4.1	7.3	0.38	0.17	14.5	8.2	87	5.3			
剖17	人为土	水稻土	淹育水稻土	黄泥砂田	灰黄泥砂田	A	0–15	灰色	轻壤土	小块状	5.4	23.3	1.08	0.53	18.6	44.8	32	3.7	坡积物	E 117°03′21.9″ N 23°51′01.3″	95
						P	15–25	灰黄色	重壤土	块状	5.8	7.7	0.44	0.27	18.2	1.0	26	3.1			
						W	25–46	灰黄色	重壤土	块状	6.4	6.6	0.41	0.38	21.0	<1.0	37	6.2			
						C	46–70	棕黄色	重壤土	块状	7.0	5.4	0.38	0.29	19.2	<1.0	26	6.6			
剖18	铁铝土	红壤	水化红壤	水化红壤		A	0–20	灰色	中壤土	碎块状	5.1	27.5	1.19	0.32	25.2	<1.0	258	5.7	凝灰岩风化坡积物	E 117°12′05.9″ N 23°50′57.7″	97
						B	20–70	灰黄色	重壤土	碎块状		13.6	0.56	0.28	22.8	<1.0	307	5.6			
						BC	70–100	黄赤色	重壤土	块状		8.1	0.25	0.27	22.1	<1.0	135	5.9			
剖19	铁铝土	赤红壤	赤红壤	赤土	赤土	A	0–20	红灰色	黏土	碎块状	5.0	15.8	0.69	0.16	4.2	<1.0	51	5.3		E 117°05′35.0″ N 23°48′44.2″	83
						B	20–55	棕红色	黏土	块状	5.3	15.4	0.66	0.11	3.2	<1.0	62	4.8			
						BC	55–85	橙红色	黏土	块状		10.2	0.40	<0.10	2.8	<1.0	56	6.0			
						C	85–														
剖20	人为土	水稻土	潴育水稻土	灰砂泥田	灰砂泥田	A	0–16	灰色	砂壤土	小块状	6.1	14.4	0.69	0.17	29.4	5.0	20	2.8	冲积物	E 117°03′05.9″ N 23°46′45.0″	82
						AP	16–25	深灰色	砂质黏壤土	块状	6.3	6.8	0.28	<0.10	29.2	<1.0	20	3.7			
						P	25–37	浅黄色	砂质黏壤土	棱柱状	7.4	3.9	0.20	<0.10	29.2	<1.0	20	3.7			
						W	37–51	浅灰色	壤质黏壤土	棱柱状	8.1	3.8	0.17	<0.10	30.8	<1.0	21	3.6			
						Cy	51–76	黄灰色	轻壤土	块状	8.3	4.0	0.15	<0.10	8.8	<1.0	26	4.3			
剖21	人为土	水稻土	潴育水稻土	灰砂泥田	灰砂泥田	A	0–16	灰色	中壤土	小块状	6.1	14.4	0.69	0.40	35.5	5.1	20	2.8	冲积物	E 117°03′03.9″ N 23°46′45.0″	95
						P	16–25	深黄色	中壤土	块状	6.3	6.8	0.28	0.12	35.2	<1.0	20	3.7			
						W₁	25–37	浅灰色	中壤土	棱柱状	7.4	3.9	0.20	0.12	35.2	<1.0	20	3.7			
						W₂	37–51	浅灰色	中壤土	棱柱状	8.1	3.8	0.17	0.12	37.2	<1.0	21	3.6			
						C	51–76	黄灰色	轻壤土	块状	8.3	4.0	0.15	0.13	34.8	<1.0	26	4.3			
剖22	铁铝土	赤红壤	赤红壤	赤砂土	赤砂土	A	0–20	褐红色	砂壤土	小块状	4.3	8.5	0.57	<0.10	16.1	28.4	139	3.3		E 117°14′36.3″ N 23°48′05.3″	95
						B	20–58	赤红色	重壤土	块状	4.9	5.7	0.48	0.34	23.6	<1.0	179	3.5			
						C	58–70	赤红色	重壤土	块状	5.5	3.2	0.31	0.35	25.8	<1.0	39	4.1			
剖23	水稻土	盐渍水稻土	咸田	咸田		Asa	0–13	青灰色	重壤土	块状	5.5	13.4	0.61	0.45	36.0	4.8	65	6.9	海相沉积物	E 117°08′43.2″ N 23°45′02.5″	97
						Csa	13–50	青灰色	重壤土	块状	5.8	12.8	0.50	0.42	35.3	7.4	137	6.6			
剖24	人为土	赤红壤	赤红壤	赤砂土	灰赤砂土	A	0–21	淡黄橙色	砂壤土	小核状	6.0	6.4	0.48	0.16	8.5	5.0	20	<1.0	花岗岩风化坡积物	E 117°08′52.5″ N 23°44′06.1″	95
						B₁	21–70	油黄橙色	砂质黏壤土	块状		4.7	0.37	0.15	7.3	<1.0		1.5			
						B₂	70–114	油黄橙色	砂质黏壤土			3.5	0.37	0.17	6.8			2.1			
						B	114–165	灰黄橙色	壤质黏土			3.1	0.20	0.15	6.8			3.6			
剖25	铁铝土	赤红壤	赤红壤	砂质赤土	砂质灰赤土	A	0–21	灰红橙色	砂质黏土	小核状	5.5	9.4	0.43	0.16	8.5				花岗岩风化坡积物	E 117°10′13.4″ N 23°42′53.9″	81
						B(Y)	21–70	淡黄橙色	砂质黏土	块状		4.7	0.37	0.15	7.3			1.5			
						BC	70–114	淡黄褐色	砂质黏土			3.5	0.47	0.17	6.8			2.1			
						C	114–160	淡黄褐色	砂壤土			3.1	0.20	0.15	6.8			3.6			

续表 Continued

剖面号 Soil profile	土纲 Soil order	土类 Soil great group	亚类 Soil subgroup	土属 Soil genus	土种 Soil species	土层码 Layer code	土层厚度 Depth/cm	颜色 Soil color	质地 Soil texture	土壤结构 Soil structure	pH	有机质 OM/(g/kg)	全氮 TN/(g/kg)	全磷 TP/(g/kg)	全钾 TK/(g/kg)	有效磷 AP/(mg/kg)	速效钾 AK/(mg/kg)	阳离子交换量CEC/(cmol/kg)	土壤母质 Parent material	剖面点坐标 Profile coordinate	匹配指数 Matching index/%
剖26	铁铝土	赤红壤	赤红壤	堆积性赤红壤		A	0—12	灰棕红色	重壤土	块状		12.8	0.50	0.54	28.7	<1.0	98	3.7	第四纪红色堆积物	E 117°07′37.8″ N 23°40′36.3″	98
						B	12—24	棕红色	重壤土	棱块状		11.9	0.41	0.55	28.6	<1.0	58	3.9			
						C	24—70	赤红色	重壤土	大块状		4.2	0.28	0.21	28.9	<1.0	32	3.8			
剖27	铁铝土	赤红壤	赤红壤	赤土	赤土	A	0—20	红灰色	轻黏土	碎块状		15.8	0.69	0.36	5.1	<1.0	51	5.3		E 117°19′14.9″ N 23°50′26.3″	98
						B	20—55	棕红色	重壤土	块状		15.4	0.66	0.25	3.9	<1.0	62	4.8			
						C	55—83	橙红色	轻黏土	棱柱状		10.2	0.40	0.22	3.4	<1.0	56	6.0			

东 山 县

主要土类说明

赤红壤是东山县主要土壤类型，占本县地域面积的43%。本县地处南亚热带，海拔皆在274m以下，属低丘台地地貌类型，低丘处遍布花岗岩、动力变质岩、黑云田花岗岩、二长花岗岩和部分变质流纹质凝灰岩。在年平均气温较高、水量集中、高温多湿、温湿同季的气候条件下，岩石风化强烈，风化层深厚，土壤脱硅富铝化作用强烈，盐基淋溶彻底，盐基饱和度小于20%，土壤黏粒硅铝率一般在1.7—2.0。淀积层比较发育、深厚、黏实，多呈棱柱状或块状结构，有明显的铁铝结核，形成富含铁铝氧化物的砖红色的土层，淀积层以下往往出现红白（或黄白）交织的网纹层，剖面具 A–Bs–C 构型。由于自然植被破坏严重，次生植被分布不均，生物积累少，表土多受侵蚀，腐殖质层浅薄，质地偏轻，土壤肥力低，营养元素缺乏，土壤酸性较强。但优异的自然气候条件，也为赤红壤的开发利用、发展多种经营提供了有利条件。根据土壤发育的程度，本县赤红壤分为赤红壤、粗骨性赤红壤、黄色赤红壤和赤土等亚类，其中，赤红壤亚类的面积最大。

风沙土是东山县第二大土壤类型，占本县地域面积的25%，主要分布于本县东南沿海海岸的迎风面，北起渤塘澳，南迄宫前、沃角湾。根据发育程度的不同，本县风沙土分为风沙土和耕作风沙土（沙质土）两个亚类。

水稻土是东山县第三大土壤类型，占本县地域面积的18%，是本县的主要耕作土壤，主要分布于台地坑田及滨海小平原，海拔多在10m以下。在长期淹水种稻的耕作条件下，土壤水文状况呈有规则的周期性变化，使土体内部进行着一系列氧化与还原、有机质分解与合成、盐基淋溶与复盐基、黏粒淋失与淀积的水耕熟化过程，而逐渐形成了具有明显表潜现象和氧化锈斑的耕作层、紧实、沿根孔有锈纹的犁底层，具有明显淋溶及氧化淀积特征的潴育层等基本发生层次。根据水稻土分布的地形部位、成土母质及水文地质条件、土壤水的补给移动形式及土壤剖面发育的不同，本县水稻土分为淹育型、潴育型、潜育型和盐渍型等亚类。

滨海盐土占东山县地域面积的4%，分布于沿海一带。成土母质为滨海沉积物，全土体含有以氯化物为主的可溶盐，剖面呈 Az–Cz 构型。滨海盐土的土壤和地下水的盐分组成与海水基本一致，氯盐含量占绝对优势，其次为硫酸盐和重碳酸盐；盐分中以钠、钾离子为主，钙、镁次之。土壤含盐量为20—50g/kg，地下水矿化度为10—30g/L，土壤积盐强度随距海由近至远逐渐减弱。部分高潮线以上滩地，土壤已有脱盐现象。

小于本县地域面积3%的土壤类型还有粗骨土、石质土等。

本区域中心区气候特征

本区域中心区气候特征值
Regional climate characteristics in central area of the region

气候带：南亚热带湿润气候 Climate region: South subtropical humid climate	
年平均气温 /℃ Annual average temperature /℃	21.0
年平均最高气温 /℃ Annual average maximum temperature /℃	25.0
年平均最低气温 /℃ Annual average minimum temperature /℃	18.3
年降水量 /mm Annual precipitation /mm	1511
≥10℃的积温 /℃ Daily temperature accumulated in a year（≥10℃）/℃	7803
年日照时数 /h Annual sunshine /h	1927
年平均相对湿度 /% Annual average relative humidity /%	80
干燥度 Dryness	0.83

本区域中心区月平均气温与月平均降水量
Monthly temperature and precipitation in central area of the region

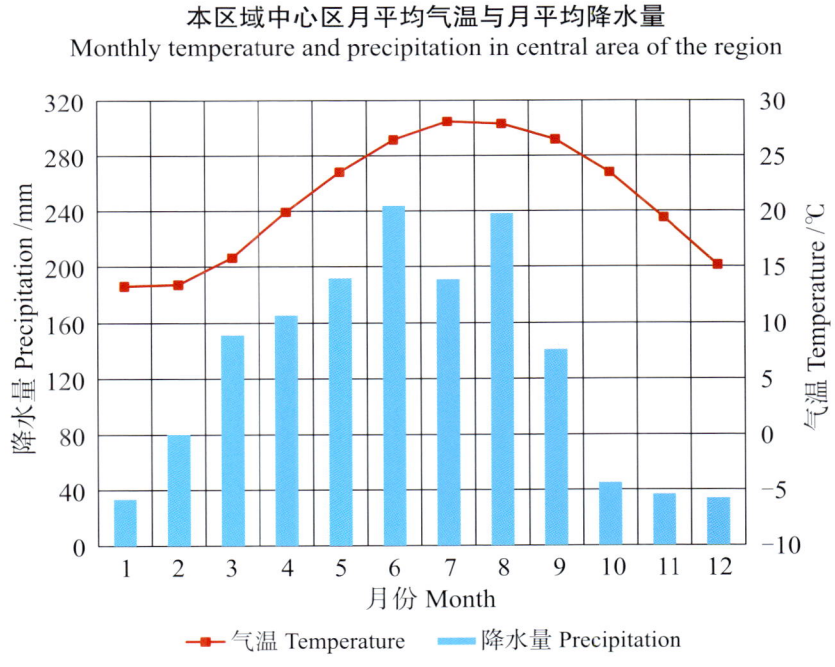

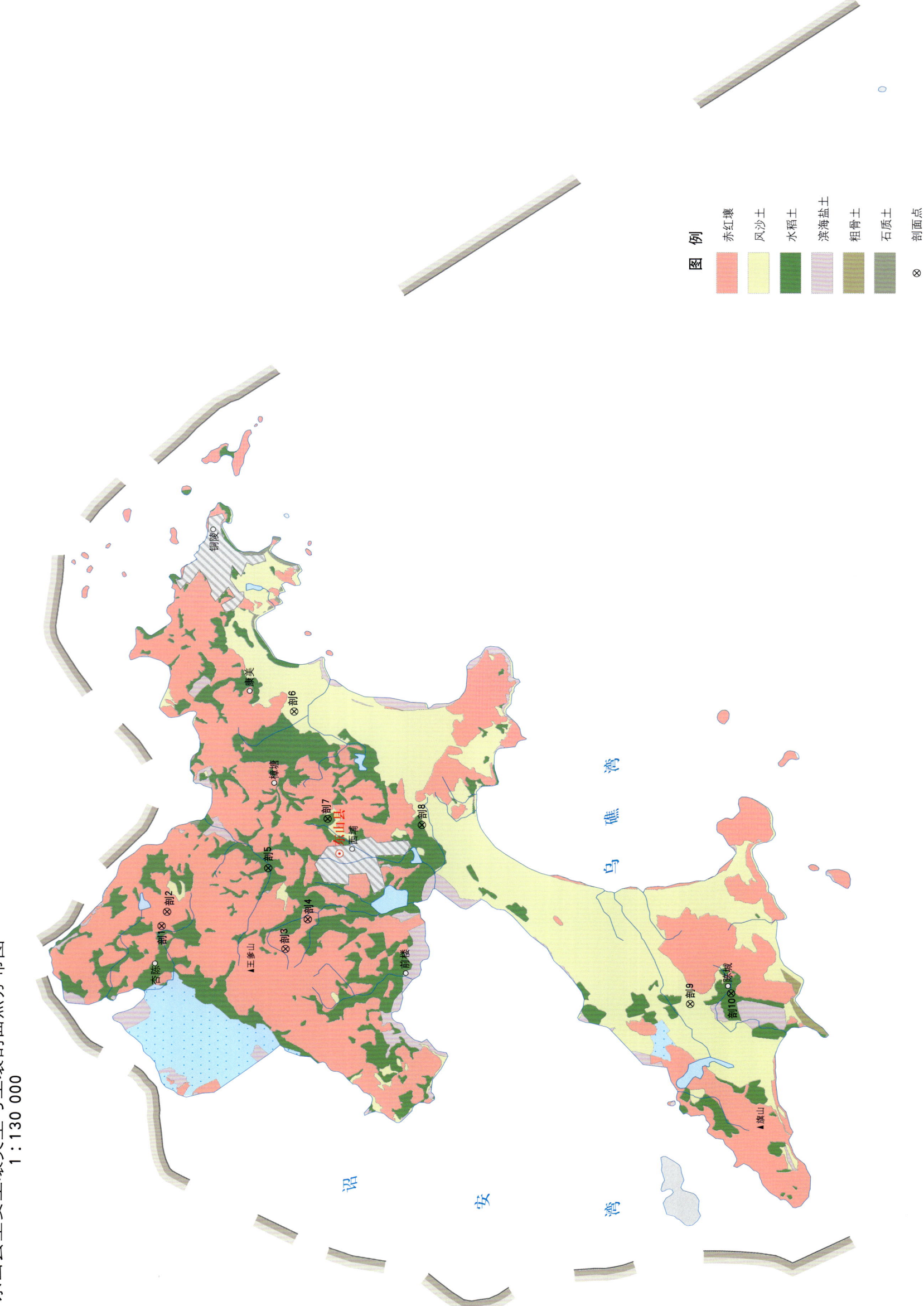

东山县土壤剖面理化性状表

剖面号 Soil profile	土纲 Soil order	土类 Soil great group	亚类 Soil subgroup	土属 Soil genus	土种 Soil species	土层码 Layer code	土层厚度 Depth/cm	颜色 Soil color	质地 Soil texture	土壤结构 Soil structure	pH	有机质 OM/(g/kg)	全氮 TN/(g/kg)	全磷 TP/(g/kg)	全钾 TK/(g/kg)	有效磷 AP/(mg/kg)	速效钾 AK/(mg/kg)	阳离子交换量CEC/(cmol/kg)	土壤母质 Parent material	剖面点坐标 Profile coordinate	匹配指数 Matching index/%
剖1	铁铝土	赤红壤	赤红壤	赤土	灰赤土	A	0—21	浅灰色	中壤土	小块状									二长花岗岩	E 117°24′06.6″ N 23°45′08.2″	97
						B	21—45	浅灰色	中壤土	块状											
						C	45—100	棕红色	重壤土	块状											
剖2	铁铝土	赤红壤	赤红壤	泥质岩赤红壤		A	0—10	棕灰色	中壤土	块状	6.1	11.5	0.52	0.33	8.8	1.0	16	1.3	泥质岩	E 117°24′22.3″ N 23°45′02.8″	97
						B	10—70	棕红色	重壤土	块状	6.3	4.6	0.15	0.34	9.3	<1.0	16	1.9			
						C	70—100	褐红色	重壤土	块状	6.3	3.7	0.11	0.29	11.4	<1.0	18	1.8			
剖3	铁铝土	赤红壤	赤红壤	酸性岩赤红壤		A	0—9	灰黄色	中壤土	块状	5.5	18.3	0.84	0.35	28.3	2.0	202	3.9	酸性岩	E 117°23′40.4″ N 23°43′03.9″	97
						B	9—80	棕红色	重壤土	棱柱状	5.8	5.2	0.25	0.29	21.4	<1.0	77	2.1			
						C	80—100	赤红色													
剖4	铁铝土	赤红壤	赤红壤	赤土	黄赤土	As	0—20	棕灰色	砂壤土	不明显	5.5	9.3	0.48	0.30	31.7	1.0	33	2.4	二长花岗岩	E 117°24′14.2″ N 23°42′41.6″	95
						B	20—37	棕褐色	中壤土	块状	6.6	7.9	0.37	0.41	23.0	<1.0	35	3.2			
						C	37—50	棕红色	中壤土	块状	6.5	6.5	0.30	0.41	22.8	<1.0	30	5.9			
剖5	人为土	水稻土	潴育水稻土	潮砂田	风砂田	A	0—16	灰色	壤质砂土	碎屑状	7.6	11.1	0.59	0.19	15.4	6.0	41	1.6	风积海砂	E 117°25′12.1″ N 23°43′21.2″	95
						(AP)	16—22	浅灰色	壤质砂土	无结构	7.6	10.1	0.56	0.17	14.8	5.0	104	2.3			
						W	22—68	灰黄色	砂壤土	无结构	7.7	9.3	0.49	0.20	15.8	5.0	54	2.7			
						Cs	68—100	浅灰色	砂壤土	无结构	7.1	6.7	0.52	0.22	16.2	8.0	127	1.7			
剖6	初育土	风沙土	耕作风沙土	干沙土	干沙土	As	0—20	白灰色	紧砂土	无结构	5.6	3.0	<0.10	0.26	11.6	8.0	25	1.1	海积砂	E 117°28′09.4″ N 23°42′55.3″	95
						Cs	20—100	灰黄色	紧砂土	无结构	6.3	9.0	0.56	0.16	11.9	4.0	23	<1.0			
剖7	人为土	水稻土	潴育水稻土	乌泥田	乌泥田	A	0—15	暗黄色	中壤土	粒状	6.9	27.2	1.46	0.48	41.4	13.0	40	4.6	洪冲积物	E 117°26′07.8″ N 23°42′21.9″	97
						P	15—24	暗黄色	中壤土	块状	7.9	12.7	0.72	0.45	41.2	5.0	29	2.7			
						W_1	24—42	灰色	中壤土	棱柱状	8.2	6.1	0.40	0.41	42.7	3.0	26	2.8			
						W_2	42—75	灰色	中壤土	棱柱状	8.4	3.3	0.23	0.29	42.1	1.0	26	1.9			
						G	75—100	灰色	中壤土	无结构	8.5	4.2	0.17	0.29	42.3	1.0	27	<1.0			
剖8	人为土	水稻土	潴育水稻土	风砂田	灰风砂田	A	0—16	灰色	松砂土	碎屑状	7.6	11.1	0.59	0.44	18.7	6.0	41	1.6	风积物或海积物	E 117°26′00.8″ N 23°40′47.3″	97
						P	16—22	浅灰色	紧砂土	无结构	7.6	10.1	0.56	0.40	17.5	5.0	104	2.3			
						W	22—68	灰黄色	轻砂土	无结构	7.7	9.3	0.49	0.47	19.1	5.0	54	2.7			
						Cs	68—100	浅灰色	砂壤土	无结构	7.1	6.7	0.52	0.52	19.6	8.0	127	1.7			
剖9	初育土	风沙土	耕作风沙土	沙盖土	沙盖土	As	0—18	灰黄色	紧砂土	无结构	7.5	4.4	0.13	0.23	18.7	7.0	40	<1.0	海积砂	E 117°22′38.8″ N 23°36′18.2″	95
						Bs	18—78	灰白色	砂壤土	无结构	7.8	2.2	<0.10	0.18	15.8	2.0	14	1.5			
						C	78—100	赤红色	砂壤土	小块状	6.9	2.8	0.12	0.34	16.3	<1.0	48	2.0			
剖10	人为土	水稻土	潜育水稻土	冷浸田	锈水田	AFe	0—13	黄灰色	中壤土	碎屑状	6.4	21.0	1.10			3.0	43			E 117°22′55.7″ N 23°35′39.3″	95
						P	13—18	灰灰色	中壤土	块状											
						G	18—	青灰色	中壤土	无结构											

南 靖 县

主要土类说明

红壤是南靖县主要土壤类型，占本县地域面积的 49%，主要分布于海拔 300—900m 的丘陵山地。其分布区气候温暖，水量充沛，红壤脱硅富铝化程度比赤红壤弱，淀积层铁铝富集较差。土壤多呈块状结构及弱竖鳞片状结构，结构面仍可见淡黄棕色胶膜，土壤胶体有一定水化现象，土色微带黄色，多呈淡黄棕色至红黄色。红壤上植被保存较好，腐殖质层较厚，pH 为 4.58—4.86。根据发育阶段，本县红壤分为红壤、粗骨性红壤、黄红壤和红土等亚类。

赤红壤是南靖县第二大土壤类型，占本县地域面积的 26%，主要分布于海拔 300m 以下的丘陵山地。赤红壤是南亚热带季雨林生物气候条件下发育的地带性土壤，所处地带气候温和，水量充沛，干湿季明显，温湿同季，雨林茂盛，生物循环旺盛。土壤脱硅富铝化作用强烈，土体中硅有明显的淋移，盐基淋溶彻底，而铁、铝等则在土体中富集，形成富含铁铝氧化物的砖红色淀积层。剖面构型为 A-B-C。淀积层呈块状或棱柱状结构，结构面有棕褐色胶膜，局部可见铁铝结核。赤红壤自然植被破坏严重，土壤侵蚀，黏粒流失，表土沙化，腐殖质层较薄，有机质含量低。本类土壤开垦利用的主要障碍因素是水土流失，肥力降低，酸性强，土壤干旱，但优越的生物气候条件为发展多种经营提供了有利条件。

水稻土是南靖县第三大土壤类型，占本县地域面积的 20%。水稻土是本县的主要耕作土壤，主要分布在溪河两岸的冲积平原和山坳谷地。由于长期种植水稻，在季节性淹灌、水下翻耕等影响下，土壤进行着以氧化还原为主的水耕熟化过程（包括氧化与还原、盐基淋溶与复盐基、有机质分解与合成、黏粒淋移与淀积），逐渐形成了耕作层（有明显的氧化锈斑）、犁底层（紧实沿根系有锈纹）、渗育层（有明显还原淋溶及氧化淀积特征）等基本发生层次。由于地下水影响，还可出现淀积层（有明显铁锰淀斑或铁锰结核）、潜育层、母质层。根据土壤水的补给移动形式不同，本县水稻土分为淹育型、潴育型、潜育型、漂洗型等。

小于本县地域面积 3% 的土壤类型还有黄壤、新积土等。

本区域中心区气候特征

本区域中心区气候特征值
Regional climate characteristics in central area of the region

气候带：南亚热带湿润气候 Climate region: South subtropical humid climate	
年平均气温 /℃ Annual average temperature /℃	20.4
年平均最高气温 /℃ Annual average maximum temperature /℃	24.8
年平均最低气温 /℃ Annual average minimum temperature /℃	17.4
年降水量 /mm Annual precipitation /mm	1452
≥10℃的积温 /℃ Daily temperature accumulated in a year (≥10℃) /℃	7814
年日照时数 /h Annual sunshine /h	1837
年平均相对湿度 /% Annual average relative humidity /%	79
干燥度 Dryness	0.85

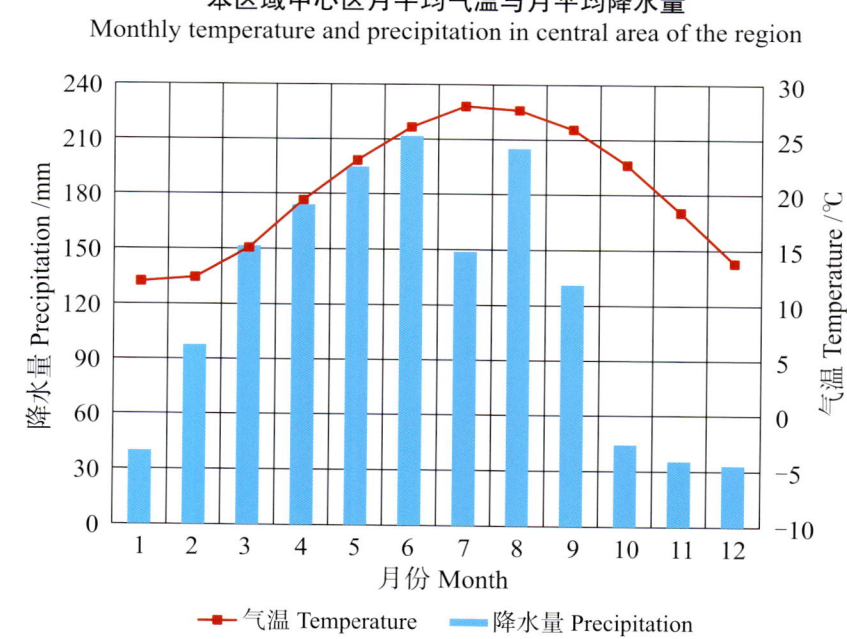

本区域中心区月平均气温与月平均降水量
Monthly temperature and precipitation in central area of the region

南靖县主要土壤类型与土壤剖面点分布图
1∶270 000

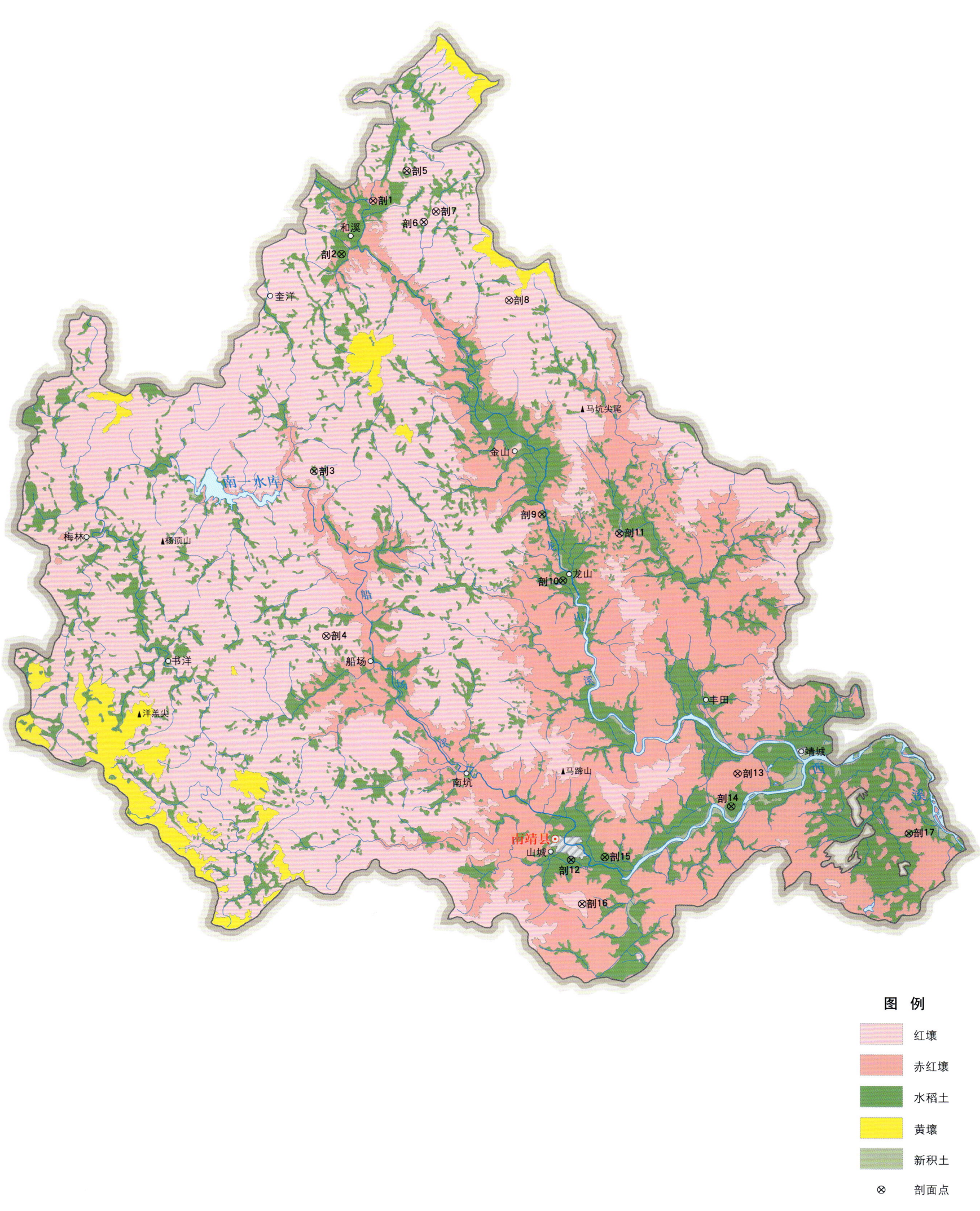

南靖县土壤剖面理化性状表

剖面号 Soil profile	土纲 Soil order	土类 Soil great group	亚类 Soil subgroup	土属 Soil genus	土种 Soil species	土层码 Layer code	土层厚度 Depth/cm	颜色 Soil color	质地 Soil texture	土壤结构 Soil structure	pH	有机质 OM/(g/kg)	全氮 TN/(g/kg)	全磷 TP/(g/kg)	全钾 TK/(g/kg)	有效磷 AP/(mg/kg)	速效钾 AK/(mg/kg)	阳离子交换量 CEC/(cmol/kg)	土壤母质 Parent material	剖面点坐标 Profile coordinate	匹配指数 Matching index/%
剖1	铁铝土	赤红壤	赤红壤	酸性岩赤红壤		A	0-15	棕灰色	重壤土	块状	4.8	23.7	0.31	0.23	16.6	1.3	50	6.3	酸性岩	E 117°14′09.9″ N 24°54′00.8″	97
						B	15-50	棕红色	轻黏土	棱柱状	4.4	10.4	0.22	0.19	16.1	<1.0	33	5.8			
						C	50-100	暗红色	轻黏土	块状	4.6	7.1	0.18	0.23	16.2	<1.0	26	2.8			
剖2	人为土	水稻土	淹育水稻土	黄泥田	灰黄黄泥田	A	0-10	黄灰色	中壤土	小块状	4.8	15.8	0.14	0.85	38.2	<1.0	63	5.5		E 117°12′59.5″ N 24°52′06.4″	95
						P	10-18	黄灰色	中壤土	块状	4.8	14.2	0.12	0.54	37.8	<1.0	52	<1.0			
						W	18-60	黄红色	中壤土	块状	5.4	6.4	0.10	0.56	39.5	<1.0	45	<1.0			
						C	60-100	黄红色	中壤土	块状	5.0	3.7	<0.10	0.55	36.1	<1.0	45	<1.0			
剖3	人为土	水稻土	漂洗水稻土	白鳝泥田	白鳝泥田	A	0-15	灰色	中壤土	核状	4.5	16.8	0.80	0.95	16.9	6.6	72	3.1		E 117°11′58.3″ N 24°44′23.6″	97
						P	15-21	黄红色	中壤土	块状	4.6	9.4	0.97	0.50	18.3	3.1	63	1.4			
						E	21-60	灰白色	中壤土	块状	4.9	2.2	0.46	0.35	18.2	1.0	60	<1.0			
						C	60-100	浅黄色	中壤土	块状											
剖4	铁铝土	红壤	红壤	泥质岩红壤		A	0-13	浅灰色	轻黏土	核状	4.6	25.6	1.23	4.15	21.6	<1.0	87	4.0	泥质岩	E 117°12′26.4″ N 24°38′31.2″	98
						B	13-52	浅黄色	轻黏土	核状	5.0	13.7	0.77	2.52	21.8	<1.0	98	3.6			
						C	52-80	浅红色	轻黏土	块状	4.8	12.4	0.80	3.31	16.0	<1.0	99	1.9			
剖5	铁铝土	红壤	红壤	黄红土	黄红土	A	0-20	橙黄色	重壤土	小块状	4.4	13.1	0.60	0.32	16.7	<1.0	74	1.9		E 117°15′26.0″ N 24°55′04.5″	95
						B	20-45	浅黄色	轻黏土	块状	4.4	10.5	0.43	0.33	16.3	<1.0	50	2.0			
						C	45-60	浅黄色	轻黏土	块状	4.6	5.9	0.26	0.32	18.4	<1.0	50	1.4			
剖6	铁铝土	红壤	红壤	红泥土	灰红泥土	A	0-20	黄红色	重黏土	粒状	4.8	17.1	0.69	0.87	19.9	8.9	67	<1.0		E 117°16′04.3″ N 24°53′15.8″	97
						B	20-62	黄红色	重黏土	块状	4.8	10.5	0.52	0.64	19.4	<1.0	47	1.5			
						C	62-100	淡红色	轻黏土	块状	5.0	7.1	0.43	0.69	18.5	<1.0	38	1.3			
剖7	铁铝土	红壤	红壤			A	0-13	灰黄色	轻黏土	粒状	4.4	29.5	0.96	0.84	12.1	<1.0	68	2.3		E 117°16′31.6″ N 24°53′38.1″	97
						B	13-35	浅灰棕色	轻黏土	小块状	4.8	11.3	0.54	0.84	12.8	<1.0	75	3.7	酸性岩		
						C	35-100	浅灰色	轻黏土	块状	4.7	8.3	0.45	0.88	12.9	<1.0	60	3.9			
剖8	铁铝土	红壤	黄红壤	酸性岩黄红壤		A_1	0-11	淡灰色	重壤土	粒状									酸性岩	E 117°19′16.8″ N 24°50′28.8″	97
						A_2	11-20	灰灰色	中壤土	粒状											
						B_1	20-45	青灰色	中壤土	弱块状											
						B_2	45-120	浅黄色	砂壤土	弱块状											
剖9	人为土	水稻土	潜育水稻土	青泥田	青泥田	A	0-13	灰色	重壤土	块状	4.8	24.5	0.86	0.44	38.4	7.6	64	2.6		E 117°20′31.1″ N 24°42′52.0″	97
						P	13-20	灰灰色	中壤土	块状	4.9	14.8	0.63	0.24	37.7	<1.0	58	2.8			
						G	20-70	青灰色	中壤土	无结构	5.3	5.7	0.21	0.20	37.7	<1.0	66	1.4			
剖10	人为土	水稻土	潜育水稻土	灰砂泥田	青底灰砂泥田	A	0-12	灰灰色	轻壤土	粒状	4.8	17.9	0.87	0.92	43.9	9.5	35	2.0		E 117°21′23.4″ N 24°40′34.1″	97
						P	12-20	浅灰色	轻壤土	粒状	5.0	8.6	0.42	0.50	47.5	2.6	32	2.1			
						W_1	20-35	灰色	中壤土	块状	5.7	5.8	0.25	0.65	46.4	<1.0	27	2.0			
						W_2	35-67	青灰色	中壤土	弱块状	4.8	4.5	0.31	0.72	38.4	<1.0	24	1.1			
						G	67-100	浅灰色	中壤土	无结构	4.8	4.1	0.26	0.61	38.2	<1.0	21	1.2			
剖11	新积土	冲积土	冲积土	灰砂土	灰砂土	A	0-15	灰灰色	砂壤土	不明显	4.9	5.6	0.27	0.52	31.3	1.5	88	<1.0		E 117°23′26.0″ N 24°42′11.1″	97
						B	15-22	灰灰色	砂壤土	不明显	5.0	1.9	<0.10	0.32	33.9	1.1	81	1.2			
						C	22-100	灰黄色	砂壤土	粒状	5.3	2.9	0.15	0.35	32.0	<1.0	93	<1.0			
剖12	人为土	水稻土	潜育水稻土	乌泥田	黄底乌泥田	A	0-18	暗灰色	重壤土	块状	5.4	30.5	1.70	1.32	31.4	23.3	143	5.5		E 117°21′36.5″ N 24°30′31.5″	98
						P	18-27	暗灰色	中壤土	棱柱状	5.5	30.1	1.50	1.14	31.4	21.2	115	4.3			
						W_1	27-37	灰色	重壤土	块状	6.2	18.6	1.30	1.35	32.1	20.3	136	3.4			
						W_2	37-70	浅灰色	轻壤土	棱柱状	6.7	13.4	0.90	0.87	32.8	12.1	158	2.5			
						Cn	70-100	黄色	中壤土	块状	6.7	12.0	1.00	0.50	30.0	10.1	80	2.4			

续表 Continued

剖面号 Soil profile	土纲 Soil order	土类 Soil great group	亚类 Soil subgroup	土属 Soil genus	土种 Soil species	土层码 Layer code	土层厚度 Depth/cm	颜色 Soil color	质地 Soil texture	土壤结构 Soil structure	pH	有机质 OM/(g/kg)	全氮 TN/(g/kg)	全磷 TP/(g/kg)	全钾 TK/(g/kg)	有效磷 AP/(mg/kg)	速效钾 AK/(mg/kg)	阳离子交换量 CEC/(cmol/kg)	土壤母质 Parent material	剖面点坐标 Profile coordinate	匹配指数 Matching index/%
剖13	铁铝土	赤红壤	粗骨性赤红壤	粗骨赤红壤		A	0—14	灰黄色	中壤土	小块状	5.2	4.7	0.29	0.56	18.0	<1.0	70	1.8		E 117°27′51.5″ N 24°33′36.9″	97
						C	14—34	淡灰黄色	轻壤土	块状	4.9	2.5	<0.10	0.43	16.6		54	1.5			
						Co	34—70														
剖14	人为土	水稻土	潴育水稻土	潮砂田	灰砂田	A	0—11	灰色	轻壤土	粒状	5.2	13.0	0.26	0.37	34.9	1.9	16	<1.0	冲积物	E 117°27′37.1″ N 24°32′26.3″	95
						P	11—16	灰色	轻壤土		5.1	8.0	0.15	0.30	38.4	<1.0	27	<1.0			
						C	16—100	赤灰色	中壤土	块状	5.6	5.0	0.10	0.21	38.3	<1.0	28	<1.0			
剖15	人为土	水稻土	淹育水稻土	砂质田		A	0—18	浅灰色	砂壤土	粒状	4.7	11.5	0.52	0.42	22.5	3.2	100	<1.0	坡积物	E 117°22′52.1″ N 24°30′37.6″	95
						C	18—100	灰黄色	砂壤土	粒状	5.5	1.2	0.11	0.12	22.8	1.9	98	<1.0			
剖16	铁铝土	红壤	粗骨性红壤	酸性岩粗骨红壤		A	0—20	棕灰色	中壤土	粒状	4.6	7.8	0.44	0.43	16.6	<1.0	82	1.8	酸性岩	E 117°22′00.7″ N 24°28′59.4″	97
						C	20—60	棕灰色	重壤土	小块状	4.7	5.2	0.39	0.59	18.0		54	1.5			
剖17	人为土	水稻土	潴育水稻土	灰泥田	灰泥田	A	0—15	灰色	重壤土	小块状	4.7	24.7	1.50	0.80	28.7	10.1	69	2.9		E 117°34′16.4″ N 24°31′27.0″	98
						P	15—22	浅灰色	轻黏土	块状	4.6	20.6	1.40	0.79	29.2	8.6	68	2.2			
						W₁	22—50	深灰色	重壤土	棱柱状	4.5	20.1	1.30	0.76	25.0	3.9	70	4.4			
						W₂	50—70	灰色	重壤土	棱柱状	4.6	17.1	0.87	0.57	27.8	2.1	67	7.0			
						G	70—100	青灰色	重壤土	不明显	4.8	15.6	0.64	0.35	28.2	2.6	51	7.1			

平 和 县

主要土类说明

红壤是本县分布最广的一种地带性土壤，占本县地域面积的53%，海拔300—700m的丘陵、山地均有分布。红壤发生于亚热带常绿阔叶林下，土壤脱硅富铝化作用较赤红壤弱，淀积层铁铝富集较差，多呈块状结构，结构面仍可见棕红色胶膜。土壤胶体有一定水化现象，土色微带黄色，多呈淡棕黄色、红黄色。盐基饱和度低，硅铝率为2.0—2.4。地面植被保存较好，腐殖质层较厚，有机质含量高。剖面构型为A-B-C。

水稻土是平和县第二大土壤类型，占本县地域面积的22%，是本县的主要耕作土壤，主要分布在山间谷地、丘陵坡地与溪河两岸冲积平原，从海拔28m的红濑口至海拔1200m的白叶塘均有分布。在长期种稻淹水、耕作施肥的影响下，土壤经历了以氧化还原为主的水耕熟化过程，逐渐形成了耕作层（有明显表潜现象和氧化锈斑）、犁底层（较为紧实，有时沿根孔可见锈纹锈斑）、渗育层（多见铁锈斑及渗育斑纹，有明显淋溶和氧化淀积特征）等基本发生层次。

赤红壤是平和县第三大土壤类型，占本县地域面积的16%，主要分布在海拔300m以下的丘陵台地。赤红壤系南亚热带季雨林生物气候条件下发育的地带性土壤，脱硅富铝化作用强烈，土体中硅有明显的淋移，盐基淋溶彻底，铁、铝元素则在土体中富集，形成含有大量铁铝氧化物的砖红色淀积层，黏粒硅铝率为1.7—2.0，剖面构型为A-B-C，盐基饱和度为15%—25%，pH为4.5—5.5。由于森林遭受破坏，土壤受侵蚀，表土层沙化，腐殖质层浅薄，有机质含量低，土壤肥力低，赤红壤成为大面积瘠薄、酸性的低产土壤，但由于赤红壤分布区生物气候条件优越，为发展多种经营提供了有利条件。

黄壤占平和县地域面积9%，主要分布在芦溪、九峰、崎岭、国强等乡镇，部分分布于大溪、长乐两乡镇，多分布在海拔900—1500m的中山地带。由于植被茂密，多云雾，气候温凉、高湿，土壤脱硅富铝化作用较弱，土体中氧化铁水化，全剖面呈蜡黄色。腐殖质积累较多，有机质和氮、磷、钾含量也较丰富，但是由于淋溶作用强烈，矿质养分贫乏。剖面构型为An-Bn-Cn。本县黄壤只有山地黄壤一个亚类。

小于本县地域面积3%的土壤类型还有紫色土等。

本区域中心区气候特征

本区域中心区气候特征值
Regional climate characteristics in central area of the region

气候带：南亚热带湿润气候 Climate region: South subtropical humid climate	
年平均气温 /℃ Annual average temperature /℃	20.7
年平均最高气温 /℃ Annual average maximum temperature /℃	25.0
年平均最低气温 /℃ Annual average minimum temperature /℃	17.8
年降水量 /mm Annual precipitation /mm	1519
≥10℃的积温 /℃ Daily temperature accumulated in a year（≥10℃）/℃	8029
年日照时数 /h Annual sunshine /h	1889
年平均相对湿度 /% Annual average relative humidity /%	80
干燥度 Dryness	0.82

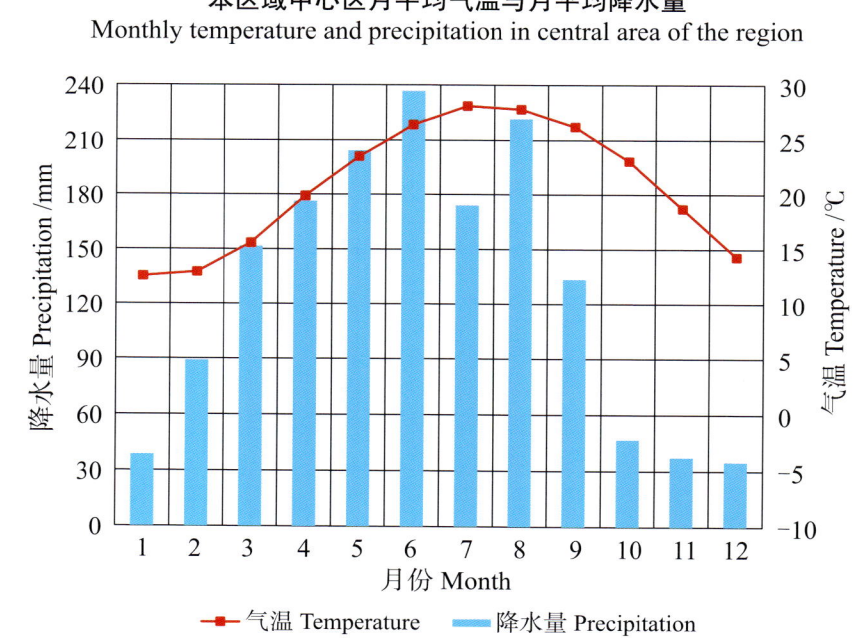

本区域中心区月平均气温与月平均降水量
Monthly temperature and precipitation in central area of the region

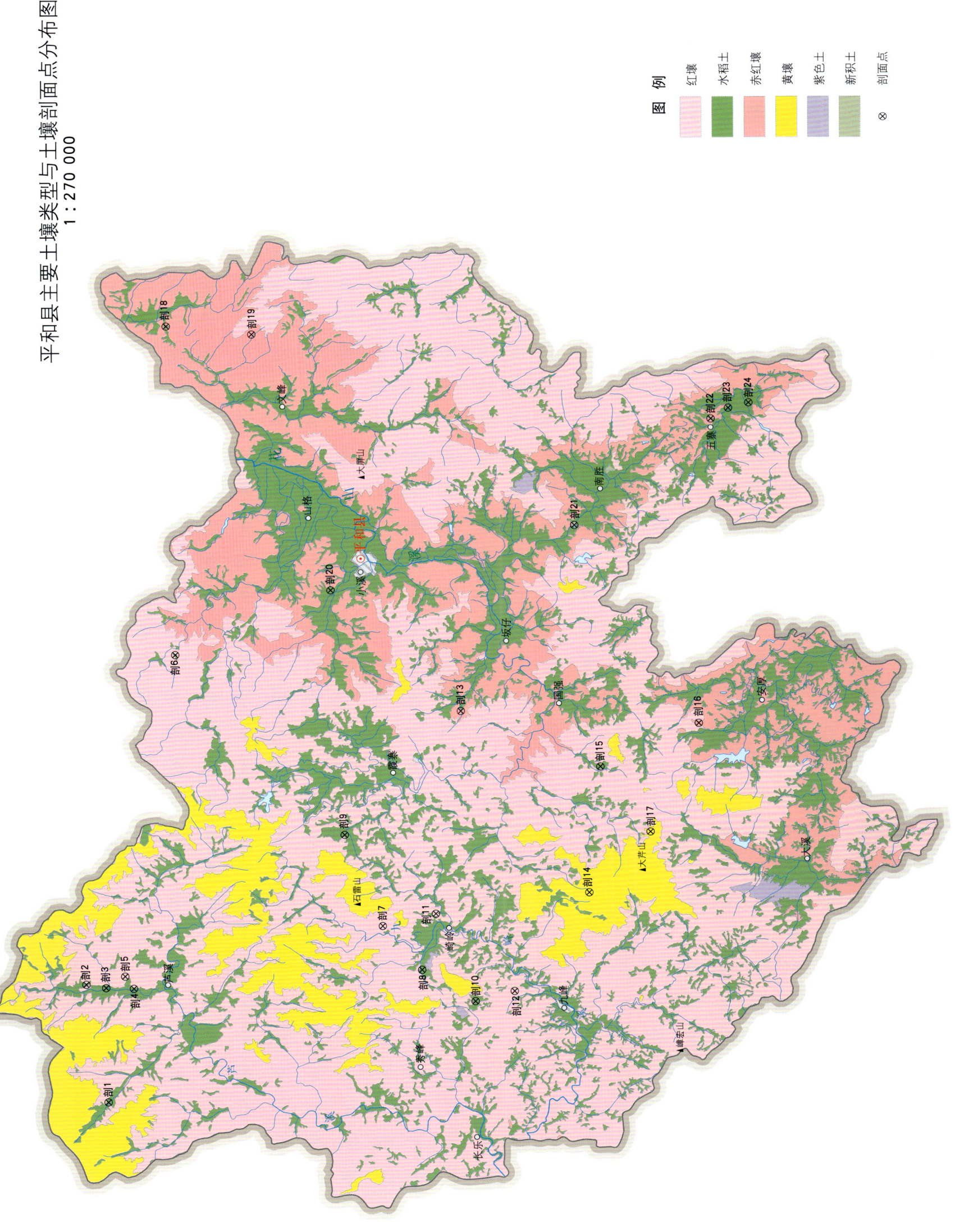

平和县土壤剖面理化性状表

剖面号 Soil profile	土纲 Soil order	土类 Soil great group	亚类 Soil subgroup	土属 Soil genus	土种 Soil species	土层码 Layer code	土层厚度 Depth/cm	颜色 Soil color	质地 Soil texture	土壤结构 Soil structure	pH	有机质 OM/(g/kg)	全氮 TN/(g/kg)	全磷 TP/(g/kg)	全钾 TK/(g/kg)	有效磷 AP/(mg/kg)	速效钾 AK/(mg/kg)	阳离子交换量CEC/(cmol/kg)	土壤母质 Parent material	剖面点坐标 Profile coordinate	匹配指数 Matching index/%
剖1	人为土	水稻土	潜育水稻土	潮砂田	灰砂田	A	0—20	暗灰色	轻壤土	粒状	5.3	14.5	0.72	0.64	32.0	7.1	66	3.3	冲积物	E 116°57′32.2″ N 24°30′57.0″	97
剖2	人为土	水稻土	潜育水稻土	冷浸田	锈水田	Cs	20—70	浅灰黄色	轻壤土	不明显	5.3	9.5	0.51	0.61	32.2	2.5	48	2.0		E 117°02′06.3″ N 24°31′40.4″	97
						AFe	0—18	灰棕色	中壤土	块状	5.5	27.5	1.28	0.67	23.5	<1.0	133	5.0			
						W	18—68	灰色	中壤土	块状	5.3	23.7	1.14	0.97	22.7	3.3	179	5.1			
						C	68—100	灰黄色	中壤土	块状	5.1	21.3	1.00	0.39	23.9	<1.0	168	4.5			
剖3	人为土	水稻土	潜育水稻土	灰砂泥田	灰砂泥田	A	0—14	灰色	中壤土	块状	4.9	24.5	1.20	0.97	29.8	5.3	77	5.9		E 117°01′57.9″ N 24°30′59.4″	97
						P	14—19	灰色	轻壤土	小块状	5.3	13.5	0.63	0.58	31.9	1.7	46	4.2			
						W_1	19—27	棕灰色	轻壤土	块状	5.3	10.4	0.38	0.69	31.8	<1.0	41	3.8			
						W_2	27—55	浅灰色	轻壤土	棱柱状	5.4	8.3	0.37	0.61	30.9	<1.0	51	5.4			
						G	55—70	白色	轻壤土	层片状	5.7	6.5	0.29	0.53	33.8	<1.0	51	3.8			
剖4	人为土	水稻土	漂洗水稻土	白鳝泥田	白底田	A	0—14	灰色	重壤土	块状	5.2	27.0	1.29	0.91	13.3	4.2	136	6.4		E 117°01′56.1″ N 24°30′02.1″	97
						P	14—24	灰色	重壤土	块状	5.1	12.0	0.84	0.80	11.7	2.3	62	6.0			
						W	24—49	浅灰黄色	中壤土	棱柱状	5.0	5.8	0.36	0.28	12.7	<1.0	78	5.0			
						E	49—80	白色	重壤土	块状	5.4	4.9	0.30	<0.10	15.7	<1.0	121	5.8			
剖5	铁铝土	红壤	红土	红泥土	灰红泥土	A	0—14	灰黄色	重黏土	小块状	4.7	21.5	0.96	0.31	7.5	<1.0	154	11.3		E 117°02′24.2″ N 24°30′20.0″	97
						B	20—62	黄棕色	重黏土	块状	5.1	24.3	0.90	0.29	9.1	2.3	128	11.9			
						C	62—100	棕红色	重黏土	块状	4.7	12.1	0.55	0.17	7.6	<1.0	99	11.7			
剖6	人为土	水稻土	潜育水稻土	冷浸田	冷水田	Ag	0—22	灰黑色	壤质黏土	糊烂无结构	5.1	13.3	0.61	0.82	15.3	3.6	81	2.0		E 117°14′55.4″ N 24°28′30.3″	97
						G	22—	暗黄色	壤质黏土	无结构	5.2	10.5	0.47	0.20	12.7	14.6	46	1.1			
剖7	铁铝土	红壤	黄红土	黄红土	黄红土	An	0—18	棕黄色	轻壤土	小块状	4.5	17.0	0.81	0.42	24.8	2.5	108	12.6		E 117°04′16.8″ N 24°21′26.4″	97
						B	18—48	浅黄色	重壤土	块状	4.6	10.3	0.58	0.39	26.7	<1.0	104	7.1			
						C	48—100	橙色	重壤土	块状	4.7	8.4	0.47	0.35	26.7	<1.0	125	10.6			
剖8	人为土	水稻土	淹育水稻土	红土田	灰红土田	A	0—20	棕灰黄色	轻黏土	小块状	5.1	25.1	1.14	0.52	12.6	1.0	132	8.8		E 117°02′34.7″ N 24°20′05.8″	95
						P	20—24	棕灰色	轻壤土	块状	5.3	11.0	0.77	0.31	13.4	2.6	111	5.6			
						C	24—	棕红色	中黏土	块状	5.2	10.2	0.63	0.12	13.4	<1.0	96	6.9			
剖9	人为土	水稻土	渗育水稻土	黄泥田	淀性黄泥田	A	0—13	灰黄色	壤质黏土	小块状	4.8	21.0	0.97	0.25	14.7	8.1	127	7.1	坡积物	E 117°07′51.3″ N 24°22′43.2″	95
						AP	13—19	浅黄黄色	壤质黏土	块状	5.2	16.3	0.91	0.20	14.0	5.6	78	6.9			
						P	19—33	灰黄色	黏土	块状	6.4	9.7	0.66	<0.10	9.2	<1.0	7	6.2			
						C	33—90	黄红色	黏土	块状	6.5	6.6	0.52	0.69	12.9	<1.0	101	6.5			
剖10	人为土	水稻土	淹育水稻土	紫泥田	紫泥田	An	0—17	灰黄色	重壤土	小块状	5.0	30.6	1.62	1.06	15.5	3.8	119	6.5	紫色砂页岩风化物	E 117°04′44.8″ N 24°19′36.1″	95
						P	17—20	紫罗色	重壤土	块状	6.3	13.1	0.77	0.72	12.4	<1.0	78	4.5			
						W	20—50	紫红色	重壤土	棱柱状	6.8	6.0	0.40	0.49	11.1	<1.0	78	2.3			
						C	50—65	紫红色	重壤土	块状	7.1	5.4	0.32	0.39	10.5	<1.0	51	<1.0			
剖11	铁铝土	红壤	酸性黄红壤	酸性岩黄红壤	泥质岩红壤	A	0—14	棕黄色	重壤土	块状	4.9	29.6	1.25	0.15	11.1	<1.0	101	8.5	酸性岩	E 117°01′43.9″ N 24°16′54.3″	95
						Bn	14—74	棕黄色	重壤土	块状	5.0	13.1	0.59	0.17	11.2	<1.0	91	5.5			
						C	74—	棕红色	重壤土	块状	5.1	11.7	0.55	0.15	11.1	<1.0	65	5.9			
剖12	铁铝土	红壤	红土	泥质岩红壤	泥质岩红壤	B	0—19	棕红色	重壤土	块状	5.2	2.7	0.19	0.12	24.8	<1.0	67	4.8		E 117°12′40.5″ N 24°18′40.8″	95
						C	19—100	黄赤色	重壤土	块状	4.8	2.2	0.19	0.12	15.6	<1.0	73	5.0			
剖13	赤红壤	赤红壤	赤红壤	赤土	赤土	B	0—23	红棕色	重壤土	块状	4.7	7.1	0.23	0.88	26.7	<1.0	102	6.7		E 117°05′31.8″ N 24°14′18.7″	95
						C	23—	红棕色	重壤土	块状	4.7	6.2	0.28	0.86	31.7	<1.0	77	6.9			
剖14	铁铝土	黄壤	山地黄壤	黄泥土		A	0—19	棕灰色	重壤土	块状	4.7	28.6	1.34	0.90	11.2	18.0	187	7.6			
						Bn	19—47	棕黄色	重壤土	块状	4.6	21.5	1.04	0.74	10.5	18.7	190	5.4			
						Cn	47—70	黄棕色	重壤土	块状	5.0	9.6	0.52	0.39	12.9	<1.0	264	7.1			

续表 Continued

剖面号 Soil profile	土纲 Soil order	土类 Soil great group	亚类 Soil subgroup	土属 Soil genus	土种 Soil species	土层码 Layer code	土层厚度 Depth/cm	颜色 Soil color	质地 Soil texture	土壤结构 Soil structure	pH	有机质 OM/(g/kg)	全氮 TN/(g/kg)	全磷 TP/(g/kg)	全钾 TK/(g/kg)	有效磷 AP/(mg/kg)	速效钾 AK/(mg/kg)	阳离子交换量CEC/(cmol/kg)	土壤母质 Parent material	剖面点坐标 Profile coordinate	匹配指数 Matching index/%
剖15	人为土	水稻土	淹育水稻土	黄泥田	灰黄泥田	A	0—16	灰色	中壤土	块状	5.0	38.6	2.30	0.97	18.7	7.4	127	5.9		E 117°10′28.8″ N 24°13′53.5″	95
						P	16—24	浅灰色	中壤土	块状	5.3	19.1	1.32	0.67	20.4	4.3	107	4.0			
						W	24—44	灰棕色	中壤土	块状	6.0	9.9	0.57	0.63	25.6	<1.0	90	4.9			
						C	44—69	棕红色	中壤土	粒状	7.0	6.2	0.29	0.74	35.2	<1.0	87	3.5			
剖16	铁铝土	赤红壤	赤红壤	赤土	灰赤土	A	0—15	浅灰色	重壤土	粒状	4.9	16.8	0.80	0.21	23.0	4.8	189	8.0		E 117°12′08.9″ N 24°10′28.6″	95
						B	15—55	黄红色	重壤土	小块状	4.8	11.2	0.54	0.18	24.6	5.7	153	8.6			
						C	55—80	棕褐色	重壤土	小块状	5.2	4.3	0.25	<0.10	22.4	<1.0	149	7.8			
剖17	铁铝土	黄壤	黄壤	黄泥土	黄泥土	A	0—20	灰色	砂壤土	块状	5.2	24.3	4.58	0.56	12.7				凝灰岩类风化残坡积物	E 117°07′53.6″ N 24°12′10.3″	95
						B₁	20—37	灰色	黏壤土	碎块状	4.9	46.2	1.93	0.29	14.2						
						B₂	37—79	油黄色	壤质黏土	碎块状	4.9	10.0	0.61	0.29	15.8						
						B₃	79—110	黄棕色	壤质黏土			8.9	0.48	0.21	16.5						
剖18	人为土	水稻土	潴育水稻土	灰砂泥田	砂底灰砂质泥田	A	0—14	灰色	砂壤土	小块状	4.9	24.5	1.20	0.42	24.7	5.0	76	5.9	冲积物	E 117°27′44.7″ N 24°28′44.4″	95
						AP	14—19	灰黄色	砂壤土	小块状	5.3	13.5	0.63	0.25	25.7	1.7	45	4.2			
						P	19—27	棕灰色	砂壤土	梭柱状	5.3	10.4	0.38	0.30	26.4	<1.0	40	3.8			
						W	27—55	棕灰色	砂壤土	梭柱状	5.4	8.3	0.37	0.26	25.6	<1.0	51	5.4			
						Cs	55—70	青灰色	壤质黏土	散粒状	5.7	6.5	0.29	0.23	28.0	<1.0	51	3.8			
剖19	铁铝土	赤红壤	赤红壤	酸性岩砂质赤红壤	酸性岩凝灰质赤红壤	A	0—12	油橙色	黏土	小块状	4.5	27.1	0.22	0.30	1.8				英安质凝灰熔岩风化坡积物	E 117°27′24.4″ N 24°25′47.5″	95
						B₁	12—103	油橙色	黏土	块状	5.0	9.9	0.15	0.22	2.2						
						Bv	103—130	橙红色	黏土	块状	5.1	4.3	0.11	0.21							
剖20	人为土	水稻土	潴育水稻土	乌泥田	砂底乌泥田	A	0—16	暗黄色	中壤土	团块状	5.2	36.5	1.97	1.23	28.6	10.3	117	6.9		E 117°17′25.4″ N 24°23′08.0″	97
						P	16—22	乌灰色	轻壤土	小块状	5.5	16.0	0.94	0.59	31.3	5.8	82	4.5			
						W₁	22—43	棕灰色	中壤土	梭柱状	6.6	7.9	0.41	0.67	28.6	5.7	92	6.8			
						W₂	43—68	棕灰色	中壤土	梭柱状	6.7	5.0	0.27	0.47	30.1	<1.0	71	5.0			
						Cs	68—92	淡灰色	松砂土	散粒状	6.8	1.5	<0.10	0.36	32.3	<1.0	64	1.5			
剖21	新积土	冲积土		灰砂土	灰砂土	A	0—20	棕灰色	轻壤土	粒状	5.6	10.3	0.54	0.69	26.4	2.0	137	4.1		E 117°19′54.3″ N 24°14′42.9″	97
						B	20—75	棕灰色	轻壤土	松散状	6.0	4.1	0.72	0.72	29.5	<1.0	147	2.9			
						C	75—100	棕灰色	轻壤土	松散状	6.2	2.7	<0.10	0.57	30.5	<1.0	125	2.4			
剖22	人为土	水稻土	潴育水稻土	烂泥田	深脚烂泥田	Ag	0—30	棕灰色	中壤土	糊烂无结构	5.0	30.4	1.39	0.32	20.3	2.8	152	3.9		E 117°24′00.2″ N 24°09′59.1″	97
						G	30—	灰色	轻壤土	糊烂无结构	5.8	5.1	0.27	0.24	22.0	1.2	51	4.3			
剖23	人为土	水稻土	潴育水稻土	灰泥田	灰泥田	A	0—16	暗灰色	中壤土	块状	5.2	24.7	1.40	0.93	23.5	8.0	185	6.7		E 117°24′24.8″ N 24°09′22.6″	97
						P	16—20	浅灰色	中壤土	碎块状	5.6	14.5	0.86	0.53	24.5	<1.0	145	4.1			
						W₁	20—32	棕灰色	中壤土	梭柱状	6.3	7.0	0.54	0.39	25.5	<1.0	126	2.8			
						W₂	32—50	棕灰色	中壤土	梭柱状	5.7	7.6	0.41	0.39	25.5	<1.0	145	3.4			
						C	50—96	黄灰色	中壤土	块状	5.6	7.6	0.32	0.31	25.4	<1.0	188	3.1			
剖24	人为土	水稻土	淹育水稻土	黄泥砂田	灰黄泥砂田	A	0—14	浅灰色	轻壤土	小块状	5.1	20.7	1.16	0.70	25.0	7.9	85	3.6		E 117°24′37.1″ N 24°08′40.6″	95
						P	14—21	灰色	轻壤土	块状	5.3	11.6	0.60	0.30	25.3	1.1	81	3.0			
						W	21—41	灰棕色	中壤土	块状	5.5	9.8	0.31	0.22	27.0	<1.0	76	2.8			
						Cs	41—79	黄棕色	轻壤土	块状	5.8	6.0	0.27	0.24	24.9	<1.0	64	1.7			

华 安 县

主要土类说明

红壤是华安县的主要土壤类型，占本县地域面积的 51%，主要分布于海拔 300—900m 的丘陵、低山坡地，遍及全县各地。红壤发生于亚热带常绿阔叶林下，脱硅富铝化过程较赤红壤弱，铁铝富集较少，淀积层色淡，硅铝率为 1.8—2.2，未见铁铝结核。剖面构型为 A-B-C。由于所处地区人为生产活动较少，森林植被保存较好，腐殖质层较厚，有机质含量较高。但红壤结构性较差，淀积层多呈竖鳞片结构。根据其人为附加成土过程，本县红壤分为红壤、粗骨性红壤、黄红壤、红土等亚类。

水稻土是华安县第三大土壤类型，占本县地域面积的 19%，是本县的主要耕作土壤，主要以树枝状分布于大小河溪两岸的河谷盆地、山坳谷地以及坡地梯田。淹水种稻是水稻土特有的成土因素，在长期人为淹灌、水下翻耕、施肥等影响下，土壤进行着以氧化还原为主的水耕熟化过程（包括氧化与还原、盐基淋溶与复盐基、有机质分解与合成、黏粒淋移与淀积），而逐渐分异出灰色化的耕作层（有表潜现象和氧化锈斑）、紧实块状的犁底层（紧实、有根孔锈纹）及有明显还原淋溶和氧化淀积作用特征的渗育层、潴育层等基本发生层次。根据水稻土所处地形部位的差异、土壤水补给和移动类型不同、以及人为附加成土过程的明显不同，本县水稻土可分为淹育型、潴育型、潜育型、漂洗型等亚类。

赤红壤是华安县第二大土壤类型，占本县地域面积的 19%。赤红壤是在南亚热带季雨林生物气候条件下形成的地带性土壤，主要分布于丰山、沙建、华丰等乡镇海拔 300m 以下的低丘台地，植被为季雨林。由于水热条件良好，物理风化和化学风化都较剧烈，土壤脱硅富铝化作用较强烈，盐基淋溶较彻底，盐基饱和度多小于2%，有褐色胶膜，有的可见铁铝结核，剖面构型为 A-B-C，土壤呈酸性。铁铝淀积层较为发育、黏实，呈块状或棱柱状结构。自然植被多受破坏，土壤受侵蚀较为严重，腐殖质层浅薄，有机质含量低，有效养分贫乏，是本类土壤开垦利用的主要障碍因素。但其生物气候条件优异，为发展多种经营、种植经济作物提供了优越条件。

黄壤占华安县地域面积的 9%，分布于湖林、马坑、高安、仙都、华丰及新圩等地海拔 800m 以上的低中山区。在温凉、湿润的气候条件下，土壤脱硅富铝化作用较弱，土体中游离氧化铁、氧化铝水化而使土色呈黄色。植被多为草原草甸类型，部分为针阔混交常绿林。由于所处地带人为生产活动较少，植被保存较好，表土层腐殖质积累较多，有机质含量高，可达 100g/kg。但由于气候湿凉，有机质分解缓慢，有效养分低。剖面构型为 A-Bn-Cn。

小于本县地域面积 3% 的土壤类型还有新积土等。

本区域中心区气候特征

本区域中心区气候特征值
Regional climate characteristics in central area of the region

气候带：南亚热带湿润气候 Climate region: South subtropical humid climate	
年平均气温 /℃ Annual average temperature /℃	20.2
年平均最高气温 /℃ Annual average maximum temperature /℃	24.8
年平均最低气温 /℃ Annual average minimum temperature /℃	17.1
年降水量 /mm Annual precipitation /mm	1434
≥10℃的积温 /℃ Daily temperature accumulated in a year（≥10℃）/℃	7689
年日照时数 /h Annual sunshine /h	1794
年平均相对湿度 /% Annual average relative humidity /%	79
干燥度 Dryness	0.85

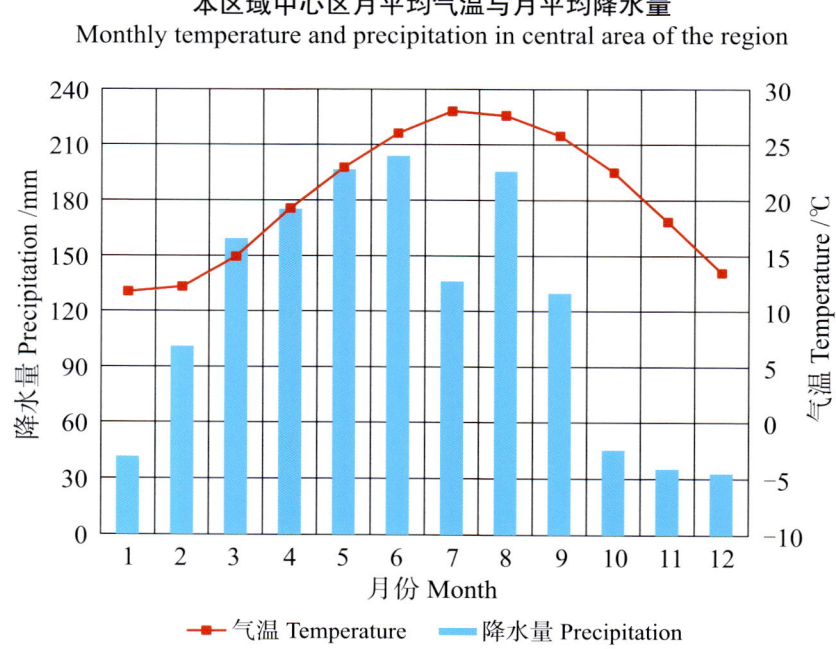

本区域中心区月平均气温与月平均降水量
Monthly temperature and precipitation in central area of the region

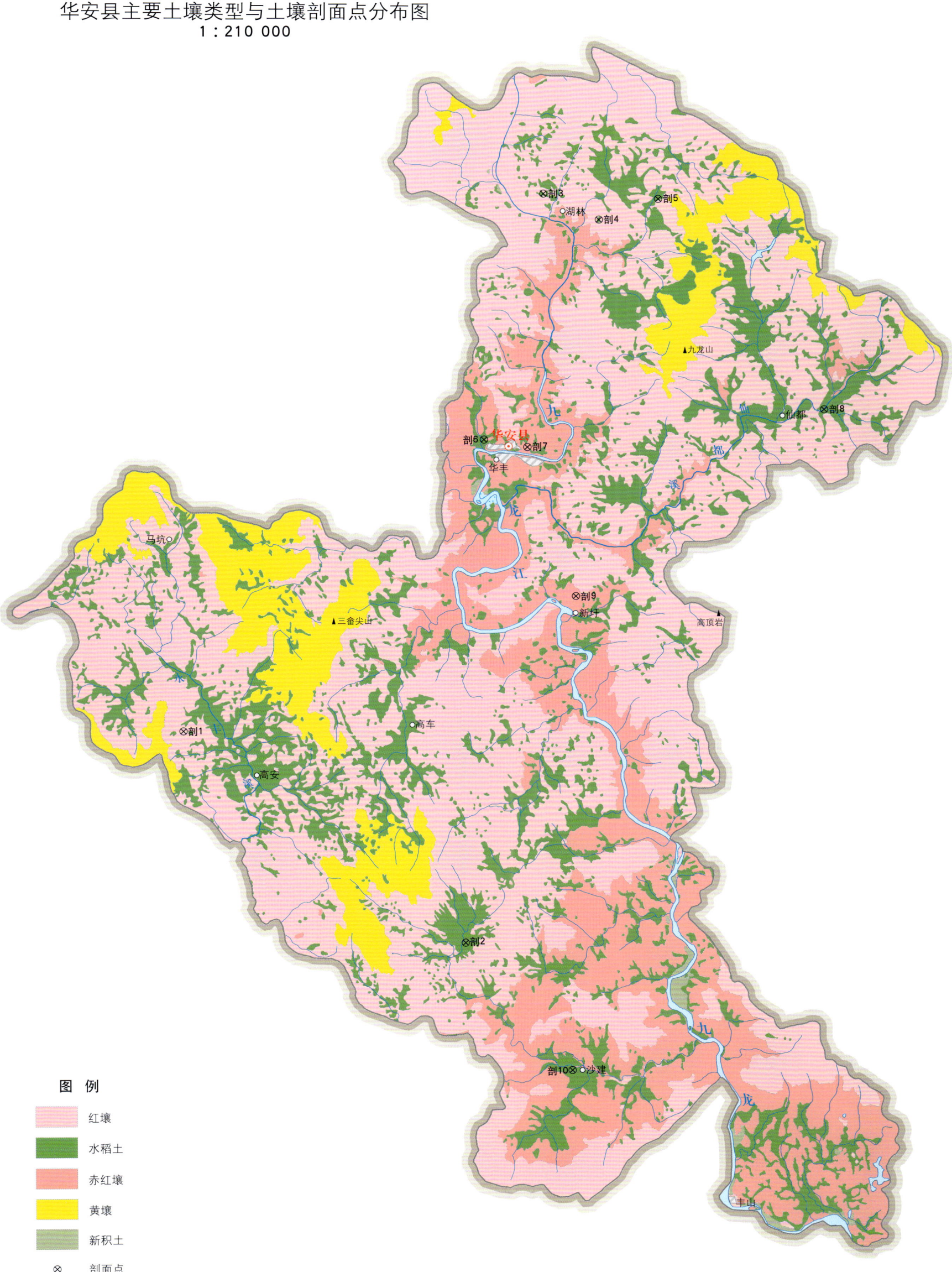

华安县土壤剖面理化性状表

剖面号 Soil profile	土纲 Soil order	土类 Soil great group	亚类 Soil subgroup	土属 Soil genus	土种 Soil species	土层码 Layer code	土层厚度 Depth/cm	颜色 Soil color	质地 Soil texture	土壤结构 Soil structure	pH	有机质 OM/(g/kg)	全氮 TN/(g/kg)	全磷 TP/(g/kg)	全钾 TK/(g/kg)	有效磷 AP/(mg/kg)	速效钾 AK/(mg/kg)	阳离子交换量CEC/(cmol/kg)	土壤母质 Parent material	剖面点坐标 Profile coordinate	匹配指数 Matching index/%
剖1	铁铝土	红壤	粗骨性红壤	中性岩粗骨性红壤		A	0—10	浅灰色	重壤土	块状	5.4	23.0	0.94	0.46	46.9	<1.0	216	4.3	中性岩	E 117°21′27.9″ N 24°52′35.1″	97
						C	10—60	灰色	轻壤土	粒状	5.4	9.3	0.47	0.31	38.2	2.7	223	4.2			
剖2	人为土	水稻土	潴育水稻土	灰泥田	青底灰砂泥田	A	0—14	浅灰色	轻壤土	粒状		14.7	0.71	0.30	23.4	<1.0	55	2.7	河流冲积物或浅积物、沉积物	E 117°29′50.7″ N 24°46′33.8″	95
						P	14—19	黄灰色	轻壤土	块状		12.1	0.51	0.20	24.4	<1.0	70	1.4			
						W₁	19—39	黄灰色	砂壤土	弱块状		11.1	0.46	0.24	25.4	<1.0	55	1.6			
						W₂	39—65	黄灰色	砂壤土	弱块状		3.6	0.18	0.24	30.2	<1.0	65	<1.0			
						Cs	65—85	青灰色	砂壤土	弱块状		2.7	0.11	0.20	29.8	<1.0	27	<1.0			
剖3	人为土	水稻土	潴育水稻土			1	0—20	浅灰色	壤质黏土	块状	5.2									E 117°32′18.4″ N 25°07′41.2″	75
						2	20—46	灰黄色	黏土	块状	6.4										
						3	46—100	黄红色	黏土	粒状	6.5										
剖4	人为土	水稻土	潴育水稻土			1	0—5	浅灰色	壤质黏土	小块状	4.8									E 117°33′57.5″ N 25°06′57.3″	97
						2	5—20	浅灰色	黏土	块状	5.2										
						3	20—70	灰黄色	壤质黏土	块状	6.4										
剖5	人为土	水稻土	淹育水稻土	黄泥田	灰黄泥田	A	0—15	深黄色	重壤土	块状	6.3	39.1	2.36	2.80	19.6	3.6	120	6.4		E 117°30′29.1″ N 25°00′45.7″	95
						P	15—23	灰色	重壤土	棱柱状	6.2	34.9	2.35	2.70	18.8	1.8	127	4.3			
						W	23—48	深ური色	中壤土	棱柱状	6.1	16.6	1.10	1.60	18.7	1.5	101	1.5			
						C	48—100	黄褐色	壤质黏土	柱状	5.8	20.0	1.58	2.00	17.9	3.2	110	1.1			
剖6	人为土	水稻土	潴育水稻土	乌泥田	泥炭底乌泥田	A	0—14	深黄色	壤质黏土	小粒状	5.7	30.2	1.55	0.45	15.6				冲积物		95
						AP	14—25	乌灰色	黏土	棱柱状	6.1	28.3	1.31	0.31	14.5						
						P	25—48	灰黄褐色	壤质黏土	棱柱状	6.4	18.1	0.83	0.15	13.5						
						W	48—52	青灰色	中壤土	棱柱状	6.2	22.8	0.98	0.24	16.0						
						Gh	52—80	灰黄色	壤质黏土	碎块状	5.0	51.7	2.03	0.15	15.0						
剖7	铁铝土	赤红壤	赤红壤	侵蚀赤红壤		A	0—8	暗红棕色	黏土	屑粒状	4.3	39.8	1.78	0.25	2.6					E 117°31′47.3″ N 25°00′32.7″	95
						B₁	8—23	红棕色	黏土	块状	4.4	18.9	0.97	0.19	2.9						
						B₂	23—42	暗红棕色	壤质黏土	块状	5.3	15.3	0.89	0.25	2.9						
						BC	42—	红棕色	壤质黏土	块状	4.9	9.1	0.44	0.17	3.9				硅质粉砂岩风化坡积物		
剖8	人为土	水稻土	淹育水稻土	黄泥砂田	黄泥砂田	A	0—22	浅灰色	轻壤土	小粒状	6.2	16.5	0.70	0.50	46.5	5.8	55	2.2	粗晶花岗岩	E 117°40′39.5″ N 25°01′33.8″	95
						P	22—35	灰色	轻壤土	小块状	6.8	7.3	0.34	0.31	47.4	5.0	65	2.3			
						W	35—59	灰黄色	中壤土	小块状	6.8	4.5	0.19	0.25	48.0	<1.0	66	2.4			
						Cs	59—80	灰黄色	轻壤土	块状	6.7	4.3	0.19	0.24	37.3	<1.0	88	2.1			
剖9	铁铝土	赤红壤	赤红壤	酸性岩赤红壤		A	0—10	灰黄色	轻壤土	小块状	4.2	29.0	1.46	0.57	8.4	1.2	129	6.3	酸性岩	E 117°33′12.7″ N 24°56′20.1″	95
						B	10—24	砖红色	中壤土	块状	4.8	7.8	0.44	0.42	7.9	<1.0	63	4.8			
						C	24—75	砖红色	重壤土	块状	4.7	3.1	0.14	<0.10	23.6	<1.0	59	3.5			
剖10	人为土	水稻土	潴育水稻土	乌泥田	青底乌泥田	A	0—14	深灰色	重壤土	粒状	5.7	30.2	1.55	1.04	18.8	<1.0	38	4.4	冲积物或冲积-洪积物	E 117°32′59.9″ N 24°42′58.3″	95
						P	14—25	乌灰色	重壤土	块状	6.1	28.3	1.31	0.72	17.5	<1.0	26	4.9			
						W₁	25—48	乌灰色	重壤土	块状	6.4	18.1	0.83	0.35	16.3	<1.0	10	3.2			
						W₂	48—52	灰褐色	中壤土	棱柱状	6.2	22.8	0.98	0.54	19.3	<1.0	16	2.3			
						G	52—80	黄灰色	重壤土	块状	5.0	51.7	2.03	0.35	17.7	<1.0	16	5.4			

南 平 市

市 辖 区

主要土类说明

红壤是南平市主要土壤类型，占本市地域面积的 77%，遍布全市海拔 850m 以下的山地、丘陵。土壤脱硅富铝化作用较强烈，全剖面呈深红色、浅红色，剖面具 A-B-C 或 A-C 构型，土层深度（粗骨性红壤除外）多在 1.5m 以上，典型的可达 10m 以上。本市红壤分为红壤、粗骨性红壤、黄红壤、暗红壤、红土等亚类。其中，红壤亚类面积占本土类的 80% 以上，主要分布于低山、丘陵、山顶脊部或全部，分布上限可达海拔 850m，土层深厚，枯枝落叶层厚 0.5—1.5cm，表土层厚 20—25cm，质地为中壤、轻壤、重壤或砂壤，结持力松散或较紧，呈粗骨状或块状结构，pH 为 5.1—5.5，有机质含量较黄红壤、黄壤少，肥力一般。

水稻土是南平市第二大土壤类型，占本市地域面积的 17%，是本市的主要耕作土壤。本市历来以种植水稻为主，淹灌、耕作、施肥等综合农业措施促进了土体内物质转化或淋溶形成了水稻土独特的剖面构型和理化性状，即具有耕作层、犁底层、潴育层、潜育层、漂洗层等基本发生层次。由于地形部位不同，其成土过程的水型也有明显的差异，而水型是影响土体氧化还原交替变化程度的重要因素，与剖面形态和性状有密切关系。根据水型差异，本市水稻土分为渗育型、潜育型、潴育型等亚类。其中，潴育水稻土的面积最大，其次是潜育水稻土，两者均超过本土类面积的 40%。

小于本市地域面积 3% 的土壤类型还有黄壤、粗骨土、石质土等。

本区域中心区气候特征

本区域中心区气候特征值
Regional climate characteristics in central area of the region

气候带：中亚热带湿润气候 Climate region: Subtropical humid climate	
年平均气温 /℃ Annual average temperature /℃	18.7
年平均最高气温 /℃ Annual average maximum temperature /℃	23.8
年平均最低气温 /℃ Annual average minimum temperature /℃	15.3
年降水量 /mm Annual precipitation /mm	1694
≥10℃的积温 /℃ Daily temperature accumulated in a year（≥10℃）/℃	7077
年日照时数 /h Annual sunshine /h	1707
年平均相对湿度 /% Annual average relative humidity /%	79
干燥度 Dryness	0.66

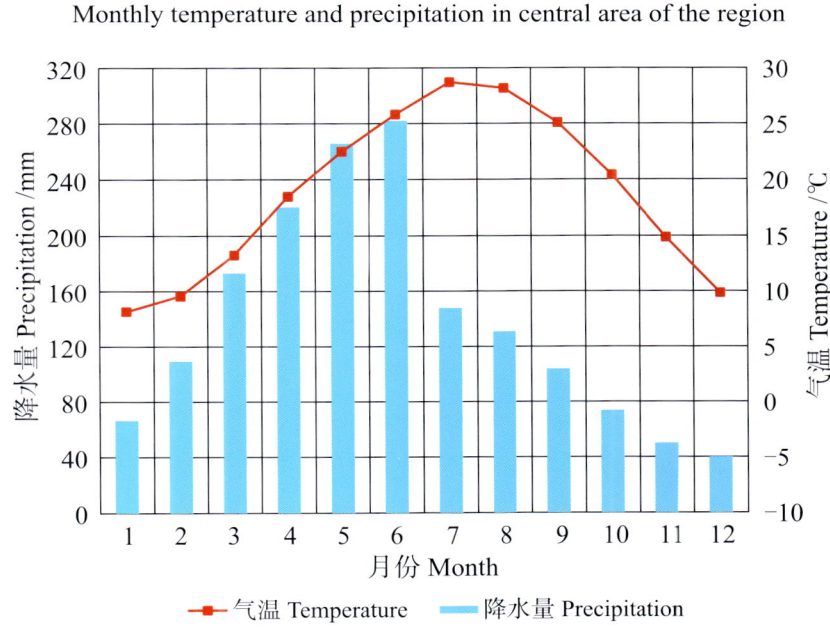

本区域中心区月平均气温与月平均降水量
Monthly temperature and precipitation in central area of the region

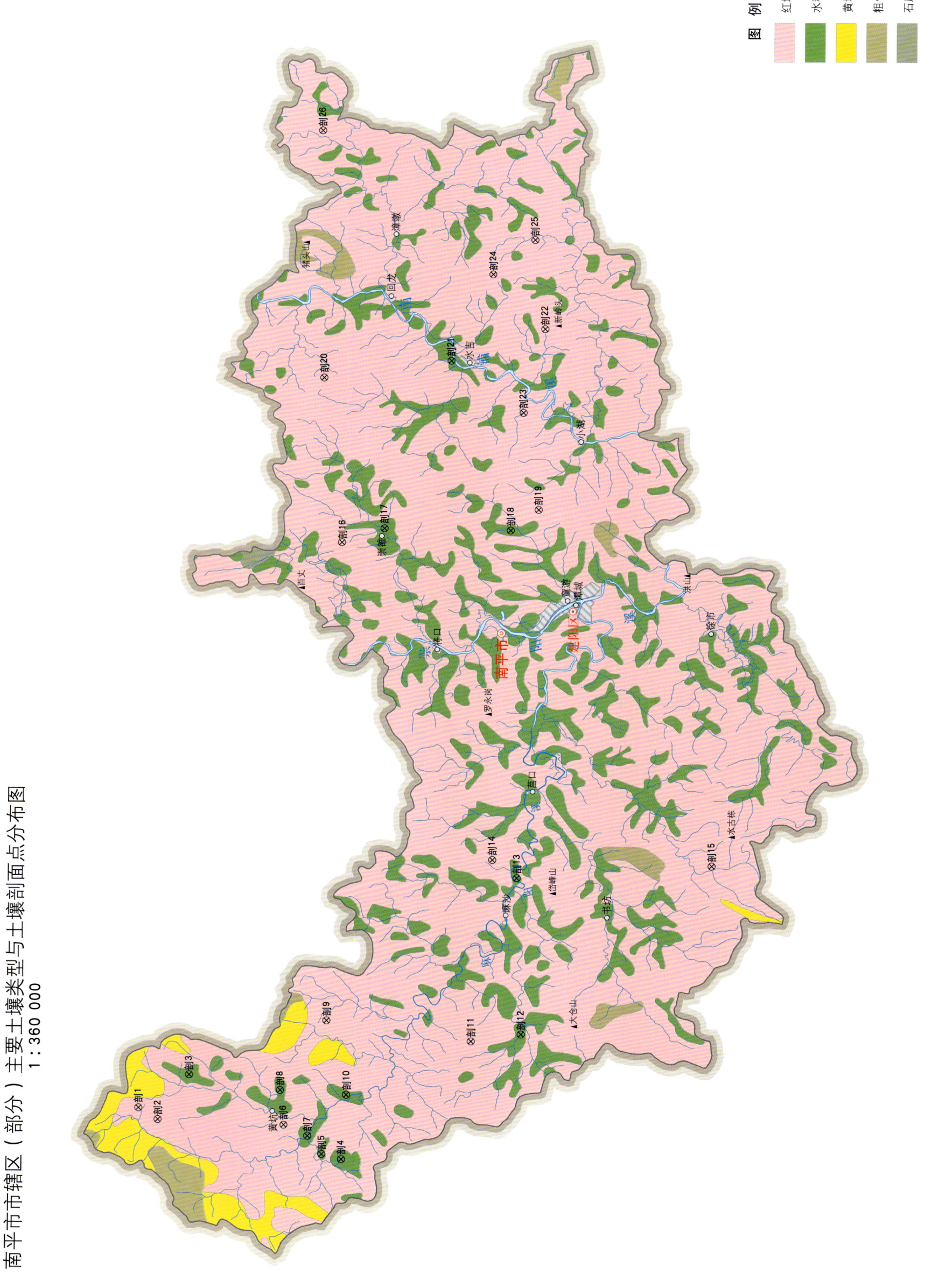

南平市土壤剖面理化性状表

剖面号 Soil profile	土纲 Soil order	土类 Soil great group	亚类 Soil subgroup	土属 Soil genus	土种 Soil species	土层码 Layer code	土层厚度 Depth/cm	颜色 Soil color	质地 Soil texture	土壤结构 Soil structure	pH	有机质 OM/(g/kg)	全氮 TN/(g/kg)	全磷 TP/(g/kg)	全钾 TK/(g/kg)	碱解氮 AN/(mg/kg)	有效磷 AP/(mg/kg)	速效钾 AK/(mg/kg)	阳离子交换量 CEC/(cmol/kg)	土壤母质 Parent material	剖面点坐标 Profile coordinate	匹配指数 Matching index/%
剖1	铁铝土	红壤	粗骨性红壤	泥质岩粗骨性红壤		A₁	0.5–6	暗灰棕色	轻壤土	粒状	5.0	57.9	2.73			137	3.3	53		泥质岩	E 117°39′05.7″ N 27°40′58.1″	93
剖2	铁铝土	红壤	黄红壤	酸性岩黄红壤		A₃	6–35	暗灰棕色	中壤土	粒状	5.0	33.9	1.04			252	6.2	113		黑云母、斜长变粒岩	E 117°38′27.1″ N 27°40′03.1″	75
						B₁	0–15	棕色	中壤土	核状	4.8	35.3	1.88			259	4.9	240				
						B₂	15–58	暗棕色	中壤土	块状	4.8	17.0	0.40			144	2.8	195				
							58–120	淡棕色	重壤土	块状	4.9	11.8	0.71			39	<1.0	125				
剖3	人为土	水稻土	渗育水稻土	紫泥田	紫泥田	A	0–15		中壤土		5.5	31.1	1.83	0.80	27.3	275	4.1	108	11.2	紫色砂页岩风化物	E 117°40′53.7″ N 27°38′33.1″	95
						P	15–20		重壤土	核状	5.5	34.2	1.69	0.80	20.5	123	2.2	25	12.3			
						C	20–100		中壤土		7.0	23.6	1.16	0.60	26.7	156	<1.0	20	10.9			
剖4	人为土	水稻土	潴育水稻土	乌泥田	乌泥田	A	0–15	黑色	中壤土	核状	6.0	51.2	4.19	2.19	34.4	336	80.0	108	17.4	冲积物和坡积物	E 117°36′15.1″ N 27°31′15.7″	75
						P	15–21		中壤土	块状		39.7	5.18	2.94	22.3	371	>100.0	112	19.8			
						W₁	21–34		中壤土	柱状		30.3	1.74	4.26	28.4	180	50.0	64	12.8			
						W₂	34–55		中壤土	柱状		13.0	0.67	1.99	29.3	84	19.0	28	10.3			
						C	55–100		中壤土	无结构		16.4	0.71	1.87	31.7	77	43.0	33	9.3			
剖5	人为土	水稻土	潜育水稻土	冷烂田	锈水田	A	0–30	灰色	重壤土		5.8	42.8	2.43	0.64	39.0	179	3.9	371	13.0		E 117°36′32.0″ N 27°32′12.2″	75
						P	30–89		中壤土			39.0	2.74	0.60	39.2	217	3.9	180	13.6			
						G	89–100		中壤土			49.5	2.32	0.13	40.7	189	4.1	157	13.3			
剖6	铁铝土	红壤	黄红壤	砂质岩黄红壤		A	0–11	黑棕色	中壤土	粒状	5.0	43.3	6.04			>500	3.2	180		石英砂岩、砂砾岩、粉砂岩	E 117°38′09.3″ N 27°34′00.7″	95
						B₁	11–29	暗棕色	中壤土	粒状	5.5	46.8	0.96			326	<1.0	98				
						B₃	29–110	红棕色	重壤土	团块状	5.0	58.1	2.22			240	7.6	70				
剖7	人为土	水稻土	渗育水稻土	黄泥田	乌黄泥田	A	0–15	黄棕色	中壤土	碎块状										坡积物或残积物	E 117°37′33.1″ N 27°32′52.7″	75
						P	15–22	黄灰色	中壤土	碎块状												
						W	22–62	灰灰色	中壤土	碎块状												
						C	62–100	浅灰色	中壤土	不明显												
剖8	人为土	水稻土	潜育水稻土	冷烂田	冷水田	A	0–30	深灰色	轻壤土	不明显	5.5	47.6	2.60	0.73	38.4	227	2.9	225	13.0		E 117°40′03.4″ N 27°34′11.2″	75
						P	30–38	青灰色	重壤土	无结构	5.0	51.0	2.78	0.68	37.6	231	1.8	>500	12.9			
						G	38–100	青灰色	重壤土			38.0	1.91	0.54	37.9	157	7.8	72	11.6			
剖9	铁铝土	红壤	黄红壤	泥质岩黄红壤	青泥田	A₁	1–21	黑棕色	轻壤土	团块	4.7	52.6	2.77			339	8.4	88		中细粒黑云母花岗岩	E 117°43′53.1″ N 27°31′58.6″	95
						A₃	21–23	暗灰棕色	中壤土	粒状	4.7	37.6	1.36			81	3.6	85				
						B₂	23–54	暗黄棕色	中壤土	粒状	4.8	19.1	0.84			69	2.0	140				
						B₃	54–117	黄橙色	中壤土	粒状	5.0	9.1	0.67			58	3.4	103				
剖10	人为土	水稻土	潜育水稻土	冷烂田	浅脚拦泥田	A	0–26	黄灰色	重壤土		5.5	39.1	2.94	1.87	12.8	276	38.8	21	10.2		E 117°39′48.6″ N 27°31′02.0″	75
						G	26–100		重壤土	粒状		46.5	3.03	1.60	11.5	245	77.9	16	10.5			
剖11	铁铝土	红壤	红壤	硅铝铁质红壤	青泥田	B	0–110	淡红棕色	轻壤土		5.0	8.8	0.64			56	<1.0	24		花岗斑岩	E 117°42′44.8″ N 27°25′03.8″	95
剖12	人为土	水稻土	潜育水稻土	青泥田	青泥田	A	0–17	黑棕色	重壤土	状状	5.5	32.7	2.59	0.59	28.1	259	9.1	80	13.4		E 117°43′07.7″ N 27°22′39.7″	95
						P	17–27	暗黄棕色	重壤土	状状	5.5	37.6	2.74	0.53	29.0	>500	5.0	65	15.5			
						C	27–100		重壤土	状状	6.0	38.3	1.75	0.42	29.8	165	<1.0	47	12.0			
剖13	人为土	水稻土	渗育水稻土	黄泥田	黄泥田	A	0–11	黄棕色	重壤土	状状	5.0	31.9	1.74	0.67	28.3	168	1.9	23	12.1	坡积物或残积物	E 117°51′51.5″ N 27°22′52.1″	95
						P	11–18	灰灰色	重壤土	状状	5.0	27.8	1.52	0.64	29.8	154	<1.0	16	10.8			
						C	18–100		重壤土		5.0	15.9	0.98	0.47	28.1	105	<1.0	21	9.8			
剖14	铁铝土	红壤	红壤	硅铝质红壤		A₃	0–7	紫棕色	轻壤土	团粒状	5.0	47.4	2.72			203	11.1	132		灰绿色云母石英片岩	E 117°52′51.8″ N 27°24′02.5″	95
						B₁	7–27	暗棕红色	轻壤土	团粒状	4.8	34.3	1.43			141	4.2	85				
						B₂	27–97	棕红色	轻壤土	团粒状	4.9	18.2	0.91			115	2.2	115				

续表 Continued

剖面号 Soil profile	土纲 Soil order	土类 Soil great group	亚类 Soil subgroup	土属 Soil genus	土种 Soil species	土层码 Layer code	土层厚度 Depth/cm	颜色 Soil color	质地 Soil texture	土壤结构 Soil structure	pH	有机质 OM/(g/kg)	全氮 TN/(g/kg)	全磷 TP/(g/kg)	全钾 TK/(g/kg)	碱解氮 AN/(mg/kg)	有效磷 AP/(mg/kg)	速效钾 AK/(mg/kg)	阳离子交换量CEC/(cmol/kg)	土壤母质 Parent material	剖面点坐标 Profile coordinate	匹配指数 Matching index/%
剖15	铁铝土	红壤	红壤	酸性岩红壤		A	0—8	暗灰棕色	中壤土	块状	4.7	52.4	1.73			196	4.8	115		片麻岩	E 117° 52′ 30.0″ N 27° 13′ 31.7″	95
						B_1	8—75	红棕色	中壤土	粒状	4.8	34.3	1.43			141	4.2	85				
						B_2	75—100	淡棕色	中壤土	块状	4.8	22.5	0.59			134	5.4	50				
剖16	铁铝土	红壤	暗红壤	酸性岩暗红壤		A	0—40	暗红棕色	轻壤土	团状	5.5	43.9	1.40			210	1.1	176		花岗岩	E 118° 10′ 35.0″ N 27° 31′ 12.3″	95
						B_1	40—90	暗红棕色	中壤土	块状	4.8	17.3	0.87			97	2.0	120				
						B_3	90—120	棕红色	中壤土	块状	4.9	11.8	0.59			61	2.5	95				
剖17	水稻土	潜育水稻土	冷烂田	深脚烂泥田	A	0—30		重壤土		6.0	58.8	3.89	0.86	28.6	292	1.4	60	19.9		E 118° 11′ 20.9″ N 27° 29′ 10.1″	95
						G	30—100		重壤土		6.5	68.8	3.03	0.62	27.2	238	<1.0	38	19.4			
剖18	水稻土	潜育水稻土	灰泥田	灰泥田		A	0—14	灰色	中壤土	核状	5.5	32.2	1.81	0.53	31.6	231	10.5	60	10.8		E 118° 11′ 11.5″ N 27° 23′ 07.1″	95
						P	14—22	灰色	中壤土	块状		31.9	1.73	0.54	31.6	334	7.1	52	11.1			
						W	22—44	灰色	中壤土	柱状		21.0	1.26	0.32	32.2	133	<1.0	40	9.4			
						C	44—100	灰色	重壤土	无结构		15.8	0.76	0.70	36.0	119	<1.0	34	8.9			
剖19	铁铝土	红壤	红壤	基性岩红壤		A_1	0—2	暗黄棕色	轻壤土	粒状	5.5	33.4	1.60			284	3.2	112		石英闪长岩	E 118° 12′ 20.6″ N 27° 21′ 46.3″	95
						A_3	2—21	棕色	轻壤土	粒状	5.0	30.2	1.24			172	1.5	66				
						B_1	21—38	黄棕色	中壤土	块状	4.9	6.7	0.62			50	<1.0	88				
						B_2	38—62	暗棕红色	中壤土	块状	4.8	11.4	0.34			62	1.5	150				
						B_3	62—100	暗棕红色	重壤土	块状												
剖20	铁铝土	红壤	红壤	硅铝质红壤		A_1	1—15	暗黄棕色	中壤土	块状	4.7	87.9	3.80	1.17	17.3	3	8.4	137	4.4	中细粒黑云母花岗岩	E 118° 19′ 44.7″ N 27° 32′ 00.9″	95
						B_1	15—34	红棕色	重壤土	粒状	4.8	30.3	1.78	0.85	17.8	76	5.6	68	6.4			
						B_2	34—66	暗红棕色	重壤土	块状	4.9	17.7	1.31	1.24	18.7	51	3.4	53	11.4			
						B_3	66—135	暗棕红色	黏壤土	块状	4.7	26.5	0.98	0.70	16.3	3	3.0	60	6.3			
剖21	水稻土	渗育水稻土	黄泥田	浅灰黄泥田		A	0—13	灰黄色	中壤土	小块状	6.0	35.8	1.65			168	21.5	30		坡积物或残积物	E 118° 20′ 38.5″ N 27° 25′ 55.0″	95
						P	13—23	灰黄色	重壤土	块状	6.0	21.6	1.16			150	8.0	<5				
						W	23—48	黄色	重壤土	块状	6.5	19.1	0.62			126	3.6	45				
						C	48—100	黄色	中壤土	块状	7.0	10.3	0.64			70	<1.0	44				
剖22	铁铝土	红壤	粗骨性红壤	中性岩粗骨红壤		B_1	1—20	灰黄笛色	轻壤土	粒状	5.0	40.5	1.09			203	2.1	16			E 118° 22′ 22.0″ N 27° 21′ 25.1″	93
						B_2	21—110	暗黄棕色	中壤土	粒状	4.9	39.5	0.90			193	1.5	9				
剖23	铁铝土	红壤	红壤	中性岩红壤		B_1	0—41	红棕色	中壤土	团块状	5.0	35.3	2.20			187	3.7	119			E 118° 17′ 43.9″ N 27° 22′ 28.6″	95
						B_2	41—65	棕红色	中壤土	团块状	4.5	22.4	1.13			141	3.4	94				
						B_3	65—130	棕红色	中壤土	团块状	4.9	8.3	0.30			65	2.5	65				
剖24	人为土	粗骨性红壤	砂质岩粗骨性红壤		A_1	1—10	暗棕色	轻壤土	粒状	5.0	43.8	1.43			179	2.1	30			E 118° 25′ 26.4″ N 27° 23′ 53.1″	93
						B_3	10—110	红棕色	中壤土	粒状	4.8	45.6	1.43			197	4.4	95				
剖25	铁铝土	黄红壤	基性岩黄红壤		A_1	2—17	淡黄棕色	中壤土	团块状	5.8	43.5	2.10			242	2.4	267		基性岩	E 118° 27′ 20.6″ N 27° 21′ 51.8″	95
						A_3	17—45	黄橙色	中壤土	团块状	5.0	35.4	1.98			139	<1.0	176				
						B_1	45—62	浅黄棕色	中壤土	核块状	4.8	17.0	1.14			143	2.8	195				
						B_3	62—102	黄橙色	中壤土	块状	4.9	11.8	0.71			39	<1.0	125				
剖26	铁铝土	红壤	粗骨性红壤	酸性岩粗骨性红壤		A_1	0—15	黑棕色	轻壤土	粒状	5.5	58.3	1.44			154	2.4	75		黑云母花岗岩	E 118° 33′ 30.8″ N 27° 31′ 59.0″	93
						A_3	15—23	淡黄棕色	中壤土	粒状	5.5	52.6	0.84			203	3.5	150				
						B_3	23—120	黄橙色	砂壤土	粒状	5.0	45.6	1.78			213	<1.0	146				

延 平 区

主要土类说明

红壤是延平区主要土壤类型，占本区地域面积的78%，主要分布在海拔850m以下低山和丘陵地带。本区处在中亚热带水热条件优越、生物资源丰富的自然环境条件下，土壤脱硅富铝化作用强烈，有铁胶膜淀积，土壤呈酸性，剖面构型为A-B-C或A-C，土色为深红色、浅红色、棕红色。土层深厚，除粗骨性红壤外，一般都超过1m，有的可达十几米。

水稻土是延平区第二大土壤类型，占本区地域面积的15%，是本区的主要耕作土壤，多集中分布于河岸地带的河岸盆地、坡地、谷地和山垅地。由于分布的地形部位不同，成土母质、母岩、水文地质条件各有差异，且土壤水的补给移动形式不同以及受开发年代和人为耕作的影响，土壤熟化程度不同。本区水稻土分为渗育型、潴育型、潜育型等亚类，其中，潴育水稻土面积最大，占本土类面积的45%左右，其次为渗育水稻土，占本土类面积的35%左右。

黄壤是延平区第三大土壤类型，占本区地域面积的3%，主要分布于海拔850—1400m的中山地带，一般分布于海拔900m以上，少数分布在海拔850m处。黄壤地处中山，植被为亚热带森林灌丛，气温较低，相对湿度大，雾气浓，日照时间较短，干湿季不明显，土壤脱硅富铝化作用较弱，游离氧化铁受水化作用，土色变黄，淋溶作用较强，黏粒下沉，剖面构型为Aoo、Ao、A_1-（B）-C或A-B-C。土壤湿润，质地为轻壤、轻砂壤、中壤，呈块状或小团粒结构，结持力松或紧。腐殖质层厚，有机质含量高。心土层为黄棕色或黄色，质地为重壤。

小于本区地域面积3%的土壤类型还有紫色土、潮土等。

本区域中心区气候特征

本区域中心区气候特征值
Regional climate characteristics in central area of the region

气候带：中亚热带湿润气候 Climate region: Subtropical humid climate	
年平均气温 /℃ Annual average temperature /℃	19.5
年平均最高气温 /℃ Annual average maximum temperature /℃	24.8
年平均最低气温 /℃ Annual average minimum temperature /℃	15.9
年降水量 /mm Annual precipitation /mm	1641
≥10℃的积温 /℃ Daily temperature accumulated in a year（≥10℃）/℃	7093
年日照时数 /h Annual sunshine /h	1707
年平均相对湿度 /% Annual average relative humidity /%	78
干燥度 Dryness	0.70

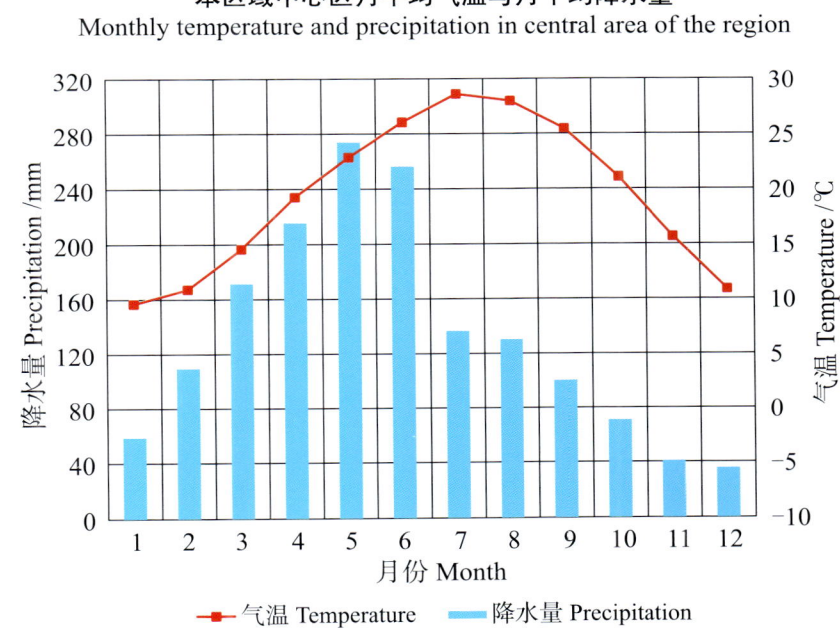

本区域中心区月平均气温与月平均降水量
Monthly temperature and precipitation in central area of the region

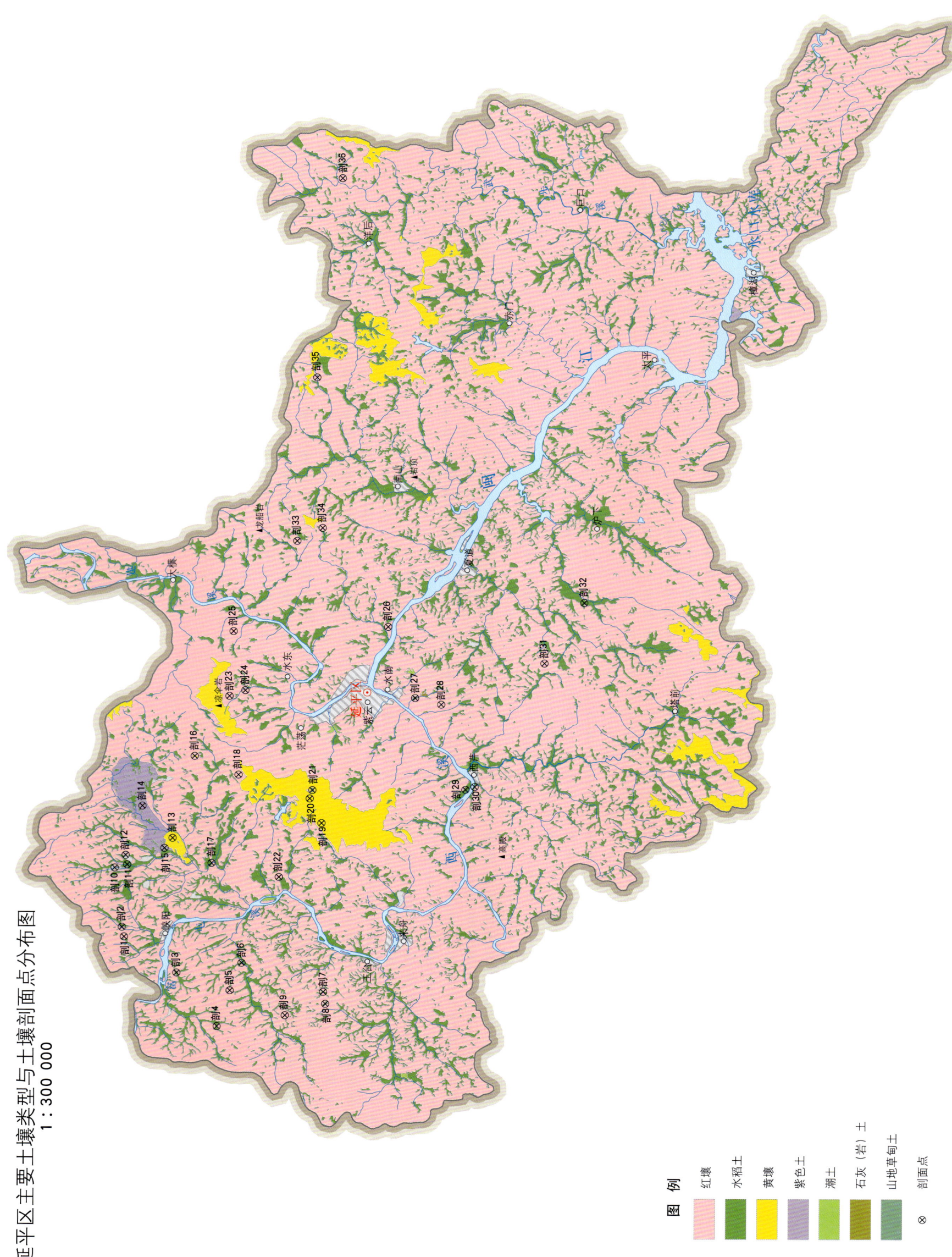

延平区主要土壤类型与土壤剖面点分布图
1∶300 000

延平区土壤剖面理化性状表

剖面号 Soil profile	土纲 Soil order	土类 Soil great group	亚类 Soil subgroup	土属 Soil genus	土种 Soil species	土层码 Layer code	土层厚度 Depth/cm	颜色 Soil color	质地 Soil texture	土壤结构 Soil structure	pH	有机质 OM/(g/kg)	全氮 TN/(g/kg)	全磷 TP/(g/kg)	全钾 TK/(g/kg)	碱解氮 AN/(mg/kg)	有效磷 AP/(mg/kg)	速效钾 AK/(mg/kg)	阳离子交换量 CEC/(cmol/kg)	土壤母质 Parent material	剖面点坐标 Profile coordinate	匹配指数 Matching index/%
剖1	铁铝土	红壤	红土	红泥土	灰红泥土	A	0—50	黑灰色	中壤土	块状											E 117°59′24.2″ N 26°48′00.4″	97
						B	50—110	淡灰黄色	重壤土	块状												
						C	110—150	红黄色	重壤土	块状												
剖2	人为土	水稻土	潜育水稻土	冷烂田	浅脚烂泥田	A	0—10	灰黑色	重壤土	颗粒状											E 117°59′50.3″ N 26°48′05.5″	97
						G	10—100	黑黑色	重壤土	无结构												
剖3	人为土	水稻土	潜育水稻土	青泥田	青泥田	A	0—36	灰色	中壤土	块状										坡积物, 冲积物	E 117°57′44.2″ N 26°45′57.9″	97
						P	36—50	青色	重壤土	核状												
						G	50—100	青色	重壤土	块状												
剖4	人为土	水稻土	潜育水稻土	乌泥田	黄底乌泥田	A	0—18	淡灰色	重壤土	核状											E 117°55′17.8″ N 26°44′23.9″	97
						P	18—28	灰色	重壤土	块状												
						W₁	28—44	暗灰色	重壤土	核柱状												
						W₂	44—58	浅灰色	重壤土	核柱状												
						Ch	58—100	黄棕色	重壤土	块状												
剖5	铁铝土	红壤	红壤	泥质岩红壤		Ao	0—1													泥质岩	E 117°56′54.1″ N 26°43′53.1″	97
						A₁	1—20	灰棕褐色	轻壤土	粒状	4.4	46.9	2.40	0.92	20.4	277	<1.0	84	16.1			
						A₃	20—40	黄棕色	轻壤土	粒状			1.50	0.65	22.0				11.5			
						B₁	40—75	黄红棕色	轻壤土	柱状			0.47	0.73	22.4				9.9			
						B₂	75—130	棕红色	中壤土	团block			0.57	0.69	22.0				10.7			
剖6	人为土	水稻土	渗育水稻土	砂质田	黄砂田	A	0—12	灰色	砂土	颗粒状											E 117°58′09.6″ N 26°43′24.8″	95
						Cs	12—100	淡黄色		无结构												
剖7	人为土	水稻土	潜育水稻土	乌泥田	青底乌泥田	A	0—20	黄黄色	中壤土	核状											E 117°56′48.6″ N 26°40′13.4″	97
						P	20—30	黄灰色	中壤土	块状												
						W₁	30—55	褐灰色	中壤土	柱状												
						W₂	55—90	灰黄色	重壤土	柱状												
						G	90—100	暗棕灰色	中壤土	柱状												
剖8	人为土	水稻土	渗育水稻土	白土田	白底田	A	0—13	棕灰色	中壤土	核状											E 117°56′15.8″ N 26°41′43.7″	97
						P	13—19	棕灰色	中壤土	碎块状												
						W	19—50	浅灰色	重壤土	碎块状												
						E	50—88	暗灰色	黏土	块状												
						C₁	88—	灰白色		无结构											残积物, 坡积物		
剖9	人为土	水稻土	潜育水稻土	紫泥田	紫泥田	A	0—16	紫灰色	中壤土	核状											E 117°55′45.9″ N 26°41′43.7″	97
						P	16—22	灰紫色	重壤土	块柱状												
						C	22—60	紫色	黏土	柱状												
剖10	铁铝土	红壤	红土	红泥土	红泥骨	A	0—10	黄黄色	中壤土	块状										坡积物	E 118°02′31.7″ N 26°48′20.8″	97
						B	10—	红色	重壤土	块状												
剖11	人为土	水稻土	潜育水稻土	潮砂田	乌砂田	A	0—17	暗灰色	轻壤土	小块状											E 118°02′39.8″ N 26°47′51.7″	95
						P	17—27	青灰色	中壤土	块状												
						W₁	27—40	灰黄色	中壤土	柱状												
						W₂	40—75	灰褐色	砂土	块柱状												
						Cs	75—100	灰棕色	砂土	块状												
剖12	初育土	紫色土	酸性紫色土	猪肝土	猪肝土	A	0—50	暗紫色	中壤土	块状											E 118°03′05.5″ N 26°47′55.4″	97
						B	50—135	红灰紫色	重壤土	块状												
						C	135—150	红紫色	重壤土	块状												

续表 Continued

剖面号 Soil profile	土纲 Soil order	土类 Soil great group	亚类 Soil subgroup	土属 Soil genus	土种 Soil species	土层代码 Layer code	土层厚度 Depth/cm	颜色 Soil color	质地 Soil texture	土壤结构 Soil structure	pH	有机质 OM/(g/kg)	全氮 TN/(g/kg)	全磷 TP/(g/kg)	全钾 TK/(g/kg)	碱解氮 AN/(mg/kg)	有效磷 AP/(mg/kg)	速效钾 AK/(mg/kg)	阳离子交换量 CEC/(cmol/kg)	土壤母质 Parent material	剖面点坐标 Profile coordinate	匹配指数 Matching index/%
剖13	铁铝土	黄壤	黄壤	酸性岩黄壤		A	0–15	暗棕色	砂质黏壤土	小核状	5.2	56.0	3.14	0.24	18.8		<1.0	57			E 118°03′50.3″ N 26°46′04.8″	75
						B	15–70	暗黄棕色	砂质壤黏土	块状	5.5	2.6	0.43	0.10	31.5		<1.0	20				
						C	70–100				5.6	2.1	0.30	0.21	35.5		<1.0	13				
剖14	初育土	紫色土	酸性紫色土	凝灰岩酸性紫色土		C_2	100–													凝灰岩	E 118°05′18.7″ N 26°47′14.8″	98
						Ao	0–1															
						A_1	1–16	暗棕灰色	轻壤土	小团状	4.2	10.0	2.73	0.66	38.5	169	<1.0	41	17.7			
						A_3	16–22	暗紫灰色	中壤土	团状			0.51	0.23	25.3				18.0			
						B	22–85	紫灰色	中壤土	块状			0.11	0.36	39.1				5.1			
剖15	人为土	水稻土	渗育水稻土	白土田	白鳝泥田	A	0–18	棕灰色	中壤土	碎块状										坡积物	E 118°03′23.8″ N 26°46′23.8″	97
						P	18–25	浅灰色	重黏土	块状												
						E	25–53	浅灰色	黏土	块状												
						C	53–	黄灰色	重黏土	无结构												
剖16	黄壤	黄壤	黄壤	黄泥土	黄泥土	A	0–25	暗黄棕色	黏土	粒状										残积物、坡积物	E 118°07′33.1″ N 26°45′11.3″	97
						B	25–34	浅棕黄色	重黏土	碎块状												
						C	34–	黄灰色	黏土	碎块状												
剖17	人为土	水稻土	渗育水稻土	红土田	红土田	A	0–19	黄灰色	中壤土	核状										丘坡地残积物	E 118°02′41.9″ N 26°44′33.7″	97
						C	19–100	红土色	中壤土	柱状												
剖18	铁铝土	红壤	红壤	基性岩红壤		Ao	0–2													基性岩	E 118°06′41.3″ N 26°43′28.6″	97
						A_1	2–12	黑褐色	轻壤土	核状	4.2	32.6	1.36	0.57	22.2	189	<1.0	117	12.4			
						A_3	12–32	灰黄棕色	中壤土	块状			1.07	0.60	25.8				11.7			
						B_1	32–53	棕黄色	中壤土	团块状			2.29	0.52	27.0				9.0			
						B_2	53–130	红棕色	重黏土	块状			0.33	0.35	29.6				9.5			
剖19	铁铝土	黄壤	黄壤	砂质岩黄壤		Ao	0–3													砂质岩	E 118°04′26.9″ N 26°40′14.7″	97
						A_1	3–22	棕黄褐色	轻壤土	核状	3.9	28.6	1.85	0.63	17.5	218	<1.0	39	16.5			
						A_3	22–37	黄褐色	中壤土	块状			0.53	0.52	22.3				4.3			
						B	37–86	淡黄棕色	重黏土	块状			0.35	0.44	24.6				6.2			
剖20	铁铝土	黄壤	黄壤	泥质岩黄壤		Ao	0–2													泥质岩	E 118°05′34.1″ N 26°40′41.7″	97
						A_1	2–26	灰黄褐色	轻壤土	粒状	4.1	26.5	1.40	0.59	34.2	214	<1.0	57	11.3			
						A_3	26–35	黄褐色	中壤土	块状			1.13	0.44	13.4				11.7			
						B_1	35–50	黄红棕色	中壤土	块状			0.60	0.30	13.6				9.6			
						B_2	50–110	棕黄色	重黏土	块状			0.46	0.28	14.8				10.2			
剖21	半水成土	山地草甸土	山地草甸土	泥质岩山地草甸土		Ao	0–2													泥质岩	E 118°05′57.2″ N 26°40′35.7″	97
						A_1	2–20	深黑色	轻壤土	核状	4.3	49.8	3.91	0.84	17.3	342	1.2	165	22.8			
						A_3	20–28	黑苗色	轻壤土	核状			1.75	0.57	26.1				9.5			
						B	28–72	黄棕色	中壤土	柱状			0.24	0.30	39.8				2.3			
						C	72–															
剖22	铁铝土	红壤	黄红壤	泥质岩黄红壤		A_1	1–20	暗棕色	中壤土	核状	4.6	22.9	1.50	0.94	21.7	115	<1.0	132	10.7		泥质岩	E 118°02′02.4″ N 26°41′56.2″	97
						A_3	20–40	黄红棕色	中壤土	块状			0.35	1.19	15.9				6.1			
						B	40–150	红棕色	重壤土	块状			0.49	1.26	16.1				6.0			
剖23	铁铝土	红壤	黄红壤	基性岩黄红壤		Ao	0–2													基性岩	E 118°10′16.0″ N 26°43′48.8″	97
						A_1	2–21	灰褐色	中壤土	粒状	4.3	4.9	1.16	0.40	30.4		<1.0	38	10.7			
						A_3	21–33	黄棕色	中壤土	粒状			0.78	0.36	34.8	64			8.2			
						A_3	33–62	黄红色	中壤土	团粒状			0.38	0.31	39.3				6.5			
						B_1	62–150	黄棕色	轻壤土	团粒状			<0.10	0.30	40.1				4.7			

续表 Continued

剖面号 Soil profile	土纲 Soil order	土类 Soil great group	亚类 Soil subgroup	土属 Soil genus	土种 Soil species	土层码 Layer code	土层厚度 Depth/cm	颜色 Soil color	质地 Soil texture	土壤结构 Soil structure	pH	有机质 OM/(g/kg)	全氮 TN/(g/kg)	全磷 TP/(g/kg)	全钾 TK/(g/kg)	碱解氮 AN/(mg/kg)	有效磷 AP/(mg/kg)	速效钾 AK/(mg/kg)	阳离子交换量 CEC/(cmol/kg)	土壤母质 Parent material	剖面点坐标 Profile coordinate	匹配指数 Matching index/%
剖24	铁铝土	红壤	红壤	酸性岩侵蚀红壤		B₁	0—26	深红棕色	中壤土	块状	4.2	21.4	0.48	0.59	16.6	126			7.9	酸性岩	E 118°10′31.2″ N 26°43′10.9″	97
						B₂	26—140				5.0	66.7	0.63	0.48	24.1			113	9.6			
剖25	铁铝土	红壤	红壤	泥质岩红壤		A	0—6	亮红棕色	壤质黏土	小块状	5.1	25.3	2.51	0.53	16.5					粉砂岩风化坡积物	E 118°13′10.1″ N 26°43′37.7″	95
						B₁	6—16	亮红棕色	壤质黏土	小块状	5.0	11.3	1.02	0.47	17.2							
						B₂	16—60	亮红棕色	壤质黏土	小块状	5.0	9.1	0.58	0.51	17.2							
						B₃	60—110	橙色	壤质黏土	块状	5.5		0.55	0.48	16.4							
剖26	铁铝土	红壤	黄红壤	硅铝铁质黄红壤	茂地黄红泥土	A	0—6	棕色	黏土	小块状	5.0	66.7	2.51	0.53	16.5		<1.0	245	8.0	粉砂岩堆积物	E 118°13′17.3″ N 26°37′34.8″	81
						AB	6—16	淡红棕色	黏土	小块状	5.1	25.3	1.02	0.48	17.2		<1.0	85	6.1			
						B	16—60	淡红棕色	黏土	小块状	5.0	11.3	0.58	0.51	17.3		<1.0	49	5.8			
						C	60—110	黄色	黏土	块状	5.5	9.1	0.55	0.49	16.4		<1.0	34	5.1			
剖27	初育土	石灰（岩）土	石灰性红壤	灰泥土	灰泥土	A	0—25	浅灰色	中壤土	核状										石灰岩	E 118°10′05.2″ N 26°36′33.0″	97
						B	25—73	灰黄色	中壤土	粒状												
						C	73—150		中壤土	片状												
剖28	铁铝土	红壤	红壤	石灰岩红壤		Ao	0—2													石灰岩	E 118°09′46.9″ N 26°35′31.5″	97
						A₁	2—7	灰棕褐色	重壤土	粒状	4.1	26.4	1.57	0.59	22.9	246	3.2	160				
						A₃	7—34	浅黄色	重壤土	粒状			1.16	0.41	24.0							
						B₁	34—60	红棕色	轻壤土	粒状			0.93	0.40	27.4							
						B₂	60—120		轻壤土	碎块状			0.68	0.39	27.3							
剖29	人为土	水稻土	潴育水稻土	潮砂田	灰砂田	A	0—21	棕黑色	轻壤土	块状										冲积物、坡积物	E 118°05′53.9″ N 26°34′36.8″	95
						P	21—36	黄红棕色	砂土	柱状												
						W₁	36—47	灰黄棕色		无结构												
						Cs	47—100	灰灰色		柱状												
剖30	人为土	水稻土	潴育水稻土	乌泥田	乌泥田	A	0—20	黑色	中壤土	核状											E 118°06′01.4″ N 26°34′15.3″	97
						P	20—30	灰绿色	中壤土	柱状												
						W₁	30—60	棕灰色	中壤土	块状												
						W₂	60—100	灰黄色	中壤土	块状												
						C	100—	灰灰色		无结构												
剖31	铁铝土	红壤	粗骨性红壤	酸性岩粗骨性红壤		Ao	0—2													酸性岩	E 118°11′34.7″ N 26°31′28.8″	98
						A₁	2—20	灰棕色	砂壤土	粒状	4.9	21.1	2.44	0.69	24.0	100	<1.0	111	19.0			
						A₃	20—28	灰棕色	砂壤土	团片状			0.92	0.53	23.4				11.1			
						B₁	28—48	红棕色	砂壤土	团片状												
剖32	人为土	水稻土	渗育水稻土	白土田	茹粉田	A	0—18	灰白色	中壤土	粒状											E 118°14′16.1″ N 26°29′54.6″	95
						E	18—26	灰灰白色	黏土	无结构												
						Cs	26—100	浅灰黄色	砂土	无结构												
剖33	铁铝土	红壤	红壤	中性岩红壤		Ao	0—1													中性岩	E 118°17′13.4″ N 26°41′05.8″	97
						A₁	1—12	黑褐色	轻壤土	粒状	5.1	7.9	1.53	1.32	17.5	70	<1.0	95	10.9			
						A₃	12—27	黄灰色	轻壤土	核状			0.32	1.03	15.2				6.1			
						B₁	27—58	黄灰绿色	中壤土	块状			0.25	0.90	16.8				3.1			
剖34	铁铝土	红壤	黄红壤	酸性岩黄红壤		Ao	0—2													酸性岩	E 118°17′47.8″ N 26°40′06.2″	97
						A₁	2—21	暗褐色	重壤土	粒状	4.0	64.2	0.76	0.68	18.0	>500	1.5	116	13.4			
						A₃	21—36	暗红棕色	重壤土	粒状			1.39	0.70	17.3				19.7			
						B₁	36—54	红棕色	重壤土	块状			0.45	0.72	20.5				11.6			
						B₂	54—100	黄红棕色	轻壤土	块状			0.62	0.70	18.3				13.4			

续表 Continued

剖面号 Soil profile	土纲 Soil order	土类 Soil great group	亚类 Soil subgroup	土属 Soil genus	土种 Soil species	土层码 Layer code	土层厚度 Depth/cm	颜色 Soil color	质地 Soil texture	土壤结构 Soil structure	pH	有机质 OM/(g/kg)	全氮 TN/(g/kg)	全磷 TP/(g/kg)	全钾 TK/(g/kg)	碱解氮 AN/(mg/kg)	有效磷 AP/(mg/kg)	速效钾 AK/(mg/kg)	阳离子交换量CEC/(cmol/kg)	土壤母质 Parent material	剖面点坐标 Profile coordinate	匹配指数 Matching index/%
剖35	铁铝土	红壤	黄红壤	中性岩黄红壤		A₀	0—2	灰褐色	中壤土	核状										中性岩	E 118°24′34.0″ N 26°40′14.5″	97
						A₁	2—22	灰红色	中壤土	核状	4.3	14.1	0.63	0.28	18.0	107	2.2	111	10.1			
						A₃	22—32	暗红棕色	重壤土	核状			0.11	0.22	13.4				4.5			
						B₁	32—70	棕红色	重壤土	块状			<0.10	1.49	22.6				8.7			
						B₂	70—150															
剖36	铁铝土	红壤	红壤	砂质岩红壤		A₁	0—20	黑褐色	轻壤土	粒状	4.0	41.3	2.24	0.49	42.7	337	<1.0	211	14.1	砂质岩	E 118°33′31.8″ N 26°39′09.7″	98
						A₃	20—32	暗棕色	重壤土	粒状			2.12	1.63	16.8				16.3			
						B₁	32—62	黄红色	中壤土	柱状			0.43	0.31	44.8				11.7			
						B₂	62—150	黄棕色	轻壤土	柱状			<0.10	0.24	>50.0				4.6			

顺 昌 县

主要土类说明

红壤是顺昌县主要土壤类型，占本县地域面积的88%，广泛分布于全县各乡镇海拔120—900m的低山丘陵。本县气候温和，水量充沛，四季分明。在这种温暖潮湿的亚热带生物气候条件下，土壤进行脱硅富铝化过程，土体有明显的红色淀积层。全剖面土色艳红，土层深厚，质地为砂壤或轻壤，呈核状或块状结构。土体松散，发育于各种母岩，主要有变粒岩、砂岩、石英片岩、黄岗岩、粉砂岩、安山岩、石灰岩等。本县红壤分为红壤、粗骨性红壤、黄红壤、红土等亚类。

水稻土是顺昌县第二大土壤类型，占本县地域面积的9%。水稻土是本县的主要耕作土壤，是经过长期水耕熟化而形成的土壤类型，主要分布在山地、丘陵谷地及沿溪冲积地。从垂直分布看，本县水稻土在海拔100—860m都有分布，由于分布的地形部位不同，受开发年代和人为耕作方式不同的影响，加之土壤水分的补给类型不同，土壤熟化程度有明显的差异。本县水稻土分为潴育型、潜育型、渗育型等亚类，其中，潴育水稻土面积最大，其次是潜育水稻土，渗育水稻土最小。

紫色土是顺昌县第三大土壤类型，占本县地域面积的1%，主要分布在海拔200—300m的丘陵区。本县紫色土与红壤呈复区分布，自然条件与红壤相似，在长期的淋溶和脱硅富铝化作用下，早期发育形成的紫色土，有向红壤发展的趋势。紫色土是由紫色页岩、粉砂岩发育形成的岩性土，属非地带性土壤。由于成土母岩中含有紫色的铁矿物，在风化过程中，其化学性质稳定，土壤仍保持与母岩相同的颜色，且色泽均一。由于紫色母岩吸热性强，易受热胀冷缩影响，岩性松脆，抗蚀力强，物理风化作用强烈，水土易流失，土壤的发育和发展常处于幼年阶段。本县紫色土有酸性紫色土和石灰性紫色土两个亚类。

小于本县地域面积3%的土壤类型还有石灰（岩）土、黄壤等。

本区域中心区气候特征

本区域中心区气候特征值
Regional climate characteristics in central area of the region

气候带：中亚热带湿润气候 Climate region: Subtropical humid climate	
年平均气温 /℃ Annual average temperature /℃	19.1
年平均最高气温 /℃ Annual average maximum temperature /℃	24.3
年平均最低气温 /℃ Annual average minimum temperature /℃	15.6
年降水量 /mm Annual precipitation /mm	1668
≥10℃的积温 /℃ Daily temperature accumulated in a year（≥10℃）/℃	7093
年日照时数 /h Annual sunshine /h	1701
年平均相对湿度 /% Annual average relative humidity /%	79
干燥度 Dryness	0.67

本区域中心区月平均气温与月平均降水量
Monthly temperature and precipitation in central area of the region

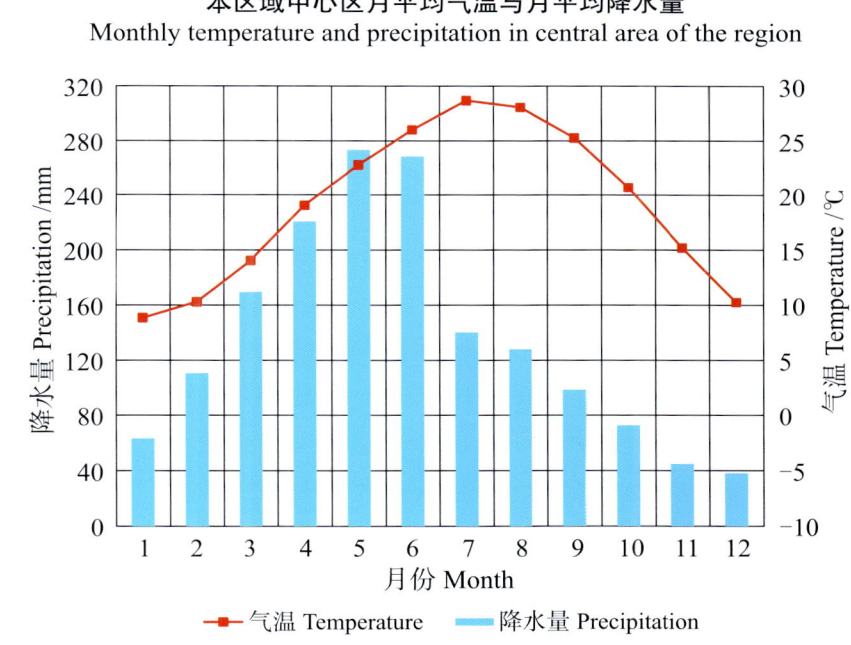

顺昌县主要土壤类型与土壤剖面点分布图
1∶280 000

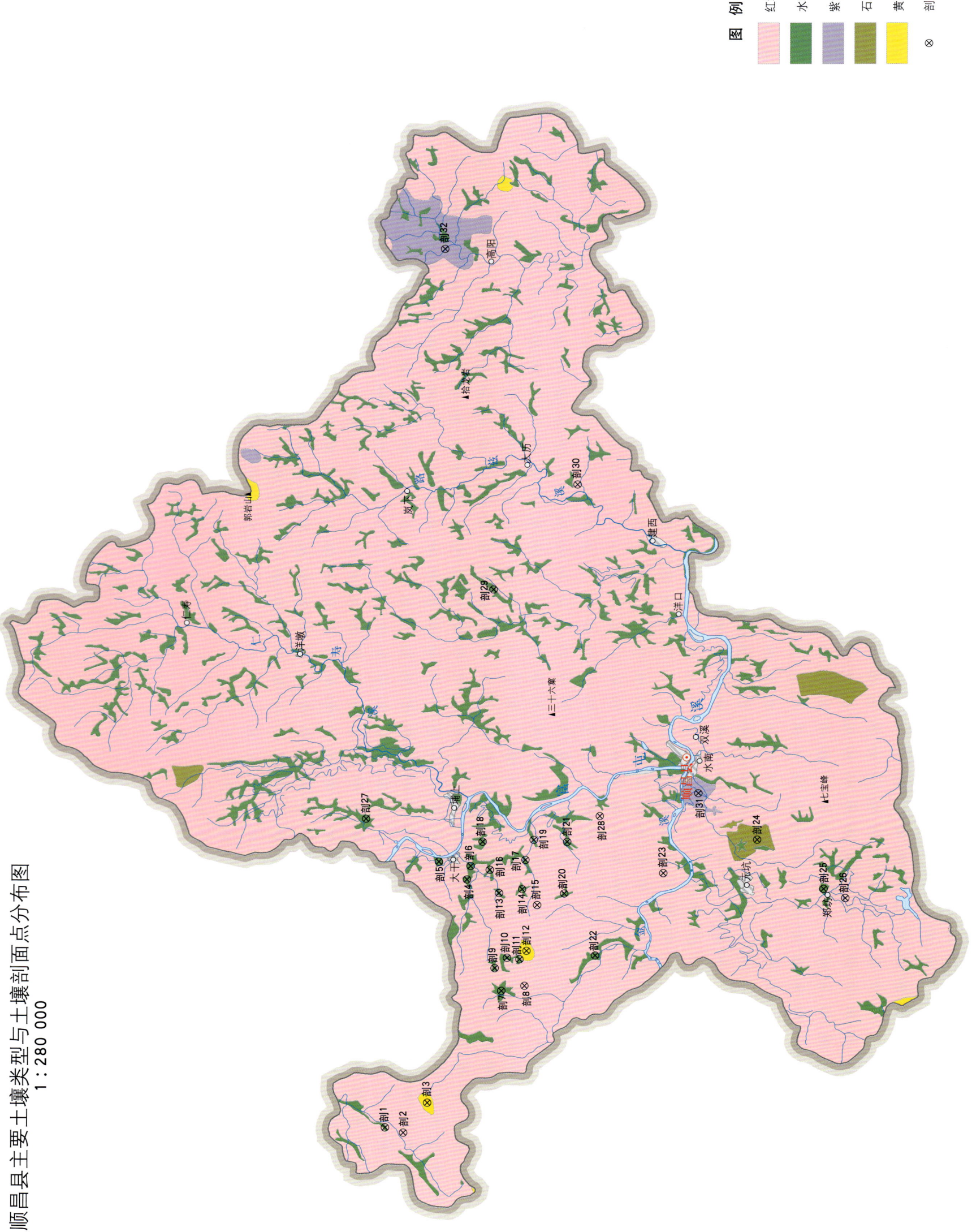

顺昌县土壤剖面理化性状表

剖面号 Soil profile	土纲 Soil order	土类 Soil great group	亚类 Soil subgroup	土属 Soil genus	土种 Soil species	土层码 Layer code	土层厚度 Depth/cm	颜色 Soil color	质地 Soil texture	土壤结构 Soil structure	pH	有机质 OM/(g/kg)	全氮 TN/(g/kg)	全磷 TP/(g/kg)	全钾 TK/(g/kg)	碱解氮 AN/(mg/kg)	有效磷 AP/(mg/kg)	速效钾 AK/(mg/kg)	阳离子交换量 CEC/(cmol/kg)	土壤母质 Parent material	剖面点坐标 Profile coordinate	匹配指数 Matching index/%
剖1	人为土	水稻土	渗育水稻土	砂质田	砂层砂土	A	0—15		壤质砂土		5.3	8.7	0.59	0.53	43.1	52	3.0	89	2.5		E 117°33′02.7″ N 26°58′28.2″	75
						C	15—50		壤质砂土		5.2	2.8	<0.10	0.62		18	1.0	63	3.8			
剖2	铁铝土	红壤	红土	红泥砂田	红泥砂土	A	0—15		砂质黏土		4.6	16.5	0.77	0.40	27.3	63	6.0	55	9.0		E 117°32′49.8″ N 26°57′49.7″	75
						B	15—		砂质黏土		5.0	12.9	0.36	0.27		43	3.0	26	7.4			
剖3	铁铝土	黄壤	粗骨性黄壤	山地石砂土		A₁	2—11	深褐色	中壤土	团块状	5.3	53.8	2.22			145	<1.0	193			E 117°34′01.8″ N 26°56′58.9″	97
						A₃	11—29	棕黄色	中壤土	团块状						152	<1.0	78				
剖4	人为土	水稻土	潴育水稻土	灰泥田	砂底灰泥田	A	0—9				4.6	26.0	0.87	1.40	18.9	108	7.0	15	5.5		E 117°43′08.7″ N 26°55′32.4″	75
						P	9—12				5.7	23.9	0.58	1.53		91	18.0	18	3.3			
						W₁	12—46				5.8	12.4	0.61	0.30		67	<1.0	<5	1.0			
剖5	人为土	水稻土	潴育水稻土	乌泥田	黄底乌泥田	A	0—18		砂质黏壤土	小核状	5.1	37.6	3.72	1.50	31.0	364	22.0	129	6.3		E 117°43′52.5″ N 26°56′32.7″	75
						P	18—30		砂质黏壤土	块状	6.5	29.8	3.41	2.24	19.0	205	22.0	116	13.2			
						W₁	30—54		砂质黏壤土	粒状	5.5	23.0	1.26	0.86	37.8	47	18.0	60	5.1			
剖6	人为土	水稻土	潴育水稻土	潮砂田		A	0—19	暗灰色	砂壤土		4.6	26.5	1.77	0.61	24.2	113	4.0	42	1.5		E 117°43′41.4″ N 26°55′24.8″	75
						P	19—25	灰色	砂质黏壤土	块状	5.5	10.4	0.91	1.24		94	3.0	44	7.1			
						W₁	25—39	棕灰色	砂质黏壤土	粒状		7.5	0.71			74	8.0	24	4.6			
						W₂	39—70	棕灰色	砂壤土	拟柱状												
						C	70—120	灰黄色	砂壤土	粒状												
剖7	人为土	水稻土	潴育水稻土	黄泥田		A	0—12		砂壤土		5.1	34.7	2.10	1.00	>50.0	141	23.0	62	11.5		E 117°38′35.2″ N 26°54′20.5″	75
						P	12—20		砂壤土		5.5	40.3	1.81	1.24		225	17.0	27	2.8			
						W₁	20—50		砂壤土		5.5	19.8	1.31	1.12		56	9.0	74	<1.0			
剖8	铁铝土	红壤	粗骨性红壤	酸性岩粗骨性红壤	灰黄泥土	A₁	3—23	深褐色	砂壤土	粒状	5.0	39.0	4.37	1.47	36.5	>500	6.3	146	3.9		E 117°38′47.6″ N 26°53′31.4″	95
剖9	人为土	水稻土	渗育水稻土	黄泥田		A	0—11	浅灰色	壤质黏土	块状	5.8	37.8	1.13	0.58		168	8.0	84			E 117°39′30.4″ N 26°54′34.6″	75
						P	11—16	黄灰色	壤质黏土	块状	5.8	20.7	1.21	1.38		111	1.0	9	5.7			
						W	16—35	灰灰色	黏质壤土	块状	5.8	12.2	0.83		23.1	69	7.0	45	5.2			
						C	35—	灰黄色	壤土													
剖10	人为土	水稻土	渗育水稻土	黄泥田		A	0—10		砂壤土		5.0	28.2	1.27	0.61	24.1	95	2.0	29	7.5		E 117°39′55.8″ N 26°56′08.3″	75
						P	10—15		砂壤土	碎块状	5.7	19.4	0.83	0.75		112	4.0	44	<1.0			
						C	15—50		砂壤土	块状	5.9	17.3	0.58	0.46		32	1.0	<5	2.0			
剖11	人为土	水稻土	渗育水稻土	紫泥田	紫泥田	A	0—12	紫色	黏壤土	粒状	5.6	24.5	0.98	0.76		120	7.0	86	2.5		E 117°39′52.0″ N 26°53′41.5″	75
						P	12—18	紫色	黏壤土	块状	5.9	20.9	0.62	0.36		38	1.0	57	6.0			
						C	18—50	紫色	壤土	块状	5.8	15.7	0.43	0.22		39	<1.0	36	4.5			
剖12	黄壤	黄壤	黄壤	砂质岩黄壤		A₁	2—14	深灰褐色	轻壤土	核状	5.1	34.0	3.62			160	4.4	125		紫色砂页岩风化物	E 117°40′12.7″ N 26°53′26.5″	75
						A₃	14—36	暗灰褐色	重壤土	核状						54						
						B₁	36—68	淡红棕色	中壤土	核状												
						B₂	68—	黄红色														
剖13	水稻土	水稻土	渗育水稻土	黄泥田		A	0—12		黏土		4.3	24.7	1.02	0.70	26.3	88	1.0	32	3.5		E 117°42′34.9″ N 26°54′24.3″	75
						P	12—18		黏土		5.0	17.1	0.91	0.86	14.7	91	<1.0	18	1.7			
						W	18—100		重壤土		5.7	14.4	0.74	0.76	13.7	68	<1.0	<5	1.7			
剖14	人为土	水稻土	渗育水稻土	紫泥田	紫泥砂田	A	0—15		黏土		5.2	22.2	1.28	0.38	34.7	118	1.0	56	2.5	紫色砂页岩、砂岩	E 117°42′43.8″ N 26°53′35.0″	75
						P	15—25				6.0	11.9	0.43	0.46		38	<1.0	44	5.3			
						C	25—100				5.7	6.5	0.58	0.16		39	<1.0	60	4.9			

续表 Continued

剖面号 Soil profile	土纲 Soil order	土类 Soil great group	亚类 Soil subgroup	土属 Soil genus	土种 Soil species	土层码 Layer code	土层厚度 Depth/cm	颜色 Soil color	质地 Soil texture	土壤结构 Soil structure	pH	有机质 OM/(g/kg)	全氮 TN/(g/kg)	全磷 TP/(g/kg)	全钾 TK/(g/kg)	碱解氮 AN/(mg/kg)	有效磷 AP/(mg/kg)	速效钾 AK/(mg/kg)	阳离子交换量 CEC/(cmol/kg)	土壤母质 Parent material	剖面点坐标 Profile coordinate	匹配指数 Matching index/%
剖15	铁铝土	红壤	红壤	变质岩红壤		A_1	1~7	暗棕红色	中壤土	核状	5.5	41.3	1.23					108			E 117°42′04.9″ N 26°53′03.6″	75
						A_3	7~21	棕红色	中壤土	团块状	5.1	13.6	0.68				<1.0	59				
						B_1	21~48	红棕色	中壤土	团块状	5.4	11.8	0.62				<1.0	46				
						B_3	48—	浅棕红色	中壤土	团块状	5.2	9.9	0.59				<1.0	16				
剖16	人为土	水稻土	渗育水稻土	白土田		A	0~6	灰色	黏壤土	块状											E 117°43′32.2″ N 26°54′44.0″	75
						P	6~11	灰白色	黏壤土	块状												
						E	11~40	灰白色	黏壤土	块状												
						C	40~100	灰黄色	黏土	块状												
剖17	人为土	水稻土	渗育水稻土	黄泥田	黄泥青	A	0~10		黏土		4.7	16.4	0.89	0.81	14.2	115	1.0	48	2.0		E 117°43′55.5″ N 26°53′27.9″	75
						P	10~20		黏土		4.3	12.1	0.72	0.71		93	<1.0	32	7.6			
						C	20~100		黏土		5.4	10.7	0.85	0.66		71	8.0	<5	3.8			
剖18	人为土	水稻土	潴育水稻土	潮砂田	灰砂田	A	0~16		砂壤土		4.6	14.5	0.69	1.40	28.2	106	6.0	39	1.2		E 117°44′41.1″ N 26°54′59.0″	75
						P	16~27		砂壤土		5.8	20.7	0.58	1.05		138	4.0	32	8.9			
						W_1	27~40		砂壤土		6.1	9.5	0.39	0.57		71	2.0	47	9.3			
剖19	人为土	水稻土	潜育水稻土	青泥田	青泥田	A	0~12	浅灰色	砂壤土	碎块状	4.6	44.0	1.93	0.92	29.4	163	4.0	47	5.0		E 117°44′44.7″ N 26°53′10.1″	75
						P	12~19	灰色	壤质黏土	块状	5.4	43.4	1.61	0.12	22.1	165	7.0	44	5.3			
						G	19~50	青灰色	壤质黏土	块状	5.9	25.8	1.40	1.00	14.7	104	16.0	<5	5.5			
剖20	人为土	水稻土	潜育水稻土	冷烂田	锈水田	A	0~17	灰色	砂质黏土	块状	5.3	22.1	1.13	0.62	42.1	120	2.0	75	5.0		E 117°42′33.0″ N 26°52′05.9″	75
						P	17~26		砂质黏土	块状	5.7	16.1	1.07	0.61		109	1.0	83	7.3			
						G	26~50		砂质黏土	块状	5.5	12.3	1.02	0.53		63	<1.0	48	6.1			
剖21	人为土	水稻土	潜育水稻土	冷烂田	冷水田	A	0~16	灰色	壤质黏土	块状	5.7	45.1	2.07	1.08	30.5	126	4.0	58	9.5		E 117°44′39.8″ N 26°51′58.9″	75
						P	16~23	青灰色	壤质黏土	块状	5.4	41.0	2.40	0.80		105	3.0	46	6.7			
						G	23~50	青灰色	黏土	块状	5.6	31.8	0.87	0.63		91	5.0	48	3.3			
剖22	人为土	水稻土	潜育水稻土	冷烂田	深脚烂泥田	A	0~62	灰色	砂质黏壤土	块状	5.4	45.1	1.84	0.65	>50.0	181	1.0	41	2.8		E 117°40′00.8″ N 26°51′00.8″	75
						G	62—		砂质黏壤土	碎块状	5.5	27.9	1.18	0.46		154	<1.0	33	<1.0			
剖23	铁铝土	红壤	红壤	红泥土	红泥田	A	0~20	红色	轻壤土	块状	5.3	27.9	0.93	1.32	22.1	129	1.0	42	3.2		E 117°43′22.2″ N 26°48′35.3″	81
						B	20~45	红色	砂质黏土	小团块状	5.5	12.4	0.90	1.82	11.6	107	1.0	68	6.0			
						C	45—	浅红色	黏土	粒状	7.2	32.4	1.53									
剖24	初育土	石灰(岩)土	棕色石灰土	棕泥灰土		A_1	1~10	暗褐色	砂质壤土	粒状	5.0	9.4	0.44			53	<1.0	<5		石灰岩	E 117°44′42.9″ N 26°45′14.8″	92
						A_3	10~25	灰褐色	砂质壤土	粒状	5.7	3.1	0.43			44	<1.0	<5				
						B_1	25~80	红色	砂质壤土	核状	5.1	1.2	0.29			54	<1.0	<5				
						B_2	80—	棕色	砂质壤土	核状						36	<1.0	<5				
剖25	人为土	水稻土	渗育水稻土	砂质田		A	0~15	灰黄灰色	轻壤土	团块状	6.3	32.4	1.22								E 117°42′41.6″ N 26°42′54.1″	95
						C	15~50	暗黄棕色								91	11.9	176	6.1	砂质岩		
剖26	铁铝土	红壤	粗骨性红壤	变质岩粗骨性红壤		A_1	2~34		砂质壤土	核状	4.1	29.5	1.46	0.71	22.9	133	4.0	32	1.2		E 117°42′19.1″ N 26°42′07.5″	95
剖27	人为土	水稻土	渗育水稻土	黄泥田	灰黄泥砂田	A	0~16	砂质棕色	砂质黏壤土		5.8	37.5	1.64	0.68		134	2.0	54	5.5	花岗岩或砂性页岩风化物	E 117°45′40.8″ N 26°59′06.7″	95
						P	16~26		砂质黏壤土		6.0	22.0	1.19	0.54		105	1.0	30				
						Cw	26~90															
剖28	铁铝土	红壤	红壤	中性岩红壤		A_1	2~5	红棕色	中壤土	核状	4.4	43.0	3.96			257	7.2	5			E 117°45′44.1″ N 26°50′49.5″	95
						A_3	5~23	红棕色	中壤土	团块状	5.2	35.6	1.52	0.35	38.9	101	2.0	44	3.1			
						B_1	23~36	淡红棕色		块状												
剖29	人为土	水稻土	潜育水稻土	烂泥田	浅脚烂泥田	A	0~35	淡红棕色	砂质黏壤土	团块状	5.3	33.0	1.34	0.34		97	<1.0	23	3.3		E 117°55′03.1″ N 26°54′32.9″	95
						G	35—		砂质黏壤土													

续表 Continued

剖面号 Soil profile	土纲 Soil order	土类 Soil great group	亚类 Soil subgroup	土属 Soil genus	土种 Soil species	土层码 Layer code	土层厚度 Depth/cm	颜色 Soil color	质地 Soil texture	土壤结构 Soil structure	pH	有机质 OM/(g/kg)	全氮 TN/(g/kg)	全磷 TP/(g/kg)	全钾 TK/(g/kg)	碱解氮 AN/(mg/kg)	有效磷 AP/(mg/kg)	速效钾 AK/(mg/kg)	阴离子交换量 CEC/(cmol/kg)	土壤母质 Parent material	剖面点坐标 Profile coordinate	匹配指数 Matching index/%
剖30	铁铝土	红壤	黄红壤	砂质岩黄红壤		A₁	2—9	暗红色	轻壤土	核状	5.3	60.5	3.33			145		92			E 117°59′21.2″ N 26°51′32.6″	95
						A₃	19—36	灰棕色	中壤土	团块状	5.3	14.8	0.92			47		40				
						B₁	36—86	棕黄色	中壤土	团块状	5.3	11.2	0.63			53		28				
						B₂	86—	棕黄色	中壤土	团块状	5.4	5.5	0.16			47		15				
剖31	初育土	紫色土	酸性紫色土	猪肝土	沉积岩山地黑色土	A	0—20	暗紫色	黏壤土	块状	5.6	18.8	1.04	0.37	25.2	93	<1.0	128	4.0		E 117°46′39.2″ N 26°47′19.4″	75
						B	20—50	紫色	砂壤土	块状	5.7	16.3	0.60	0.36	22.1	70	<1.0	45	6.0			
						C	50—	紫色	砂壤土	块状												
剖32	初育土	紫色土	酸性紫色土	酸性紫色土		A₁	2—8	紫灰色	中壤土	核状	5.0	49.7	9.48			182	<1.0	112			E 118°09′03.2″ N 26°56′09.8″	95
						A₃	8—30	紫色	中壤土	块状	4.9	30.6	6.80			84	6.0	65				
						B₁	30—60	紫色	中壤土	块状	4.9	29.6	7.26			54	<1.0	71				
						B₃	60—110	紫色	中壤土	块状	4.6	39.6	2.06			39	<1.0	29				

浦 城 县

主要土类说明

红壤是浦城县主要土壤类型，占本县地域面积的74%，分布范围广。本县的气候、地形对于红壤发生和发育有着深刻的影响，土壤脱硅富铝化作用强烈，生物循环旺盛，风化程度较高。因此土壤剖面发育完整，土体颜色较红，表现出地带性土壤的特征。植被以常绿阔叶林与针叶林、经济林为主。剖面构型为A–B–C与A–C，质地以中轻壤为主，呈粒状、核状或竖鳞片状结构，土层厚度一般都在1.2m以上，厚的可达十几米，腐殖质层平均厚度为14cm，B层铁锰淀积明显。本县红壤分为红壤、粗骨性红壤、黄红壤、暗红壤、红土五个亚类，其中暗红壤、红土亚类面积很小。

水稻土是浦城县第二大土壤类型，占本县地域面积的15%，是本县的主要耕作土壤。本县水稻土大部分发育在第四纪红壤冲积物上，但由于所处地形部位、成土条件的差异，改良利用程度的不同，形成了多种土壤类型。根据水耕熟化过程中的不同水型条件，本县水稻土分为渗育型、潴育型和潜育型等亚类。其中，潴育水稻土占本县水稻土面积的50%以上，主要分布在河谷、山间盆地，少部分分布在山坡坡地的中下部，成土母质为冲积物、坡积物。潴育水稻土冬季地下水位大部分都下降到50cm以下，由于长期承受地下水和地表水周期性作用，土体中有着比较明显的潴育层段的发育，并有轻重不同的氧化还原斑淀层，锈纹锈斑明显。

黄壤是浦城县第三大土壤类型，占本县地域面积的7%，主要分布在忠信、仙阳、古楼、九牧、山下等乡镇海拔1000m以上中山上部或顶部。这些地方海拔高、气温低、云雾多、湿度大，日照时间短，干湿变化不明显。土壤矿物质虽有一定的脱硅富铝化和黏化过程，但较红壤弱，由于环境湿度大，土壤物质淋溶作用较强。土壤中黏粒发生了不同程度的下移，氧化铁高度水化，使土壤心土层呈蜡黄色或灰黄色，促使黄壤形成。黄壤土层厚度在22—155cm，腐殖质厚20cm左右，质地为轻壤，呈粒状或核状结构，土壤肥力较高，适宜营造各种用材林。剖面构型为A–B–C、A–C、A–（B）–C，成土母岩以花岗岩、凝灰岩为主。根据成土条件不同，本县黄壤分为黄壤和粗骨性黄壤两个亚类。

小于本县地域面积3%的土壤类型还有粗骨土、紫色土等。

本区域中心区气候特征

本区域中心区气候特征值
Regional climate characteristics in central area of the region

气候带：中亚热带湿润气候 Climate region: Subtropical humid climate	
年平均气温 /℃ Annual average temperature /℃	18.2
年平均最高气温 /℃ Annual average maximum temperature /℃	22.9
年平均最低气温 /℃ Annual average minimum temperature /℃	14.7
年降水量 /mm Annual precipitation /mm	1726
≥10℃的积温 /℃ Daily temperature accumulated in a year（≥10℃）/℃	7118
年日照时数 /h Annual sunshine /h	1739
年平均相对湿度 /% Annual average relative humidity /%	79
干燥度 Dryness	0.63

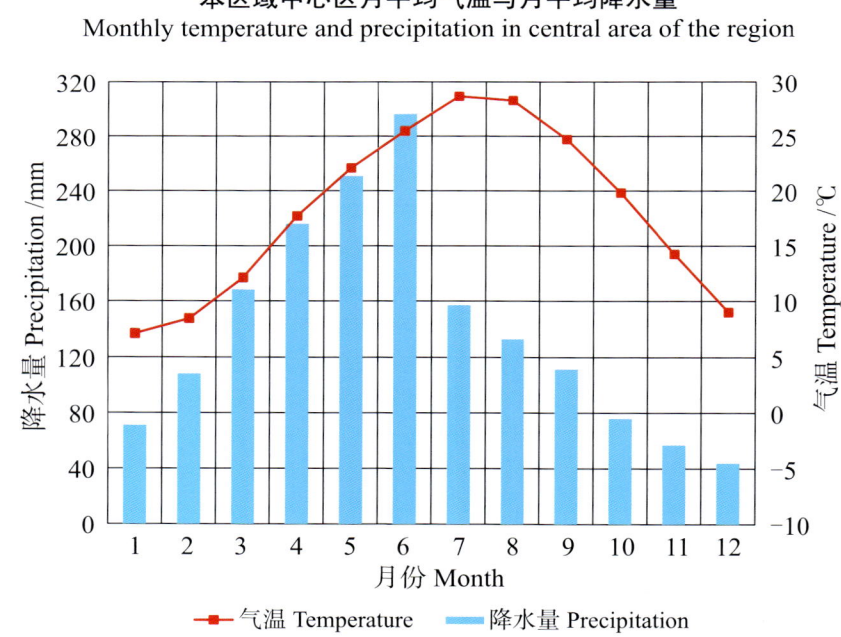

本区域中心区月平均气温与月平均降水量
Monthly temperature and precipitation in central area of the region

浦城县主要土壤类型与土壤剖面点分布图
1∶290 000

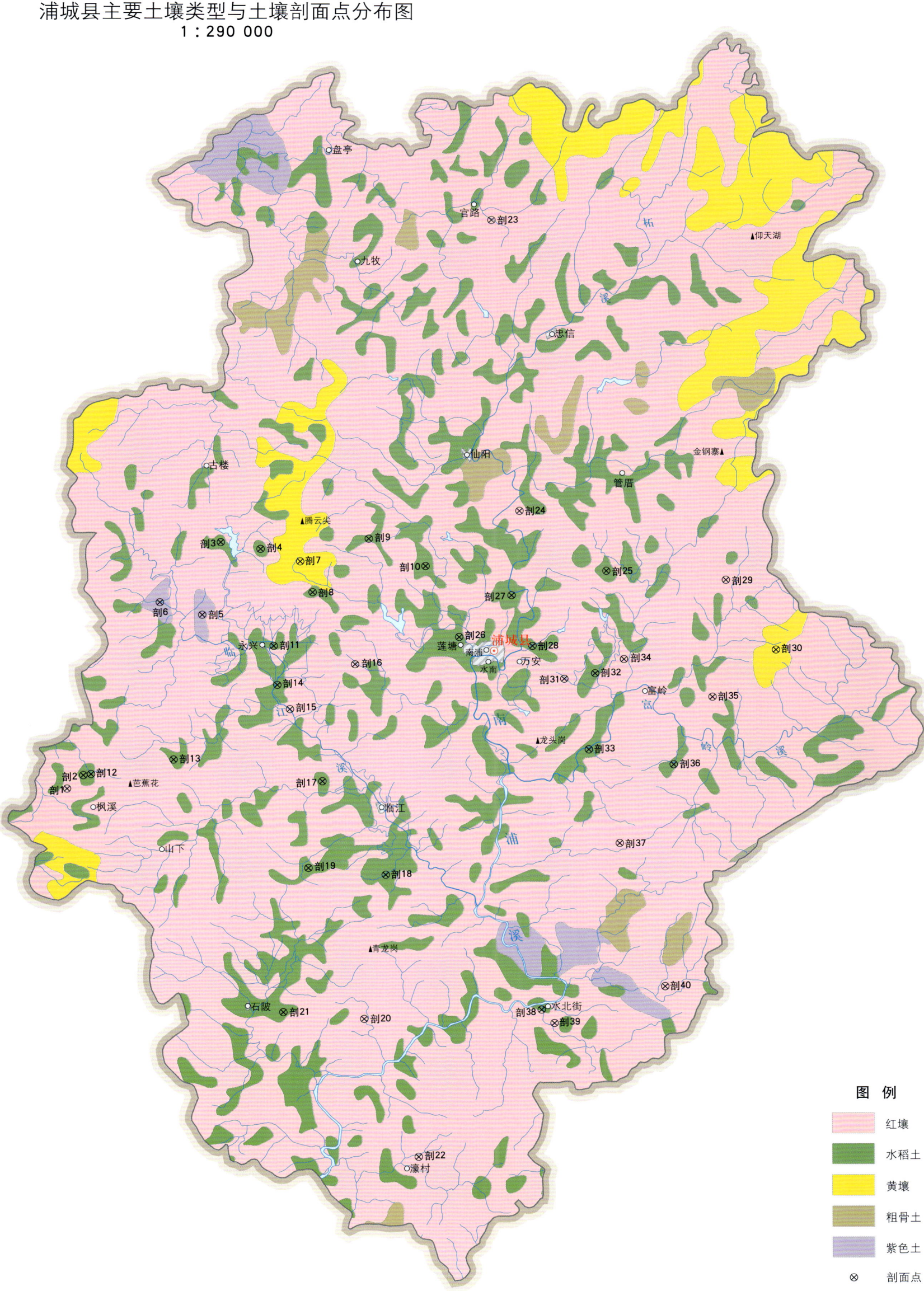

浦城县土壤剖面理化性状表

剖面号 Soil profile	土纲 Soil order	土类 Soil great group	亚类 Soil subgroup	土属 Soil genus	土种 Soil species	土层码 Layer code	土层厚度 Depth/cm	颜色 Soil color	质地 Soil texture	土壤结构 Soil structure	pH	有机质 OM/(g/kg)	全氮 TN/(g/kg)	全磷 TP/(g/kg)	全钾 TK/(g/kg)	碱解氮 AN/(mg/kg)	有效磷 AP/(mg/kg)	速效钾 AK/(mg/kg)	阳离子交换量CEC/(cmol/kg)	土壤母质 Parent material	剖面点坐标 Profile coordinate	匹配指数 Matching index/%
剖1	铁铝土	红壤	黄红壤	酸性岩黄红壤		Aoo	0-2													酸性岩	E 118°14′09.3″ N 27°50′12.1″	75
						Ao	2-3															
						A₁	3-19	黑棕色	轻壤土	粒状	4.9	61.0	2.34			195	<1.0	146				
						A₃	19-27	暗棕色	中壤土	团状	5.0	43.7	1.84			99	<1.0	53				
						B₁	27-39	淡棕色	重壤土	核状	5.4	19.4	1.87			88	<1.0	36				
						B₂	39-63	淡黄红色	重壤土	粒状	5.2	10.1	1.09			65	<1.0	33				
						B₃	63-90	红黄色	轻壤土	小块状	5.7	9.8	0.15			85	<1.0	137				
剖2	人为土	水稻土	潴育水稻土	灰泥田	砂格灰泥田	A	0-14	灰色	轻壤土	小块状	5.7	25.0	2.10	1.04	41.8		31.4	73	9.8	冲积物或坡积物	E 118°14′50.7″ N 27°50′42.5″	75
						P	14-30	浅灰色	轻壤土	块状			1.91	1.02	42.0				7.8			
						W	30-42	黄色	砂壤土	小块状			0.69	0.57	44.8				9.1			
						C	42-100	灰色	重壤土				0.37	0.12	42.1				9.9			
剖3	人为土	水稻土	潴育水稻土	冷烂田	冷水田	A	0-17	灰色	重壤土	块状	5.5	41.2	1.90	1.02	21.8		<1.0	145	14.1	坡积物或残积物	E 118°20′43.2″ N 27°59′36.3″	75
						P	17-22	灰色	重壤土				1.90	1.00	21.2				14.3			
						G	22-70	青色	重壤土				1.90	0.54	21.5				14.5			
剖4	人为土	水稻土	渗育水稻土	黄泥田	黄泥砂田	A	0-11	灰黄色	砂壤土	粒状	5.2	20.1	1.45	1.18	42.6		<1.0	69	13.5	坡积物残积物	E 118°22′22.4″ N 27°59′19.7″	95
						C	11-70	浅灰色	轻壤土	块状			0.77	1.00	43.0				12.6			
剖5	初育土	紫色土	酸性紫色土	凝灰岩酸性紫色土		A₁	0.5-5	暗紫色	砂壤土	粒状	5.0	54.8	1.63			143	<1.0	112		凝灰岩	E 118°19′53.6″ N 27°56′49.2″	75
						A₃	5-13	紫棕色	砂壤土	粒状	5.5	87.7	3.71			87	<1.0	71				
						B	13-30	紫棕色	轻壤土	块状	5.2	8.5	0.36			82	<1.0	68				
						C	30—															
剖6	初育土	紫色土	酸性紫色土	砂砾岩酸性紫色土		A₁	0-12	暗棕色	轻壤土	粒状	5.4	28.0	1.14			98	1.1	56		砂砾岩	E 118°18′08.3″ N 27°57′19.3″	95
						A₃	12-20	灰棕色	轻壤土	粒状	5.5	11.2	0.93			48	2.7	38				
						B₁	20-45	紫棕色	轻壤土	粒状	5.2	5.1	0.46			37	2.2	44				
						B₂	45-145	暗红棕色	轻壤土	粒状	6.4	5.0	0.40			34	<1.0	93				
剖7	铁铝土	黄壤	黄壤	中性岩黄壤		Ao	0-3													中性岩	E 118°24′01.9″ N 27°58′50.2″	75
						A₁	3-10	暗黄棕色	轻壤土	粒状	5.2	52.0	4.12	0.90	28.3	323	1.3	169	11.3			
						A₃	10-30	灰黄棕色	轻壤土	小块状	6.1	62.1	2.77	0.18	30.6	287	<1.0	57	10.6			
						B₁	30-50	淡黄棕色	轻壤土	片状	5.0	39.3	2.04	0.53	29.0	198	1.3	58	7.0			
						B₂	50-79	黄棕色	轻壤土	块状	6.0	40.0	2.90	0.34	2.5	142	<1.0	53	10.6			
						B₃	79-125	灰黄色	轻壤土	块状	6.1	23.9	1.52			135	<1.0	169				
剖8	人为土	水稻土	渗育水稻土	黄泥田	灰黄泥田	A	0-15	灰黄色	重壤土	小块状	5.6	22.7	1.75				6.0	89		坡积物或残积物	E 118°24′32.0″ N 27°57′38.5″	75
						P	15-21	黄棕色	重壤土	片状			1.24									
						W	21-33	灰棕色	重壤土	块状			0.69									
						C	33-70	黄色	中壤土	块状			0.49									
剖9	人为土	水稻土	潴育水稻土	冷烂田	锈水田	A	0-20	灰色	砂壤土	块状	5.4	23.4	1.26	2.20	39.7		1.9	75	15.1	残积物和坡积物	E 118°26′54.6″ N 27°59′40.0″	75
						P	20-40	青色	砂壤土	块状			1.80	1.24	39.5				12.3			
						G	40-70	青色	重壤土	块状			1.70	1.22	37.8				12.7			
剖10	人为土	水稻土	潴育水稻土	紫泥田	紫泥田	A	0-14	紫色	重壤土	块状	5.5	18.4	1.00	0.68	24.0		7.2	45	11.3	残积物和坡积物	E 118°29′16.2″ N 27°58′35.4″	75
						P	14-28	紫色	中壤土	块状			0.90	0.78	24.2				9.4			
						C	28-70	浅灰色	砂壤土	小块状			0.40	0.45	23.0				9.6			
剖11	人为土	水稻土	渗育水稻土	砂质田	砂质田	A	0-19	黄灰色	砂壤土		5.7	24.2	0.60	0.51	35.5		17.8	49	7.0	溪河冲积物	E 118°22′51.9″ N 27°55′35.6″	75
						C	19-70		砂壤土				0.41	0.39	33.8				4.2			

续表 Continued

剖面号 Soil profile	土纲 Soil order	土类 Soil great group	亚类 Soil subgroup	土属 Soil genus	土种 Soil species	土层码 Layer code	土层厚度 Depth/cm	颜色 Soil color	质地 Soil texture	土壤结构 Soil structure	pH	有机质 OM/(g/kg)	全氮 TN/(g/kg)	全磷 TP/(g/kg)	全钾 TK/(g/kg)	碱解氮 AN/(mg/kg)	有效磷 AP/(mg/kg)	速效钾 AK/(mg/kg)	阳离子交换量 CEC/(cmol/kg)	土壤母质 Parent material	剖面点坐标 Profile coordinate	匹配指数 Matching index/%
剖12	人为土	水稻土	渗育水稻土	白土田	白底田	A	0—12	灰色	中壤土	小块状	5.2	32.1	2.15	0.63	39.0		11.3	47	9.9		E 118°15′09.2″ N 27°50′44.4″	75
						P	12—20	浅灰色	中壤土	块状			1.03	0.37	36.6				9.2			
						W	20—34	青灰色	中壤土	块状			0.54	0.36	35.4				7.4			
						E	34—60	白色	轻壤土				0.73	0.21	39.0				7.7			
						C	60—70	黄色	轻壤土													
剖13	人为土	水稻土	渗育水稻土	紫泥田	紫砂田	A	0—12	紫色	轻壤土	小块状	5.5	15.8	1.32	0.65	26.0		<1.0	63	10.1	残积物和坡积物	E 118°18′37.1″ N 27°51′16.0″	75
						P	12—20	紫色	砂壤土				1.08	0.50	26.3				9.2			
						C	20—70	紫色	砂壤土				0.88	0.37	27.4				9.0			
剖14	人为土	水稻土	渗育水稻土	黄泥田	武夷灰黄泥田	A	0—13	浊黄棕色	砂质黏壤土	团粒状	5.3	25.8	1.43	0.74	13.6	138	19.0	55	7.7	黑云母花岗岩风化坡积物	E 118°22′59.7″ N 27°54′04.2″	95
						AP	13—20	浊黄棕色	壤质黏土	块状	5.3	19.2	1.39	0.61	12.8	90	7.0	60	6.0			
						P	20—53	橙色	壤质黏土	块状	5.9	10.4	0.96	0.78	11.8	64	1.0	37	6.0			
						C	53—92	鲜红色	砂质黏土		6.0	6.3	0.81	0.82	13.7	41	<1.0	55	6.0			
剖15	铁铝土	红壤		中性岩暗红壤		A	5—7	暗棕色	砂壤土	团块状	4.9	39.8	1.75			220	<1.0	212		中性岩	E 118°23′30.4″ N 27°53′08.0″	95
						B_1	7—27	淡ркасный棕色	砂壤土	粒状	5.5	5.2	0.16			163	<1.0	113				
						B_2	27—47	暗棕红色	砂壤土	团块状	4.8	6.8	0.29			55	<1.0	>500				
						B_3	47—100	淡棕红色	砂壤土	粒状	5.5	5.2	0.22			52	2.3	>500				
						C	100—															
剖16	铁铝土	红壤	暗红壤	酸性岩暗红壤		A_1	0—12	黑褐色	重壤土	粒状	4.7	68.0	5.71	0.39	33.8	250	<1.0	170		酸性岩	E 118°26′15.6″ N 27°54′50.0″	75
						A_3	12—25	暗棕色	轻壤土	团块状	4.7	68.0	5.71			250	<1.0	170				
						B_1	25—36	暗棕红色	中壤土	粒状	5.3	25.3				99		94				
						B_2	36—68	暗红色	重壤土	团块状												
						B_3	68—165	淡棕红色	中壤土	粒状												
剖17	人为土	水稻土	渗育水稻土	砂质田	黄砂田	A	0—10	灰色	中壤土	小块状	5.5	24.0	0.41					44	4.2	溪河冲积物	E 118°26′49.7″ N 27°50′21.8″	75
						C	15—70	黄色	中壤土	块状												
剖18	人为土	水稻土	潴育水稻土	灰泥田	灰泥田	P	14—24	暗褐色	中壤土	块柱状	5.7	37.7	1.28	1.58	32.3		21.0	70	11.2	冲积物、坡积物	E 118°27′25.3″ N 27°46′42.5″	95
						W	24—50	暗灰色	中壤土	棱柱状			1.52	1.71	36.5				10.3			
						C	50—70	黄色	中壤土	块状			1.16	1.55	36.8				10.3			
													0.94	1.75	38.0				11.8			
剖19	人为土	水稻土	渗育水稻土	黄泥田	黄泥骨	A	0—9	浅棕色	轻壤土	小块状	5.7	28.9	1.20	0.97	25.3		3.3	88	12.3	坡积物或残积物	E 118°24′11.8″ N 27°47′00.9″	95
						P	9—17	黄棕色	中壤土	块状			1.20	1.05	25.9				11.9			
						C	17—70	黄色	轻壤土	块状			0.51	0.85	26.9				10.9			
剖20	铁铝土	红壤	粗骨性红壤	酸性岩粗骨性红壤		A_1	0—6	暗褐色	中壤土	团块状	5.2	56.5	1.77			195	<1.0	219		酸性岩	E 118°26′25.3″ N 27°41′11.9″	93
						A_3	6—45	暗黄棕色	轻壤土	团块状	5.0	19.5	0.56			124	<1.0	174				
剖21	人为土	水稻土	潴育水稻土	乌泥田	乌泥田	A	0—16	暗灰色	中壤土	小块状										冲积物	E 118°23′03.0″ N 27°41′30.1″	95
						P	16—23	暗灰色	轻壤土	块状												
						W_1	23—33	暗灰色	轻壤土	块状												
						W_2	33—45	暗灰色	中壤土	块状												
						C	45—70	浅灰色	轻壤土	块状												
剖22	铁铝土	红壤	粗骨性红壤	砂质岩粗骨性红壤		Ao	0—0.5				5.4	126.0	7.68			157	<1.0	206		砂质岩	E 118°28′36.3″ N 27°35′53.6″	93
						A_1	0.5—6	暗灰色	砂壤土	粒状												
						A_3	6—11	暗灰棕色	砂壤土	粒状	5.3	50.8	2.12			203	<1.0	130				
						BC	11—25	淡棕色	砂壤土	粒状												
						C	25—															

续表 Continued

剖面号 Soil profile	土纲 Soil order	土类 Soil great group	亚类 Soil subgroup	土属 Soil genus	土种 Soil species	土层码 Layer code	土层厚度 Depth/cm	颜色 Soil color	质地 Soil texture	土壤结构 Soil structure	pH	有机质 OM/(g/kg)	全氮 TN/(g/kg)	全磷 TP/(g/kg)	全钾 TK/(g/kg)	碱解氮 AN/(mg/kg)	有效磷 AP/(mg/kg)	速效钾 AK/(mg/kg)	阳离子交换量CEC/(cmol/kg)	土壤母质 Parent material	剖面点坐标 Profile coordinate	匹配指数 Matching index/%
剖面23	铁铝土	红壤	红壤	酸性岩红壤		Aoo	0—1													酸性岩	E 118°32′14.4″ N 28°11′50.5″	95
						Ao	1—2															
						A_1	2—6	暗灰棕色	轻壤土	粒状	4.5	89.9	2.32			>500	<1.0	77				
						A_3	6—17	暗红棕色	轻壤土	粒状	5.2	35.6	0.99			>500	<1.0	83				
						B_1	17—24	红棕色	轻壤土	粒状	4.8	24.4	0.35			>500	<1.0	40				
						B_2	24—46	淡棕红色	中壤土	核状	5.3	15.5	0.42			64	<1.0	71				
						B_3	46—62	红色	重壤土	核状	5.4	11.2	0.28			57	<1.0	49				
						C	62—															
剖面24	铁铝土	红壤	粗骨性红壤	中性岩粗骨性红壤		A_1	0—9	棕色	轻壤土	粒状	5.4	35.6	1.38			159	<1.0	94		中性岩	E 118°33′14.0″ N 28°00′39.2″	93
						A_3	9—36	棕色	轻壤土	粒状	5.5	28.0	1.42			155	<1.0	74				
						C	36—															
剖面25	人为土	水稻土	潜育水稻土	青黎田	仙阳青泥田	Aa	0—15	黄棕色	粉砂质黏土	块状	5.3	36.3	2.43	0.39	13.6	176	<1.0	75	8.5	洪积物	E 118°36′49.7″ N 27°58′19.3″	95
						B	15—20	暗绿黄灰色	粉砂质黏土	块状	5.3	34.5	2.08	0.33	12.6	137	<1.0	40	8.6			
						G	20—93	橄榄灰色	粉砂质黏土	小块状	5.1	26.4	1.59	1.00	17.4	99	<1.0	40	8.3			
剖面26	人为土	水稻土	潴育水稻土	灰泥田	黄底灰泥田	A	0—14	灰色	中壤土	片状	5.4	40.1	2.32	1.41	22.5		21.3	5	10.1	冲积物、坡积物	E 118°30′38.4″ N 27°55′50.2″	95
						P	14—21		中壤土	块状			2.22	1.47	26.2				9.9			
						W	21—61	黄黄色	中壤土	块状			1.06	1.72	26.4				9.7			
						C	61—70		中壤土				0.40	2.31	26.3				10.3			
剖面27	人为土	水稻土	潜育水稻土	冷烂田	深脚烂泥田	A	0—60	青灰色	轻壤土	粒状	5.4	35.6	2.60	1.74	31.9				19.1	坡积物或残积物	E 118°32′51.1″ N 27°57′25.9″	95
						G	60—70	青灰	轻壤土	粒状			2.12	0.78	33.0				12.7			
剖面28	人为土	水稻土	渗育水稻土	黄泥田	灰黄泥砂田	A	0—15	浅棕色	轻壤土	小块状	5.6	40.1	1.66	1.03	33.2		9.8	67	11.8	泥质岩	E 118°33′41.9″ N 27°55′27.4″	95
						P	10—15	浅灰色	砂壤土	块状			0.85	0.80	30.3				10.1			
						C	15—70	灰黄色	砂壤土	块状			0.74	1.07	20.1				12.2			
剖面29	铁铝土	红壤	粗骨性红壤	泥质岩粗骨性红壤		Aoo	0—0.6													泥质岩	E 118°41′49.4″ N 27°57′55.1″	93
						Ao	0.6—0.8															
						A_1	0.8—12	黑色	轻壤土	粒状	4.9	10.3	0.56			126	<1.0					
						A_3	12—21	暗棕红色		块状												
						C	1—															
剖面30	黄壤	黄壤	粗骨性黄壤	山地石砂土		A_1	1—12	黑棕色	轻壤土	粒状	4.8	193.5	6.50	2.50	18.0	>500	2.6	284	14.7		E 118°43′51.9″ N 27°55′11.0″	75
						P	12—22	棕黄色	砂壤土	团状	4.5	139.3	5.28	2.06	18.2	427	3.5	88	11.0			
						C	22—							2.41	18.0				9.2			
剖面31	铁铝土	红壤	红土	红泥土		A					5.5	23.7	1.30	0.95	32.1		1.0	173	11.0		E 118°34′59.9″ N 27°54′10.0″	81
						B				小块状			0.60	0.52	32.6				7.9			
						C							0.60	0.20	32.0							
									重壤土				0.93	<0.10	33.1							
剖面32	人为土	水稻土	渗育水稻土	白鳝田	白鳝泥田	A	0—14	灰色	砂壤土	核状	5.9	31.2	2.44	1.60	40.5		43.9	129	6.1		E 118°36′17.4″ N 27°54′21.8″	95
						P	14—20	灰色	中壤土	块状			0.88	1.70	40.8							
						W	20—38	黄白色	中壤土	块状			0.60	2.50	40.0				9.4			
						C	38—100	黄色	重壤土	块状			0.47	2.30	42.8				9.7			
剖面33	人为土	水稻土	潜育水稻土	潮砂田	灰砂土	A	0—14	灰色	砂壤土	块状	5.6	15.9	1.56			117	<1.0	184		冲积物、坡积物	E 118°35′58.9″ N 27°51′26.8″	95
								灰色	中壤土	块状	5.4	13.7	0.67			104	<1.0	130				
								浅灰色	中壤土	块状	5.1	8.7	0.35			117	<1.0	184				
								浅灰色	轻壤土	块状	5.4	13.7	0.15									
剖面34	铁铝土	红壤	红壤	侵蚀红壤		B_1	0—28	淡棕红色	轻壤土	块状			0.23							花岗闪长岩、石英片岩	E 118°37′30.6″ N 27°54′54.3″	97
						B_2	28—100		中壤土													
						B_3	100—130	红棕色	轻壤土				1.32									

续表 Continued

剖面号 Soil profile	土纲 Soil order	土类 Soil great group	亚类 Soil subgroup	土属 Soil genus	土种 Soil species	土层码 Layer code	土层厚度 Depth/cm	颜色 Soil color	质地 Soil texture	土壤结构 Soil structure	pH	有机质 OM/(g/kg)	全氮 TN/(g/kg)	全磷 TP/(g/kg)	全钾 TK/(g/kg)	碱解氮 AN/(mg/kg)	有效磷 AP/(mg/kg)	速效钾 AK/(mg/kg)	阳离子交换量CEC/(cmol/kg)	土壤母质 Parent material	剖面点坐标 Profile coordinate	匹配指数 Matching index/%
剖35	铁铝土	红壤	红壤	铝硅质红壤		Aoo	0—0.2													泥质岩	E 118°41′11.2″ N 27°53′23.8″	95
						Ao	0.2—2															
						A₁	2—12	暗棕色	轻壤土	团块状	5.9	41.5	0.53			110	<1.0	145				
						A₃	12—40	棕色	轻壤土	团块状	5.8	42.7	0.55			66	<1.0	238				
						B₁	40—65	暗红棕色	轻壤土	团块状												
						B₂	65—130	红棕色	轻壤土	团块状												
剖36	人为土	水稻土	潴育水稻土	灰泥田	青底灰泥田	A	0—14	浅灰色	中壤土	小块状	5.7	23.8	1.16	1.12	40.4		1.7	36	9.8	冲积物、坡积物	E 118°39′31.1″ N 27°50′50.1″	81
						P	14—22	浅灰色	中壤土	块状			2.95	1.43	42.6				12.9			
						W	22—61	暗灰色	中壤土	块状			1.43	0.61	41.2				12.1			
						C	61—70	青色	轻壤土	块状			1.74	0.47	45.9				11.2			
剖37	铁铝土	红壤	黄红壤	泥质岩黄红壤		Ao	0—1				5.6	11.4	0.66			86	<1.0	107		泥质岩	E 118°37′12.8″ N 27°47′48.8″	95
						A₁	1—7	暗棕色	轻壤土	团状	5.6	11.4	0.66			86	<1.0	107				
						A₃	7—21	暗红棕色	轻壤土	团状	5.6	11.4	0.66			86	<1.0	107				
						B	21—110	红棕色	轻壤土	块状	5.5	10.6				40	<1.0	75				
剖38	人为土	水稻土	潴育水稻土	黄泥田	黄泥田	A	0—14	黄灰色	重壤土	块状	5.2	21.1	1.85	1.10	24.2		3.7	199	9.1	坡积物或残积物	E 118°33′54.5″ N 27°41′31.1″	95
						P	14—25	灰黄色	重壤土	块状			1.66	1.01	24.2				8.6			
						C	25—70	黄色	重壤土	块状			0.97	0.71	26.7				7.5			
剖39	铁铝土	红壤	红壤	硅铝质红壤		Ao	0—0.5													砂质岩	E 118°34′21.9″ N 27°40′56.4″	95
						A₂	0.5—15	棕色	轻壤土	粒状	5.1	35.0	0.97			151	<1.0	226				
						A₃	15—45	暗棕色	中壤土	粒状	5.3	25.7				93	<1.0	151				
						4	45—75	红棕色	中壤土	粒状	5.4	14.8				58	<1.0	76				
						5	75—105	红色	中壤土	块状	5.3	12.7	0.91			71	<1.0	71				
剖40	铁铝土	红壤	黄红壤	砂质岩黄红壤		Ao	0—0.1													砂质岩	E 118°39′00.4″ N 27°42′16.6″	95
						A₁	0.1—10	暗棕色	轻壤土	粒状	5.3	59.7	1.60			220	<1.0	195				
						B₁	10—20	红棕色	轻壤土	粒状	5.2	17.6	2.40			103	<1.0	48				
						B₃	20—90	红棕色	轻壤土	粒状												

光 泽 县

主要土类说明

红壤是光泽县主要土壤类型，占本县地域面积的 82%，主要分布在海拔 950m 以下的低山、丘陵。红壤是在亚热带生物气候条件下，长期进行脱硅富铝化作用和生物富集过程形成的土壤类型。脱硅富铝化过程首先是铝（铁）硅酸盐矿物的彻底分解，除石英外，岩石中的矿物质全部形成各种氧化物；而后各种氧化物随水向下淋溶，致使硅酸和盐基大量淋洗，黏粒与次生矿物不断形成，含水的铁铝氧化物明显聚积，形成富含铁铝的红色土体，全剖面为红棕色或淡棕红色，一般包括腐殖质层、淋溶淀积层和母质层。全土层厚度为 10—153cm，平均厚度为 87cm。表土层厚 0—32cm，平均厚度为 17cm。质地以中壤居多，结构性差，多呈块状、小块状结构，水稳性差，湿时黏糊，干时坚硬。本县红壤分为红壤、粗骨性红壤、黄红壤、暗红壤、红土等亚类。

黄壤是光泽县第二大土壤类型，占本县地域面积的 11%，主要分布在西口、东山、岱坪、长庭、司前、清溪、霞洋、太银、桃林、大青、山头、百石、牛田、园岱、铁关、邓家边、何舟坪、古林、崇仁、大洋坪、儒洲、饶坪、上观、坪溪等地海拔 1050m 以上的山地。黄壤发生于中亚热带生物气候条件下，由于海拔高，植被茂密，云雾多，日照时间短，干湿季不明显，终年比较潮湿，土壤脱硅富铝化作用较弱，又由于游离氧化铁被水化，以多水的氧化铁形态存在，其剖面呈黄色至蜡黄色、棕黄色，尤其淀积层更明显。剖面构型为 Aoo、Ao、A_1–B–C，全土层厚 9—152cm，平均厚度为 64cm，表土层厚 21.1cm 左右，质地以轻壤为主，呈粒状或核状结构，土壤肥力较高，适宜营造用材林及防护林。由于地形影响和发育程度不同，本县黄壤分为黄壤和粗骨性黄壤两个亚类。

水稻土是光泽县第三大土壤类型，占本县地域面积的 6%。在多种母质的自然土壤上经过长期淹水种稻、水耕熟化，土壤发生氧化与还原、盐基淋溶与复盐基、有机质分解与合成、黏粒淋洗与积累等作用，从而形成了水稻土独特的剖面构型，即具有耕作层、犁底层、潴育层、潜育层、漂洗层等基本发生层次。水稻土是泛域性土壤，不仅受人类生产活动的影响，也受地形、母质、水文、地质等条件的影响，产生了不同剖面构型的土壤类型，本县水稻土分为潴育型、渗育型、潜育型等亚类。

小于本县地域面积 3% 的土壤类型还有紫色土、潮土等。

本区域中心区气候特征

本区域中心区气候特征值
Regional climate characteristics in central area of the region

气候带：中亚热带湿润气候 Climate region: Subtropical humid climate	
年平均气温 /℃ Annual average temperature /℃	18.2
年平均最高气温 /℃ Annual average maximum temperature /℃	23.1
年平均最低气温 /℃ Annual average minimum temperature /℃	14.7
年降水量 /mm Annual precipitation /mm	1719
≥10℃的积温 /℃ Daily temperature accumulated in a year（≥10℃）/℃	7413
年日照时数 /h Annual sunshine /h	1680
年平均相对湿度 /% Annual average relative humidity /%	81
干燥度 Dryness	0.62

本区域中心区月平均气温与月平均降水量
Monthly temperature and precipitation in central area of the region

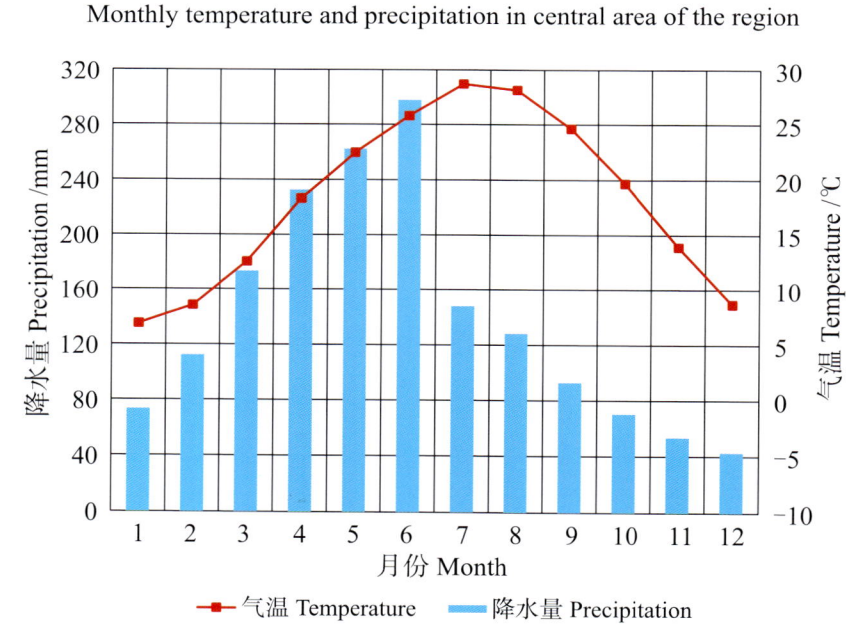

光泽县主要土壤类型与土壤剖面点分布图
1∶290 000

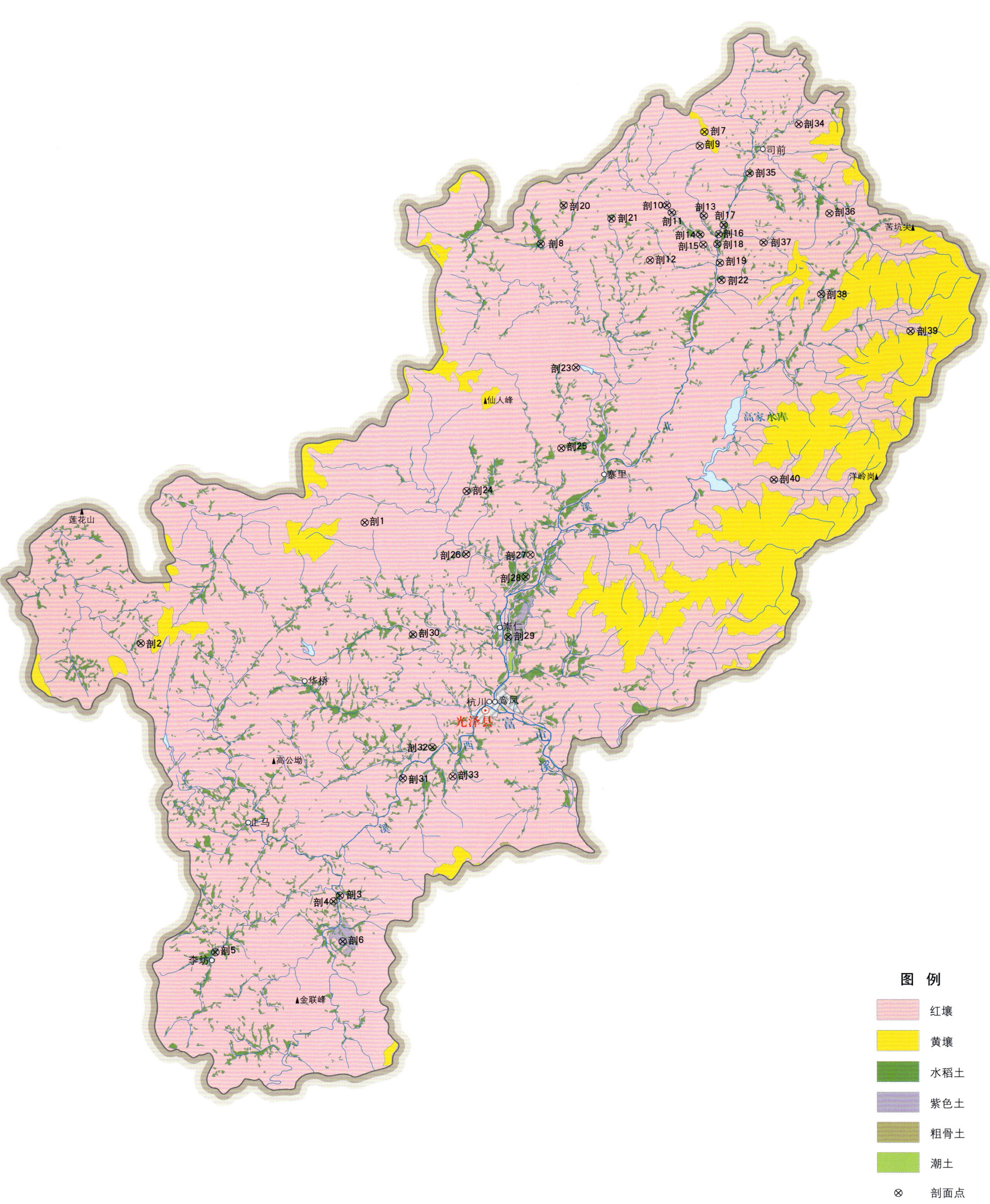

光泽县土壤剖面理化性状表

剖面号 Soil profile	土纲 Soil order	土类 Soil great group	亚类 Soil subgroup	土属 Soil genus	土种 Soil species	土层码 Layer code	土层厚度 Depth/cm	颜色 Soil color	质地 Soil texture	土壤结构 Soil structure	pH	有机质 OM/(g/kg)	全氮 TN/(g/kg)	全磷 TP/(g/kg)	全钾 TK/(g/kg)	碱解氮 AN/(mg/kg)	有效磷 AP/(mg/kg)	速效钾 AK/(mg/kg)	阳离子交换量CEC/(cmol/kg)	土壤母质 Parent material	剖面点坐标 Profile coordinate	匹配指数 Matching index/%
剖1	铁铝土	红壤	粗骨性红壤	砂质岩粗骨性红壤		A₁	0–25	灰棕色	轻壤土	核状	4.5	63.8	2.84			158	2.0	54		砂质岩	E 117°14′37.6″ N 27°40′01.3″	97
						A₃	25–30	淡灰棕色	轻壤土		4.6	42.3	2.61			142	1.0	42				
						C	30–															
剖2	人为土	水稻土	潴育水稻土	灰泥田	黄底灰泥田	A	0–13	暗灰色	中壤土	块状	5.7	28.8	1.93	0.92	48.1	273	20.0	47	8.4	冲积物和红壤冲坡积物	E 117°05′12.3″ N 27°35′20.8″	95
						P	13–18	暗灰色	重壤土	块状	5.6	16.6	1.14	0.72	49.9	84	8.0	30	7.2			
						W	18–45	灰黄色	重壤土	柱状	5.8	6.0	0.44	0.46	48.5	27	1.0	62	7.6			
						C	45–100	黄灰色	黏土	柱状	6.0	18.0	0.37	0.48	45.0	88	1.0	51	8.5			
剖3	人为土	水稻土	潴育水稻土	冷烂田	冷水田	A	0–14	浅灰黄色	壤质黏土	块状	5.3	41.2	2.34	0.68	38.1	176	15.0	72	12.9	片麻状黑云母花岗岩坡积物	E 117°13′29.9″ N 27°25′31.5″	95
						AP	14–24	灰黄色	砂质黏土	块状	4.3	32.4	2.12	0.58	39.0	157	6.0	73	9.9			
						G	24–100	青灰色	砂质黏土	块状	5.3	28.9	1.69	0.40	42.0	109	4.0	66	12.0			
剖4	人为土	水稻土	潴育水稻土	灰泥田	砂格灰泥田	A	0–15	暗灰色	轻壤土	碎块状	5.6	32.4	2.01	1.56	42.9	176	57.0	26	9.9	冲积物和红壤冲坡积物	E 117°13′23.6″ N 27°25′24.1″	95
						P	15–20	浅灰色	轻壤土	碎块状	5.3	24.5	1.24	0.93	43.6	120	19.0	37	8.0			
						W	20–40	灰黄色	砂壤土	无结构	5.4	8.6	0.56	0.56	46.4	46	2.0	38	5.7			
						S	40–100	灰黄色	砂壤土	无结构	5.6	9.8	0.53	0.53	46.8	43	2.0	44	7.2			
剖5	人为土	水稻土	淹育水稻土	黄泥田	黄泥骨	A	0–11	浅灰色	黏壤土	块状	5.0	23.4	1.48	0.30	24.2	134	2.5	120	8.2	残积物、坡积物	E 117°08′18.2″ N 27°23′21.9″	96
						AP	11–17	浅灰色	黏壤土	块状	5.0	21.5	1.25	0.29	24.9	124	1.1	76	8.1			
						C	17–100	浅灰色	黏壤土	块状	4.5	12.5	0.58	0.25	14.6	47	1.0	113	11.7			
剖6	初育土	紫色土	酸性紫色土	砂砾岩酸性紫色土		A	0–4	紫红棕色	轻壤土	粒状	4.6	63.7	2.64			203	3.0	91		紫色砂岩	E 117°13′39.5″ N 27°23′46.4″	95
						A₁	4–20	暗棕红色	轻壤土	核状	4.5	20.4	1.25			97	1.0	41				
						B₁	20–33	暗棕红色	中壤土	块状	4.8	20.4	2.15			56	1.0	48				
						B₂	33–104	棕红色	中壤土	块状	4.9	15.0	1.35			41	1.0	37				
						B₃	104–140	暗棕红色	中壤土	块状	5.6	7.8	0.68			28	2.0	37				
						C	140–															
剖7	铁铝土	黄壤	粗骨性黄壤	山地石砂土		Ao	0–16	棕色	砂壤土	粒状	4.5	116.6	2.87			290	2.0	213		凝灰塔岩	E 117°28′57.9″ N 27°55′11.9″	97
						A₁	16–21	暗棕色	轻壤土	核状	4.9	88.1	2.19			210	3.0	93				
						A₃	21–34	黄棕色	重壤土	块状												
						C	34–															
剖8	人为土	水稻土	潴育水稻土	冷烂田	冷水田	A	0–14	浅灰黄色	中壤土	块状	5.3	41.2	2.34	1.57	45.9	176	15.0	72	13.0		E 117°22′02.9″ N 27°50′50.0″	95
						P	14–24	灰棕色	中壤土	块状	4.3	37.4	2.12	1.33	47.1	157	6.0	73	9.9			
						G	24–100	青灰色	中壤土	块状	5.3	28.9	1.69	0.93	>50.0	109	4.0	66	12.0			
剖9	铁铝土	红壤	黄红壤	酸性岩黄红壤		Ao	0–1	黑棕色													黑云母花岗岩风化物	E 117°28′46.4″ N 27°54′39.5″	97
						A₁	1–5	暗灰棕色	轻壤土	块状	5.1	48.6	1.22			123	1.0	59				
						A₃	5–20	淡棕色	轻壤土	团块状	4.8	22.4	0.76			59	1.0	51				
						B₁	20–28	淡棕橙色	轻壤土	块状	4.7	10.1	1.31			24	1.0	51				
						B₂	28–56	暗黄棕色	轻壤土	块状	5.1	10.9	1.14			26	1.0	51				
						B₃	56–84	暗黄橙色	轻壤土	块状	5.2	10.8	1.01			29	1.0	48				
						C	84–															
剖10	人为土	水稻土	渗育水稻土	黄泥田	浅灰黄泥砂田	A	0–9	暗灰色	轻壤土	碎块状	5.0	32.1	1.66	1.62	47.1	157	13.0	26	9.0	中粗粒花岗岩风化物积物、残积物	E 117°27′22.4″ N 27°52′20.6″	75
						P	9–17	暗灰色	轻壤土	碎块状	5.5	19.8	0.98	1.15	>50.0	79	2.0	35	7.7			
						W	17–40	褐色	轻壤土	无结构	5.5	7.0	0.35	0.58	48.6	11	1.0	32	7.0			
						C	40–		砂壤土		6.0	4.8	0.29	0.49	>50.0		10.0	27	5.5			

续表 Continued

剖面号 Soil profile	土纲 Soil order	土类 Soil great group	亚类 Soil subgroup	土属 Soil genus	土种 Soil species	土层码 Layer code	土层厚度 Depth/cm	颜色 Soil color	质地 Soil texture	土壤结构 Soil structure	pH	有机质 OM/(g/kg)	全氮 TN/(g/kg)	全磷 TP/(g/kg)	全钾 TK/(g/kg)	碱解氮 AN/(mg/kg)	有效磷 AP/(mg/kg)	速效钾 AK/(mg/kg)	阳离子交换量CEC/(cmol/kg)	土壤母质 Parent material	剖面点坐标 Profile coordinate	匹配指数 Matching index/%
剖11	人为土	水稻土	潴育水稻土	灰泥田	青底灰泥田	A	0—18	棕灰色	重壤土	块状	5.4	35.9	2.38	1.14	41.4	200	5.0	76	13.5	冲积物和红壤冲坡积物	E 117°27′32.8″ N 27°52′07.2″	75
						P	18—22	淡灰色	中壤土	块状	5.0	31.6	1.91	0.89	40.8	153	5.0	51	14.6			
						W	22—43	棕黄色	中壤土	块状	5.1	19.4	1.02	0.91	41.2	81	1.0	37	12.1			
						G	43—100	黄黄色	中壤土	粒状	4.5	21.1	1.16	0.95	42.8	97	4.0	44	12.0			
剖12	铁铝土	红壤	红土	酸性岩红壤		A	0—15	灰红色	重壤土	块状	5.0	21.6	0.96	0.81	39.8	81	1.0	119	8.6	红壤再积物	E 117°26′39.8″ N 27°50′11.6″	95
						B	15—50	红色	中壤土	块状	5.1	21.1	0.85	0.76	42.3	69	<1.0	59	7.9			
						C	50—100	红色	中壤土	碎块状	4.9	16.0	0.82	0.78	39.7	83	<1.0	77	6.3			
						D	100—		中壤土		5.1	15.5	0.75	0.77	37.7	55	<1.0	48	8.0			
剖13	人为土	水稻土	渗育水稻土	砂质田	砂层田	A	0—11	暗灰色	轻壤土	无结构	5.5	29.7	1.53	1.59	36.0	137	30.0	39	10.0	冲积物	E 117°28′55.5″ N 27°51′56.1″	75
						Cs	11—18	灰黄色	中壤土	无结构	5.5	23.2	1.50	1.82	43.3	90	22.0	24	8.7			
						S	18—		砂砾石	无结构												
剖14	人为土	水稻土	渗育水稻土	白土田	白鳝泥田	A	0—15	褐黄色	轻壤土	块状	5.3	32.0	1.71	0.95	43.5	200	20.0	69	8.7	坡积物或残积物	E 117°28′46.5″ N 27°51′12.8″	75
						P	15—22	褐黄色	中壤土	块状	5.3	22.3	1.14	0.63	43.6	107	2.0	53	7.9			
						W	22—32	黄色	重壤土	块状	5.3	11.8	0.51	0.67	40.1	63	1.0	47	7.2			
						E	32—65	灰白色	重壤土	块状	5.1	5.7	0.31	0.26	45.8	19	<1.0	73	6.4			
						C	65—100	淡黄色	中壤土	块状	4.2	6.8	0.28	0.54	41.6	21	<1.0	87	6.8			
剖15	人为土	水稻土	潜育水稻土	黄泥田	乌黄泥田	A	0—14	暗灰色	重壤土	碎块状	5.0	37.5	2.55	1.28	28.2	134	31.0	27	7.5	冲积物	E 117°28′54.2″ N 27°50′48.6″	75
						P	14—20	淡灰色	重壤土	块状	5.0	24.1	1.47	1.64	31.3	116	28.0	29	6.5			
						W	20—100	灰黄色	中壤土	块状	5.0	19.5	1.16	1.14	30.6	39	8.0	35	7.0			
						C	100—															
剖16	人为土	水稻土	潴育水稻土	潮砂田	潮砂田	A	0—20	暗灰色	轻壤土	粒状	7.3	31.0	1.45	1.01	43.6	125	49.0	132	6.7	冲积物和红壤冲坡积物	E 117°29′33.4″ N 27°51′12.8″	75
						P	20—27	浅灰色	块状	块状	5.9	14.9	0.93	0.95	44.9	72	10.0	26	6.0			
						W₁	27—38	灰灰色	砂壤土	块状	6.0	8.4	0.58	1.03	44.4	33	5.0	34	6.4			
						W₂	38—69	灰黄色	砂壤土	粒状	7.4	4.6	0.32	0.85	43.1	15	1.0	36	6.5			
						S	69—100	淡黄色	砂壤土	粒状												
剖17	人为土	水稻土	渗育水稻土	砂底田	砂底泥田	A	0—12	灰灰色	中壤土	碎块状	5.2	32.0	2.06	1.48	41.6	229	57.0	47	9.5	冲积物和红壤冲坡积物	E 117°29′46.4″ N 27°50′35.1″	75
						P	12—22	暗灰色	轻壤土	块状	5.7	18.7	0.95	1.10	42.2	60	19.0	41	9.7			
						W	22—47	黄棕色	砂壤土	拟柱状	5.6	8.7	0.51	0.88	44.2	48	3.0	44	5.5			
						C	47—100	黄黄色	中壤土	无结构									7.8			
剖18	人为土	潮土	灰潮土	冷烂田	浅脚烂泥田	A	0—20	暗黑色	中壤土	碎块状	5.0	60.6	3.72	1.87	36.7	313	33.0	184	15.6	河流冲积物	E 117°29′30.2″ N 27°50′49.5″	75
						P	20—100	暗灰色	轻壤土	无结构	5.4	65.4	3.47	2.43	36.6	295	19.0	174	16.1			
						G		青灰色														
剖19	半水成土			黄砂土	旧菜园田	A	0—17	暗灰色	砂壤土	无结构	6.0	14.4	0.69	1.69	>50.0	48	9.0	47	5.6			
						B	17—30	暗黄色	砂壤土	无结构	6.0	19.2	0.74	1.77	>50.0	53	22.0	32	5.9			
						Cs	30—80	黄黄色	紧砂土	无结构	5.5	4.1	0.22	0.70	>50.0	18	13.0	30	2.8			
						Ds	80—100	黄色	紧砂土	无结构	5.5	4.0	0.14	0.68			6.0	32	2.3			
剖20	人为土	水稻土	渗育水稻土	黄砂田	黄泥田	A	0—14	暗灰色	中壤土	碎块状	5.3	20.2	0.95	0.42	28.1	149	3.0	180	6.4	坡积物或残积物	E 117°23′01.4″ N 27°52′20.6″	75
						P	14—19	浅灰色	中壤土	块状	4.9	19.4	0.81	0.38	28.1	78	<1.0	51	6.8			
						W	19—60	棕灰色	中壤土	块状	4.8	19.6	0.80	0.28	28.6	54	1.0	37	6.1			
						C	60—100	灰白色	中壤土	块状	5.0	8.4	0.22	0.25	28.6	12	<1.0	91	6.5			
剖21	人为土	水稻土	渗育水稻土	白土田	白底田	A	0—12	暗黑色	轻壤土	碎块状	5.5	23.1	1.66	1.27	43.0	149	48.0	113	8.9	坡积物或残积物	E 117°25′02.2″ N 27°51′49.0″	97
						P	12—17	暗黑色	中壤土	块状	5.1	22.3	1.35	0.77	41.6	143	11.0	47	8.9			
						W	17—100	土黄色	中壤土	块状	6.0	11.0	0.63	0.58	38.9	93	<1.0	47	8.8			
剖22	人为土	水稻土	潴育水稻土	潮砂田	灰砂田	A	0—12	暗黑色	轻壤土	碎块状	5.5	24.0	1.24	1.47	44.8	121	51.0	87	7.2	冲积物	E 117°29′40.2″ N 27°49′25.7″	95
						P	12—18	暗黑色	中壤土	块状	5.1	15.6	0.90	1.41	45.2	84	16.0	42	7.8			
						W	18—42	灰黄色	中壤土	粒状	5.3	13.4	0.77	1.49	13.8	73	18.0	37	8.2			
						S	42—100	淡黄色	砂土	无结构	5.5	4.7	0.37	1.53	46.7	23	3.0	37	5.2			

续表 Continued

剖面号 Soil profile	土纲 Soil order	土类 Soil great group	亚类 Soil subgroup	土属 Soil genus	土种 Soil species	土层码 Layer code	土层厚度 Depth/cm	颜色 Soil color	质地 Soil texture	土壤结构 Soil structure	pH	有机质 OM/(g/kg)	全氮 TN/(g/kg)	全磷 TP/(g/kg)	全钾 TK/(g/kg)	碱解氮 AN/(mg/kg)	有效磷 AP/(mg/kg)	速效钾 AK/(mg/kg)	阳离子交换量CEC/(cmol/kg)	土壤母质 Parent material	剖面点坐标 Profile coordinate	匹配指数 Matching index/%
剖23	铁铝土	红壤	红土	酸性岩红壤		A	0-8	淡灰红色	轻壤土	粒状	5.5	18.2	0.97	0.57	44.8	89	10.0	51	9.0	中粗粒红壤冲积物	E 117°23′31.5″ N 27°46′03.2″	95
						B	8-45	红色	轻壤土	小块状	7.0	10.7	0.68	0.32	>50.0	54	2.0	51	7.7			
						C	45-100	淡灰色	砂壤土	小块状	6.0	6.7	0.44	0.26	>50.0	35	1.0	51	7.3			
剖24	铁铝土	红壤	红壤	砂质岩红壤		A_1	0-2	灰棕色	砂壤土	粒状	4.5	83.7	2.22			167	2.0	113		砂砾岩	E 117°18′55.0″ N 27°41′14.2″	95
						A_3	2-5	灰棕色	砂壤土	团块状	4.6	46.1	1.03			102	1.0	55				
						B_1	5-10	暗橙色	砂壤土	团块状	4.8	35.0	0.76			82	1.0	47				
						B_3	10-65	橙色	砂壤土	团块状	4.6	11.6	1.00			14	1.0	47				
						C	65-90	橙色	砂壤土	团块状	5.2	6.0	0.16			16	1.0	47				
						6	90-															
剖25	铁铝土	红壤	红土	红泥土	红土田	B	0-15	棕红色	重壤土	碎块状	5.1	14.1	0.81	0.28	19.7	115	3.0	77	3.4	红壤再积物	E 117°22′54.6″ N 27°42′54.5″	95
						C	15-100	红色	重壤土	碎块状	5.3	11.2	0.95	0.28	18.8	70	2.0	38	2.5			
剖26	人为土	潜育水稻土	青泥田	青泥田		A	0-16	暗灰黄色	重壤土	碎块状	4.5	30.0	1.81	0.68	47.3	157	6.0	62	9.4		E 117°18′53.2″ N 27°38′47.9″	95
						P	16-23	浅灰黄色	重壤土	碎块状	4.8	32.5	1.65	0.61	40.1	136	1.0	55	9.5			
						G	23-100	青灰黄色	中壤土	碎块状	5.1	21.3	1.12	0.31	49.3	70	<1.0	62	10.4			
剖27	铁铝土	红壤	红壤	酸性岩红壤		Ao	0-1	黑棕色													红壤再积物		
						A_1	1-10	暗棕色	轻壤土	粒状	5.0	42.9	2.17		43.4	152	2.0	128	8.7			
						A_2	10-29	红棕色	中壤土	团块状	5.6	88.3	3.66		44.2	263	19.0	48	7.9			
						B_1	29-55	淡棕红色	重壤土	碎块状	5.8	24.6	2.01		43.1	82	1.0	48	7.4			
						B_2	55-77	淡红黄色	中壤土	块状	5.4	17.4	2.13		45.2	64	2.0	51	6.0			
						B_3	77-97	暗黄橙色				10.7	1.22			56	1.0	47				
						C	97-															
剖28	人为土	水稻土	潴育水稻土	灰泥田	酸性岩石黄红泥	A	0-15	暗棕色	中壤土	碎块状	5.5	33.8	1.84	1.53		169	>100.0	34	8.7	冲积物和红壤冲积物、坡积物	E 117°21′23.7″ N 27°37′55.7″	95
						P	15-24	灰色	中壤土	块状	5.6	19.1	1.33	1.11		138	19.0	41	7.9			
						W	24-65	棕灰色	轻壤土	块状	5.8	10.9	0.64	1.06		54	1.0	44	7.4			
						S	65-100	淡黄色	砂土	无结构	5.4	7.8	0.42	0.90		35	1.0	41	6.0			
剖29	人为土	水稻土	渗育水稻土	砂田	黄砂田	A	0-11	浅灰黄色	轻壤土	无结构	5.0	19.0	1.55	1.80	>50.0	65	13.0	58	9.3	冲积物	E 117°20′38.9″ N 27°35′35.7″	95
						Cs	11-100	灰黄色	砂壤土	无结构	5.0	13.2	1.08	0.97	>50.0	49	5.0	27	8.4			
剖30	人为土	水稻土	渗育水稻土	黄泥田	黄泥青田	A	0-11	浅灰黄色	中壤土	块状	5.0	23.4	1.48	0.70	29.2	134	25.0	120	8.2	坡积物或残积物	E 117°16′39.2″ N 27°35′41.7″	95
						P	11-17	深英色	砂质黏壤土	块状	5.0	21.5	1.25	0.68	30.1	124	11.0	76	8.1			
						C	17-100	青灰色	中壤土	块状	4.5	12.5	0.58	0.58	17.6	47	1.0	113	11.7			
剖31	人为土	水稻土	淹育水稻土	黄泥田	武夷黄泥田	A	0-12	浅灰棕色	砂质黏壤土	碎块状	5.5	23.1	1.66	0.55	35.6	149	4.8	113	8.9	黑云母岩风化坡积物	E 117°16′12.0″ N 27°30′05.1″	95
						AP	12-17	浅灰棕色	砂质黏壤土	块状	5.5	22.3	1.35	0.34	34.5	143	11.0	47	8.9			
						C	17-100	黄色	中壤土	棱柱状	6.0	11.0	0.63	0.25	32.3	93	<1.0	47	8.8			
剖32	人为土	水稻土	潴育水稻土	灰泥田	青灰泥田	A	0-20	黄灰色	重壤土	棱柱状	4.7	33.7	2.14	1.06	39.7	195	5.0	83	9.1	冲积物和红壤冲积物、坡积物	E 117°17′27.2″ N 27°31′17.0″	95
						P	20-27	黄灰色	中壤土	块状	4.6	33.4	1.75	0.93	40.8	158	4.0	62	8.8			
						W	27-37	深灰色	中壤土	块状	4.5	20.9	1.75	0.93	42.2	77	5.0	73	8.8			
						G	37-100	青灰色	中壤土	块状	4.5	20.9	1.21	0.53	41.2	77	5.0	59	8.6			
剖33	铁铝土	红壤	红壤	酸性岩侵蚀性红壤		A	0-10	暗红棕色	砂壤土	粒状	4.5	28.5	1.37			70	2.0	59		黑云母岩岗岩	E 117°18′17.9″ N 27°30′09.3″	95
						B_1	10-57	暗红棕色	中壤土	块状	4.7	20.1	0.89			71	1.0	69	5.4			
						B_2	57-90	淡红棕色	中壤土	块状	4.8	9.7	1.48			97	<1.0	75	4.9			
						C	90-															
剖34	铁铝土	红壤	红土	酸性岩红壤		A	0-35	棕色	砂壤土	粒状	4.7	85.6	3.71	1.10	36.3	353	5.0	174		中粗粒红壤再积物	E 117°32′56.7″ N 27°55′29.7″	95
						B	35-100	淡棕色	轻壤土	核状	4.7	24.4	1.02	0.54	38.8	145	3.0	71				

续表 Continued

剖面号 Soil profile	土纲 Soil order	土类 Soil great group	亚类 Soil subgroup	土属 Soil genus	土种 Soil species	土层层码 Layer code	土层厚度 Depth/cm	颜色 Soil color	质地 Soil texture	土壤结构 Soil structure	pH	有机质 OM/(g/kg)	全氮 TN/(g/kg)	全磷 TP/(g/kg)	全钾 TK/(g/kg)	碱解氮 AN/(mg/kg)	有效磷 AP/(mg/kg)	速效钾 AK/(mg/kg)	阳离子交换量CEC/(cmol/kg)	土壤母质 Parent material	剖面点坐标 Profile coordinate	匹配指数 Matching index/%
剖35	人为土	水稻土	渗育水稻土	黄泥田	浅灰黄泥田	A	0—14	暗灰色	重壤土	碎块状	5.5	37.3	2.34	1.09	35.5	197	17.0	87	11.0	坡积物或残积物	E 117°30′51.8″ N 27°53′35.5″	95
						P	14—20	暗灰黄色	重壤土	块状	4.6	27.3	1.26	0.84	36.7	88	1.0	62	9.7			
						W	20—55	棕黄色	重壤土	块状	5.6	29.4	0.89	0.80	42.4	78	1.0	47	9.8			
						C	55—100	黄色	中壤土	块状	5.6	19.2	0.56	0.79	36.7	47	<1.0	51	6.2			
剖36	铁铝土	红壤	黄红壤	砂质岩黄红壤		Ao	0—1.5													砂岩	E 117°34′13.3″ N 27°52′01.3″	95
						A₁	1.5—7	暗红棕色	轻壤土	核状	4.5	123.8	2.90			232	3.0	37				
						A₃	7—13	暗灰棕色	轻壤土	核状	4.5	91.6	2.74			185	1.0	138				
						B₁	13—30	淡红棕色	轻壤土	块状	5.0	21.0	1.61			77	1.0	113				
						B₂	30—70	黄棕色	轻壤土	块状	4.6	12.6	0.78			56	<1.0	62				
						B₃	70—100	暗黄棕色	轻壤土	块状	4.9	4.4	0.15			34	1.0	51				
						C	100—															
剖37	铁铝土	红壤	黄红壤	中性岩黄红壤		Ao	0—2	暗红色												次正长斑岩	E 117°31′26.9″ N 27°50′53.0″	95
						A₁	2—8	暗红棕色	中壤土	核状	5.1	90.0	3.66			313	3.0	191				
						A₃	8—44	红棕色	轻壤土	核状	5.0	34.6	2.11			114	1.0	34				
						B₁	44—70	淡红棕色	中壤土	块状	4.8	22.8	1.11			101	<1.0	54				
						B₂	70—94	黄棕色	中壤土	块状	4.8	12.3	1.02			61	1.0	26				
						B₃	94—120	暗黄棕色	中壤土	块状	4.8	15.4	0.81			73	<1.0	44				
						C	120—															
剖38	铁铝土	红壤	红壤	中性岩红壤		Ao	0—1	暗红色												闪长岩	E 117°33′52.9″ N 27°48′52.7″	97
						A₁	1—3	黑棕色	轻壤土	核状	4.6	74.5	2.03			204	3.0	232				
						A₂	3—10	暗棕色	轻壤土	核状	4.7	46.7	1.06			95	1.0	119				
						B₁	10—38	淡红棕色	轻壤土	团块状	5.0	14.9	0.92			102	1.0	75				
						B₂	38—120	淡黄棕色	轻壤土	块状	5.2	5.4	1.12			14	1.0	48				
						B₃	120—150	暗黄橙色	轻壤土	块状	5.1	5.4	0.22			26	1.0	48				
						C	150—	暗黄橙色														
剖39	铁铝土	红壤	粗骨性红壤	中性岩粗骨性红壤		A₁	0—11	暗棕色	轻壤土	粒状	4.9	73.8	2.30			440	3.0	63		次正长斑岩	E 117°37′37.4″ N 27°47′26.3″	97
						A₃	11—30	棕色	砂壤土	粒状	5.0	69.0	2.22			266	3.0	<5				
						C	30—															
剖40	铁铝土	红壤	粗骨性红壤	酸性岩粗骨性红壤		Ao	0—2														黑云母花岗岩	E 117°31′51.0″ N 27°41′40.3″	98
						A₁	2—7	暗红棕色	砂壤土	粒状	4.3	113.3	3.01			155	3.0	138				
						A₃	7—11	红棕色	砂壤土	粒状	4.4	66.6	2.17			153	1.0	77				
						B	11—30	淡棕色	砂壤土	粒状	4.6	30.0	1.51			119	1.0	59				
						C	30—															

松 溪 县

主要土类说明

红壤是松溪县主要土壤类型，占本县地域面积的 75%，主要分布于全县海拔 1000m 以下的山地、丘陵。土壤脱硅富铝化作用强烈，铁铝富集，呈酸性，有胶膜生成，剖面构型为 A-B-C 或 A-C。全剖面呈红色、红棕色，质地较黏重。土层厚度除粗骨性红壤外，一般在 1m 以上，典型红壤亚类可达数米。本县红壤有红壤、粗骨性红壤、黄红壤、水化红壤、红土等亚类。其中，红壤亚类面积最大，占本土类面积的 70% 以上。

水稻土是松溪县第二大土壤类型，占本县地域面积的 17%，是本县的主要耕作土壤。由于长期种植水稻，在人为淹灌、耕作、施肥等综合农业措施影响下，土壤经历了以氧化还原为主的水耕熟化过程，逐步形成了灰色的耕作层、紧实的犁底层、有明显还原淋溶和氧化淀积特征的渗育层等基本发生层次。水稻土由于分布的地形部位、开发年代不同和受人为耕作影响，土壤熟化度有明显的差异。

紫色土是松溪县第三大土壤类型，占本县地域面积的 4%，主要分布在祖墩-花桥-松源-旧县六墩一线丘陵地带。紫色土系由紫色砂砾岩和紫色凝灰岩发育而成的一种岩性土，成土母岩中有紫色的蓝铁矿和菱铁矿，几乎不发生化学变化，因而土壤颜色与母岩保持一致。由于形成时代较晚，成土过程中受侵蚀作用干扰，土壤处在幼年发育阶段。受地带性的影响，已有部分红壤化，但红壤化后还保留一定的紫色，土壤颜色深。土壤中有机质与氮含量都比较低，磷含量较高。本县紫色土分为酸性紫色土和紫泥土两个亚类。

小于本县地域面积 3% 的土壤类型还有黄壤、潮土等。

本区域中心区气候特征

本区域中心区气候特征值
Regional climate characteristics in central area of the region

气候带：中亚热带湿润气候 Climate region: Subtropical humid climate	
年平均气温 /℃ Annual average temperature /℃	18.5
年平均最高气温 /℃ Annual average maximum temperature /℃	23.2
年平均最低气温 /℃ Annual average minimum temperature /℃	15.1
年降水量 /mm Annual precipitation /mm	1696
≥10℃的积温 /℃ Daily temperature accumulated in a year (≥10℃) /℃	6885
年日照时数 /h Annual sunshine /h	1720
年平均相对湿度 /% Annual average relative humidity /%	79
干燥度 Dryness	0.66

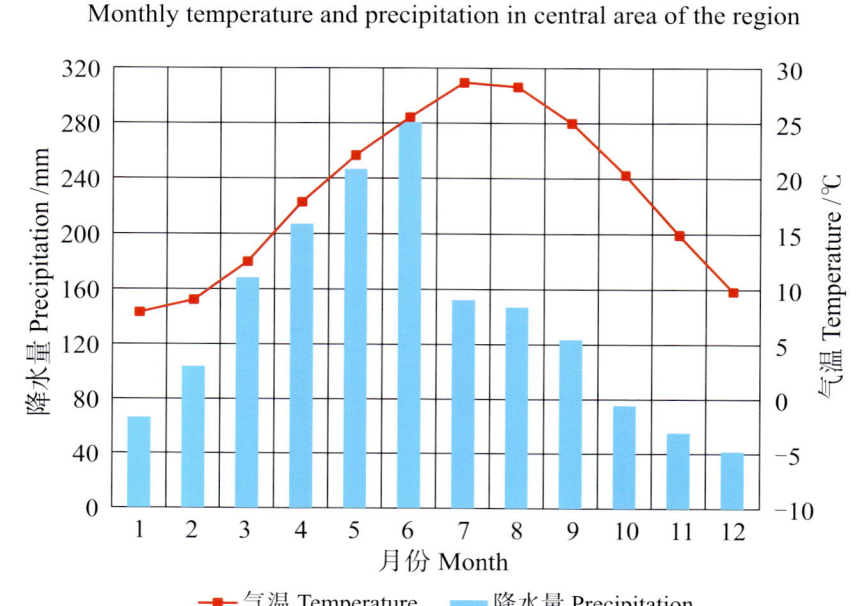

本区域中心区月平均气温与月平均降水量
Monthly temperature and precipitation in central area of the region

松溪县主要土壤类型与土壤剖面点分布图
1∶170 000

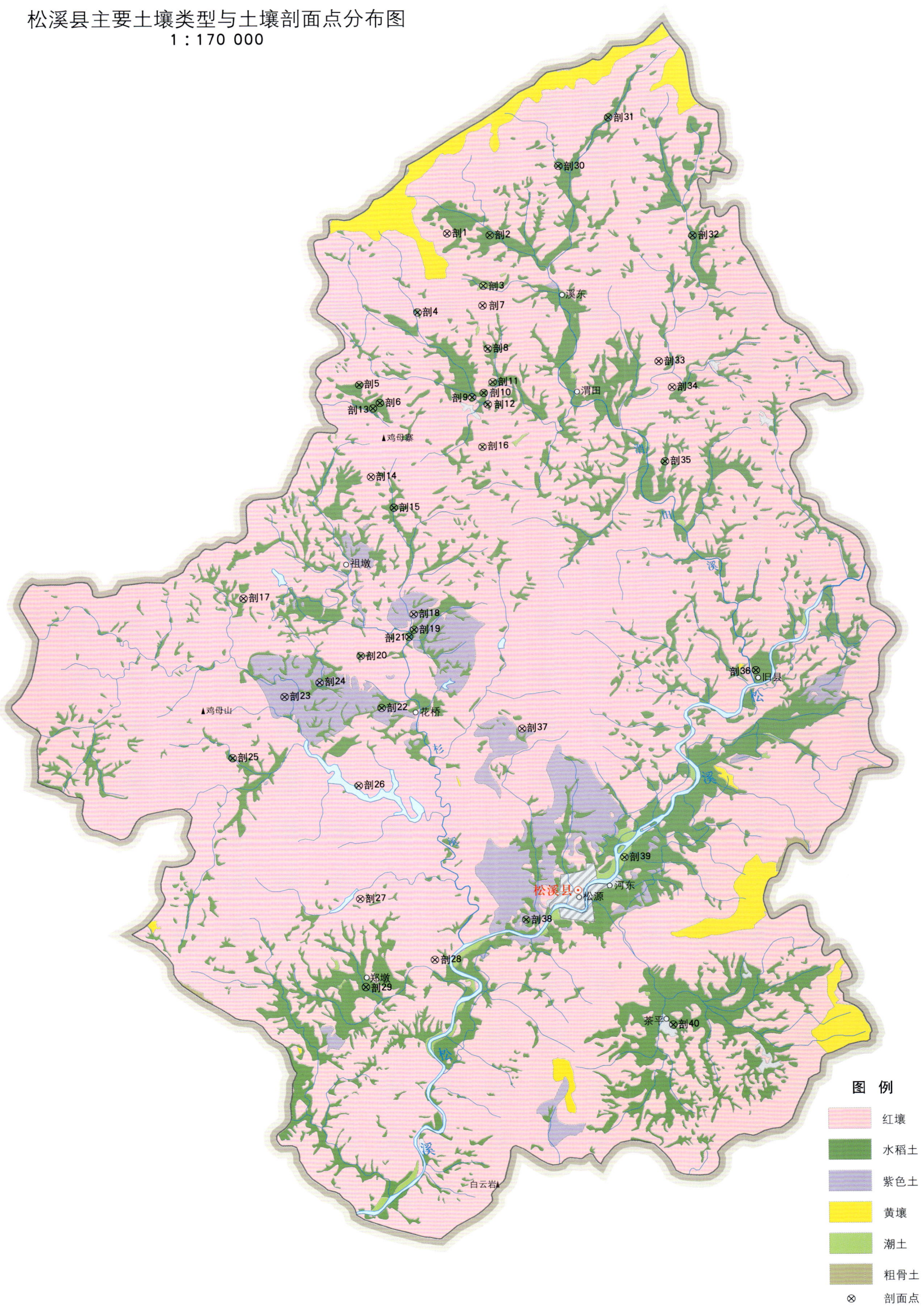

图 例
- 红壤
- 水稻土
- 紫色土
- 黄壤
- 潮土
- 粗骨土
- ⊗ 剖面点

松溪县土壤剖面理化性状表

剖面号 Soil profile	土纲 Soil order	土类 Soil great group	亚类 Soil subgroup	土属 Soil genus	土种 Soil species	土层码 Layer code	土层厚度 Depth/cm	颜色 Soil color	质地 Soil texture	土壤结构 Soil structure	pH	有机质 OM/(g/kg)	全氮 TN/(g/kg)	全磷 TP/(g/kg)	全钾 TK/(g/kg)	碱解氮 AN/(mg/kg)	有效磷 AP/(mg/kg)	速效钾 AK/(mg/kg)	阳离子交换量CEC/(cmol/kg)	土壤母质 Parent material	剖面点坐标 Profile coordinate	匹配指数 Matching index/%
剖1	铁铝土	红壤	黄红壤	中性岩黄红壤		A_3	0—12	棕色	重壤土	核状	4.2	63.4	2.48	1.64	15.8	281	4.0	111	15.1	花岗闪长岩	E 118°43′55.6″ N 27°46′20.0″	97
						B_1	12—27	暗红棕色	中黏土	块状	4.9	38.2	1.27	1.67	15.7	148	<1.0	50	17.3			
						B_2	27—97	红棕色	轻黏土	块状	4.9	29.4	1.28	1.63	13.4	63	<1.0	36	12.8			
						B_3	97—140	淡棕红色	轻黏土	粒状	5.1	25.6	1.16	1.85	14.4	62	<1.0	32	13.1			
剖2	人为土	水稻土	潴育水稻土	灰泥田	灰泥田	A	0—18	暗灰色	中壤土		5.1	27.4	1.57	2.85	34.4		35.0	63	11.5		E 118°44′57.6″ N 27°46′16.6″	97
						P	18—29	暗灰色	重壤土		5.2	24.3	1.07	2.64	35.3		37.0	96	9.6			
						W_1	29—66	棱柱状	重壤土	棱柱状	5.2	12.3	0.71	1.96	35.7		5.0	82	8.3			
						C	66—100	淡棕色	中壤土	柱状	5.3		0.53	2.62	33.9				11.7			
剖3	半水成土	潮土	砂土	灰砂土	灰砂土	A	0—15	灰黄色	轻壤土	小核状	4.8	20.5	0.56	1.82	35.2		34.0	45	6.1	河流冲积物	E 118°44′46.8″ N 27°45′09.4″	97
						B	15—78	灰黄色	轻壤土	中核状	4.6	19.8	0.41	1.10	36.2		14.0	37	5.7			
						C	78—100	灰黄色	砂壤土		4.5	18.4	0.35	1.05	35.3		7.0	39	5.3			
剖4	人为土	水稻土	渗育水稻土	黄泥田	灰黄泥砂田	A	0—16	黄灰色	砂壤土	碎块状	5.4	16.7	1.13	0.70	13.0		43.0	55	5.4		E 118°43′10.0″ N 27°44′35.5″	97
						P	16—25	棕黄色	砂壤土	块状	3.8	5.2	0.36	0.40	13.9		2.0	48	3.8			
						W_1	25—34	褐黄色	中壤土	块状	3.7	4.0	0.26	0.50	14.0		1.0	33	3.7			
						C	34—70	黄棕色	重壤土	柱状	7.1	2.9	0.31	0.51	25.3		<1.0	35	7.1			
剖5	人为土	水稻土	渗育水稻土	紫泥田	紫泥砂田	A	0—15	紫色	砂壤土	碎块状	5.3	20.2	1.64	0.75	25.8		14.0	96	9.3	紫色砂页岩风化物	E 118°41′43.6″ N 27°43′00.6″	97
						P	15—27	紫棕色	轻壤土	块状	4.7	13.9	0.92	0.45	26.4		2.0	71	9.1			
						C	27—100	紫棕色	中壤土	块状	5.0	5.4	0.41	0.39	25.9		<1.0	68	9.1			
剖6	人为土	水稻土	渗育水稻土	黄泥田	黄泥砂田	A	0—11	淡黄色	轻壤土	碎块状	4.8	19.4					18.0	49			E 118°42′09.4″ N 27°42′31.7″	97
						P	11—19	淡黄棕色	轻壤土	块状												
						C	19—70		重壤土	块状												
剖7	铁铝土	红壤	红土	红泥土	灰红泥土	A	0—21	暗灰色	重壤土	块状	4.5	44.3	1.89	0.79	34.5		1.0	152	21.1	冲积-坡积物、坡积物	E 118°44′44.9″ N 27°44′43.1″	97
						B	21—40		中壤土	柱状	4.9	41.6	1.61	0.63	33.3		1.0	150	18.0			
						C	40—100		黏土	柱状	5.2	26.1	0.69	0.59	38.1			111	16.2			
剖8	人为土	水稻土	潴育水稻土	青泥田	青泥田	A	0—16	暗灰色	重壤土	柱状	4.9	46.2	2.45	0.86	27.2		2.0	44	20.5		E 118°44′51.2″ N 27°43′45.6″	97
						P	16—27	青黄色	重壤土	柱状	5.2	66.8	2.09	0.66	27.2		1.0	54	17.1			
						G	27—100	暗青灰色	轻黏土	柱状	5.6	54.7	1.77	0.35	31.3		<1.0	62	18.5			
剖9	人为土	水稻土	渗育水稻土	紫泥田	灰紫紫泥田	A	0—15	紫黄色	中黏土	粒块状	4.9	27.1	1.53	0.81	29.2		23.0	81	13.0	紫色砂页岩风化物	E 118°44′32.0″ N 27°42′45.8″	97
						P	15—27	棕灰色	中壤土	块状	5.2	21.3	1.45	1.58	29.1		11.0	75	12.5			
						W_1	27—62	淡棕色	中壤土	块状	5.2	15.7	0.95	0.42	31.2		5.0	64	12.3			
						C	62—100	灰棕色	中壤土	块状	5.3	<1.0	0.43	0.82	31.7		<1.0	52	12.9			
剖10	人为土	水稻土	渗育水稻土	白土田	白底田	A	0—14	棕灰色	中壤土	碎块状	5.1	31.8	1.63	0.58	30.8		4.0	93	8.4		E 118°44′44.3″ N 27°42′46.6″	97
						P	14—22	暗灰色	中壤土	块状	4.6	19.0	0.93	0.48	33.5		<1.0	29	9.0			
						W_1	22—58	棕黄色	中壤土	核柱状	4.8	7.4	0.84	0.42	37.0		1.0	23	7.8			
						E	58—70	灰黄色	中壤土	块状	4.9	4.9	0.32	0.39	41.9		1.0	42	6.8			
						5	70—100	淡棕黄色	轻壤土	块状	4.6											
剖11	人为土	水稻土	潴育水稻土	灰泥田	砂底灰泥田	A	0—17	暗灰色	中壤土	碎块状	4.6	26.6	1.78	0.66	29.9		23.0	118	10.7		E 118°44′57.6″ N 27°43′00.8″	97
						W_1	17—27	淡灰色	中壤土	核块状	4.2	21.7	1.68	0.97	27.7		20.0	38	11.0			
						P	27—62	淡灰黄色	中壤土	块状	4.7	6.1	0.81	0.37	29.3		1.0	33	10.7			
						C	62—100	淡棕黄色	轻壤土	块状	4.1	4.1	0.31	0.35	33.3		<1.0	30	5.8			
剖12	人为土	水稻土	渗育水稻土	黄泥田	黄泥田	A	0—11	灰黄色	中壤土	碎块状	4.5	20.7	1.08	0.55	14.8		8.0	43	10.7		E 118°44′49.6″ N 27°42′31.1″	97
						P	11—17	灰黄色	中壤土	块状	4.7	18.0	0.99	0.51	13.2		4.0	38	6.2			
						C	17—100	淡棕红色	重壤土	竖鳞片状	4.4	8.9	0.39	0.32	17.2		1.0	70	8.2			

续表 Continued

剖面号 Soil profile	土纲 Soil order	土类 Soil great group	亚类 Soil subgroup	土属 Soil genus	土种 Soil species	土层码 Layer code	土层厚度 Depth/cm	颜色 Soil color	质地 Soil texture	土壤结构 Soil structure	pH	有机质 OM/(g/kg)	全氮 TN/(g/kg)	全磷 TP/(g/kg)	全钾 TK/(g/kg)	碱解氮 AN/(mg/kg)	有效磷 AP/(mg/kg)	速效钾 AK/(mg/kg)	阳离子交换量CEC/(cmol/kg)	土壤母质 Parent material	剖面点坐标 Profile coordinate	匹配指数 Matching index/%
剖13	人为土	水稻土	潴育水稻土	灰泥田	黄底灰泥田	A	0—17	暗棕灰色	重壤土	碎块状	4.2	20.9	1.25	0.48	31.0		4.0	31	7.7		E 118°42′02.8″ N 27°42′28.5″	97
						P	17—28	淡棕黄色	中壤土	块状	4.5	20.9	1.28	0.46	30.7		3.0	36	7.4			
						W₁	28—50	灰棕色	重壤土	核块状	5.0	6.9	0.78	0.37	31.7		<1.0	39	8.1			
						Ch	50—100	黄棕色	中壤土	块状	5.2	1.2	0.19	0.41	32.3		<1.0	66	8.0			
剖14	铁铝土	红壤		酸性岩红壤		A₁	0—16	黑色	中壤土	核状	4.3	99.3	2.30	0.78	24.8	230	18.0	208	20.1		E 118°41′57.8″ N 27°40′56.6″	97
						A₃	16—48	暗灰棕色	重壤土	核状	5.0	43.7	1.04	0.70	31.8	89	6.0	108	15.1			
						B₁	48—69	棕色	重壤土	粒状	4.7	33.4	0.66	0.51	25.0	75	1.0	98	12.5			
						B₂	69—113	红棕色	重壤土	块状	5.1	23.4	0.39	0.51	24.6	41	2.0	81	11.9			
						B₃	113—121	暗灰棕色	重壤土	块状	5.1	23.2	0.30	0.46	23.2	43	<1.0	56	13.1			
剖15	人为土	水稻土	潴育水稻土	黄泥田	乌黄泥田	A	0—17	暗棕灰色	中壤土	碎块状	5.2	25.9	1.37	0.30	20.3		36.0	65	7.1		E 118°42′30.3″ N 27°40′14.4″	97
						P	17—29	暗灰棕色	重壤土	核柱状	5.4	24.3	0.65	0.53	21.0		1.0	45	5.2			
						W₁	29—42	黄灰色	重壤土	粒块状	5.3	19.3	0.32	0.43	17.8		<1.0	45	5.1			
						W₂	42—72	灰黄色	重壤土	块柱状	5.6	18.7	0.28	0.40	14.3		<1.0	62	6.2			
						Ch	72—100	黄色	重壤土	块状	5.6	18.7	0.28	0.40	14.3		<1.0	62	6.2			
剖16	半水成土	潮土		乌砂土	乌砂土	A	0—24	暗棕灰色	轻壤土	粒状										河流冲积物	E 118°44′40.7″ N 27°41′33.9″	97
						B	24—58	棕灰色	中壤土	块状												
						C	58—100	灰黄色	轻壤土	块状												
剖17	铁铝土	红壤		红泥土	红泥土	A	0—12	棕红色	轻黏土	核状		16.6	0.81	0.80	15.9		6.0	35	9.7		E 118°38′48.7″ N 27°38′17.9″	98
						B	12—72	淡红棕色	中壤土	柱状		23.4	0.69	<0.10	18.9			43	9.7			
						C	72—100	红棕色	轻壤土	块状		20.9	0.50	0.60	21.3			43	8.9			
剖18	紫色土		酸性紫色土	凝灰岩酸性紫色土		A₃	0—6	暗棕色	重壤土	粒状	4.5	49.5	1.67	0.29	21.7	127	2.0	126	15.2	凝灰岩	E 118°42′55.5″ N 27°37′52.2″	97
						B₁	6—28	紫棕色	轻黏土	块状	4.1	28.5	1.17	0.27	24.2	105	2.0	81	12.7			
						B₂	28—70	红棕色	轻黏土	块状	4.4	8.7	0.63	0.25	27.9	36	1.0	58	12.4			
						B₃	70—110	淡棕色	轻壤土	块状	5.2	5.7	0.41	0.23	27.8	36	1.0	46	13.2			
剖19	人为土	水稻土	潴育水稻土	紫泥田	紫泥田	A	0—19	暗棕色	重壤土	碎块状	5.2	26.9	1.27	0.75	26.1	139	13.0	49	9.7	紫红色凝灰质化物	E 118°42′56.0″ N 27°37′31.3″	97
						P	19—30	紫棕色	中壤土	块状	4.4	24.0	0.52	0.42	28.5	105	<1.0	54	8.4			
						C	30—100	紫色	中壤土	块状	4.5	21.9	0.39	0.40	27.0	81	<1.0	49	8.1			
剖20	人为土	水稻土	淹育水稻土	白土田	茄粉田	A	0—12	淡灰黄色	中壤土	碎块状	4.5	14.0					14.0	58			E 118°41′37.2″ N 27°36′57.6″	97
						AE	12—19	灰灰色	中壤土	块状	5.2	26.8	1.27	0.33	21.6	171	13.0	49	9.7			
						E	19—30	灰白色	中壤土	块状	4.4	24.0	0.52	0.18	23.6	100	<1.0	54	8.4			
						C		淡灰黄色	中壤土	粒状	4.5	21.9	0.39	0.17	22.4	81	<1.0	49	8.1			
剖21	人为土	水稻土	渗育水稻土	紫泥田	龙塘紫泥田	A	0—14	暗棕色	轻壤土	碎块状	4.0	45.5	1.87	0.72	19.9		14.0	75	8.3	紫红色凝灰质化物	E 118°42′48.1″ N 27°37′22.2″	95
						AP	14—25	棕色	中壤土	块状	4.4	39.8	1.08	0.66	21.1		7.0	66	8.3			
						C	25—100	紫棕色	黏壤土	块状	5.1	29.0	0.88	0.56	22.6		4.0	61	9.5			
剖22	人为土	水稻土	渗育水稻土	紫泥田	乌紫泥田	A	0—20	暗红棕色	重壤土	块状	4.2	24.0	0.69	0.39	23.4	68	1.0	72	7.8	紫砂页岩风化物	E 118°42′06.3″ N 27°35′47.1″	97
						W₁	20—30	暗红色	重壤土	棱柱状	5.0	29.2	0.78	0.63	25.1	58	1.0	90	8.3			
						W₂	30—42	黄棕色	中壤土	核块状	4.3	22.1	0.73	0.55	22.6	53	1.0	89	9.5			
						C	42—70	淡紫棕色	中壤土	棱柱状	5.2	15.2	0.40	0.35	23.4		<1.0	72	7.8			
剖23	初育土	紫色土	酸性紫色土	砂砾岩酸性紫色土		A₁	0—9	暗棕色	轻壤土	块状	4.0	45.5	1.87	0.72	26.8	171	14.0	155	14.8	紫色砂砾岩风化物	E 118°39′45.5″ N 27°36′04.5″	97
						A₃	9—22	棕色	中壤土	块状	4.4	39.8	1.08	0.66	27.8	100	7.0	117	14.5			
						B₂	22—36	暗棕红色	重壤土	块状	5.1	29.0	0.88	0.56	28.8	68	4.0	121	14.2			
						B₂	36—62	暗红色	重壤土	块状	4.2	24.0	0.69	0.39	28.8	58	1.0	99	13.0			
						B₃	62—110	暗红色	重壤土	块状	5.0	29.2	0.78	0.45	28.3	53	1.0	90	13.4			
剖24	初育土	紫色土	酸性紫色土	猪肝土	猪肝土	A	0—20	棕红色	重壤土	中核状	5.4	22.1	0.73	0.35	25.1		1.0	89	16.1	紫色砂砾岩风化物	E 118°40′36.7″ N 27°36′22.8″	98
						B	20—65	棕红色	重壤土	柱状	4.6	15.2	0.40	0.41	24.1		<1.0	89	16.4			
						C	65—100	暗棕红色	重壤土	柱状	4.4	7.5	0.33	0.39	29.5		<1.0	62	13.6			

剖面号 Soil profile	土纲 Soil order	土类 Soil great group	亚类 Soil subgroup	土属 Soil genus	土种 Soil species	土层码 Layer code	土层厚度 Depth/cm	颜色 Soil color	质地 Soil texture	土壤结构 Soil structure	pH	有机质 OM/(g/kg)	全氮 TN/(g/kg)	全磷 TP/(g/kg)	全钾 TK/(g/kg)	碱解氮 AN/(mg/kg)	有效磷 AP/(mg/kg)	速效钾 AK/(mg/kg)	阳离子交换量CEC/(cmol/kg)	土壤母质 Parent material	剖面点坐标 Profile coordinate	匹配指数 Matching index/%
剖25	人为土	水稻土	潴育水稻土	乌泥田	黄底乌泥田	A	0—15	暗灰色	中壤土	粒状											E 118° 38′ 28.2″ N 27° 34′ 43.8″	97
						P	16—24	暗黄灰色	中壤土	块状												
						W₁	24—42	棕灰色	中壤土	棱状												
						W₂	42—62	黄灰色	中壤土	棱柱状												
						Ch	62—100	淡黄棕色	黏土	块状												
剖26	铁铝土	红壤	水化红壤	堆积性水化红壤		A₁	0—6	暗黄棕色	重壤土	块状	4.3	50.6	1.07	0.30	13.5	138	9.0	102	9.4		E 118° 41′ 30.5″ N 27° 34′ 04.0″	97
						A₃	6—13	褐色	重壤土	块状	5.1	28.5	0.54	0.17	13.6	68	2.0	89	7.4			
						B₁	13—35	灰黄色	轻黏土	棱状	4.9	23.2	0.38	0.16	12.9	44	1.0	91	7.2			
						B₂	35—68	红黄色	轻黏土	棱柱状	4.8	21.9	0.34	0.16	13.6	34	<1.0	83	8.3			
						B₃	68—90	淡红黄色	黏土	块状	4.0	26.5	0.31	0.16	14.4	34	<1.0	76	8.7			
剖27	铁铝土	红壤		中性岩红壤		A₃	0—3	暗棕色	重壤土	粒状	5.1	54.5	3.12	1.43	23.3	167	2.0	195	19.1		E 118° 41′ 28.9″ N 27° 31′ 31.4″	97
						B₁	3—17	淡棕色	重壤土	核状	5.0	39.3	1.62	1.38	26.0	148	1.0	179	14.7			
						B₂	17—86	红棕色	轻黏土	块状	5.1	35.5	1.01	1.19	23.1	131	<1.0	125	12.0			
						B₃	86—130	淡红黄色	轻黏土	块状	5.2	28.1	0.79	1.15	24.7	68	<1.0	73	9.8			
剖28	铁铝土	红壤		红泥土	灰红泥土	A	0—15	红棕色	轻壤土	粒状											E 118° 43′ 15.4″ N 27° 30′ 07.2″	95
						B	15—57	淡红棕色	中壤土	块状												
						C	57—100	红棕色	轻壤土	竖鳞片状												
剖29	人为土	水稻土	潴育水稻土	砂质田	砂层田	A	0—13	灰棕色	砂壤土	碎块状	4.2	18.3	0.40	0.94	33.1		7.0	112	4.6		E 118° 41′ 35.7″ N 27° 29′ 40.9″	95
						Cs	13—70	淡棕色	轻壤土	碎块状			0.73	0.77	28.8				3.9			
剖30	人为土	水稻土	潴育水稻土	砂质田	黄砂田	A	0—12	暗黄棕色	轻壤土	碎块状	5.5	14.8	1.05	0.81	37.5		6.0	72	6.4		E 118° 46′ 39.2″ N 27° 47′ 48.1″	95
						Cs	12—70	暗黄棕色	轻壤土	碎块状	4.6	3.4	0.53	0.93	37.7		10.0	86	4.9			
剖31	人为土	水稻土	潴育水稻土	冷烂田	锈水田	P	0—15	灰色	重壤土	块状											E 118° 47′ 53.3″ N 27° 48′ 52.3″	97
						G	15—23	暗棕色	重壤土	块状												
剖32	人为土	水稻土		红土田	红土田	A	23—100	暗黄棕色	重壤土	块状	4.9	19.8	0.76	0.66	13.2	215	8.1	82	8.8		E 118° 49′ 52.3″ N 27° 46′ 11.7″	97
						C	0—11	淡黄棕色	中壤土	核状	4.4	3.4	0.34	0.35	13.6	102	<1.0	61	12.4			
							11—70				4.2	72.1	2.06	0.56	22.6	48	7.0	133	19.6			
剖33	铁铝土	红壤		泥质岩红壤		A₁	0—5	黑棕色	重壤土	核状	4.0	44.7	2.10	0.45	24.5		4.0	78	15.8	粉砂岩、细砂岩等	E 118° 48′ 59.5″ N 27° 43′ 25.0″	97
						A₃	5—24	暗棕色	重壤土	核状	4.5	24.0	1.15	0.43	27.9		1.0	48	13.5			
						B₁	24—41	淡棕色	重壤土	核状	4.7	23.4	1.15	0.35	29.0		2.0	32	8.6			
						B₂	41—73	红黄色	重壤土	核状	4.4	24.2	1.01	0.38	29.8		1.0	38	8.8			
						B₃	73—150	暗棕色	重壤土	核状	4.4	79.1	1.76	0.62	24.3	158	8.0	234	13.9			
剖34	铁铝土	红壤		砂质岩红壤		A₁	0—3	暗棕色	重壤土	核状	4.6	51.7	1.77	0.53	28.4	106	2.0	212	12.4	砂岩、砂砾岩等	E 118° 49′ 17.8″ N 27° 42′ 49.6″	97
						A₃	3—11	暗黄棕色	重黏土	核状	4.5	32.8	0.58	0.48	32.9	72	2.0	124	10.2			
						B₁	11—23	淡黄棕色	重壤土	核状	4.9	25.0	0.41	0.44	38.8	42	1.0	51	12.7			
						B₂	21—99	红黄色	轻黏土	块状	3.9	21.2	0.35	0.41	41.7	41	1.0	62	13.1			
						B₃	99—130	淡黄棕色	中壤土	碎块状	4.1	21.1	2.06	1.13	31.9		4.0	37	13.0			
剖35	人为土	水稻土	潴育水稻土	灰泥田	白底灰泥田	A	0—12	暗黄棕色	中壤土	块状	4.6	17.4	1.36	0.62	31.7		1.0	26	11.2		E 118° 49′ 05.3″ N 27° 41′ 09.9″	97
						P	12—24	暗黄棕色	重黏土	梭柱状	5.2	17.5	0.74	0.42	31.5		<1.0	26	10.4			
						W₁	24—50	淡黄棕色	中壤土	块状	4.3	3.5	0.24	0.51	40.2		<1.0	12	6.6			
						E	50—70	暗灰白色	轻壤土	小核状	5.4	21.9	1.05	0.87	34.2		37.0	57	5.4			
剖36	人为土	水稻土		潮砂田	乌砂田	A	0—15	暗灰色	轻壤土	块状	4.5	24.8	0.76	0.80	34.2		13.0	32	4.5	冲积物为主	E 118° 51′ 10.0″ N 27° 36′ 28.1″	95
						P	15—25	灰黄色	轻壤土	拟柱状	7.4	20.3	0.29	1.22	35.5		4.0	58	7.4			
						W₁	25—37	淡灰黄色	砂壤土	拟柱状	8.0	20.0	0.32	1.29	37.0		6.0	64	8.0			
						W₂	37—72	黄灰色	砂壤土	块状												
						C	72—100															

续表 Continued

剖面号 Soil profile	土纲 Soil order	土类 Soil great group	亚类 Soil subgroup	土属 Soil genus	土种 Soil species	土层码 Layer code	土层厚度 Depth/cm	颜色 Soil color	质地 Soil texture	土壤结构 Soil structure	pH	有机质 OM/(g/kg)	全氮 TN/(g/kg)	全磷 TP/(g/kg)	全钾 TK/(g/kg)	碱解氮 AN/(mg/kg)	有效磷 AP/(mg/kg)	速效钾 AK/(mg/kg)	阳离子交换量CEC/(cmol/kg)	土壤母质 Parent material	剖面点坐标 Profile coordinate	匹配指数 Matching index/%
剖37	铁铝土	红壤	红壤	基性岩红壤		A₃	0—5	暗黄棕色	重壤土	核状	5.0	57.9	1.38	0.61	29.2	128	6.0	142	13.7		E 118°45′29.3″ N 27°35′15.6″	97
						B₁	5—14	红棕色	重壤土	块状	4.6	33.9	0.62	0.41	30.2	76	1.0	115	10.3			
						B₂	14—82	淡棕红色	重壤土	块状	4.8	18.6	0.26	0.36	33.7	34	<1.0	82	11.1			
						B₃	82—140	红棕色	中壤土	块状	4.9	17.8	0.26	0.31	35.4	34	<1.0	101	9.0			
剖38	人为土	水稻土	潴育水稻土	灰泥田	青隔灰泥田	A	0—18	暗棕色	黏壤土	碎块状	5.1	25.0	1.44	0.40	11.1		22.0	63	7.2	坡积物	E 118°45′29.2″ N 27°30′59.0″	95
						AP	18—26	灰色	粉砂质黏壤土	块状	5.3	15.3	0.75	0.20	11.2		12.0	18	6.1			
						W(g)	26—55	暗灰色	黏壤土	棱柱状	5.2	8.3	0.64	0.27	10.8		1.0	20	7.3			
						Cg	55—100	暗灰色	黏壤土	块状	4.6	9.3	0.40	0.28	9.1			41	5.7			
剖39	半水成土	潮土	砂土	黄砂土	黄砂土	A	0—23	灰黄色	砂土	无结构	5.1	8.9	0.39	0.83	35.8		23.0	85	5.0	河流冲积物	E 118°47′53.9″ N 27°32′20.6″	98
						B	23—100	黄色	砂壤土	无结构	4.8	3.4	0.31	0.49	36.7		1.0	29	4.6			
剖40	人为土	水稻土	潴育水稻土	潮砂田	灰砂田	A	0—14	棕灰色	轻壤土	碎块状	5.1	30.8		0.98	37.2		12.0	169	12.7	冲积物为主	E 118°48′58.6″ N 27°28′35.3″	95
						P	14—24	淡灰色	轻壤土		4.8	15.6		0.50	38.9		1.0	51	10.1			
						W₁	24—60	黄灰色	轻壤土	柱状	4.1	19.8		0.51	34.2		<1.0	30	10.4			
						C	60—100	黄灰色	轻壤土	块状	4.9	15.0		0.50	35.2		<1.0		9.5			

政 和 县

主要土类说明

红壤是政和县主要土壤类型，占本县地域面积的 66%，是本县分布最广、面积最大的一种地带性土壤。土壤脱硅富铝化作用强烈，呈酸性，有明显胶膜，剖面构型为 A-B-C 或 A-B，表层为黑色或暗灰色，心土层为红色至棕红色，质地较黏重，土层深厚，除粗骨性红壤外一般在 1m 以上，深可达十几米。本县红壤分为红壤、粗骨性红壤、黄红壤、红土等亚类。其中，红壤亚类面积约占本土类的 40%，黄红壤亚类面积约占本土类的 30%。

黄壤是政和县第二大土壤类型，占本县地域面积的 21%，主要分布在海拔 930—1597m 的中山地带。所处位置海拔较高，雾大，湿度大，日照短，气温低，大多植被较浓密，干湿不明显，土壤脱硅富铝化作用较弱，有利于黄壤化过程，土体中氧化铁充分水化，使土壤常呈金黄色或蜡黄色，剖面构型一般为 A_0、$A_1-(B)-C$，呈酸性。土壤腐殖质积累比较丰富，有机质和氮、磷、钾含量较高。根据母岩性质和发育程度，本县黄壤分为黄壤、粗骨性黄壤和黄泥土等亚类。

水稻土是政和县第三大土壤类型，占本县地域面积的 11%，主要分布于溪河两岸、山涧谷地和丘陵坡地，海拔 142m 的新厂至海拔 1114m 的洞官均有分布。由于成土过程的地形、水型和构型的不同，受垦殖年限长短和耕作水平高低的影响，土壤熟化度各有差异，从而产生不同形式的土壤类型。本县水稻土分为潴育型、潜育型和渗育型等亚类。其中，潴育水稻土面积最大，分布最广，主要分布于河流两岸冲积平原，部分分布于山垄谷地的中下部和村庄附近的丘陵缓坡田，地下水位较高，一般出现在 50—100cm。在水耕熟化成土过程中，由于地下水和地表水的双重作用，氧化还原交替进行，当地表水减少时（如烤田，各种作物和翻犁晒白），土壤孔隙充满空气，以氧化过程占优势，还原态的铁、锰氧化物被氧化淀积而形成各种形态的新生体，如铁锰结核、锈纹锈斑。相反，地下水位升高时，土壤孔隙为水分所充满，则以还原过程占优势。

小于本县地域面积 3% 的土壤类型还有粗骨土、紫色土、石灰（岩）土、潮土等。

本区域中心区气候特征

本区域中心区气候特征值
Regional climate characteristics in central area of the region

气候带：中亚热带湿润气候 Climate region: Subtropical humid climate	
年平均气温 /℃ Annual average temperature /℃	18.9
年平均最高气温 /℃ Annual average maximum temperature /℃	23.8
年平均最低气温 /℃ Annual average minimum temperature /℃	15.6
年降水量 /mm Annual precipitation /mm	1657
≥10℃的积温 /℃ Daily temperature accumulated in a year（≥10℃）/℃	6856
年日照时数 /h Annual sunshine /h	1702
年平均相对湿度 /% Annual average relative humidity /%	79
干燥度 Dryness	0.69

本区域中心区月平均气温与月平均降水量
Monthly temperature and precipitation in central area of the region

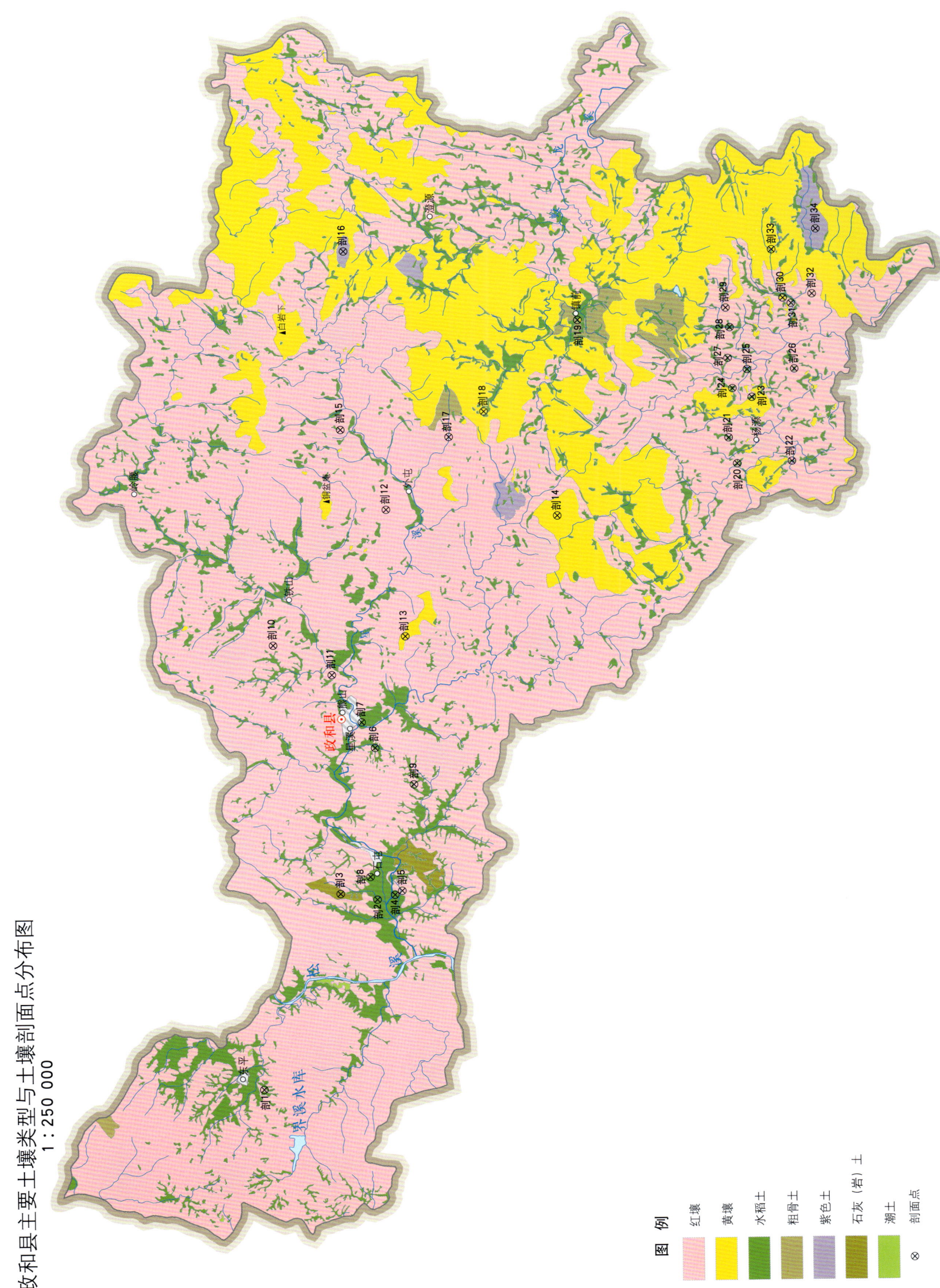

政和县土壤剖面理化性状表

剖面号 Soil profile	土纲 Soil order	土类 Soil great group	亚类 Soil subgroup	土属 Soil genus	土种 Soil species	土层码 Layer code	土层厚度 Depth/cm	颜色 Soil color	质地 Soil texture	土壤结构 Soil structure	pH	有机质 OM/(g/kg)	全氮 TN/(g/kg)	全磷 TP/(g/kg)	全钾 TK/(g/kg)	碱解氮 AN/(mg/kg)	有效磷 AP/(mg/kg)	速效钾 AK/(mg/kg)	阳离子交换量CEC/(cmol/kg)	土壤母质 Parent material	剖面点坐标 Profile coordinate	匹配指数 Matching index/%
剖1	铁铝土	红壤	红土	红泥土	灰红泥土	A	0—36	暗红棕色	中黏土	粒状	4.4	29.5	1.23	2.18	7.8		8.0	118	11.8		E 118°37′48.0″ N 27°24′56.3″	97
						B	36—96	红棕色	中黏土	块状	4.2	11.0	0.63	1.96	7.3		2.0	45	9.7			
						C	96—150	淡棕红色	中黏土	棱柱状	4.3	10.0	0.51	1.78	7.0		2.0	26	10.0			
剖2	人为土	水稻土	渗育水稻土	白土田	白鳝泥田	A	0—18	棕灰色	重壤土	小块状	4.8	29.7	1.43	0.67	15.5	299	4.0	87	11.6		E 118°44′31.9″ N 27°21′14.8″	95
						P	18—26	淡灰色	重壤土	块状	5.2	29.6	1.29	0.46	15.1	178	2.0	52	11.7			
						E	26—75	灰白色	重壤土	片状	5.6	28.2	1.30	0.31	15.5	152	2.0	28	13.2			
						Ce	75—150	白色	重壤土	粒状	5.6	44.3	1.72	0.20	18.1	187	2.0	26	14.5			
剖3	初育土	石灰(岩)土	棕色石灰土	棕泥土		A_3	0—12	暗棕色	轻壤土	小块状	4.9	60.7	2.10			71	9.0	235		石灰岩	E 118°44′46.0″ N 27°22′23.9″	74
						B_1	12—35	棕色	中壤土	块状	4.9	24.7	0.90			100	2.0	82				
						B_2	35—67	淡棕红色	中壤土	红棕色	5.0	17.6	0.80			139	1.0	49				
						B_3	67—87	红棕色	中壤土	块状	5.3	9.6	0.50			238	<1.0	37				
剖4	人为土	水稻土	渗育水稻土	砂质田	黄砂田	A	0—14	暗黄棕色	砂壤土	小粒状	5.5	14.2	0.78	0.66	28.3	139	4.0	45	7.5		E 118°44′42.0″ N 27°20′41.7″	97
						Cs	14—150	黄棕色	砂土	粒状	5.8	3.2	0.50	0.72	32.7	43	4.0	28	5.8			
剖5	铁铝土	红壤	基性岩红壤			A_3	0—11	暗棕色	中壤土	粒状	5.3	42.3	1.90			193	4.0	117	14.3	橄榄玄武岩	E 118°44′49.3″ N 27°20′29.4″	97
						B_1	11—38	暗棕红色	重壤土	块状	5.1	35.6	0.90			175	3.0	161	15.5			
						B_2	38—109	红棕色	重壤土	块状	5.0	24.5	0.60			154	2.0	122	13.2			
剖6	人为土	水稻土	渗育水稻土	黄泥田	灰黄泥田	A	0—15	暗黄棕色	中壤土	块状	4.8	37.8	2.26	1.96	11.3	310	2.0	66	7.0		E 118°50′01.9″ N 27°21′11.8″	98
						P	15—25	暗黄棕色	中壤土	块状	5.2	14.6	2.28	2.08	11.5	235	2.0	56	5.2			
						W	25—65	黄棕色	轻壤土	柱状	5.8	5.4	1.10	1.40	11.5	147	1.0	33	5.7			
						C	65—120	黄棕色	黏土	块状	6.1	3.8	0.57	1.55	11.9	90	2.0	46	7.2			
剖7	人为土	水稻土	潴育水稻土	潮砂田	乌砂田	A	0—14	暗棕色	砂壤土	碎团状	6.5	12.7	0.69	1.13	33.0	194	12.0	63	7.8	冲积物	E 118°50′58.2″ N 27°21′35.9″	97
						P	14—22	暗棕色	砂壤土	块状	5.2	25.8	1.71	0.75	34.3	128	1.0	31	9.0			
						W_1	22—57	灰黄棕色	轻壤土	柱状	5.8	5.4	1.06	1.27	33.7	73	1.0	28	5.2			
						W_2	57—98	黄棕色	重壤土	柱状	5.9	3.8	0.57	0.89	32.3	91	15.0	31	5.7			
						C	98—130	暗黄棕色	重壤土	块状	5.2	3.2	0.36	0.76	31.9	73	1.0	36	7.2			
剖8	人为土	水稻土	潴育水稻土	灰泥田	灰泥田	A	0—19	暗黄棕色	砂壤土	碎团状	4.8	38.4	1.93	0.92	28.3	244	1.0	81	9.0		E 118°45′25.8″ N 27°21′25.4″	98
						P	19—28	暗棕色	中壤土	块状	5.2	29.2	1.69	0.69	27.9	179	2.0	89	9.0			
						W	28—59	暗棕色	中壤土	柱状	6.0	36.2	1.80	0.48	28.0	136	1.0	26	9.0			
						C	59—120	淡黄棕色	中壤土	块状	5.3	24.6	1.13	0.26	33.6	186	1.0	31	7.8			
剖9	铁铝土	红壤	红土	砂质岩红壤		A_3	0—7	棕色	轻壤土	粒状	5.5	55.2	2.20			319	6.0	272			E 118°48′41.5″ N 27°20′01.5″	97
						B_1	7—29	红棕色	中壤土	块状	5.1	32.7	1.80			232	2.0	176				
						B_2	29—81	淡红棕色	中壤土	柱状	5.1	21.2	1.10			202	1.0	133				
						C	81—100	红棕色	中壤土	块状	5.2	5.6	0.70			133	1.0	101				
剖10	铁铝土	红壤	粗骨性红壤	酸性岩粗骨红壤		A	0—20	黑棕色	轻壤土	小块状	4.8	79.2	4.00			463	6.0	181	10.6		E 118°53′50.1″ N 27°24′18.9″	93
						B	20—50	红棕色	中壤土	块状	5.0	28.1	1.60			271	2.0	69				
剖11	铁铝土	红壤	红土	红泥土		A	0—50	暗红棕色	重黏土	粒状	4.8	26.6	1.30	0.95	9.7		3.0	56	9.6		E 118°52′42.8″ N 27°22′30.1″	100
						B	50—104	棕红色	重黏土	块状	4.8	12.3	0.68	0.81	12.0		3.0	37	9.2			
						C	104—150	淡红棕色	重黏土	柱状	4.8	8.2	0.57	0.80	11.2		2.0	52				
剖12	铁铝土	红壤	黄红壤	中性岩黄红壤		A_1	0—8	暗红色	重壤土	粒状	4.4	77.1	2.90			275	5.0	146			E 118°58′38.8″ N 27°20′40.4″	97
						A_2	8—23	黄棕色	轻壤土	块状	4.6	29.9	1.00			119	1.0	46				
						B_1	23—44	红黄色	轻壤土	块状	5.1	9.3	0.60			54	1.0	30				
						B_2	44—75	暗黄色	轻壤土	块状	5.3	5.8	0.60			76	<1.0	27				
						B_3	75—115	淡红黄色	轻壤土	块状	5.4	11.6	0.40			68	1.0	31				

续表 Continued

剖面号 Soil profile	土纲 Soil order	土类 Soil great group	亚类 Soil subgroup	土属 Soil genus	土种 Soil species	土层码 Layer code	土层厚度 Depth/cm	颜色 Soil color	质地 Soil texture	土壤结构 Soil structure	pH	有机质 OM/(g/kg)	全氮 TN/(g/kg)	全磷 TP/(g/kg)	全钾 TK/(g/kg)	碱解氮 AN/(mg/kg)	有效磷 AP/(mg/kg)	速效钾 AK/(mg/kg)	阳离子交换量CEC/(cmol/kg)	土壤母质 Parent material	剖面点坐标 Profile coordinate	匹配指数 Matching index/%
剖13	铁铝土	黄壤	粗骨性黄壤	酸性岩粗骨黄壤		A₁	0—17	黑棕色	轻壤土	粒状	4.4	69.4	2.20			246	11.0	100			E 118°54′04.4″ N 27°20′10.2″	97
						A₃	17—34	褐灰棕色	中壤土	粒状	4.5	43.8	1.50			126	8.0	88				
剖14	铁铝土	黄壤	黄壤	中性岩黄壤		A₁	0—8	暗黄色	重壤土	核状	4.3	96.6	3.20			305	8.0	139			E 118°58′18.0″ N 27°15′20.2″	97
						A₃	8—18	淡黄色	中壤土	核状	4.5	36.1	1.10			132	6.0	69				
						B₁	18—35	黄色	中壤土	块状	4.9	12.8	0.60			67	<1.0	64				
						B	35—85	黄色	中壤土	块状	5.1	3.5	0.40			57	<1.0	45				
剖15	铁铝土	红壤	红壤	中性岩红壤		A₃	0—5	栗色	轻壤土	粒状	4.8	34.6	2.30			326	12.0	157			E 119°01′35.2″ N 27°22′02.2″	98
						B₁	5—20	暗棕色	中壤土	块状	4.9	31.2	1.30			241	5.0	83				
						B₂	20—71	淡红棕色	中壤土	块状	4.7	26.9	1.30			201	2.0	52				
						B₃	71—86	红棕色	中壤土	块状	4.9	20.9	1.10			270	2.0	68				
剖16	初育土	紫色土	中性紫色土	堆积中性紫色土		A	0—21	紫棕色	重壤土	核状	4.9	9.6	0.50			95	1.0	234			E 119°08′01.6″ N 27°21′48.1″	97
						B₁	21—33	紫棕色	轻壤土	块状	4.8	5.0	0.40			64	<1.0	142				
						B	33—120	棕色	轻壤土	块状	4.9	2.3	0.20			66		143				
剖17	铁铝土	红壤	粗骨性红壤	中性岩粗骨红壤		A	12—50	暗棕色	轻壤土	核状	4.9	49.9	2.70			263	20.0	150			E 119°01′14.7″ N 27°18′39.1″	95
						A₃		灰棕色	轻壤土	块状	5.0	43.8	1.90			262	11.0	134				
剖18	铁铝土	黄壤	黄壤	黄泥	黄泥土	A	0—26	淡黄棕色	中壤土	碎块状	5.0	34.4	1.72	0.89	11.6		4.0	37	14.4		E 119°02′08.1″ N 27°17′33.0″	98
						B	26—73	淡红黄色	中壤土	棱柱状	5.1	25.0	0.82	0.48	11.7		<1.0	26	11.2			
						C	73—150	红黄色	中壤土	柱状	4.9	17.5	1.26	0.51	10.9		<1.0	51	12.6			
剖19	人为土	水稻土	潜育水稻土	灰泥田	白底灰泥田	A	0—18	灰色	中壤土	块状	5.0	29.9	1.44	0.67	25.3	247	6.0	78	8.3		E 119°05′29.7″ N 27°14′33.8″	98
						P	18—28	灰色	中壤土	核状	5.1	19.4	1.13	0.45	24.7	109	<1.0	37	7.2			
						W	28—105	灰白色	中壤土	柱状	5.1	11.0	0.65	0.32	25.2	160	1.0	50	6.5			
						Ce	105—140	白色	重壤土	块状	4.9	4.2	0.42	0.29	34.2	99	<1.0	52	6.4			
剖20	人为土	水稻土	潜育水稻土	青泥田	青泥田	A	0—16	栗色	中壤土	小块状	4.9	33.5	1.97	0.73	28.4	303	17.0	37	10.1		E 119°00′03.1″ N 27°09′40.9″	97
						P	16—26	暗黄色	中壤土	块状	4.9	30.0	1.86	0.67	28.0	166	6.0	26	10.1			
						G	26—150	青灰黄色	中壤土	糊烂无结构	4.8	55.4	2.04	0.33	27.0	244	2.0	26	11.7			
剖21	人为土	水稻土	潴育水稻土	乌泥田		A	0—18	暗黄色	中壤土	碎块状	5.9	37.2	1.75	4.37	22.9	189	40.0	33	16.3		E 119°02′59.7″ N 27°09′55.3″	75
						W₁	18—26	暗灰黄色	中壤土	块状	4.9	24.9	1.01	3.28	27.6	270	>100.0	116	14.4			
						W₂	26—55	暗灰色	中壤土	棱柱状	4.9	22.5	1.03	3.31	23.1	168	>100.0	194	19.2			
						C	55—83	暗黄色	中壤土	柱状	5.4	26.8				298	>100.0	172				
剖22	人为土	水稻土	潴育水稻土	黄泥砂田		A	83—120	绿黄色	重壤土	块状	5.9	34.4	1.53	4.22	24.0	349	65.0	124	15.1		E 119°00′59.7″ N 27°09′10.2″	97
						P	0—12	棕灰色	中壤土	粒状	4.9	22.8	1.88	0.94	39.7	122	25.0	83	9.9			
						Ws	12—20	栗色	砂壤土	碎块状	5.2	21.0	1.66	0.92	41.9	210	22.0	59	8.9			
						Cs	20—44	淡黄色	砂壤土	粒状	5.2	8.9	0.85	0.72	42.2	65	11.0	51	7.0			
							44—120	黄灰黄色	砂壤土	粒状	5.3	8.4	0.39	0.84	47.6	52	1.0	45	5.8			
剖23	人为土	水稻土	潴育水稻土	白土田	白底田	A	0—23	暗棕色	轻壤土	碎块状	4.9	29.6	1.41	0.52	25.9	163	1.0	33	7.6		E 119°02′27.6″ N 27°09′10.2″	97
						P	23—33	淡灰色	轻壤土	块状	4.9	17.9	1.31	0.46	25.5	145	4.0	41	7.1			
						W	33—53	暗黄色	轻壤土	柱状	5.1	20.2	1.02	0.28	29.1		2.0	25	6.7			
						E	53—120	白色	中壤土	块状	5.1	5.0	0.27	0.30	33.5		2.0	65	5.4			
剖24	人为土	水稻土	潜育水稻土	冷烂田	浅脚烂泥田	A	0—25	暗黄灰色	中壤土	糊烂无结构		20.7	1.76	0.46	18.6	144	4.0	45	9.0		E 119°02′47.3″ N 27°09′45.7″	97
						G	25—100	青灰色	中壤土	块状	5.1	15.8	1.46	0.45	18.2	136	3.0	29	8.3			
剖25	人为土	水稻土	潴育水稻土	灰泥田	青底灰泥田	A	0—15	暗棕色	轻壤土	块状	5.1	21.4	1.13	1.12	30.7	167	2.0	37	12.5		E 119°03′27.9″ N 27°09′17.5″	97
						P	15—20	暗棕色	中壤土	块状	5.1	11.7	1.01	1.11	30.5	154	1.0	51	12.5			
						W	20—60	灰棕色	中壤土	柱状	5.2	21.4	1.16	0.94	34.4	154	1.0	51	11.7			
						Cs	60—150	青灰色	中壤土	块状	5.1	11.7	0.60	0.78	36.3	190	2.0	65	11.5			
剖26	人为土	水稻土	潜育水稻土	冷烂田	深脚烂泥田	A	0—45	褐色	轻黏土	糊烂无结构	5.4	52.2	2.50	1.14	15.5	190	2.0	65	16.3		E 119°03′26.5″ N 27°07′49.3″	97
						G	45—140	绿灰色	轻黏土	无结构	5.9	51.7	2.19	0.49	11.3	181	2.0	26	16.2			

续表 Continued

剖面号 Soil profile	土纲 Soil order	土类 Soil great group	亚类 Soil subgroup	土属 Soil genus	土种 Soil species	土层码 Layer code	土层厚度 Depth/cm	颜色 Soil color	质地 Soil texture	土壤结构 Soil structure	pH	有机质 OM/(g/kg)	全氮 TN/(g/kg)	全磷 TP/(g/kg)	全钾 TK/(g/kg)	碱解氮 AN/(mg/kg)	有效磷 AP/(mg/kg)	速效钾 AK/(mg/kg)	阳离子交换量CEC/(cmol/kg)	土壤母质 Parent material	剖面点坐标 Profile coordinate	匹配指数 Matching index/%
剖27	人为土	水稻土	潜育水稻土	冷烂田	冷水田	A	0—23	暗灰黄色	轻壤土	糊烂无结构	4.9	31.5	1.33	0.46	29.6	186	3.0	49	7.6		E 119°03′53.3″ N 27°09′53.8″	97
						P	23—28	暗灰黄色	重壤土	块状	5.0	27.4	1.15	0.34	25.1	148	1.0	26	8.0			
						G	28—100	青灰色	重壤土	软糊无结构	5.3	30.7	1.23	0.32	29.4	131	<1.0	72	8.1			
剖28	人为土	水稻土	潜育水稻土	灰泥田	砂底灰泥田	A	0—16	暗灰黄色	轻壤土	碎块状	5.0	22.3	1.18	0.76	37.6	148	5.0	85	8.5	冲洪积物	E 119°04′59.7″ N 27°09′48.4″	97
						P	16—24	淡黄灰色	轻壤土	块状	4.9	20.2	0.98	0.74	37.5	89	1.0	55	7.7			
						W	24—62	黄灰棕色	轻壤土	棱柱状	5.6	9.2	0.38	0.53	40.4	141	11.0	53	7.0			
						Cs	62—150	暗紫棕色	紧砂土	柱状	5.9	2.7	0.27	0.46	41.6	150	11.0	51	5.3			
剖29	铁铝土	红壤		泥质岩红壤		A_3	0—6	棕色	轻壤土	核状	5.6	53.9	1.60			307	5.0	337			E 119°05′41.6″ N 27°09′55.2″	75
						B_1	6—28	暗棕红色	中壤土	块状	5.5	45.0	1.50			305	4.0	307				
						B_2	28—95	淡棕红色	中壤土	块状	5.6	37.0	0.80			105	3.0	206				
						B_3	95—115	红棕色	中壤土	块状	5.7	21.0	0.60			101	4.0	101				
剖30	铁铝土	黄壤		黄泥土	灰黄泥土	A	0—36	暗黄棕色	中壤土	碎块状	5.4	18.5	0.39	1.22	15.7		7.0	41	8.0		E 119°06′00.3″ N 27°08′07.5″	97
						B	36—89	黄黄棕色	重黏土	核状	5.2	37.6	1.52	1.43	14.6		2.0	38	15.1			
						C	89—150	淡黄棕色	轻壤土	柱状	5.6	5.7	0.30	0.54	14.1		2.0	26	9.7			
剖31	人为土	水稻土	潴育水稻土	潮砂田	灰砂田	A	0—14	暗黄棕色	轻壤土	小块状	5.2	22.6	1.42	1.25	35.2	91	27.0	107	7.9	冲积物	E 119°05′48.6″ N 27°07′52.3″	97
						P	14—19	暗黄棕色	砂壤土	粒状	5.6	18.1	1.31	0.91	35.7	82	11.0	79	7.4			
						W	19—47	黄黄棕色	砂壤土	粒状	5.9	5.8	0.46	0.66	37.6	44	2.0	77	5.9			
						Cs	47—150	淡黄紫棕色	砂壤土	核状	4.7	5.4	0.45	0.61	37.4	33	1.0	91	2.8			
剖32	铁铝土	红壤		酸性黄红壤		B_1	0—15	红黄色	中壤土	块状	5.0	14.7	0.60			71	2.0	76			E 119°06′08.4″ N 27°07′12.9″	95
						B_2	15—88	红黄色	中壤土	片状	4.8	4.1	0.60			65	1.0	45				
						B_3	88—110	红棕色	重壤土	小块状	5.0	3.1	0.40			50	1.0	35				
剖33	人为土	水稻土	渗育水稻土	紫泥田	紫泥田	A	0—16	灰棕色	重壤土	片状	5.3	29.3	1.55	0.71	28.3	187	2.0	120	10.6	紫色砂页岩风化物	E 119°07′45.3″ N 27°08′26.6″	97
						P	16—25	紫灰色	重壤土	片状	5.4	19.9	1.11	0.41	28.9	130	4.0	73	10.0			
						C	25—125	紫灰色	重壤土	粒状	4.8	17.9	0.72	0.28	29.4	271	2.0	68	9.0			
剖34	初育土	紫色土	酸性紫色土	堆积酸性紫色土		A_1	0—10	黑棕色	重壤土	粒状	4.6	64.0	1.40			139	6.0	167			E 119°08′28.6″ N 27°07′03.1″	97
						A_3	10—21	暗棕色	轻壤土	小块状	4.9	48.0	1.10			200	7.0	119				
						B_1	21—41	灰棕色	轻壤土	块状	5.1	17.0	0.60			112	2.0	122				
						B_2	41—98	紫棕色	轻壤土	块状		3.6	0.50			101	<1.0	151				
						B_3	98—150	紫色	轻壤土	块状	5.2	5.8	0.20			87	1.0	265				

邵 武 市

主要土类说明

红壤是邵武市主要土壤类型，占本市地域面积的 84%。红壤是本市分布最广的一种地带性土壤，海拔 1100m 以下的中低山、丘陵均有分布。成土母岩主要为花岗岩，其分布遍及全市，尤以邵武中部、东南部的低山、丘陵为最多。原生植被为常绿阔叶林。红壤是在温暖、湿润的生物气候条件下经过脱硅富铝化过程而形成的。本市红壤土层厚度除粗骨性红壤外，多在 1.5m 以上，典型的可达几米以上。表土层除侵蚀红壤外，厚达 2—65cm，土色呈深红色、浅红色或棕红色，质地为轻壤或中壤，呈粒状、核状或块状结构，土壤湿润，肥力较高。根据成土条件、母岩母质类型和肥力特征，本市红壤分为红壤、黄红壤、暗红壤、水化红壤、粗骨性红壤等亚类。其中，红壤亚类面积最大。

水稻土是邵武市第二大土壤类型，占本市地域面积的 11%。水稻土是在水耕熟化过程（包括氧化与还原，有机质分解和合成，复盐基和盐基淋溶，黏粒积累和淋失等作用）中形成的特殊土壤。在土壤还原淋溶、氧化淀积等过程中形成了其特有的剖面形态，即耕作层、犁底层、渗育层、潴育层和潜育层。

小于本市地域面积 3% 的土壤类型还有黄壤、紫色土。

本区域中心区气候特征

本区域中心区气候特征值
Regional climate characteristics in central area of the region

气候带：中亚热带湿润气候 Climate region: Subtropical humid climate	
年平均气温 /℃ Annual average temperature /℃	18.4
年平均最高气温 /℃ Annual average maximum temperature /℃	23.4
年平均最低气温 /℃ Annual average minimum temperature /℃	14.9
年降水量 /mm Annual precipitation /mm	1698
≥10℃的积温 /℃ Daily temperature accumulated in a year（≥10℃）/℃	7402
年日照时数 /h Annual sunshine /h	1668
年平均相对湿度 /% Annual average relative humidity /%	80
干燥度 Dryness	0.64

本区域中心区月平均气温与月平均降水量
Monthly temperature and precipitation in central area of the region

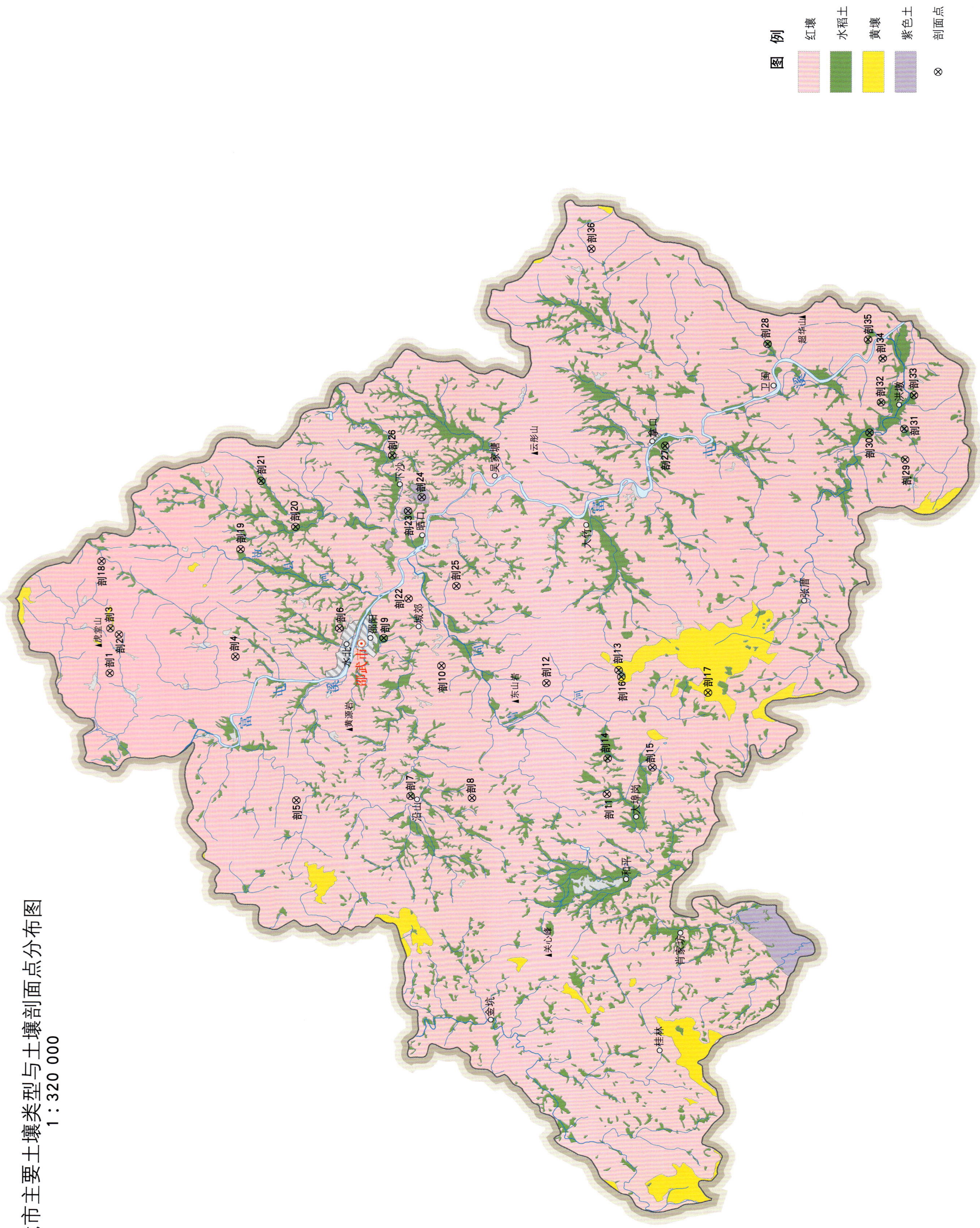

邵武市主要土壤类型与土壤剖面点分布图

1∶320 000

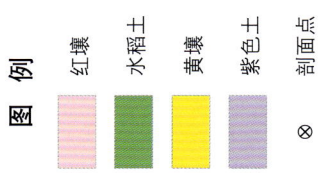

图例：红壤、水稻土、黄壤、紫色土、剖面点

邵武市土壤剖面理化性状表

剖面号 Soil profile	土纲 Soil order	土类 Soil great group	亚类 Soil subgroup	土属 Soil genus	土种 Soil species	土层码 Layer code	土层厚度 Depth/cm	颜色 Soil color	质地 Soil texture	土壤结构 Soil structure	pH	有机质 OM (g/kg)	全氮 TN (g/kg)	全磷 TP (g/kg)	全钾 TK (g/kg)	碱解氮 AN (mg/kg)	有效磷 AP (mg/kg)	速效钾 AK (mg/kg)	阳离子交换量 CEC (cmol/kg)	土壤母质 Parent material	剖面点坐标 Profile coordinate	匹配指数 Matching index/%
剖1	铁铝土	红壤	红壤	泥质岩红壤		Ao	0—1	灰色	轻壤土	核状	4.4	63.9	1.65			187	2.0	87		粉砂岩	E 117°27′30.8″ N 27°30′36.0″	97
						A₁	1—5	浅红灰色	轻壤土	块状	4.7	28.9	1.43			110	1.5	57				
						A₃	5—13	浅黄色	轻壤土	块状	4.6	14.9	0.73			93	1.0	18				
						B₁	13—49	橙色	中壤土	块状	4.8	7.8	0.55			93	1.0	42				
						B₂	49—74	橙色	中壤土	块状	4.8	7.8	0.55			93	1.0	42				
						B₃	74—124	红橙色	中壤土	块状	5.0	8.2	0.55			55	1.0	11				
剖2	铁铝土	红壤	黄红壤	酸性岩黄红壤		Ao	0—1													黑云母花岗岩	E 117°29′18.8″ N 27°30′13.5″	97
						A₁	1—6	暗灰色	轻壤土	粒状	4.8	121.3	3.66			332	1.0	116				
						A₃	6—31	灰黄棕色	轻壤土	核状	4.9	61.5	1.83			198	1.0	12				
						B₁	31—49	紫棕色	轻壤土	粒状	5.1	25.3	0.99			107	1.0	23				
						B₂	40—64	红黄色	轻壤土	粒状	5.2	21.3	0.63			85	1.0	18				
						B₃	64—122	淡棕红色	轻壤土	粒状	5.2	8.2	0.39			49	1.0	42				
剖3	铁铝土	黄壤	黄壤	酸性岩黄壤		Ao	0—3		砂壤土											绿泥黑云母石英片岩	E 117°29′36.3″ N 27°30′34.2″	97
						A₁	3—35	黑色	砂壤土	粒状	4.8	112.1	3.99			413	1.0	92				
						A₃	35—46	暗棕色	轻壤土	粒状	4.7	48.7	3.29			234	1.5	80				
						B₁	46—55	暗棕色	轻壤土	核状	4.8	28.6	1.32			150	1.0	78				
						B₂	55—80	暗红棕色	轻壤土	核状	4.7	11.9	0.71			91	1.0	56				
						B₃	80—120	淡棕红色	轻壤土	粒状	4.9	12.4	0.66			99	1.0	84				
剖4	铁铝土	红壤	红壤	酸性岩红壤		A	0—8	暗棕色	黏壤土	粒状	6.0	32.8								第四纪红土	E 117°28′16.6″ N 27°25′30.9″	81
						B	8—70	淡红黄色	黏壤土	块状	5.9	8.1										
						C	70—130	淡黄棕色	砂壤土	块状	5.9	2.8										
剖5	铁铝土	红壤	红壤	酸性岩红壤		A₁	0—6	灰棕色	轻壤土	核状	4.3	97.3	1.23			240	3.5	186		黑云母、长石变粒岩	E 117°21′30.5″ N 27°23′02.2″	98
						A₃	6—11	紫棕色	轻壤土	块状	4.5	54.1	1.87			237	1.0	157				
						B₁	11—33	淡棕红色	中壤土	块状	4.4	23.3	0.94			150	2.0	198				
						B₂	33—98	棕红色	中壤土	块状	4.7	6.1	0.24			99	1.5	221				
						B₃	98—120	淡棕红色	中壤土	块状	4.0	2.7	0.24			60	1.0	98				
剖6	铁铝土	红壤	红壤	中性岩侵蚀红壤		B₁	0—13	棕红色	轻壤土	块状	4.6	31.0	1.11			100	1.0	63		石英斑岩	E 117°29′35.6″ N 27°21′18.2″	97
						B₂	13—93	红色	轻壤土	块状	5.0	22.7	0.73			90	1.0	39				
						B₃	93—130	淡橙红色	轻壤土	微团粒	5.1	8.8	0.31			60	1.0	57				
剖7	水稻土	潴育水稻土	潮砂田	灰砂田	A	0—15	灰色	轻壤土	块状	5.4	29.9	2.16	1.16	29.7		30.0	83	8.5	黑云母、长石变粒岩	E 117°21′39.6″ N 27°18′23.3″	95
						P	15—25	灰黄色	中壤土	块状	5.6	14.6	0.94	0.90	30.7		2.5	150	7.6			
						Cw	25—58	棕灰色	轻壤土	块状	5.5	9.9	0.60	0.98	31.3		1.5	150	5.1			
						C	58—100		轻壤土		5.7	7.7	0.44	0.83	32.3		2.0	200	6.9			
剖8	铁铝土	红壤	红壤	砂质岩红壤		Ao	0—1	暗黄橙色	轻壤土	粒状	4.7	77.8	2.10	1.85	44.6	231	2.0	86	8.7	凝灰质砂岩	E 117°21′37.4″ N 27°15′56.1″	98
						A₁	1—7	灰棕色	轻壤土	粒状	4.9	42.4	1.78	1.28	41.1	123	1.5	41	8.7			
						A₃	7—18	暗棕红色	轻壤土	粒状	4.8	11.3	0.69	1.08	39.5	63	1.0	72	8.1			
						B₁	18—30	红橙色	轻壤土	粒状	4.8	9.3	0.89			79	1.0	29				
						B₃	30—129	浅灰色	轻壤土	粒状	5.4	28.1	1.47				2.0	100				
剖9	人为土	水稻土	渗育水稻土	黄泥田	灰黄泥砂田	A	0—12	暗黄橙色	轻壤土	碎块状	5.2	18.8	1.65				2.0	69	8.7		E 117°29′07.9″ N 27°19′30.9″	95
						P	12—19	灰棕色	轻壤土	碎块状	5.5	9.7	1.22				5.0	69	8.1			
						Cw	19—42	黄灰色	轻壤土	碎块状	5.5	4.0	0.69	2.73	36.6		4.0	46	7.3			
						C	42—100	黄色	轻壤土	碎块状	5.6											

续表 Continued

剖面号 Soil profile	土纲 Soil order	土类 Soil great group	亚类 Soil subgroup	土属 Soil genus	土种 Soil species	土层码 Layer code	土层厚度 Depth/cm	颜色 Soil color	质地 Soil texture	土壤结构 Soil structure	pH	有机质 OM/(g/kg)	全氮 TN/(g/kg)	全磷 TP/(g/kg)	全钾 TK/(g/kg)	碱解氮 AN/(mg/kg)	有效磷 AP/(mg/kg)	速效钾 AK/(mg/kg)	阳离子交换量 CEC/(cmol/kg)	土壤母质 Parent material	剖面点坐标 Profile coordinate	匹配指数 Matching index/%
剖10	铁铝土	红壤	红壤	砂质岩红壤		B₁	0—13	暗棕红色	轻壤土	核状	4.8	30.7	0.66			132	1.0	32		弹簧灰质砂岩	E 117°27′50.8″ N 27°17′10.2″	95
						B₁	13—93	棕红色	轻壤土	核状	5.0	5.2	0.39			69	1.0	11				
						B₂	93—130	棕红色	轻壤土	核状	4.9	7.6	0.31			63	1.0	8				
剖11	铁铝土	红壤	黄红壤	泥质岩红壤		A₃	0—20	暗棕色	中壤土	核状	4.8	74.1	3.02			288	2.5	113		泥质岩	E 117°21′49.0″ N 27°10′28.9″	95
						B₂	20—58	淡红棕色	中壤土	块状	4.8	14.7	1.87			87	1.0	33				
						B₃	58—121	暗红棕色	中壤土	块状	5.1	8.4	0.55			74	1.0	45				
剖12	铁铝土	红壤	红土	红泥砂土	红泥砂土	A	0—20	浅灰色	砂壤土	无结构	5.0	21.0	0.96	0.24	12.5		4.0	66			E 117°27′01.7″ N 27°12′56.0″	81
						B	20—43	灰黄色	砂壤土	无结构												
						C	43—100	黄色	中壤土	粒状												
剖13	半水成土	山地草甸土	山地草甸土	酸性岩山地草甸土		Ao	0—3	黑色	轻壤土	粒状	4.4	135.0	5.76	2.95	41.8	>500	2.0	116		黑云母花岗岩	E 117°23′29.5″ N 27°10′27.1″	97
						A₁	3—33	黑色	轻壤土	粒状	4.7	97.8	2.74	5.32	44.3	379	1.0	54				
						B₁	33—43	暗灰色	中壤土	核状	6.2	29.0	1.25	1.18	43.6		35.0	34	9.9			
						B₂	43—63	褐色	中壤土	核状	6.5	13.2	0.33	1.03	>50.0		30.0	25	9.1			
						6	63—90	黄棕色	砂壤土	核状	6.3	3.1	0.35	0.26	15.0		10.0	35	7.0			
						6	90—	黄棕色	中壤土	核团粒	5.7	5.1	0.34				10.0	60	6.8			
剖14	人为土	水稻土	潴育水稻土	灰泥田	砂底灰泥田	A	0—16	灰色	中壤土	块状	5.0	26.0	1.19			488	13.0	47			E 117°23′03.9″ N 27°08′38.8″	95
						P	16—21	灰色	中壤土	核状												
						W	21—54	褐灰色	重壤土	核状												
						S	54—100															
剖15	铁铝土	红壤	红土	红泥砂土	灰红泥砂土	A	0—25	黄黄棕色	轻壤土	核状											E 117°27′27.6″ N 27°09′53.3″	81
						B	25—60	灰黄灰色	中壤土													
						C	60—100	棕黄色														
剖16	半水成土	山地草甸土	山地草甸土	酸性岩山地草甸土		Ao	0—4	黑棕色	轻壤土	核状	4.2	103.9	4.67			>500	6.5	174		中粗粒长石石英砂岩	E 117°26′34.7″ N 27°06′23.9″	97
						A₁	4—8	黑色	轻壤土	核状												
						A₃	8—24	暗黑棕色	轻壤土	核状	4.6	99.8	5.68			249	3.5	134				
						B₁	24—30	暗棕黄色	中壤土	块状	4.8	44.4	1.98			157	1.0	65				
						B₂	30—42	淡黄棕色	中壤土	块状	4.9	24.5	1.42			163	1.0	60				
						B	42—120	淡棕色	中壤土	块状	4.8	19.5	1.38			132	1.0	54				
						C	120—															
剖17	铁铝土	黄壤	中性岩黄壤			Ao	0—1	黑棕色	轻壤土	核状	4.5	128.4	2.42			339	1.5	107		黑云母花岗岩	E 117°26′34.7″ N 27°06′23.9″	97
						A₁	1—8	暗棕色	轻壤土	核状	4.6	86.6	2.88			257	1.0	75				
						A₃	8—34	暗棕红色	轻壤土	核状	4.9	36.0	1.57			163	1.0	27				
						B₁	34—42	淡棕红色	中壤土	块状	4.8	17.7	0.60			51	1.0	8				
						B₂	42—120	淡黄棕色	中壤土	块状	4.8	17.7	0.60			51	1.0	8				
剖18	铁铝土	红壤	水化红壤	酸性岩水化红壤		Ao	0—8	暗棕色	轻壤土	粒状	5.0	81.3	3.01			162	2.0	150		黑云石英片岩	E 117°32′45.8″ N 27°30′55.4″	97
						A₃	8—26	紫灰色	轻壤土	粒状	4.9	36.6	1.11			177	1.0	72				
						B₁	26—47	暗棕红色	轻壤土	粒状	5.0	27.5	1.21			147	1.0	45				
						B₂	47—70	淡棕红色	轻壤土	核状	5.1	19.9	0.73			105	1.0	48				
剖19	铁铝土	红壤	暗红壤	酸性岩红壤		B₃	70—130	淡红棕色	轻壤土	块状	5.0	13.9	0.78			25	1.0	51		黑云母花岗岩	E 117°33′19.3″ N 27°25′17.9″	95

续表 Continued

剖面号 Soil profile	土纲 Soil order	土类 Soil great group	亚类 Soil subgroup	土属 Soil genus	土种 Soil species	土层码 Layer code	土层厚度 Depth/cm	颜色 Soil color	质地 Soil texture	土壤结构 Soil structure	pH	有机质 OM/(g/kg)	全氮 TN/(g/kg)	全磷 TP/(g/kg)	全钾 TK/(g/kg)	碱解氮 AN/(mg/kg)	有效磷 AP/(mg/kg)	速效钾 AK/(mg/kg)	阳离子交换量CEC/(cmol/kg)	土壤母质 Parent material	剖面点坐标 Profile coordinate	匹配指数 Matching index/%
剖20	人为土	水稻土	潜育水稻土	冷烂田	冷水田	A	0—20	暗灰色	重壤土	粒状											E 117°34′22.9″ N 27°23′04.1″	97
						P	20—33	浅灰色	黏土	无结构												
						G	33—100	灰白色	黏土	无结构												
剖21	人为土	水稻土	渗育水稻土	白土田	白鳝泥田	A	0—15	灰色	中壤土	粒状	5.2	26.8	1.40	0.85	43.6		7.0	47	10.1		E 117°36′32.3″ N 27°24′27.7″	97
						P	15—20	青灰色	重壤土	块状	5.2	22.9	1.20	0.57	37.0		4.0	69	9.5			
						E	20—35	灰白色	轻黏土	无结构	5.2	20.4	1.00	0.37	32.6		2.0	60	8.5			
						C	35—100	白色	轻黏土	无结构	5.3	7.7	0.32	0.29			1.5	69	7.4			
剖22	铁铝土	红壤	红土	红泥土	红泥土	A	0—15	黄灰色	中壤土	块状	4.7	18.0	0.80	0.28	11.3		6.0	57			E 117°30′58.5″ N 27°18′30.3″	81
						B	15—50	灰黄灰色	重壤土	块状												
						C	50—100	红色	重壤土													
剖23	初育土	紫色土	酸性紫色土	泥质岩酸性紫色土		Ao	0—1														绿泥黑云母石英片岩	E 117°35′06.7″ N 27°18′30.8″	97
						A₁	1—5	灰棕色	轻壤土	核状	4.6	56.6	1.65			198	2.0	77	12.7			
						A₃	5—15	紫灰色	轻壤土	核状	4.5	33.5	1.10			115	1.0	33	11.9			
						B₂	15—22	紫棕色	轻壤土	块状	4.7	23.5	0.49			96	2.0	21	12.4			
						B₃	22—72	紫色	轻壤土	块状	4.8	13.9	0.44			66	1.0	140	6.7			
剖24	初育土	紫色土	酸性紫色土	砂质岩酸性紫色土		A₃	0—5	紫红色	轻壤土	粒状	4.7	43.1	1.65			172	1.5	108	6.4	砂质岩	E 117°35′45.1″ N 27°17′57.8″	97
						B₃	5—47	紫红色	重壤土	块状	4.7	18.6	0.33			70	2.0	68				
剖25	铁铝土	红壤	粗骨性红壤	泥质岩粗骨性红壤		Ao	25—														粉砂岩	E 117°31′34.2″ N 27°16′34.1″	93
						A₁	2—11	灰黑色	轻壤土	粒状	4.8	75.9	2.38			232	1.5	57				
						A₃	11—25	紫棕色	轻壤土	核状	4.6	62.6	1.10			127	1.5	197				
						D																
剖26	人为土	水稻土	潜育水稻土	乌泥田	砂底乌泥田	A	0—15	暗灰色	重壤土	核状	5.2	53.7	2.58	2.00	27.9		23.0	150	12.7		E 117°37′43.8″ N 27°19′08.9″	95
						P	15—22	暗灰色	重壤土	块状	5.3	36.1	2.03	1.20	29.5		6.5	30	11.9			
						W₁	22—40	灰色	重壤土	核柱状	5.4	25.9	1.80	0.96	30.6		7.0	69	12.4			
						W₂	40—66	青灰色	重壤土	核柱状	5.6	13.5	0.65	0.10	27.5		2.0	26	6.7			
						S	66—100	青灰色	黏土	无结构	5.6	2.9	0.49	0.63	43.3		2.5	26	6.4			
剖27	人为土	水稻土	渗育水稻土	白土田	白底田	A	0—10	灰色	中壤土	粒状	5.3	34.0					4.0	68			E 117°38′08.5″ N 27°08′06.8″	95
						P	10—19	青灰色	重壤土	块状												
						W	19—36	黄灰色	黏土	无结构												
						E	36—50	白灰色	黏土	无结构												
						C	50—100	白色	黏土	柱状												
剖28	人为土	水稻土	渗育水稻土	砂质田	砂层田	A	0—11	浅灰色	砂壤土	无结构	6.1	9.3	0.57	0.74	33.5		5.0	84	4.8		E 117°42′52.3″ N 27°03′56.9″	95
						P	11—50	浅灰色	中壤土	无结构	6.2	4.9	0.34	0.65	32.4		2.0	82	5.7			
剖29	人为土	水稻土	潜育水稻土	冷烂田	锈水田	A	0—25	青灰色	黏土	无结构											E 117°37′27.9″ N 26°58′24.3″	97
						P	25—55	青灰色	黏土	无结构												
						G	55—100	青灰色	中壤土	团粒状	5.3	32.0					12.0	72				
剖30	人为土	水稻土	渗育水稻土	黄泥田	乌黄泥田	A	0—12	暗灰色	中壤土	块状	5.2	13.6	1.52	0.88	18.3		3.0	21	8.6		E 117°38′43.3″ N 26°59′50.4″	97
						P	12—21	灰色	重壤土	块状	5.2	3.4	0.92	0.86	15.8		2.0	38	10.6			
						W	21—34	黄色	黏土	无结构												
						C	34—100	黄色	黏土	无结构												
剖31	人为土	水稻土	渗育水稻土	黄泥田	黄泥骨	A	0—5	黄色	中壤土	核状	5.2	31.0	1.76	0.71	37.8		7.0	69	4.0		E 117°38′53.2″ N 26°58′25.6″	97
						C	5—100	黄色	重壤土	块状	5.1	24.6	1.18	0.88	36.1		3.0	20	9.2			
剖32	人为土	水稻土	潜育水稻土	灰泥田	青底灰泥田	A	0—20	青灰色	中壤土	核状	5.4	26.9	1.11	0.71	31.7		2.0	53	7.7		E 117°40′07.2″ N 26°59′22.1″	97
						P	20—40	青灰色	重壤土	块状												
						W	40—67	青灰色	重黏土	块状												
						C	67—100	灰色	轻黏土		5.0	39.3	2.01	0.66	32.3		4.0	69	13.3			

续表 Continued

剖面号 Soil profile	土纲 Soil order	土类 Soil great group	亚类 Soil subgroup	土属 Soil genus	土种 Soil species	土层码 Layer code	土层厚度 Depth/cm	颜色 Soil color	质地 Soil texture	土壤结构 Soil structure	pH	有机质 OM/(g/kg)	全氮 TN/(g/kg)	全磷 TP/(g/kg)	全钾 TK/(g/kg)	碱解氮 AN/(mg/kg)	有效磷 AP/(mg/kg)	速效钾 AK/(mg/kg)	阳离子交换量 CEC/(cmol/kg)	土壤母质 Parent material	剖面点坐标 Profile coordinate	匹配指数 Matching index/%
剖33	人为土	水稻土	渗育水稻土	紫泥田	紫泥田	A	0—13	灰紫色	中壤土	粒状	5.3	23.3	1.09	0.55	24.0		3.0	100	8.8	紫色砂页岩风化物	E 117°40′26.6″ N 26°58′02.3″	97
						P	13—28	灰紫色	重壤土	块状	5.6	22.0	0.62	0.37	29.0		1.5	8	10.1			
						C	28—100	紫色	重壤土	块状	5.4	11.5	0.92	0.30	29.6		2.0	30	11.3			
剖34	人为土	水稻土	潜育水稻土	冷烂田	深脚烂泥田	A	0—52	灰色	中黏土	无结构	5.3		7.23	>10.00	35.0		3.5	250	22.6		E 117°42′09.3″ N 26°59′18.0″	97
						G	52—100	青色	重黏土	无结构	4.9		0.88	>10.00	25.0		2.5	200	19.4			
剖35	人为土	水稻土	潜育水稻土	青泥田	青泥田	A	0—17	灰色	重壤土	小块状	5.1	53.0	2.82	0.92	42.9		20.0	200	13.2		E 117°43′03.0″ N 26°59′53.0″	97
						P	17—45	青灰色	轻壤土		5.1	39.3	1.87	0.71	>50.0		5.0	8	9.1			
						G	45—100	青灰色	中壤土		5.1	31.0	1.33	0.44	>50.0		2.0	30	8.2			
剖36	铁铝土	红壤	粗骨性红壤	砂质岩粗骨性红壤		Ao	0—2														中粗粒长石石英砂岩	E 117°47′22.3″ N 27°11′03.7″	93
						A_1	2—7	暗棕色	轻壤土	核状	4.5	47.3	1.78			192	2.5	24				
						A_3	7—29	灰棕色	轻壤土	核状	4.6	27.2	1.24			137	1.0	18				

武 夷 山 市

主要土类说明

　　红壤是武夷山市主要土壤类型，占本市地域面积的79%，分布于海拔160—1100m的丘陵、山地。土壤脱硅富铝化作用强烈，铁铝相对富集，全剖面呈红色、浅红色或棕红色，具A–B–C或A–C剖面构型。土层厚度一般在1.4m以上，厚的在10m以上。

　　水稻土是武夷山市第二大土壤类型，占本市地域面积的12%。本市水稻土分布范围广，从海拔165m的兴田崇阳溪两岸河谷平原到海拔1050m的下阳金竹等山地均有分布，主要分布在溪流的河谷冲积平原、坡地和山间谷地。水稻土是在以种植水稻为主的农业利用情况下形成的一类耕作土壤，由于长期种稻、淹灌、耕作、施肥的影响，土壤经历了以氧化还原为主的水耕熟化过程（包括氧化与还原、盐基淋溶与复盐基、有机质分解与合成、黏粒淋移与淀积等作用），逐渐形成了耕作层（有明显的表潜现象和氧化锈斑）、犁底层（紧实、沿根有锈纹）、潴育层（有明显的淋溶及氧化淀积特征）等基本发生层次，具有较高的稳水、稳气、稳肥、稳温等特点。

　　黄壤是武夷山市第三大土壤类型，占本市地域面积的8%，主要分布在星村、洋庄海拔900—1900m的中山。该地区降水量多，相对湿度大，气温低，冬季严寒，夏无酷暑，全年雾日达100天以上，植被茂盛，云雾大，日照短，干湿不明显，土壤脱硅富铝化作用微弱，有利于黄壤化作用。黄壤土色发黄，腐殖质积累丰富，呈酸性，氮、磷、钾含量高，水肥条件好，有利于毛竹、柳杉生长。本市黄壤只有黄壤一个亚类。

　　小于本市地域面积3%的土壤类型还有山地草甸土、潮土等。

本区域中心区气候特征

本区域中心区气候特征值
Regional climate characteristics in central area of the region

气候带：中亚热带湿润气候 Climate region: Subtropical humid climate	
年平均气温 /℃ Annual average temperature /℃	18.2
年平均最高气温 /℃ Annual average maximum temperature /℃	23.1
年平均最低气温 /℃ Annual average minimum temperature /℃	14.8
年降水量 /mm Annual precipitation /mm	1733
≥10℃的积温 /℃ Daily temperature accumulated in a year（≥10℃）/℃	7470
年日照时数 /h Annual sunshine /h	1722
年平均相对湿度 /% Annual average relative humidity /%	80
干燥度 Dryness	0.62

本区域中心区月平均气温与月平均降水量
Monthly temperature and precipitation in central area of the region

武夷山市主要土壤类型与土壤剖面点分布图
1∶310 000

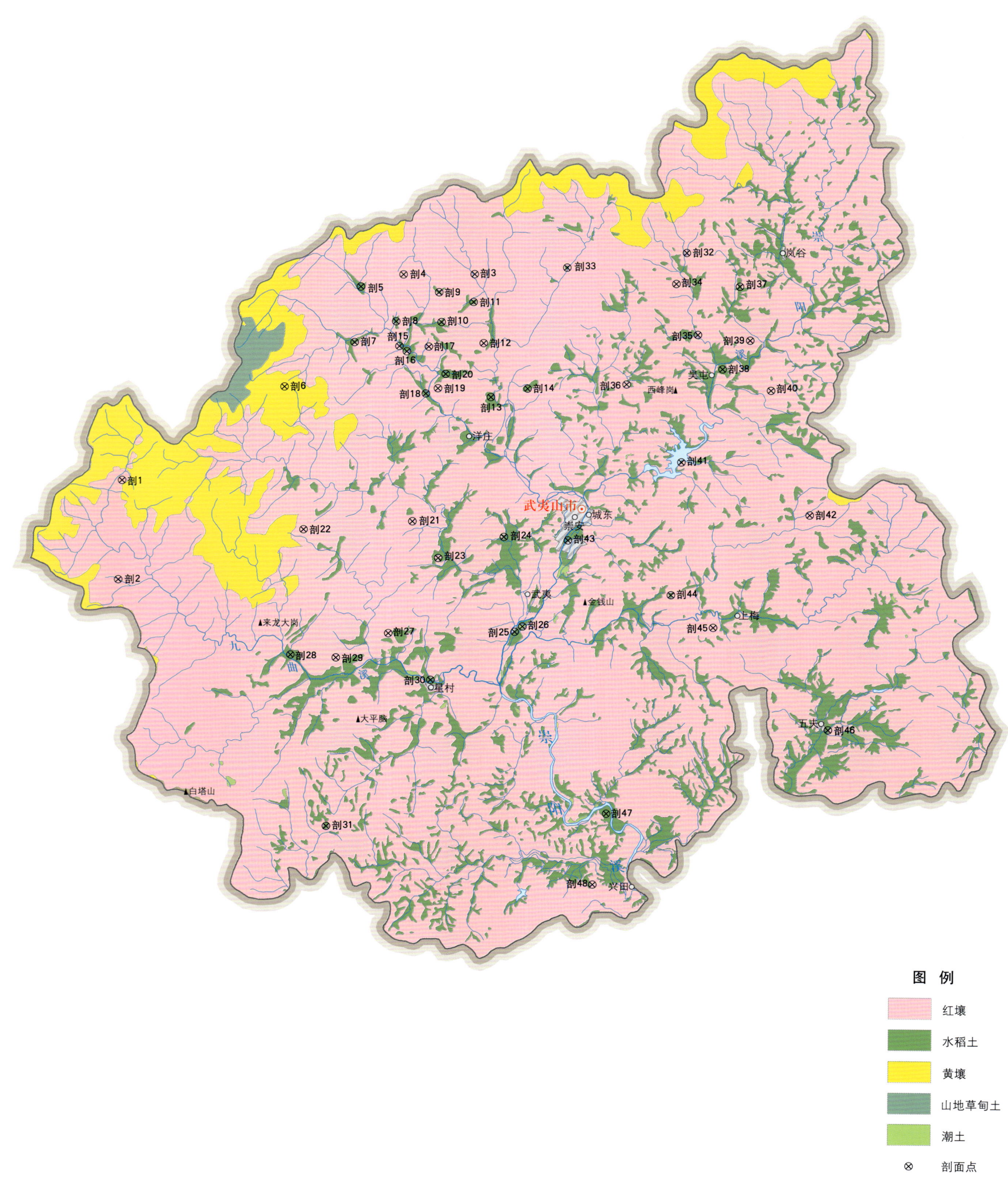

武夷山市土壤剖面理化性状表

剖面号 Soil profile	土纲 Soil order	土类 Soil great group	亚类 Soil subgroup	土属 Soil genus	土种 Soil species	土层码 Layer code	土层厚度 Depth/cm	颜色 Soil color	质地 Soil texture	土壤结构 Soil structure	pH	有机质 OM/(g/kg)	全氮 TN/(g/kg)	全磷 TP/(g/kg)	全钾 TK/(g/kg)	碱解氮 AN/(mg/kg)	有效磷 AP/(mg/kg)	速效钾 AK/(mg/kg)	阳离子交换量CEC/(cmol/kg)	土壤母质 Parent material	剖面点坐标 Profile coordinate	匹配指数 Matching index/%
剖1	铁铝土	红壤	红土	红泥土	灰红泥土	A	0—26	灰褐色	轻壤土	核状	5.0	19.5	1.04			97	3.5	31		坡积物或残积物	E 117°41′37.7″ N 27°46′43.3″	97
						B	26—70	棕红色	中壤土	棱柱状	5.1	12.6	0.78			72	<1.0	29				
						C	70—100	浅红色	重壤土	块状	4.8	8.1	0.61			42	<1.0	32				
剖2	铁铝土	红壤	黄红壤	酸性岩黄红壤		A_1	1—4	黑褐色	轻壤土	团块状	4.9	122.0	4.09			82	1.5	23			E 117°41′27.5″ N 27°42′43.9″	95
						A_3	4—10	暗棕褐色	轻壤土	团块状	4.9	58.9	3.02			232	<1.0	44				
						B_1	10—26	黄褐色	轻壤土	团块状	4.9	59.1	2.11			180	<1.0	81				
						B_2	26—54	淡棕红色	中壤土	团块状	4.9	40.7	1.44			141	<1.0	31				
						B_3	54—110	淡棕红色	中壤土	团块状	4.4	24.0	0.95			271	<1.0	26				
剖3	铁铝土	红壤	粗骨性红壤	酸性岩粗骨性红壤		A	0—15	暗灰色	中壤土	粒状	4.5	25.0	0.87			89	2.5	59		花岗斑岩	E 117°57′06.4″ N 27°55′00.4″	97
						B	15—80	暗灰色	中壤土	块状	4.6	12.0	0.41			43	<1.0	49				
剖4	铁铝土	红壤	黄红壤	酸性岩黄红壤		A_1	1—11	黑棕色	轻壤土	粒状	4.7	108.0	4.97			347	1.1	124		黑云母花岗岩、花岗斑岩	E 117°53′58.8″ N 27°55′00.6″	97
						A_3	11—33	淡棕黄色	重壤土	团块状	4.9	65.7	3.21			289	<1.0	84				
						B_1	33—70	棕黄色	中壤土	块状	4.9	32.2	1.46			129	<1.0	46				
						B_2	70—130	淡棕红色	中壤土	块状	4.8	14.7	0.85			75	<1.0	43				
剖5	人为土	水稻土	潴育水稻土	灰泥田	青底灰泥田	A	0—20	暗灰色	中壤土	块状	4.9	37.6	2.30	1.18	23.0	165	<1.0	30	12.0		E 117°52′06.8″ N 27°54′31.8″	95
						P	20—29	暗灰色	重壤土	块状	5.0	45.6	2.15	0.99	22.2	170	<1.0	29	12.7			
						W	29—48	灰青褐色	重壤土	块状	5.0	46.7	1.96	0.92	22.5	143	<1.0	25	12.7			
						C	48—100	青灰色	轻壤土	块状	4.9	39.5	1.69	0.93	23.4	129	<1.0	29	13.5			
剖6	铁铝土	黄壤	黄壤	酸性岩黄壤		A	0—22	棕色	壤质黏土	屑状	5.1	74.1	2.36	0.22	15.5					花岗岩类风化残积物	E 117°48′45.0″ N 27°50′30.2″	75
						B_1	22—43	黄灰黄色	粉砂质黏土	碎块状	5.3	26.8	1.55	0.14	14.5							
						B_2	43—57	亮灰棕色	黏质黏土	块状	5.5	18.1	1.51	0.12	15.6							
						C	57—112	黄橙色	壤质黏土	块状	5.6	11.9	1.04	0.12	14.7							
						BC	112—142		壤质黏土		5.8											
剖7	人为土	水稻土	潴育水稻土	灰泥田	乌黄泥田	A	0—18	灰色	中壤土	核状	5.0	36.4	1.52	0.92	25.3	219	5.0	68	11.1	红壤坡积物或残积物	E 117°51′49.7″ N 27°52′17.6″	97
						P	18—27	浅灰色	中壤土	棱柱状	4.6	28.0	1.31	0.72	24.3	161	<1.0	<5	10.5			
						W	27—42	灰黄色	中壤土	块状	4.6	21.8	0.86	0.63	22.0	129	<1.0	91	10.3			
						C	42—100	灰黄色	中壤土	块状	5.1	21.6	0.74	0.78	23.9	81	<1.0	90	10.1			
剖8	人为土	水稻土	渗育水稻土	黄泥田	黄泥砂田	A	0—14	黄灰色	轻壤土	块状	5.0	25.0	1.05	0.58	24.0	141	40.0	32	6.1	红壤坡积物或残积物	E 117°53′39.4″ N 27°53′07.5″	97
						C	14—100	土黄色	中壤土	块状	4.9	15.4	1.00	0.55	25.0	138	<1.0	20	5.3			
剖9	人为土	水稻土	渗育水稻土	黄泥田	黄泥骨	A	0—8	黄灰色	中壤土	块状	4.7	23.1	1.77	1.17	21.1	139	<1.0	40	9.2	红壤坡积物或残积物	E 117°55′32.6″ N 27°54′17.7″	97
						P	8—15	灰黄色	中壤土	块状	4.7	21.6	1.53	1.09	20.5	135	<1.0	25	12.9			
						C	15—100	红黄色	中壤土	块状	4.7	14.2	0.67	1.08	28.8	22	<1.0	31	10.5			
剖10	人为土	水稻土	渗育水稻土	黄泥田	浅灰黄泥砂田	A	0—13	灰黄色	轻壤土	块状	4.7	23.1	1.16	0.62	32.2	106	5.6	35	6.9	红壤坡积物或残积物	E 117°55′38.4″ N 27°53′05.6″	97
						P	13—20	灰黄色	轻壤土	柱状	5.1	13.6	0.65	0.40	32.3	82	<1.0	21	5.5			
						C	20—100	灰黄色	中壤土	块状	5.2	8.5	0.40	0.67	23.4	53	>100.0	55	7.9			
剖11	人为土	水稻土	潴育水稻土	灰泥田	灰泥田	A	0—18	暗黄色	中壤土	碎块状	4.6	33.0	1.95	1.34	22.2	238	1.8	130	8.9	红壤坡积物或残积物	E 117°55′03.4″ N 27°53′53.7″	97
						P	18—27	黄黄色	轻壤土	块状	4.6	30.0	1.91	1.29	22.1	220	<1.0	133	9.7			
						W	27—52	浅灰黄色	中壤土	块状	4.8	14.8	0.79	1.14	25.8	70	<1.0	130	9.6			
						C	52—100	浅棕色	黏壤土	块状	4.6	13.5	0.79	1.13	23.4	87	1.0	105	8.8			
剖12	铁铝土	红壤	红壤	砂质岩红壤		A	0—7	浊棕色	黏壤土	团粒状	5.1	38.9	1.49	0.23	11.4		<1.0	83		花岗岩坡残积物	E 117°57′29.6″ N 27°52′14.5″	75
						B_1	7—25	橙色	壤质黏土	粒状	5.3	10.6	0.66	0.16	13.3		<1.0	80				
						B_2	25—85	橙色	壤质黏土	块状	5.2	9.3	0.58	0.15	14.2		<1.0	82				
						C	85—100	黄橙色	砂质壤土	块状	5.4	2.3	0.29	0.13	41.5		<1.0	75				

续表 Continued

剖面号 Soil profile	土纲 Soil order	土类 Soil great group	亚类 Soil subgroup	土属 Soil genus	土种 Soil species	土层码 Layer code	土层厚度 Depth/cm	颜色 Soil color	质地 Soil texture	土壤结构 Soil structure	pH	有机质 OM/(g/kg)	全氮 TN/(g/kg)	全磷 TP/(g/kg)	全钾 TK/(g/kg)	碱解氮 AN/(mg/kg)	有效磷 AP/(mg/kg)	速效钾 AK/(mg/kg)	阳离子交换量CEC/(cmol/kg)	土壤母质 Parent material	剖面点坐标 Profile coordinate	匹配指数 Matching index/%
剖13	人为土	水稻土	潴育水稻土	乌泥田		A	0—18	暗灰色	中壤土	核状	4.9	70.6	4.10	2.62	30.2	336	99.0	213	17.7	冲积物	E 117°57′48.0″ N 27°50′03.0″	75
						P	18—29	暗灰色	中壤土	片状	5.0	69.0	3.82	3.08	30.0	337	54.0	130	17.9			
						W	29—54	淡棕色	中壤土	柱状	4.8	47.1	2.58	2.81	30.0	198	41.0	105	15.6			
						W_2	54—75	灰白色	中壤土	块状	4.9	22.5	0.89	3.42	33.2	195	30.0	89	13.5			
						C	75—100	灰色	中壤土	块状	4.9	22.9	1.27	3.37	34.6	95	29.0	70	13.4			
剖14	人为土	水稻土	渗育水稻土	紫泥田		A	0—16	灰紫色	重壤土	块状	5.0	16.9	0.99	0.85	25.0	104	2.0	75	7.9	紫红色砾岩风化物	E 117°59′24.4″ N 27°50′23.1″	75
						P	16—24	紫灰色	重壤土	块状	5.2	13.5	0.78	0.71	25.5	82	1.0	40	8.7			
						C	24—100	紫色	重壤土	块状	5.5	9.2	0.60	0.43	26.1	59	1.0	43	8.9			
剖15	人为土	水稻土	潴育水稻土	青泥田		A	0—18	暗棕色	中壤土	块状	4.8	35.6	2.03	8.90	32.5	102	<1.0	40	17.1	坡积物或洪积物	E 117°53′53.7″ N 27°52′08.2″	75
						P	18—27		中壤土	块状	5.0	47.7	1.54	5.50	34.4	201	<1.0	35	13.6			
						G	27—100	青灰色	中壤土	块状	5.1	50.3	1.93	0.74	32.6	15	<1.0	30	14.8			
剖16	人为土	水稻土	渗育水稻土	黄泥田	浅灰黄泥田	A	0—16	灰黄色	中壤土	碎块状	4.4	35.4	1.78	0.86	28.5	185	4.0	31	9.7	红壤坡积物或残积物	E 117°54′03.3″ N 27°52′03.0″	97
						P	16—26	浅灰黄色	中壤土	块状	4.5	17.9	0.99	0.69	30.3	98	<1.0	40	8.7			
						W	26—40	水黄色	中壤土	棱柱状	4.5	25.0	0.64	0.60	30.0	134	<1.0	50	8.4			
						C	40—100	红黄色	中壤土	块状	4.5	11.9	0.41	0.81	32.4	57	<1.0	63	8.2			
剖17	铁铝土	红壤	红土	红泥砂土	红泥砂土	A	0—28	棕红色	轻壤土	粒状	4.0	11.6	0.65	1.11	41.2	72	1.7	39		大多数为砂岩风化残坡积物	E 117°55′04.9″ N 27°52′06.7″	75
						B	28—34	红色	中壤土	块状	4.0	8.2	0.58	1.17	38.3	57	<1.0	28	11.4			
						C	34—100	浅红色	重壤土	块状	4.0	5.2	0.40	1.89	40.9	43	<1.0	27	12.9			
剖18	人为土	水稻土	潴育水稻土	灰泥田	青格灰	P	15—24	暗灰色	中壤土	碎块状	4.7	33.3	2.11	1.57	40.1	245	6.6	431	11.8		E 117°54′56.6″ N 27°50′12.4″	75
						W	24—44	黄棕色	中壤土	棱柱状	4.6	40.8	2.15			233	13.5	175	12.7			
						E	44—100		轻壤土	块状	4.9	16.5	1.27			229	1.3	153				
									中壤土		5.1	12.2	0.59			68	<1.0	68				
剖19	红壤	红壤	暗红壤	酸性岩暗红壤		A_1	3—16	灰棕色	中壤土	团粒状	4.9	76.1	3.11			372	4.0	365		灰黑色流纹质晶屑凝灰熔岩	E 117°55′28.6″ N 27°50′25.1″	97
						A_3	16—35	灰棕色	中壤土	团块状	4.9	49.4	1.99			252	1.9	240				
						B_1	35—47	棕色	中壤土	核状	4.7	32.1	1.26			204	<1.0	171				
						B_2	47—82	淡棕色	重壤土	核状	4.4	16.4	0.75			104	<1.0	176				
						B_3	82—		黏土	粒状	4.6	11.2	0.52			62	<1.0	213				
剖20	人为土	水稻土	渗育水稻土	砂质岩红壤	黄泥田	A	0—14	黄棕色	重壤土	块状	5.5	33.2	2.13	1.71	19.7	181	<1.0	42	8.9	红壤坡积物或残积物	E 117°54′49.0″ N 27°50′59.8″	97
						P	14—20	浅灰黄色	重壤土	粒状	5.1	51.0	2.00	1.51	19.4	163	<1.0	39	8.4			
						C	20—100	红棕色	中壤土	小块状	5.2	52.0	0.92	1.50	19.7	79	<1.0	66	7.7			
剖21	铁铝土	黄红壤	泥质岩黄红壤			A	0—10	灰棕色	壤质黏土	块状	4.9	55.2	1.68	0.25	20.4					花岗岩风化坡积物	E 117°54′20.4″ N 27°45′03.4″	95
						B	10—82	橙黄色	黏土	块状	5.4	10.5	0.47	0.15	21.2							
						BC	82—123	暗黄色	砂质壤土	碎块状	5.4	6.6	0.31	0.12	26.1							
剖22	铁铝土	红壤	红土	中性岩红壤		A_1	0—12	暗棕色	轻壤土	核状	5.2	58.3	2.10			198	3.3	207		绿岩黑云母石英片岩	E 117°49′34.7″ N 27°44′44.9″	97
						A_3	12—20	暗棕色	轻壤土	粒状	4.2	32.8	1.13			128	<1.0	103				
						B	20—50	棕红色	中壤土	块状	4.2	57.2	7.60			42	<1.0	122				
剖23	铁铝土	红壤	红土	中性岩红壤		A_1	0—15	暗棕红色	轻壤土	块状	4.4	64.2	2.29			233	1.6	137		石英正长岩	E 117°55′27.9″ N 27°43′34.8″	97
						A_3	15—27	暗棕色	中壤土	块状	4.7	28.7	1.10			127	<1.0	106				
						B_1	27—47	棕红色	中壤土	团块状	4.7	22.3	0.95			93	<1.0	106				
						B_2	47—100	淡棕红色	重壤土	块状	4.8	7.6	0.63			53	1.0	96				
剖24	人为土	水稻土	漂洗水稻土	白鳝泥田	白鳝泥田	A	0—12	灰色	中壤土	块状	4.9	21.1	1.13	0.48	34.5	106	1.0	40	13.1	坡积物	E 117°58′20.8″ N 27°44′25.4″	97
						P	12—22	浅灰色	轻壤土	块状	4.9	15.2	0.63	0.30	33.0	66	2.0	40	9.6			
						E	22—70	灰白色	中壤土	块状	4.7	12.5	0.36	0.30	34.4	42	3.0	38	9.0			
						C	70—100	红黄色	砂壤土	无结构	4.9	12.8	0.32	0.30	33.2	42	5.0	38	6.6			

续表 Continued

剖面号 Soil profile	土纲 Soil order	土类 Soil great group	亚类 Soil subgroup	土属 Soil genus	土种 Soil species	土层码 Layer code	土层厚度 Depth/cm	颜色 Soil color	质地 Soil texture	土壤结构 Soil structure	pH	有机质 OM/(g/kg)	全氮 TN/(g/kg)	全磷 TP/(g/kg)	全钾 TK/(g/kg)	碱解氮 AN/(mg/kg)	有效磷 AP/(mg/kg)	速效钾 AK/(mg/kg)	阳离子交换量CEC/(cmol/kg)	土壤母质 Parent material	剖面点坐标 Profile coordinate	匹配指数 Matching index/%
剖25	半水成土	潮土	砂土	灰砂土	灰砂土	A	0—12	暗灰色	砂土	粒状	6.1	24.3	1.50			112	4.5	197		河流冲积物	E 117°58′48.3″ N 27°40′35.0″	75
						B	12—17	灰灰色	砂壤土	粒状	5.9	21.0	0.63			90	3.7	100				
						C	17—100	浅灰色	轻壤土	核柱状	5.4	9.4	0.37			45	<1.0	87				
剖26	半水成土	潮土	砂土	灰砂土	灰砂土	A	0—29	灰灰色	砂壤土	核状	5.3	9.5	0.58			66	4.2	38		河流冲积物	E 117°59′09.0″ N 27°40′47.8″	75
						B	29—73	深灰色	砂壤土	粒状	5.0	5.7	0.43			48	1.2	33				
						C	73—100	棕灰色	砂壤土	粒状	5.2	4.8	0.33			39	<1.0	37				
剖27	铁铝土	红壤	粗骨性红壤	泥质岩粗骨性红壤		A	0—30	暗灰棕色	轻壤土	核状	4.8	67.0	3.77			341	5.1	381		斜长角闪岩	E 117°53′16.8″ N 27°40′32.2″	97
剖28	人为土	水稻土	潴育水稻土	灰泥田	砂底灰泥田	A	0—14	暗灰色	中壤土	碎块状	4.9	32.3	2.10	1.21	27.3	258	2.9	40	11.8	河流冲积物	E 117°49′00.2″ N 27°39′40.0″	95
						P	14—26	浅灰色	中壤土	块状	4.9	30.2	1.87	1.25	26.8	212	<1.0	26	10.7			
						W	26—56	灰灰色	轻壤土	核柱状	5.0	27.4	1.82	1.20	27.8	208	<1.0	21	10.3			
						C	56—100	土黄色	紧砂土	块状	5.1	15.1	0.93	1.56	29.4	135	<1.0	16	8.0			
剖29	铁铝土	红壤	红壤	砂质岩红壤		A	2—10	灰红色	砂壤土	粒状	4.3	63.6	2.12			204	1.9	221			E 117°50′58.5″ N 27°39′33.2″	81
						B₁	10—18	暗黄橙色	轻壤土	块状	4.3	24.5	0.32			101	<1.0	66				
						B₂	18—80	红棕色	轻壤土	团块状	4.3	10.5	0.95			64	<1.0	41				
						B₃	80—	淡红棕色	轻壤土	核柱状	4.4	6.2	0.59			49	<1.0	37				
剖30	人为土	水稻土	潴育水稻土	灰泥田	黄底灰泥田	A	0—15	灰色	重壤土	碎块状	4.8	32.6	1.80	1.63	25.6	192	12.4	178	10.0		E 117°55′07.2″ N 27°38′38.8″	95
						P	15—22	浅灰色	中壤土	块状	4.5	31.7	1.63	2.01	25.7	199	1.8	283	10.9			
						W	22—42	灰灰色	轻壤土	核柱状	4.5	14.3	0.71	1.68	24.5	83	<1.0	169	8.3			
						C	42—100	土黄色	轻壤土	块状	4.7	11.2	0.57	1.36	27.8	91	<1.0	198	8.9			
剖31	人为土	水稻土	潜育水稻土	烂泥田	浅脚烂泥田	A	0—30	青灰色	轻黏土	糊烂无结构	5.0	66.7	2.72	1.07	18.8	215	<1.0	30	14.4	坡积物和冲积物	E 117°50′33.3″ N 27°32′44.8″	95
						G	30—100	青灰色	轻黏土	糊烂无结构	5.0	59.8	2.58	1.15	19.3	197	2.0	35	14.3			
剖32	铁铝土	红壤	红壤	砂质岩红壤		A₁	1—11	暗灰棕色	砂壤土	粒状	4.4	47.4	1.36			132	3.2	76		灰色长石石英粗砂灰砂砾岩	E 117°55′38′38′38′N 27°32′	75
						A₃	11—23	灰黄棕色	砂壤土	粒状	4.4	27.5	0.85			77	1.4	57				
						B₁	23—42	红棕色	砂壤土	粒状	4.6	13.7	0.43			49	<1.0	42				
						B₂	42—64	黄棕色	砂壤土	粒状	4.5	8.3	0.44			32	<1.0	38				
						B₃	64—112	黄棕色	轻壤土	粒状	4.3	7.3	0.33			25	11.0	39				
剖33	人为土	水稻土	潴育水稻土	潮砂田	灰砂田	1	0—13	灰棕色	轻壤土	团块状	5.2	23.1	1.56	1.13	43.2	142	25.1	32	6.8	河流冲积物	E 118°06′24.9″ N 27°55′50.0″	97
						2	13—19	棕红色	中壤土	核状	5.3	21.9	1.45	1.18	44.1	156	20.0	26	6.4			
						3	19—39	棕红色	重壤土	块状	5.2	14.6	1.16	1.22	40.3	86	35.5	5.1				
						4	39—100	棕红色	重壤土	块状	5.4	10.0	0.75	1.26	40.1	75	39.0	26	4.9			
剖34	铁铝土	红壤	暗红壤	酸性岩红壤		A	0—17	灰棕色	轻壤土	块状	4.6	32.7	1.02			84	2.3	86		黑云母花岗岩	E 118°01′09.7″ N 27°55′15.2″	97
						A₃	17—31	红棕色	中壤土	块状	4.6	39.2	1.26			106	1.1	82				
						B₁	31—62	棕红色	中壤土	核状	4.7	23.5	0.82			80	<1.0	49				
						B₂	62—96	黄棕色	轻壤土	块状	4.5	16.0	0.60			46	<1.0	62				
						B₃	96—110	淡棕红色	轻壤土	块状	7.8	9.6	0.57			39	<1.0	59				
剖35	人为土	红壤	红土	红泥土	红泥田	A	0—24	棕红色	中壤土	核状	4.8	13.8	0.74			74	73.0	136		坡积物或残积物	E 118°06′53.4″ N 27°52′32.7″	97
						B	24—34	红色	重壤土	块状	4.8	12.9	0.74			78	31.3	25				
						C	34—100	淡黄棕色	重壤土	块状	4.8	5.9	0.44			34	<1.0	35				
剖36	铁铝土	红壤	黄红壤	黄刚泥	桐木关黄红泥土	A	0—30	浊黄棕色	中壤土	小块状	5.1	51.0	2.38	0.25	20.0	195	3.0	43	10.7	凝灰熔岩坡积物	E 118°03′45.0″ N 27°50′32.7″	95
						B₁	30—65	亮棕色	中壤土	块状	5.0	13.1	1.08	0.27	21.7	121	1.0	30	4.2			
						B₂	65—	橙色	重壤土	块状	5.0	11.2	0.90	0.28	25.7	73	1.0	45	8.7			
剖37	人为土	水稻土	潜育水稻土	冷浸田	冷水田	A	0—13	灰色	中壤土	糊烂无结构	4.7	40.3	1.85	0.49	31.2					赤红壤坡积物	E 118°08′44.0″ N 27°54′27.6″	97
						P	13—20	暗黄色	中壤土	块状	4.8	17.2	1.23	0.34	33.9							
						G	20—100	青灰色	重壤土	块状	4.8	13.5	0.58	0.38	35.8							

续表 Continued

剖面号 Soil profile	土纲 Soil order	土类 Soil great group	亚类 Soil subgroup	土属 Soil genus	土种 Soil species	土层码 Layer code	土层厚度 Depth/cm	颜色 Soil color	质地 Soil texture	土壤结构 Soil structure	pH	有机质 OM/(g/kg)	全氮 TN/(g/kg)	全磷 TP/(g/kg)	全钾 TK/(g/kg)	碱解氮 AN/(mg/kg)	有效磷 AP/(mg/kg)	速效钾 AK/(mg/kg)	阳离子交换量CEC/(cmol/kg)	土壤母质 Parent material	剖面点坐标 Profile coordinate	匹配指数 Matching index/%
剖38	人为土	水稻土	潴育水稻土	灰泥田	紫灰泥田	A	0—26	灰紫色	重壤土	块状	5.1	23.1	1.18	0.75	26.1	115	4.3	26	9.7		E 118°07′57.8″ N 27°51′08.3″	97
						P	26—32	暗紫色	重壤土	块状	5.1	19.7	0.96	0.59	25.4	87	<1.0	35	9.6			
						W	32—52	紫灰色	重壤土	块状	4.9	20.6	1.06	0.60	26.8	115	<1.0	35	10.5			
						C	52—100	紫青色	中壤土	块状	5.1	17.0	0.82	0.25	28.3	100	<1.0	43	9.2			
剖39	铁铝土	红壤	粗骨性红壤	酸性岩粗骨性红壤		A	0—20	暗灰红色	轻壤土	粒状	4.5	39.6	1.69			168	3.2	158		灰黑色粉砂岩	E 118°09′10.6″ N 27°52′18.1″	75
						B	20—50	灰红色	轻壤土	粒状	4.5	14.7	0.78			85	<1.0	102				
剖40	铁铝土	红壤	堆积水化红壤	堆积水化红壤		A₁	0—5	暗灰黄色	轻壤土	粒状	4.2	46.8	1.63			126	1.8	152		灰黑色粉砂岩	E 118°10′05.2″ N 27°50′16.0″	75
						A₃	5—30	淡灰黄色	中壤土	小块状	4.1	16.5	0.86			65	<1.0	74				
						B₁	30—68	淡黄橙色	中壤土	团块状	4.3	7.9	0.69			39	<1.0	30				
						B₂	68—120	黄橙色	中壤土	块状	4.5	6.9	0.68			37	<1.0	24				
剖41	人为土	水稻土	渗育水稻土	砂质田	黄砂田	A	0—15	浅灰黄色	轻壤土	块状	5.2	27.7	1.78	1.36	27.7	154	8.1	41	7.6	冲积物	E 118°06′08.0″ N 27°47′22.8″	97
						C	15—100	土黄色	轻壤土	块状	5.0	<1.0		1.37	26.2	77	<1.0	31	6.0			
剖42	铁铝土	红壤	黄红壤	中性岩黄红壤		A₁	1—10	暗棕色	中壤土	核状	4.3	45.7	1.71			199	<1.0	113		石英闪长岩	E 118°11′45.0″ N 27°45′14.7″	95
						A₃	10—25	棕黄色	中壤土	核状	4.7	40.4	1.83			184	<1.0	91				
						B₁	25—42	淡棕黄色	中壤土	粒状	4.8	34.1	1.47			149	<1.0	82				
						B₂	42—80	棕红色	重壤土	粒状	4.8	1.1				115	<1.0	39				
剖43	人为土	水稻土	渗育水稻土	红土田	红土田	A	0—14	黄黑色	重壤土	块状	5.8	16.6	1.19	1.05	18.1	93	<1.0	42	8.2	红壤再积物	E 118°01′09.2″ N 27°44′16.8″	98
						C	14—100	红黄色	中壤土	核状	5.0	5.4	0.50	0.63	17.8	36	<1.0	33	9.3			
剖44	人为土	水稻土	漂洗水稻土	白鳝泥田	白底田	A	0—20	暗黄色	轻壤土	块状	5.1	28.1	1.34	0.82	26.3	143	<1.0	53	15.1	坡积物	E 118°05′39.5″ N 27°42′03.1″	97
						P	20—28	暗棕色	轻壤土	柱状	4.9	26.2	1.39	0.83	27.8	127	1.0	53	15.8			
						W	28—52	棕黄色	轻壤土	柱状	4.9	22.8	1.00	0.63	28.5	114	<1.0	38	14.5			
						C	52—100	灰黄色	中壤土	块状	5.5	4.8	0.30	0.51	30.1	32	4.0	65	12.4			
剖45	铁铝土	红壤	黄红壤	泥砂黄红土	黄砂红土	A	0—7	亮棕黑	壤质黏土	小块状	5.2	57.9	2.82	0.55	26.6	151	<1.0	44	9.1	石英砂岩风化物	E 118°07′30.0″ N 27°40′43.7″	95
						B₁	7—57	壤质黏土	小块状	5.1	23.1	1.38	0.52	25.4	108	<1.0	25	7.6			
						B₂	57—115	亮棕黄色	砂质黏土		5.3	5.9	0.50	0.40	29.3	92	3.5	62	5.1			
剖46	人为土	水稻土	潴育水稻土	潮砂田	乌砂田	A	15—19	暗灰色	轻壤土	粒状	5.1	28.6	2.11	1.62	30.9	151	53.8	44		河流冲积物	E 118°12′30.5″ N 27°36′34.7″	98
						P	19—30	灰黄色	轻壤土	块状	5.1	17.8	1.04	1.30	30.9	108	35.5	25				
						W	30—45	棕灰色	轻壤土	柱状	5.0	9.9	0.47	0.64	32.9	92	3.5	62				
						W₂	45—100	棕黄色	砂壤土	柱状	5.1	7.4	0.57	1.07	34.9	54	1.0	54				
						C		灰白色	中壤土	块状	5.4	5.5	0.29	0.74	34.8	56	2.9	36				
剖47	人为土	水稻土	潜育水稻土	烂脚田	深脚烂泥田	A	0—55	青灰色	重壤土	糊烂无结构	5.1	64.1	2.58	1.14	18.6	214	<1.0	36	14.1	坡积物和冲积物	E 118°02′48.3″ N 27°33′14.3″	95
						G	55—100	青灰色	轻黏土	无结构	4.9	49.8	2.07	0.69	19.3	152	<1.0	25	13.9			
剖48	铁铝土	红壤		泥质岩红壤		A	1—2	紫棕色	中壤土	核状	4.6	72.0	2.09			169	2.7	123		千枚岩	E 118°02′11.2″ N 27°30′21.4″	98
						B₁	2—22	棕红色	轻壤土	块状	4.7	22.9	0.87			85	<1.0	57				
						B₂	22—67	棕红色	重壤土	块状	4.7	10.2	0.34			31	<1.0	31				
						B₃	67—130	红色	中壤土	块状	4.1	10.2	0.39			41	<1.0	41				

建瓯市

主要土类说明

红壤是建瓯市主要土壤类型，占本市地域面积的81%，海拔80—1000m 的丘陵、山地均有分布，主要分布在海拔700m 以下。土壤脱硅富铝化作用较强，全剖面呈深红色、浅红色，具有 A-B-C 或 A-C 剖面构型，土层厚度多在1.5m 以上，有的可达10m 以上。

水稻土是建瓯市第二大土壤类型，占本市地域面积的13%，是本市的主要耕作土壤，主要分布在河谷地带的河谷平原和坡地，以及丘间山涧谷地。由于分布的地形部位不同及受开发年代和人为耕作方式的影响，土壤熟化程度也有明显的差异。根据成土过程的不同水型，本市水稻土分为渗育型、潴育型、潜育型等亚类，其中，渗育水稻土面积最大，占本土类面积的40%以上。渗育水稻土主要受地表灌溉水或降水影响，不受地下水影响，其剖面构型为 A-P-W_1-C、A-P-Cw-C、A-P-C、A-C。

黄壤是建瓯市第三大土壤类型，占本市地域面积的5%，在本市垂直分布在红壤上部，主要分布在海拔1000m 以上地段，个别地段分布在海拔900m 左右。由于所处地带海拔高，雾大，雨日多，日照短，气温低，冬无严寒，夏无酷暑，干湿季不明显等自然环境的长期影响，土壤脱硅富铝化作用较微弱，有利于黄壤化过程。土壤矿物质有一定的富铝化和黏化过程，但在程度上不及红壤高，黄壤所处的环境湿度大，淋溶作用较盛，黏粒也有下沉现象，土壤中氧化铁被高度水化，使土体尤其心土层呈鲜黄色。根据成土特点和母岩类型等的不同，本市黄壤分为黄壤、粗骨性黄壤等亚类。

小于本市地域面积3%的土壤类型还有紫色土、潮土、山地草甸土等。

本区域中心区气候特征

本区域中心区气候特征值
Regional climate characteristics in central area of the region

气候带：中亚热带湿润气候 Climate region: Subtropical humid climate	
年平均气温 /℃ Annual average temperature /℃	19.0
年平均最高气温 /℃ Annual average maximum temperature /℃	24.0
年平均最低气温 /℃ Annual average minimum temperature /℃	15.5
年降水量 /mm Annual precipitation /mm	1676
≥10℃的积温 /℃ Daily temperature accumulated in a year（≥10℃）/℃	7014
年日照时数 /h Annual sunshine /h	1708
年平均相对湿度 /% Annual average relative humidity /%	79
干燥度 Dryness	0.67

本区域中心区月平均气温与月平均降水量
Monthly temperature and precipitation in central area of the region

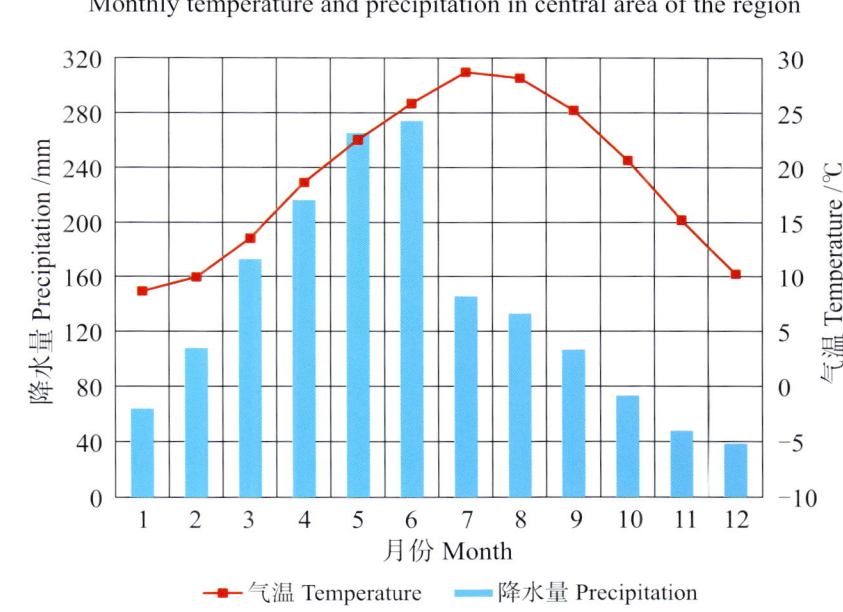

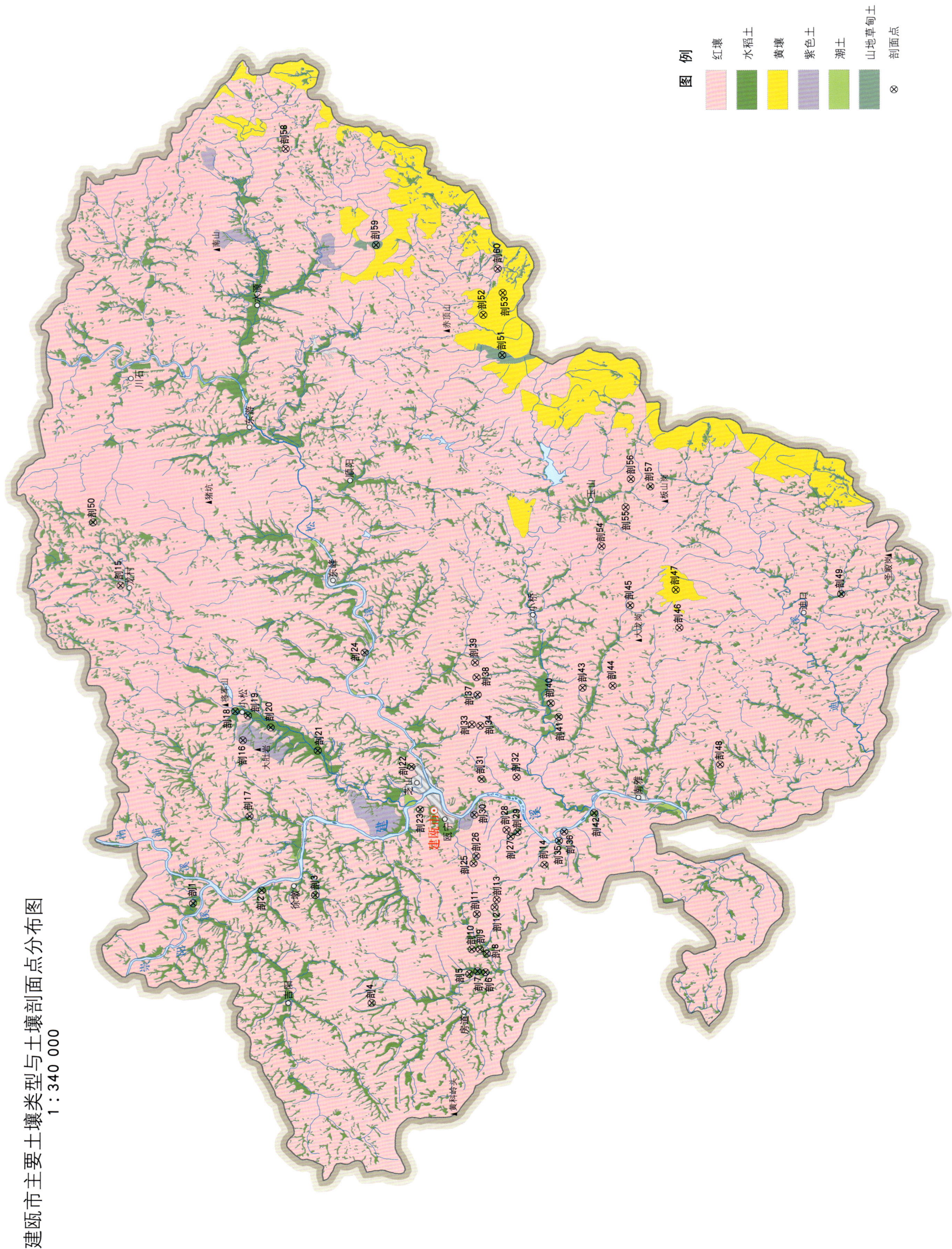

建瓯市土壤剖面理化性状表

剖面号 Soil profile	土纲 Soil order	土类 Soil great group	亚类 Soil subgroup	土属 Soil genus	土种 Soil species	土层码 Layer code	土层厚度 Depth/cm	颜色 Soil color	质地 Soil texture	土壤结构 Soil structure	pH	有机质 OM/(g/kg)	全氮 TN/(g/kg)	全磷 TP/(g/kg)	全钾 TK/(g/kg)	碱解氮 AN/(mg/kg)	有效磷 AP/(mg/kg)	速效钾 AK/(mg/kg)	阳离子交换量CEC/(cmol/kg)	土壤母质 Parent material	剖面点坐标 Profile coordinate	匹配指数 Matching index/%
剖1	人为土	水稻土	渗育水稻土	黄泥田	灰黄泥砂田	A	0—13		轻壤土		4.5	30.6	1.37	0.51	43.0	125	9.5	75	9.9		E 118°13′05.0″ N 27°12′36.3″	95
						P	13—18		中壤土		4.4	25.5	1.44	0.16	30.2	112	5.7	42	8.4			
						Cw	18—45		中壤土		4.8	18.5	0.38	0.11	29.1	39	<1.0	29	8.0			
						C	45—100		中壤土		5.2	11.0	0.47	0.16	30.4	28	<1.0	18	6.7			
剖2	人为土	水稻土	潴育水稻土	灰泥田	黄底灰泥田	A	0—14		重壤土		5.1	51.0	1.53	1.14	36.0	128	4.2	82	13.1		E 118°13′43.6″ N 27°09′30.6″	95
						P	14—21		重壤土		5.2	52.0	1.53	1.14	28.0	126	3.6	26	11.9			
						W₁	21—48		中壤土		5.7	57.0	1.19	0.48	26.0	79	1.6	9	10.6			
						G	48—100		重壤土		5.6	56.0	1.16	0.41	33.0	71	1.5	11	10.2			
剖3	人为土	水稻土	潴育水稻土	潮砂田	乌砂田	A	0—18		轻壤土		5.2	33.0	1.20	0.48	34.7	169	7.7	154	17.3	冲积物	E 118°13′27.1″ N 27°07′06.0″	95
						P	18—28		轻壤土		5.2	28.7	0.83	0.45	39.8	82	4.5	64	15.0			
						W₁	28—45		轻壤土		4.4	22.6	0.46	0.30	39.5	65	3.0	77	12.8			
						W₂	45—63		轻壤土		4.5	22.9	0.35	0.27	17.1	67	1.2	73	12.4			
						Cs	63—100		砂壤土		5.1	14.1	0.17	0.21	17.3	11	<1.0	43	10.6			
剖4	铁铝土	红壤		酸性岩红壤		A₁	2—8	暗棕色	砂壤土	粒状	5.1	43.5	0.94			141	1.4	141	14.9	花岗岩	E 118°07′49.6″ N 27°04′35.6″	98
						A₃	8—33	栗色	砂壤土	粒状	5.1	28.5	0.66			133	1.2	137	12.6			
						B₁	33—66	淡棕红色	中壤土	小块状	5.2	24.4	0.62			127	1.0	99	10.6			
						B₂	66—102		砂壤土	小块状	5.1	17.9	0.53			87	1.1	88	10.7			
						B₃	102—105	棕红色	砂壤土	单粒状	4.9	6.4	0.15			86	<1.0	51	8.3			
剖5	人为土	水稻土	潴育水稻土	灰泥田	灰泥田	A	0—14		中壤土		4.9	38.1	1.32	0.93	43.3	128	17.8	95	14.9		E 118°09′23.9″ N 26°59′58.6″	97
						P	14—18		中壤土		5.0	33.8	1.30	0.74	43.8	115	17.1	69	12.6			
						W₁	18—68		中壤土		5.1	34.7	1.27	0.50	40.7	107	2.3	64	10.6			
						Cw	68—100		轻壤土		6.0	9.3	0.29	0.36	41.7	36	2.8	52	10.7			
剖6	人为土	水稻土	渗育水稻土	紫泥田	紫泥田	A	0—13		中壤土		5.0	22.3	0.79	0.33	34.4	121	<1.0	81	8.3		E 118°09′23.3″ N 26°59′39.8″	97
						P	13—24		重壤土		5.1	24.2	0.85	0.32	37.3	93	1.6	84	6.4			
						C	24—100		中壤土		5.2	5.5	0.18	0.15	>50.0	31	<1.0	81	5.1			
剖7	人为土	水稻土	渗育水稻土	黄泥田	灰黄泥砂田	A	0—11		中壤土		5.5	31.7	1.57	0.35	44.2	123	9.0	111	12.8		E 118°09′25.8″ N 26°59′49.1″	97
						P	11—15		中壤土		5.3	32.3	1.49	0.32	49.2	103	7.2	35	11.6			
						Cw	15—35		中壤土		5.8	13.8	0.68	0.18	48.6	86	1.0	27	9.3			
						C	35—100		中壤土		6.1	6.2	0.23	<0.10	43.2	66	<1.0	22	5.9			
剖8	人为土	水稻土	渗育水稻土	黄泥田	黄泥砂田	A	0—14		轻壤土		5.1	21.1	1.47	0.31	44.7	124	1.6	117	9.8		E 118°10′26.9″ N 26°59′31.6″	95
						P	14—24		中壤土		5.0	15.4	1.16	0.27	46.1	76	1.6	52	8.0			
						C	24—100		中壤土		5.3	6.7	0.46	0.21	48.1	49	<1.0	71	7.1			
剖9	铁铝土	红壤		红泥土	红泥土	A	0—9		重壤土		5.4	17.0	0.65	0.85	20.8	75	<1.0	43	8.2		E 118°10′34.1″ N 26°59′42.5″	97
						B	9—28		重壤土		4.6	14.5	0.53	0.59	21.2	66	7.2	34	5.4			
						C	28—100		重壤土		4.8	5.2	0.31	0.68	20.7	33	<1.0	24	5.0			
剖10	人为土	水稻土	渗育水稻土	白土田	茹粉田	A	0—15		轻黏土		5.1	13.5	0.74	0.26	29.9	55	<1.0	12	10.3	坡积物或残积物	E 118°10′36.0″ N 26°59′59.7″	75
						E	15—42		轻黏土		5.7	7.4	0.99	0.13	30.9	42	<1.0	37	7.1			
						C	42—100		轻壤土		5.8	3.5	0.19	0.21	29.2	28	<1.0	27	6.9			
剖11	人为土	水稻土	渗育水稻土	黄泥田	黄泥田	A	0—12		中壤土		4.8	26.2	1.25	<0.10	28.3	151	7.1	38	10.7		E 118°12′24.2″ N 26°59′49.5″	97
						P	12—18		中壤土		5.4	23.4	1.25	0.12	28.5	123	5.6	42	8.4			
						C	18—100		重壤土		4.9	6.8	0.69	0.12	42.2	46	<1.0	65	8.1			

续表 Continued

剖面号 Soil profile	土纲 Soil order	土类 Soil great group	亚类 Soil subgroup	土属 Soil genus	土种 Soil species	土层码 Layer code	土层厚度 Depth/cm	颜色 Soil color	质地 Soil texture	土壤结构 Soil structure	pH	有机质 OM/(g/kg)	全氮 TN/(g/kg)	全磷 TP/(g/kg)	全钾 TK/(g/kg)	碱解氮 AN/(mg/kg)	有效磷 AP/(mg/kg)	速效钾 AK/(mg/kg)	阳离子交换量CEC/(cmol/kg)	土壤母质 Parent material	剖面点坐标 Profile coordinate	匹配指数 Matching index/%
剖12	人为土	水稻土	渗育水稻土	白土田	白鳝泥田	A	0—11		中壤土		4.9	30.5	1.38	0.15	26.9	127	5.9	120	11.7		E 118°12′53.1″ N 26°58′59.8″	97
						P	11—18		重壤土		4.7	32.6	1.43	0.15	27.5	125	1.0	104	11.0			
						E	18—40		轻壤土		5.1	12.2	0.70	<1.0	26.4	74	<1.0	94	7.4			
						C	40—100		重壤土		5.3	5.3	0.44	0.15	34.1	45	<1.0	72	6.2			
剖13	铁铝土	红壤	红土	红泥砂土	红泥砂土	A	0—15		轻壤土		5.4	18.0	0.36	0.14	27.6	40	3.8	46	8.9	花岗岩、砂岩等	E 118°13′08.2″ N 26°58′55.6″	75
						B	15—23		重壤土		5.0	14.3	0.37	0.14	25.2	43	2.8	26	7.0			
						C	23—100				5.0	1.3	0.35	0.35	26.6	15	<1.0	32	5.8			
剖14	铁铝土	红壤	红壤	中性岩红壤		A	2—8	暗红色	轻壤土	粒状	4.8	32.6	0.81			113	1.1	46		花岗闪长岩	E 118°14′57.9″ N 26°56′46.0″	97
						A_3	8—32	红棕色	中壤土	小块状	4.8	24.7	0.52			65	<1.0	56				
						B_1	32—66	棕红色	中壤土	块状	4.9	24.3	0.50			61	<1.0	61				
						B_2	66—108	淡棕红色	中壤土	块状	4.6	21.2	0.31			44	<1.0	30				
						B_3	108—150	红色	中壤土	块状	4.9	18.9	0.15			44	<1.0	31				
剖15	铁铝土	红壤	黄红壤	泥质岩黄红壤		A_1	0.5—8	暗棕色	中壤土	粒状	5.2	71.9	1.31			227	1.1	43		泥质粉砂岩	E 118°29′47.7″ N 27°15′43.6″	95
						A_3	8—20	棕色	中壤土	粒状	4.9	41.6	0.46			108	<1.0	40				
						B_1	20—45	淡棕色	中壤土	棱状	4.9	33.7	0.32			90	<1.0	37				
						B_2	45—130	淡黄棕色	中壤土	块状	4.9	20.4	0.11			68	<1.0	36				
剖16	初育土	紫色土	酸性紫色土	凝灰岩酸性紫色土		A_1	0.3—12	棕褐色	轻壤土	粒状	4.8	35.4	1.06			174	<1.0	302		花岗岩灰质砂砾岩	E 118°21′37.6″ N 27°10′17.8″	97
						A_3	12—35		轻壤土	棱状	5.1	24.3	0.93			95	<1.0	262				
						B_1	35—127	紫红色	中壤土	棱状	5.2	26.8	0.74			79	<1.0	147				
剖17	铁铝土	红壤	暗红壤	中性岩暗红壤		A_1	1—15	暗灰棕色	中壤土	核状	5.0	45.4	1.60			153	<1.0	88		紫红色安山岩	E 118°17′39.0″ N 27°10′01.8″	97
						A_3	15—35	褐色	中壤土	小块状	5.4	31.4	1.01			143	<1.0	88				
						B_1	35—93	黄色	中壤土	块状	5.0	13.0	0.77			130	<1.0	61				
						B_2	93—150	淡黄色	中壤土	块状	4.9	9.5	0.36			128	<1.0	43				
剖18	人为土	水稻土	渗育水稻土	砂质田	黄砂田	A	0—20		砂壤土	碎块状	4.9	28.5	1.30	0.37	37.0	96	<1.0	73	6.1		E 118°23′06.3″ N 27°10′28.6″	95
						C	20—100		紧砂土	块状	5.5	7.0	0.51	0.24	43.7	26	<1.0	32	5.0			
剖19	人为土	水稻土	潴育水稻土	灰泥田	青底灰泥田	A	0—13		中壤土		4.7	34.7	1.38	0.83	33.3	199	1.2	87	13.9		E 118°23′00.0″ N 27°10′10.3″	95
						P	13—17		中壤土		4.6	36.1	1.20	0.73	34.4	189	<1.0	90	9.6			
						W_1	17—35		轻壤土		5.9	26.6	0.89	0.27	33.0	174	<1.0	21	7.5			
						S	35—100		紧砂土		6.1	4.7	<0.10	<0.10	36.1	24	<1.0	74	1.4			
剖20	人为土	水稻土	潴育水稻土	潮砂田	灰砂田	A	0—11		中壤土		4.6	23.0	1.02	0.40	43.3	225	1.2	125	11.4	冲积物	E 118°22′16.2″ N 27°09′02.0″	95
						AP	11—15		中壤土		5.2	21.7	0.80	0.47	47.0	179	<1.0	195	9.7			
						W_1	15—47		中壤土		5.6	16.0	0.58	0.35	50.0	90	<1.0	96	8.4			
						C_s	47—100		轻壤土		6.0	2.6	0.28	0.28	46.0	23	<1.0	93	7.9			
剖21	人为土	水稻土	渗育水稻土	黄泥砂田	建瓯灰黄泥砂田	A	0—13		砂质黏壤土	碎块状	4.5	30.6	1.67	0.22	35.6	125	9.5	75	9.9	黑云母花岗岩风化坡积物	E 118°21′02.7″ N 27°06′55.4″	81
						AP	13—18	浅灰黄色	砂质黏壤土	块状	4.4	25.5	1.44	<0.10	25.0	112	5.7	42	8.4			
						P	18—45	黄棕色	黏质黏壤土	棱柱状	4.8	18.5	0.38	<0.10	24.1	39	<1.0	29	8.0			
						C	45—100	黄色	壤质黏土	块状	5.2	11.0	0.47	<0.10	25.3	28	<1.0	18	6.7			
剖22	人为土	水稻土	潴育水稻土	黄泥田	黄泥田	A	0—13	暗棕灰色	壤质黏土	碎块状	4.8	32.9	1.49	0.54	25.9	95	5.6	107	15.4		E 118°20′09.6″ N 27°02′42.9″	81
						AP	13—18	暗棕灰色	中壤土	棱柱状	4.7	41.9	1.36	0.48	23.9	107	5.4	125	12.1			
						P	18—50	灰色	砂质黏土	块状	5.0	24.6	1.33	0.53	7.7	67	2.6	67	10.7			
						C	50—100	灰色	壤质黏土	块状	4.8	10.1	0.58	0.82	31.8	64	<1.0	63	9.4			
剖23	人为土	水稻土	潴育水稻土	灰泥田	砂底灰泥田	A	0—13	灰色	砂质黏壤土	碎块状	4.7	27.0	1.38	0.36	27.6	199	1.2	87	13.8	冲积物	E 118°17′55.4″ N 27°02′20.4″	81
						AP	13—17	黄灰色	砂质黏壤土	核柱状	4.6	21.7	1.20	0.32	28.5	189	<1.0	90	9.6			
						P	17—35	棕灰色	砂质黏壤土	核柱状	5.9	13.7	0.89	0.12	27.3	174	<1.0	21	7.5			
						C_s	35—100	灰黄色	砂土	无结构	6.1	7.3	0.70	<0.10	29.9	24	<1.0	74	1.4			

续表 Continued

剖面号 Soil profile	土纲 Soil order	土类 Soil great group	亚类 Soil subgroup	土属 Soil genus	土种 Soil species	土层码 Layer code	土层厚度 Depth/cm	颜色 Soil color	质地 Soil texture	土壤结构 Soil structure	pH	有机质 OM/(g/kg)	全氮 TN/(g/kg)	全磷 TP/(g/kg)	全钾 TK/(g/kg)	碱解氮 AN/(mg/kg)	有效磷 AP/(mg/kg)	速效钾 AK/(mg/kg)	阴离子交换量 CEC/(cmol/kg)	土壤母质 Parent material	剖面点坐标 Profile coordinate	匹配指数 Matching index/%
剖24	初育土	紫色土	酸性紫色土	猪肝土	猪肝土	A	0—10		中壤土		5.6	18.5	0.40	0.21	27.2	79	<1.0	92	9.0		E 118°26′07.6″ N 27°04′46.0″	97
						B	10—37		重壤土		5.7	18.0	0.55	0.15	21.6	89	<1.0	63	5.0			
						C	37—100		中壤土		5.6	8.0	0.26	0.13	20.0	45	<1.0	66	10.0			
剖25	半水成土	潮土	潮土	泥砂土	泥砂土	A	0—10		砂壤土		4.9	23.4	0.86	0.29	26.0	77	10.9	47	10.1	河流冲积物	E 118°15′13.5″ N 26°59′55.5″	75
						B	10—23		砂壤土		4.3	12.7	0.64	0.95	25.1	61	4.3	21	9.7			
						C	23—100		砂壤土		4.4	12.0	0.58	0.84	27.3	43	<1.0	13	8.2			
剖26	半水成土	潮土	砂土	黄砂土	黄砂土	A	0—22		紫砂土		5.8	10.3	1.08	1.08	26.7	98	15.1	211	4.3	河流冲积物	E 118°15′25.3″ N 26°59′52.3″	75
						C	22—100		紫砂土		5.8	13.8	<0.10	0.98	29.3	60	7.2	103	4.0			
剖27	人为土	水稻土	渗育水稻土	白土田	白底田	A	0—14		中壤土		4.9	21.9	1.20	0.11	40.0	134	1.1	149	12.3		E 118°16′44.5″ N 26°58′27.6″	97
						P	14—24		中壤土		4.8	20.9	1.20	<0.10	40.7	96	1.4	277	12.0			
						W	24—48		中壤土		5.1	11.3	1.15	0.12	38.0	8	<1.0	265	11.1			
						E	48—81		重壤土		5.1	10.9	0.81	<0.10	28.5	3	<1.0	250	7.0			
						C	81—100		重壤土		4.5	10.3	0.97	<0.10	46.6	35	<1.0	254	6.9			
剖28	铁铝土	红壤	红壤	酸性岩红壤		A	0—29	灰黄色	壤质黏土	粒状	5.7	18.1	0.65	0.20	17.1	93	1.0	103	9.1	凝灰熔岩坡积物	E 118°16′27.5″ N 26°58′16.5″	95
						B	29—54	淡黄棕色	壤质黏土	小块状	5.2	13.1	0.17	0.18	16.1	78	<1.0	46				
						C	54—114	淡红色	黏土	小块状	5.5	6.7	0.29	0.14	13.0	43	<1.0	74				
剖29	人为土	水稻土	渗育水稻土	紫泥田	紫泥砂田	A	0—11		中壤土		5.7	26.6	1.09	0.51	47.7	68	<1.0	139			E 118°16′37.1″ N 26°58′04.7″	95
						P	11—13		中壤土		5.7	10.7	0.60	0.21	>50.0	46	5.2	108	6.9			
						C	13—100		中壤土		6.3	6.6	0.26	0.26	>50.0	39	<1.0	76	6.0			
剖30	初育土	紫色土	酸性紫色土	泥质岩酸性紫色土		A_1	0.5—6	紫红色	块状		5.4	39.8	1.55			162	14.3	164	13.4	紫红色钙质、泥质粉砂岩	E 118°17′37.0″ N 26°59′54.4″	97
						A_3	6—19	紫灰色	轻壤土	块状	5.1	27.7	1.11	1.03	35.1	76	10.9	94	18.4			
						B_1	19—33	紫色	轻壤土	块状	5.1	19.9	1.02	0.94	27.3	64	8.6	58	15.1			
						B_2	33—78	紫色	轻壤土	块状	4.5	11.7	0.78	0.91	26.4	55	4.5	47	9.3			
						B_3	78—131	紫色	轻壤土	块状	4.4	4.2	0.13	0.37	25.1	40	<1.0	61				
剖31	半水成土	潮土	砂土	乌砂土	乌砂土	A	0—17	暗棕色	轻壤土	核状	6.7	66.7	1.24			110	1.2	144		河流冲积物	E 118°19′28.3″ N 26°59′34.0″	75
						B	17—21	灰棕色	轻壤土	核状	6.9	53.2	0.92	1.18		89	14.3	87				
						W_1	21—67	淡黄棕色	轻壤土	块状	6.8	32.2	0.61	0.87		55	10.9	77				
						C	67—100		轻壤土	块状	6.6	12.3	0.33			31	8.6	47				
剖32	铁铝土	红壤	红壤	砂质岩红壤		A	2—8	红黄色	轻壤土	核状	5.2	63.1	1.18			89	4.5	32		灰白色、灰黑色砂岩	E 118°19′33.3″ N 26°57′59.4″	97
						A_2	8—37	红黄色	轻壤土	块状	5.2	26.0	0.87			55	1.2	73				
						B_1	37—55	淡黄色	轻壤土	粒状	5.1	11.3	0.68			38	<1.0	49				
						B_{2-3}	55—133	淡棕黄色	轻壤土	粒状	5.1	8.9	0.34			30	<1.0	43				
剖33	铁铝土	红壤	粗骨性红壤	泥质岩粗骨红壤		A_1	3—12	灰黄色	轻壤土	粒状	5.0	51.9	1.05			64	1.1	60			E 118°22′19.6″ N 26°59′59.1″	97
						A_3	12—26	淡黄色	轻壤土	粒状	5.1	51.0	0.96			59	1.0	55				
						D	26—													砂质泥岩		
剖34	铁铝土	红壤	粗骨性红壤	砂质岩粗骨红壤		A_1	1—6	淡棕色	轻壤土	团块状	4.6	37.3	0.73	0.61	38.2	99	<1.0	120	12.2	砂质岩、粉砂岩	E 118°22′19.3″ N 26°59′45.2″	97
						A_3	6—17	淡棕红色	轻壤土	团块状	5.0	31.7	0.64	0.13	44.2	66	<1.0	101	10.3			
						D	17—															
剖35	人为土	水稻土	潴育水稻土	灰泥田	白底灰泥田	A	0—13		中壤土		4.7	22.7	1.22			162	<1.0	115			E 118°16′12.7″ N 26°56′06.5″	95
						P	13—20		中壤土		4.7	24.5	1.29	0.15	45.9	114	1.0	57	9.8			
						W_1	20—42		中壤土		4.8	18.1	0.31	0.14	36.6	116	<1.0	63	9.4			
						E	42—100		中壤土		4.4	9.8	0.23			31	<1.0	49				
						C	100—															
剖36	初育土	紫色土	酸性紫色土	猪肝土	油猪肝土	A	0—20		重壤土		5.4	22.7	0.94	0.39	24.1	53	1.1	120	11.3		E 118°16′41.6″ N 26°55′52.4″	97
						B	20—60		重壤土		5.3	10.8	0.33	0.38	20.7	58	<1.0	81	10.9			
						C	60—100		中壤土		5.5	6.0	0.21	0.32	18.6	45	<1.0	74	10.9			

续表 Continued

剖面号 Soil profile	土纲 Soil order	土类 Soil great group	亚类 Soil subgroup	土属 Soil genus	土种 Soil species	土层码 Layer code	土层厚度 Depth/cm	颜色 Soil color	质地 Soil texture	土壤结构 Soil structure	pH	有机质 OM/(g/kg)	全氮 TN/(g/kg)	全磷 TP/(g/kg)	全钾 TK/(g/kg)	碱解氮 AN/(mg/kg)	有效磷 AP/(mg/kg)	速效钾 AK/(mg/kg)	阳离子交换量CEC/(cmol/kg)	土壤母质 Parent material	剖面点坐标 Profile coordinate	匹配指数 Matching index/%
剖37	人为土	水稻土	潜育水稻土	冷烂田	冷水田	A	0—15		中壤土		5.4	33.5	1.54	0.36	27.0	117	<1.0	62	13.0	坡积物	E 118°23′51.3″ N 26°59′42.5″	97
						P	15—18		重壤土		5.0	30.4	1.28	0.31	25.3	121	2.4	49	12.3			
						G	18—100		轻壤土		4.6	29.9	1.07	0.19	20.2	195	4.5	10	10.9			
剖38	铁铝土			酸性岩粗骨性红壤		A_1	1—8	棕色	中壤土	核状	5.4	42.3	0.80			134	1.9	101		云母石英片岩	E 118°24′45.6″ N 26°59′44.7″	97
						A_3	8—42	淡红棕色	中壤土	核状	5.3	31.7	0.31			132	1.3	99				
						D	42—															
剖39	人为土	水稻土	渗育水稻土	黄泥田	黄泥骨	A	0—10		重壤土		5.6	20.1	0.28	0.28	28.6	66	<1.0	51	9.8	坡积物	E 118°25′31.7″ N 26°59′48.6″	97
						C	10—100		重壤土		5.5	10.6	0.24	0.24	29.7	44	<1.0	51	8.0			
剖40	水稻土	渗育水稻土	紫泥田	灰紫泥田		A	0—14		中壤土		5.5	27.6	1.08	0.13	40.1	149	<1.0	85	8.3		E 118°23′22.8″ N 26°56′24.7″	97
						P	14—19		中壤土		5.6	19.5	0.66	0.16	37.5	91	<1.0	79	7.9			
						Cw	19—62		中壤土		6.3	6.7	0.32	0.10	42.3	44	<1.0	62	4.4			
						C	62—100		中壤土		6.7	5.7	0.33	<0.10	45.1	44	<1.0	90	3.1			
剖41	人为土	水稻土	潜育水稻土	红土田	红土田	A	0—13		重黏土		4.5	34.8	1.56	0.49	31.0	120	5.9	134	9.1		E 118°22′39.8″ N 26°56′03.8″	97
						C	13—100		轻黏土		5.6	6.7	0.47	0.22	35.2	26	<1.0	113	8.1			
剖42	人为土	水稻土	潜育水稻土	灰泥田	灰泥田	A	0—18		重壤土		4.9	32.3	1.36	1.11	26.7	110	16.8	40	13.7		E 118°17′38.6″ N 26°54′30.3″	95
						P	18—26		重壤土		5.1	29.5	1.10	0.69	39.2	180	2.9	50	11.9			
						W_1	26—51		重壤土		5.3	10.0	0.47	0.20	47.1	62	1.7	73	10.0			
						Ch	51—100		重壤土		5.1	6.3	0.38	0.11	25.2	44	1.3	72	9.8			
剖43	铁铝土	红壤	暗红壤	酸性岩暗红壤		A_1	1—9	棕色	中壤土	核状	4.2	52.1	1.18			215	<1.0	180		白云母花岗岩	E 118°24′09.7″ N 26°54′58.2″	97
						A_3	9—21	暗红棕色	中壤土	核状	4.7	36.5	0.98			136	<1.0	173				
						B_1	21—68	红棕色	中壤土	核状	4.8	15.9	0.73			107	<1.0	73				
						B_2	68—150	淡棕红色	中壤土	核状	5.0	10.1	0.55			80	<1.0	37				
剖44	铁铝土	红壤	暗红壤	泥质岩暗红壤		A_1	0.5—15	暗棕灰色	中壤土	核状	4.7	41.0	0.76			123	<1.0	142		紫红色钙质、泥质粉砂岩	E 118°24′15.2″ N 26°53′37.0″	95
						A_3	15—28	棕灰色	中壤土	块状	5.5	23.8	0.51			97	<1.0	156				
						B_1	28—44	淡棕色	中壤土	块状	4.6	11.2	0.41			42	<1.0	142				
						B_2	44—68	棕色	中壤土	块状	4.5	12.5	0.13			43	<1.0	118				
						B_3	68—103	棕色	轻壤土		4.6	9.8	0.20			30	<1.0	84				
剖45	人为土	水稻土	潜育水稻土	冷烂田	锈水田	A	0—19		重壤土		4.2	23.9	1.12	<0.10	23.0	132	6.1	34	12.7	坡积物	E 118°28′26.5″ N 26°52′46.9″	97
						G	19—100		中壤土		4.3	13.7	1.05	<0.10	29.1	123	<1.0	36	11.3			
剖46	铁铝土	红壤	黄红壤	中性岩黄红壤		A_1	1—6	棕色	中壤土	核状	4.4	39.8	0.96			153	<1.0	204		闪长岩	E 118°27′14.5″ N 26°50′34.3″	97
						A_3	6—27	淡棕色	中壤土	核状	5.5	31.3	0.85			134	<1.0	136				
						B_1	27—60	红黄色	中壤土	核状	5.1	19.9	0.56			79	<1.0	103				
						B_2	60—118	红黄色	中壤土	核状	5.1	18.1	0.19			65	<1.0	90				
剖47	铁铝土	黄壤	黄壤	酸性岩黄壤		A_1	2—23	暗灰色	中壤土	粒状	5.3	53.3	1.52			99	1.0	54		二长花岗岩	E 118°29′13.4″ N 26°50′43.1″	97
						A_3	23—34	灰黄色	中壤土	小块状	5.1	30.6	1.09			69	<1.0	67				
						B_1	34—46	棕色	中壤土	小块状	5.4	24.6	0.64			47	<1.0	26				
						B_2	46—150	棕黄色	中壤土	小块状	4.7	13.5	0.16			34	<1.0	29				
剖48	铁铝土	红壤	粗骨性红壤	中性岩粗骨红壤		A_1	1—4	暗棕色	轻壤土	粒状	5.0	34.5	2.14	0.11		205	<1.0	136		安山岩	E 118°20′07.2″ N 26°48′48.7″	97
						A_3	4—23	棕色	轻壤土	粒状	4.2	30.0	1.33	<0.10		160	<1.0	102				
						D	23—															
剖49	人为土	水稻土	渗育水稻土	砂层田	砂层田	A	0—14		砂壤土		5.0	9.3	0.83	0.11	>50.0	83	6.7	47	4.9	坡积物	E 118°28′54.2″ N 26°43′16.4″	95
						C	14—100		砂壤土		5.2	5.3	0.32	<0.10	44.1	66	<1.0	46	4.4			
剖50	人为土	水稻土	潜育水稻土	冷烂田	浅脚烂泥田	A	0—15		轻壤土		5.5	39.0	1.45	0.19	29.2	117	<1.0	138	12.2	坡积物	E 118°33′07.2″ N 27°16′55.4″	95
						G	15—100		轻壤土		5.6	37.4	1.33	0.14	32.6	134	1.5	115	11.1			

续表 Continued

剖面号 Soil profile	土纲 Soil order	土类 Soil great group	亚类 Soil subgroup	土属 Soil genus	土种 Soil species	土层码 Layer code	土层厚度 Depth/cm	颜色 Soil color	质地 Soil texture	土壤结构 Soil structure	pH	有机质 OM/(g/kg)	全氮 TN/(g/kg)	全磷 TP/(g/kg)	全钾 TK/(g/kg)	碱解氮 AN/(mg/kg)	有效磷 AP/(mg/kg)	速效钾 AK/(mg/kg)	阳离子交换量CEC/(cmol/kg)	土壤母质 Parent material	剖面点坐标 Profile coordinate	匹配指数 Matching index/%
剖51	半水成土	山地草甸土	山地草甸土	酸性岩山地草甸土		A₁	1—20	黑色	轻壤土	核状	5.2	157.0	4.65			372	<1.0	139		黑云母花岗岩	E 118°41′32.7″ N 26°58′24.0″	97
						B₁	20—42	暗棕色	轻壤土	核状	4.5	52.8	1.93			285	<1.0	120				
						B₂	42—78	黄棕色	轻壤土	核状	5.2	12.8	1.24			284	<1.0	112				
剖52	铁铝土	黄壤	粗骨性黄壤	山地石砂土		A₁	0.5—5	黑棕色	轻壤土	粒状	4.8	35.9	1.48			186	<1.0	118		花岗斑岩	E 118°43′39.8″ N 26°59′14.1″	97
						A₃	5—25	暗棕色	轻壤土	粒状	5.2	28.8	0.77			116	<1.0	98				
						D	25—															
剖53	铁铝土	黄壤	黄壤	中性岩黄壤		A	4—11	淡灰色	轻壤土	粒状	5.2	43.0	1.22			148	<1.0	167		安山岩	E 118°44′47.1″ N 26°58′19.9″	97
						A₃	11—15	灰色	轻壤土	粒状	5.0	32.9	1.02			144	<1.0	128				
						B₁	15—32	灰棕色	中壤土	小块状	5.1	37.3	0.66			110	<1.0	87				
						B₂	32—68	黄棕色	中壤土	小块状	5.2	21.4	0.54			66	<1.0	74				
						B₃	68—150	淡黄棕色	重壤土	块状	5.0	18.5	0.27			46	<1.0	73				
剖54	铁铝土	红壤	红壤	酸性岩红壤		A	0—11	暗棕色	黏土	小块状	5.0	51.7	1.90	0.33	<1.0		<1.0	49	12.5	泥质粉砂岩	E 118°31′32.7″ N 26°54′02.2″	82
						B₁	11—54	暗棕红色	黏土	块状、小核状	5.3	15.0	0.58	0.28	9.7		<1.0	23	8.9			
						B₂	54—120	棕红色		块状	5.5	8.1	0.44	0.28	10.5		<1.0	13	7.6			
剖55	铁铝土	红土	红土	红泥土	灰砂泥土	A	0—20		中壤土		4.2	21.8	0.96	0.23	18.4	88	<1.0	66	9.6	坡积物或残积物	E 118°33′32.9″ N 26°52′55.7″	97
						B	20—80		重壤土		4.6	13.0	0.45	0.35	21.8	75	<1.0	65	6.9			
						C	80—100		中壤土		4.6	11.6	0.48	0.30	21.5	28	<1.0	40	5.1			
剖56	铁铝土	红壤	黄红壤	酸性岩黄红壤		A₁	1—6	暗棕色	轻壤土	核状	5.2	55.7	1.11			146	1.4	141		碎裂花岗岩	E 118°34′59.6″ N 26°52′41.2″	98
						A₃	6—50	暗棕色	中壤土	小块状	5.1	26.8	0.81			48	<1.0	72				
						B₁	50—87	淡红棕色	中壤土	块状	5.0	10.9	0.68			48	<1.0	41				
						B₂	87—150	灰红色	中壤土	块状	5.6	8.8	0.59			45	<1.0	46				
剖57	人为土	水稻土	潜育水稻土	冷烂田	深脚烂泥田	A	0—23	暗棕色	重壤土	核状	6.5	78.0	1.23	0.70	29.4	124	6.2	162	12.2	坡积物	E 118°34′35.6″ N 26°51′48.3″	95
						G	23—100	暗棕色	重壤土		6.2	62.1	1.01	0.34	28.6	123	2.3	169	10.9			
剖58	铁铝土	红壤	黄红壤	基性岩黄红壤		A₁	0.1—4	暗棕色	中壤土	小块状	4.8	32.6	0.80			125	<1.0	75		橄榄玄武岩	E 118°52′28.3″ N 27°07′59.9″	97
						A₃	4—11	淡棕色	中壤土	小块状	4.7	32.4	0.53			108	<1.0	70				
						B₁	11—29	淡黄棕色	中壤土	小块状	4.9	26.9	0.50			58	<1.0	63				
						B₂	29—48	淡黄棕色	中壤土	小块状	4.6	18.8	0.45			49	<1.0	60				
						B₃	48—108	淡棕色	中壤土	小块状	4.7	13.8	0.42			43	<1.0	56				
剖59	半水成土	山地草甸土	山地草甸土	酸性岩山地草甸土		Ao	0—3.5	黑棕色	壤质黏土	碎块状	4.9	147.3	5.52	0.71	16.3	>500	2.4	180	6.9	火山角砾岩残积物	E 118°47′21.4″ N 27°04′00.5″	75
						A₁	3.5—23	黑棕色	黏土	核状	4.9	147.3	5.52	0.71	16.3	>500	2.4	180	6.9			
						B	23—60	暗棕色	黏土	块状	5.1	65.2	2.37	0.38	18.9	297	<1.0	63	8.3			
						C	60—107	淡黄棕色	黏土	块状	5.3	21.0	1.16	0.30	23.3	122	<1.0	57	12.8			
剖60	铁铝土	红壤	黄红壤	酸性岩黄红壤		A₁	0.2—6	黄棕色	砂壤土	核状	4.9	50.2	1.18			163	<1.0	254		灰白色、灰黑色砂砾岩	E 118°46′01.9″ N 26°58′32.9″	95
						A₃	6—15	淡棕黄色	砂壤土	核状	5.4	41.2	1.05			81	<1.0	244				
						B₁	15—34	淡黄棕色	砂壤土	核状	5.3	31.2	0.92			60	<1.0	184				
						B₂	34—85	红黄色	砂壤土	核状	5.3	26.5	0.85			54	<1.0	141				
						B₃	85—150	红黄色	砂壤土	核状	5.4	21.2	0.44			34	<1.0	75				

龙 岩 市

市 辖 区

主要土类说明

红壤是龙岩市主要土壤类型，占本市地域面积的 69%。红壤表土层厚，质地较黏重，剖面构型以 A-B-C 为主。本县红壤分为红壤、黄红壤、暗红壤、水化红壤、粗骨性红壤、红土（耕作红壤）等亚类。其中，红壤亚类面积最大，分布在海拔 750m 以下的低山、丘陵，剖面构型为 A-B-C，土层较深厚，厚 100cm 以上，表土层厚超过 10cm。全剖面呈红色、淡红色、深红色，呈块状、团块状结构。

黄壤是龙岩市第二大土壤类型，占本市地域面积的 18%，多分布于海拔 900—1450m 地带。剖面构型主要为 A-B-C 或 A-C。黄壤发生于在亚热带湿润条件下，中度脱硅富铝化。淀积层富含水合氧化物（针铁矿），呈黄色，有时多含三水铝石。土壤有机质累积较高，可达 100g/kg，pH 为 4.5—5.5。

水稻土是龙岩市第三大土壤类型，占本市地域面积的 8%。水稻土是自然土壤经过长期人工水耕熟化，特别是氧化还原的交替作用促进土体内部物质的转化及淋溶淀积而发育形成的一种特殊土壤类型。由于水分因素的不同，土壤剖面发生分异，本市水稻土分为渗育型、潴育型和潜育型等亚类。其中，渗育水稻土面积最大，多系梯田和溪边田，成土母质为红壤、黄壤及第四纪河流冲积物。土体受下渗水的浸润、淋溶，形成具有诊断意义的渗育层。土层一般厚 20—30cm，有少量褐色铁锰氧化物斑纹。

紫色土占龙岩市地域面积的 4%，由紫红色砾岩、砂岩、粉砂岩及紫红色页岩等风化残积物上发育而来。紫色岩物理风化强烈，化学风化较弱，故土壤发育程度较低，剖面构型以 A-（B）-C 为主。剖面发生层次不明显，颜色均一，与母岩的颜色相近，呈紫红色或紫色。本市紫色土分酸性紫色土和紫泥土两个亚类。

小于本市地域面积 3% 的土壤类型还有山地草甸土、潮土等。

本区域中心区气候特征

本区域中心区气候特征值
Regional climate characteristics in central area of the region

气候带：南亚热带湿润气候 Climate region: South subtropical humid climate	
年平均气温 /℃ Annual average temperature /℃	19.9
年平均最高气温 /℃ Annual average maximum temperature /℃	25.0
年平均最低气温 /℃ Annual average minimum temperature /℃	16.5
年降水量 /mm Annual precipitation /mm	1516
≥10℃的积温 /℃ Daily temperature accumulated in a year (≥10℃) /℃	8121
年日照时数 /h Annual sunshine /h	1745
年平均相对湿度 /% Annual average relative humidity /%	79
干燥度 Dryness	0.78

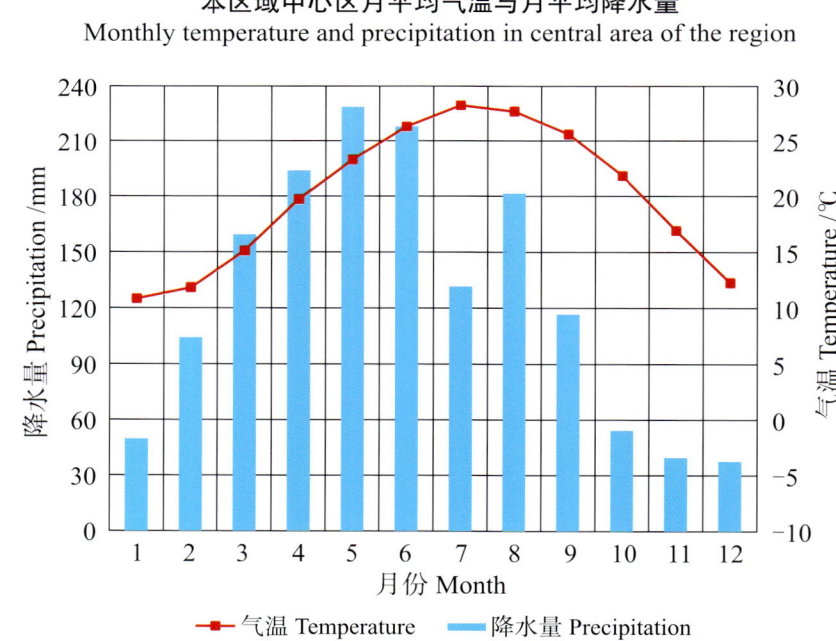

本区域中心区月平均气温与月平均降水量
Monthly temperature and precipitation in central area of the region

龙岩市市辖区（部分）主要土壤类型与土壤剖面点分布图
1:290 000

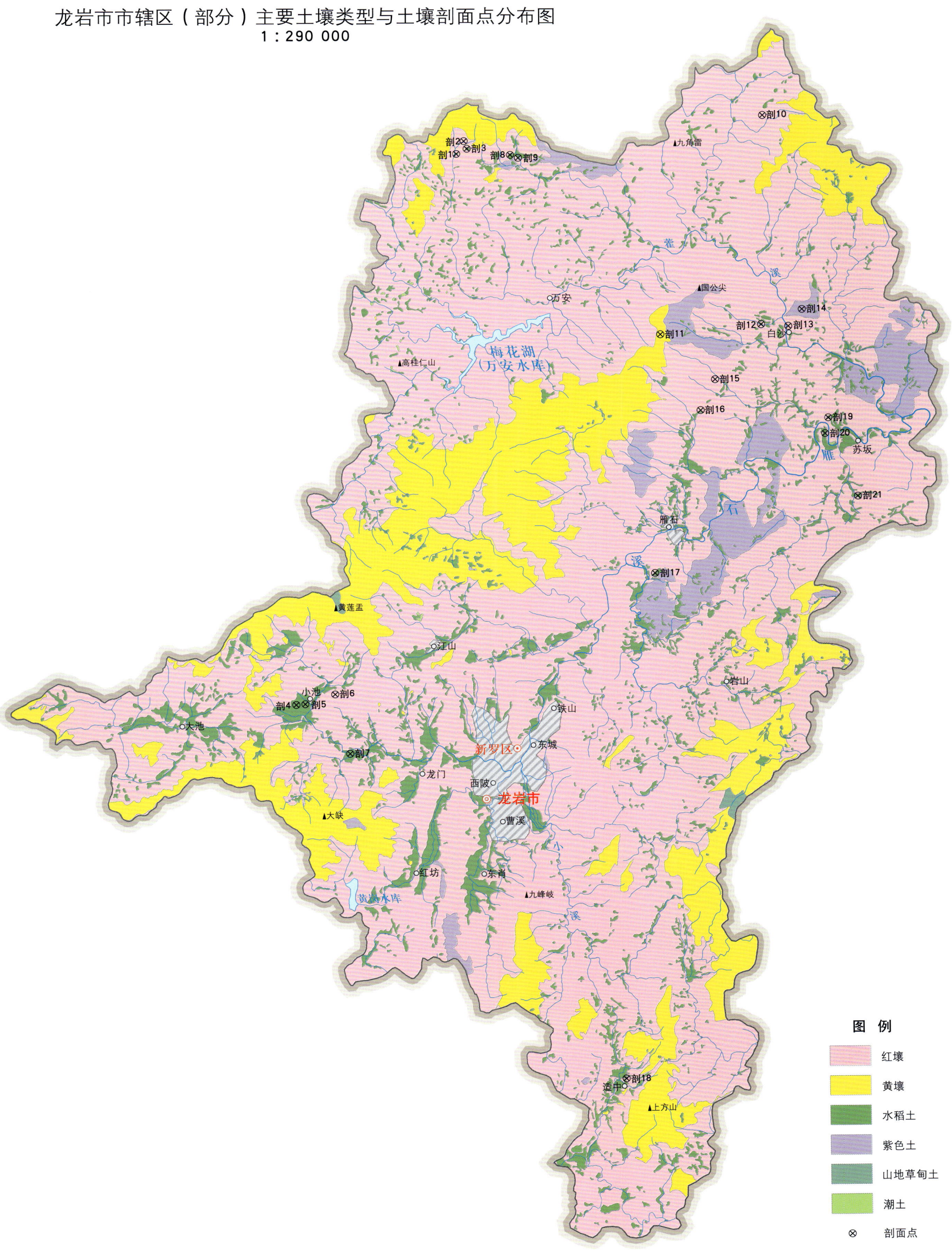

龙岩市土壤剖面理化性状表

剖面号 Soil profile	土纲 Soil order	土类 Soil great group	亚类 Soil subgroup	土属 Soil genus	土种 Soil species	土层码 Layer code	土层厚度 Depth/cm	颜色 Soil color	质地 Soil texture	土壤结构 Soil structure	pH	有机质 OM/(g/kg)	全氮 TN/(g/kg)	全磷 TP/(g/kg)	全钾 TK/(g/kg)	碱解氮 AN/(mg/kg)	有效磷 AP/(mg/kg)	速效钾 AK/(mg/kg)	阳离子交换量CEC/(cmol/kg)	土壤母质 Parent material	剖面点坐标 Profile coordinate	匹配指数 Matching index/%
剖1	人为土	水稻土	潴育水稻土	潮砂田	灰砂田	A	0–15		中壤土		5.9	29.9	0.95	1.31	25.8		7.9	27	6.2		E 116° 59′ 31.0″ N 25° 30′ 25.5″	75
						P	15–24		轻壤土		5.8	17.6	0.59	1.04	23.2		14.9	26	5.7			
						W	24–45		砂壤土		6.2	10.3	0.40	1.11	30.2		15.1	25	2.1			
						Cs	45–80		砂壤土		6.6	3.9	<0.10	1.17	37.2		15.1	25	2.3			
剖2	铁铝土	红壤		中性岩红壤		A_1	0–4	灰黑色	中壤土	块状	5.0	75.3	2.00			233	5.0	200		中性岩	E 116° 59′ 53.2″ N 25° 30′ 51.7″	75
						A_3	4–7	黑红色	中壤土	块状	4.8	42.4	1.24			294	3.0	99				
						B_1	7–38	淡红色	中壤土	块状	4.8	6.8	0.26			47	2.0	28				
						B_2	38–96	红色	中壤土	块状												
剖3	人为土	水稻土	渗育水稻土	黄泥砂田	浅灰黄泥砂田	A	0–15		中壤土		5.3	31.2	0.97	1.44	40.5		35.0	29	5.3		E 116° 59′ 57.9″ N 25° 30′ 38.1″	75
						P	15–22		轻壤土		5.1	35.1	0.57	1.60	38.6		20.0	21	4.1			
						C	22–		中壤土		5.3	16.0	1.49	>10.00	37.8		13.6	<5	4.2			
剖4	人为土	水稻土	渗育水稻土	紫泥田	紫泥砂田	A	0–16		砂壤土		5.9	25.4	1.03	1.55	14.1		20.2	37	5.5	紫色砂页岩风化物	E 116° 52′ 33.5″ N 25° 08′ 22.8″	95
						P	16–20		中壤土		5.7	14.5	0.42	1.03	15.5		16.2	36	7.1			
						W	20–31		中壤土		5.7	10.0	0.35	1.03	23.1		15.8	34	2.1			
						C	31–		中壤土		5.4	6.1	0.81	0.84	16.6		15.3	36	3.1			
剖5	人为土	水稻土	渗育水稻土	黄泥田	浅灰黄泥田	A	0–19		中壤土		5.1	25.7	1.06	1.09	9.3		13.2	32	3.8		E 116° 52′ 57.1″ N 25° 08′ 24.2″	95
						P	19–25		重壤土		5.2	9.5	0.51	0.94	9.9		11.0	34	3.1			
						W	25–48		重壤土		5.3	8.9	0.47	0.76	10.9		11.4	31	3.3			
						C	48–		黏土		4.6	2.1	0.38	0.96	11.3		11.0	33	3.7			
剖6	铁铝土	红壤		泥质岩红壤	泥质岩红壤	A_1	0–4	褐红色	中壤土	粒状	4.2	52.5	1.56	1.84	36.7	234	31.0	61		泥质岩	E 116° 54′ 13.5″ N 25° 08′ 47.3″	95
						A_3	4–21	褐红色	中壤土	小块状	4.3	24.5	1.02	1.43	40.0	153	14.0	33	7.8			
						B_1	21–40	浅红色	重壤土	小块状	4.5	11.5	0.78	1.44	47.3	85	17.0	32	4.5			
						B_2	40–55	浅红色	黏土	小块状	5.4	10.1	0.75	1.73	26.7	71	8.0	33	4.7			
						B_3	55–130		黏土		4.7	3.7	0.56	1.32	35.5	41	22.0	29	4.8			
剖7	人为土	水稻土	潴育水稻土	潮砂田	灰砂田	A	0–14		轻壤土		5.7	37.4	1.37	1.84	23.0		38.3	30	5.9		E 116° 54′ 50.1″ N 25° 06′ 24.8″	97
						P	14–20		中壤土		5.7	19.2	0.54	1.43	22.3		22.3	31	6.5			
						W	20–41		重壤土		5.6	7.5	0.23	1.44	40.0		21.8	30	9.4			
						C	41–67		重壤土		5.4	11.7	0.25	1.73	47.3		24.8	30	4.7			
剖8	人为土	水稻土	潴育水稻土	灰泥田	青底灰泥田	A	0–14		轻壤土		5.5	8.3	0.19	1.32	35.5		22.5	29	3.8		E 117° 01′ 48.3″ N 25° 30′ 22.6″	97
						P	14–21		砂壤土		5.8	30.4	1.29	0.83	23.0	134	7.5	57	5.9			
						W	21–37		砂壤土		5.6	14.5	0.96	0.78	22.3	98	1.8	65	6.5			
						C	37–68		砂壤土		6.0	8.4	0.40	0.60	19.9	46	1.8	60	9.4			
剖9	人为土	水稻土	潴育水稻土	乌泥田	乌泥田	A	0–16		中壤土		5.6	22.6	0.88	0.50	9.2		1.8	29	11.1		E 117° 02′ 08.7″ N 25° 30′ 15.8″	97
						P	16–25		中壤土		5.4	43.6	1.95	1.03	5.1		21.0	33	10.1			
						W_1	25–44		中壤土		5.6	46.3	1.09	1.25	11.0		20.5	39	5.1			
						W_2	44–51		重壤土		5.6	19.2	0.91	0.80	2.1		1.0	29	5.3			
						C	51–100		黏壤土		5.6	11.3	0.48	0.83	10.0		<1.0	33	2.9			
剖10	铁铝土	红壤	黄红壤	泥质岩黄红壤		A_1	3–25	黑灰色	黏壤土		5.8	4.7	0.37	0.64	11.2		<1.0	48	2.1	泥质岩	E 117° 12′ 33.4″ N 25° 31′ 55.6″	97
						A_3	25–41	黑灰色	轻壤土	粒状	4.2	35.9	1.24				22.0	35				
						B_1	41–53	黄灰色	轻壤土	粒状	4.3	19.5	0.90				73.0	30				
						B_2	53–150	黄红色	轻壤土	块状	4.3	10.4	0.76				14.0	34				
											4.3	8.4	0.72				5.0	36				

续表 Continued

剖面号 Soil profile	土纲 Soil order	土类 Soil great group	亚类 Soil subgroup	土属 Soil genus	土种 Soil species	土层码 Layer code	土层厚度 Depth/cm	颜色 Soil color	质地 Soil texture	土壤结构 Soil structure	pH	有机质 OM/(g/kg)	全氮 TN/(g/kg)	全磷 TP/(g/kg)	全钾 TK/(g/kg)	碱解氮 AN/(mg/kg)	有效磷 AP/(mg/kg)	速效钾 AK/(mg/kg)	阳离子交换量CEC/(cmol/kg)	土壤母质 Parent material	剖面点坐标 Profile coordinate	匹配指数 Matching index/%
剖11	铁铝土	黄壤	黄壤	砂质岩黄壤		A₁	0—3	黑色	轻壤土	粒状	5.2	64.1	3.33				3.5	57		砂质岩	E 117° 08′ 08.7″ N 25° 23′ 09.2″	97
						A₂	3—13	黑色	轻壤土	粒状	4.6	72.0	2.59				14.7	63				
						B₁	13—34	淡黄色	轻壤土	核状	5.2	12.0	0.86				2.5	39				
						B₂	34—66	淡黄色	中壤土	团状	5.0	11.8	0.96				2.2	57				
						B₃	66—115	淡黄色	重壤土	团状	5.2	4.2	0.41				1.0	33				
剖12	人为土	水稻土	渗育水稻土	黄泥田	灰黄泥田	A	0—18	黄褐色	中壤土		6.0	21.3	0.78	1.31	7.6	116	23.0	41	7.9		E 117° 12′ 26.8″ N 25° 23′ 31.6″	95
						C	18—	棕褐色	重壤土		6.4	4.6	0.33	0.91	9.1		<1.0	30	6.7			
剖13	铁铝土	红壤	红壤	基性岩红壤		A₁	0—7	棕红色	重壤土	粒状	4.1	76.8	3.10			248	9.0	162		基性岩	E 117° 13′ 35.9″ N 25° 23′ 18.5″	95
						A₃	7—15	棕红色	重壤土	粒状	5.2	55.1	2.18			248	1.0	117				
						B₁	15—38	棕红色	重壤土	核状	5.4	24.4	1.04			145	1.0	111				
						B₂	38—90	棕红色	重壤土	核状	5.6	14.4	0.77			83	<1.0	78				
						B₃	90—138	棕红色	黏土		5.8	13.3	0.59			83	<1.0	75				
剖14	初育土	紫色土	酸性紫色土	泥质岩酸性紫色土		A₁	0—11	黑褐色	中壤土	粒状	4.5	52.7	1.86				44.0	154		泥质岩	E 117° 14′ 10.6″ N 25° 24′ 07.1″	97
						A₃	11—25	紫红色	中壤土	粒状	4.5	19.3	1.19				20.0	89				
						B₁	25—36	紫红色	重壤土	团块状	4.5	14.6	1.10				27.0	91				
						B₂	36—110	紫红色	重壤土	团块状	4.5	18.9	0.99				70.0	81				
剖15	铁铝土	红壤	酸性红壤	酸性岩红壤		Ao	0—5	灰褐色	轻壤土	粒状	4.3	49.4	1.50			179	47.0	94		酸性岩	E 117° 10′ 28.1″ N 25° 21′ 20.5″	95
						B₁	5—30	浅红色	重壤土	粒状	4.6	14.4	0.82			62	75.0	35				
						B₂	30—150	红色	重壤土	团块状	4.8	2.6	0.29			33	>100.0	37				
剖16	铁铝土	红壤	红壤	红泥土	红泥土	A	0—20		中壤土	团块状	6.2	8.1	0.62	0.78	6.9		1.3	30	12.5		E 117° 09′ 50.4″ N 25° 20′ 06.4″	97
						B	20—50		中壤土	块状	5.2	4.6	0.55	0.81	7.7		1.3	33	4.8			
						C	50—85		黏壤土	块状	5.8	4.5	0.50	0.81	7.1		1.5	27	3.6			
剖17	人为土	水稻土	渗育水稻土	黄泥田	乌黄泥田	A	0—15		中壤土	粒状	5.6	41.6	1.46	1.33	6.2		15.5	29	7.1		E 117° 07′ 50.4″ N 25° 13′ 35.6″	95
						P	15—27		中壤土	团块状	5.4	34.2	1.40	1.28	9.8		9.5	29	14.6			
						W	27—40		中壤土	团块状	6.0	5.5	0.52	0.76	10.2		<1.0	30	2.8			
						C	40—		中壤土	粒状	5.6	17.5	0.73	1.12	10.4		1.0	29	5.6			
剖18	人为土	水稻土	渗育水稻土	白土田	白鳝泥田	A	0—16		中壤土	粒状	6.2	29.9	1.10	0.84	19.0		24.5	57	5.0		E 117° 06′ 22.1″ N 24° 53′ 11.2″	95
						P	16—23		重壤土	块状	5.5	18.2	0.64	0.37	16.3		5.0	42	3.6			
						E	23—70		中壤土	块状	5.8	2.9	0.20	0.28	15.5		1.5	56	4.3			
剖19	人为土	水稻土	渗育水稻土	紫泥田	紫泥田	A	0—18		重壤土	粒状	5.4	12.4	0.56	0.59	24.9		1.0	51	9.5		E 117° 15′ 16.0″ N 25° 19′ 46.6″	97
						P	18—22		中壤土	块状	5.2	4.2	0.34	0.52	33.5		1.0	30	11.8		细粗质红壤再积物		
						C	22—65		重壤土		5.4	2.4	0.35	0.40	37.7		1.8	30	14.1			
剖20	人为土	水稻土	潴育水稻土	灰泥田	灰泥田	A	0—16		中壤土		5.6	39.8	1.23	1.49	29.5		27.5	40	7.0		E 117° 07′ 07.5″ N 25° 19′ 08.0″	97
						P	16—22		重壤土		6.2	43.9	0.88	1.22	31.0		12.3	33	6.5		紫色砂页岩风化物		
						W	22—35		重壤土		6.7	18.3	0.32	0.87	32.2		12.3	26	5.6			
						C	35—100		重壤土		6.2	6.6	0.32	0.93	37.5		10.5	27	4.7			
剖21	人为土	水稻土	潴育水稻土	灰泥田	黄底灰泥田	A	0—24		轻壤土		5.4	38.4	1.26	0.87	14.8		12.5	15	2.2		E 117° 16′ 29.6″ N 25° 16′ 36.3″	97
						P	24—31				5.7	22.0	1.11	<0.10	16.4		12.8	15	4.3			
						W	31—46				5.6	33.6	1.23	1.30	17.4		22.3	30	5.4			
						C	46—				5.2	5.7	0.34	1.06	18.7		14.3	19	5.7			

永 定 区

主要土类说明

红壤是永定区主要土壤类型，占本区地域面积的 82%。本区气候温热湿润、水量充沛、干湿季节明显、无霜期长，红壤风化作用和富铝化过程较为强烈，形成深厚的红色风化壳。根据水热条件和土壤熟化程度，本区红壤分为红壤、黄红壤、粗骨性红壤、暗红壤等亚类。

水稻土是永定区第二大土壤类型，占本区地域面积的 12%，是本区分布最广泛的耕作土壤，各种地形地貌单元中都有分布，但主要分布在丘陵缓坡地、河谷平洋地和山垄谷地。土壤在长期的季节性水旱轮作过程中，不断地进行盐基淋溶与复盐基、黏粒聚集与淀积、有机质分解与合成、氧化与还原等作用，形成了具有独特剖面形态的水稻土。不论起源土壤如何，形成的水稻土都具有耕作层、犁底层、淀积层、潜育层和母质层等基本发生层次。本区地形地貌和水文条件的明显差异，对水稻土的形成和发育有着深刻的影响。根据地形部位和水文状况的不同，本区水稻土分为渗育型、潴育型和潜育型等亚类。

黄壤是永定区第三大土壤类型，占本区地域面积的 5%，一般分布于海拔 900m 以上的中山上部、山坡、山顶，垂直带谱位于红壤之上。本区海拔千米以上的中山气候终年温凉、高湿，热量条件比红壤区域差，而雾露日比红壤区域多一半以上，常处于雾露萦绕之中，风大、日照短，虽有干湿季之分，但不如红壤区明显。植被主要有亚热带常绿阔叶林、针阔混交林及其矮林、中山灌丛等。在这种气候条件下，土壤脱硅富铝化作用较红壤弱，黏土矿物以高岭石、三水铝石为主，氧化铁高度水化，使土体呈蜡黄色、鲜黄色、浅黄色，腐殖质层较厚，水肥条件较好。根据风化程度不同，本区黄壤分为黄壤、粗骨性黄壤等亚类。

小于本区地域面积 3% 的土壤类型还有紫色土、山地草甸土、潮土等。

本区域中心区气候特征

本区域中心区气候特征值
Regional climate characteristics in central area of the region

气候带：南亚热带湿润气候 Climate region: South subtropical humid climate	
年平均气温 /℃ Annual average temperature /℃	20.4
年平均最高气温 /℃ Annual average maximum temperature /℃	25.0
年平均最低气温 /℃ Annual average minimum temperature /℃	17.2
年降水量 /mm Annual precipitation /mm	1539
≥10℃的积温 /℃ Daily temperature accumulated in a year（≥10℃）/℃	8357
年日照时数 /h Annual sunshine /h	1835
年平均相对湿度 /% Annual average relative humidity /%	79
干燥度 Dryness	0.79

本区域中心区月平均气温与月平均降水量
Monthly temperature and precipitation in central area of the region

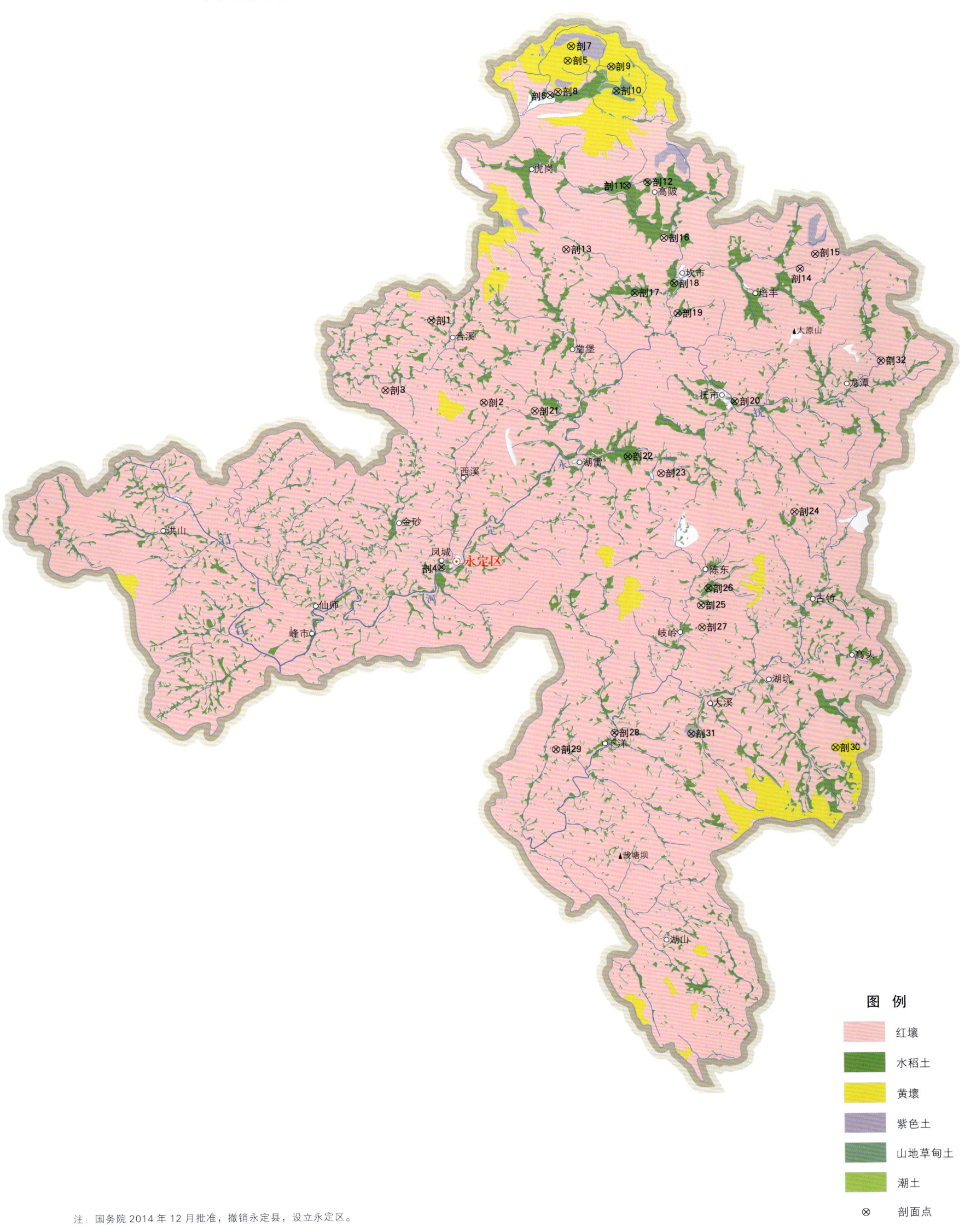

永定县主要土壤类型与土壤剖面点分布图 1：300 000

注：国务院2014年12月批准，撤销永定县，设立永定区。

永定区土壤剖面理化性状表

剖面号 Soil profile	土纲 Soil order	土类 Soil great group	亚类 Soil subgroup	土属 Soil genus	土种 Soil species	土层码 Layer code	土层厚度 Depth/cm	颜色 Soil color	质地 Soil texture	土壤结构 Soil structure	pH	有机质 OM/(g/kg)	全氮 TN/(g/kg)	全磷 TP/(g/kg)	全钾 TK/(g/kg)	碱解氮 AN/(mg/kg)	有效磷 AP/(mg/kg)	速效钾 AK/(mg/kg)	阳离子交换量CEC/(cmol/kg)	土壤母质 Parent material	剖面点坐标 Profile coordinate	匹配指数 Matching index/%
剖1	人为土	水稻土	潜育水稻土	冷浸田	冷水田	A	0—38	浅灰色	中壤土	粒状	5.4	53.3	1.71	0.65	32.9		19.0	112	8.1		E 116°42′34.7″ N 24°53′25.4″	95
						P	38—45	浅灰色	轻壤土	块状	5.6	9.5	0.39	0.34	>50.0		<1.0	141	1.4			
						G	45—100	黄色	砂壤土	单粒状	5.6	15.9	0.54	0.31	38.4		<1.0	76	5.8			
剖2	铁铝土	红壤	红壤	砂质岩红壤		A	0—4	灰褐色	重壤土	团块状	4.2	37.0	1.79			153	<1.0	30			E 116°44′48.3″ N 24°50′04.6″	97
						B_1	4—17	灰红色	重壤土	团块状	4.4	18.6	1.10			99	<1.0	27				
						B_2	17—139	橙色	重壤土	团块状	4.5	5.6	0.55			54	<1.0	16				
剖3	铁铝土	红壤	红壤	酸性岩红壤		A_1	0—8	棕黑色	轻黏土	团粒状	4.9	70.4	2.57			259	5.0	237			E 116°40′35.1″ N 24°50′35.6″	97
						A_3	8—27	棕红色	轻黏土	团块状	5.0	23.7	1.25			178	5.0	199				
						B_1	27—35	棕红色	轻黏土	团块状	5.2	10.7	0.90			120	2.0	148				
						B_2	35—83	红色	轻黏土	块状	5.4	2.9	0.54			66	<1.0	112				
						B_3	83—	深红色	轻黏土	块状	5.6	2.9	0.37			88	<1.0	147				
剖4	人为土	水稻土	潜育水稻土	灰泥田	灰泥田	A	0—16	灰色	重壤土	粒状	5.4	38.4	1.55	1.58	23.7		21.0	110	12.0		E 116°42′56.8″ N 24°43′20.9″	98
						B	16—23	浅灰色	重壤土	块状	5.3	32.7	1.38	1.34	24.9		24.0	53	8.3			
						W	23—86	黄灰色	重壤土	柱状	6.4	5.5	0.44	1.19	21.5		2.0	32	5.5			
						C	86—100	黄黄色	重壤土	单粒状	6.7	3.1	0.32	0.74	23.1		1.0	48	8.2			
剖5	铁铝土	黄壤	黄红壤	砂质岩黄壤		A_1	0—18	黑黑色	中壤土	粒状	4.7	55.8	1.89			184	1.0	138			E 116°48′30.1″ N 25°04′00.2″	97
						A_3	18—34	黄黑色	重壤土	核状	4.7	30.0	1.04			114	<1.0	39				
						B_1	34—48	浅黄色	重壤土	块状	4.8	16.8	0.73			93	<1.0	56				
						B_2	48—90	黄色	重壤土	块状	5.0	5.8	0.37			60	<1.0	56				
						B_3	90—137	黄色	中壤土	块状	5.1	2.7	0.23			88	2.0	64				
剖6	人为土	水稻土	潜育水稻土	青泥田	青泥田	A	0—21	灰黑色	中壤土	粒状											E 116°47′44.6″ N 25°02′35.7″	97
						P	21—32	灰黄色	重壤土	块状												
						G	32—100	灰青色	重壤土	单粒状												
剖7	铁铝土	黄壤	黄壤	泥质岩类黄壤		A	0—16	黑色	中黏土	粒状	4.3	97.1	3.40			300	3.0	119		泥质岩	E 116°48′39.5″ N 25°04′35.9″	97
						B_1	16—23	浅灰色	中黏土	核状	4.0	55.3	1.93			207	2.0	69				
						B_2	23—147	黄色	中壤土	团粒状	4.8	40.9	1.59			201	1.0	62				
剖8	铁铝土	红壤	黄红壤	酸性岩红壤		A_1	0—11	黑色	重壤土	核粒状	4.7	76.1	2.39			257	<1.0	232			E 116°48′02.6″ N 25°02′41.7″	97
						A_3	11—25	灰黑色	重壤土	核粒状	4.5	29.1	1.26			177	<1.0	130				
						B_1	25—40	褐棕色	重壤土	块状	4.8	15.6	0.78			168	<1.0	203				
						B_2	40—125	黄红色	重壤土	小块状	4.7	2.1	0.35			72	<1.0	75				
剖9	铁铝土	黄壤	黄壤	酸性岩黄壤		A	0—9	浅黑色	轻黏土	核状	4.3	72.5	2.26			236	2.0	145			E 116°50′22.8″ N 25°03′45.5″	97
						B_1	9—23	灰黄色	中黏土	块状	4.3	21.0	0.77			115	1.0	301				
						B_2	23—80	红黄色	中黏土	块状	4.2	9.2	0.46			70	<1.0	75				
						B_3	80—120	黄红色	轻黏土	块状	4.4	4.3	0.27			76	<1.0	69				
剖10	半水成土	山地草甸土	山地草甸土	酸性岩山地草甸土		A_1	0—20	黑色	轻壤土	核状	4.8	86.0	2.65			250	8.0	38		酸性岩	E 116°48′02.6″ N 25°02′45.7″	97
						A_3	20—41	褐棕色	砂壤土	核状	4.0	59.6	1.37			102	4.0	75				
						B_1	41—61	紫棕色	紫砂土	粒状	4.9	3.6	1.01			27	3.0	38				
						B_3	61—80	灰色	轻壤土	大团块	4.5	10.9	0.21			35	15.0	78				
剖11	人为土	水稻土	渗育水稻土	砂质田	砂层田	A	0—13	黄棕色	重壤土	粒状	6.7	23.4	1.07	1.03	10.9		22.0	107	4.4		E 116°51′02.0″ N 24°58′55.0″	95
						C	13—100	黄棕色	松灰土	单粒状	6.6	14.2	0.80	1.11	16.2		4.0	32	3.4			
剖12	人为土	水稻土	渗育水稻土	紫泥田	紫泥田	A	0—17	紫红色	重壤土	粒状	7.2	32.8	1.30	1.41	16.5		9.0	42	9.6	紫色砂页岩风化物	E 116°51′55.9″ N 24°59′03.3″	95
						P	17—34	淡紫色	重壤土	块状	7.7	19.0	0.77	0.78	17.7		7.0	35	9.1			
						C	34—100	紫色	黏土	大块状	8.0	8.6	0.49	0.61	24.9		<1.0	58	10.0			

续表 Continued

剖面号 Soil profile	土纲 Soil order	土类 Soil great group	亚类 Soil subgroup	土属 Soil genus	土种 Soil species	土层码 Layer code	土层厚度 Depth/cm	颜色 Soil color	质地 Soil texture	土壤结构 Soil structure	pH	有机质 OM/(g/kg)	全氮 TN/(g/kg)	全磷 TP/(g/kg)	全钾 TK/(g/kg)	碱解氮 AN/(mg/kg)	有效磷 AP/(mg/kg)	速效钾 AK/(mg/kg)	阳离子交换量 CEC/(cmol/kg)	土壤母质 Parent material	剖面点坐标 Profile coordinate	匹配指数 Matching index/%
剖13	铁铝土	红壤	黄红壤	中性岩暗红壤		A_1	0—3	暗黑红色	中壤土	粒状	4.8	103.6	2.87			216	1.0	137		闪长岩、石英闪长岩残积物	E 116°48′24.0″ N 24°56′18.7″	97
						A_3	3—13	黑黄色	中壤土	粒状	4.7	66.4	1.82			197	1.0	67				
						B_1	13—36	黄红色	中黏土	核状	4.8	33.4	1.11			123	1.0	34				
						B_2	36—160	暗红色	中黏土	粒状	5.1	13.3	0.53			65	1.0	22				
剖14	铁铝土	红壤	暗红壤	泥质岩暗红壤		A	0—12	暗黑色	轻黏土	粒状	4.6	53.9	2.65			225	3.0	125			E 116°58′28.6″ N 24°55′29.2″	97
						B_1	12—34	暗红色	轻黏土	小块状	4.7	35.9	1.68			144	1.0	80				
						B_2	34—63	淡红色	中黏土	小块状	4.9	15.1	0.95			111	1.0	27				
剖15	铁铝土	红壤	暗红壤	砂质岩暗红壤		A	0—21	暗黑色	轻黏土	粒状	4.7	45.4	1.68			228	2.0	185		沉积砂岩、砂砾岩等	E 116°59′08.4″ N 24°56′05.4″	97
						B_1	21—40	暗红色	轻黏土	核状	4.6	17.3	0.94			104	1.0	117				
						B_2	40—60	淡红色	中黏土	小块状	4.7	15.8	0.40			81	1.0	74				
						B_3	60—	淡红色	重壤土		4.7	10.3	0.20			73	1.0	72				
剖16	铁铝土	红壤	红土	红泥砂土	红砂土	B	0—32	黄红色	重壤土	单粒状	5.0	6.0	1.14	0.87	24.3		<1.0	72	8.8	粗粒质红壤再积物	E 116°52′37.6″ N 24°56′46.8″	97
						C	32—100	红棕色	轻黏土	单粒状	5.0	<1.0	0.13	0.93	30.7		<1.0	89	5.9			
剖17	水稻土	潜育水稻土	黄泥田	浅灰黄泥田	A	0—14	淡灰黄色	轻黏土	粒状	6.4	38.9	1.84	2.25	<1.0		7.0	109	10.1	河流冲积物	E 116°51′21.4″ N 24°54′30.5″	95
						P	14—21	淡灰黄色	中壤土	块状	6.8	20.5	1.11	1.75	<1.0		1.0	56	7.8			
						C	21—100	红棕色	黏土	大块状	6.9	6.0	0.67	1.27	<1.0		<1.0	72	8.2			
剖18	半水成土	潮土	潮砂土	潮砂土		A	0—18	褐色	中壤土	粒状	6.2	26.2	1.20	0.66	19.8		2.0	191	6.8		E 116°53′03.4″ N 24°54′54.8″	75
						B	18—45	黄褐色	砂壤土	块状	6.0	3.0	0.17	0.60	16.9		<1.0	29	3.4			
						C	45—100	褐黄色	砂土	单粒状	5.6	2.8	0.10	0.58	13.1		<1.0	24	1.2			
剖19	人为土	水稻土	潜育水稻土	石灰泥田	石灰泥田	A	0—18	暗黑色	中壤土	粒状	8.0	50.0	2.19	1.58	7.3		2.0	53	6.6	石灰岩风化物	E 116°53′11.5″ N 24°53′41.2″	97
						P	18—25	淡黄灰色	中壤土	块状	8.3	44.7	2.07	1.50	7.3		1.0	60	12.2			
						W	25—58	淡灰棕色	中壤土	块状	8.5	34.5	1.56	1.25	6.5		2.0	48	11.9			
						C	58—100	黄棕色	重壤土	单粒状	8.2	2.1	0.95	0.89	18.0		<1.0	61	9.6			
剖20	人为土	水稻土	渗育水稻土	黄泥田	浅灰黄泥田	P	0—16	灰色	中壤土	核状											E 116°55′38.1″ N 24°50′06.5″	95
						W	16—23	棕黄色	中壤土	核状												
						C	23—63		中壤土	粒状												
							63—100															
剖21	铁铝土	红壤	红壤	中性岩红壤		A_1	0—6	灰黄色	轻黏土	核状	4.2	88.4	2.73	1.93	15.6	205	1.0	97	11.9	闪长岩化物	E 116°47′00.3″ N 24°49′43.8″	98
						A_3	6—14	黄红色	重黏土	团粒状	4.3	38.4	1.37	0.92	15.6	117	1.0	40	8.6			
						B_1	14—150	黄红色	中黏土	粒状	4.7	7.5	0.46			47	1.0	17				
剖22	人为土	水稻土	潜育水稻土	冷烂田	深脚烂泥田	A	0—40	红色	中壤土	单粒状	4.3	82.4	2.63				43.0	155		辉长岩化物	E 116°51′00.9″ N 24°47′51.4″	95
						P	40—100	青灰色	中壤土	单粒状	6.0	48.1	1.54				10.0	141				
						G	0—8	暗黑色	中壤土	团粒状	4.6	32.4	1.13			88	1.0	37				
剖23	铁铝土	红壤	红壤	基性岩红壤		B_1	8—80	黄褐色	重黏土	团粒状	4.7	13.5	0.40			65	1.0	24		辉长岩化物	E 116°52′26.5″ N 24°47′09.9″	97
						B_2	80—150	暗红色	重黏土	块状	5.1	13.8	0.41			62	1.0	13				
剖24	人为土	红壤	暗红壤	中性岩暗红壤		A_1	0—6	暗黑色	重黏土	块状	5.2	54.6	2.01			206	<1.0	95		闪长岩风化物	E 116°53′10.3″ N 24°45′33.1″	98
						A_3	6—13	浅黑色	重黏土	块状	5.3	24.8	1.24			142	<1.0	66				
						B_1	13—25	浅棕色	轻黏土	块状	5.4	18.4	1.07			115	<1.0	108				
						B_2	25—64	棕红色	重黏土	块状	5.6	15.0	0.65			80	<1.0	104				
						B_3	64—	红色	重黏土	块状	5.3	6.0	0.44			50	<1.0	80				
剖25	半水成土	潮土	砂土	黄砂土	黄砂土	A	0—21	灰黄色	中壤土	粒状	6.8	7.3	0.76	0.80	13.8		1.0	40	3.1	河流冲积物	E 116°54′07.2″ N 24°41′46.3″	97
						C	21—100	灰黄棕色	砂壤土	单粒状	5.8	6.4	0.54	0.76	<1.0		<1.0	36	2.0			
剖26	人为土	水稻土	渗育水稻土	白土	白鳝泥田	A	0—25	浅黄色	重黏土	粒状	5.7	44.2	1.69	0.68	12.5		<1.0	64	10.3		E 116°58′26.6″ N 24°42′27.5″	95
						P	25—38	浅黄棕色	重黏土	块状	5.7	28.4	0.90	0.60	14.1		<1.0	85	4.2			
						E	38—50	灰白色	重黏土	单粒状	4.9	6.3	0.24	0.36	14.4		1.0	112	3.4			
						C	50—100	白灰色	重黏土	单粒状	5.4	7.0	0.33	0.72	13.1		<1.0	158	5.1			

续表 Continued

剖面号 Soil profile	土纲 Soil order	土类 Soil great group	亚类 Soil subgroup	土属 Soil genus	土种 Soil species	土层码 Layer code	土层厚度 Depth/cm	颜色 Soil color	质地 Soil texture	土壤结构 Soil structure	pH	有机质 OM/(g/kg)	全氮 TN/(g/kg)	全磷 TP/(g/kg)	全钾 TK/(g/kg)	碱解氮 AN/(mg/kg)	有效磷 AP/(mg/kg)	速效钾 AK/(mg/kg)	阳离子交换量CEC/(cmol/kg)	土壤母质 Parent material	剖面点坐标 Profile coordinate	匹配指数 Matching index/%
剖27	铁铝土	红壤	红壤	侵蚀红壤		B₁	0–17	黄红色	轻壤土	团块状	4.9	17.5	0.83			176	<1.0	72			E 116°54′09.7″ N 24°40′52.3″	95
						B₂	17–57	淡红色	轻黏土	块状	5.2	5.6	0.54			79	<1.0	60				
						B₃	57–	淡红色	重黏土	块状	5.7	<1.0				54	<1.0	82				
剖28	人为土	水稻土	潴育水稻土	潮砂田	灰砂田	A	0–17	浅灰色	中壤土	粒状	5.7	17.0	0.73	0.99	11.9		5.0	34	3.8	冲积物	E 116°50′21.5″ N 24°36′33.6″	95
						P	17–27	黄灰色	中壤土	块状	5.1	24.0	1.05	1.25	12.2		14.0	35	4.7			
						W	27–82	黄色	中壤土	块状	6.8	3.5	0.20	0.66	13.0		<1.0	37	2.2			
						C	82–100	暗棕色	砂壤土	单粒状	6.8	2.6	0.26	0.67	14.3		<1.0	34	3.6			
剖29	人为土	水稻土	渗育水稻土	红土田	红土田	A	0–13	灰黄色	轻黏土	块状	6.0	28.9	1.43	3.24	9.4		3.0	77	12.7	酸性岩风化物	E 116°47′50.0″ N 24°35′53.0″	97
						C	13–100	黄红色	黏土	单粒状	6.0	12.0	0.77	3.75	7.3		1.0	50	15.2			
剖30	铁铝土	黄壤	黄壤	中性岩黄壤		A₁	0–10	黑色	中壤土	粒状	4.2	96.5	3.65			353	3.5	103		次石英闪长岩残积物	E 116°59′51.1″ N 24°35′54.1″	97
						A₃	10–19	浅黑色	轻黏土	核状	4.5	61.6	2.48			281	3.0	97				
						B₁	19–30	浅黄色	中黏土	块状	4.7	37.3	1.47			228	1.0	84				
						B₂	30–65	黄色	中黏土	块状	4.8	13.0	0.73			109	1.0	71				
						B₃	65–125	黄色	轻黏土	核状	4.9	7.6	0.40			108	1.0	80				
剖31	初育土	紫色土	酸性紫色土	凝灰岩酸性紫色土		A₁	0–9	灰黑色	重壤土	核状	4.3	79.5	2.33			214	6.0	108		紫色凝灰岩风化物	E 116°53′39.3″ N 24°36′30.6″	97
						B₁	9–50	紫红色	轻黏土	块状	4.9	12.2	0.53			67	1.0	47				
						B₂	50–140	紫红色	中壤土	块状	5.1	3.7	0.28			35	1.0	30				
						B₃	140–	黄红色	重壤土	核状	5.3	3.8	0.16			53	1.0	74				
剖32	铁铝土	红壤	红壤	泥质岩红壤		A	0–16	黑色	重壤土	粒状	4.5	56.4	2.34			174	<1.0	108			E 117°01′56.6″ N 24°51′43.0″	98
						B₁	16–31	橙红色	轻黏土	核状	4.6	10.2	1.01			40	1.0	27				
						B₂	31–56	橙红色	轻黏土	核状	4.7	5.4	0.96			32	1.0	36				
						B₃	56–	橙红色	轻黏土	核状	4.9	3.4	1.28			34	1.0	30				

长 汀 县

主要土类说明

红壤是长汀县主要土壤类型，占本县地域面积的 83%，主要分布于海拔 600m 以下的低山、丘陵。红壤是在高温、高湿的亚热带生物气候条件下，经过脱硅富铝化过程，形成的具有 A-B-C 或 A-C 剖面构型的富铝土。土壤土层厚，呈酸性，土色呈红棕色或浅红色，质地黏重、较坚实，呈核状结构或块状结构，脱硅富铝化作用较强，有胶膜淀积。根据成土过程的不同发育阶段，本县红壤分为红壤、粗骨性红壤、黄红壤、红土等亚类。

水稻土是长汀县第二大土壤类型，占本县地域面积的 10%，是本县的主要耕作土壤，在农业生产中占有极其重要的地位。在长期种植水稻、灌溉和耕作施肥、平整和培肥等各种农业措施综合影响下，自然土壤进行着以氧化还原为主的水耕熟化过程，发育成具有耕作层、犁底层、渗育层、潴育层、母质层等基本层次的水稻土。本县水稻土分为渗育型、潴育型、潜育型等亚类。其中，渗育水稻土占本土类面积的 50% 以上，成土母质为残积物、坡积物，主要分布于丘陵、山坡、山脚缓坡和平原高处，多系坡地梯田，不受地下水浸渍影响，水分主要由灌溉和降雨补给，属地表水下渗类型。在淹水的条件下，耕作层处于还原状态而心土层仍处于氧化状态，但由于水分下渗，物质淋溶形成明显灰黄色、浅灰色并出现铁锰斑纹和结核体的渗育层次。

紫色土占长汀县地域面积的 3%，主要分布在馆前、古城、濯田等低山、丘陵地带。成土母岩为紫色页岩，由紫色砂砾岩风化发育而成。由于风化物中的紫色硫铁矿和菱铁矿几乎不发生化学变化，因此，整个土层仍保持与母质相同的颜色。土壤质地黏重，呈核状结构，呈酸性。根据成土过程的差异，本县紫色土分为酸性紫色土和紫泥土两个亚类。

小于本县地域面积 3% 的土壤类型还有石灰（岩）土、黄壤、潮土。

本区域中心区气候特征

本区域中心区气候特征值
Regional climate characteristics in central area of the region

气候带：中亚热带湿润气候 Climate region: Subtropical humid climate	
年平均气温 /℃ Annual average temperature /℃	19.5
年平均最高气温 /℃ Annual average maximum temperature /℃	24.5
年平均最低气温 /℃ Annual average minimum temperature /℃	16.0
年降水量 /mm Annual precipitation /mm	1554
≥10℃的积温 /℃ Daily temperature accumulated in a year（≥10℃）/℃	9505
年日照时数 /h Annual sunshine /h	1715
年平均相对湿度 /% Annual average relative humidity /%	79
干燥度 Dryness	0.74

本区域中心区月平均气温与月平均降水量
Monthly temperature and precipitation in central area of the region

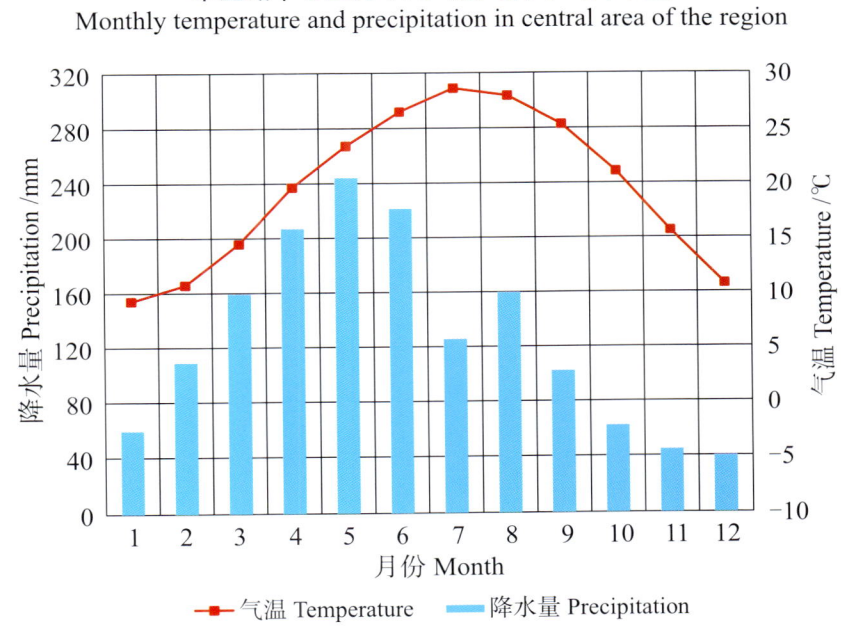

长汀县主要土壤类型与土壤剖面点分布图
1∶290 000

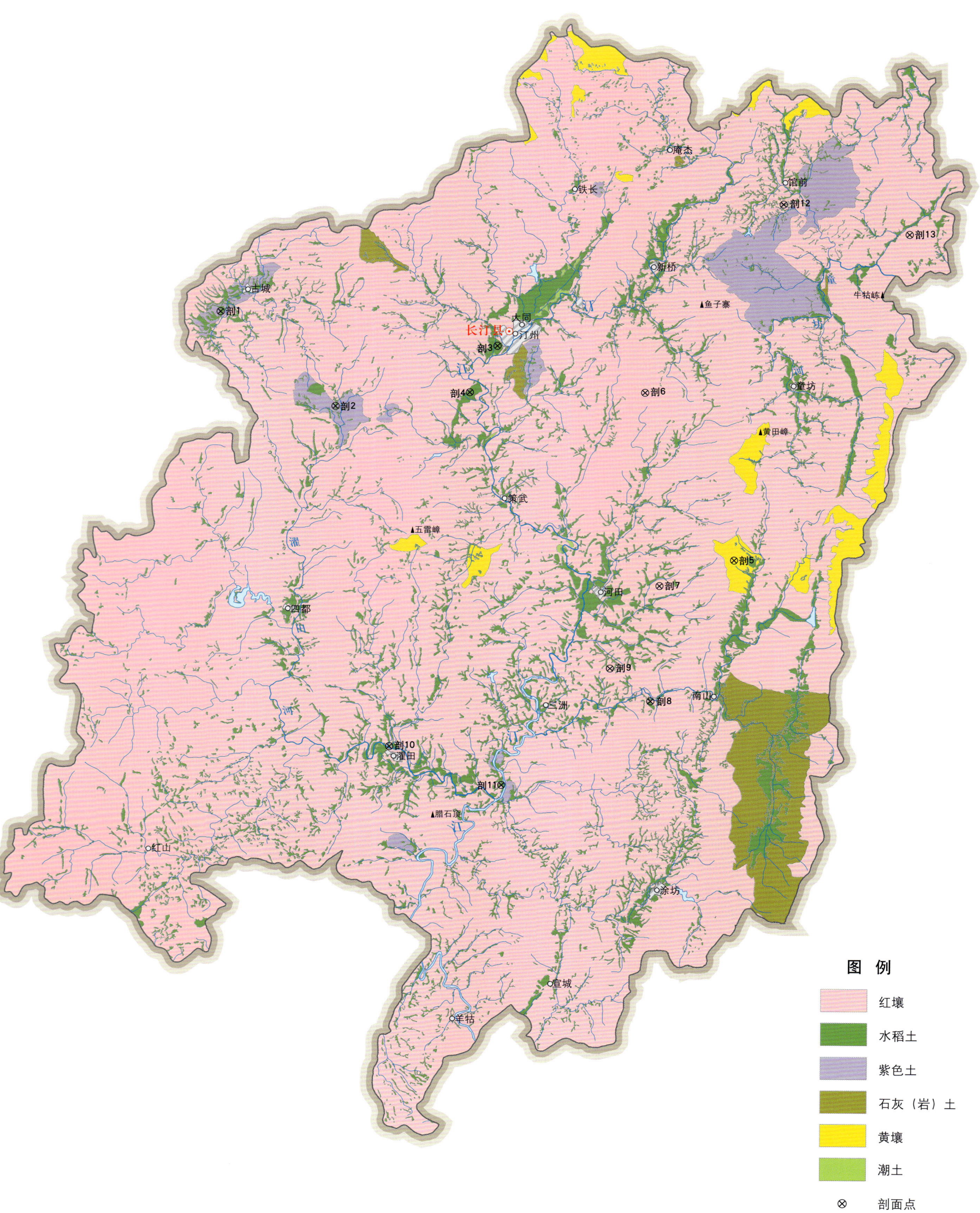

长汀县土壤剖面理化性状表

剖面号 Soil profile	土纲 Soil order	土类 Soil great group	亚类 Soil subgroup	土属 Soil genus	土种 Soil species	土层码 Layer code	土层厚度 Depth/cm	颜色 Soil color	质地 Soil texture	土壤结构 Soil structure	pH	有机质 OM/(g/kg)	全氮 TN/(g/kg)	全磷 TP/(g/kg)	全钾 TK/(g/kg)	碱解氮 AN/(mg/kg)	有效磷 AP/(mg/kg)	速效钾 AK/(mg/kg)	阳离子交换量CEC/(cmol/kg)	土壤母质 Parent material	剖面点坐标 Profile coordinate	匹配指数 Matching index/%
剖1	人为土	水稻土	潜育水稻土	冷烂田	冷水田	1					5.2	33.8	1.08	0.75	18.6		4.0	41	5.3		E 116°08′56.4″ N 25°50′58.6″	97
剖2	人为土	水稻土	渗育水稻土	白土田	白鳝泥田	A	0—12	灰白色	中壤土	块状	6.0	20.3	0.88	1.00	15.9	9	39.0		5.6	红壤坡积物	E 116°13′48.0″ N 25°47′16.4″	97
						P	12—17	白灰色	中壤土	块状	6.0	11.8	0.39	0.90	15.6	4	43.0		6.1			
						E	17—36	白色	中壤土	块状	6.0	17.1	0.15	0.98	15.3	4	39.0		3.6			
						C	36—100	白色	中壤土	块状	5.8	3.7	0.22	1.40	13.9	4	50.0		5.1			
剖3	人为土	水稻土	潜育水稻土	灰泥田	砂砾底灰泥田	A	0—12	灰色	轻壤土	块状	5.5	28.4	1.55	2.28	20.1	23	43.0		7.2		E 116°20′38.4″ N 25°49′44.3″	95
						P	12—18	灰色	重壤土	块状	6.0	10.9	0.69	1.88	20.9	6	54.0		6.4			
						W	18—40	暗灰色	中壤土	块状	5.5	8.4	0.39	2.40	20.5	14	39.0		6.3			
						C	40—100	浅黄色	轻壤土	块状	6.0	9.8	0.56	2.10	26.5	18	46.0		6.1			
剖4	人为土	水稻土	渗育水稻土	紫泥田	乌紫泥田	A	0—13	灰紫色	黏土	块状	5.0	33.1	1.45	0.52	15.9		17.0	89	9.8		E 116°19′31.1″ N 25°47′47.1″	95
						AP	13—22	暗紫色	黏土	块状	5.5	15.1	0.61	0.61	15.9		9.0	86	7.6			
						P	22—49	暗紫色	黏土	块状	7.0	3.9	0.32	0.44	14.2		4.0	53	8.1			
						C	49—100	紫色	黏土		7.0	<1.0	0.18	0.30	11.3		9.0	39	3.6			
剖5	铁铝土	黄壤	黄壤	黄泥土	黄泥沙土	1	0—10	灰紫色		块状	5.9	17.6	0.60				15.0	108			E 116°30′36.0″ N 25°41′20.4″	81
剖6	铁铝土	红壤	红土	红泥土	红泥土	1	0—25					8.7	0.55				5.0				E 116°26′48.1″ N 25°47′53.8″	81
剖7	铁铝土	红壤	红壤	侵蚀性红壤		1	0—120	黄红色	重壤土	团状	5.5	5.0	0.40				4.0	29		红壤再积物	E 116°27′28.9″ N 25°40′18.1″	95
剖8	铁铝土	红壤	黄红壤	酸性岩红壤		Ao	0—4	黑色	轻壤土	粒状	5.0	103.2	1.16			386	4.0	64		酸性岩残积残风化物	E 116°27′10.2″ N 25°35′33.3″	97
						A	4—18	黑色	轻壤土	粒状												
						B	18—42	黄色	中壤土	粒状												
						C	42—100	黄色	中壤土	块状												
剖9	铁铝土	红壤	黄红壤	泥质岩黄红壤		Ao	0—2	深黑色	轻壤土	团状	5.9	49.2	3.11			258	4.0	73		泥质岩风化残积物	E 116°25′25.9″ N 25°37′00.2″	95
						A_1	2—20	灰黑色	中壤土	块状												
						A_3	20—40	黄色	中壤土	块状												
						B	40—120	黄色	中壤土	块状												
						C	120—															
剖10	半水成土	潮土	潮砂土	潮砂土		1	0—15		重壤土		5.5	11.5	0.49	1.40	20.8	90	4.0	83	7.1	河流冲积物	E 116°16′12.4″ N 25°33′51.6″	95
剖11	人为土	水稻土	潜育水稻土	乌泥田		A	0—16	暗灰色	轻壤土	棱柱状	5.5	29.2	1.57	1.49	19.9	5	46.0		6.4		E 116°21′00.0″ N 25°32′22.9″	95
						P	16—22	暗灰色	轻壤土	棱块状	6.5	20.8	1.58	0.87	12.9	9	43.0		4.6			
						W_1	22—39	浅灰色	轻壤土	块状	5.5	21.3	1.18	0.84	10.3	4	51.0		4.3			
						W_2	39—70	浅灰色	轻壤土	棱块状	5.5	12.3	1.08	0.60	10.6	4	51.0		4.2			
						C	70—100	黄色	轻壤土	块状	5.5	10.8	0.80			4	46.0					
剖12	铁铝土	红壤	红壤			1	0—13	棕红色	重壤土	粒状	4.1										E 116°32′31.6″ N 25°55′18.6″	95
						2	13—21	棕红色	重壤土	粒状	5.2											
						3	21—45	棕红色	重壤土	核状	5.4											
						4	45—100	棕红色	重壤土	核状	5.6	72.3	1.91			155	4.0	77				
剖13	铁铝土	红壤	红壤	酸性岩红壤		A	0—3	灰色	中壤土	核状	5.6										E 116°37′53.0″ N 25°54′10.9″	97
						B	3—52	褐色	重壤土	团状												
						C	52—120	红色	重壤土	团状												

上 杭 县

主要土类说明

红壤是上杭县主要土壤类型，占本县地域面积的 88%，遍布全县各地，主要分布于海拔 1000m 以下中低山、丘陵。本县气候温暖，水量充沛，植被以常绿针叶林为主，草坡植被次之。全剖面呈淡红色、红色，有机质积累少，表土层浅薄，土层厚度一般在 1m 以上。土壤呈酸性。根据红壤发育程度和人为附加成土过程的不同，本县红壤分为红壤、黄红壤、水化红壤、粗骨性红壤和红土等亚类。

水稻土是上杭县第二大土壤类型，占本县地域面积的 10%，本县海拔 140—1250m 区域均有分布，主要分布于汀江河、旧县河、黄潭河两岸的冲积平原，部分分布于山垄坡地。本县农业历史悠久，以种植水稻为主，在长期季节性淹灌、人为耕作、施肥等影响下，土壤经历了以氧化还原为主的水耕熟化过程，由于还原淋溶与氧化淀积等作用，形成了具有耕作层、犁底层、渗育层等基本发生层次的特殊泛域性土壤——水稻土。根据成土过程的不同水型，本县水稻土分为渗育型、潴育型和潜育型等亚类，其中，渗育水稻土占本土类面积的 60% 以上，主要分布在丘陵山地的岗背或坡地，多为坡地梯田，地下水位低，土壤形成不受地下水的影响，主要受降水或灌溉水的浸渍淋浴，氧化还原交替作用明显，盐基淋失及黏粒移动强烈，属于地表水型。由于耕作层、犁底层受灌溉水的浸渍，表潜现象较为明显，加上人为耕作施肥影响，耕作层呈灰黄色或黄灰色，有黄色锈纹、锈斑，心土层仍处于氧化状态，有少量铁锰斑纹或结核，形成明显氧化淀积层，底土层基本保持自然土壤母质特征，剖面构型为 A-P-C 或 A-P-W-C。

小于本县地域面积 3% 的土壤类型有紫色土、潮土、黄壤等。

本区域中心区气候特征

本区域中心区气候特征值
Regional climate characteristics in central area of the region

气候带：南亚热带湿润气候 Climate region: South subtropical humid climate	
年平均气温 /℃ Annual average temperature /℃	20.0
年平均最高气温 /℃ Annual average maximum temperature /℃	24.9
年平均最低气温 /℃ Annual average minimum temperature /℃	16.7
年降水量 /mm Annual precipitation /mm	1549
≥10℃的积温 /℃ Daily temperature accumulated in a year (≥10℃) /℃	8847
年日照时数 /h Annual sunshine /h	1770
年平均相对湿度 /% Annual average relative humidity /%	79
干燥度 Dryness	0.77

本区域中心区月平均气温与月平均降水量
Monthly temperature and precipitation in central area of the region

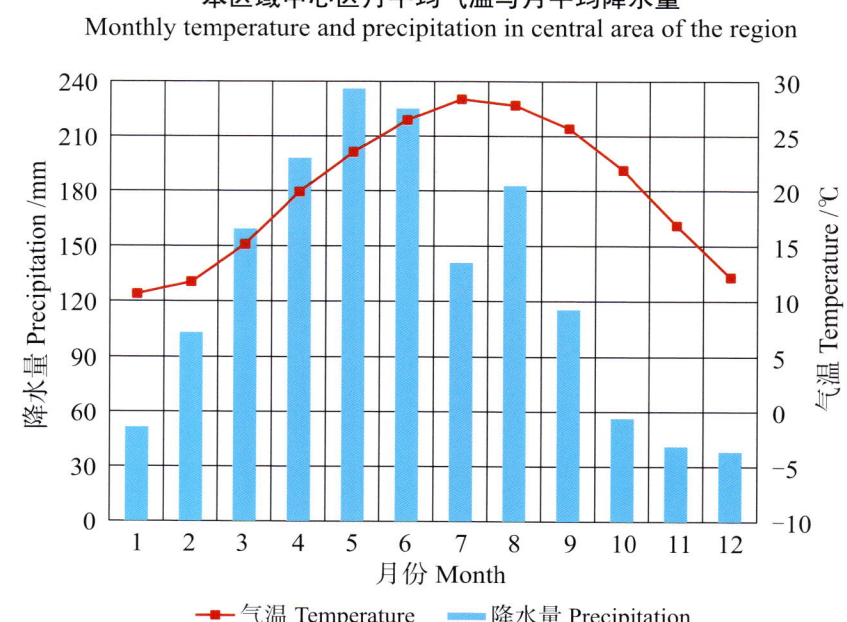

上杭县主要土壤类型与土壤剖面点分布图
1:310 000

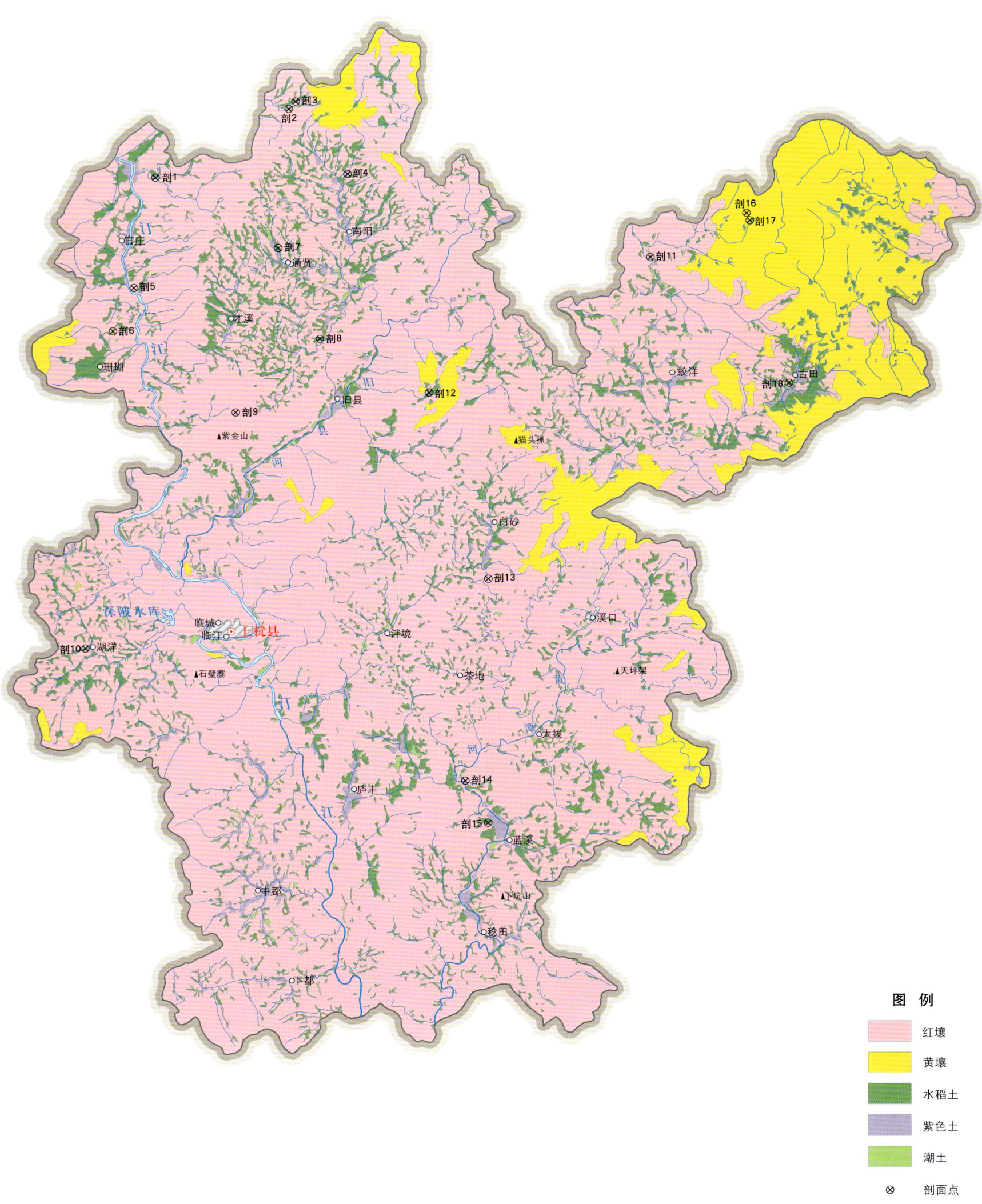

上杭县土壤剖面理化性状表

剖面号 Soil profile	土纲 Soil order	土类 Soil great group	亚类 Soil subgroup	土属 Soil genus	土种 Soil species	土层码 Layer code	土层厚度 Depth/cm	颜色 Soil color	质地 Soil texture	土壤结构 Soil structure	pH	有机质 OM/(g/kg)	全氮 TN/(g/kg)	全磷 TP/(g/kg)	全钾 TK/(g/kg)	碱解氮 AN/(mg/kg)	有效磷 AP/(mg/kg)	速效钾 AK/(mg/kg)	阴离子交换量CEC/(cmol/kg)	土壤母质 Parent material	剖面点坐标 Profile coordinate	匹配指数 Matching index/%
剖1	半水成土	潮土	砂土	灰砂土		A	0—25	灰棕色	轻壤土	粒状	5.9	9.8	0.49	1.02	27.2		3.0	114	4.6	河流冲积物	E 116°21′44.7″ N 25°21′26.7″	75
						B	25—34	灰黄棕色	砂壤土													
						C	34—80	灰棕色	砂壤土													
剖2	半水成土	潮土	砂土	砂泥土		A	0—15	紫灰色	轻壤土	粒状	5.3	15.0	0.78	1.44	32.1		2.5	100	6.8	河流冲积物	E 116°27′26.3″ N 25°24′15.7″	75
						B	15—38	紫灰色	中壤土													
						C	38—70		砂石													
剖3	人为土	水稻土	渗育水稻土	黄泥田		A	0—13	淡黄灰色	轻壤土	粒状	5.3	20.8	1.24	0.43	9.3		74.8	31	2.5	红壤坡积物	E 116°27′43.2″ N 25°24′34.3″	75
						P	13—21	暗黄色	中壤土	块状	5.7	5.7	0.32	0.31	21.8		54.6	34	3.1			
						C	21—100	淡黄棕色	砂壤土		5.7	2.5	0.23	0.32	22.6		<1.0	52	2.6			
剖4	半水成土	潮土	砂土	黄砂土		A	0—15	灰黄色	砂壤土			5.4	0.29	0.69	40.6		2.0	68	4.8	河流冲积物	E 116°29′57.8″ N 25°21′39.2″	75
						B	15—23	灰黄色	砂壤土													
						C	23—100	黄色														
剖5	铁铝土	红壤	红土	红泥砂土		A	0—20	灰黄色	轻壤土	粒状	4.9	8.6	0.55	1.06	33.9		6.0	33	3.7		E 116°20′51.1″ N 25°17′00.5″	97
						C	20—100	黄棕色	中壤土	块状		4.0	0.27	0.98	35.1		2.0	28	4.6			
剖6	铁铝土	黄壤	黄壤	酸性岩黄壤		A	0—30	灰黑色	重壤土	核状	4.8	40.0	0.90			142	1.0	78		黑云母花岗岩风化残积物	E 116°19′57.9″ N 25°15′16.2″	75
						B₁	30—61	黄色	轻黏土	团块状	5.0	11.0	0.34			78	<1.0	53				
						B₂	61—118	黄色	重壤土	团块状	5.0	5.7	0.28			69	<1.0	53				
						B₃	118—150	黄色	中壤土	团块状	5.3	1.3	<0.10			25	<1.0	54				
剖7	人为土	水稻土	潜育水稻土	冷烂田	冷浸田	A	0—16	暗灰色	中壤土	粒状	5.3	28.7	1.19	0.94	28.7		4.8	100	6.3	坡积物	E 116°27′01.2″ N 25°18′39.2″	95
						P	16—24	暗灰黄色	重壤土	块状	5.7	13.6	1.04	0.48	26.8		<1.0	51	6.3			
						G	24—100	青灰色	重壤土	块状	5.2	24.4	1.00	0.69	28.3		11.6	96	9.2			
剖8	人为土	水稻土	渗育水稻土	红土田	红土田	A	0—20	淡棕黄色	重壤土	粒状	6.0	31.6	1.31	1.13	15.5		1.0	88	14.6	红壤坡积物	E 116°28′48.8″ N 25°15′01.2″	95
						C	20—75	淡红棕色	重壤土	块状		30.0	1.24	0.88	8.6		1.0	154	15.9			
剖9	铁铝土	红壤	暗红壤	酸性岩暗红壤		A	0—12	黑色	中壤土	粒状	4.4	71.0	1.50			262	2.0	158		花岗岩风化残积物	E 116°25′13.7″ N 25°12′01.1″	95
						B₁	12—32	暗红色	中壤土	粒状	5.4	31.0	0.97			179	1.0	86				
						B₂	32—185	暗红色	中壤土	核状	4.7	2.7	0.50			133	<1.0	98				
剖10	初育土	紫色土	酸性紫色土	泥质岩酸性紫色土		A	0—15	灰紫色	重壤土	核状	4.8	28.0	0.91			99	2.0	161			E 116°19′06.4″ N 25°02′29.6″	95
						B	15—40	紫色	中壤土	团块状	4.8	10.0	0.45			44	<1.0	112				
剖11	黄壤	黄壤	粗骨性黄壤	山地石砂土		A	0—27	灰黑色	重壤土	团块状	4.5	38.8	2.60			>500	3.0	48			E 116°42′56.2″ N 25°18′22.6″	75
						B₁	27—34	深黑色	中壤土	团块状	5.3	24.0	0.66			179	1.0	50				
						B₂	34—46	浅黄色	重壤土	团块状	5.4	13.0	0.43			165	<1.0	48				
						B₃	46—58	浅红棕色	重壤土	粒状	5.1	5.1	0.21			148	<1.0	50				
剖12	人为土	水稻土	潜育水稻土	灰泥田		A	0—15	黄色	中壤土	粒状	4.9	30.8	1.49	0.60	20.3		45.2	54	10.5		E 116°33′29.6″ N 25°12′51.6″	95
						P	15—23	深黑色	中壤土	块状	4.6	21.8	1.15	0.53	33.0		61.0	42	9.7			
						W	23—53	褐色	中壤土	块状	5.5	9.9	0.58	0.54	33.2		<1.0	41	8.6			
						C	53—100	褐红色	轻壤土	粒状	5.7	3.5	0.28	0.35	38.3		<1.0	55	4.7			
剖13	铁铝土	红壤	红壤	酸性岩红壤		A₁	0—7	灰灰黑色	中壤土	粒状	4.5	47.0	1.20			130	3.0	155			E 116°36′03.1″ N 25°05′22.1″	95
						A₂	7—20	浅灰黑色	中壤土	粒状	5.3	42.0	1.10			101	2.0	116				
						B₁	20—27	淡灰红色	轻壤土	粒状	4.9	7.0	0.63			88	1.0	116				
						B₂	27—85	红色	重壤土	块状	4.8	6.2	0.15			47	<1.0	84				
						B₃	85—150	红色	中壤土	块状	5.4	8.4	0.15			50	<1.0	108				

续表 Continued

剖面号 Soil profile	土纲 Soil order	土类 Soil great group	亚类 Soil subgroup	土属 Soil genus	土种 Soil species	土层码 Layer code	土层厚度 Depth/cm	颜色 Soil color	质地 Soil texture	土壤结构 Soil structure	pH	有机质 OM/(g/kg)	全氮 TN/(g/kg)	全磷 TP/(g/kg)	全钾 TK/(g/kg)	碱解氮 AN/(mg/kg)	有效磷 AP/(mg/kg)	速效钾 AK/(mg/kg)	阳离子交换量CEC/(cmol/kg)	土壤母质 Parent material	剖面点坐标 Profile coordinate	匹配指数 Matching index/%
剖14	铁铝土	红壤	红土	红泥土		A	0—26	棕红色	中壤土	粒状	5.6	27.0	1.28	3.11	5.4		<1.0	79	9.6		E 116°35′04.3″ N 24°57′12.1″	97
						B	26—43	红色	重壤土	块状	5.4	17.2	0.89	2.79	5.4		12.8	55	10.3			
						C	43—100	红色	重壤土	块状	5.7	7.3	0.41	2.31	5.0		<1.0	<5	7.0			
剖15	人为土	水稻土	潴育水稻土	潮砂田	灰砂田	A	0—15	灰色	砂壤土	粒状	5.1	19.3	0.80	0.87	23.1		40.0	37		冲积物	E 116°36′03.3″ N 24°55′30.4″	95
						P	15—27	灰色	砂壤土	块状	5.2	10.3	0.42	0.99	24.2		19.0	33				
						W	27—58	灰色	轻壤土	粒状	5.1	3.5	0.17	0.17	25.0		6.0	32				
						C	58—100	灰色	砂壤土	粒状	5.0	3.2	0.14	0.21	4.0		1.0	<5				
剖16	铁铝土	黄壤	黄壤	黄泥土		A	0—15	淡黄棕色	中壤土	粒状	4.8	35.4	1.42	0.93	13.5		2.0	55	23.8		E 116°47′08.2″ N 25°20′00.3″	97
						B	15—40	淡黄棕色	中壤土	块状												
						C	40—100	黄色	中壤土	块状												
剖17	铁铝土	黄壤	表潜黄壤	表潜黄壤		A₁	0—55	黑色	中壤土	核状	5.0	36.0	3.00			143	9.0	56		黑云母花岗岩风化坡积物	E 116°47′09.0″ N 25°19′57.1″	75
						A₃	55—70	灰黑色	重壤土	小团状	5.0	43.0	0.85			124	3.0	63				
						B	70—150	灰黄色	中壤土	小团状	4.5	40.0	0.51			119	<1.0	14				
剖18	人为土	水稻土	潜育水稻土	冷烂田	浅脚烂泥田	A	0—27	暗灰色	中壤土	糊烂无结构	5.4	43.8	1.59	0.87	12.3		1.2	151	8.9	坡积物	E 116°48′52.1″ N 25°13′19.2″	95
						G	27—100	青灰色	中壤土	块状	5.0	2.9	0.66	0.32	13.4		<1.0	71	19.1			

武 平 县

主要土类说明

红壤是武平县主要土壤类型，占本县地域面积的 83%。红壤是在亚热带生物气候条件下，经过脱硅富铝化过程形成的地带性土壤，在海拔 600m 以下的低山、丘陵，除有少数非地带性土壤分布外，均被红壤土类占据。土壤剖面构型为 A-B-C 或 A-C，土层深厚，呈酸性，结构面上有铁胶膜和铁锰结核。红壤亚类遍布全县海拔 600m 以下的低山、丘陵，分布区内地势较开阔，气温较高，湿度较低；脱硅富铝化作用强烈，富含氧化铁，使全剖面呈红色、红棕色或淡红色；土层深厚，一般达 120cm，厚的达几米至十几米；质地黏重，大多呈块状或团块状结构，肥力中等，有机质平均含量为 50.2g/kg。

水稻土是武平县第二大土壤类型，占本县地域面积的 15%。水稻土是在人为长期耕作、施肥、灌溉、改良等一系列水耕熟化和干湿交替的农业措施的综合影响下，形成和发展起来的耕作土壤，具有耕作层、犁底层、潴育层、潜育层等水稻土特有的发生层次。本县水稻土分为渗育型、潴育型、潜育型等亚类。其中，渗育水稻土面积最大，占本土类面积的 40% 以上，主要分布在丘陵坡地、村庄周围和溪河两岸的二级缓坡地上，多系落差明显的缓坡、梯田；成土母质主要是红壤坡积物、残积物和洪积物，少数是紫红色凝灰岩风化坡积物、残积物或洪积物；由于地下水位较深，一般在 150cm 以下，耕作层、犁底层长期受地表水浸渍，产生表渗现象，土体受降雨和灌溉水影响，产生浸润、下渗、淋溶的作用；剖面中氧化还原交替进行，盐基淋溶和黏粒淋移；整个剖面呈灰黄色或黄灰色，并有暗褐色铁锰氧化物斑纹和结核；此外，还有少数土壤受侧渗水的长期漂洗作用，形成白土层。潴育水稻土在本县大部分是中高产土壤，占本土类面积的 40% 以上，面积略少于渗育水稻土，主要分布在河谷盆地和村镇周围平洋地段；成土母质为河流冲积物、洪积物和地带性红壤坡积物；地下水位为 40—100cm，有明显季节性升降变化，土壤形成过程受地下水和地表水交替影响，春、夏、秋季长期因种稻渍水，土壤还原状态占优势，冬闲晒田季节或旱作期间地下水位下降时，土壤氧化状态占优势，经过长久的耕作熟化，形成了潴育水稻土特有的潴育层，这是其区别于其他亚类的主要标志；剖面构型为 A-P-W-C，一般潴育层厚达 20cm 以上，有效土层为 40—90cm，潴育层发育明显，大量锈色斑纹和铁锰结核重复迭合和互相过渡；具有显著的棱柱状和棱块状结构，并有明显的灰色胶膜。

小于本县地域面积 3% 的土壤类型还有黄壤、紫色土等。

本区域中心区气候特征

本区域中心区气候特征值
Regional climate characteristics in central area of the region

气候带：南亚热带湿润气候 Climate region: South subtropical humid climate	
年平均气温 /℃ Annual average temperature /℃	20.1
年平均最高气温 /℃ Annual average maximum temperature /℃	24.8
年平均最低气温 /℃ Annual average minimum temperature /℃	16.8
年降水量 /mm Annual precipitation /mm	1588
≥ 10℃的积温 /℃ Daily temperature accumulated in a year (≥ 10℃) /℃	9560
年日照时数 /h Annual sunshine /h	1803
年平均相对湿度 /% Annual average relative humidity /%	78
干燥度 Dryness	0.75

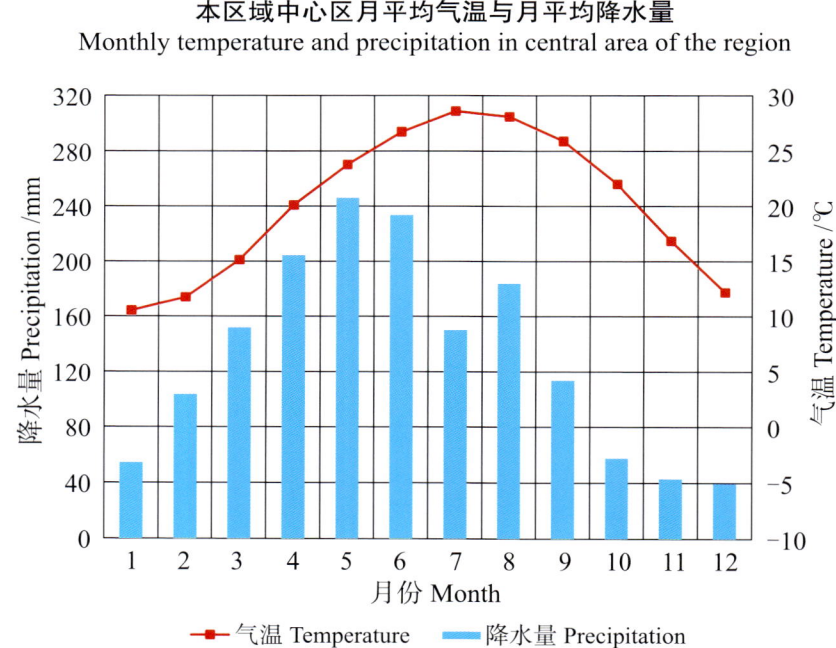

本区域中心区月平均气温与月平均降水量
Monthly temperature and precipitation in central area of the region

武平县主要土壤类型与土壤剖面点分布图
1∶260 000

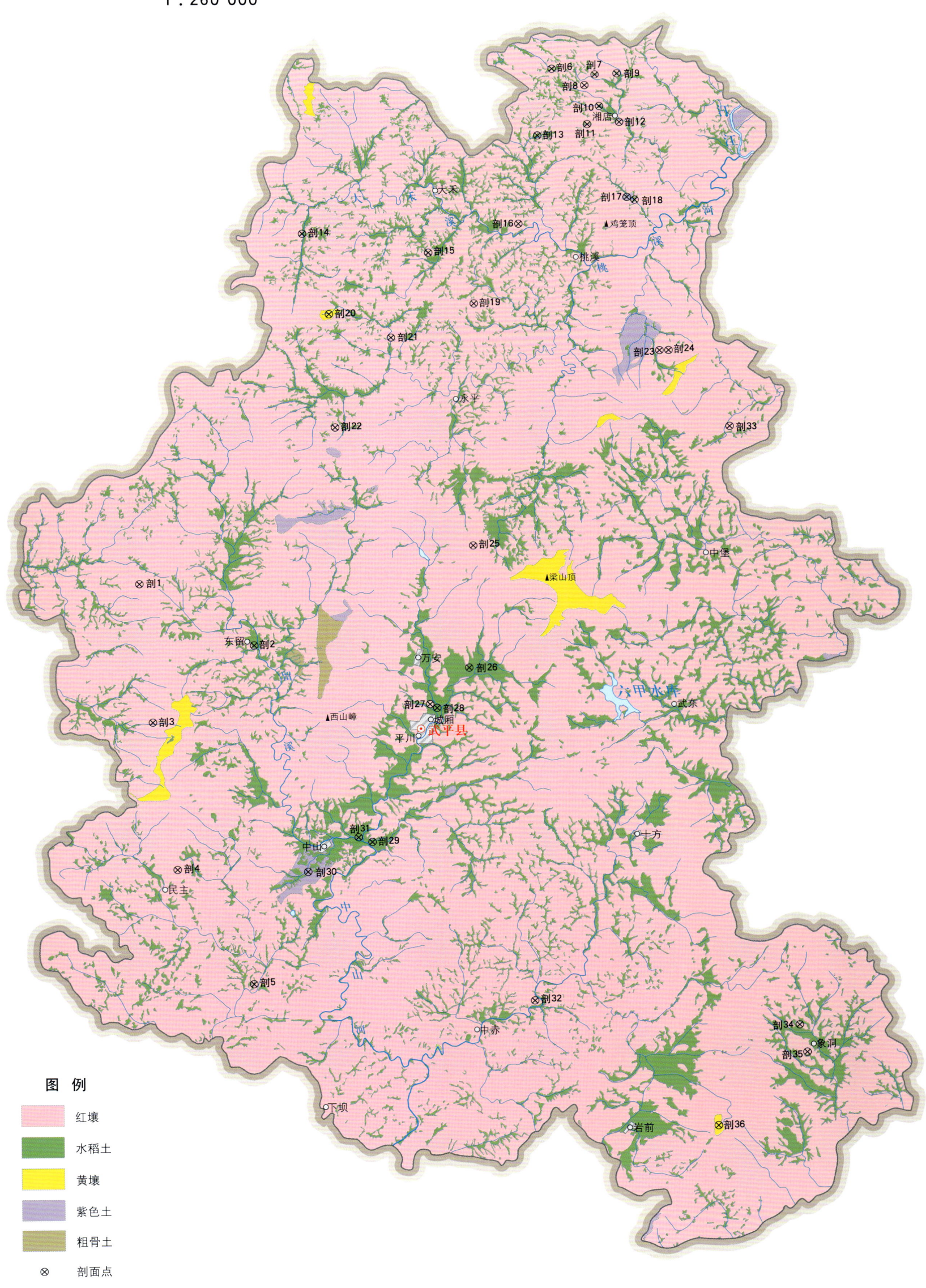

武平县土壤剖面理化性状表

剖面号 Soil profile	土纲 Soil order	土类 Soil great group	亚类 Soil subgroup	土属 Soil genus	土种 Soil species	土层码 Layer code	土层厚度 Depth/cm	颜色 Soil color	质地 Soil texture	土壤结构 Soil structure	pH	有机质 OM/(g/kg)	全氮 TN/(g/kg)	全磷 TP/(g/kg)	全钾 TK/(g/kg)	碱解氮 AN/(mg/kg)	有效磷 AP/(mg/kg)	速效钾 AK/(mg/kg)	阳离子交换量CEC/(cmol/kg)	土壤母质 Parent material	剖面点坐标 Profile coordinate	匹配指数 Matching index/%
剖1	铁铝土	红壤	暗红壤	酸性岩暗红壤		Ao	0—2													花岗岩风化物	E 115°55′26.1″ N 25°10′32.4″	95
						A₁	2—10	黑棕色	重壤土	小团块状	5.0	89.3	>10.00			206	3.0	153				
						A₃	10—35	黑棕色	重壤土	小团块状	5.1	59.7	>10.00			46	1.0	67				
						B₁	35—80	棕色	重壤土	团块状	5.2	23.0	0.64			66	<1.0	42				
						B₂	80—120	淡棕色	中壤土	大团块	5.3	14.7	0.63			66	<1.0	48				
剖2	人为土	水稻土	潴育水稻土	灰泥田	灰砂泥田	A	0—15	暗棕色	中壤土	块状	5.3	29.9	1.16	1.29	33.1	163	16.0	58	6.3		E 115°59′35.2″ N 25°08′28.3″	98
						P	15—21	淡棕色	中壤土	块状	5.3	22.2	1.00	1.34	34.9	123	11.0	65	6.6			
						W	21—43	暗棕色	轻壤土	柱状	5.2	6.6	0.27	0.93	37.2	55	2.0	39	4.2			
						C	43—80	暗黄棕色	砂壤土		5.7	4.4	0.18	0.73	35.1	43	1.0	49	2.8			
剖3	铁铝土	红壤	黄红壤	基性岩黄红壤		A₁	0—4	暗棕色	重壤土	粒状	4.9	79.3	2.47			166	4.0	153		辉绿岩	E 115°55′55.9″ N 25°05′50.6″	97
						A₃	4—35	棕色	重壤土	小团块状	4.8	44.6	1.39			126	<1.0	98				
						B₁	35—45	红棕色	重壤土	块状	5.2	16.2	0.79			114	<1.0	64				
						B₂	45—120	棕红色	轻壤土	柱状	4.9	14.7	0.59			47	2.0	48				
						B₃	120—															
剖4	铁铝土	红壤	黄红壤	中性岩黄红壤		A₁	0.5—8	黄棕色	轻壤土	粒状	4.8	51.0	1.57			114	8.0	200		中性岩	E 115°56′50.3″ N 25°00′47.9″	95
						A₃	8—14	棕色	中壤土	大粒块	4.7	29.1	0.84			86	5.0	160				
						B₁	14—35	淡棕色	重壤土	小团块状	4.9	11.4	0.58			86	<1.0	126				
						B₂	35—60	黄棕色	重壤土	团块状	5.1	9.2	0.53			96	<1.0	119				
						B₃	60—90	暗黄棕色	中壤土	小块状	5.2	5.7	0.35			47	<1.0	76				
						C	90—															
剖5	人为土	水稻土	潴育水稻土	白土田	白底田	A	0—16	暗灰色	重壤土	粒状	5.9	46.6	2.33	0.70	16.3	279	13.0	50	9.1		E 115°59′36.2″ N 24°56′56.0″	95
						P	16—21	暗灰色	重壤土	块状	5.9	13.0	0.73	0.37	19.8	81	2.0	41	5.8			
						W	21—44	青灰色	重壤土	柱状	6.4	3.4	0.22	0.22	20.9	38	1.0	37	3.8			
						E	44—80	青灰色	重壤土	块状	6.5	<1.0	0.13	0.18	26.3	53	1.0	60	2.8			
						Cs	80—100	白色	轻壤土													
剖6	人为土	水稻土	潴育水稻土	黄泥田	黄泥砂田	A	0—13	淡灰棕色	中壤土	团块状	5.5	11.1	0.49	>10.00	7.6	67	4.0	8	2.0		E 116°10′17.3″ N 25°28′11.4″	97
						P	13—21	暗灰色	轻壤土	块状	5.5	9.2	0.40	0.33	7.5	59	1.0	12	1.9			
						C	21—100	淡黄棕色	轻壤土	粒状	5.3	4.2	0.24	0.36	8.5	35	<1.0	6	1.6			
剖7	人为土	水稻土	潴育水稻土	乌泥田	青底乌泥田	A	0—20	暗棕色	中壤土	粒状	6.7	18.5	1.03	0.88	9.5	106	1.0	89	8.6	红壤坡积物	E 116°11′51.1″ N 25°28′00.1″	97
						P	20—26	棕灰色	中壤土	块状	5.6	11.3	0.88	0.81	9.0	100	<1.0	38	7.6			
						W₁	26—59	淡灰色	轻壤土	柱状	5.4	1.3	0.27	0.81	14.7	43	<1.0	15	6.8			
						W₂	59—80															
						C	80—100	青灰色	轻壤土													
剖8	铁铝土	红壤	渗育水稻土	紫泥田	灰紫泥田	A	0—12	棕灰色	轻壤土	大粒状	5.0	40.1	1.80	1.90	27.5	209	17.0	126	12.7	粗粒质红土壤再积物	E 116°11′28.6″ N 25°27′37.8″	97
						B	12—30	紫棕色	中壤土	块状	5.3	26.1	1.38	1.83	27.4	147	6.0	107	11.0			
						C	30—100	淡黄色	中壤土		5.4	1.3										
剖9	人为土	水稻土	渗育水稻土	紫泥田	灰紫泥田	A	0—17	紫灰色	轻黏土	粒状	5.0	40.1	1.80	1.90	27.5	209	17.0	126	12.7		E 116°12′39.0″ N 25°28′02.6″	97
						P	17—21	紫棕色	轻黏土	块状	5.3	26.1	1.38	1.83	27.4	147	6.0	107	11.0			
						W	21—41	紫棕色	轻黏土	柱状	6.3	7.1	0.53	1.42	34.5	102	1.0	100	11.4			
						C	41—80	紫色	轻壤土	粒状	6.7	2.1	0.22	0.74	42.1	50	<1.0	178	15.4			
剖10	人为土	水稻土	渗育水稻土	砂质田	砂层田	A	0—16	暗黄灰色	轻壤土	粒状	5.1	28.1	1.27	1.31	42.8	165	12.0	155	5.7	冲积物、堆积物	E 116°12′01.3″ N 25°26′55.1″	97
						Cs	16—60	棕黄灰色	砂壤土		5.3	5.7	0.25	0.48	30.0	49	1.0	55	1.7			

续表 Continued

剖面号 Soil profile	土纲 Soil order	土类 Soil great group	亚类 Soil subgroup	土属 Soil genus	土种 Soil species	土层码 Layer code	土层厚度 Depth/cm	颜色 Soil color	质地 Soil texture	土壤结构 Soil structure	pH	有机质 OM/(g/kg)	全氮 TN/(g/kg)	全磷 TP/(g/kg)	全钾 TK/(g/kg)	碱解氮 AN/(mg/kg)	有效磷 AP/(mg/kg)	速效钾 AK/(mg/kg)	阳离子交换量CEC/(cmol/kg)	土壤母质 Parent material	剖面点坐标 Profile coordinate	匹配指数 Matching index/%
剖11	人为土	水稻土	潴育水稻土	乌泥田	黄底乌泥田	A	0~17	暗灰色	重壤土	粒状	5.3	42.4	2.63	1.75	26.2	278	20.0	97	9.2	坡积物、洪积物	E 116°11′35.1″ N 25°26′18.0″	97
						P	17~23	暗灰色	重壤土	块状	5.9	34.5	1.59	1.86	27.6	166	9.0	39	7.8			
						W₁	23~57	暗灰色	重壤土	柱状	5.7	6.9	0.36	1.56	27.2	58	2.0	31	5.6			
						W₂	57~74	暗黄色	轻黏土	柱状	6.0	6.3	0.43	0.78	28.5	49	2.0	35	8.1			
						C	74~95	淡黄色	重壤土		6.1	3.2	0.20	0.50	25.1	26	1.0	28	4.6			
剖12	铁铝土	红壤		酸性岩红壤		A₁	0~4	灰红色	中壤土	小粒状	4.3	55.6	1.82			179	3.0	147			E 116°12′44.6″ N 25°26′22.5″	97
						A₃	4~10	紫棕色	重壤土	团粒状	4.5	32.0	0.98			96	1.0	110				
						B₁	10~22	淡棕红色	重壤土	块状	4.6	6.4	0.66			40	<1.0	74				
						B₂	22~130	棕红色	轻壤土	块状	4.7	3.1	0.36			32	<1.0	77				
剖13	人为土	水稻土	潴育水稻土	灰泥田	灰泥田	A	0~18	灰色	轻黏土	粒状	6.4	49.6	2.12	2.34	24.5	257	16.0	88	12.6		E 116°09′47.3″ N 25°25′53.6″	97
						P	18~23	灰色	轻黏土	块状	6.4	45.3	1.51	1.97	27.2	166	14.0	50	11.3			
						W	23~60	青灰色	重黏土	柱状	6.0	37.4	1.67	1.86	26.4	181	13.0	48	12.3			
						C	60~100	淡黄色	重壤土		5.0	36.6	1.41	1.08	27.0	179	11.0	84	9.8			
剖14	人为土	水稻土	潴育水稻土	潮砂田	乌砂泥田	A	0~17	暗灰色	中壤土	粒状	5.3	30.9	1.39	1.22	24.8	160	19.0	96	5.4	冲积物	E 116°01′16.2″ N 25°22′31.7″	97
						P	17~23	暗灰色	重壤土	块状	5.4	22.5	1.05	0.93	26.4	117	11.0	88	3.7			
						W₁	23~42	黄灰色	重壤土	块状	5.6	13.0	0.56	0.77	27.0	79	5.0	81	3.5			
						W₂	42~72	灰黄色	重壤土	板状	5.4	6.8	0.31	0.56	26.3	35	2.0	43	2.9			
						C	72~100	淡灰色	砂壤土		5.5	5.6	0.14	0.51	22.5	31	1.0	56	2.4			
剖15	人为土	水稻土		红土田	红土田	A	0~13	暗灰色	重壤土	团粒状	5.4	18.2	1.07	0.86	13.5	117	3.0	33	4.4		E 116°05′50.4″ N 25°21′54.2″	97
						P	13~30	灰灰色	重壤土	块状	6.1	12.3	0.67	0.72	19.6	72	5.0	16	5.0			
						C	30~100	灰灰色	重壤土	板状	5.4	3.9	0.39	0.44	21.3	49	1.0	28	5.1			
剖16	铁铝土	红壤	渗育水稻土	红泥田	红泥田	A	0~12	暗灰色	重壤土	团块状	5.5	13.9	0.73	0.82	5.4	87	<1.0	134	6.3		E 116°09′06.6″ N 25°22′54.2″	97
						B	12~26	淡灰黄色	重壤土	块状	5.6	11.8	0.68	0.76	6.6	81	<1.0	71	7.1			
						C	26~80	黄色	重壤土	块状	5.4	7.7	0.36	0.63	7.7	63	<1.0	55	7.2			
剖17	紫色土		酸性紫色土	砂砾岩酸性紫色土		Ao	0~1.5	灰灰色	中壤土	小粒状	4.5	60.7	2.08	0.42	10.3	145	7.0	77	3.0	粗粒质红壤再积物	E 116°13′19.0″ N 25°23′44.6″	75
						A₁	1.5~5	暗紫色	中壤土	粒状	4.1	41.4	1.11	0.40	13.1	114	3.0	54	3.8			
						A₃	5~10	暗紫色	中壤土	粒状	4.3	21.1	0.79	0.30	15.1	89	<1.0	40	5.7			
						B₁	10~23	暗红棕色	中壤土	团块状	4.3	22.8	0.91			76	<1.0	57				
						B₂	23~36	暗红色	中壤土	块状	4.2	22.4	1.02			78	<1.0	54				
						C	36~96															
剖18	人为土	水稻土	渗育水稻土	紫泥田	紫泥田	Ao	0~1														E 116°07′30.0″ N 25°20′09.9″	97
						A₁	1~6	黑色	中壤土	小粒状	5.2	100.0	3.58			196	7.0	17		砂质岩		
						A₃	6~22	浅灰黑色	轻壤土	小团块状	5.4	82.0	1.74			156	5.0	95				
						B₁	22~45	暗黄棕色	中壤土		5.6	21.0	0.86			146	2.0	70				
剖19	铁铝土	黄壤		酸性岩粗骨红壤		Ao	0~4	暗灰黄色	重壤土	粒状	4.5	64.6	2.53			226	<1.0	89		酸性岩	E 116°02′15.5″ N 25°19′46.9″	75
						A₁	4~9	淡灰黄色	轻壤土	粒状	4.6	37.6	1.56			146	<1.0	45				
						A₃	9~20	淡黄棕色	中壤土	团块状	4.7	15.5	1.03			86	<1.0	20				
剖20	铁铝土	黄壤	砂土	砂质岩黄壤	黄砂土	B₁	20~67	黄色	重壤土	团块状	5.0	10.9	0.57			136	<1.0	24		砂质岩	E 116°04′30.5″ N 25°18′58.9″	97
						B₂	67~94	黄色	重壤土	团块状	5.3	4.1	0.85			25	<1.0	24				
剖21	半水成土	潮土		黄砂土		A	0~19	浅黄色	砂壤土	粒状	6.3	6.9	0.32	0.55	30.1	52	4.0	117	2.7	河流冲积物		75
						Cs	19~80	浅黄色	砂壤土	块状	6.6	4.0	0.26	0.92	31.9	35	3.0	78	3.7			

续表 Continued

剖面号 Soil profile	土纲 Soil order	土类 Soil great group	亚类 Soil subgroup	土属 Soil genus	土种 Soil species	土层码 Layer code	土层厚度 Depth/cm	颜色 Soil color	质地 Soil texture	土壤结构 Soil structure	pH	有机质 OM/(g/kg)	全氮 TN/(g/kg)	全磷 TP/(g/kg)	全钾 TK/(g/kg)	碱解氮 AN/(mg/kg)	有效磷 AP/(mg/kg)	速效钾 AK/(mg/kg)	阳离子交换量CEC/(cmol/kg)	土壤母质 Parent material	剖面点坐标 Profile coordinate	匹配指数 Matching index/%
剖22	铁铝土	红壤	粗骨性红壤	基性岩粗骨红壤		Ao	0—3	黑棕色	重壤土	小粒状	4.8	90.2	2.21			186	5.0	123		残积物	E 116°02′29.8″ N 25°15′55.1″	97
						A₁	3—8	暗棕色	重壤土	粒状	4.7	59.6	1.69			136	5.0	86				
						A₃	8—15	暗红色	重壤土	小团块状	4.7	12.3	0.49			46	3.0	51				
						B₁	15—34	红色	中壤土	小块状	5.1	4.4	0.28			16	3.0	42				
剖23	铁铝土	红壤	红壤	泥质岩红壤		B₃	34—72	灰棕色	重壤土	粒状	4.9	82.9	2.04			156	4.0	140		千枚岩、泥岩等泥质岩类	E 116°14′13.7″ N 25°18′34.8″	97
						A₁	0—1.5	紫棕色	重壤土	粒状	5.1	62.6	1.57			176	<1.0	114				
						A₃	1.5—3.5	棕红色	重壤土	小块状	5.1	16.6	0.76			76	<1.0	70				
						B₁	3.5—30	红色	轻壤土	块状	5.4	14.0	0.40			25	<1.0	51				
剖24	铁铝土	红壤	黄红壤	泥质岩黄红壤		B₂	30—120	淡棕红色	重壤土	小团块状	4.5	78.1	2.53			186	1.0	83		千枚岩	E 116°14′33.5″ N 25°18′35.2″	97
						A₁	0—10	棕色	重壤土	团块状	4.8	54.1	1.78			156	<1.0	42				
						A₃	10—21	淡棕色	轻壤土	块状	4.7	22.9	0.59			166	<1.0	30				
						B₁	21—31	棕色	轻壤土	块状	4.8	21.0	0.86			66	<1.0	27				
剖25	铁铝土	红壤	黄红壤	石灰岩黄红壤		B₂	31—56	红棕色	轻壤土	块状	4.7	16.3	0.91			47	<1.0	27		灰色、灰白色质纯灰岩	E 116°07′30.0″ N 25°11′54.2″	95
						B₃	56—120	棕色	轻壤土	粒状	4.3	86.9	2.69			160	<1.0	129				
						A₁	0—1.5	淡棕色	轻壤土	小团块状	4.4	60.3	1.64			156	<1.0	86	5.5			
						A₃	1.5—4	淡黄橙色	中壤土	块状	4.5	20.0	0.94			76	<1.0	132	4.4			
						B₁	4—15	黄灰色	中壤土	块状	4.6	10.7	0.53			58	<1.0	20	6.5			
						B₂	15—45	淡黄橙色	轻壤土	块状	4.8	6.9	0.45			47	<1.0	20	7.6			
						C	45—61															
							61—															
剖26	人为土	水稻土	渗育水稻土	黄泥田	乌黄泥砂田	A	0—17	小粒状	中壤土	小粒状	5.4	36.5	1.49	1.11	16.1	170	75.0	28	7.2	粗粒质红壤再积物	E 116°07′21.7″ N 25°07′44.3″	97
						P	17—22	暗灰色	中壤土	粒状	5.6	19.8	0.83	0.77	16.8	100	6.0	49	4.4			
						W₁	22—41	黄灰黄色	重壤土	柱状	5.8	5.6	0.32	1.77	14.7	75	4.0	18	7.9			
						W₂	41—85	淡棕黄色	轻壤土	柱状	5.8	3.2	0.29	1.61	15.9	43	5.0	68	6.3			
剖27	铁铝土	红壤	红土	红泥砂土		C	85—100	淡棕黄色	黏土	团块状	5.3	10.3	0.38	0.46	10.4	53	2.0	51	5.9		E 116°05′56.9″ N 25°06′29.4″	95
						A	0—13	红棕色	中壤土	块状	5.2	4.7	0.18	0.32	8.4	31	1.0	25	4.4			
						B	13—27	红黄色	中壤土		5.3	1.1	<0.10	0.33	20.4	10	<1.0	8	4.4			
剖28	人为土	水稻土	潴育水稻土	乌泥田	乌泥田	C	27—100	淡黄色	重壤土	粒状	5.3	42.1	1.80	1.17	24.6	196	17.0	55	6.3		E 116°06′12.2″ N 25°06′22.3″	95
						A	18—25	青灰色	中壤土	块状	5.5	23.4	1.16	0.73	26.1	129	5.0	28	5.9			
						P	25—56	暗棕色	中壤土	柱状	6.2	18.2	0.44	0.93	24.0	49	2.0	45	4.8			
						W₁	56—95	暗灰黄色	中壤土	柱状	6.1	10.4	0.44	0.58	28.1	64	2.0	38	4.4			
剖29	人为土	水稻土	潴育水稻土	灰泥田	黄底灰泥田	W₂	95—120	灰色	砂壤土	粒状	6.2	1.1	0.37	0.52	23.9	94	1.0	28	<1.0		E 116°03′52.5″ N 25°01′45.2″	98
						A	0—16	暗棕色	轻壤土	小团块状	5.3	35.1	2.06	1.20	17.3	205	5.0	68	8.6			
						P	16—24	暗红棕色	轻壤土	块状	6.1	23.0	1.04	0.81	16.5	120	1.0	35	9.1			
						W	24—65	暗黄橙色	重壤土	大块状	5.3	4.5	0.32	0.55	25.1	57	<1.0	97	3.7			
剖30	初育土	紫色土	酸性紫色土	泥质岩酸性紫色土		C	65—80	淡黄橙色	中壤土	大块状	5.7	5.6	0.29	0.48	34.5	49	<1.0	88	3.4	泥质岩	E 116°01′33.1″ N 25°00′44.5″	95
						A₁	0—3	灰棕色	重壤土	大块状	4.6	10.5	0.57			47	<1.0	70				
						A₃	3—25	暗灰棕色	轻壤土	粒状	4.5	33.0	1.24	0.90	14.3	86	2.0	89				
						B₁	25—45	淡红棕色	轻黏土	块状	4.4	16.8	0.79			66	<1.0	51	9.1			
						B₂	45—85	暗黄橙色	轻黏土	大块状	4.5	16.4	0.84			47	<1.0	73	3.7			
						B₃	85—120	暗黄橙色	重壤土	大块状	4.5	13.0	0.63			36	<1.0	64				
剖31	人为土	水稻土	渗育水稻土	紫泥田	黄底紫泥田	A	0—15	紫灰色	轻黏土	粒状	5.9	28.2	0.40			174	6.0	73	9.1		E 116°03′22.2″ N 25°01′54.3″	95
						P	15—30	青灰色	轻黏土	块状	6.4	27.3	1.20	0.88	16.1	132	2.0	38	9.1			
						C	30—100	淡黄棕色	中黏土		6.6	5.0	0.47	0.47	5.2	57	1.0	68	12.8			

续表 Continued

剖面号 Soil profile	土纲 Soil order	土类 Soil great group	亚类 Soil subgroup	土属 Soil genus	土种 Soil species	土层码 Layer code	土层厚度 Depth/cm	颜色 Soil color	质地 Soil texture	土壤结构 Soil structure	pH	有机质 OM/(g/kg)	全氮 TN/(g/kg)	全磷 TP/(g/kg)	全钾 TK/(g/kg)	碱解氮 AN/(mg/kg)	有效磷 AP/(mg/kg)	速效钾 AK/(mg/kg)	阳离子交换量CEC/(cmol/kg)	土壤母质 Parent material	剖面点坐标 Profile coordinate	匹配指数 Matching index/%
剖32	铁铝土	红壤	暗红壤	砂质岩暗红壤		A_1	0—7	暗红色	重壤土	粒状	4.8	78.0	1.98			186	9.0	123			E 116°09′44.6″ N 24°56′23.0″	95
						A_3	7—20	暗红色	重壤土	大粒状	4.7	26.1	0.86			86	2.0	64				
						B_1	20—50	棕红色	重壤土	块状	4.7	14.0	0.54			25	4.0	42				
						B_2	50—120	红色	重壤土	块状	5.1	2.7	0.43			36	1.0	20				
剖33	铁铝土	红壤	红壤	石灰岩红壤		A_3	0—8	棕色	中壤土	粒状	4.4	49.6	1.60			136	1.0	36			E 116°16′46.6″ N 25°16′00.8″	97
						B_1	8—31	淡棕色	重壤土	块状	4.7	11.7	0.56			76	<1.0	14				
						B_2	31—120	淡红棕色	轻壤土	块状	4.7	6.7	0.31			36	<1.0	14				
剖34	铁铝土	红壤	红壤	中性岩红壤		A_3	0—2	淡红棕色	重壤土	小团块状	5.2	75.3	2.25			166	3.0	51		闪长花岗岩	E 116°19′17.6″ N 24°55′32.7″	98
						B_1	2—35	棕红色	重壤土	团块状	5.0	11.3	0.63			57	1.0	104				
						B_2	35—120	红色	重壤土	大团块	5.1	9.5	0.28			25	<1.0	135				
剖35	铁铝土	红壤	红土	红泥砂土	灰红泥砂土	A	0—14	浅灰色	中壤土	大粒状	5.5	14.9	0.68	1.15	11.5	87	4.0	81	5.2	粗粒质红壤再积物	E 116°19′33.8″ N 24°54′37.2″	81
						B	14—37	灰黄色	重壤土	块状	5.4	7.8	0.47	1.10	10.7	55	1.0	25	4.0			
						C	37—80	黄棕色	重壤土		5.4	5.1	0.40	1.03	11.0	48	1.0	18	5.6			
剖36	铁铝土	黄壤	黄壤	泥质岩类黄壤		A_0	4.5—16	黑棕色	轻壤土	粒状	4.4	83.3	2.05			156	3.0	60		泥质岩	E 116°16′21.5″ N 24°52′09.5″	97
						B	16—80	浓黄棕色	中壤土	粒状	4.9	11.2	0.59			36	2.0	14				

连 城 县

主要土类说明

红壤是连城县主要土壤类型，占本县地域面积的66%，广泛分布于全县各地，主要分布在海拔800m以下的丘陵、山地。红壤是在中亚热带常绿阔叶林和温暖、潮湿的生物气候条件下，经脱硅富铝化和生物富集两个过程长期作用而形成的地带性土壤。成土母岩以酸性花岗岩、砂岩为主。剖面构型为A-B-C或A-B，土壤呈酸性，土层较深厚，全剖面呈灰红色、浅红色或红色，结构面上有铁胶膜淀积或铁铝结核出现。根据其发育程度不同，本县红壤分为红壤、粗骨性红壤、黄红壤、暗红壤、红土等亚类。其中，红壤亚类面积最大，占本土类总面积的70%以上。

黄壤是连城县第二大土壤类型，占本县地域面积的24%，主要分布在本县东部和西部的中低山的中上部，海拔在800m以上。由于所处地带山高、雾重、湿度大、气温低，土壤长期处于温凉、湿润的中亚热带森林灌丛植被下，土壤脱硅富铝化作用较弱，游离氧化铁、氧化铝受到水化作用，使土体呈黄色。因气温较低，有机质腐解缓慢而积累较丰富，但由于淋溶作用较强，矿质养分显得贫乏。根据成土母岩的差异及发育阶段的不同，本县黄壤分为黄壤、粗骨性黄壤等亚类。

水稻土是连城县第三大土壤类型，占本县地域面积的8%，主要分布在北团溪、文川溪、朋口溪、姑田溪等溪河两岸的河谷盆地、山垄谷地和丘陵缓坡地带。由于长期种植水稻，在人为淹灌、水下翻耕、施肥等农业措施的影响下，土壤进行着以氧化还原为主的水耕熟化过程（包括氧化与还原、盐基淋溶与复盐基、有机质合成与分解、黏粒淋溶与淀积），逐步形成了灰色化耕作层、紧实的犁底层及有明显的还原淋溶氧化淀积特征的渗育层、潴育层或母质层等基本发生层次。本县水稻土分为渗育型、潴育型和潜育型等亚类。

小于本县地域面积3%的土壤类型有紫色土、山地草甸土等。

本区域中心区气候特征

本区域中心区气候特征值
Regional climate characteristics in central area of the region

气候带：中亚热带湿润气候 Climate region: Subtropical humid climate	
年平均气温 /℃ Annual average temperature /℃	19.7
年平均最高气温 /℃ Annual average maximum temperature /℃	24.9
年平均最低气温 /℃ Annual average minimum temperature /℃	16.1
年降水量 /mm Annual precipitation /mm	1538
≥10℃的积温 /℃ Daily temperature accumulated in a year (≥10℃) /℃	8194
年日照时数 /h Annual sunshine /h	1705
年平均相对湿度 /% Annual average relative humidity /%	80
干燥度 Dryness	0.76

本区域中心区月平均气温与月平均降水量
Monthly temperature and precipitation in central area of the region

连城县主要土壤类型与土壤剖面点分布图
1∶280 000

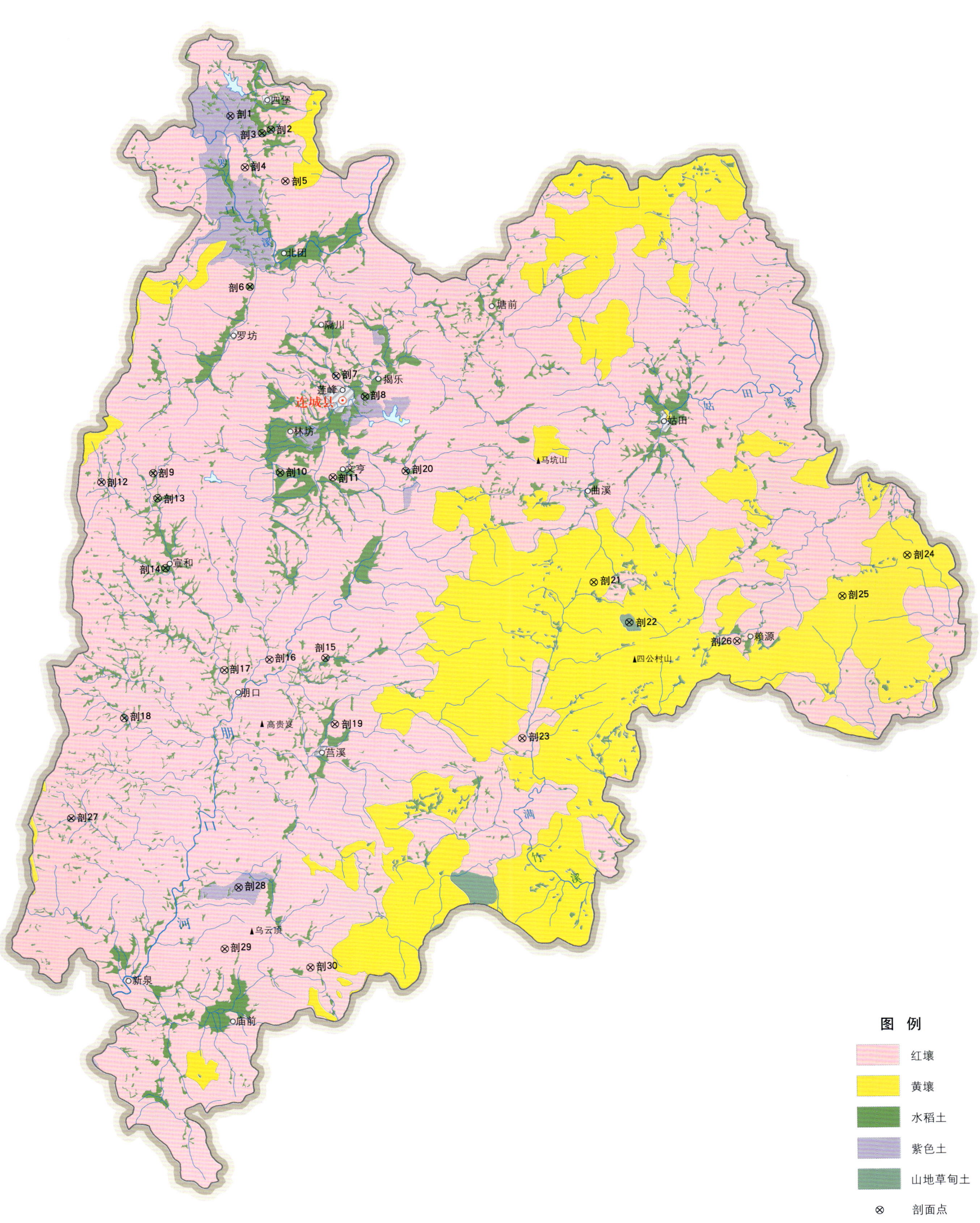

连城县土壤剖面理化性状表

剖面号 Soil profile	土纲 Soil order	土类 Soil great group	亚类 Soil subgroup	土属 Soil genus	土种 Soil species	土层码 Layer code	土层厚度 Depth/cm	颜色 Soil color	质地 Soil texture	土壤结构 Soil structure	pH	有机质 OM/(g/kg)	全氮 TN/(g/kg)	全磷 TP/(g/kg)	全钾 TK/(g/kg)	碱解氮 AN/(mg/kg)	有效磷 AP/(mg/kg)	速效钾 AK/(mg/kg)	阳离子交换量 CEC/(cmol/kg)	土壤母质 Parent material	剖面点坐标 Profile coordinate	匹配指数 Matching index/%
剖1	初育土	紫色土	酸性紫色土	砂砾岩酸性紫色土		A	0—29	灰紫色	重壤土	大粒状	5.3	24.1	1.06			132	3.0	31		紫色砂砾岩	E 116°40′58.3″ N 25°53′06.2″	97
						C	29—100	紫色	重壤土	团块状	5.4	13.6	0.28			93	1.0	11				
剖2	人为土	水稻土	渗育水稻土	紫泥田	紫泥田	A	0—15	紫色	轻黏土	小块状	6.9	21.6	1.53	0.91	26.0		3.0	94	16.7		E 116°42′30.7″ N 25°52′29.9″	97
						P	15—30	紫色	轻黏土	块状	6.8	23.7	1.20	0.69	26.1		<1.0	57	16.7			
						C	30—100	暗紫色	轻黏土	小块状	6.8	15.2	1.03	1.03	25.4		<1.0	51	14.7			
剖3	人为土	水稻土	渗育水稻土	紫泥田	灰紫泥田	A	0—17	灰棕色	壤质黏土	粒状	7.5	35.5	1.93	0.56	23.4		13.0	117		钙质紫红色砂页岩, 坡积物	E 116°42′19.8″ N 25°52′25.9″	97
						AP	17—22	灰棕色	壤质黏土	块状	7.3	21.1	1.26	0.38	23.2		17.0	121				
						P	22—70	紫灰色	壤质黏土	块状	7.6	11.0	0.76	0.32	20.1		7.0	110				
						C_1	70—100	紫灰色	壤质黏土	块状	7.6	6.0	0.36	0.35	21.0		1.0	110				
						C_2	100—															
剖4	铁铝土	红壤	黄红壤	酸性岩黄红壤		Ao	0—1														黑云母花岗岩风化残积物	E 116°41′33.5″ N 25°51′11.6″	97
						A_1	1—3	黑色	中壤土	粒状	4.8	45.2	3.32			286	2.0	31				
						A_3	3—12	灰黑色	中壤土	团块状	4.7	33.0	2.46			28	1.0	25				
						B_1	12—32	棕黄色	中壤土	小团块状	5.7	18.8	1.52			15	<1.0	11				
						B_2	32—100	黄红色	轻壤土	块状	5.1	9.4	1.13			9	11.0	15				
剖5	铁铝土	红壤	黄红壤	砂质岩黄红壤		Ao	0—2																
						A_1	2—12	黑褐色	重壤土	大粒状	5.6	44.5	2.09			271	2.0	104	14.8			
						A_3	12—38	灰黑色	重壤土	小团块状	5.5	32.0	1.55			224	<1.0	66	13.8			
						B_1	31—50	浅黄色	重壤土	团块状	5.5	21.6	0.61			161	<1.0	53	13.7			
						B_2	59—100	黄红色	重壤土	大团块状	6.0	13.3	1.05			147	<1.0	66	12.7			
剖6	人为土	水稻土	潴育水稻土	灰泥田	紫泥田	A	0—12	暗紫色	壤质黏土	大团块状	6.4	25.5	1.65	0.54	17.2		7.0	43	10.4		E 116°43′08.5″ N 25°50′40.2″	95
						B	18—31	灰紫色	轻壤土	块状	6.5	27.7	1.52	0.56	22.9		5.0	36	19.7			
						W	29—100	紫灰色	中壤土	无结构	7.5	23.6	0.61	0.59	23.2		4.0	35	23.8			
						C	78—100	紫灰色	轻壤土	粒状	7.4	7.4	0.45	0.54	22.2		3.0	32	23.5			
剖7	初育土	紫色土	中性紫色土	猪肝土	猪肝土	A	0—18	紫色	黏壤土	大块状	6.4	25.5	1.65	0.45	23.5		7.0	43	14.8		E 116°41′38.6″ N 25°46′49.5″	97
						P	18—31	灰紫色	重壤土	小团块状	7.6	16.4	1.05	0.83	41.6		3.0	95	13.8			
剖8	人为土	水稻土	潴育水稻土	紫泥田	紫乌泥田	A	0—18	紫红色	重黏土	块状	7.5	13.1	0.81	0.72	50.0		2.0	78	16.7		E 116°46′13.6″ N 25°42′43.4″	97
						P	18—31	暗紫色	中壤土	柱状	7.4	7.4	0.45	1.03	38.3		1.0	36	12.7			
						W_1	31—51	乌紫色	轻壤土	粒状	6.4	25.5	1.65	1.25	20.7		7.0	43	10.4			
						W_2	51—78	紫灰色	重壤土	块状	6.5	27.7	1.52	1.29	27.6		5.0	36				
						C	78—100	紫灰色	重壤土	棱柱状	7.0	23.6	0.61	1.36	27.9		4.0	35				
								紫灰色	重壤土	棱柱状	7.2	19.2	1.05	1.25	16.8		3.0	32				
								紫灰色	中壤土	大块状	7.3	11.1	0.46	1.03	28.3		2.0	32				
剖9	人为土	水稻土	潴育水稻土	青泥田	青泥田	A	0—18	褐灰色	重壤土	块状	5.1	30.2	1.36	1.11	39.9	151	12.0	144	8.2	多为冲积物或湖相沉积物	E 116°37′53.2″ N 25°39′56.0″	97
						P	18—26	褐灰色	重壤土	块状	5.5	26.2	1.32	1.07	41.8	40	12.0	86	8.9			
						C	26—100	青灰色	重壤土	无结构	5.5	24.0	1.12	0.80	48.2	20	10.0	48	7.9			
剖10	人为土	水稻土	渗育水稻土	黄泥田	灰黄泥田	A	0—13		砂壤土	大粒状	5.2	20.4	0.98				2.0	18			E 116°42′51.9″ N 25°39′55.8″	97
剖11	铁铝土	红壤		侵蚀性红壤		A_2	0—8	浅红色	砂壤土	团块状	5.3	24.0	0.83				2.0	17			E 116°44′58.8″ N 25°39′39.3″	97
						B_1	8—19	棕红色	砂壤土	团块状	5.3	9.7	0.41				1.0	21				
						B_2	19—130	褐红色														

续表 Continued

剖面号 Soil profile	土纲 Soil order	土类 Soil great group	亚类 Soil subgroup	土属 Soil genus	土种 Soil species	土层码 Layer code	土层厚度 Depth/cm	颜色 Soil color	质地 Soil texture	土壤结构 Soil structure	pH	有机质 OM/(g/kg)	全氮 TN/(g/kg)	全磷 TP/(g/kg)	全钾 TK/(g/kg)	碱解氮 AN/(mg/kg)	有效磷 AP/(mg/kg)	速效钾 AK/(mg/kg)	阳离子交换量CEC/(cmol/kg)	土壤母质 Parent material	剖面点坐标 Profile coordinate	匹配指数 Matching index/%
剖12	人为土	水稻土	渗育水稻土	黄泥田	黄泥沙田	A	0—11	白灰色	中壤土	粒状	5.9	29.1	1.12	0.67	23.2		18.0	41	5.5		E 116°35′51.5″ N 25°39′36.4″	97
						P	11—18	白灰色	中壤土	块状	5.8	18.8	0.60	0.44	21.3		<1.0	32	4.2			
						W	18—40	灰白色	重壤土	柱状	5.6	12.8	0.33	0.54	19.2		<1.0	29	5.2			
						C	40—100	灰黄色	重壤土	无结构	5.6	8.9	0.24	0.42	19.6		<1.0	26	7.6			
剖13	人为土	水稻土	潴育水稻土	灰泥田	灰泥田	A	0—16	暗灰色	重壤土	小块状	6.1	33.3	1.64	1.09	24.7		28.0	75	10.4		E 116°38′03.8″ N 25°39′08.4″	97
						P	16—25	浅灰色	重壤土	块状	6.4	23.1	0.94	0.73	25.9		26.0	42	10.0			
						W	25—64	灰白色	重黏土	柱状	6.3	24.3	0.85	0.67	26.8		26.0	38	6.8			
						C	64—100	灰白色	重壤土	无结构	6.1	11.3	0.28	0.44	21.3		26.0	26	6.3			
剖14	人为土	水稻土	潴育水稻土	潮砂田	乌砂田	A	0—13	暗灰色	中壤土	粒状	6.4	34.8	1.53	0.80	17.5		14.0	60	8.0	冲积物	E 116°38′23.9″ N 25°36′29.9″	97
						P	13—20	深灰色	轻壤土	块状	6.7	31.4	1.54	0.79	15.3		14.0	45	7.8			
						W	20—48	灰黄色	中壤土	柱状	6.8	21.5	0.67	0.43	18.3		11.0	45	5.1			
						C	48—100	浅灰色	轻壤土	无结构	6.7	19.2	0.71	0.35	16.9		<1.0	42	3.3			
剖15	人为土	水稻土	渗育水稻土	灰黄泥砂田	乌砂田	A	0—11	暗红色	重壤土	粒状	5.7	29.4	1.48	1.41	29.8		27.0	66	7.4		E 116°44′47.4″ N 25°33′07.6″	95
						P	11—22	灰黄色	中壤土	块状	5.3	20.5	0.90	0.87	33.6		27.0	60	6.3			
						W	22—56	灰黄色	中壤土	柱状	6.0	10.4	0.28	0.74	25.4		26.0	48	5.5			
						C	56—100	黄黄色	轻壤土	大块状	7.0	7.3	0.27	0.72	18.1		18.0	44	6.8			
剖16	铁铝土	红壤	红壤	红泥砂土	红泥砂土	A	0—10	灰黄色	重黏土	粒状	5.2	15.4	0.50	0.79	33.7		1.0	114	5.3		E 116°42′16.4″ N 25°33′04.0″	81
						B	10—22	浅黄色	中壤土	块状	5.0	12.9	0.70	0.78	38.9		<1.0	113	9.3			
						C	22—100	红黄色	中壤土	柱状	5.1	12.4	0.40	0.47	12.5		<1.0	108	5.9			
剖17	铁铝土	红壤	红壤	红泥土	红泥土	A	0—5	灰黄色	轻黏土	块状	5.4	18.5	0.60	0.53	12.7		3.0	36	8.6		E 116°40′36.3″ N 25°32′38.1″	81
						B	5—34	红黄色	轻壤土	块状	5.4	12.9	0.46	0.40	12.9		2.0	32	8.4			
						C	34—100	黄灰色	中壤土	无结构	5.5	9.4	<0.10	0.27	18.8		<1.0	32	4.0			
剖18	人为土	水稻土	潴育水稻土	乌泥田	黄底乌泥田	A	0—17	浅黄色	中壤土	团粒状	6.0	36.1	2.03	1.40	18.8	162	37.0	48	11.1		E 116°36′42.7″ N 25°30′56.1″	97
						P	17—25	暗黄色	中壤土	块状	6.1	23.1	0.80	0.91	21.0	97	2.0	47	6.9			
						W₁	25—45	浅灰色	轻壤土	梭柱状	6.1	11.4	0.29	0.44	20.0	66	1.0	38	5.1			
						W₂	45—85	黄灰色	中壤土	柱状	5.8	13.8	0.45	0.19	23.5	63	2.0	30	7.3			
						C	85—100	棕黄色	中壤土	块状	5.5	8.4	0.31	0.59	22.9		1.0	26	5.7			
剖19	铁铝土	红壤	红壤	堆积性红壤		A₁	0—17	灰黑色	中壤土	小粒状	5.5	14.3	0.78			458	8.0	65		第四纪河床冲积相堆积物	E 116°44′55.8″ N 25°30′39.6″	97
						A₃	17—27	棕红色	大粒状	大粒状	5.2	12.0	0.58				7.0	9				
						B₁	27—74	浅红色	中壤土	团块状	5.4	7.1	0.51				4.0	9				
						B₂	74—130	红红色	中壤土	团块状	5.4	2.2	0.48				4.0	20				
剖20	人为土	水稻土	渗育水稻土	砂质田	黄砂田	A	0—12	灰黄色	中壤土	小粒状	5.4	29.0	1.20	0.53	20.4	215	1.0	69	4.9		E 116°47′51.5″ N 25°39′55.2″	97
						P	12—16	浅红色	中壤土	粒状	5.5	23.5	1.08	0.39	20.1	156	<1.0	57	4.9			
						C	16—100	黄红色	重壤土	无结构	5.7	12.2	0.40	0.39	27.6	96	7.0	48	5.9			
剖21	黄壤	黄壤	粗骨性黄壤	山地石砂土		Ao	0—2	黄褐色	重壤土	大粒状	4.6	52.8	2.33			392	4.0	29			E 116°55′10.0″ N 25°35′50.1″	97
						A₁	2—8	浅黄色	轻壤土	团块状	4.8	48.9	1.76			222	3.0	20				
						A₃	8—20	黄色	轻壤土	团块状	5.0	36.3	0.98			489	3.0	16				
						B	20—40	灰黄色	中壤土	粒状	5.6	54.5	2.20				4.0	177				
剖22	半水成土	山地草甸土	山地草甸土	酸性岩山地草甸土		A₁	13—27	褐色	轻壤土	粒状	5.4	54.5	1.52				<1.0	250		黑云母花岗岩风化残积物	E 116°56′32.6″ N 25°34′19.3″	97
						A₃	27—30	黄褐色	轻壤土	粒状	5.6	32.0	1.31				4.0	72				
						B₁	30—100	黄色	轻壤土	小团块状	5.0	24.4	1.07				<1.0	6				
剖23	铁铝土	红壤	粗骨性红壤	酸性岩粗骨性红壤		A₁	0—15	棕红色	中壤土	大粒状	4.9	25.6	0.90			104	21.0	28		花岗岩风化残积物	E 116°52′17.6″ N 25°30′04.9″	97
						B₁	15—35	浅红色	轻壤土	团块状	5.1	15.2	0.70			96	21.0	19				
						B₂	35—100	浅红色	中壤土	团块状	5.4	14.5	0.80			89	20.0	17				

续表 Continued

剖面号 Soil profile	土纲 Soil order	土类 Soil great group	亚类 Soil subgroup	土属 Soil genus	土种 Soil species	土层码 Layer code	土层厚度 Depth/cm	颜色 Soil color	质地 Soil texture	土壤结构 Soil structure	pH	有机质 OM/(g/kg)	全氮 TN/(g/kg)	全磷 TP/(g/kg)	全钾 TK/(g/kg)	碱解氮 AN/(mg/kg)	有效磷 AP/(mg/kg)	速效钾 AK/(mg/kg)	阳离子交换量CEC/(cmol/kg)	土壤母质 Parent material	剖面点坐标 Profile coordinate	匹配指数 Matching index/%
剖24	铁铝土	黄壤	黄壤	泥质岩类黄壤		A_1	0—5	褐黑色	中壤土	小粒状	5.3	56.9	3.15			360	5.0	91		泥岩、灰质泥岩残积化残积物	E 117°07′29.0″ N 25°36′44.7″	97
						A_3	5—19	棕黑色	中壤土	小粒状	5.4	41.3	2.16			237	3.0	33				
						B_1	19—28	褐黄色	中壤土	大粒状	5.7	23.6	2.71			197	1.0	14				
						B_2	28—100	黄色	中壤土	核状	5.8	24.0	2.16			190	2.0	30				
剖25	铁铝土	黄壤	黄壤	酸性岩类黄壤		A_1	0—2	棕黑色	砂壤土	粒状	6.1	57.1	3.51			360	<1.0	206		石灰岩风化残积物	E 117°04′55.2″ N 25°35′15.4″	95
						A_3	2—33	淡黄色	壤质黏土	块状	5.9	46.6	1.46			223	<1.0	20				
						B_1	33—44	浅黄色	黏土	块状	6.3	26.8	1.34			174	<1.0	70				
						B_2	44—100	黄色	黏土	块状	5.9	9.8	0.59			96	<1.0	19				
剖26	铁铝土	红壤	黄红壤	石灰岩黄红壤		A_1	0—2	褐黑色	轻黏土	团块状	6.1	51.7	3.51			360	<1.0	206		石灰岩风化残积物	E 117°00′45.0″ N 25°33′37.5″	97
						A_3	2—33	淡黄色	重壤土	团块状	5.9	46.6	1.46			223	<1.0	20				
						B_1	33—44	棕黄色	重壤土	团块状	6.3	26.8	1.34			174	<1.0	70				
						B_2	44—100	黄红色	重壤土	团块状	5.9	9.8	0.59			96	<1.0	19				
剖27	人为土	水稻土	渗育水稻土	紫泥田	黄底紫泥田	A	0—26														E 116°34′35.0″ N 25°27′14.3″	95
						P	26—40															
						C	40—100															
剖28	初育土	紫色土	中性紫色土	猪肝土	油猪肝土	A	0—20		中壤土	小粒状	7.0	30.5	1.67	2.28	26.4		10.0	41	14.0		E 116°41′07.4″ N 25°24′37.0″	75
						B	20—50		中壤土	团块状	7.0	12.9	0.66	1.38	34.6		3.0	38	12.9			
						C	50—100		中壤土	团块状	7.5	7.9	0.40	1.21	36.2		2.0	29	15.8			
剖29	铁铝土	红壤	红壤	砂质岩红壤		A_1	0—6	褐黄色	中壤土	小粒状	4.8	47.2	2.28			296	6.0	48		砂岩、砂砾岩风化物	E 116°40′33.4″ N 25°22′23.7″	98
						B_1	6—19	棕黄色	重壤土	团块状	4.8	29.0	1.17			193	3.0	<5				
						B_2	19—36	红色	重黏土	团块状	4.6	16.0	0.71			106	2.0	<5				
						B_2	36—84	红色	轻黏土	大团块状	4.8	14.8	0.62			64	2.0	8				
						B_3	84—130	浅红色	重壤土	大团块状	5.2	9.5	0.39			39	2.0	<5				
剖30	铁铝土	红壤	红壤	泥质岩红壤		A_1	0—3	灰黑色	中壤土	粒状	5.1	32.9	2.43			174	4.0	172			E 116°43′54.1″ N 25°21′41.6″	97
						A_3	3—14	暗红色	中壤土	大粒状	5.0	29.8	2.10			163	4.0	40				
						B_1	14—32	浅红色	中壤土	小团块状	4.1	20.1	0.86			65	1.0	29				
						B_2	32—100	红色	重壤土	团块状	5.0	10.8	0.23			58	1.0	42				

漳 平 市

主要土类说明

红壤是漳平市主要土壤类型，占本市地域面积的 72%。红壤是本市分布面积最大、最主要的山地土壤，多分布于海拔 800m 以下的低山、丘陵地带。原生植被为常绿阔叶林，现多为人工营造的次生林所取代。成土母岩有花岗岩、流纹岩、正长岩、安山岩、辉长岩、橄榄岩、凝灰岩、砂页岩、粉砂岩、砂砾岩以及石灰岩等各种酸性、中性、基性的母岩。红壤是在温热潮湿的亚热带生物气候条件下，经过脱硅富铝化过程（红壤化过程）而形成的具有 A-B-C 或 A-C 剖面构型的富铝土。土壤呈酸性，pH 为 4.5—5.5，黏土矿物以高岭石为主，黏粒硅铝率为 2.0—2.5。土层深厚，土色为深红色、浅红色或棕红色，质地黏重较紧实，呈核状或块状结构。土壤脱硅富铝化作用较明显，剖面中有铁胶膜淀积或铁铝结核。根据红壤成土过程发育的不同阶段，本市红壤分为红壤、黄红壤、粗骨性红壤、暗红壤和红土等亚类。

黄壤是漳平市第二大土壤类型，占本市地域面积的 14%，分布在海拔 1000m 以上的中山区。本市黄壤发育于各种母岩上，在温暖、湿润亚热带的森林灌丛植被下，土壤脱硅富铝化作用较弱，游离氧化铁被水化，土色发黄。表层腐殖质积累较丰富，土壤呈酸性，硅铁铝率较红壤高。受母岩风化物影响，淀积层呈蜡黄色，厚度不一，质地黏重，呈核状、团块状结构，结构体表面的胶膜薄而色浅，多夹带黏粒附着在结构面上。剖面构型为 A_{oo}、A_o、A_1-（B）-C。根据发育阶段的不同，本市黄壤分为黄壤、粗骨性黄壤和黄泥土等亚类。

水稻土是漳平市第三大土壤类型，占本市地域面积的 9%，是本市最主要的耕作土壤。在长期种植水稻、水下翻耕和施肥、平整和培土等农业措施影响下，土壤经历了以氧化还原为主的水耕熟化过程，逐渐形成了耕作层、犁底层、渗育层、潴育层、母质层等基本发生层次。由于水因素影响，形成多种剖面形态。

紫色土占漳平市地域面积的 4%。紫色土呈不规则的区域性分布，多数是在紫红色砂岩、砾岩、砂砾岩及紫红色流纹质凝灰熔岩等风化物上发育起来的一种岩性土，主要分布在南洋、和平、西元等地低山、丘陵地带，新桥、灵地、芦芝、吾祠等地亦有零星分布。母质呈紫色，成土过程年龄短，发育幼弱，土壤基本性状都保持与母岩相似，土壤为紫色或棕紫色，与母岩基本一致，剖面构型为 A-C 或 A-Ca。根据成土过程的差异，本市紫色土分为酸性紫色土和紫泥土两个亚类。

小于本市地域面积 3% 的土壤类型有石灰（岩）土、潮土等。

本区域中心区气候特征

本区域中心区气候特征值
Regional climate characteristics in central area of the region

气候带：南亚热带湿润气候 Climate region: South subtropical humid climate	
年平均气温 /℃ Annual average temperature /℃	19.9
年平均最高气温 /℃ Annual average maximum temperature /℃	25.0
年平均最低气温 /℃ Annual average minimum temperature /℃	16.4
年降水量 /mm Annual precipitation /mm	1497
≥ 10℃的积温 /℃ Daily temperature accumulated in a year（≥ 10℃）/℃	7744
年日照时数 /h Annual sunshine /h	1723
年平均相对湿度 /% Annual average relative humidity /%	79
干燥度 Dryness	0.79

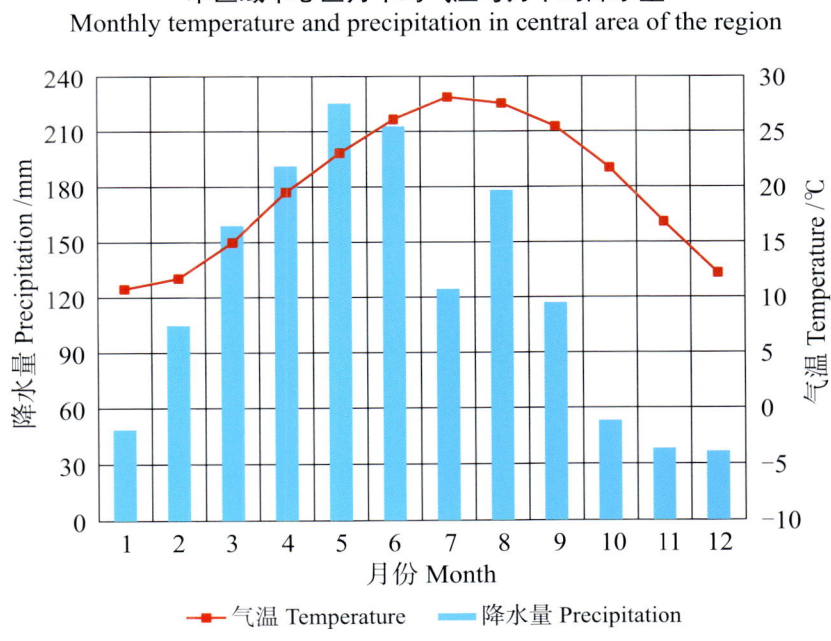

本区域中心区月平均气温与月平均降水量
Monthly temperature and precipitation in central area of the region

漳平市主要土壤类型与土壤剖面点分布图
1∶320 000

图 例

- 红壤
- 黄壤
- 水稻土
- 紫色土
- 石灰（岩）土
- 潮土
- ⊗ 剖面点

漳平市土壤剖面理化性状表

剖面号 Soil profile	土纲 Soil order	土类 Soil great group	亚类 Soil subgroup	土属 Soil genus	土种 Soil species	土层码 Layer code	土层厚度 Depth/cm	颜色 Soil color	质地 Soil texture	土壤结构 Soil structure	pH	有机质 OM/(g/kg)	全氮 TN/(g/kg)	全磷 TP/(g/kg)	全钾 TK/(g/kg)	碱解氮 AN/(mg/kg)	有效磷 AP/(mg/kg)	速效钾 AK/(mg/kg)	阳离子交换量CEC/(cmol/kg)	土壤母质 Parent material	剖面点坐标 Profile coordinate	匹配指数 Matching index/%
剖1	铁铝土	红壤	红土	红泥砂土	红砂土	A	0—18	灰红色	砂壤土	粒状	5.9	14.4	0.55				11.0	38		花岗岩残积物	E 117°14′48.1″ N 25°36′58.6″	75
						C	18—	黄灰色	轻壤土	块状	4.9	84.3	2.24			259	14.0	247				
剖2	铁铝土	红壤	粗骨性红壤	酸性岩粗骨红壤		A_1	0.5—5.5	灰褐色	轻壤土	粒状	5.3	33.3	1.14			152	8.0	363		凝灰熔岩	E 117°14′26.9″ N 25°35′50.2″	75
						A_3	5.5—12	灰黄红色	轻壤土	小团块状	5.3	27.8	1.08			94	4.0	35				
						B_1	12—43	灰黄红色	轻壤土	团块状	5.0	62.8	1.68			184	4.0	184				
剖3	铁铝土	红壤	黄红壤	石灰岩黄红壤		A_1	1—16	褐色	重壤土	粒状	5.0	29.0	0.92			72	<1.0	67		基岩为石灰岩	E 117°14′45.1″ N 25°36′37.0″	97
						A_3	16—30	灰褐色	重壤土	小团块状	5.0	9.7	0.62			63	<1.0	69				
						B_1	30—45	浅黄色	重壤土	团块状	5.2	5.2	0.59			36	<1.0	35				
						B_2	45—150	黄红色	重壤土	团块状	4.9	57.0	1.92			176	2.0	45				
剖4	铁铝土	红壤	黄红壤	酸性岩黄红壤		B_1	12—34	中黄色	中壤土	团块状	4.9	41.3	1.30			169	2.0	29		黑云母花岗岩	E 117°14′53.5″ N 25°37′26.3″	97
						B_2	34—150	黄红色	中壤土	团块状	5.1	7.3	0.54			51	<1.0	41				
剖5	人为土	水稻土	潴育水稻土	紫泥田	黄底紫泥田	A	0—16	褐黄色	砂质黏壤土		4.7	20.1	0.92	0.29	23.9		5.0	148	5.7	紫色泥质岩风化残积物	E 117°14′44.7″ N 25°34′58.5″	75
						AP	16—30	紫色	砂质黏壤土	块状	5.7	9.3	0.45	0.17	23.5		1.0	75	5.3			
						P	30—59	紫紫色	砂壤土	黏块状	6.1	4.5	0.21	0.16	21.0		<1.0	73	5.9			
						C	59—100	浅黄棕色	黏质黏壤土	无结构	6.4	4.3	0.19	0.14	19.5		7.0	51	7.8			
剖6	铁铝土	红壤	黄红壤	泥质岩黄红壤		A_1	2—10	暗褐色	轻黏土	团块状	4.9	65.3	2.36			203	5.0	271		炭质页岩	E 117°19′35.0″ N 25°42′47.0″	99
						A_3	10—30	黄褐色	轻黏土	团块状	4.8	47.9	1.62			117	1.0	106				
						B_1	30—60	黄褐色	轻黏土	团块状	5.1	32.9	1.24			89	<1.0	235				
						B_2	60—120	黄红色	轻黏土	团块状	5.2	12.8	0.62				<1.0	19				
剖7	初育土	石灰（岩）土	棕色石灰土	棕灰泥土		A_1	0—3	棕褐色	重壤土	团块状	6.4	60.3	2.05			264	6.0	44		石灰岩	E 117°17′22.0″ N 25°39′04.2″	97
						A_3	3—9	暗黑色	轻壤土	粒状	5.7	37.7	1.69			233	4.0	24				
						B_1	9—101	浅黑色	轻壤土	核状	5.7	14.0	1.19			137	1.0	29				
						B_2	101—150	灰黄色	中壤土	核状	5.6	4.3	0.67			88	<1.0	31				
									中壤土	粒状	5.7	4.8	0.56			41	<1.0	54				
剖8	初育土	紫色土	酸性紫色土	泥质岩酸性紫色土		A	0—2	紫黑色	轻壤土	核状	5.1	15.8	0.81			56	3.0	97	9.3	紫色泥质岩风化残积物	E 117°18′16.3″ N 25°38′17.4″	97
						B_2	2—80	紫紫色	轻壤土	核状	5.2	15.0	0.65			58	4.0	79	7.7			
						B_3	80—120	灰紫色	中壤土	粒状	5.1	8.4	0.35			37	1.0	46				
剖9	铁铝土	红壤	红壤	基性岩红壤		A_1	0—3	棕褐色	重壤土	团块状	5.7	87.6	1.65			213	1.0	190		辉长岩残积物	E 117°18′20.9″ N 25°39′44.9″	97
						B_1	3—9	棕色	重壤土	小团块状	5.0	43.4	1.07			161	<1.0	81				
						B_2	9—101	暗红色	重壤土	块状	5.2	20.1	0.81			127	1.0	25				
							101—150	棕红色	中壤土	无结构	5.5	8.1	0.73			73	<1.0	53				
剖10	人为土	水稻土	潴育水稻土	冷烂田	深脚烂泥田	A	0—50	灰色	重壤土	块状	4.7	45.0	1.56	0.50	14.8		1.0	42	5.6	紫色泥质岩风化残积物	E 117°18′43.7″ N 25°39′34.4″	97
						G	50—100	深黑色	重壤土	无结构	4.2	36.4	1.04	0.30	15.7		1.0	10	7.7			
剖11	人为土	水稻土	潴育水稻土	黄泥田	黄泥田	A	0—15	淡黄色	重壤土	块状	4.5	16.5	0.79	0.67	18.5		1.0	39	5.6	红壤坡积物	E 117°20′34.8″ N 25°39′43.8″	97
						P	15—23	淡黄色	重壤土	块状	4.6	12.7	0.66	0.57	18.1		1.0	21	4.0			
						C	23—100	黄红色	重壤土	块状	4.8	7.3	0.55	0.67	19.9		1.0	24	5.7			
剖12	人为土	水稻土	潴育水稻土	潮砂田	乌砂田	A	0—12	深黑色	轻壤土	粒状	4.8	40.7	1.10	0.85	30.3		16.0	36	9.4	河流冲积物	E 117°19′32.2″ N 25°37′00.1″	97
						P	12—17	深黑色	轻壤土	块状	4.8	24.2	1.17	1.23	30.3		16.0	34	2.2			
						W_1	17—34	黄灰色	轻壤土	粒状	4.6	10.6	0.57	1.04	29.8		1.0	27	1.9			
						W_2	34—59	浅黄色	轻壤土	粒状	5.6	6.7	0.46	0.93	29.6		1.0	42	3.1			
						Cs	59—115	灰黄色	砂壤土	碎块状	5.8	2.9	<0.10	8.90	17.9		1.0	29	4.0			

续表 Continued

剖面号 Soil profile	土纲 Soil order	土类 Soil great group	亚类 Soil subgroup	土属 Soil genus	土种 Soil species	土层码 Layer code	土层厚度 Depth/cm	颜色 Soil color	质地 Soil texture	土壤结构 Soil structure	pH	有机质 OM/(g/kg)	全氮 TN/(g/kg)	全磷 TP/(g/kg)	全钾 TK/(g/kg)	碱解氮 AN/(mg/kg)	有效磷 AP/(mg/kg)	速效钾 AK/(mg/kg)	阳离子交换量CEC/(cmol/kg)	土壤母质 Parent material	剖面点坐标 Profile coordinate	匹配指数 Matching index/%
剖13	人为土	水稻土	潴育水稻土	乌泥田	乌泥田	A	0—18	黑色	中壤土	块状	4.8	30.7	1.43	1.92	23.7		35.0	44	9.6		E 117°21′39.0″ N 25°36′27.8″	97
						P	18—23	深灰色	中壤土	块状	6.1	15.6	0.69	2.22	24.1		63.0	60	10.1			
						W₁	23—49	灰黄色	中壤土	棱柱状	7.0	11.6	0.64	2.75	25.7		1.0	50	12.0			
						W₂	49—170	灰黄色	中壤土	棱柱状	6.7	4.0	0.27	0.93	26.5		1.0	52	7.5			
						C	170—	黄色	重壤土		6.4	2.2	0.29	0.87	27.5			63	6.6			
剖14	铁铝土	红壤	暗红壤	砂质岩类暗红壤		A₁	0—15	灰黑色	轻壤土	粒状	4.7	84.8	2.04			192	4.0	63			E 117°18′06.6″ N 25°37′04.0″	97
						A₃	15—37	深灰色	轻壤土	粒状	4.7	51.1	1.38			146	8.0	6				
						B₁	37—57	灰红色	中壤土	小团块状	4.5	39.6	1.14			62	<1.0	29				
						B₂	57—120	暗红色	中壤土	团块状	5.0	18.6	1.06			83	<1.0					
剖15	人为土	水稻土	潴育水稻土	冷烂田	浅脚烂泥田	A	0—30	深灰色	中壤土	糊烂无结构	<3.5	42.7	1.65	0.58	11.4		12.0	<5	9.8		E 117°28′34.4″ N 25°38′49.5″	97
						G	30—120	浅灰色	重壤土	糊烂无结构	<3.5	18.1	0.63	0.22	10.1		4.0	6	5.1			
剖16	初育土	紫色土	酸性紫色土	酸紫泥土	新杯紫泥土	A	0—7	灰棕色	壤质黏土	粒状	5.8	56.6	1.73	0.42	16.4					页岩风化物	E 117°29′49.1″ N 25°37′51.4″	75
						B	7—29	灰紫色	壤质黏土	小块状	5.3	21.3	0.98	0.35	15.6							
						C₁	29—65	灰紫色	壤质黏土	小块状	5.6	8.8	0.67	0.34	17.0							
						C₂	65—100	紫红色	重质黏土	块状	5.6	6.8	0.70	0.38	18.2							
剖17	人为土	水稻土	漂洗水稻土	白鳝泥田	薯粉田	A(E)	0—15	棕灰色	砂质黏壤土	核状	5.1	21.3	1.07	0.20	4.6	114	3.0	30		粉砂岩风化坡积物	E 117°29′02.6″ N 25°34′56.7″	95
						E	15—37	灰白色	砂壤土	无结构	5.2	6.8	0.42	0.11	6.5	46	<1.0	<5				
						C	37—100	褐黄色	壤质黏土	粒状	5.5	3.6	0.30	0.18	8.7	35	<1.0	41				
剖18	铁铝土	红壤	红壤	砂质岩类红壤	茹粉土	A	0—20	红棕色	重壤土	团块状	4.6	22.1	1.11			41	1.0	35		侵蚀岩	E 117°21′21.3″ N 25°24′26.6″	95
						B₁	20—70	深红色	重壤土	团块状	4.8	7.6	0.62			35	1.0	27				
						B₃	70—110	褐黄色	黏土	无结构	4.8	4.2	0.51			31	<1.0	34				
剖19	铁铝土	黄壤	黄壤	泥质岩类黄壤	灰泥田	A₁	0—10	灰褐色	轻壤土	核状	4.8	57.2	1.70			135	4.0	32		粉砂岩	E 117°27′13.7″ N 25°20′31.7″	97
						A₃	10—15	暗棕色	轻壤土	核状	4.9	39.7	1.30			68	<1.0	10				
						B₁	15—30	红棕色	轻壤土	核状	4.9	18.8	1.11			63	<1.0	<5				
						B₂	30—45	淡黄色	中壤土	小团块状	4.9	17.1	0.97			60	<1.0	25				
						B₃	45—80	黄色	中壤土	核状	4.7	11.5	0.81			61	<1.0	16				
剖20	铁铝土	红壤	粗骨性红壤	酸性岩粗骨红壤	泥质岩粗骨红壤	A	0—29	灰褐色	轻壤土	粒状	4.7	22.3	1.17				9.0	11	6.9	炭质页岩	E 117°23′45.0″ N 25°22′17.6″	93
剖21	人为土	水稻土	潴育水稻土	白土田		A	0—15	灰白色	中壤土	粒状	5.5	85.0	0.99				15.0	49		红壤再积物	E 117°21′37.8″ N 25°18′30.0″	97
						E	15—37	灰白色	轻壤土	无结构												
						C	37—70	褐黄色	黏土	块状												
剖22	人为土	水稻土	潴育水稻土	灰泥田	灰泥田	A	0—16	灰色	中壤土		4.7	32.7	1.53	1.20	15.2		15.0	33			E 117°21′44.7″ N 25°18′27.2″	97
						P	16—28	灰色	中壤土		5.0	21.6	0.98	1.15	14.7		3.0	32				
						W	28—42	黄色	重壤土		6.0	9.1	0.36	0.99	18.6		2.0	22				
						C	42—120	黄色	重壤土		6.2	7.5	0.33	0.98	16.7		2.0	26				
剖23	人为土	水稻土	渗育水稻土	紫泥田	紫泥田	A	0—14	紫灰色	重壤土	小块状	4.4	39.2	1.02	0.64	22.0		2.0	44	6.9	紫色砂岩风化物	E 117°21′55.4″ N 25°18′07.7″	97
						P	14—22	黄紫色	重壤土	小块状	4.2	20.1	0.96	0.63	22.6		2.0	39	10.2			
						W	22—40	紫灰色	重壤土	块状	4.7	17.5	0.92	0.63	22.7		1.0	37	9.7			
						C	40—100	淡紫色	重壤土	块状	4.8	12.9	0.65	0.48	21.7		1.0	39	9.2			
剖24	人为土	水稻土	渗育水稻土	黄泥田	灰黄泥砂田	A	0—13	棕灰色	中壤土	粒状	5.0	22.2	0.96	0.71	5.8		37.0	56		红壤坡积物	E 117°21′12.6″ N 25°17′24.7″	97
						P	13—19	棕灰色	中壤土	块状	4.9	12.9	0.55	0.55	5.3		6.0	22				
						W	19—29	灰灰色	中壤土	块状	5.1	5.4	0.25	0.57	22.4		<1.0	30				
						C	29—	黄色	重壤土		5.9	1.7	0.22	0.56	9.1		<1.0	128				

续表 Continued

剖面号 Soil profile	土纲 Soil order	土类 Soil great group	亚类 Soil subgroup	土属 Soil genus	土种 Soil species	土层码 Layer code	土层厚度 Depth/ cm	颜色 Soil color	质地 Soil texture	土壤结构 Soil structure	pH	有机质 OM/ (g/kg)	全氮 TN/ (g/kg)	全磷 TP/ (g/kg)	全钾 TK/ (g/kg)	碱解氮 AN/ (mg/kg)	有效磷 AP/ (mg/kg)	速效钾 AK/ (mg/kg)	阳离子 交换量CEC/ (cmol/kg)	土壤母质 Parent material	剖面点坐标 Profile coordinate	匹配指数 Matching index/%
剖25	人为土	水稻土	渗育水稻土	白土田	白底田	A	0—14	浅灰色	中壤土	粒状	4.5	17.0	0.75	0.39	21.2		5.0	51	<1.0	红壤再积物	E 117°20′45.2″ N 25°15′34.8″	97
						P	14—22	深灰色	中壤土	块状	4.7	18.2	0.74	0.40	25.6		4.0	23	<1.0			
						W	22—43	灰白色	轻壤土	块状	4.7	4.6	0.20	0.33	26.4		1.0	26	<1.0			
						E	43—70	灰白色	轻壤土	块状	5.4	1.4	0.15	0.24	37.7		<1.0	52	<1.0			
						C	70—110	灰黄色	中壤土	块状	5.6	4.2	0.12	0.22	48.6		1.0	59	<1.0			
剖26	人为土	水稻土	潜育水稻土	青泥田	青泥田	A	0—19	灰青色	中壤土		4.7	29.0	1.36	1.46	18.4		21.0	83	6.5	洪冲积物	E 117°22′30.6″ N 25°18′56.6″	97
						P	19—28	灰青色	中壤土		5.0	25.9	0.99	0.48	18.9		1.0	48	5.3			
						G	28—120	青白色	中壤土		4.9	15.5	0.71	0.36	15.4		<1.0	46	5.2			
剖27	初育土	紫色土	酸性紫色土	猪肝土	猪肝土	A	0—47	紫色	中壤土	块状	4.0	15.4	0.63	0.74	31.5		1.0	35	<1.0	紫色砂页岩风化物	E 117°23′25.6″ N 25°18′40.2″	97
						B	47—77	紫色	重壤土	块状	4.0	6.2	0.50	0.65	34.5		1.0	34	<1.0			
						C	77—100	紫色	重壤土	柱状	4.0	5.1	0.38	0.76	37.0		1.0	28	<1.0			
剖28	人为土	水稻土	渗育水稻土	紫泥田	灰紫泥田	A	0—17	紫色	中壤土	粒状	4.9	17.1	0.80	0.64	21.0		3.0	143	9.8	紫色砂页岩风化物	E 117°24′13.6″ N 25°18′23.1″	97
						P	17—22	紫色	中壤土	块状	4.6	16.9	0.76	0.55	20.0		2.0	100	8.9			
						W	22—42	灰紫色	重壤土	块状	5.1	4.7	0.26	0.26	15.3		1.0	43	5.9			
						C	42—120	灰紫色	轻壤土	块状	4.7	4.7	0.24	0.27	17.1		1.0	61	6.5			
剖29	人为土	水稻土	潜育水稻土	乌泥田	黄底乌泥田	A	0—16	深黄色	中壤土	粒状	5.3	38.8	1.89	1.66	16.0		43.0	60	9.2		E 117°25′38.9″ N 25°19′48.8″	97
						P	16—23	深黄色	重壤土	块状	4.7	21.3	1.10	1.45	14.3		23.0	20	6.6			
						W₁	23—35	橘红色	重壤土	柱状	4.8	18.9	0.82	1.47	13.0		3.0	17	6.1			
						W₂	35—64	黄灰色	中壤土	棱柱状	5.4	4.5	0.62	0.63	14.4		1.0	20	4.2			
						C	64—78	黄灰色	中壤土	块状	5.9	3.5	0.34	0.53	22.8		1.0	28	4.3			
剖30	初育土	紫色土	酸性紫色土	猪肝土	油猪肝土	A	0—25	深紫色	重壤土	粒状	4.7	28.5	0.94				2.0	129			E 117°28′04.4″ N 25°18′14.2″	97
						B	25—45	灰紫色	重壤土	块状												
						C	45—72	灰紫色	重壤土	块状												
剖31	人为土	水稻土	渗育水稻土	砂质田	黄砂田	A	0—15	灰黄色	砂壤土	粒状	4.9	10.9	0.99				31.0	33	4.5	冲积物	E 117°27′20.5″ N 25°16′41.4″	95
						Cs	15—40	黄灰色	砂壤土	粒状												
剖32	人为土	水稻土	渗育水稻土	红土田	红土田	A	0—16	浅灰黄色	中壤土	块状	5.0	10.4	0.62	0.63	10.0		1.0	23	6.9	红壤	E 117°25′47.6″ N 25°16′35.5″	97
						C	16—60	黄灰色	中壤土	柱状	4.7	1.9	0.37	0.58	15.3		1.0	30	8.6			
剖33	人为土	水稻土	潜育水稻土	灰泥田	黄褐灰泥田	A	0—13	灰黄色	重壤土	粒状	5.3	37.7	1.74	0.97	13.6		40.0	39	8.6		E 117°24′02.5″ N 25°16′26.6″	97
						P	13—19	灰色	中壤土	块状	4.3	37.0	1.76	0.38	20.8		29.0	34	8.2			
						W	19—45	黄灰色	中壤土	块状	5.9	2.1	0.41	1.52	19.6		1.0	45	8.6			
						C	45—110	青灰色	中壤土	块状	5.2	24.6	1.04	0.58	27.5		13.0	22	10.3			
剖34	铁铝土	红壤		红泥土	红泥土	A	0—14	红灰色	轻壤土	粒状	5.1	20.3	0.87	1.03	7.3		15.0	33	7.7		E 117°24′15.4″ N 25°15′08.2″	97
						B	14—34	灰灰色	中壤土	小块状	4.3	16.7	0.61	0.50	6.1		1.0	23	7.0			
						C	34—	红色	重壤土	块状	4.0	8.8	0.44	0.53	6.9		2.0	40	8.0			
剖35	人为土	水稻土	潜育水稻土	冷烂田	冷水田	A	0—21	浅灰色	中壤土	块状	5.1	41.7	1.71	0.88	8.5		2.0	46	10.5		E 117°19′46.2″ N 25°13′36.7″	97
						P	21—28	浅灰色	中壤土	块状	5.6	35.3	1.36	0.64	7.9		2.0	17	9.9			
						G	28—95	青灰色	中壤土	块状	4.9	27.6	0.98	0.43	9.9		2.0	21	6.8			
剖36	铁铝土	红壤		砂质岩红壤		A₁	0.5—5	灰褐色	轻壤土	粒块状	5.2	85.6	3.52			239	6.0	200		凝灰岩残积物	E 117°20′47.5″ N 25°14′12.1″	98
						A₃	6—20	褐色	中壤土	小块状	5.1	42.8	1.21			179	2.0	128	11.3			
						B₁	20—44	灰红色	中壤土	团块状	5.0	33.2	1.00			159	<1.0	121	11.3			
						B₂	44—85	淡红色	中壤土	团块状	5.3	15.3	0.83			60	<1.0	53	14.2			
						B₃	85—150	淡红色	中壤土	团块状	5.4	7.0	0.75			7	<1.0	87	5.9			
剖37	人为土	水稻土	潜育水稻土	灰泥田	灰泥田	A	0—16	浅灰色	中壤土	块状	5.1	38.0	1.45	0.86	28.0		38.0	41	11.3		E 117°21′33.5″ N 25°13′34.9″	97
						P	16—22	灰灰色	中壤土	块状	5.7	25.4	1.07	0.60	25.3		11.0	24	11.3			
						W	22—33	灰灰色	中壤土	棱柱状	5.0	11.3	0.52	0.35	35.6		1.0	31	14.2			
						C	33—85	灰白色	轻壤土	块状	6.1	3.7	0.18	0.32	44.7		4.0	28	5.9			

续表 Continued

剖面号 Soil profile	土纲 Soil order	土类 Soil great group	亚类 Soil subgroup	土属 Soil genus	土种 Soil species	土层码 Layer code	土层厚度 Depth/cm	颜色 Soil color	质地 Soil texture	土壤结构 Soil structure	pH	有机质 OM/(g/kg)	全氮 TN/(g/kg)	全磷 TP/(g/kg)	全钾 TK/(g/kg)	碱解氮 AN/(mg/kg)	有效磷 AP/(mg/kg)	速效钾 AK/(mg/kg)	阳离子交换量CEC/(cmol/kg)	土壤母质 Parent material	剖面点坐标 Profile coordinate	匹配指数 Matching index/%
剖38	初育土	石灰（岩）土	石灰性	灰泥土	灰泥田	A	0—24	灰色	轻壤土	块状	4.2	29.9	0.67	0.33	26.1		2.0	68	<1.0	石灰岩	E 117°21′49.0″ N 25°12′56.3″	97
						B	24—52	灰色	轻壤土	块状	4.0	21.4	0.35	0.37	28.1		1.0	38	<1.0			
						Ca	52—90	浅灰色	轻壤土	块状	4.2	7.9	0.32	0.27	27.5		1.0	71	3.1			
剖39	人为土	水稻土	渗育水稻土	砂质田	砂层田	A	0—20	浅灰白色	中壤土	块状	4.5	20.6	1.57	1.57	34.7		27.0	35	<1.0	冲积物	E 117°19′10.9″ N 25°11′06.6″	97
						C	20—80	浅灰白色	砂土	无结构	5.4	1.7	<0.10	<0.10	45.8		1.0	22	<1.0			
剖40	人为土	水稻土	渗育水稻土	黄泥田	黄泥砂田	A	0—18	浅灰黄色	轻壤土	粒状	4.7	17.7	0.69	0.62	9.6		30.0	21	1.6	红壤坡积物	E 117°20′50.9″ N 25°12′23.2″	97
						P	18—35	棕灰色	砂壤土	核状	4.5	13.3	0.48	0.32	8.0		3.0	16	4.2			
						C	35—44	浅灰黄色	砂壤土	块状	4.6	3.3	0.20	0.33	12.4		1.0	24	4.4			
						S	44—94	浅黄色	轻壤土	块状	5.2	2.0	0.21	0.33	12.4		2.0	30	4.3			
剖41	人为土	水稻土	潴育水稻土	潮砂田	青底灰泥田	A	0—18	灰黄色	重壤土	粒状	5.0	35.0	1.60	1.17	12.7		6.0	39	14.0			97
						P	18—25	黄褐色	重壤土	核状	5.7	25.8	1.21	0.85	12.9		2.0	36	13.4			
						W	25—65	青灰色	重壤土	块状	6.9	8.8	0.51	0.61	13.5		1.0	37	13.1			
						G	65—80	青灰色	重壤土	块状	6.5	13.8	0.60	0.42	13.8		1.0	36	10.5			
剖42	人为土	水稻土	潴育水稻土	冷烂田	灰砂田	A	0—15	灰黄色	砂土	粒状	5.7	12.5	0.48	0.62	6.9		1.0	43	1.9	河流冲积物	E 117°27′14.7″ N 25°14′18.0″	97
						P	15—23	灰色	砂土		5.9	5.4	0.21	0.44	21.7		1.0	21	1.6			
						W	23—73	褐灰色	砂土	块状	6.3	7.5	0.28	0.60	22.3		1.0	36	2.1			
						C	73—100	浅灰色	砂土	块状	6.0	1.6	<0.10	0.31	21.7			24	1.4			
剖43	人为土	渗育水稻土		锈水田		A	0—16	灰黄色	中壤土	块状	5.1	34.0	1.31				21.0	20				97
						P	16—20	灰色	中壤土	块状												
						G	20—70	深灰色	重壤土	块状	7.5	57.0	1.87							凝灰岩残积物	E 117°22′45.7″ N 25°11′19.8″	97
剖44	铁铝土	红壤	红土	红泥土	灰红泥土	A	0—27	深黑色	中壤土	小块状	5.0	63.0	1.89	0.24	23.1	159	45.0	108				97
						B	27—36	紫深色	重壤土	小块状	4.8	50.7	1.69	0.17	22.2	104	3.0	133	6.4			
						C	36—70	灰褐色	重壤土	粒状	4.9	27.1	1.03	0.17	22.9	92	1.0	83	4.8			
剖45	铁铝土	红壤	黄红壤	砂质岩黄红壤		A_1	1—5	灰褐色	中壤土	团块状	4.9	18.6	0.81	0.22	21.4	77	1.0	57	5.6	砂岩	E 117°23′37.6″ N 25°11′53.3″	97
						A_3	5—15	黄褐色	重壤土	团块状	5.0	4.2	0.32			31	<1.0	49	9.4			
						B_1	15—45	黄红色	重壤土	团块状	5.6						<1.0	47				
						B_2	45—80	黄红色	重壤土	粒状	5.3	36.4	1.16			117		8				
						B_3	80—150	淡黄色	重壤土	小块状	5.3	23.4	1.14			186	1.0	16				
剖46	铁铝土	红壤	黄红壤	中性岩黄红壤		A	0—44	浅黄色	轻壤土	块状	5.0	8.6	0.43			55	<1.0	26		花岗闪长岩	E 117°16′23.3″ N 25°07′16.2″	97
						B_1	44—63	黄红色	重壤土	块状	4.9	19.9	0.65	0.24			6.0	19	6.4			
						B_2	63—150	浅黄色	中壤土	块状	5.0	9.0	0.26	0.17			1.0	13	4.8			
剖47	人为土	水稻土	渗育水稻土	中性岩黄红壤	灰黄泥砂田	A	0—14	灰黄色	中壤土	粒状	5.0	4.4	0.12	0.17			<1.0	24	5.6	红壤坡积物	E 117°21′39.7″ N 25°03′39.1″	97
						P	14—23	灰灰色	重壤土	团块状	5.7	2.7	0.17	0.22			<1.0	63	9.4			
						W	23—58	浅黄色	重壤土	团块状	6.2	64.9	1.35			133	2.0	129				
						C	58—90	黑色	重壤土	粒状	5.5	44.9	0.67			110	2.0	99				
剖48	黄壤			黄泥田		A_1	0—18	浅黑色	轻壤土	粒状	5.4	23.4	0.51			106	1.0	147			E 117°21′39.7″ N 25°00′57.7″	98
						B_1	18—21	浅黄色	轻壤土	团块状	5.4	4.8	0.49			46	<1.0	68				
						B_2	21—40	黄色	重壤土	团块状												
剖49	铁铝土	黄壤		黄泥土	黄泥土	A	0—30	灰灰色	轻壤土	粒状	4.2	25.8	0.70	0.85	1.0		1.0	50	7.6		E 117°17′12.9″ N 25°00′40.4″	97
						C	30—120	黄色	黏壤土	粒状	4.5	6.9	0.30	0.85	1.0		1.0	13	6.3			
剖50	铁铝土	红壤	粗骨性红壤	酸性岩粗骨红壤	砂质岩粗骨红壤	A_1	0—3	黑褐色	砂壤土	粒状	4.4	81.1	2.00			231	16.0	218	6.0	酸性岩风化残积物	E 117°37′05.9″ N 25°38′02.1″	93
						B_3	3—46	黄红色	砂壤土	团块状	4.4	12.1	0.95			94	<1.0	113				
剖51	铁铝土	红壤	红土	红泥砂土	红泥砂土	A	0—25	红灰色	轻壤土	小块状	5.1	19.1	0.77	0.88	24.6		2.0	78	6.0	花岗岩残积物	E 117°36′52.4″ N 25°35′55.5″	81
						B	25—45	灰红色	轻壤土	块状	4.6	18.9	0.98	1.11	22.3		1.0	70	8.5			
							45—100	黄红色	轻壤土	块状	4.7	22.9	0.85	0.87	21.8		1.0	71	6.5			

续表 Continued

剖面号 Soil profile	土纲 Soil order	土类 Soil great group	亚类 Soil subgroup	土属 Soil genus	土种 Soil species	土层码 Layer code	土层厚度 Depth/cm	颜色 Soil color	质地 Soil texture	土壤结构 Soil structure	pH	有机质 OM/(g/kg)	全氮 TN/(g/kg)	全磷 TP/(g/kg)	全钾 TK/(g/kg)	碱解氮 AN/(mg/kg)	有效磷 AP/(mg/kg)	速效钾 AK/(mg/kg)	阳离子交换量CEC/(cmol/kg)	土壤母质 Parent material	剖面点坐标 Profile coordinate	匹配指数 Matching index/%
剖52	人为土	水稻土	渗育水稻土	黄泥田	乌黄泥田	A	0—16	灰色	中壤土	块状	4.6	26.8	1.11	0.81	20.6		8.0	29	1.6	红壤坡积物	E 117°36′24.5″ N 25°34′57.5″	97
						P	16—28	暗灰色	中壤土	块状	4.7	20.7	0.96	0.76	21.0		3.0	24	1.6			
						W	28—47	浅灰色	重壤土	棱柱状	6.3	6.4	0.36	0.68	20.3		1.0	24	<1.0			
						C	47—120	黄色	重壤土	块状	7.0	1.3	0.19	0.45	29.9		1.0	29	<1.0			
剖53	铁铝土	黄壤	黄壤	砂质岩黄壤		A_1	0—7	浅黑色	重壤土	粒状	5.0	55.8	1.78			184	<1.0	35		砂砾岩	E 117°36′19.8″ N 25°34′12.1″	97
						A_3	7—19	灰黑色	重壤土	小块状	5.3	43.8	1.65			146	<1.0	32			
						B_1	19—27	浅黄色	重壤土	块状	5.3	29.3	1.27			112	<1.0	29			
						B_2	27—150	黄灰红色	重壤土	块状	5.6	14.3	0.73			64	<1.0	26			
剖54	铁铝土	红壤	红壤	酸性岩红壤		A	0—11	褐色	轻黏土	团块状	5.0	51.2	1.17			182	2.0	129		凝灰熔岩	E 117°30′45.7″ N 25°13′17.4″	98
						B_1	11—40	暗红色	轻黏土	块状	5.2	16.9	0.79			92	1.0	184			
						B_2	40—150	橙红色	轻黏土	块状	5.4	7.5	0.67			35	<1.0	143			

宁 德 市

市 辖 区

主要土类说明

红壤是宁德市主要土壤类型，占本市地域面积的 68%。红壤是在中亚热带生物气候条件下，经过脱硅富铝化作用与生物循环过程形成的，剖面呈红色至棕红色。本市红壤风化壳深厚，一般有几米，个别地方如灵坑村附近的红壤土层深达二十几米。本市红壤分为红壤、黄红壤、粗骨性红壤、红土四个亚类。

黄壤是宁德市第二大土壤类型，占本市地域面积的 19%，主要分布在虎贝、洋中、石后、霍童、赤溪等乡镇海拔 850m 以上的中山地带。成土母岩为花岗斑岩、凝灰熔岩、英安岩、流纹岩等。本市黄壤分布区山高雾重，冷凉潮湿，日照短，林茂草深，植被繁盛，主要种类有杉、竹、木荷、楠木及槠栲等。在这样的生物气候条件下，土壤脱硅富铝化作用大大削弱，土体中氧化铁被高度水化，使全剖面呈黄色或蜡黄色；有机质矿化作用缓慢、生物积累作用强。本市黄壤分为黄壤、粗骨性黄壤、黄泥土三个亚类。

水稻土是宁德市第三大土壤类型，占本市地域面积的 11%，主要分布在滨海冲积平原、山间盆谷、河谷阶地和部分山麓缓坡地带。水稻土是经人为长期种稻、水耕熟化而形成的耕作土壤，其发育过程中的主导因素是水耕熟化过程。土壤在耕作、施肥、灌溉等农业措施的作用下，发生了氧化与还原、有机质合成与分解、盐基淋溶与复盐基以及黏粒淋失与淀积等作用，使土壤剖面形态发生深刻变化，形成了水稻土所特有的耕作层、犁底层、渗育层、斑淀层和母质层以及潜育层、漂洗层等发生层次。本市水稻土分渗育型、潴育型、潜育型、盐渍型等亚类。

小于本市地域面积 3% 的土壤类型有滨海盐土、潮土、紫色土、粗骨土、石质土等。

本区域中心区气候特征

本区域中心区气候特征值
Regional climate characteristics in central area of the region

气候带：中亚热带湿润气候 Climate region: Subtropical humid climate	
年平均气温 /℃ Annual average temperature /℃	19.3
年平均最高气温 /℃ Annual average maximum temperature /℃	24.0
年平均最低气温 /℃ Annual average minimum temperature /℃	16.2
年降水量 /mm Annual precipitation /mm	1539
≥10℃的积温 /℃ Daily temperature accumulated in a year（≥10℃）/℃	6717
年日照时数 /h Annual sunshine /h	1655
年平均相对湿度 /% Annual average relative humidity /%	78
干燥度 Dryness	0.77

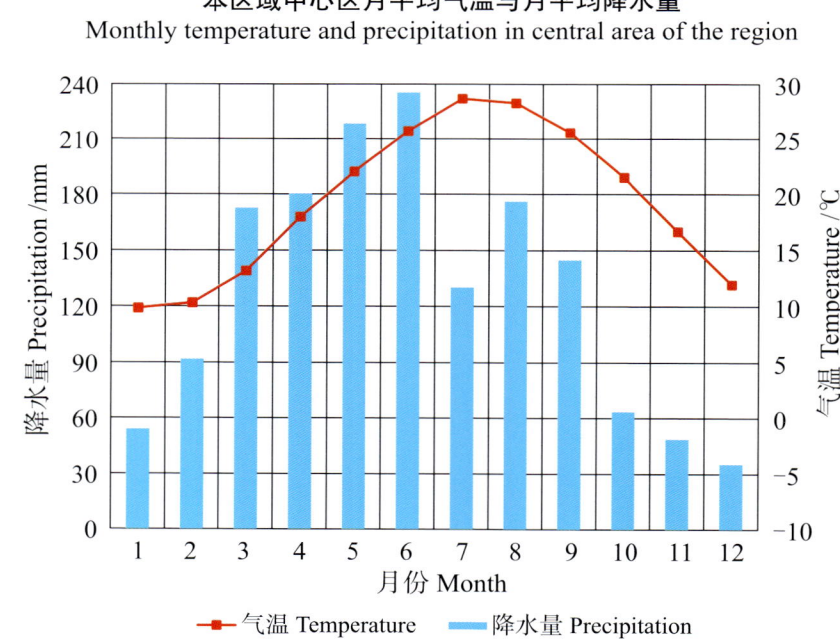

本区域中心区月平均气温与月平均降水量
Monthly temperature and precipitation in central area of the region

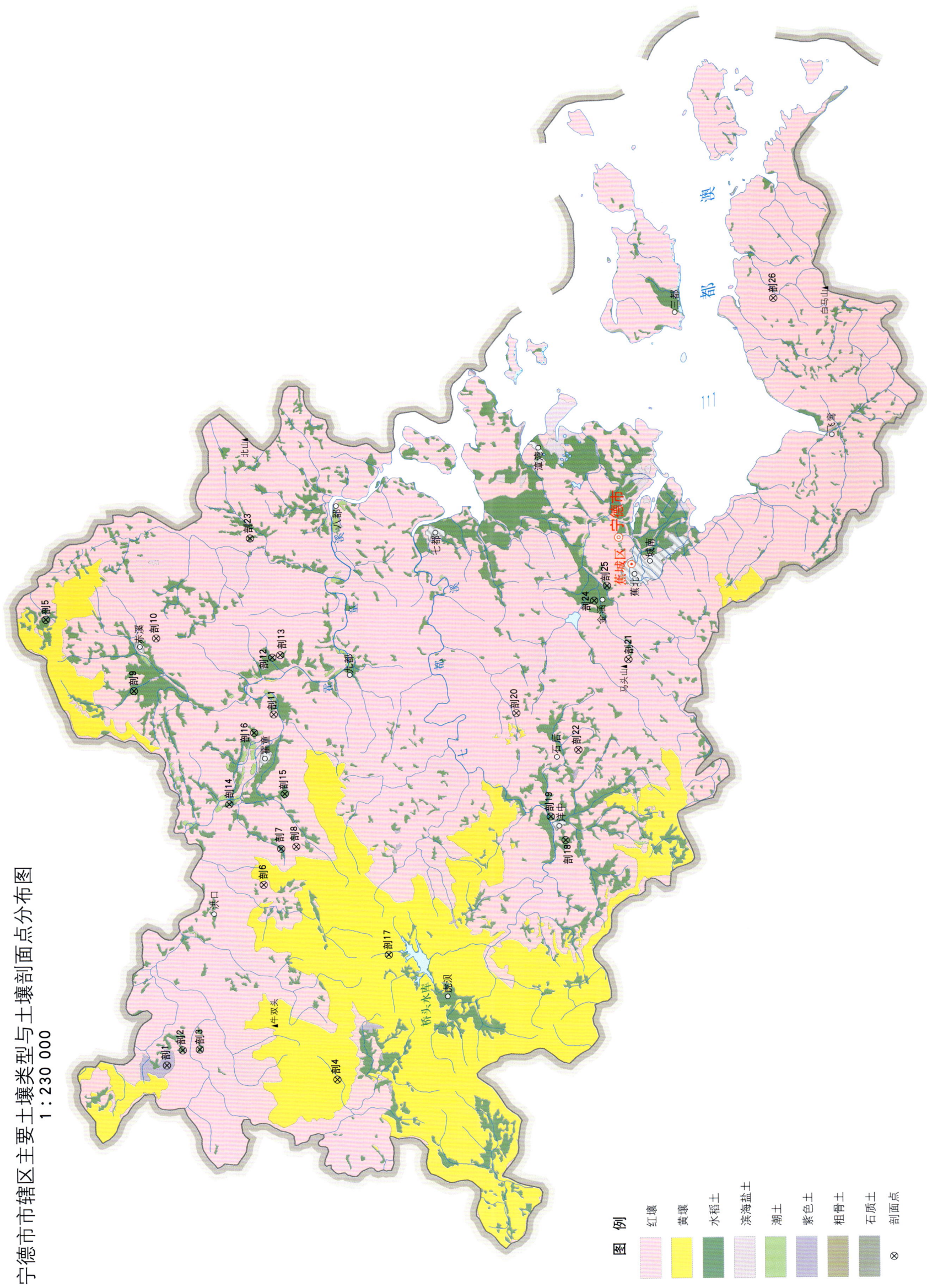

宁德市土壤剖面理化性状表

剖面号 Soil profile	土纲 Soil order	土类 Soil great group	亚类 Soil subgroup	土属 Soil genus	土种 Soil species	土层码 Layer code	土层厚度 Depth/cm	颜色 Soil color	质地 Soil texture	土壤结构 Soil structure	pH	有机质 OM/(g/kg)	全氮 TN/(g/kg)	全磷 TP/(g/kg)	全钾 TK/(g/kg)	有效磷 AP/(mg/kg)	速效钾 AK/(mg/kg)	阳离子交换量CEC/(cmol/kg)	土壤母质 Parent material	剖面点坐标 Profile coordinate	匹配指数 Matching index/%
剖1	初育土	紫色土	酸性紫色土	凝石灰酸性紫色土		Ao	0—3	棕灰色	中壤土	核状	4.7	65.9	1.82	0.52	19.2	4.0	115		凝灰岩	E 119°14′28.9″ N 26°54′15.1″	75
						A	3—23	紫棕色	重壤土	块状	5.0	24.8	0.91	0.43	19.6	1.0	40				
						B	23—98	紫棕色	重壤土	块状	5.1	23.4	0.99	0.44	21.2	<1.0	30				
						C	98—100	紫色	中壤土	块状	5.2	30.1	1.09	0.43	20.2	<1.0	35				
剖2	人为土	水稻土	盐渍水稻土	埭田	砂埭田	P	0—15	灰黄色	轻壤土	小块状	5.6	15.1	1.15	0.74	22.5	48.2	14	7.8	海积物	E 119°14′57.8″ N 26°53′47.7″	75
						Csa	15—21	灰黄色	轻壤土	小块状	5.6	9.2	0.71	0.63	22.9	32.2	62				
						Csa	21—100	黄棕色	中壤土	块状	5.6	3.3	0.40	0.11	21.2	2.1	182				
剖3	人为土	水稻土	盐渍水稻土	磺酸田	磺酸田	A	0—12	灰色	重壤土	块状	3.8	17.7	1.10	0.78	>50.0	40.3	410	20.8	海积物	E 119°14′58.3″ N 26°53′15.3″	75
						Psa	12—20	灰棕色	重壤土		3.6	19.3	0.89	0.62	>50.0	63.0	195				
						Csa	20—100	灰棕色	黏土		<3.5	23.1	0.77	0.65	>50.0	>100.0	>500				
剖4	铁铝土	黄壤	黄壤	砂质岩黄壤		Ao	0—2	淡灰色	轻壤土	粒状	5.0	52.1	1.58	0.15	5.9	2.1	110		砂砾岩等	E 119°13′51.9″ N 26°49′09.7″	97
						A	2—16	黄黄色	中壤土	块状	5.1	31.5	1.05	0.13	7.0	<1.0	90				
						B	16—85	黄黄色	轻壤土	块状	5.0	7.6	0.31	<0.10	8.7	<1.0	58				
						C	85—100	黄橙色	重壤土	块状	5.5	1.0	0.13	<0.10	18.1	<1.0	100				
剖5	人为土	水稻土	潴育水稻土	灰泥田	砂砾底灰泥田	A	0—18	黄黄色	轻壤土	块状	5.6	24.9	1.65	0.51	26.0	14.3	20	9.0	冲积物	E 119°29′56.5″ N 26°57′31.1″	97
						P	18—24	灰黄色	重壤土	块状	5.7	18.8	1.35	0.42	26.4	7.3	15				
						W	24—41	灰黄色	轻壤土	碎块状	5.8	13.9	0.91	0.33	23.0	4.7	10				
						Cs	41—100	棕灰色	石砾	无结构	5.8	6.7	0.27	0.29	26.3	4.3	10				
剖6	铁铝土	红壤	红壤	红泥土	灰红泥砂土	A	0—14	灰黄色	轻壤土	粒状	7.0	21.6	1.19	0.68	27.5	24.9	95	10.1	红壤再积物	E 119°20′35.8″ N 26°51′13.0″	81
						B	14—36	淡棕色	中壤土	块状	6.4	11.8	0.71	0.48	30.0	2.3	45				
						C	36—100	棕色	中壤土	块状	6.9	13.7	0.38	0.46	23.6	1.0	130				
剖7	人为土	水稻土	潴育水稻土	灰泥田	灰黄泥砂土	A	0—11	灰灰色	轻壤土	细块状	6.2	15.3	0.83	0.54	9.3	3.2	10	6.3	坡积物	E 119°29′50.2″ N 26°50′40.0″	97
						P	11—18	黄黄色	中壤土	块状	6.0	16.3	0.84	0.50	28.0	6.1	18				
						W	18—40	棕灰色	中壤土	块状	5.8	11.3	0.63	0.65	28.8	<1.0	12				
						C	40—100	灰色	轻壤土	块状	5.9	4.8	0.30	0.43	30.4	<1.0	18				
剖8	铁铝土	红壤	红壤	侵蚀红壤		B	0—73	淡灰棕色	中壤土	块状	5.3	4.7	0.32	0.21	19.6	2.3	55		冲积物	E 119°21′53.8″ N 26°50′12.3″	97
						C	73—100	灰色	中壤土	碎块状	5.4	<1.0	<0.10	0.17	43.9	<1.0	115				
剖9	人为土	水稻土	潴育水稻土	灰泥田		A	0—18	黄色	中壤土	块状	5.4	44.8	2.22	0.71	17.1	11.6	90	11.9	冲积物	E 119°27′23.9″ N 26°54′56.6″	97
						P	18—26	黄棕色	中壤土	块状	6.0	20.9	0.89	0.85	23.4	12.4	59				
						W	26—51	淡黄色	中壤土	碎块状	6.1	38.5	0.30	0.48	19.4	1.3	15				
						C	51—100	灰黄色	轻壤土	块状	5.9	20.8	0.60	0.37	19.6	2.6	30				
剖10	铁铝土	红壤	红壤	堆积性红壤	灰红泥砂土	A	0—10	灰黄棕色	中壤土	碎块状	5.3	48.5	1.76	0.34	15.2	5.8	154	10.5	坡积物、堆积物	E 119°21′50.2″ N 26°54′13.9″	97
						Bh	10—76	黄色	中壤土	块状	5.8	48.9	1.92	0.26	14.8	1.8	90				
						Ch	76—100	黄色	中壤土	块状	5.9	4.4	0.29	0.21	18.0	<1.0	60				
剖11	铁铝土	红壤	红壤	红泥土	灰黄泥砂土	A	0—17	灰黄色	中壤土	块状	6.9	18.1	0.99	1.12	10.9	93.0	100	7.5	细粒质红壤再积物	E 119°26′32.6″ N 26°50′47.4″	97
						B	17—32	红棕色	中壤土	块状	6.6	14.6	0.75	0.76	9.4	33.8	43				
						C	32—100	棕红色	中壤土	碎块状	6.9	9.8	0.58	0.54	10.3	5.2	35				
剖12	人为土	水稻土	渗育水稻土	黄泥田	灰黄泥田	A	0—14	灰黄棕色	重壤土	碎块状	5.5	20.2	1.06	0.79	16.6	3.6	82		坡积物	E 119°28′28.3″ N 26°50′47.2″	97
						P	14—22	棕黄色	重壤土	块状	4.5	19.3	0.92	0.77	15.3	1.4	20				
						W	22—75	黄黄色	中壤土	块状	5.3	7.5	0.52	0.56	15.6	<1.0	32				
						C	75—100	黄色	重壤土	小块状	3.7	6.2	0.40	0.57	18.0	<1.0	70				
剖13	铁铝土	红壤	红壤	红泥土	红泥骨	A	0—14	黄棕色	中壤土	块状	5.2	10.8	0.53	0.42	22.0	4.6	45	5.3	红壤再积物	E 119°28′23.0″ N 26°50′34.4″	81
						C	14—100	黄红色	重壤土	块状	5.1	3.7	0.20	0.21	18.9	<1.0	115				

续表 Continued

剖面号 Soil profile	土纲 Soil order	土类 Soil great group	亚类 Soil subgroup	土属 Soil genus	土种 Soil species	土层码 Layer code	土层厚度 Depth/cm	颜色 Soil color	质地 Soil texture	土壤结构 Soil structure	pH	有机质 OM/(g/kg)	全氮 TN/(g/kg)	全磷 TP/(g/kg)	全钾 TK/(g/kg)	有效磷 AP/(mg/kg)	速效钾 AK/(mg/kg)	阳离子交换量CEC/(cmol/kg)	土壤母质 Parent material	剖面点坐标 Profile coordinate	匹配指数 Matching index/%
剖面14	人为土	水稻土	潜育水稻土	冷烂田	冷水田	A	0—18	淡灰色	中壤土	小块状	5.4	29.7	1.26	0.38	21.9	1.3	15	8.7	坡积物	E 119°23′22.1″ N 26°52′10.8″	97
						P	18—25	绿灰色	中壤土	块状	5.5	27.3	1.29	0.54	20.6	1.9	12				
						G	25—100	青灰色	轻壤土	块状	5.6	20.0	0.55	0.18	21.3	<1.0	8				
剖面15	人为土	水稻土	潜育水稻土	乌泥田	乌泥田	A	0—19	黑灰色	中壤土	粒状	5.6	57.8	2.90	2.21	15.5	36.0	195	17.7	冲积物	E 119°23′39.2″ N 26°50′33.2″	97
						P	19—26	灰灰色	中壤土	细块状	5.4	45.6	2.10	1.54	15.5	25.3	55				
						W₁	26—37	灰灰色	重壤土	块状	4.8	42.5	2.30	1.23	15.5	17.7	30				
						W₂	37—52	灰灰色	重壤土	块状	4.8	36.4	2.30	1.32	15.9	17.7	32				
						C	52—100	深灰色	重壤土	块状	5.4	47.1	2.40	1.27	14.6	18.0	25				
剖面16	人为土	水稻土	潜育水稻土	灰泥田	青底灰泥田	A	0—13	棕灰色	中壤土	块状	5.3	32.1	1.45	0.68	14.7	3.0	50	9.9	冲积物	E 119°25′55.4″ N 26°51′22.7″	97
						P	13—19	棕色	中壤土	块状	4.9	28.4	1.40	0.62	14.6	<1.0	20				
						W	19—44	黄棕色	中壤土	柱状	3.6	30.4	1.44	0.62	14.6	<1.0	25				
						G	44—	青灰色	重壤土	块状	5.5	38.1	1.27	0.33	19.7	<1.0	28				
剖面17	人为土	水稻土	渗育水稻土	紫泥田	紫泥田	A	0—15	灰紫色	重壤土	碎块状	5.3	27.4	1.30	0.55	21.8	3.8	30	11.2	坡积物	E 119°18′03.9″ N 26°47′31.6″	97
						P	15—22	紫棕色	重壤土	块状	5.3	25.5	1.24	0.54	22.0	4.3	20				
						W	22—41	紫棕色	重壤土	块状	5.0	21.1	0.75	0.30	23.6	<1.0	90				
						C	41—100	紫棕色	重壤土	块状	5.0	13.1	0.49	0.34	20.5	<1.0	118				
剖面18	人为土	水稻土	潜育水稻土	冷烂田	浅脚烂泥田	A	0—18	灰紫色	重壤土	糊烂无结构	5.5	30.4	1.34	0.61	25.6	2.1	32	9.1	坡积物	E 119°21′53.8″ N 26°42′09.1″	98
						P	18—	青灰色	黏土	块状	5.5	23.6	0.94	0.46	25.4	5.3	<5				
剖面19	人为土	水稻土	咸酸水稻土	硫酸田	硫酸田	Asa	18—31	青灰色	黏土	大块状·柱状	3.5	27.2	1.10	0.36	23.6	6.3	195		海积物	E 119°22′43.5″ N 26°42′34.4″	95
						Apsa	31—70	青灰色	黏土	柱状	3.6	30.5	0.89	0.31	19.4	4.0					
						Gsa₁	70—120	青灰色	黏土	柱状	4.2	31.0	0.77	0.28	23.0	17.7					
剖面20	铁铝土	红壤	黄红壤	酸性岩红壤		Ao	0—3	棕灰色	中壤土	片状	5.1	49.8	2.10	0.44	18.7	1.1	88		花岗岩、花岗斑岩等酸性岩风化物	E 119°26′19.5″ N 26°43′31.6″	98
						A	3—17	黄棕色	中壤土	碎块状	4.3	38.4	1.48	0.32	18.2	<1.0	25				
						B	17—40	黄棕色	中壤土	块状	5.0	12.0	0.60	0.36	19.0	<1.0	20				
						C	40—100	黄棕色	重壤土	块状	5.2	4.2	0.33	0.31	19.4	<1.0	30				
剖面21	铁铝土	红壤	黄红壤	砂质岩黄红壤		A	0—9	暗棕色	中壤土	碎块状	4.7	75.5	2.63	0.42	10.6	4.1	75	4.7	砂质岩	E 119°28′05.8″ N 26°40′07.6″	97
						B	9—45	黄棕色	轻壤土	块状	4.6	37.8	1.64	0.35	11.1	2.1	110				
						C	45—100	黄棕色	轻壤土	块状	4.6	17.6	0.92	0.37	12.0	<1.0	35				
剖面22	铁铝土	红壤	红壤	中性岩红壤		A	0—15	棕红色	重壤土	碎块状	5.1	24.1	1.14	0.70	11.4	<1.0	42		中性岩	E 119°24′59.8″ N 26°41′42.1″	98
						B	15—98	棕色	重壤土	块状	5.2	10.9	0.73	0.63	12.3	<1.0	45				
						C	98—100	淡棕色	黏土	块状	5.3	4.5	0.42	0.55	11.8	<1.0	20				
剖面23	人为土	水稻土	渗育水稻土	白土田	白鳝泥田	Asa	0—13	灰黄色	中壤土	碎块状	5.8	11.4	0.52	0.42	19.0	6.6	20		坡积物	E 119°32′33.2″ N 26°51′20.8″	97
						Psa	13—22	灰黄色	轻壤土	块状	5.6	1.7	0.61	0.53	18.6	1.4	25				
						Csa	22—51	白色	黏土	块状	5.4	2.2	0.10	0.16	24.9	<1.0	25				
							51—100	淡黄色	黏土	块状	6.5	14.0	0.13	0.15	37.9	<1.0	50				
剖面24	人为土	水稻土	盐渍水稻土	盐斑田	滨涂田	A	0—13	棕灰色	重壤土	细块状	5.6	32.2	1.40	0.77	23.4	29.4	400	17.4	海积物	E 119°30′12.0″ N 26°40′54.7″	95
						P	13—22	灰棕色	重壤土	块状	7.5	18.9	0.99	0.85	22.7	9.5	>500				
						C	22—100	青灰色	黏土	块状	8.1	20.8	0.84	0.89	23.6	3.7	>500				
剖面25	人为土	水稻土	渗育水稻土	黄泥田	乌黄泥田	A	0—17	暗灰色	中壤土	块状	5.6	55.6	1.88	1.18	11.7	19.2	63	12.7	坡积物	E 119°30′38.6″ N 26°40′42.5″	97
						P	17—24	灰棕色	重壤土	块状	5.5	50.1	1.81	1.01	11.7	15.3	18				
						W	24—46	棕灰色	重壤土	块状	5.6	35.1	1.34	0.80	11.7	1.4	17				
						C	46—70	灰黄色	中壤土	块状	5.6	7.7	0.52	0.34	11.7	1.5	25				
剖面26	铁铝土	红壤	粗骨性红壤	酸性岩粗骨红壤		A	0—18	淡红棕色	中壤土	块状	5.7	19.6	1.40	0.19	26.3	8.6	162		酸性岩花岗岩、流纹岩	E 119°40′24.8″ N 26°35′30.5″	98
						C	18—100	黄橙色	中壤土	块状	5.7	11.7	1.87	0.32	26.7	6.2	250				

霞 浦 县

主要土类说明

红壤是霞浦县主要土壤类型，占本县地域面积的 70%，广泛分布于沿海丘陵和北部海拔 950m 以下中低山地带。成土母岩有花岗岩和凝灰岩两大类。剖面发育较完整，土层厚度在 120cm 以上，典型的可达 10 多米。土壤脱硅富铝化作用强烈，全剖面呈浅红色、红色或棕红色，剖面构型为 A-B-C 和 A-C，结构面上有的可见到铁胶膜淀积或铁铝结核。根据母岩类型、成土条件和肥力等差异，本县红壤分为红壤、粗骨性红壤、黄红壤、红土等亚类。

水稻土是霞浦县第二大土壤类型，占本县地域面积的 13%，是本县的主要耕作土壤，广泛分布于全县各地有水源的山坡、山垅、丘间谷地和河谷、海积小平原。成土母质主要是山地红壤坡积物、洪积物、海积沉积物、河流冲积物。水稻土是经人为长期水耕熟化，土壤发生了氧化与还原、盐基淋溶与复盐基、有机质分解与合成、粉粒淋失与堆积等作用，而形成的具有独特形态特征的土壤。根据所处地形部位不同，所受地下水和地表水作用不同，以及母质的差异，本县水稻土分为渗育型、潴育型、潜育型、盐渍型等亚类。其中，渗育水稻土面积最大，约占本土类的 45%，全县各乡镇均有分布，多为山岗排田和山垅梯田，环境条件较差，水源缺乏，地下水埋深较深。剖面中氧化还原交错，盐基淋失及粉粒下移较强烈，耕作层、犁底层受灌溉水长期浸渍，有的发生表潜现象。潴育水稻土面积约占本土类的 40%，主要分布于河谷冲积平原、河口海积平原和山间开阔谷地，由于所处地势平坦，地下水位较高，受地下水和地面水的双重作用，氧化还原交替进行，斑淀层发育明显。

石质土占霞浦县地域面积的 6%，广泛分布于侵蚀严重、岩石裸露的石质山地、残丘，以及丘顶、山脊、山坡等坡度陡峻的地带。表层岩石裸露，风化层浅薄，一般厚小于 10cm，风化度低，富含砾石，多碎屑岩粒。

滨海盐土占霞浦县地域面积的 4%。滨海盐土是在海水作用下于海湾处海泥不断淤积抬升而形成的滩涂。本县滩涂面积大，大部分的滩涂的底质以泥、泥沙、沙泥为主，倾斜度小，潮水流畅。因受海潮浸淹，土壤处在盐渍化和脱盐交替作用中，土体中含大量盐分，呈碱性，土层深可达数米以上。全土体含有以氯化物为主的可溶盐，呈 Az-Cz 剖面构型。滨海盐土的土壤和地下水的盐分组成与海水基本一致，氯盐占绝对优势，其次为硫酸盐和重碳酸盐；盐分中以钠、钾离子为主，钙、镁次之。

小于本县地域面积 3% 的土壤类型还有粗骨土、紫色土、新积土和潮土等。

本区域中心区气候特征

本区域中心区气候特征值
Regional climate characteristics in central area of the region

气候带：中亚热带湿润气候 Climate region: Subtropical humid climate	
年平均气温 /℃ Annual average temperature /℃	19.0
年平均最高气温 /℃ Annual average maximum temperature /℃	23.5
年平均最低气温 /℃ Annual average minimum temperature /℃	16.0
年降水量 /mm Annual precipitation /mm	1577
≥10℃的积温 /℃ Daily temperature accumulated in a year（≥10℃）/℃	6683
年日照时数 /h Annual sunshine /h	1666
年平均相对湿度 /% Annual average relative humidity /%	78
干燥度 Dryness	0.76

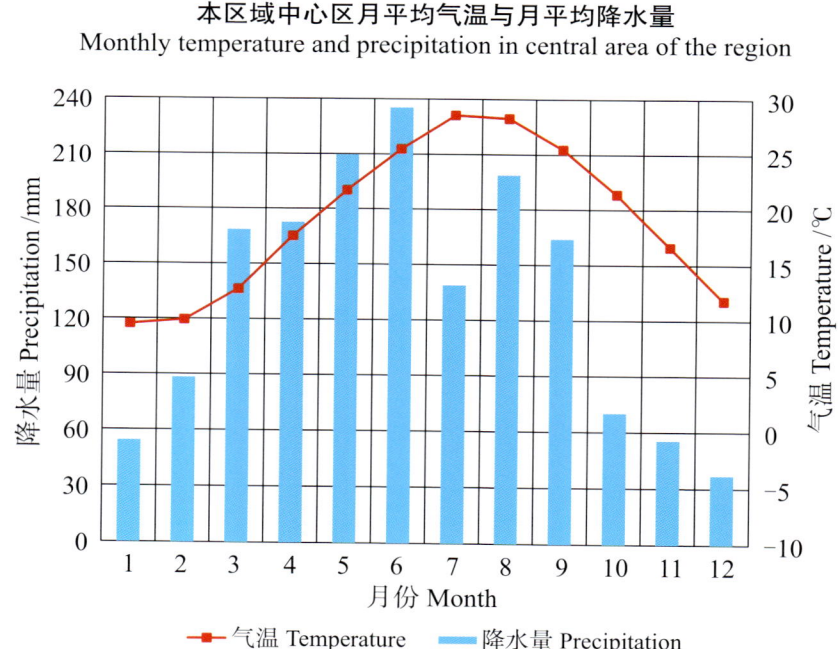

本区域中心区月平均气温与月平均降水量
Monthly temperature and precipitation in central area of the region

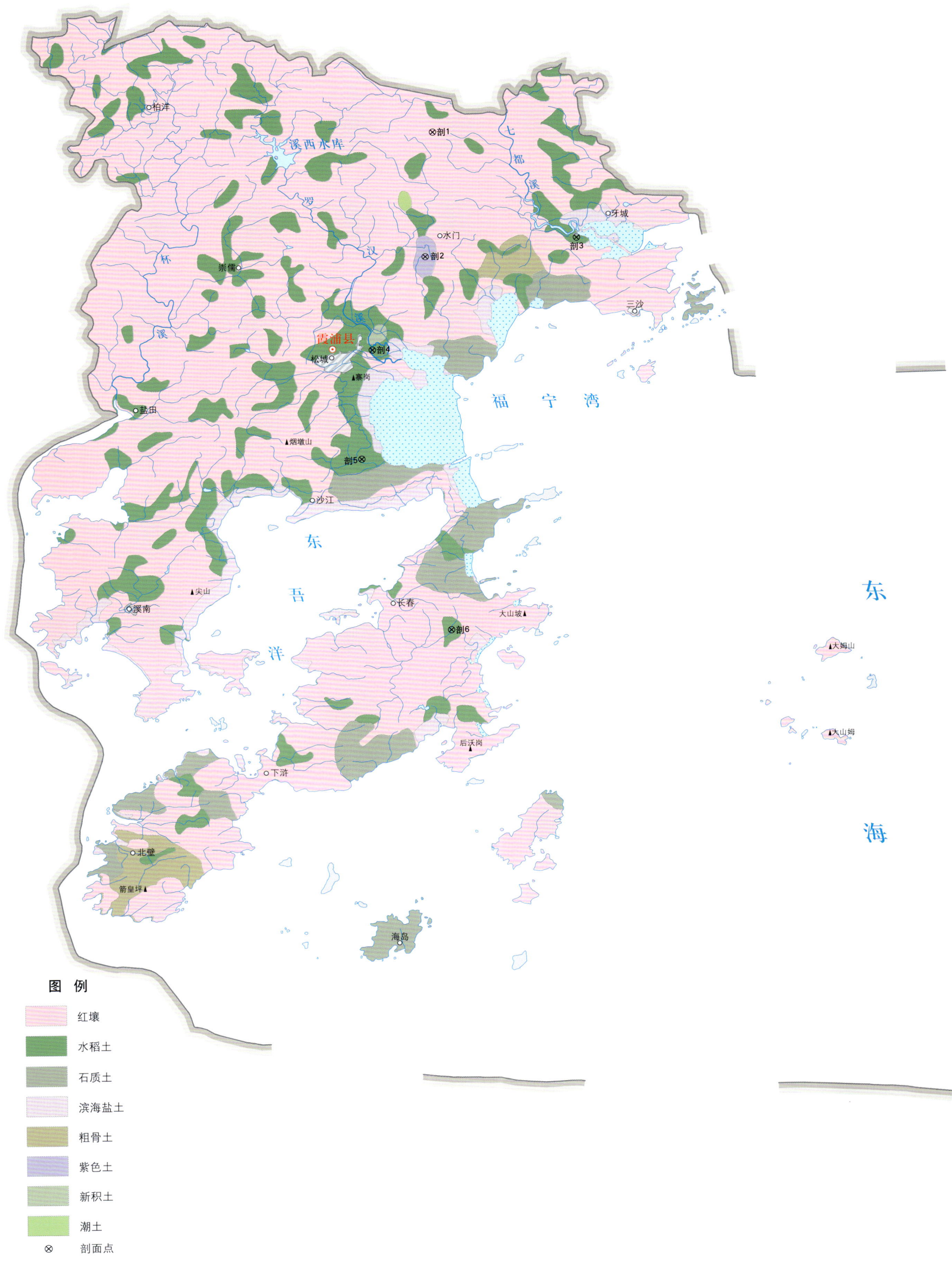

霞浦县土壤剖面理化性状表

剖面号 Soil profile	土纲 Soil order	土类 Soil great group	亚类 Soil subgroup	土属 Soil genus	土种 Soil species	土层码 Layer code	土层厚度 Depth/cm	颜色 Soil color	质地 Soil texture	土壤结构 Soil structure	pH	有机质 OM/(g/kg)	全氮 TN/(g/kg)	全磷 TP/(g/kg)	全钾 TK/(g/kg)	有效磷 AP/(mg/kg)	速效钾 AK/(mg/kg)	阳离子交换量CEC/(cmol/kg)	土壤母质 Parent material	剖面点坐标 Profile coordinate	匹配指数 Matching index/%
剖1	铁铝土	红壤	红壤	中性岩红壤	厚中性岩红壤	A	0—40	浅红色	重壤土	核状	5.2	21.5	0.85	0.14	11.1	2.4	25		中性岩	E 120°03′44.7″ N 27°02′19.7″	95
						B$_1$	40—80	浅红色	重壤土	核状	5.1	21.4	0.12	<0.10	17.9	2.0	28				
						B$_2$	80—120	红色	重壤土	核状	5.1	19.8	<0.10	<0.10	12.0	2.1	27				
剖2	初育土	紫色土	酸性紫色土	凝灰岩酸性紫色土		A	0—6	微紫色	中壤土	粒状	4.7	11.6	0.54	0.13	25.1	3.4	82		凝灰岩	E 120°03′31.7″ N 26°57′24.8″	95
						B	6—70	紫色	中壤土	粒状	5.2	11.3	0.43	0.14	25.2	3.2	78				
						C	70—100	紫色	中壤土	粒状	5.5	9.3	0.25	0.12	24.6	2.3	64				
剖3	人为土	水稻土	盐渍水稻土	盐斑田	轻盐斑田	A	0—16	灰色	重壤土	块状	6.1	24.5	1.26	0.54	26.4	10.5	245	17.7	海相沉积物	E 120°09′57.8″ N 26°58′17.3″	95
						P	16—26	暗灰色	重壤土	柱状	6.4	20.3	1.45	0.55	27.0	8.7	213				
						Csa	26—100	暗灰色	重壤土	块状	7.5	19.2	0.84	0.57	25.5	6.9	189				
剖4	人为土	水稻土	渗育水稻土	砂质田	黄砂田	A	0—16	红黄色	砂壤土	无结构	4.6	16.0	0.40	0.33	23.5	2.5	39	6.9	海相沉积物	E 120°01′20.1″ N 26°53′40.3″	95
						C	16—80	黄色	砂壤土	无结构	5.7	19.0	0.23	0.26	22.8	1.5	22				
剖5	人为土	水稻土	盐渍水稻土	盐斑田	咸田	A	0—18	暗灰色	中黏土	块状	8.3	17.6	0.85	0.53	27.0	54.5	254	17.6	海相沉积物	E 120°00′58.0″ N 26°49′21.9″	95
						P	18—25	暗灰色	黏土	块状	8.0	17.5	0.78	0.54	26.7	48.0	180				
						C	25—100	青灰色	黏土	块状	8.2	21.3	0.75	0.45	28.5	48.0	231				
剖6	人为土	水稻土	渗育水稻土	紫泥田	紫泥田	A	0—16	微紫色	中壤土	块状	5.5	25.0	0.71	0.27	16.3	4.0	90	4.2	酸性凝灰岩	E 120°04′53.4″ N 26°42′40.1″	95
						P	16—22	微紫色	重壤土	块状	5.7	12.0	0.46	0.21	16.3	10.0	121				
						C	22—80	紫色	重壤土	块状	6.0	25.0	0.49	0.22	17.1	3.5	18				

古 田 县

主要土类说明

红壤是古田县主要土壤类型，占本县地域面积的 67%。红壤是本县分布面积最广的一种地带性土壤，海拔 50—1000m 地带均有分布，集中分布于丘陵、低山。在亚热带生物气候条件下，土壤脱硅富铝化作用强烈，剖面呈红色，有铁胶膜沉积和铁锰结核。剖面具有 A-B-C 或 A-C 构型，一般土层厚在 1.5m 以上，厚者达 10m 以上，质地较黏重，结构性差，多呈块状结构，由于频受人为活动干涉，有机质含量不等。本县红壤分为红壤、粗骨性红壤、黄红壤、暗红壤、红土等亚类。

水稻土是古田县第二大土壤类型，占本县地域面积的 17%。水稻土是本县的主要耕作土壤，海拔 15—1200m 的河谷、盆地、山间谷地、山岭缓坡地均有分布。水稻土是自然土壤经过人为水耕熟化而形成的耕作土壤。受人为耕作、施肥、灌溉等农业措施的影响，土壤发生了氧化与还原、盐基淋溶与复盐基、有机质分解与合成、黏粒淋失与淀积等作用，形成了水稻土特有的耕作层、犁底层、渗育层、淀斑层和潜育层、漂洗层等发生层次。据成土因素和熟化度的不同，本县水稻土分为渗育型、潴育型和潜育型等亚类。

黄壤是古田县第三大土壤类型，占本县地域面积的 12%，主要分布在本县西北、东北、中部中山地区及其他海拔千米以上的山地。成土母岩为二长花岗岩、黑云母花岗岩、凝灰熔岩以及灰色、紫红色英安岩、安山岩和闪长岩。黄壤分布区地势较陡峻，山高雾重，日照短，植被茂密，气候较冷凉。在这样的地形、生物气候条件下，土壤脱硅富铝化作用较弱，游离氧化铁受水化作用，土壤全剖面黄化，常呈蜡黄色、金黄色，腐殖质累积较丰富。土壤剖面构型一般为 $Aoo-Ao-A_1-Bh-Ch$ 或 $Ao-A_1-Bh-Ch$。按母岩类型和发育程度不同，本县黄壤可分为黄壤、粗骨性黄壤、黄泥土等亚类。

小于本县地域面积 3% 的土壤类型有紫色土等。

本区域中心区气候特征

本区域中心区气候特征值
Regional climate characteristics in central area of the region

气候带：中亚热带湿润气候 Climate region: Subtropical humid climate	
年平均气温 /℃ Annual average temperature /℃	19.4
年平均最高气温 /℃ Annual average maximum temperature /℃	24.3
年平均最低气温 /℃ Annual average minimum temperature /℃	16.2
年降水量 /mm Annual precipitation /mm	1552
≥10℃的积温 /℃ Daily temperature accumulated in a year (≥10℃) /℃	6957
年日照时数 /h Annual sunshine /h	1669
年平均相对湿度 /% Annual average relative humidity /%	78
干燥度 Dryness	0.75

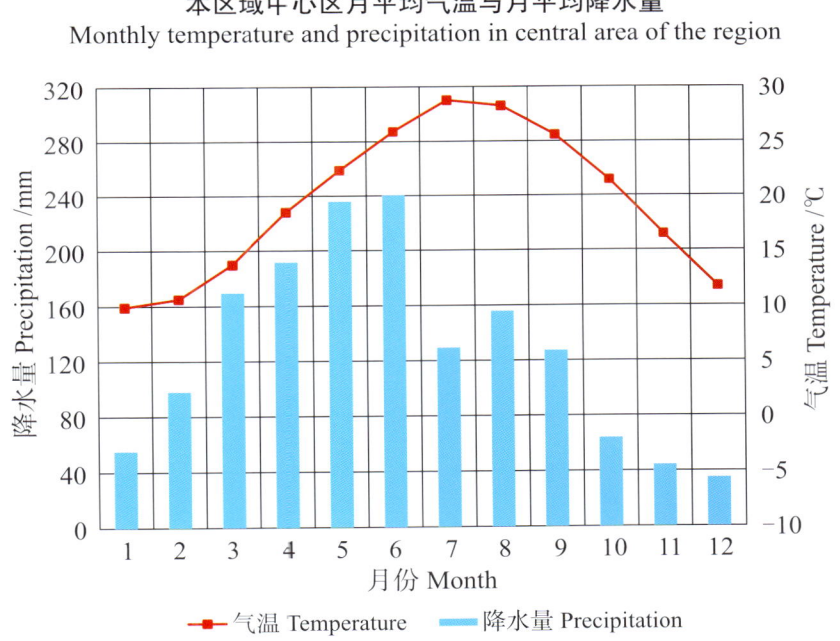

本区域中心区月平均气温与月平均降水量
Monthly temperature and precipitation in central area of the region

古田县主要土壤类型与土壤剖面点分布图
1:290 000

图 例
红壤　水稻土　黄壤　紫色土
⊗ 剖面点

古田县土壤剖面理化性状表

剖面号 Soil profile	土纲 Soil order	土类 Soil great group	亚类 Soil subgroup	土属 Soil genus	土种 Soil species	土层码 Layer code	土层厚度 Depth/cm	颜色 Soil color	质地 Soil texture	土壤结构 Soil structure	pH	有机质 OM/(g/kg)	全氮 TN/(g/kg)	全磷 TP/(g/kg)	全钾 TK/(g/kg)	有效磷 AP/(mg/kg)	速效钾 AK/(mg/kg)	阳离子交换量CEC/(cmol/kg)	土壤母质 Parent material	剖面点坐标 Profile coordinate	匹配指数 Matching index/%
剖1	人为土	水稻土	渗育水稻土	白土田	白底田	A	0—16	浅灰色	中壤土	块状	5.6	30.4	1.49	0.87	17.6	29.0	26	10.7		E 118°40′39.5″ N 26°50′40.0″	97
						P	16—21	浅灰色	中壤土	块状	5.6	23.7	1.01	0.77	17.9	33.0	21				
						W	21—34	灰色	重壤土	块状	5.7	24.9	1.06	0.51	17.0	17.0	15				
						E	34—	白色	黏壤土	块状	6.0	9.2	0.26	0.21	14.6	1.1	21				
剖2	人为土	水稻土	潜育水稻土	灰泥田	白底灰泥田	A	0—13	黄灰色	中壤土	块状	5.2	12.9	0.65	0.42	13.2	11.0	20	6.3		E 118°42′46.7″ N 26°46′58.4″	97
						P	13—17	浅灰色	中壤土	柱状	5.5	14.7	0.47	0.23	21.0	7.0	10				
						W	17—44	灰色	中壤土	柱状	5.5	12.8	0.51	0.20	17.7	2.0	10				
						E	44—	灰白色	重壤土	块状											
剖3	人为土	水稻土	潜育水稻土	乌泥田	黄底乌泥田	A	0—17	深灰色	中壤土	块状	5.8	42.0	2.08	0.72	19.8	67.0	21	10.4	坡积物	E 118°42′56.2″ N 26°47′04.2″	97
						P	17—21	浅灰色	中壤土	棱柱状	5.6	29.6	1.08	0.63	23.9	26.0	31				
						W_1	21—37	浅灰色	重壤土	柱状	5.7	14.1	0.69	0.67	21.3	8.0	10				
						W_2	37—50	浅灰色	重壤土	块状	5.8	12.3	0.47	0.19	23.6	2.0	10				
剖4	人为土	水稻土	潜育水稻土	冷锈田	锈水田	A	0—14	灰色	中壤土	块状	5.7	36.0	1.27	0.68	25.6	9.0	10	9.3		E 118°42′53.9″ N 26°46′38.0″	97
						P	14—20	灰色	重壤土	块状	5.4	17.2	0.58	0.29	21.2	4.0	15				
						G	20—	暗灰色	重壤土	无结构	5.6	23.1	0.99	0.49	25.5	10.0	31				
剖5	人为土	水稻土	潜育水稻土	冷烂田	浅脚烂泥田	A	0—23	青蓝色	中壤土	块状	5.5	12.9	0.34	0.32	27.8	6.0	31	6.0		E 118°43′22.4″ N 26°46′57.0″	97
						G	23—														
剖6	铁铝土	黄壤	酸性岩黄壤			Ao	0—10												酸性岩	E 118°39′35.1″ N 26°44′04.9″	98
						A	10—24	灰黑色	轻壤土	块状	4.7	30.2	0.89	0.32	12.9	<1.0	88				
						B	24—105	灰黄色	轻壤土	小块状	4.9	8.2	0.39	0.26	13.8	<1.0	33				
剖7	人为土	水稻土	潜育水稻土	冷烂田	深脚烂泥田	A	0—34	深灰色	黏壤土	无结构	5.5	28.7	1.23	0.33	18.3	5.0	26	10.3		E 118°40′50.3″ N 26°43′56.5″	97
						G	34—	青灰色	重壤土	无结构	5.4	20.1	0.72	0.19	18.7	3.0	21				
剖8	铁铝土	红壤	酸性岩黄红壤			Ao	0—1	灰黑色												E 118°43′41.6″ N 26°43′09.9″	98
						A_1	1—10	淡棕色	中壤土	小核状	5.1	39.4	0.95	0.29		3.2	53	6.5			
						B	10—85	黄橙色	中壤土	核状	5.4	8.1	0.23			2.3	10				
						C	85—	黄灰色	中壤土	粒状	5.4	9.1	0.22			2.3	10				
剖9	铁铝土	黄壤	黄泥土			A	0—20	灰黄色	中壤土	块状	5.7	16.5	0.71	1.03	6.6	5.0	196			E 118°42′09.7″ N 26°40′30.3″	97
						B	20—58	浅黄色	重壤土	块状	5.4	5.2	0.43	0.70	5.1	2.0	36				
						C	58—	黄色	黏壤土	块状	5.5	1.2	0.14	0.21	5.9	2.0	31				
剖10	铁铝土	红壤	中性岩黄红壤			A	0—12	灰黑色	轻壤土	小块状	4.9	36.3	0.63	0.20	16.4	3.4	52			E 118°38′28.3″ N 26°40′28.3″	97
						B	12—52	黄红色	黏壤土	团块状	5.2	13.7	0.49	0.15	17.1	2.3	21				
						BC	52—110	黄红色	中壤土	块状	5.4	9.9	0.22	0.16	23.9	2.5	21				
剖11	人为土	水稻土	渗育水稻土	黄泥田	乌黄泥田	A	0—17	深灰色	轻壤土	块状	5.8	42.0	1.59			67.0	21		红壤和黄壤坡积、残积物	E 118°39′57.8″ N 26°41′26.0″	97
						P	17—21	浅灰色	中壤土	核状	5.6	29.6	1.58			26.0	31				
						W_1	21—37	浅黄色	中壤土	块状	5.7	14.1	0.69			8.0	10				
						W_2	37—50	浅黄色	重壤土	粒状	5.8	2.3	0.17			2.0	10				
剖12	铁铝土	红壤	酸性岩红壤			A	0—24	浅棕色	中壤土	块状	5.3	23.4	0.83	0.25	17.1	2.6	83	10.0	酸性岩	E 118°40′27.6″ N 26°26′26.7″	98
						B	24—136	红色	壤质黏土	大块状—块状	5.4	10.5	0.45	0.45	<1.0	2.5	74	7.5			
剖13	铁铝土	黄壤	酸性岩黄红壤			A	0—10	淡棕色	中壤土	核状	5.3	30.9	1.28	0.25	5.1	<1.0	74		凝灰岩	E 118°45′56.9″ N 26°42′44.9″	95
						B	10—85	黄橙色	中壤土	块状	5.6	10.3	0.38	0.22	5.1	<1.0	70	7.2			
						C	85—	黄橙色	黏质黏土		5.7	4.2	0.33	0.22	5.1	<1.0	75				

续表 Continued

剖面号 Soil profile	土纲 Soil order	土类 Soil great group	亚类 Soil subgroup	土属 Soil genus	土种 Soil species	土层码 Layer code	土层厚度 Depth/cm	颜色 Soil color	质地 Soil texture	土壤结构 Soil structure	pH	有机质 OM/(g/kg)	全氮 TN/(g/kg)	全磷 TP/(g/kg)	全钾 TK/(g/kg)	有效磷 AP/(mg/kg)	速效钾 AK/(mg/kg)	阴离子交换量CEC/(cmol/kg)	土壤母质 Parent material	剖面点坐标 Profile coordinate	匹配指数 Matching index/%
剖14	人为土	水稻土	渗育水稻土	紫田	紫泥田	A	0—15	浅灰色	中壤土	粒状	5.4	11.8	0.69	0.27	16.8	5.0	15	6.9	紫色砂页岩风化物	E 118°49′51.2″ N 26°44′46.9″	97
						P	15—23	浅紫色	中壤土	块状	5.9	11.8	0.73			4.0	20				
						C	23—	紫红色	重壤土	块状											
剖15	铁铝土	红壤	暗红壤	酸性岩暗红壤		A_1	0—15	灰色	轻壤土	粒状	4.8	40.1	0.41	0.29	8.6	1.2	103		酸性岩	E 119°05′02.3″ N 26°41′30.2″	97
						A_2	15—54	红灰色	轻壤土	核状	4.9	20.1	0.51	0.29	12.4	2.2	52				
						B	54—88	暗红色	砂壤土	粒状	5.1	8.0	0.28	0.18	42.7	<1.0	62				
剖16	铁铝土	红壤	粗骨性红壤	酸性岩粗骨红壤		A	0—9	灰白色	轻壤土	粒状	5.5	9.3	0.93		25.1	3.5	102		酸性岩	E 119°06′49.7″ N 26°39′17.4″	93
						BC	9—40	灰白色	轻壤土	核状	5.6	8.9	0.62			2.5	103				
剖17	初育土	紫色土	酸性紫色土	砂砾岩酸性紫色土		A	0—34	黄紫色	重壤土	小块状	4.5	17.6	0.75	2.10	25.1	<1.0	32		砂砾岩	E 119°07′02.4″ N 26°35′59.8″	98
						B	34—	紫色	中壤土	块状	4.9	5.8	0.56	0.19	22.3	<1.0	31				
剖18	铁铝土	红壤	红土	红泥土	灰红泥土	A	0—21	浅黄色	轻黏土	块状	5.1	23.2	0.62	0.21	11.3	3.0	73	9.9		E 119°02′18.0″ N 26°37′12.1″	98
						B	21—51	浅黄色	重壤土	块状	5.2	28.7	0.88	0.21	10.5	4.0	47				
						C	51—	橘红色	黏壤土	块状	5.3	11.6	0.56	0.18	12.2	2.0	37				
剖19	初育土	紫色土	酸性紫色土	猪肝土	猪肝土	A	0—25	棕黄色	重壤土	粒状	5.2	15.2	0.56	0.15	17.8	3.0	36	8.5		E 119°07′30.4″ N 26°37′10.5″	97
						B	25—50	黄褐色	重壤土	粒状	5.4	15.0	0.56	0.17	16.5	3.0	41				
						C	50—	褐色	黏壤土	块状	5.1	11.6	0.50	0.13	17.0	3.0	31				

屏 南 县

主要土类说明

红壤是屏南县主要土壤类型，占本县地域面积的49%，主要分布在海拔250—1000m的低中山地带。红壤是在中亚热带常绿阔叶林和潮湿、温暖的生物气候条件下，经过脱硅富铝化过程而形成的地带性土壤。成土母质为花岗岩、凝灰岩、闪长岩、英安岩等风化残积物、坡积物。土层深厚，全剖面呈均匀红色，土壤呈酸性，结构面上有铁胶膜淀积或铝结核。根据其发育程度的不同，本县红壤分为红壤、黄红壤和红土（耕作红壤）等亚类。其中，黄红壤面积占本土类的95%以上，遍布全县各地，主要分布在海拔500—1000m地区。黄红壤是红壤向山地黄壤过渡的一种土壤类型，其淋溶程度和富铝化程度较红壤弱；由于温凉、高湿的气候条件，土体上部铁铝氧化物被水化而形成黄化土层，表土多呈黄红色或黄棕色，但心底土仍呈红色；土层肥沃深厚，一般厚在80—90cm，是发展林业、茶业的良好土壤。

黄壤是屏南县第二大土壤类型，占本县地域面积的34%，广泛分布于海拔800m以上地区。黄壤所处的海拔比红壤高，空气湿度大，土壤脱硅富铝化作用较弱，土壤中氧化铁被高度水化而使土色发黄。根据地形、植被和发育程度的不同，本县黄壤分为黄壤、粗骨性黄壤、黄泥土等亚类。

水稻土是屏南县第三大土壤类型，占本县地域面积的16%，是本县的主要耕作土壤，主要分布在村庄周围、河流两岸的开阔地带和山垄谷地以及山脚缓坡地带。水稻土是在各种母质发育的自然土壤的基础上，经过人为长期种稻、水耕熟化，从而形成的具有耕作层、犁底层和心土层或底土层等基本发生层次的耕作土壤。由于地形部位、成土母质、水文地质的不同和水型不同，水稻土形成了不同的土壤发生层次。根据地形、水型、土体构型的差异，本县水稻土分为渗育型、潴育型和潜育型等亚类。

小于本县地域面积3%的土壤类型还有紫色土等。

本区域中心区气候特征

本区域中心区气候特征值
Regional climate characteristics in central area of the region

气候带：中亚热带湿润气候 Climate region: Subtropical humid climate	
年平均气温 /℃ Annual average temperature /℃	19.2
年平均最高气温 /℃ Annual average maximum temperature /℃	24.0
年平均最低气温 /℃ Annual average minimum temperature /℃	15.9
年降水量 /mm Annual precipitation /mm	1604
≥10℃的积温 /℃ Daily temperature accumulated in a year（≥10℃）/℃	6874
年日照时数 /h Annual sunshine /h	1684
年平均相对湿度 /% Annual average relative humidity /%	78
干燥度 Dryness	0.72

本区域中心区月平均气温与月平均降水量
Monthly temperature and precipitation in central area of the region

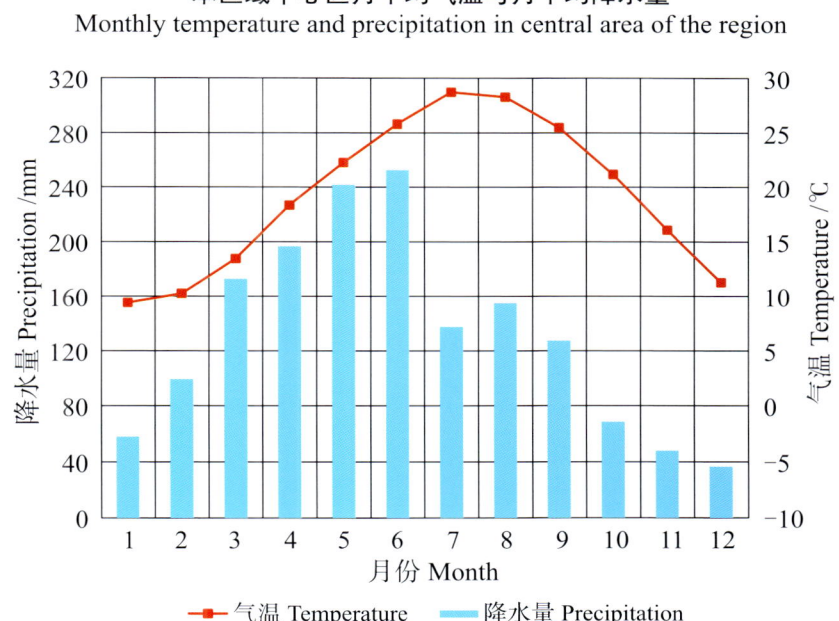

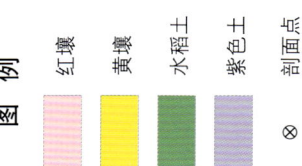

屏南县主要土壤类型与土壤剖面点分布图
1:220 000

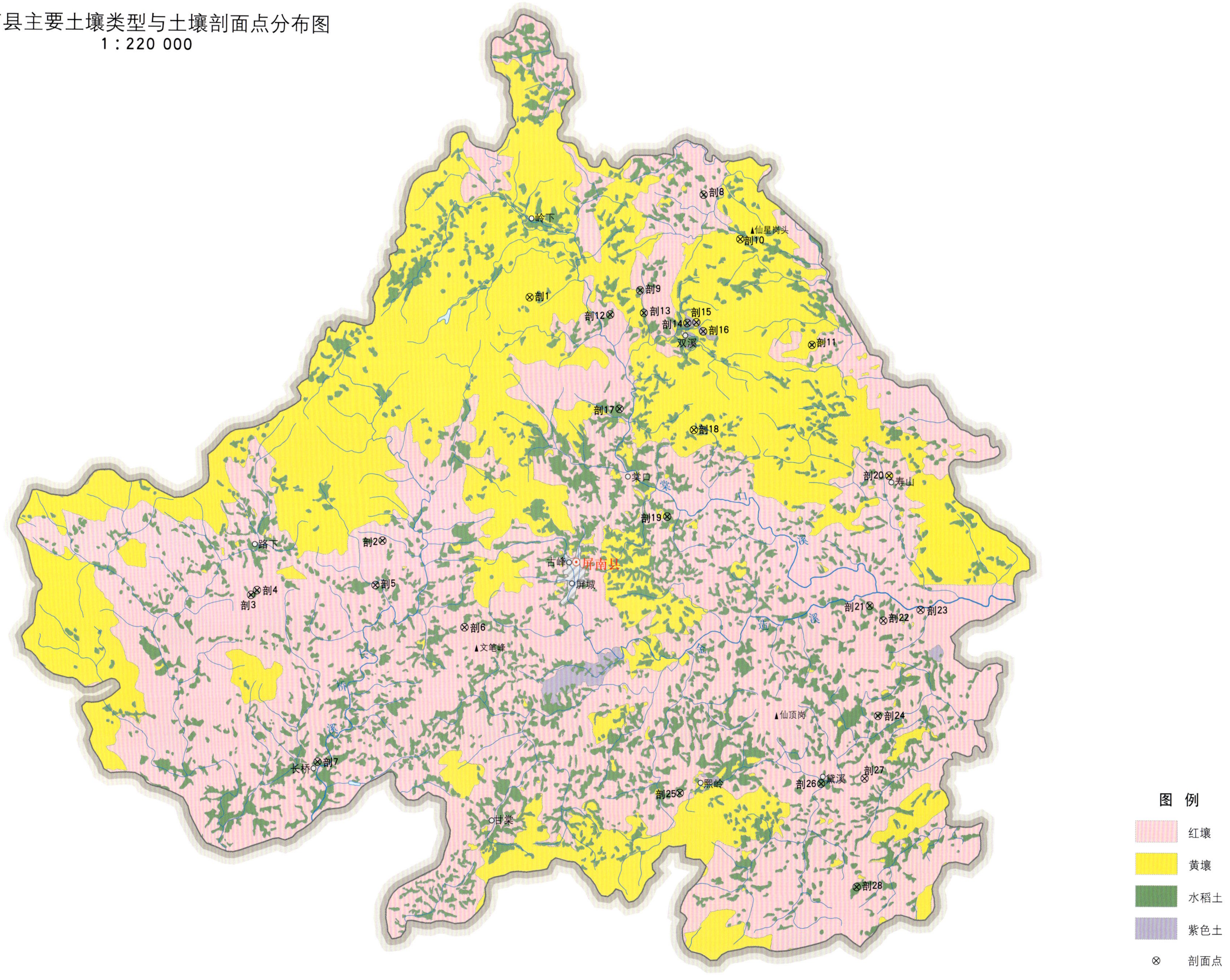

屏南县土壤剖面理化性状表

剖面号 Soil profile	土纲 Soil order	土类 Soil great group	亚类 Soil subgroup	土属 Soil genus	土种 Soil species	土层码 Layer code	土层厚度 Depth/cm	颜色 Soil color	质地 Soil texture	土壤结构 Soil structure	pH	有机质 OM/(g/kg)	全氮 TN/(g/kg)	全磷 TP/(g/kg)	全钾 TK/(g/kg)	有效磷 AP/(mg/kg)	速效钾 AK/(mg/kg)	阳离子交换量CEC/(cmol/kg)	土壤母质 Parent material	剖面点坐标 Profile coordinate	匹配指数 Matching index/%
剖1	铁铝土	黄壤	黄壤	酸性岩黄壤		A_1	0—9	暗灰色	中壤土	块状	4.9	144.0	2.40	0.36	7.9	<1.0	126		风化残积物和坡积物	E 118°57′31.1″ N 27°02′22.9″	98
						A_3	9—27	灰黄色	中壤土	块状	4.8	66.9	1.40	0.27	9.2	<1.0	41				
						B_1	27—70	黄色	中壤土	块状	5.0	20.5	0.60	0.23	9.6	<1.0	9				
						B_2	70—130	黄色	中壤土	块状	5.1	2.5	0.30	0.21	10.1	<1.0	<5				
剖2	人为土	水稻土	潜育水稻土	冷烂田	深脚烂泥田	A	0—30	黄灰色	轻壤土	无结构	5.2	29.3	0.77	0.37	14.0	2.2	35	6.2		E 118°52′44.2″ N 26°55′40.0″	97
						G	30—60	青灰色	中壤土	无结构	5.5	14.7	0.52	0.24	13.2	3.0	35				
剖3	人为土	水稻土	潜育水稻土	潮砂田	砾底砂泥田	A	0—13	浅灰色	轻壤土	块状	5.7	19.3	0.71	0.35	30.8	16.6	37	5.2	冲积物	E 118°48′36.1″ N 26°54′08.8″	95
						P	13—16	灰гра色	轻壤土	块状	6.0	7.7	0.31	0.21	29.1	3.0	16				
						W	16—36	灰色	轻壤土	块状	5.7	9.4	0.37	0.21	29.0	<1.0	44				
						Cs	36—58	灰色	砂砾	无结构	5.8	2.9	0.23	0.26	28.2	1.2	154				
剖4	铁铝土	红壤	红土	红泥土		A	0—16	暗棕色	砂壤土	粒状	5.2	33.0	1.39	0.73	21.0	16.4	8	8.4		E 118°48′40.8″ N 26°54′17.6″	97
						P	16—20	棕红色	重壤土	块状	6.0	33.6	1.19	0.68	18.5	11.8	<5				
						W	20—30	红色	重壤土	块状	5.7	24.3	0.88	0.50	20.2	4.4	<5				
						C	30—97	灰黄色	砂壤土	块状	6.3	7.5	0.37	0.40	10.6	<1.0	17				
剖5	铁铝土	红壤	黄红壤	酸性岩黄红壤		A	0—38	暗褐色	重壤土	粒状	4.4	37.8	1.25	2.13	4.3	<1.0	<5	12.5		E 118°52′30.4″ N 26°54′26.4″	97
						B	38—68	棕红色	重壤土	块状	4.7	15.7	0.13	1.62	3.1	<1.0	<5				
						C	68—100	红色	黏土	块状	5.2	5.4	0.18	1.97	<1.0	<1.0	9				
剖6	人为土	水稻土	潜育水稻土	冷烂田	浅脚烂泥田	A_1	1—9	暗灰色	中壤土	核状	4.7	68.6	1.50	0.28	14.8	<1.0	<5		花岗岩, 闪长岩风化残坡积物	E 118°55′20.7″ N 26°53′15.1″	98
						A_3	9—16	黄灰色	重壤土	核状	4.6	31.2	0.70	0.33	15.7	<1.0	<5				
						B_1	16—30	青灰色	中壤土	核状	4.6	18.6	0.50	0.15	13.9	<1.0	<5				
						B_2	30—72	黄红色	中壤土	核状	4.9	3.4	0.10	<0.10	11.8	<1.0	<5				
						B_3	72—110	黄红色	轻壤土	粒状	5.2		<0.10	0.10	13.1	<1.0	24				
剖7	人为土	水稻土	潜育水稻土	灰泥田	灰泥田	A	0—16	暗灰色	中壤土	块状	5.3	22.7	0.74	0.76	14.0	14.2	8	7.2	坡积物, 少部分为冲积物	E 118°50′33.7″ N 26°49′30.5″	95
						P	16—20	灰色	中壤土	块状	5.5	16.0	0.63	0.66	13.2	5.0	8				
						W	20—72	深灰色	重壤土	块状	5.8	18.9	0.67	0.61	12.3	3.6	13				
						C	72—100	青灰色	重壤土	块状	5.6	30.4	0.86	0.66	13.2	1.0	57				
剖8	人为土	水稻土	潜育水稻土	冷烂田		A	0—20	灰黄色	轻壤土	块状	4.5	25.0	1.08	0.40	22.4	3.2	25	9.9		E 119°03′08.8″ N 27°05′10.3″	97
						A_3	20—55	青黄色	中壤土	块状	4.7	16.5	0.57	0.31	22.0	<1.0	<5				
剖9	人为土	水稻土	渗育水稻土	白土田	白鳝泥田	A	0—19	浅黄色	中壤土	块状	5.6	24.8	1.00	0.37	25.5	7.0	8	7.6		E 119°01′05.3″ N 27°02′32.8″	97
						P	19—23	白灰色	中壤土	块状	5.9	16.6	0.46	0.22	23.8	2.1	8				
						E	23—47	灰白色	中壤土	块状	5.8	6.4	0.31	0.21	25.6	<1.0	15				
						C	47—100	白灰色	重壤土	块状	4.7	88.6	2.30	0.81	5.2	<1.0	123				
剖10	铁铝土	黄壤	黄壤	中性岩黄壤		A_1	0—13	暗灰色	中壤土	小块状	5.2	16.0	0.60	0.68	4.4	<1.0	<5	9.3		E 119°04′17.8″ N 27°03′55.7″	97
						B_1	13—60	黄色	中壤土	小块状	4.6	18.9	0.30	0.63	5.2	<1.0	8				
						B_2	60—126	鳝黄色	重壤土	小块状	5.6	<1.0	0.10	1.14	19.3	<1.0	50				
						C	126—	浅黄色	轻壤土	块状	4.8	21.2	0.73	0.56	21.4	6.2	70				
剖11	人为土	水稻土	渗育水稻土	黄泥田	黄泥砂田	A	0—17	浅黄色	轻壤土	块状	4.9	1.2	0.57	0.27	21.4	<1.0	33			E 119°06′35.0″ N 27°00′58.3″	97
						P	17—22	黄色	砂壤土	粒状											
						Cs	22—65														

续表 Continued

剖面号 Soil profile	土纲 Soil order	土类 Soil great group	亚类 Soil subgroup	土属 Soil genus	土种 Soil species	土层码 Layer code	土层厚度 Depth/cm	颜色 Soil color	质地 Soil texture	土壤结构 Soil structure	pH	有机质 OM/(g/kg)	全氮 TN/(g/kg)	全磷 TP/(g/kg)	全钾 TK/(g/kg)	有效磷 AP/(mg/kg)	速效钾 AK/(mg/kg)	阳离子交换量CEC/(cmol/kg)	土壤母质 Parent material	剖面点坐标 Profile coordinate	匹配指数 Matching index/%
剖12	人为土	水稻土	渗育水稻土	白土田	白底田	A	0—16	灰色	砂壤土	块状	5.6	32.5	1.14	0.57	24.6	3.8	<5	8.1		E 119°00′06.9″ N 27°01′52.7″	97
						P	16—20	灰色	中壤土	块状	6.0	22.1	0.46	0.56	23.8	3.9	12				
						W	20—34	深灰色	中壤土	无结构	5.8	14.0	0.70	0.32	22.0	1.1	<5				
						E	34—77	灰白色	中壤土	无结构	5.6	5.5	1.19	0.27	22.9	<1.0	<5				
						C	77—100	灰黄色	重壤土	大块状											
剖13	人为土	水稻土	渗育水稻土	砂质田	砂质田	A	0—16	浅灰色	砂土	粒状	6.1	1.2	<0.10	0.21	28.7	1.7	24	3.1		E 119°01′12.1″ N 27°01′54.8″	97
						C	16—102	灰黄色	砂土	粒状	6.0	<1.0	<0.10	0.19	30.0	1.3	11				
剖14	人为土	水稻土	渗育水稻土	紫泥田	紫泥田	A	0—15	灰紫色	中壤土	块状	5.8	14.1	0.66	1.00	18.1	9.7	82	8.9	紫色砂页岩风化残积物	E 119°02′34.4″ N 27°01′36.8″	97
						P	15—17	灰紫色	中壤土	块状	6.0	8.9	0.36	0.99	17.7	1.7	18				
						C	17—72	暗紫色	重壤土	无结构	6.3	1.7	<0.10	0.52	24.8	<1.0	53				
剖15	初育土	紫色土	酸性紫色土	猪肝土	猪肝田	A	0—30	灰紫色	轻壤土	块状	5.0	7.8	0.38	0.45	21.4	8.2	11	7.4		E 119°02′41.4″ N 27°01′39.7″	97
						B	30—80	紫色	中壤土	块状	5.1	1.2	0.12	0.27	22.7	<1.0	<5				
						C	80—100	紫色	中壤土	块状	4.9	<1.0	<0.10	0.32	20.9	<1.0	<5				
剖16	初育土	紫色土	酸性紫色土	凝灰岩酸性紫色土	厚残坡积酸性紫色土	A_1	0—4	深紫色	中壤土	粒状	4.4	66.2	1.70	0.82	23.2	<1.0	65	6.7	紫色凝灰岩风化残积物	E 119°03′04.7″ N 27°01′23.1″	75
						A_3	4—34	浅紫色	中壤土	粒状	4.6	21.6	0.80	0.77	26.1	<1.0	6				
						B_2	34—83	紫色	中壤土	块状	4.6	11.6	0.30	0.75	19.1	<1.0	6				
						C	83—				4.5	18.1	0.50	0.74	14.8	<1.0	<5				
剖17	人为土	水稻土	潴育水稻土	灰泥田	黄底灰泥田	A	0—17	灰色	中壤土	块状	5.0	21.9	0.83	0.33	20.5	21.7	12			E 119°00′22.9″ N 26°59′15.7″	95
						P	17—20	灰色	重壤土	块状	5.4	20.8	0.66	0.28	21.1	6.4	8				
						W	20—60	灰色	重壤土	块状	5.4	26.3	0.69	0.17	21.9	<1.0	11				
						Cs	60—90	褐色	砂砾	块状	5.8	12.6	0.40	0.15	22.0	<1.0	8				
剖18	铁铝土	黄壤		黄泥土	黄泥砂土	A	0—20	黄棕色	中壤土	块状	4.2	9.3	0.12	0.26	7.8	2.9	68	7.9		E 119°01′52.5″ N 26°58′15.3″	98
						B	20—35	黄灰色	重壤土	块状	6.2	2.9	0.11	0.13	24.8	<1.0	<5				
						C	35—85	灰色	中壤土	块状	6.5	<1.0	<0.10	0.10	32.8	<1.0	31				
剖19	人为土	水稻土	潴育水稻土	灰泥田	黄底灰泥田	A	0—18	灰色	轻壤土	块状	5.1	25.6	0.98	0.66	17.1	5.8	11	7.3		E 119°01′52.5″ N 26°58′15.3″	95
						P	18—23	深灰色	中壤土	块状	5.1	23.5	0.75	0.51	16.6	4.0	21				
						W	23—73	深灰色	重壤土	块状	5.2	15.8	0.98	0.42	18.4	2.2	20				
						C	73—100	黄色	黏土	块状	5.5	13.5	0.20	0.27	14.1	<1.0	12				
剖20	铁铝土	黄壤	粗骨性黄壤	山地石砂土		A_3	0—2	暗黄色	轻壤土	块状	5.5	69.7	1.70	0.25	20.2	1.3	183		红壤坡积物	E 119°02′45.2″ N 26°57′39.5″	93
						B_1	2—14	黄灰色	中壤土	粒状	5.4	25.0	0.60	0.23	33.3	<1.0	75				
						B_2	14—83	灰黄色	重壤土	粒状	5.3	11.1	0.30	0.14	34.2	<1.0	79				
						B_3	83—130	黄色	中壤土	块状											
剖21	人为土	水稻土	渗育水稻土	红土田	红土田	A	0—16	灰黄色	中壤土	块状	5.9	28.9	1.14	0.47	8.2	<1.0	50	10.7	花岗岩等风化残积物	E 119°08′20.9″ N 26°53′43.6″	97
						C	16—32	砖红色	黏土	块状	6.3	<1.0	0.10	0.47	4.9	<1.0	39				
剖22	铁铝土	红壤	酸性岩红壤	酸性岩红壤		A_3	0—15	黑色	中壤土	粒状	4.6	28.9	0.70	0.33	6.1	<1.0	22		酸性岩红壤风化坡积物	E 119°08′47.1″ N 26°53′18.1″	98
						B_1	15—48	浅红色	中壤土	粒状	4.5	13.8	0.20	0.28	6.5	<1.0	8				
						B_2	48—135	红色	中壤土	粒状	4.9	9.8	0.10	0.32	5.2	<1.0	6				
剖23	铁铝土	红壤	侵蚀红壤	侵蚀红壤		A_3	0—2	灰黄色	重壤土	块状	5.2	15.4	0.50	0.26	6.1	<1.0	42		花岗岩等风化残积物	E 119°09′02.0″ N 26°57′18.6″	97
						B_1	2—14	黄灰色	中壤土	块状	5.5	4.4	0.20	0.23	5.3	<1.0	45				
						B_2	14—83	红色	中壤土	块状	5.4	<1.0	0.10	0.18	5.3	<1.0	146				
						B_3	83—130	浅红色	轻壤土	块状	5.6	51.2	1.10	0.10	14.9	<1.0	185				
剖24	人为土	水稻土	潴育水稻土	灰泥田	泥炭格灰泥田	A	0—15	深灰色	中壤土	块状	5.1	73.8	2.69	1.09	19.2	16.6	17	14.6	碎屑凝灰岩风化残积物	E 119°08′34.0″ N 26°53′35.0″	95
						P	15—20	深灰色	中壤土	块状	5.2	65.6	1.52	0.69	18.4	5.6	<5				
						W	20—35	深灰色	中壤土	块状	5.2	148.0	1.95	0.60	18.4	3.0	<5			E 119°08′34.0″ N 26°50′40.0″	
						Cp	35—70	棕褐色	中壤土	无结构	5.0	176.0	3.90	0.88	13.1	3.2	35				

续表 Continued

剖面号 Soil profile	土纲 Soil order	土类 Soil great group	亚类 Soil subgroup	土属 Soil genus	土种 Soil species	土层码 Layer code	土层厚度 Depth/ cm	颜色 Soil color	质地 Soil texture	土壤结构 Soil structure	pH	有机质 OM/ (g/kg)	全氮 TN/ (g/kg)	全磷 TP/ (g/kg)	全钾 TK/ (g/kg)	有效磷 AP/ (mg/kg)	速效钾 AK/ (mg/kg)	阳离子 交换量CEC/ (cmol/kg)	土壤母质 Parent material	剖面点坐标 Profile coordinate	匹配指数 Matching index/%
剖25	人为土	水稻土	潴育水稻土	灰泥田	砾格灰泥田	A	0—14	深灰色	轻壤土	块状	5.9	34.4	1.20	0.70	20.7	6.5	49	7.6		E 119°02′11.5″ N 26°48′35.5″	95
						P	14—19	灰色	中壤土	块状	6.0	19.7	0.60	0.48	18.5	4.1	8				
						Cs	19—39	灰白色	砂砾	无结构	6.1	7.1	0.23	0.29	23.9	1.1	14				
剖26	人为土	水稻土	渗育水稻土	黄泥田	灰黄泥田	A	0—15	黄灰色	中壤土	块状	5.3	26.9	1.14	0.64	8.8	2.9	81	6.8	坡积物	E 119°06′43.3″ N 26°48′51.2″	98
						P	15—19	浅灰色	中壤土	块状	5.4	21.2	0.70	0.49	9.2	<1.0	47				
						W	19—59	灰色	中壤土	块状	5.7	21.0	0.70	0.50	9.2	<1.0	61				
						C	59—100	黄灰色	重壤土	块状	6.0	6.4	0.24	0.43	10.6	<1.0	35				
剖27	铁铝土	红壤	黄红壤	泥质岩黄红壤		A_3	0—7	暗灰色	轻壤土	粒状	4.5	2.0	0.14	0.29	7.8	<1.0	79		凝灰岩坡积物	E 119°08′07.1″ N 26°48′55.8″	97
						B_1	7—17	浅灰色	轻壤土	核状	4.7	3.1	0.70	0.16	9.1	<1.0	14				
						B_2	17—47	浅黄红色	轻壤土	核状	5.0	9.1	0.30	0.15	8.7	<1.0	<5				
						B_3	47—60	黄红色	轻壤土	核状	5.0	5.5	0.20	0.15	12.2	<1.0	43				
剖28	人为土	水稻土	渗育水稻土	黄泥田	浅层黄泥田	A	0—8	灰黄色	中壤土	块状	5.8	24.5	0.80	0.59	7.9	2.9	9	8.0	坡积物或残积物	E 119°07′49.3″ N 26°45′55.4″	98
						P	8—12	黄色	重壤土	块状	5.2	13.4	0.78	0.46	8.3	1.1	6				
						C	12—41	黄色	重壤土	块状	5.0	21.6	0.52	0.31	8.7	<1.0	45				

寿 宁 县

主要土类说明

红壤是寿宁县主要土壤类型，占本县地域面积的59%，主要分布于本县东部、南部、西部海拔800m以下的低山、丘陵地带。成土母岩以凝灰岩、花岗岩为主。红壤是在中亚热带常绿阔叶林和潮湿、温暖的生物气候条件下，经脱硅富铝化过程而形成的一类地带性土壤。剖面构型为A-B-C或A-B。土壤中铁铝丰富，呈红色，土层厚度中等，常有红色、棕色、黄色、灰色、白色等交织的网纹。土壤酸性强，有效磷含量少。根据土壤发育程度的不同，本县红壤分为红壤、粗骨性红壤、黄红壤、红土等亚类。

黄壤是寿宁县第二大土壤类型，占本县地域面积的30%，主要分布于本县北部与西部海拔800m以上的中山山地。黄壤分布区气候温凉多雨，多云雾，空气湿度大，多霜雪，"三寒"危害突出。在阴凉湿润的条件下，土壤脱硅富铝化作用较弱，土体内游离的氧化铁被水化，土色多呈黄色。由于气温低，腐殖质相对富集，但由于淋溶作用较强烈，矿质养分较缺乏。根据土壤发育程度及人为附加成土条件的不同，本县黄壤分为黄壤、粗骨性黄壤、黄泥土（耕作黄壤）等亚类。

水稻土是寿宁县第三大土壤类型，占本县地域面积的10%，是本县的主要耕作土壤，广泛分布于全县各种地貌类型，较集中分布于有水源的沿溪两岸，低缓的山垄、山坡、山岗及山间小平地上。本县水稻土主要发育于红壤、黄壤与紫色土上，是在长期灌溉、耕作、施肥等水耕熟化过程中形成的一类具有独特剖面形态及理化性状的土壤。本县地势起伏大，山间谷地、溪河两岸及山坡、山垄等地貌特征差异明显，成土母质及耕作管理水平也各不相同，因而对水稻土的形成发育和肥力状况产生的影响也不相同。本县水稻土分为渗育型、潴育型、潜育型三个亚类。

小于本县地域面积3%的土壤类型还有紫色土等。

本区域中心区气候特征

本区域中心区气候特征值
Regional climate characteristics in central area of the region

气候带：中亚热带湿润气候 Climate region: Subtropical humid climate	
年平均气温 /℃ Annual average temperature /℃	18.7
年平均最高气温 /℃ Annual average maximum temperature /℃	23.3
年平均最低气温 /℃ Annual average minimum temperature /℃	15.4
年降水量 /mm Annual precipitation /mm	1663
≥10℃的积温 /℃ Daily temperature accumulated in a year (≥10℃) /℃	6711
年日照时数 /h Annual sunshine /h	1695
年平均相对湿度 /% Annual average relative humidity /%	79
干燥度 Dryness	0.70

寿宁县主要土壤类型与土壤剖面点分布图
1∶210 000

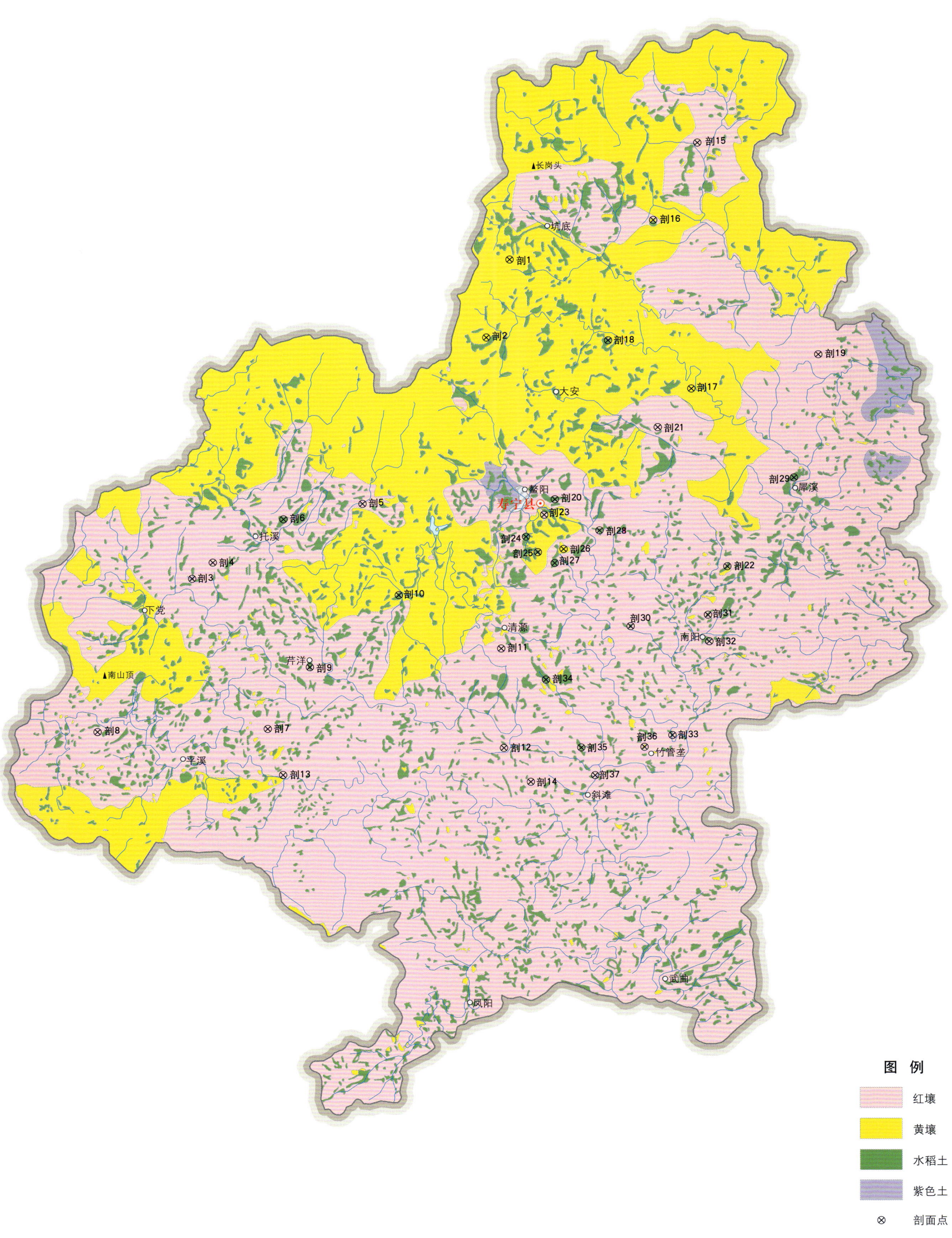

图 例
- 红壤
- 黄壤
- 水稻土
- 紫色土
- ⊗ 剖面点

寿宁县土壤剖面理化性状表

剖面号 Soil profile	土纲 Soil order	土类 Soil great group	亚类 Soil subgroup	土属 Soil genus	土种 Soil species	土层码 Layer code	土层厚度 Depth/cm	颜色 Soil color	质地 Soil texture	土壤结构 Soil structure	pH	有机质 OM/(g/kg)	全氮 TN/(g/kg)	全磷 TP/(g/kg)	全钾 TK/(g/kg)	碱解氮 AN/(mg/kg)	有效磷 AP/(mg/kg)	速效钾 AK/(mg/kg)	阳离子交换量CEC/(cmol/kg)	土壤母质 Parent material	剖面点坐标 Profile coordinate	匹配指数 Matching index/%
剖1	铁铝土	黄壤	黄壤	酸性岩黄红壤	中厚酸性岩黄黄壤	A_1	0—4	黑色	轻壤土	粒状	5.1	52.0	1.64	0.23	27.4	220	3.0	60		酸性岩	E 119°29′40.4″ N 27°34′17.8″	95
						A_2	4—31	棕黑色	轻壤土	粒状	5.3	23.0	1.20	0.15	16.4	91	2.0	10				
						B_1	31—51	黄色	中壤土	块状	5.0	8.0	0.81	<0.10	18.2	42	<1.0	20				
						B_2	51—100	黄色	中壤土	块状	5.1	10.0	1.02	0.10	16.7	42	<1.0	20				
						C	100—	黄色	重壤土	块状	5.0	9.0	0.99	0.10	15.0	36	<1.0	15				
剖2	铁铝土	黄壤	黄壤	黄泥土	黄泥土	A	0—15	灰黑色	中壤土	粒状	5.1	48.0	1.82	0.27	21.1	166	<1.0	50		泥质岩	E 119°28′55.2″ N 27°32′06.6″	95
						B	15—90	棕黄色	重壤土	团粒状	5.1	35.0	1.41	0.16	18.5	142	<1.0	30				
						C	90—	黄色	重壤土	块状	5.1	30.0	1.40	<0.10	17.0	140	<1.0	20				
剖3	初育土	紫色土	酸性紫色土	猪肝土	紫泥砂土	A	0—26	浅紫色	砂壤土	块状	5.0	20.0	0.74	0.25	22.5	98	18.0	50			E 119°19′49.4″ N 27°25′29.0″	97
						C	26—	紫色	砂壤土	块状	5.2	18.0	0.74	0.43	30.5	90	18.0	80				
剖4	铁铝土	红壤	红土	红泥土	红泥砂土	A	0—27	灰红色	砂壤土	小块状	5.2	24.0	0.62	0.18	37.5	77	10.0	60			E 119°20′27.1″ N 27°25′55.6″	81
						B	27—80	黄色	砂壤土	块状	5.0	12.0	0.29	0.11	36.2	49	1.0	50				
						C	80—	红色	砂壤土	块状	5.0	8.0	0.33	<0.10	33.4	42	1.0	50				
剖5	铁铝土	红壤	黄红壤	中性岩黄红壤	厚中性岩黄红壤	A_1	0—12	黄棕色	轻壤土	粒状	5.1	56.0	2.23	0.75	13.9	139	<1.0	40		中性岩	E 119°25′02.9″ N 27°27′30.2″	96
						A_3	12—31	黄黄色	中壤土	小块状	5.1	45.0	1.72	0.16	12.1	123	<1.0	30				
						B	31—110	黄红色	中壤土	块状	5.1	40.0	1.56	0.10	10.6	114	<1.0	20				
						C	110—	红色	重壤土	块状	5.0	35.0	1.50	<0.10	10.0	110	<1.0	15				
剖6	人为土	水稻土	渗育水稻土	黄泥田	灰黄黄泥田	A	0—19	浅灰色	中壤土	块状	5.5	22.0	1.20	0.30	13.4	127	5.0	80			E 119°22′37.9″ N 27°27′06.9″	95
						P	19—24	棕红色	中壤土	块状	5.5	21.0	1.23	0.43	13.9	128	5.0	80				
						C	24—67	红红色	中壤土	团块状	5.5	20.0	1.23	0.26	15.4	120	3.0	100				
						D	67—	黄色	黏土	块状	5.5	12.0	0.92	0.27	14.9	98	3.0	80				
剖7	铁铝土	红壤	红土	中性岩红壤	厚中性岩红壤	A	0—28	紫棕色	中壤土	粒状	5.0	28.0	2.58	0.17	15.4	112	2.0	30		中性岩	E 119°22′01.7″ N 27°21′13.5″	95
						AB	28—47	暗黄橙色	重壤土	团块状	5.1	16.0	1.67	0.34	14.6	63	<1.0	50				
						B	47—110	黄色	重壤土	块状	5.0	10.0	2.05	0.10	15.0	70	<1.0	20				
						C	110—	黄色	重壤土	块状	5.0	10.0	1.10	0.30	15.0	60	<1.0	15				
剖8	铁铝土	红壤	红壤	侵蚀性红壤	中度侵蚀性红壤	(A)	0—27	棕红色	中壤土	块状	4.8	26.0	1.51	0.43	10.5	112	<1.0	20			E 119°16′51.2″ N 27°21′13.5″	95
						B	27—64	浅红色	中壤土	块状	4.1	14.0	1.09	0.26	8.5	67	<1.0	10				
						3	64—	红红色	中壤土	团块状	5.2	6.0	0.88	0.27	3.1	46	<1.0	10				
剖9	人为土	水稻土	渗育水稻土	黄泥田	浅层黄黄泥田	A	0—8	灰黄色	中壤土	块状	6.0	24.0	1.16	0.41	14.6	105	<1.0	50			E 119°23′21.4″ N 27°22′59.7″	95
						P	8—10	浅黄色	中壤土	块状	6.0	20.0	1.04	0.52	14.6	98	<1.0	50				
						C	10—	黄色	黏土	块状	6.0	12.0	0.59	0.35	16.9	72	<1.0	60				
剖10	人为土	水稻土	渗育水稻土	白土田	茹粉田	A	0—16	灰白色	重壤土	块状	5.6	26.0	0.79	0.11	17.4	63	<1.0	40			E 119°26′05.7″ N 27°24′55.1″	97
						E	16—20	白色	重壤土	块状	5.6	24.0	0.84	0.10	12.9	50	<1.0	30				
						C	20—	白色	黏土	块状	5.6	18.0	0.81	0.10	14.0	46	<1.0	20				
剖11	铁铝土	红壤	粗骨性红壤	中性岩粗骨红壤	钱塘灰红泥砂土	A	0—22	淡红灰色	轻壤土	粒状	4.7	33.0	1.22	2.60	11.7	105	<1.0	60	11.1	中性岩	E 119°29′10.5″ N 27°23′21.7″	95
						C	22—	淡橙红色	中壤土	粒状	4.6	24.0	1.02	<0.10	15.8	85	<1.0	50				
剖12	铁铝土	红壤	红壤	红泥砂土	红泥砂土	A	0—22	灰色	壤土	粒状	5.5	20.0	0.92	0.21	13.6		2.0	50	6.5	花岗岩	E 119°29′11.3″ N 27°20′34.0″	95
						B	22—52	红红色	壤土	块状	5.2	2.0	0.20	0.20	14.3		1.0	50				
						C	52—74	红色	砂质黏土	块状	5.3	2.0	0.17	0.71	12.8		1.0	50	4.4			
剖13	铁铝土	红壤	红土	红泥土	灰红泥砂土	A	0—27	浅灰色	砂壤土	粒状	6.0	14.0	0.74	0.19	13.8	87	15.0	100			E 119°22′27.8″ N 27°19′54.8″	81
						B	27—80	红灰色	砂壤土	小块状	6.0	13.0	0.61	0.34	49.5	86	12.0	180				
						C	80—	棕黄色	重壤土	块状	6.0	12.0	0.36	0.27	41.4	80	8.0	160				

续表 Continued

剖面号 Soil profile	土纲 Soil order	土类 Soil great group	亚类 Soil subgroup	土属 Soil genus	土种 Soil species	土层码 Layer code	土层厚度 Depth/cm	颜色 Soil color	质地 Soil texture	土壤结构 Soil structure	pH	有机质 OM/(g/kg)	全氮 TN/(g/kg)	全磷 TP/(g/kg)	全钾 TK/(g/kg)	碱解氮 AN/(mg/kg)	有效磷 AP/(mg/kg)	速效钾 AK/(mg/kg)	阳离子交换量CEC/(cmol/kg)	土壤母质 Parent material	剖面点坐标 Profile coordinate	匹配指数 Matching index/%
剖14	铁铝土	红壤	黄红壤	酸性岩黄红壤	厚酸性岩黄红壤	A	0—21	浓棕黄色	中壤土	粒状	5.4	46.0	2.49	0.40	14.6	172	<1.0	10		酸性岩	E 119°29′59.4″ N 27°19′35.4″	95
						AB	21—57	淡黄色	重壤土	块状	5.3	16.0	1.58	1.60	13.0	74	<1.0	10				
						B	57—132	淡黄色	重壤土	块状	5.2	4.0	0.13	1.20	10.4	32	<1.0	10				
						C	132—	红色	重壤土	块状	5.2	3.0	0.10	1.00	10.0	31	<1.0	10				
剖15	铁铝土	红壤	黄红壤	酸性岩黄红壤		A	0—20	黑红色	中壤土	块状	5.3	36.0	1.14	0.16	12.6	119	4.0	70		泥质岩	E 119°35′28.3″ N 27°37′29.0″	95
						B	20—60	黄红色	重壤土	块状	5.2	12.0	0.92	0.10	12.1	63	<1.0	70				
						C	60—	浅红色	重壤土	块状	5.2	10.0	0.80	<0.10	12.0	60	<1.0	60				
剖16	铁铝土	黄壤	黄壤	黄泥土	黄泥土	A	0—18	灰黄色	重壤土	粒状	5.0	15.0	1.06	0.37	12.7	154	2.0	50			E 119°34′04.3″ N 27°35′20.5″	95
						B	18—38	红黄色	重壤土	块状	5.0	10.0	0.69	0.32	12.4	124	2.0	40				
						C	38—	红黄色	重壤土	块状	5.0	8.0	1.48	0.51	5.7	130	4.0	10				
剖17	铁铝土	黄壤	黄壤	中性岩黄壤	厚中性岩黄壤	A	0—40	棕黑色	重壤土	核状	5.0	72.0	2.28	0.27	14.1	192	2.0	10		中性岩	E 119°35′07.5″ N 27°30′33.8″	95
						B_1	40—50	蜡黄色	重壤土	团状	5.2	25.0	2.11	0.14	15.3	154	2.0	10				
						B_2	50—130	蜡黄色	重壤土	块状	5.1	20.0	1.51	0.13	8.3	63	<1.0	90				
						C	130—	黄色	黏土	块状	5.0	18.0	1.40	<0.10	8.0	60	<1.0	85				
剖18	人为土	水稻田	潴育水稻土	冷烂田	锈水田	A	0—16	灰色	重壤土	小块状	5.8	30.0	1.37	0.25	14.0	84	<1.0	40			E 119°32′37.5″ N 27°31′58.4″	97
						P	16—21	灰色	重壤土	块状	5.8	28.0	1.33	0.22	13.1	80	<1.0	20				
						G	21—	青灰色	重壤土	块状	5.8	22.0	1.27	0.22	15.0	76	<1.0	10				
剖19	铁铝土	红壤	红壤	酸性岩红壤	厚酸性岩红壤	A	0—15	紫棕色	中壤土	小块状	5.1	25.0	1.06	0.17	11.4	77	<1.0	10		酸性岩	E 119°39′00.3″ N 27°31′27.8″	95
						AB	15—60	棕红色	轻壤土	块状	5.1	6.0	1.04	0.19	19.8	56	<1.0	30				
						B	60—130	浅红色	中壤土	块状	5.2	6.0	0.89	0.30	10.2	49	<1.0	10				
						C	130—	红色	重壤土	块状	5.0	4.0	0.69	0.20	8.9	30	<1.0	<5				
剖20	人为土	水稻田	潴育水稻土	潮砂田	灰砂田	A	0—10	灰色	砂壤土	块状	5.2	28.0	1.80	0.99	25.6	116	30.0	110		冲积物	E 119°30′54.0″ N 27°27′32.2″	97
						P	10—18	灰色	砂壤土	块状	5.2	26.0	1.17	0.85	28.8	111	20.0	80				
						W	18—48	浅灰色	砂壤土	块状	5.2	24.0	1.26	0.78	30.8	106	15.0	60				
						C	54—	黄灰色	砂壤土	小块状	5.0	20.0	0.34	0.78	31.6	98	12.0	40				
剖21	铁铝土	红土	红土	红泥土	灰泥汇土	A	0—15	灰灰色	中壤土	块状	5.0	28.0	0.86	0.27	14.4	105	3.0	50			E 119°34′05.5″ N 27°29′25.8″	97
						B	15—23	黄红色	重壤土	块状	5.2	16.0	0.52	0.24	15.9	70	2.0	30				
						C	23—	黄黄色	重壤土	块状	5.0	4.0	0.35	0.22	17.3	60	<1.0	30				
剖22	人为土	水稻田	渗育水稻土	黄泥田	灰泥汇土	A	0—19	灰红色	重壤土	块状	5.5	25.0	0.98	0.41	10.7	119	<1.0	50			E 119°36′05.8″ N 27°25′33.4″	97
						P	19—24	黄色	重壤土	块状	5.5	28.0	0.52	0.38	9.4	108	<1.0	50				
						C	24—61	黄色	重壤土	块状	5.0	22.0	0.77	0.49	11.0	105	<1.0	10				
						D	61—	黄灰色	黏土	块状	5.2	21.0	0.13	0.50	11.1	88	<1.0	20				
剖23	铁铝土	红壤	红土	红泥土	红泥土	A	0—27	灰灰色	中壤土	粒状	5.2	12.0	0.92	0.39	4.1	67	<1.0	40			E 119°30′34.3″ N 27°27′06.5″	97
						B	27—67	红灰色	重壤土	块状	5.2	10.0	0.51	0.17	3.9	61	<1.0	30				
						C	67—	红黄色	重壤土	块状	5.2	4.0	0.37	0.18	3.8	51	<1.0	20				
剖24	人为土	水稻田	渗育水稻土	冷烂田	冷水田	A	0—13	灰灰色	中壤土	粒状	6.0	38.0	1.30	0.16	29.9	130	5.0	100			E 119°30′00.6″ N 27°26′32.8″	97
						B	13—18	青灰色	重壤土	小块状	5.8	35.0	1.30	0.21	28.0	120	4.0	80				
						G	18—	浅灰色	黏土	块状	4.5	31.0	0.82	2.88	35.6	112	3.0	70				
剖25	人为土	水稻田	渗育水稻土	黄泥田	黄泥砂田	A	0—14	浅灰黄色	砂壤土	块状	4.6	22.0	1.13	0.25	17.8	84	2.0	130			E 119°30′18.4″ N 27°26′03.8″	97
						P	14—18	黄色	砂壤土	块状	5.0	20.0	0.89	0.27	17.6	82	<1.0	120				
						C	28—	浅灰黄色	砂壤土	块状	5.0	16.0	0.71	0.10	18.5	76	<1.0	140				
剖26	铁铝土	黄壤	黄壤	黄泥土	黄泥土	A	0—21	黄色	重壤土	块状	5.0	26.0	0.99	<0.10	6.6	97	<1.0	60			E 119°31′08.2″ N 27°26′07.9″	97
						B	21—31	浅黄色	重壤土	块状	5.2	22.0	0.93	<0.10	7.9	90	<1.0	50				
						C	31—	黄色	重壤土	块状	5.5	20.0	0.52	<0.10	12.6	70	<1.0	40				

续表 Continued

剖面号 Soil profile	土纲 Soil order	土类 Soil great group	亚类 Soil subgroup	土属 Soil genus	土种 Soil species	土层码 Layer code	土层厚度 Depth/cm	颜色 Soil color	质地 Soil texture	土壤结构 Soil structure	pH	有机质 OM/(g/kg)	全氮 TN/(g/kg)	全磷 TP/(g/kg)	全钾 TK/(g/kg)	碱解氮 AN/(mg/kg)	有效磷 AP/(mg/kg)	有效钾 AK/(mg/kg)	阳离子交换量CEC/(cmol/kg)	土壤母质 Parent material	剖面点坐标 Profile coordinate	匹配指数 Matching index/%
剖27	人为土	水稻土	潴育水稻土	灰泥田	灰泥田	A	0—18	深灰色	中壤土	块状	6.0	26.0	2.11	0.45	8.1	105	4.0	60			E 119°30′51.3″ N 27°25′44.4″	97
						P	18—22	深灰色	中壤土	块状	6.0	25.0	2.00	0.44	11.4	102	4.0	50				
						W	22—35	青灰色	砂壤土	块状	6.0	24.0	1.89	0.24	8.1	98	3.0	20				
						C	35—	灰色	砂壤土	块状	6.0	22.0	2.06	0.27	15.6	94	5.0	30				
剖28	人为土	水稻土	渗育水稻土	白土田	白鳝泥田	A	0—18	灰白色	重壤土	块状	5.5	24.0	1.09	0.10	20.9	119	7.0	10			E 119°32′14.0″ N 27°26′38.4″	97
						P	19—29	灰白色	重壤土	块状	5.5	22.0	0.72	0.10	18.8	110	4.0	<5				
						E	29—38	白色	黏土	块状	5.5	18.0	0.31	<0.10	26.5	98	3.0	20				
						C	38—	浅黄色	黏土	块状	5.5	12.0	0.28	<0.10	21.0	85	2.0	15				
剖29	人为土	水稻土	渗育水稻土	红土田	红土田	A	0—10	浅黄色	重壤土	块状	5.5	14.0	0.66	0.10	9.6	89	<1.0	20			E 119°38′02.6″ N 27°27′58.1″	97
						P	10—14	黄红色	重壤土	块状	5.5	12.0	0.60	0.10	8.8	80	<1.0	15				
						C	14—	红色	黏土	块状	5.5	10.0	0.54	<0.10	8.1	76	<1.0	10				
剖30	人为土	水稻土	渗育水稻土	白土田	白底田	A	0—14	浅黄色	中壤土	块状	5.8	31.0	2.05	0.41	11.1	140	12.0	50			E 119°33′07.2″ N 27°23′54.9″	98
						P	14—17	黄灰色	重壤土	块状	5.8	29.0	1.83	0.40	11.1	147	11.0	30				
						C	17—75	灰色	重壤土	块状	5.8	36.0	1.62	0.39	10.9	119	9.0	90				
						E	75—	灰白色	黏土	块状	5.8	26.0	1.10	0.21	10.6	108	3.0	20				
剖31	人为土	水稻土	潜育水稻土	冷烂田	浅脚烂泥田	A	0—20	暗灰色	重壤土	糊烂无结构	5.2	34.0	2.21	0.39	15.3	165	10.0	140			E 119°35′28.6″ N 27°24′11.5″	97
						G	20—	青灰色	重壤土	糊烂无结构	5.2	33.0	0.63	2.70	17.5	160	5.0	120				
剖32	人为土	水稻土	潴育水稻土	灰泥田	青底灰泥田	A	0—16	灰色	中壤土	块状	5.5	23.0	1.33	0.14	17.4	88	2.0	60			E 119°35′24.1″ N 27°23′31.7″	97
						P	16—24	灰色	砂壤土	块状	5.5	22.0	1.44	0.13	16.7	85	1.0	50				
						W	24—53	暗青色	重壤土	块状	5.5	20.0	1.41	0.10	18.8	81	3.0	50				
						G	53—64	青灰色	重壤土	块状	5.5	28.0	1.69	0.10	17.1	79	1.0	40				
						C	64—	黄色	重壤土	块状	5.5	26.0	0.93	0.28	16.5	76	1.0	30				
剖33	人为土	水稻土	渗育水稻土	黄泥田	乌泥田	A	0—20	黑灰色	中壤土	块状	5.8	28.0	1.21	0.30	6.1	74	8.0	20			E 119°34′18.7″ N 27°20′50.6″	97
						P	20—28	暗灰色	中壤土	小块状	5.5	19.0	0.81	0.23	17.4	70	<1.0	30				
						C	28—58	黄灰色	轻壤土	小块状	5.2	18.0	0.65	0.16	21.1	74	<1.0	10				
						D	58—	灰色	轻壤土	块状	5.0	15.0	0.97	0.22	15.9	70	<1.0	50				
剖34	人为土	水稻土	潴育水稻土	灰泥田	黄底灰泥田	A	0—13	浅黄色	中壤土	块状	5.4	34.0	1.31	0.32	16.9	116	3.0	60			E 119°30′30.9″ N 27°22′27.8″	97
						P	13—17	灰色	重壤土	块状	5.5	32.0	1.41	0.58	18.2	112	3.0	60				
						W	17—25	暗黄色	砂壤土	块状	5.5	30.0	1.16	0.39	16.3	104	1.0	50				
						C	25—	黄色	重壤土	块状	5.5	28.0	0.83	0.28	17.2	98	1.0	40				
剖35	人为土	水稻土	渗育水稻土	黄泥田	灰黄泥砂田	A	0—20	暗黄色	砂壤土	块状	5.2	24.0	0.95	0.32	17.4	91	4.0	50			E 119°31′32.5″ N 27°20′32.6″	97
						P	20—27	浅黄色	砂壤土	块状	5.2	23.0	1.00	0.26	>50.0	89	5.0	50				
						C	27—54	浅黄色	砂壤土	块状	5.2	23.0	0.89	0.27	>50.0	87	2.0	50				
						D	54—	灰色	砂壤土	大块状	5.2	22.0	0.92	0.28	19.2	74	1.0	60				
剖36	铁铝土	黄壤	黄壤	黄泥土	黄泥砂土	A	0—20	灰黄色	砂壤土	块状	5.5	20.0	1.03	0.23	18.0	84	11.0	90			E 119°33′27.7″ N 27°20′31.7″	97
						B	20—50	浅黄色	中壤土	块状	5.5	16.0	0.63	<0.10	17.1	80	8.0	70				
						C	50—	黄澄色	砂壤土	块状	5.2	18.0	0.69	0.16	17.5	70	5.0	80				
剖37	铁铝土	红壤	粗骨性红壤	酸性岩粗骨红壤		A	0—17	紫灰色	轻壤土	粒状	5.2	34.0	1.68	0.35	16.8	121	<1.0	40		酸性岩	E 119°31′56.7″ N 27°19′44.3″	95
						(B)	17—38	淡黄橙色	轻壤土	块状	5.2	24.0	1.16	0.22	18.7	63	<1.0	50				
						C	38—	黄橙色	轻壤土	块状	5.2	12.0	1.05	0.11	15.8	58	<1.0	30				

周 宁 县

主要土类说明

红壤是周宁县主要土壤类型，占本县地域面积的 65%，主要分布于海拔 800m 以下的丘陵和山地。原生植被为常绿阔叶林，次生植被有松、杉、竹、油桐以及灌丛、铁芒萁等。本县红壤系火山岩风化物经过长期的发育演变而成的。在潮湿、温暖、多雨的亚热带生物气候条件下，风化作用和脱硅富铝化作用较为强烈，盐基多被淋失，铁铝富集。红壤土层深厚，酸性较强，是本县发展林业的主要基地。根据成土过程的阶段性差异和附加成土过程，本县红壤分为红壤、粗骨性红壤、黄红壤、暗红壤、红土等亚类。

黄壤是周宁县第二大土壤类型，占本县地域面积的 22%。黄壤亦属亚热带地区的地带性土壤，本县黄壤位于垂直带谱中红壤土类之上，海拔 900—1000m 以上地区有较大面积的分布。该地带日照少，雨雾多，湿度大，原生植被为中亚热带常绿落叶阔叶混交林，土壤脱硅富铝化作用较弱，黄壤化作用加强，氧化铁高度水化，土体呈黄色，腐殖质积累较丰富。根据母质和土壤的发育程度，本县黄壤分为黄壤、粗骨性黄壤和黄泥土等亚类。

水稻土是周宁县第三大土壤类型，占本县地域面积的 11%，分布在海拔 70—1200m 的河谷平原、开阔山垄、溪边平坦地、山麓缓坡以及狭小洼地。本县水稻土主要发育于红壤、黄壤、紫色土残积物、坡积物以及溪涧河流冲积物等母质上，是经过人为水耕熟化而形成的一种泛域性土壤。在长期人为种稻、水耕熟化的影响下，水稻土形成了与旱地土壤截然不同的剖面特征，一般具有耕作层、犁底层、斑淀层或渗育层、潜育层或母质层，以及可能出现砂层、泥炭层、漂洗层等发生层次。这些发生层次的有无、位置的高低及其发育程度差异等，都直接影响到土壤的肥力状况。根据水型不同，本县水稻土分为渗育型、潴育型和潜育型等亚类。

小于本县地域面积 3% 的土壤类型还有紫色土、潮土等。

本区域中心区气候特征

本区域中心区气候特征值
Regional climate characteristics in central area of the region

气候带：中亚热带湿润气候 Climate region: Subtropical humid climate	
年平均气温 /℃ Annual average temperature /℃	19.0
年平均最高气温 /℃ Annual average maximum temperature /℃	23.6
年平均最低气温 /℃ Annual average minimum temperature /℃	15.7
年降水量 /mm Annual precipitation /mm	1615
≥10℃的积温 /℃ Daily temperature accumulated in a year (≥10℃) /℃	6747
年日照时数 /h Annual sunshine /h	1678
年平均相对湿度 /% Annual average relative humidity /%	78
干燥度 Dryness	0.73

本区域中心区月平均气温与月平均降水量
Monthly temperature and precipitation in central area of the region

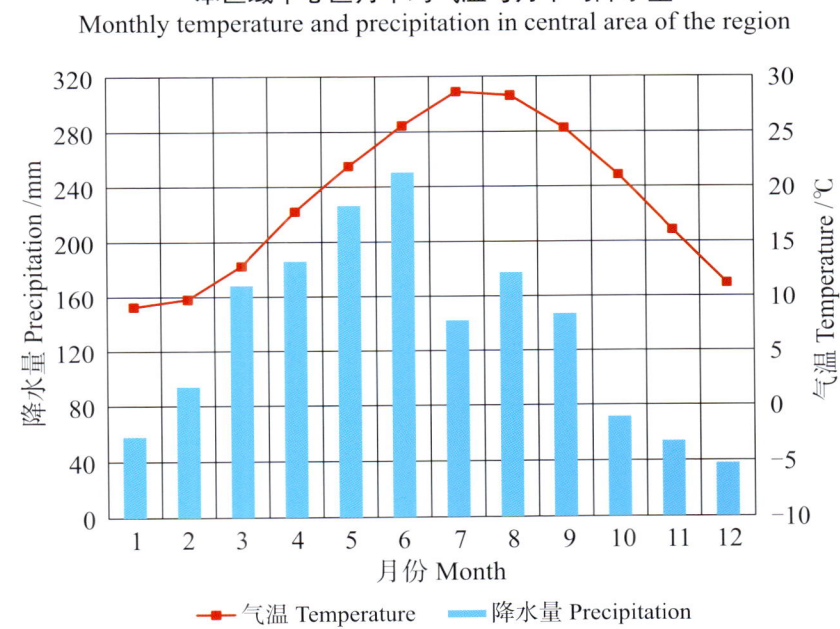

周宁县主要土壤类型与土壤剖面点分布图
1:170 000

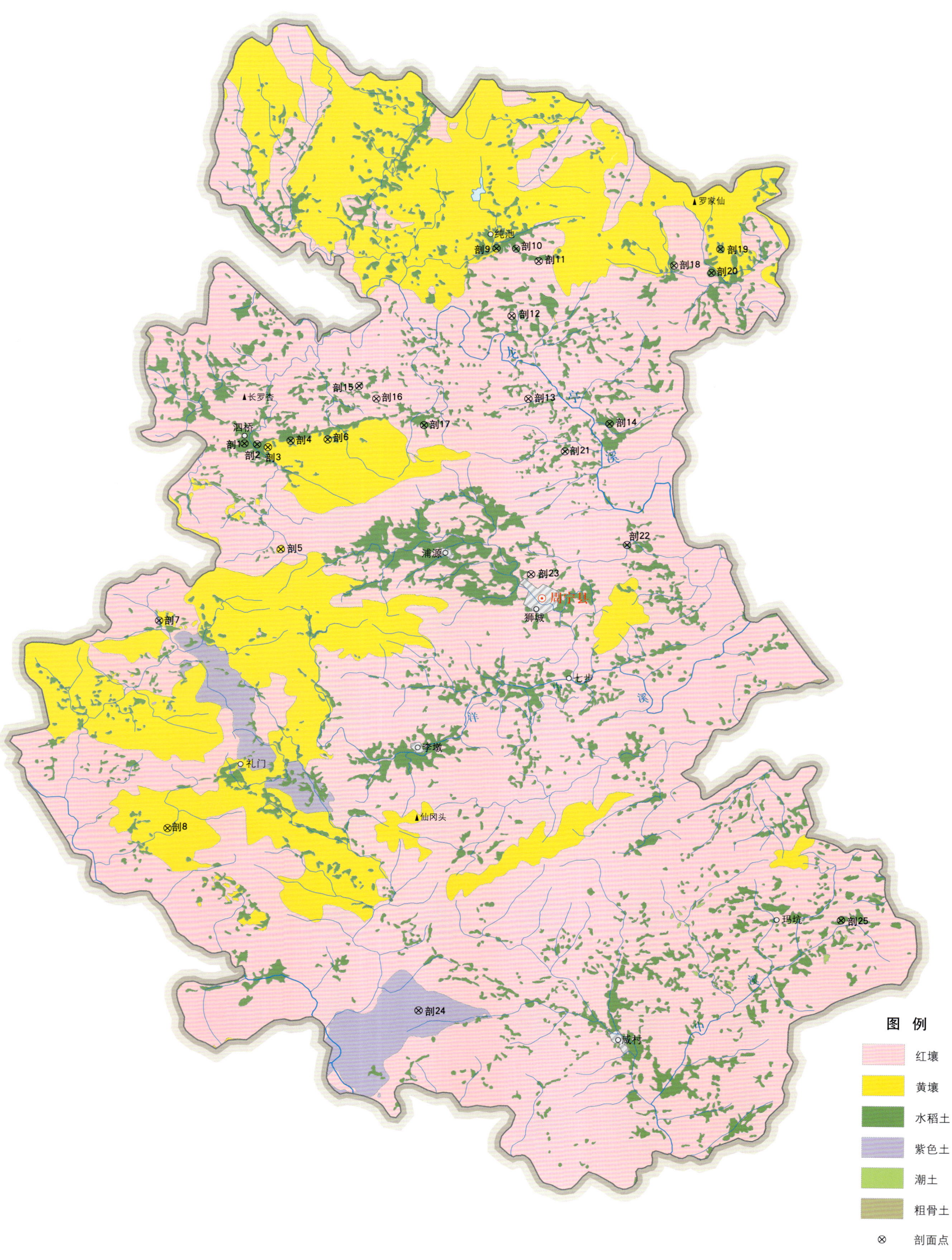

周宁县土壤剖面理化性状表

剖面号 Soil profile	土纲 Soil order	土类 Soil great group	亚类 Soil subgroup	土属 Soil genus	土种 Soil species	土层码 Layer code	土层厚度 Depth/cm	颜色 Soil color	质地 Soil texture	土壤结构 Soil structure	pH	有机质 OM/(g/kg)	全氮 TN/(g/kg)	全磷 TP/(g/kg)	全钾 TK/(g/kg)	有效磷 AP/(mg/kg)	速效钾 AK/(mg/kg)	阳离子交换量CEC/(cmol/kg)	土壤母质 Parent material	剖面点坐标 Profile coordinate	匹配指数 Matching index/%
剖1	人为土	水稻土	渗育水稻土	砂质田	砂层田	A	0—16	灰色	砂壤土	粒状	5.9	18.0	2.60	0.58	34.1	9.5	44	6.2		E 119°12′42.7″ N 27°09′56.8″	75
						P	16—32	灰黄色	砂壤土	粒状	5.8	14.7	1.00	0.22	29.1	3.5	35				
						C	32—100	灰褐色	轻壤土	小块状											
剖2	人为土	水稻土	潴育水稻土	灰泥田	青底灰泥田	A	0—21	浅灰色	轻壤土	小块状	5.5	36.0	2.50	0.49	22.0	1.7	21	8.4		E 119°13′00.6″ N 27°09′53.1″	97
						P	21—35	灰灰色	中壤土	块状	5.6	35.8	2.20	0.31	18.3	1.6	12				
						W	35—77	暗灰色	中壤土	块状	5.6	31.2	1.60	0.27	18.0	<1.0	9				
						G	77—100	青灰色	重壤土	无结构	5.2	26.4	1.10	0.30	18.7	<1.0	8				
剖3	铁铝土	黄壤	黄壤	黄泥土	黄泥土	A	0—18	灰黄色	轻壤土	粒状	5.2	18.0	1.20	0.68	7.4	5.6	68	7.5		E 119°13′16.5″ N 27°09′49.3″	97
						B	18—56	浅黄色	中壤土	块状	5.2	15.2	1.01	0.57	6.3	1.7	60				
						C	56—100	黄色	重壤土	块状	5.3	11.2	0.90	0.21	5.1	<1.0	11				
剖4	人为土	水稻土	潴育水稻土	灰泥田	砾底灰泥田	A	0—19	灰色	轻壤土	块状	5.5	34.9	2.40	0.62	26.8	2.6	16	8.3		E 119°13′49.7″ N 27°09′58.0″	97
						P	19—28	灰色	轻壤土	块状	5.1	17.8	1.20	0.56	29.5	2.2	14				
						W	28—51	深灰色	轻壤土	块状	5.1	10.9	0.75	0.54	25.7	1.5	14				
						S	51—100	灰色	砂砾土	粒状	5.2	6.0	0.50	0.26	27.5	<1.0	11				
剖5	铁铝土	黄壤	黄壤	灰黄泥土	灰黄泥土	A	0—20	浅灰黄色	砂壤土	核状	5.9	30.2	1.74	0.72	11.2	6.0	31	13.9		E 119°13′33.2″ N 27°07′30.4″	97
						B	20—48	黄色	重黏土	块状	5.7	20.3	0.90	0.43	10.9	4.4	22	13.0			
						C	48—100	黄色	中壤土	块状	5.7	1.1	<0.10	0.23	10.1	2.5	17	12.1			
剖6	人为土	水稻土	渗育水稻土	黄泥田	灰黄泥田	A	0—20	灰色	中壤土	小块状	5.6	32.9	2.20	0.31	20.6	5.2	46	5.8		E 119°14′43.8″ N 27°09′58.9″	97
						P	20—27	黄灰色	中壤土	块状	6.5	16.2	1.10	0.29	23.0	3.0	26				
						W	27—48	灰灰色	中壤土	块状	6.1	13.0	0.88	0.20	22.2	1.6	24				
						C	48—100	灰色	重壤土	块状	6.1	9.2	<0.10	0.17	18.0	1.5	10				
剖7	初育土	紫色土	酸性紫色土	猪肝土	猪肝土	A	0—19	紫灰色	中壤土	小粒状	5.2	15.9	1.10	0.38	23.3	10.3	91	6.3		E 119°10′34.5″ N 27°05′56.0″	97
						B	19—46	暗紫色	重壤土	块状	5.3	11.2	0.78	0.26	23.3	6.0	19				
						C	46—100	紫色	中黏土	块状	5.2	9.7	0.67	0.24	23.4	1.5	10				
剖8	铁铝土	黄壤	黄壤	酸性岩红壤		A	0—20	浅灰色	黏土	小块状	5.9	30.2	1.40	0.72	11.2	6.0	31	13.9	凝灰岩风化物	E 119°10′43.6″ N 27°01′13.9″	82
						B	20—48	灰色	壤质黏土	块状	5.7	20.3	0.90	0.43	10.9	4.4	22	13.0			
						C	48—100	黄灰色	黏壤土	块状	5.6	1.1	<0.10	0.23	10.1	2.5	17	12.1			
剖9	人为土	水稻土	潴育水稻土	黄底灰泥田	黄底灰泥田	A	0—19	浅灰黄色	轻壤土	小块状	5.6	35.8	2.50	0.31	16.2	3.0	32	5.7		E 119°18′54.1″ N 27°14′14.9″	97
						P	19—28	暗灰色	中壤土	块状	5.6	19.3	1.30	0.36	16.9	2.6	27				
						W	28—52	灰灰色	中壤土	块状	5.7	15.4	1.10	0.22	15.6	2.0	19				
						C	52—100	黄灰色	重壤土	块状	5.7	7.2	0.46	0.12	22.2	1.5	17				
剖10	人为土	水稻土	渗育水稻土	白土田	白底田	A	0—14	浅灰黄色	中壤土	小块状	5.8	28.2	1.09	0.16	23.2	3.0	34	6.2		E 119°19′22.7″ N 27°14′14.3″	97
						P	14—23	灰灰色	中壤土	柱状	5.7	24.6	1.07	<0.10	23.3	2.0	33				
						W	23—52	青灰色	中壤土	无结构	5.2	17.3	1.02	<0.10	14.4	2.0	18				
						E	52—100	灰灰色	中壤土	块状	5.7	9.2	0.60	<0.10	28.9	1.5	13				
剖11	铁铝土	红壤	红壤	红泥土	灰红泥土	A	0—22	灰色	轻壤土	粒状	6.1	23.4	1.60	0.42	9.4	3.5	58	6.2		E 119°19′55.4″ N 27°13′57.0″	97
						B	22—45	灰红色	中壤土	块状	5.9	22.3	1.56	0.38	11.1	3.3	42	5.8			
						C	45—100	红灰色	重壤土	粒状	6.0	10.9	0.76	0.24	10.4	1.7	37	7.6			
剖12	铁铝土	红壤	红壤	红泥土	红泥土	A	0—18	灰红色	轻壤土	粒状	5.4	22.8	1.50	0.35	13.0	5.8	74	6.2		E 119°19′14.8″ N 27°12′43.2″	97
						B	18—45	灰红色	中壤土	块状	5.2	20.0	1.30	0.34	13.0	5.3	40	5.8			
						C	45—100	红色	重壤土	块状	5.4	12.6	0.80	0.32	13.8	2.5	22	8.4			

续表 Continued

剖面号 Soil profile	土纲 Soil order	土类 Soil great group	亚类 Soil subgroup	土属 Soil genus	土种 Soil species	土层码 Layer code	土层厚度 Depth/cm	颜色 Soil color	质地 Soil texture	土壤结构 Soil structure	pH	有机质 OM/(g/kg)	全氮 TN/(g/kg)	全磷 TP/(g/kg)	全钾 TK/(g/kg)	有效磷 AP/(mg/kg)	速效钾 AK/(mg/kg)	阳离子交换量CEC/(cmol/kg)	土壤母质 Parent material	剖面点坐标 Profile coordinate	匹配指数 Matching index/%
剖13	铁铝土	红壤	红壤	酸性岩红壤		A₁	0—12	褐色	轻壤土	粒状	5.2	46.4	1.20	0.25	7.6	1.6	66		酸性岩	E 119°19′38.3″ N 27°10′51.3″	97
						A₂	12—33	浅红色	轻壤土	核状	5.5	15.3	0.77	0.20	8.9	1.6	48				
						B₁	33—48	浅红色	中壤土	块状	5.2	10.2	0.27	0.20	8.3	1.2	52				
						B₂	48—150	红灰色	中壤土	块状	5.3	5.1	<0.10	0.16	17.2	<1.0	37				
剖14	人为土	水稻土	潴育水稻土	黄泥田	黄泥田	A	0—19	浅黄色	重壤土	小块状	5.3	27.2	1.90	0.61	15.4	2.5	45	8.0		E 119°21′36.2″ N 27°10′15.9″	97
						P	19—27	灰黄色	重壤土	块状	5.5	22.7	1.20	0.28	18.0	2.2	27	6.9			
						C	27—100	黄色	黏土	块状	5.6	24.0	0.27	0.19	9.8	<1.0	27	5.7			
剖15	人为土	水稻土	渗育水稻土	黄泥田	灰黄泥砂田	A	0—19	灰色	砂壤土	小粒状	5.4	24.4	1.69	0.60	38.5	3.0	22	6.0		E 119°15′30.6″ N 27°11′11.3″	97
						P	19—29	浅黄色	轻壤土	碎块状	5.4	17.2	1.20	0.15	37.9	3.4	15				
						W	29—65	浅灰黄色	轻壤土	块状	5.3	8.8	0.61	0.13	38.8	1.7	15				
						C	65—100	黄色	中壤土	块状	5.6	3.4	0.22	0.15	30.8	1.0	12				
剖16	铁铝土	红壤	黄红壤	酸性岩黄红壤		A₁	0—12	浅灰色	轻壤土	粒状	5.3	46.4	1.95	0.18	11.4	<1.0	120		酸性岩	E 119°15′56.0″ N 27°10′53.7″	97
						A₃	12—19	灰黄色	中壤土	粒状	5.1	33.0	1.18	0.12	13.3	<1.0	66				
						B₁	19—53	浅黄色	中壤土	块状	5.3	28.3	0.38	0.10	12.8	<1.0	21				
						B₂	53—150	黄红色	中壤土	块状	5.3	25.5	0.22	<0.10	12.0	<1.0	52				
剖17	人为土	水稻土	潴育水稻土	冷烂田	浅脚烂泥田	A	0—27	浅灰色	轻壤土	无结构	5.6	37.9	2.60	0.73	14.3	2.0	19	8.4	河流冲积物	E 119°17′04.9″ N 27°10′17.0″	97
						G	27—100	暗灰色	重壤土	块状	5.8	29.9	2.10	0.50	13.0	1.3	16				
剖18	半水成土	潮土	砂土	灰砂土	灰砂土	A	0—19	青灰色	轻壤土	粒状	6.7	21.7	1.52	0.27	33.1	4.3	51	6.2		E 119°23′13.4″ N 27°13′48.9″	97
						B	19—43	暗红色	轻壤土	小块状	6.5	18.2	1.27	0.25	30.8	2.6	40				
						C	43—100	浅红色	轻壤土	小块状	5.7	10.3	0.72	0.17	31.1	1.7	31				
剖19	人为土	水稻土	潴育水稻土	冷烂田	锈水田	A	0—19	褐红色	重壤土	块状	5.6	30.7	2.10	2.60	22.6	3.5	53	4.5		E 119°24′21.9″ N 27°14′10.4″	97
						P	19—26	乌灰色	中壤土	块状	5.7	19.3	1.20	0.17	24.0	2.6	24				
						G	26—100	暗灰色	重壤土	块状	5.4	14.0	1.00	0.14	23.2	2.5	24				
剖20	人为土	水稻土	潴育水稻土	潮泥田	灰砂田	A	0—17	青灰色	砂壤土	粒状	6.0	22.5	1.50	0.39	26.9	4.3	35	5.2	冲积物	E 119°24′08.1″ N 27°13′38.0″	97
						P	17—30	浅灰色	轻壤土	小块状	5.6	23.1	1.60	0.34	26.7	3.5	31				
						W	30—61	暗灰色	中壤土	碎块状	5.5	23.0	1.60	0.28	26.7	1.6	27				
						C	61—100	浅灰色	中壤土	块状	5.3	18.0	1.20	0.31	21.9	1.7	17				
剖21	人为土	水稻土	渗育水稻土	红土田	红土田	A	0—15	褐红色	轻壤土	小块状	5.5	24.6	1.20	0.66	15.3	5.2	62	9.8		E 119°20′30.6″ N 27°09′39.4″	97
						C	15—100	暗红色	重壤土	小块状	6.6	6.0	0.48	0.21	9.7	5.8	58	1.2			
剖22	人为土	水稻土	潴育水稻土	乌泥土	黄底乌泥田	A	0—20	乌灰色	重壤土	块状	5.5	46.4	3.20	0.24	19.1	1.4	74			E 119°21′59.8″ N 27°07′31.1″	97
						P	20—31	暗黑色	轻壤土	柱状	5.7	46.4	3.20	0.52	18.7	1.2	25				
						W₁	31—54	深灰色	中壤土	柱柱状	5.5	40.3	2.80	0.19	22.1	1.0	17				
						W₂	54—75	浅灰色	中壤土	棱柱状	5.5	16.0	1.10	0.19	22.9	<1.0	17				
						C	75—100	黄色	重壤土	块状	5.6	7.4	0.25	0.16	28.6	1.2	11				
剖23	铁铝土	红壤	红土	红泥砂土	红泥砂土	A	0—18	红灰色	砂壤土	粒状	5.8	16.6	0.99	0.39	33.8	5.5	51	6.7		E 119°19′39.1″ N 27°06′52.9″	97
						B	18—36	灰红色	轻壤土	碎块状	5.7	12.4	0.85	0.28	33.6	5.0	42				
						C	36—100	红色	中壤土	块状	5.3	7.1	0.54	0.23	30.6	3.5	22				
剖24	初育土	紫色土	酸性紫色土	凝灰岩酸性紫色土		A	0—12	褐紫色	中壤土	粒状	7.0	32.3	1.18	0.19	21.9	23.3	136	10.6	凝灰岩	E 119°16′47.6″ N 26°57′02.9″	97
						B	12—34	紫色	中壤土	小块状	6.8	17.3	0.78	0.14	20.6	15.2	22				
						C	34—														
剖25	人为土	水稻土	潴育水稻土	灰泥田	灰泥田	A	0—19	浅灰色	轻壤土	小块状	5.3	44.6	3.14	0.90	23.4	3.0	86			E 119°27′06.3″ N 26°58′59.2″	98
						P	19—29	灰灰色	中壤土	块状	5.6	45.3	0.97	0.52	21.8	2.7	35				
						W	29—50	暗灰色	轻壤土	柱状	5.7	42.7	2.91	0.33	24.1	2.0	21				
						C	50—100	暗灰色	中壤土	块状	5.7	40.1	2.90	0.43	24.6	1.5	18				

柘 荣 县

主要土类说明

红壤是柘荣县主要土壤类型，占本县地域面积的57%，广泛分布于海拔800m以下的低山、丘陵。红壤是由各种母岩风化物在湿热的亚热带生物气候条件下，经过脱硅富铝化过程而形成的红色、酸性的土壤。土层多深厚，呈浅红色、红色或棕红色，具有A-B-C剖面构型。由于红壤分布区海拔相对较低，热量条件较好，水量充沛，植被繁茂，土壤养分的生物富集作用比较强烈，所以土壤肥力水平相对较高。根据成土条件、母岩类型和肥力特征的不同，本县红壤分为红壤、黄红壤、红土等亚类。

黄壤是柘荣县第二大土壤类型，占本县地域面积的31%，主要分布在海拔800m以上的中山地带。由于所处地段地势较高，气温低，温差大，雨水多，云雾重，土壤脱硅富铝化作用较弱，游离氧化铁受水化作用，使土体呈黄色；质地较黏重，多为块状结构；土层厚度一般在80—100cm，腐殖质积累较丰富，土壤较湿润，呈酸性，剖面构型一般为 A_o、A-（B）-C。由于成土条件、母岩类型和肥力特性的不同，本县黄壤分为黄壤、粗骨性黄壤、黄泥土等亚类，其中，黄壤亚类占本土类面积的70%。

水稻土是柘荣县第三大土壤类型，占本县地域面积的11%，是本县的主要耕作土壤，广泛分布于全县水利条件较好的地方，海拔100—1000m地区均有分布。本县水稻土是由红壤、黄壤、紫色土或河流冲积物，经长期水耕熟化作用而形成的一种特定类型的土壤。由于水耕熟化作用，促进了土体内物质的转化和淋溶、淀积，特别是氧化和还原作用的交替进行，改变了原来自然土壤（或旱作土壤）的属性，产生了新的形态特征和理化性状，具有独特的剖面构型（如 A-P-C、A-P-W-C、A-P-W_1-W_2-G 或 A-G 等）和理化特性。根据地形部位、水文条件的差异和不同的水型特点，本县水稻土分为潴育型、渗育型和潜育型等亚类。

小于本县地域面积3%的土壤类型还有紫色土等。

本区域中心区气候特征

本区域中心区气候特征值
Regional climate characteristics in central area of the region

气候带：中亚热带湿润气候 Climate region: Subtropical humid climate	
年平均气温 /℃ Annual average temperature /℃	18.8
年平均最高气温 /℃ Annual average maximum temperature /℃	23.3
年平均最低气温 /℃ Annual average minimum temperature /℃	15.7
年降水量 /mm Annual precipitation /mm	1630
≥10℃的积温 /℃ Daily temperature accumulated in a year（≥10℃）/℃	6742
年日照时数 /h Annual sunshine /h	1679
年平均相对湿度 /% Annual average relative humidity /%	79
干燥度 Dryness	0.73

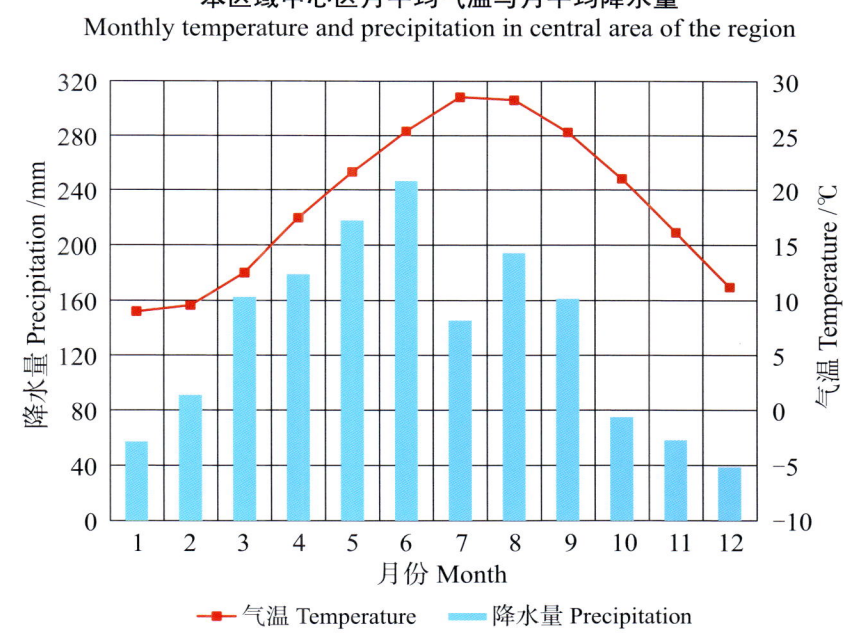

本区域中心区月平均气温与月平均降水量
Monthly temperature and precipitation in central area of the region

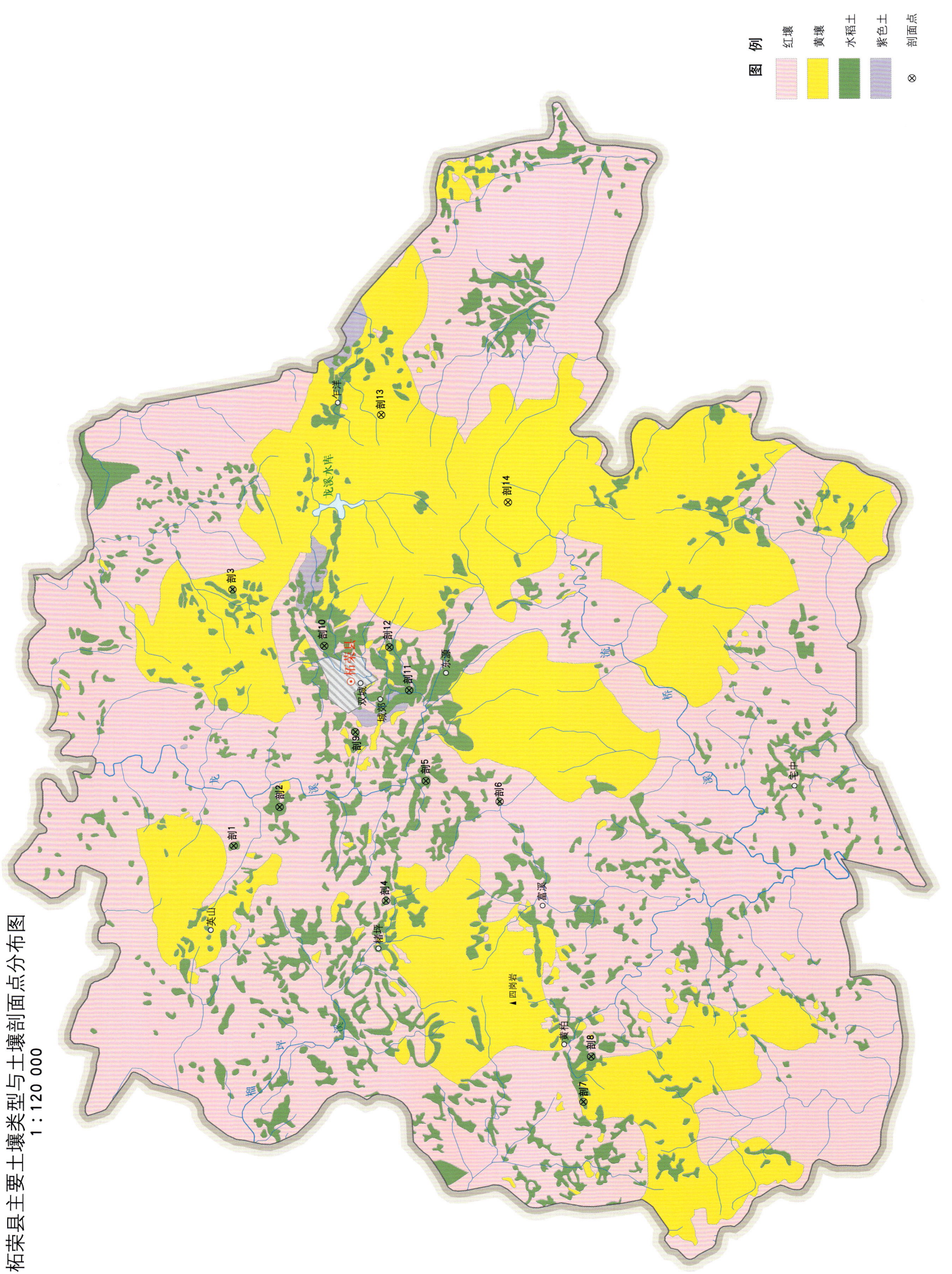

柘荣县土壤剖面理化性状表

剖面号 Soil profile	土纲 Soil order	土类 Soil great group	亚类 Soil subgroup	土属 Soil genus	土种 Soil species	土层码 Layer code	土层厚度 Depth/cm	颜色 Soil color	质地 Soil texture	土壤结构 Soil structure	pH	有机质 OM/(g/kg)	全氮 TN/(g/kg)	全磷 TP/(g/kg)	全钾 TK/(g/kg)	碱解氮 AN/(mg/kg)	有效磷 AP/(mg/kg)	速效钾 AK/(mg/kg)	阳离子交换量CEC/(cmol/kg)	土壤母质 Parent material	剖面点坐标 Profile coordinate	匹配指数 Matching index/%
剖1	人为土	水稻土	潴育水稻土	乌泥田	乌泥田	A	0—18	浅灰色	轻壤土	块状	6.2	32.6	1.76	0.63	11.1		6.0	148	10.0	红壤坡积物或冲积物	E 119°50′40.3″ N 27°16′06.6″	97
						P	18—25	灰色	轻壤土	块状	6.3	56.6	2.10	0.35	8.6		2.0	103				
						W₁	25—53	深灰色	轻壤土	柱状	6.3	190.6	4.90	0.56	9.6		1.0	242				
						W₂	53—75	灰字色	轻壤土	柱状	5.7	126.6	3.70	0.37	10.4		3.0	241				
						C	75—	灰色	轻壤土	块状	5.5	115.9	3.26	0.36	10.4		1.0	200				
剖2	人为土	水稻土	潴育水稻土	灰泥田	砂砾底灰泥田	A	0—14	浅灰色	中壤土	块状	6.2	24.4	1.19	0.46	15.2		5.0	123	8.3		E 119°51′21.4″ N 27°15′22.6″	97
						P	14—20	灰灰色	中壤土	块状	6.5	15.2	0.88	0.40	15.2		4.0	126				
						W	20—50	浅灰色	中壤土	粒状	6.7	12.3	0.71	0.32	16.2		1.0	120				
						S	50—	白灰色	砂壤土	粒状	6.7	13.8	0.76	0.32	16.9		2.0	118				
剖3	人为土	水稻土	潜育水稻土	白土田	茹粉田	A	0—13	浅灰色	中壤土	块状	5.8	23.9	1.12	0.41	16.1		22.0	49	8.1	红壤或壤坡积物	E 119°55′18.4″ N 27°16′01.4″	97
						E	13—17	暗灰色	中壤土	块白色	5.9	7.3	0.47	0.25	15.5		1.0	31				
						C	17—	白色	中壤土	粒状	6.7	8.1	0.41	0.20	14.7		1.0	89				
剖4	人为土	水稻土	潴育水稻土	潮砂田	灰砂田	A	0—18	灰色	轻壤土	块状	6.1	23.4	1.20	0.61	21.6		5.0	183	8.9	冲积物		95
						P	18—24	灰色	中壤土	块状	6.7	14.8	0.91	0.58	22.8		3.0	154				
						W	24—49	灰色	砂壤土	粒状	6.4	21.8	1.27	0.49	18.7		2.0	149				
						C	49—	灰色	砂壤土	粒状	6.0	11.7	1.39	0.53	20.7		4.0	182				
剖5	人为土	水稻土	潴育水稻土	灰泥田	白底灰泥田	A	0—20	灰色	中壤土	块状	5.9	38.3	1.81	0.84	16.6		32.0	91	12.4	坡积物	E 119°51′46.1″ N 27°13′05.4″	97
						P	20—28	暗灰色	中壤土	块状	6.1	35.4	1.11	0.59	14.5		6.0	178				
						W	28—55	暗灰色	中壤土	块状	6.0	33.1	1.19	0.43	16.2		3.0	154				
						C	55—	白色	黏土	无结构	6.4	4.4	0.50	0.19	21.6		2.0	155				
剖6	人为土	水稻土	潴育水稻土	黄泥田	浅灰黄泥田	A	0—16	浅灰色	中壤土	无结构	6.1	27.8	1.10	0.88	8.9		6.0	158	8.0	红壤或壤坡积物	E 119°45′54.7″ N 27°10′45.2″	98
						P	16—23	灰色	中壤土	无结构	5.8	17.4	1.04	0.67	8.5		2.0	179				
						C	23—52	灰色	重壤土	无结构	6.7	21.3	1.20	0.50	7.7		1.0	137				
						G	52—	青灰色	黏土	无结构	6.7	5.2	0.41	2.15	5.2		2.0	121				
剖7	人为土	水稻土	潜育水稻土	青泥田	青泥田	A	0—26	深灰色	中壤土	无结构	6.3	38.6	1.99	0.86	7.3		1.0	220	13.7	红壤或壤坡积物	E 119°46′43.4″ N 27°10′37.3″	97
						P	26—31	灰色	重壤土	块状	6.6	35.6	1.89	0.73	7.8		1.0	187				
						G	31—	青灰色	中壤土	无结构	6.5	32.5	1.56	0.53	7.8		1.0	179				
剖8	人为土	水稻土	潜育水稻土	冷烂田	浅脚烂泥田	A	0—23	灰色	中壤土	无结构	6.5	32.3	1.81	0.61	12.0		2.0	185	12.8	红壤或壤坡积物	E 119°51′21.9″ N 27°11′57.1″	97
						G	23—	青灰色	重壤土	无结构	6.7	28.2	1.32	0.44	12.4		1.0	134				
剖9	人为土	水稻土	潴育水稻土	白土田	白鳝泥田	A	0—17	灰色	中壤土	块状	6.3	29.0	1.52	0.52	17.1		4.0	126	7.9	红壤或壤坡积物	E 119°52′41.0″ N 27°14′10.3″	97
						P	17—25	深灰色	中壤土	块状	6.5	23.3	1.21	0.41	16.9		4.0	138				
						E	25—55	白色	重壤土	大块状	6.6	3.6	0.40	<0.10	28.8		1.0	96				
						C	55—	浅灰色	重壤土	大块状	6.1	34.1	1.22	0.38	11.1		1.0	149				
剖10	人为土	水稻土	潴育水稻土	灰泥田	黄底灰泥田	A	0—18	灰色	中壤土	块状	5.9	33.1	1.60	0.56	15.9		14.0	149	9.2	红壤或壤坡积物	E 119°54′14.9″ N 27°14′37.2″	97
						P	18—24	灰色	中壤土	块状	6.1	26.6	1.06	0.44	16.1		4.0	84				
						W	24—45	深灰色	重壤土	块状	6.5	33.4	1.09	0.32	15.3		1.0	125				
						C	45—	白黄色	重壤土	块状	6.6	5.4	0.62	0.31	16.3		2.0	137				
剖11	人为土	水稻土	潴育水稻土	砂质田	黄砂田	A	0—14	浅灰色	轻壤土	块状	5.7	20.5	1.36	0.81	15.7		17.0	34	8.0	河流冲积物	E 119°53′24.2″ N 27°13′19.3″	97
						(P)	14—17	浅灰色	中壤土	块状	5.9	23.5	0.81	0.66	14.4		11.0	22				
						C	17—	灰灰色	重壤土	粒状	6.1	8.2	0.38	0.38	22.1		1.0	68				
剖12	人为土	水稻土	潜育水稻土	砂质田	砂质田	A	0—16	灰色	轻壤土	粒状	5.5	26.3	1.06	0.55	13.6		23.0	42	8.8	河流冲积物	E 119°54′11.5″ N 27°13′36.4″	97
						C	16—	浅灰色	轻壤土	粒状	5.4	15.0	0.67	0.40	19.1		1.0	50				

续表 Continued

剖面号 Soil profile	土纲 Soil order	土类 Soil great group	亚类 Soil subgroup	土属 Soil genus	土种 Soil species	土层码 Layer code	土层厚度 Depth/cm	颜色 Soil color	质地 Soil texture	土壤结构 Soil structure	pH	有机质 OM/(g/kg)	全氮 TN/(g/kg)	全磷 TP/(g/kg)	全钾 TK/(g/kg)	碱解氮 AN/(mg/kg)	有效磷 AP/(mg/kg)	速效钾 AK/(mg/kg)	阳离子交换量CEC/(cmol/kg)	土壤母质 Parent material	剖面点坐标 Profile coordinate	匹配指数 Matching index/%
剖13	铁铝土	黄壤	黄壤	中性岩黄壤		A	0—28	灰黄色	轻壤土	块状	5.7	10.1	0.54	1.36	20.8	176	9.0	121		中性岩	E 119°58′21.5″ N 27°13′43.9″	97
						B	28—97	黄色	砂壤土	粒状	5.9	1.9	0.17	0.98	22.9	129	3.0	126				
剖14	铁铝土	黄壤	黄壤	酸性岩黄壤		A	0—20	浅黄色	砂壤土	粒状	5.5	26.5	0.96	0.20	9.1	243	1.0	73		酸性岩	E 119°56′45.8″ N 27°11′42.4″	97
						B	20—90	黄色	轻壤土	块状	5.7	8.3	0.62	0.18	12.0	173	1.0	99				

福 鼎 市

主要土类说明

红壤是福鼎市主要土壤类型，占本市地域面积的80%，主要分布在海拔700m以下的丘陵、山地。成土母岩以凝灰岩、花岗岩为主。红壤是在中亚热带常绿阔叶林和潮湿、温暖的生物气候条件下，经脱硅富铝化而形成的地带性土壤。剖面构型为A–B–C或A–C，土壤呈酸性，土层深厚，全剖面呈红色，结构面上有铁胶膜淀积或铁铝结核。根据发育程度的不同，本市红壤分为红壤、粗骨性红壤、黄红壤、红土等亚类。

水稻土是福鼎市第二大土壤类型，占本市地域面积的14%。水稻土是本市的主要耕作土壤，广泛分布于全市各种地貌单元内，但主要集中分布于滨海平原、河谷平原和山岰谷地。水稻土是在长期人为淹灌、耕作、施肥、轮作等农业措施综合影响下而形成的一类耕作土壤。在季节性淹水耕作或水旱轮作交替过程中，土壤进行着有机质分解与合成、盐基淋溶与复盐基、黏粒聚积与淋淀等作用，使土壤剖面形态发生深刻变化，使其具有独特的形态特征和农业生产特性。在本市高温、多雨的中亚热带气候条件下，双季稻的栽植及其他一系列耕作管理措施的采用引起土体中有机物和无机物转化快，土壤阳离子交换量低，盐基不饱和，土壤呈酸性，易溶性元素淋失，以及铁、锰等元素氧化还原过程的发生，使水稻土形成独有的各种发生层次，并以此构成水稻土特殊的剖面构型和相应的肥力特性。水分条件是影响水稻土发育进程的主导因素，而水分条件又直接受地形部位和人为淹灌种稻所影响，如以受地面淹水作用影响为主而形成的淹育水稻土，地面淹水和地下毛管水共同作用下形成的潴育水稻土，地面水、层间滞水或地下水长期浸渍下形成的潜育水稻土等。这些不同亚类的水稻土，其基本属性和农业利用特性有明显差异。不同成土母质类型对水稻土形成和肥力特性也有一定影响，主要表现在构成土壤的矿物组成和物理特性上，如在富含钾素养分的紫色凝灰熔岩上发育的水稻土，铁、锰等游离不明显，土壤剖面仍保留明显的母质特性，且质地黏重、紧实，保肥、供肥性能强；由红色黏土发育的水稻土，质地黏重，酸度较高，养分贫乏，但铁、锰易还原形成锈色斑纹，从而也区别于其他土壤。人为耕作活动也影响着水稻土的形成和发育，通过灌溉排水、耕作施肥等活动，也可调节土壤的水分条件，从而直接影响土壤的发育及其肥力变化。本市水稻土分为渗育型、潴育型、潜育型、盐渍型四个亚类，其中，潴育水稻土和渗育水稻土面积较大，盐渍水稻土次之，潜育水稻土面积最小。

小于本市地域面积3%的土壤类型有黄壤、紫色土、滨海盐土、潮土等。

本区域中心区气候特征

本区域中心区气候特征值
Regional climate characteristics in central area of the region

气候带：中亚热带湿润气候 Climate region: Subtropical humid climate	
年平均气温 /℃ Annual average temperature /℃	18.9
年平均最高气温 /℃ Annual average maximum temperature /℃	23.2
年平均最低气温 /℃ Annual average minimum temperature /℃	15.9
年降水量 /mm Annual precipitation /mm	1595
≥10℃的积温 /℃ Daily temperature accumulated in a year (≥10℃) /℃	6656
年日照时数 /h Annual sunshine /h	1678
年平均相对湿度 /% Annual average relative humidity /%	79
干燥度 Dryness	0.76

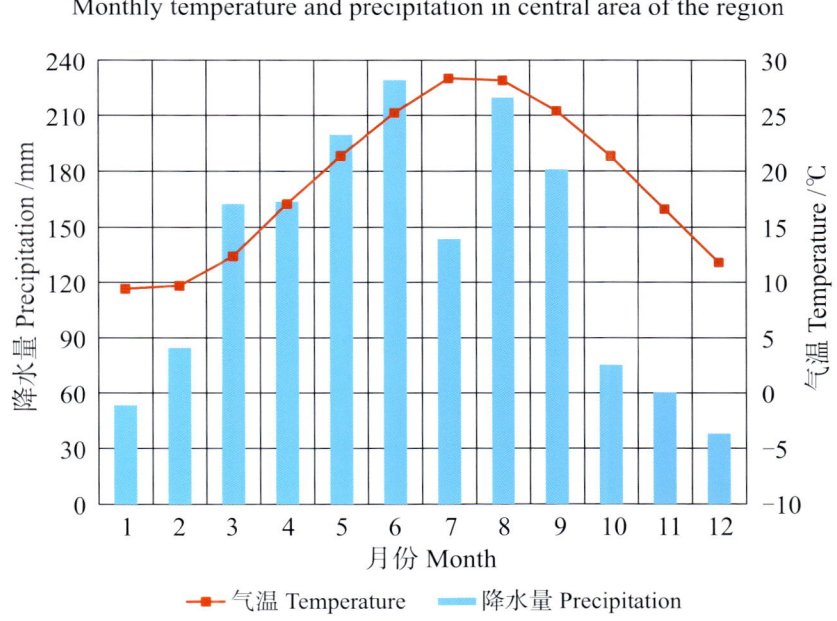

本区域中心区月平均气温与月平均降水量
Monthly temperature and precipitation in central area of the region

福鼎县主要土壤类型与土壤剖面点分布图

1:260 000

图例
- 红壤
- 水稻土
- 黄壤
- 紫色土
- 滨海盐土
- 潮土
- ⊗ 剖面点

注：国务院1995年10月批准，撤销福鼎县，设立福鼎市。

福鼎市土壤剖面理化性状表

剖面号 Soil profile	土纲 Soil order	土类 Soil great group	亚类 Soil subgroup	土属 Soil genus	土种 Soil species	土层码 Layer code	土层厚度 Depth/cm	颜色 Soil color	质地 Soil texture	土壤结构 Soil structure	pH	有机质 OM/(g/kg)	全氮 TN/(g/kg)	全磷 TP/(g/kg)	全钾 TK/(g/kg)	有效磷 AP/(mg/kg)	速效钾 AK/(mg/kg)	阳离子交换量CEC/(cmol/kg)	土壤母质 Parent material	剖面点坐标 Profile coordinate	匹配指数 Matching index/%
剖1	人为土	水稻土	潴育水稻土	灰泥田	黄底泥田	A	0—16	浅灰色	重壤土	块状	5.0	28.3	1.33	0.45	20.1	8.0	30	7.4	河流冲积物或红壤坡积物	E 120°05′23.7″ N 27°21′44.6″	97
						P	16—23		中壤土	柱状	5.1	24.4	1.04	0.40	19.6	3.0	22				
						W	23—43		中壤土	块状	5.2	8.4	0.36	0.19	21.3	<1.0	31				
						C	43—100	黄色	中壤土	块状	5.5	6.3	0.36	0.22	21.4	<1.0	32				
剖2	铁铝土	红壤	红土	红泥土	灰红泥土	A	0—22	黄黄色	重壤土	块状	6.1	53.6	1.01	0.59	15.3	13.0	34	8.5	坡积物	E 120°05′41.6″ N 27°21′58.5″	97
						B	22—42	灰黄色	重壤土	块状	5.9	56.2	0.91	0.44	15.5	<1.0	32				
						C	42—100	黄色	中壤土	块状	5.8	10.8	0.70	0.40	17.3	<1.0	34				
剖3	人为土	水稻土	潴育水稻土	潮砂田	乌砂田	A	0—14	灰色	轻壤土	粒状	4.9	30.1	1.32	0.54	18.4	8.0	24	7.9	河流冲积物	E 120°12′27.2″ N 27°23′34.1″	97
						P	14—19	灰色	轻壤土	块状	5.1	26.0	1.25	0.55	19.4	6.0	25				
						W₁	19—31	灰色	轻壤土	块状	5.0	21.6	0.98	0.53	18.6	5.0	24				
						W₂	31—44	暗灰色	中壤土	块状	4.8	18.6	0.52	0.24	18.7	<1.0	38				
						S	44—100		砂土	无结构	4.8	13.4	0.28	0.29	24.1	<1.0	61				
剖4	铁铝土	红壤	红土	红泥土	红泥砂土	A	0—17	黄红色	中壤土	块状	5.1	6.3	0.28	0.15	32.0	7.0	48	5.3	花岗岩风化物、坡积物	E 120°11′21.0″ N 27°22′37.6″	97
						C	17—100	浅红色	轻壤土	粒状	5.3	2.1	<0.10	<0.10	36.6	2.0	35				
剖5	铁铝土	红壤	酸性岩红壤			A	0—15	灰红色	砂壤土	块状	5.8	10.8	0.51	0.25	17.3	9.0	44	5.2	花岗岩	E 120°13′11.5″ N 27°23′35.2″	95
						B	15—60	黄红色	黏壤土	块状	6.0	3.8	0.40	0.19	21.9	<1.0	43	6.2			
						C	53—100	浅灰色	轻壤土	块状	4.8	29.2	1.59	0.57	18.2	8.0	53	11.3			
剖6	人为土	水稻土	潴育水稻土	灰泥田	灰泥田	A	0—15	灰灰色	中壤土	块状	6.6	14.7	0.84	0.35	20.8	<1.0	121		河流冲积物或红壤坡积物	E 120°13′37.6″ N 27°23′57.9″	97
						P	15—23	灰色	重壤土	块状	5.3	26.5	1.49	0.48	21.7	7.0	47				
						W	23—51	暗灰色	重壤土	块状	6.8	11.4	0.80	0.47	26.4	11.0	207				
剖7	人为土	水稻土	潴育水稻土	灰泥田	砂砾底灰泥田	A	0—17	浅灰色	中壤土	块状	5.1	23.9	1.16	0.37	23.4	1.0	43	9.2	河流冲积物或红壤坡积物	E 120°12′50.7″ N 27°21′25.9″	97
						P	17—23	灰色	中壤土	块状	5.3	23.0	1.15	0.42	23.0	<1.0	42				
						W	23—48	灰色	中壤土	梭柱状	5.4	17.7	0.79	0.23	23.8	<1.0	42				
						S	48—100		砂砾土												
剖8	人为土	水稻土	潴育水稻土	紫泥田	紫泥田	A	0—18	紫色	轻黏土	块状	5.1	14.7	0.76	0.63	21.9	3.0	111	10.9	安山岩、英安岩风化物	E 120°13′05.1″ N 27°21′42.9″	97
						P	18—27	紫色	重壤土	块状	5.0	12.1	0.63	0.53	21.7	1.0	46				
						W	27—53	紫色	中壤土	块状	5.2	8.6	0.43	0.46	22.0	<1.0	56				
						C	53—100	红紫色	重壤土	块状	5.6	5.3	0.33	0.46	23.9	<1.0	82				
剖9	铁铝土	红壤	红土	中性岩红壤		A	0—3	浅灰色	中壤土	小团块状	5.6	36.9	1.44	0.40	12.6	2.0	175		溪流冲积物	E 120°13′27.3″ N 27°16′22.4″	97
						P	3—100	灰灰色	重壤土	团块状	5.0	9.2	0.45	0.32	13.6	4.0	87				
剖10	人为土	水稻土	渗育水稻土	砂质田	砂质田	A	0—15	红色	砂壤土	无结构	5.7	11.8	0.59	0.39	21.8	1.0	32	5.0		E 120°00′13.9″ N 27°16′57.8″	97
						C	15—100	淡黄色	中壤土	无结构	5.6	6.6	0.37	0.37	24.3	<1.0	27				
剖11	人为土	水稻土	潴育水稻土	乌泥田	乌泥田	A	0—19	暗灰色	重壤土	小块状	5.3	35.0	1.48	0.59	17.0	14.0	26	9.0	冲积物或坡积物	E 120°01′37.3″ N 27°15′10.7″	97
						P	19—24	灰色	重壤土	块状	5.1	27.8	1.34	0.36	16.1	7.0	27				
						W₁	24—43	暗黄色	中壤土	梭柱状	4.8	17.2	0.65	0.36	16.0	3.0	43				
						W₂	43—93	银灰色	中壤土	块状	6.3	32.0	0.67	0.27	16.1	<1.0	47				
						C	93—100	灰色	中壤土	块状	6.0	20.9	0.64	0.21	15.2	<1.0	32				
剖12	铁铝土	红壤	黄红壤	酸性岩侵蚀黄红壤		A	0—18	黄色	中壤土	块状	4.4	47.2	1.51	0.27	9.6	<1.0	81	9.1	酸性岩	E 120°03′38.1″ N 27°17′01.6″	95
						B	18—50	黄灰色	中壤土	块状	4.6	17.1	0.72	0.27	12.3	6.0	46				
剖13	人为土	水稻土	潴育水稻土	青泥田	青泥田	A	0—15	灰色	中壤土	块状	5.5	27.5	1.00	0.42	14.5	5.0	28		冲积物、沉积物和坡积物	E 120°06′36.9″ N 27°12′44.5″	97
						P	15—21	黄灰色	中壤土	块状	4.9	27.2	1.00	0.34	14.5	3.0	23				
						G	21—76	青灰色	中壤土	块状	4.4	33.1	1.08	0.27	15.4	2.0	73				
						D	76—100	白色	中壤土	无结构	4.2	3.2	0.16	0.15	31.3	<1.0	139				

续表 Continued

剖面号 Soil profile	土纲 Soil order	土类 Soil great group	亚类 Soil subgroup	土属 Soil genus	土种 Soil species	土层码 Layer code	土层厚度 Depth/cm	颜色 Soil color	质地 Soil texture	土壤结构 Soil structure	pH	有机质 OM/(g/kg)	全氮 TN/(g/kg)	全磷 TP/(g/kg)	全钾 TK/(g/kg)	有效磷 AP/(mg/kg)	速效钾 AK/(mg/kg)	阳离子交换量CEC/(cmol/kg)	土壤母质 Parent material	剖面点坐标 Profile coordinate	匹配指数 Matching index/%
剖14	铁铝土	红壤	粗骨性红壤	酸性岩粗骨红壤		A	0—23	浅灰色	轻壤土	小团块状	4.2	39.0	1.40	0.13	16.8	2.0	45		凝灰砾岩风化物	E 120°08′34.8″ N 27°12′30.0″	95
						B	23—100	黄色	重壤土	块状	4.6	5.4	0.22	<0.10	28.2	1.0	40				
剖15	盐碱土	滨海盐土	滨海盐土	咸土	咸砂土	A	0—20	黄灰色	轻壤土	小块状	6.0	14.6	0.82	0.32	17.9	10.0	131		海积物、冲积物	E 120°04′27.8″ N 27°08′39.2″	97
						B	20—72	浅灰色	重壤土	块状	5.7	9.4	0.57	0.44	17.9	13.0	204	7.9			
						Csa	72—100	青灰色	黏土	无结构	5.7	10.1	0.65	0.55	22.3	17.0	289				
剖16	铁铝土	红壤	红土	红泥土	红砂土	A	1—5	灰黄色	中壤土	粒状	5.9	10.8	1.01	0.57	26.9	9.0	44	5.2	坡积物	E 120°04′11.9″ N 27°07′36.1″	97
						C	5—50	黄红色	砂壤土	粒状	6.0	3.8	0.43	0.43	26.4	<1.0	43				
						D	50—90														
剖17	人为土	水稻土	渗育水稻土	黄泥田	灰黄泥田	A	0—15	黄灰色	重壤土	块状	5.0	21.1	1.09	0.51	12.3	17.0	55	6.2	流纹质凝灰熔岩	E 120°02′16.0″ N 27°06′49.1″	98
						P	15—21	黄灰色	重壤土	块状	5.1	19.8	1.05	0.51	11.4	14.0	62				
						W	21—42	黄灰色	中壤土	块状	5.4	14.1	0.68	0.34	14.4	2.0	82				
						C	42—100	褐黄色	中壤土	块状	5.9	5.7	0.32	0.25	15.4	<1.0	68				
剖18	人为土	水稻土	潜育水稻土	冷烂田	冷水田	A	0—16	暗黄色	中壤土	块状	5.0	66.1	1.85	0.49	14.3	2.0	29	14.1	坡积物	E 120°09′02.8″ N 27°08′30.4″	97
						P	16—19	暗黄色	轻壤土	块状	5.2	62.1	1.86	0.44	18.8	<1.0	40				
						G	19—64	灰白色	中壤土	无结构	5.3	27.7	1.09	0.50	14.3	1.0	26				
剖19	人为土	水稻土	潜育水稻土	冷烂田	浅脚烂泥田	A	0—23	灰灰色	中壤土	无结构	5.3	21.8	0.90	0.29	28.5	1.0	52	7.8	坡积物或沉积物	E 120°13′15.7″ N 27°06′55.4″	97
						G	23—63		重壤土	无结构	5.0	18.4	0.76	0.16	27.2	<1.0	35				
						D	63—100														
剖20	人为土	水稻土	潜育水稻土	冷烂田	深脚烂泥田	A	0—66	灰色	轻壤土	无结构	5.5	55.5	2.28	0.80	15.0	14.0	51	13.1		E 120°03′01.8″ N 27°04′52.8″	97
						G	66—100	暗黄色	重壤土	无结构	5.2	62.8	2.17	0.57	14.7	23.0	28				
剖21	初育土	紫色土	酸性紫色土	凝灰岩酸性紫色土		A	0—2	暗紫色	轻壤土	粒块状	4.8	10.6	0.48	0.12	25.5	2.0	78		紫色凝灰岩	E 120°16′28.1″ N 27°21′33.5″	97
						B	2—70	紫红色	轻壤土	粒块状	4.9	5.4	0.39	0.14	27.4	<1.0	40				
						C	70—100														
剖22	人为土	水稻土	渗育水稻土	黄泥田	灰黄泥砂田	A	0—14	浅灰色	轻壤土	块状	4.7	20.3	1.06	0.34	33.5	8.0	48	6.9	流纹质凝灰熔岩	E 120°19′42.5″ N 27°10′15.3″	95
						P	14—20	黄灰色	轻壤土	块状	4.7	13.0	0.76	0.26	27.0	5.0	34				
						W	20—55	黄黄色	轻壤土	块状	5.3	7.7	0.41	0.22	32.3	<1.0	38				
						C	55—100	黄色	轻壤土	块状	5.7	5.0	0.32	0.17	18.0	<1.0	47				
剖23	铁铝土	红壤	红土	红泥土	红泥土	A	0—19	灰元色	中黏土	块状	4.7	15.4	0.65	0.66	4.3	<1.0	39	9.2	坡积物	E 120°20′17.0″ N 27°07′52.6″	98
						B	19—43	黄红色	黏土	块状	4.5	22.0	0.90	0.52	3.9	<1.0	25				
						C	43—100	黄红色	黏土	块状	4.8	10.5	0.62	0.45	16.2	1.0	165				

附 录

附录1　福建省县级行政区及分县主要土壤类型与土壤剖面点分布图中地域名对照表

地级行政区划	县级行政区划[1]	分县主要土壤类型与土壤剖面点分布图地域名[2]	地级行政区划	县级行政区划[1]	分县主要土壤类型与土壤剖面点分布图地域名[2]
福州市	鼓楼区	市辖区*	莆田市	荔城区	市辖区*
	台江区			秀屿区	
	仓山区			仙游县	仙游县
	马尾区		三明市	三元区	市辖区*
	晋安区			梅列区	
	长乐区	长乐县		明溪县	明溪县
	闽侯县	闽侯县		清流县	清流县
	连江县	连江县		宁化县	宁化县
	罗源县	罗源县		大田县	大田县
	闽清县	闽清县		尤溪县	尤溪县
	永泰县	永泰县		沙县区	沙县
	平潭县	平潭县		将乐县	将乐县
	福清市	福清市		泰宁县	
厦门市	思明区	市辖区*		建宁县	建宁县
	海沧区			永安市	永安市
	湖里区		泉州市	鲤城区	市辖区*
	集美区			丰泽区	
	同安区			洛江区	
	翔安区			泉港区	
莆田市	城厢区	市辖区*		惠安县	惠安县
	涵江区			安溪县	安溪县

续表

地级行政区划	县级行政区划[1]	分县主要土壤类型与土壤剖面点分布图地域名[2]	地级行政区划	县级行政区划[1]	分县主要土壤类型与土壤剖面点分布图地域名[2]
泉州市	永春县	永春县	南平市	松溪县	松溪县
	德化县	德化县		政和县	政和县
	金门县			邵武市	邵武市
	石狮市			武夷山市	武夷山市
	晋江市	晋江市		建瓯市	建瓯市
	南安市	南安市	龙岩市	新罗区	市辖区*
漳州市	芗城区	市辖区*		永定区	永定县
	龙文区			长汀县	长汀县
	龙海区	龙海市		上杭县	上杭县
	长泰区	长泰县		武平县	武平县
	云霄县	云霄县		连城县	连城县
	漳浦县	漳浦县		漳平市	漳平市
	诏安县	诏安县	宁德市	蕉城区	市辖区*
	东山县	东山县		霞浦县	霞浦县
	南靖县	南靖县		古田县	古田县
	平和县	平和县		屏南县	屏南县
	华安县	华安县		寿宁县	寿宁县
南平市	建阳区	市辖区*		周宁县	周宁县
	延平区	延平区		柘荣县	柘荣县
	顺昌县	顺昌县		福安市	
	浦城县	浦城县		福鼎市	福鼎县
	光泽县	光泽县			

注：1）为民政部于 2022 年 3 月发布的《2021 年中华人民共和国行政区划代码》中的县级行政区名称。该名称也作为本数据集分县目录。分县排序按《2021 年中华人民共和国行政区划代码》中的地级、县级行政区排列。

2）分县主要土壤类型与土壤剖面点分布图地域名是全国第二次土壤普查中分县采样调查、制图的县级行政区名称。分县主要土壤类型与土壤剖面点分布图采用的县级行政域是从国家测绘局获取的 1∶25 万 DLG（公众版）数据（使用许可协议编号：非 2011—1011）。附录 1 显示了全国第二次土壤普查时的县级行政区域名与《2021 年中华人民共和国行政区划代码》中的县级行政区名称之间的关联。附录 1 中仅有《2021 年中华人民共和国行政区划代码》中的县级行政区名称，而没有对应的分县主要土壤类型与土壤剖面点分布图地域名的分县，表示该县级行政区无土壤剖面数据，未纳入分县目录。

* 在附录 1 中，凡分县主要土壤类型与土壤剖面点分布图地域名表示为"市辖区"的地域，均指在全国第二次土壤普查中，在城市中心区及近郊区完成的采样调查和制图。此时，县级行政区名称与分县主要土壤类型与土壤剖面点分布图地域名不是完全的对应关系。如福州市市辖区主要土壤类型与土壤剖面点分布图代表土壤调查中福州市城区及近郊区的土壤分布状况。此时将"市辖区"作为这一节的标题。

附录2 专题图基础地理要素图例

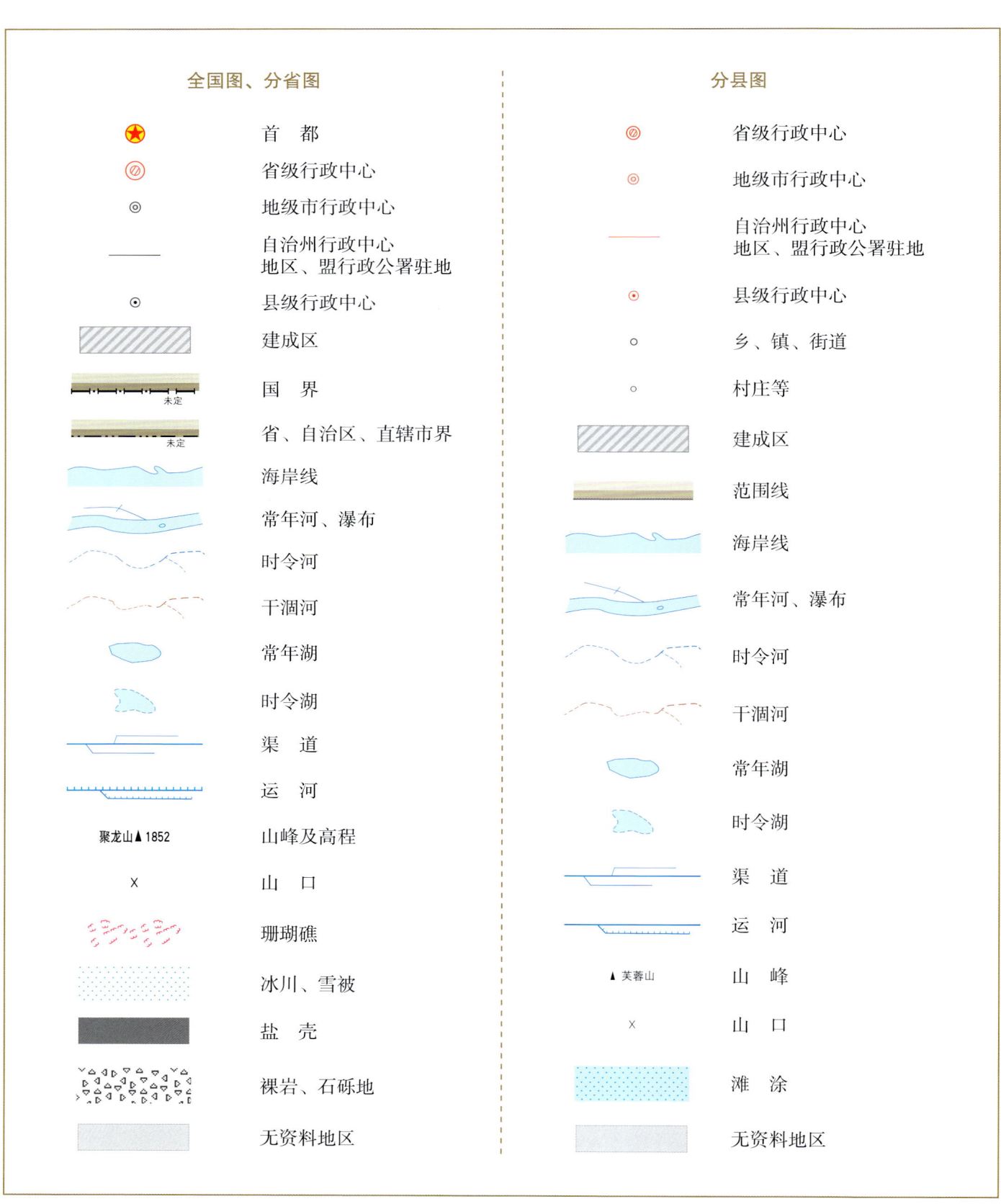

附录3　土壤图土类图例

图例	土类名	色码（RGB）	色码（CMYK）	图例	土类名	色码（RGB）	色码（CMYK）
	砖红壤	253，139，149	0，56，26，0		棕钙土	250，221，212	2，17，13，0
	赤红壤	253，160，170	0，47，17，0		灰钙土	230，214，165	11，15，40，1
	红　壤	252，199，209	1，29，6，0		灰漠土	246，237，182	4，6，36，0
	黄　壤	250，238，14	2，5，92，0		灰棕漠土	232，207，118	8，19，62，1
	黄棕壤	247，231，171	3，9，40，0		棕漠土	238，220，86	5，12，76，1
	黄褐土	249，236，121	2，5，64，0		黄绵土	249，223，2	1，13，93，0
	棕　壤	238，218，147	6，14，50，1		红黏土	247，149，143	1，52，33，0
	暗棕壤	226，181，98	9，33，68，2		新积土	184，199，156	30，11，44，2
	白浆土	223，226，205	15，7，22，0		龟裂土	254，252，55	0，7，86，0
	棕色针叶林土	206，169，142	18，35，40，4		风沙土	242，242，180	6，2，39，0
	灰化土	183，169，182	31，31，16，4		石灰（岩）土	176，175，85	28，21，75，9
	漂灰土*	220，219，162	15，9，44，1		火山灰土	223，167，170	11，41，19，2
	燥红土	250，161，9	0，46，95，0		紫色土	199，177，221	28，31，0，0
	褐　土	225，201，153	12，21，43，1		磷质石灰土	240，250，156	7，1，51，0
	灰褐土	228，219，186	12，12，30，0		石质土	171，181，150	35，18，43，5
	黑　土	142，164，151	46，21，38，8		粗骨土	196，187，132	23，21，53，4

续表

图例	土类名	色码（RGB）	色码（CMYK）	图例	土类名	色码（RGB）	色码（CMYK）
	灰色森林土	162，178，175	40，19，27，4		草甸土	128，171，117	51，14，63，7
	黑钙土	230，188，50	6，30，88，1		潮　土	169，219，118	34，1，68，0
	栗钙土	214，195，161	17，22，37，2		砂姜黑土	191，202，188	29，13，26，1
	栗褐土	240，213，157	5，18，43，1		林灌草甸土	171，191，44	31，12，93，5
	黑垆土	201，204，125	22，12，60，3		山地草甸土	132，184，161	52，9，42，3
	沼泽土	144，183，212	49，14，8，2		灌漠土	158，184，110	39，12，67，6
	泥炭土	150，140，173	46，41，10，6		草毡土	150，172，169	45，20，29，6
	草甸盐土	222，145，201	21，49，0，0		黑毡土	129，157，106	48，19，63，14
	滨海盐土	232，206，217	10，22，5，0		寒钙土	198，214，203	26，8，21，1
	酸性硫酸盐土	187，159，184	29，38，9，3		冷钙土	194，194，96	23，15，72，5
	漠境盐土	209，130，159	16，58，11，3		冷棕钙土	183，186，169	31，20，32，3
	寒原盐土	187，159，184	29，38，9，3		寒漠土	235，223，181	9，12，33，0
	碱　土	227，211，211	13，18，11，0		冷漠土	223，197，102	11，22，68，2
	水稻土	107，176，107	59，9，72，3		寒冻土	196，171，79	19，29，77，8
	灌淤土	136，146，47	38，24，90，21				

注：*漂灰土，《中国土壤分类与代码》（GB/T 17296—2009）中无此土类，在全国第二次土壤普查中完成的中国1∶100万土壤图和分县土壤图中含漂灰土，主要分布于西藏自治区南部，总面积约为112 km²。

附录 4　中国主要土壤类型简表

土纲名[1]	土类名[2]	主要成土条件及特征[3]	分布区域	WRB 土组名[4]	MR[5]/%	百分比[6]/%
铁铝土纲 Ferrallisols	砖红壤 Latosols	热带雨林或季雨林下，强烈脱硅富铝化，游离铁占全铁的 80%，土壤呈砖红色，具 A-Bs-Bv-C 剖面构型	海南、广东等	Acrisols	29	0.46
	赤红壤 Latosolic red soils	南亚热带季雨林下，脱硅富铝化程度次于砖红壤、强于红壤，铁的游离度介于二者之间，土壤呈赤红色，具 A-Bs-C 剖面构型	广东、云南、广西、福建等	Acrisols	40	2.23
	红壤 Red soils	中亚热带常绿阔叶林下，中度脱硅富铝化，具有深厚红色土层，具 A-Bs-Bv 或 A-Bs-C 剖面构型	南部的江西、福建、湖南等	Cambisols	35	6.79
	黄壤 Yellow soils	亚热带湿润气候条件下，多见于海拔 700—1200m 的山区，中度富铝化，土壤有机质累积较多，土壤呈黄色，具 O-A-AB-B-C 剖面构型	贵州、四川、云南、西藏、台湾等	Cambisols	45	2.65
淋溶土纲 Alfisols	黄棕壤 Yellow-brown soils	北亚热带暖湿落叶阔叶林下，弱度富铝化，母质多为砂页岩及花岗岩风化物，黏化特征明显，土壤呈黄棕色，具 A-B-C 或 A-（B）-C 剖面构型	长江中下游沿江低山丘陵区，以及云南、贵州、四川、陕西、西藏等	Cambisols	39	2.37
	黄褐土 Yellow-cinnamon soils	北亚热带地区，黄土状母质，无游离碳酸钙，黏化淀积明显，土壤呈灰黄棕色，具 A-B-C 或 A-Bt-C 剖面构型	河南、安徽面积最大，陕南、鄂北、江苏、川东北、江西等地也有分布	Luvisols	58	0.59
	棕壤 Brown soils	湿润暖温带地区，处于硅铝风化阶段，盐基已淋失，土体见黏粒淀积，土壤呈棕色，具 O-A-Bt-C 剖面构型	辽东至苏北低山丘陵，以及内蒙古、河南、西藏、云南、湖北等地的山地垂直带	Luvisols	51	2.73
	暗棕壤 Dark brown soils	湿润温带地区，针阔叶混交林下，弱酸性淋溶，有机质富集明显，土体 B 层呈棕色，具 O-A-B-C 剖面构型	黑龙江、吉林、内蒙古等	Cambisols	48	4.12

续表

土纲名[1]	土类名[2]	主要成土条件及特征[3]	分布区域	WRB 土组名[4]	MR[5]/%	百分比[6]/%
淋溶土纲 Alfisols	白浆土 Bleached baijiang soils	湿润温带平缓岗地森林草原下，上层土壤周期性滞水，还原铁、锰，漂洗形成灰黄色至灰白色白浆土层 E，具 Ah–E–Bt–C 剖面构型	黑龙江、吉林等	Luvisols	46	0.49
	棕色针叶林土 Brown coniferous forest soils	寒温带针叶林下，酸性淋溶，表层盐基饱和度降低，B 层呈棕色，具 O–A–AB–B–C 剖面构型	内蒙古、黑龙江、四川、云南、吉林、新疆等	Cambisols	47	1.15
	灰化土 Podzolic soils	寒冷湿润针叶林下，表层有机质层深厚，强烈淋溶和 SiO_2 淀积形成灰化层 A_2，具 A_1–A_2–B–BC 剖面构型	西藏	Podzols	100	< 0.01
半淋溶土纲 Semi-alfisols	燥红土 Torrid red soils	热带、亚热带干旱河谷与雨区稀树草原下形成的盐基饱和的红色土壤，具 A–B–C（D）剖面构型	海南、贵州、云南、四川等	Luvisols	100	0.08
	褐土 Cinnamon soils	暖温带半湿润，黏化与钙质淋移淀积，盐基饱和，B 层呈棕褐色，具 A–B–Bk–C 剖面构型	河北、山西、北京等	Cambisols	48	2.88
	灰褐土 Gray-cinnamon soils	温带干旱、半干旱山地云冷杉下，腐殖质累积与钙积作用明显，弱黏淀特征，具 Ao–A–B–C 剖面构型	甘肃、内蒙古、新疆、西藏、青海、宁夏等地的山地垂直带	Cambisols	43	0.65
	黑土 Black soils	温带半湿润草甸草原下，具深厚的腐殖质层，无石灰性的黑色土壤，底层轻度淋溶，具 A–ABh–BhC–C 剖面构型	东北平原	Phaeozems	31	0.68
	灰色森林土 Gray forest soils	温带森林植被下，腐殖质层深厚，弱度淋溶，剖面下部见硅粉，具 O–A–AB 或（B）–BC–C 剖面构型	内蒙古、新疆、河北	Phaeozems	77	0.34
钙层土 Pedocals	黑钙土 Chernozems	温带半湿润草甸草原下，具深厚的腐殖质层、碳酸钙淋溶淀积层	内蒙古、新疆、吉林、黑龙江、青海、甘肃	Chernozems	50	1.51
	栗钙土 Castanozems	温带半干旱草原下，具有栗色腐殖质层和灰白色钙积层	内蒙古、新疆、河北、山西、吉林等	Kastanozems	61	4.18
	栗褐土 Castano-cinnamon soils	暖温带半干旱草原及灌木下，弱度黏化和弱度淋溶，通体有石灰反应	山西、内蒙古、河北	Cambisols	40	0.47
	黑垆土 Dark loessial soils	黄土高原上，由黄土母质发育，有机质含量低，腐殖质层深厚，无明显黏化层	甘肃面积最大，其次为陕北和宁南地区	Cambisols	59	0.21
干旱土 Aridisols	棕钙土 Brown caliche soils	温带干旱草原向荒漠过渡区，具浅棕色薄腐殖质层、灰白色薄钙积层，钙积层接近地表	内蒙古、甘肃、青海、新疆	Cambisols	36	2.81
	灰钙土 Sierozems	暖温带干旱草原下，母质多为黄土，低腐殖质、弱淋溶，具腐殖质层和钙积层	甘肃、宁夏、新疆、青海、内蒙古、陕西	Cambisols	63	0.50

续表

土纲名[1]	土类名[2]	主要成土条件及特征[3]	分布区域	WRB 土组名[4]	MR[5]/%	百分比[6]/%
漠土 Desert soils	灰漠土 Gray desert soils	温带干旱漠境边缘区	宁夏、内蒙古、甘肃、新疆等	Cambisols	44	0.72
	灰棕漠土 Gray-brown desert soils	温带干旱中心	新疆、内蒙古等	Cambisols	78	3.11
	棕漠土 Brown desert soils	暖温带极干旱漠境中心	新疆、甘肃等	Cambisols	65	2.69
初育土 Amorphic soils	黄绵土 Loessial soils	黄土高原上，由黄土母质直接翻耕形成，具 A-C 剖面构型	陕西、甘肃、山西、宁夏等	Cambisols	33	1.97
	红黏土 Red primitive soils	由第三纪红色黏土及部分第四纪老黄土发育	陕西、甘肃、河南、山西、辽宁等	Regosols	48	0.07
	新积土 Neo-alluvial soils	新近冲积、洪积、坡积、塌积或人工堆垫，具 A-C 或（A）-C 剖面构型	全国各地，以吉林、陕西面积最大，其次为黑龙江、宁夏、四川等	Fluvisols	51	0.57
	龟裂土 Takyr	干旱、漠境地区山前细土洪积微弱发育，表层为不规则龟裂结皮	新疆、甘肃、内蒙古、宁夏	Cambisols	72	0.06
	风沙土 Aeolian soils	半干旱、干旱及滨海地区，由风成沙性母质发育	新疆、内蒙古、甘肃、青海等	Arenosols	75	7.03
	石灰（岩）土 Limestone soils	由热带、亚热带石灰岩母质发育	贵州、广西、四川、湖南等	Cambisols	80	1.73
	火山灰土 Volcanic ash soils	由火山喷发碎屑、粉尘状堆积物发育，具 A-C 剖面构型	黑龙江、江苏、海南等	Andosols	53	0.04
	紫色土 Purplish soils	由热带、亚热带紫红色岩层侵蚀发育，土层浅薄，具 A-C 剖面构型	四川、云南、湖南、贵州、广西等	Cambisols	68	2.44
	磷质石灰土 Phospho-calcic soils	热带珊瑚岛礁上，由海鸟粪与珊瑚礁风化物形成	南海的西沙、南沙、东沙、中沙诸岛	Arenosols	81	<0.01
	石质土 Lithosols	石质山地岩石风化残积物，风化层厚度一般小于10cm，具 A-R 剖面构型	西北和华北山地	Leptosols	100	1.87
	粗骨土 Skeletal soils	基岩风化残积物、坡积物，属于 A-C 或（A）-C 剖面构型	辽宁、内蒙古、山东、浙江等地的河谷阶地、丘陵、低山和中山	Regosols	93	1.76
水成土 Aqueous soils	沼泽土 Bog soils	所处地势低洼，长期地表积水，还原作用形成潜育层 G，泥炭层或腐泥层厚度小于 50cm，具 H-G 剖面构型	黑龙江、青海、内蒙古等地的沟谷、平原河湖滨低洼地区均有分布，主要分布于东北	Gleysols	53	1.53
	泥炭土 Peat soils	泥炭层 H 厚度大于 50cm，其下为潜育层 G，具 H-G 剖面构型	青海、四川、黑龙江、吉林等	Histosols	48	0.06

续表

土纲名[1]	土类名[2]	主要成土条件及特征[3]	分布区域	WRB 土组名[4]	MR[5]/%	百分比[6]/%
半水成土 Semi-aqueous soils	草甸土 Meadow soils	冷湿条件下受地下水浸润并在草甸植被下发育，有明显腐殖质累积，铁、锰氧化还原形成锈纹层 Cu，具 A-Cu 或 A-C-Cu 剖面构型	黑龙江、内蒙古、新疆、四川等	Cambisols	92	3.54
	潮土 Fluvo-aquic soils	河流冲积平原或低平阶地耕作土壤，地下水位高，底土氧化还原交替形成锈纹层 Cu，具 A_{11}-A_{12}-Cu 或 A_{11}-C-Cu 剖面构型	主要分布于黄淮海平原，内蒙古、辽宁、湖北等地的河谷平原，滨湖低地与山间谷地也有分布	Cambisols	85	3.71
	砂姜黑土 Lime concretion black soils	河湖沉积物经脱沼与长期耕作形成，底土见砂姜	主要分布于安徽、河南、山东、江苏等，河北、湖北、广西等地也有分布	Cambisols	79	0.54
	林灌草甸土 Shrubby meadow soils	漠境河谷平原沿河一带的胡杨林下发育，有交替氧化还原作用，具 Ao-AC-C 剖面构型	新疆、内蒙古、甘肃等	Cambisols	87	0.24
	山地草甸土 Mountain meadow soils	中海拔山顶平台草甸植被下发育的薄层土壤，草皮层 As 下见铁锰锈纹、胶膜，具 As-A-C-D 剖面构型	除青藏高原及西北高山区以外，各省、自治区、直辖市均有分布，以西部为多，西南部次之	Cambisols	60	0.04
盐碱土 Alkali-saline soils	草甸盐土 Meadow solonchaks	草甸土、潮土、沼泽土地区，盐分累积量大于 6g/kg，有盐化表土层 Az，具 Az-C 剖面构型	从长江口到松辽平原均有分布	Solonchaks	55	1.21
	滨海盐土 Coastal solonchaks	母质为滨海沉积物，盐分来自海水和高矿化潜水，通常含盐量为 10g/kg，具 Az-Cz 剖面构型	山东、浙江、福建等沿海地区	Solonchaks	47	0.31
	酸性硫酸盐土 Acid sulphate soils	热带、南亚热带滨海低平原的海潮可及处，红树林残体形成的硫化物经氧化形成硫酸，土壤呈强酸性	海南、广东、广西、福建、台湾等	Solonchaks	36	<0.01
	漠境盐土 Desert solonchaks	极端干旱的漠境条件，含盐量通常在 100g/kg 以上	新疆、青海、甘肃等	Solonchaks	50	0.31
	寒原盐土 Frigid plateau solonchaks	青藏高寒地区退缩内陆湖盆、河间洼地	西藏	Solonchaks	88	0.10
	碱土 Solonetzes	碱化度（交换性钠占阳离子交换量百分比）大于 20%	零星分布于东北、华北、西北的内陆地区	Solonetz	50	0.06
人为土 Anthrosols	水稻土 Paddy soils	长期季节性淹灌、排水，水下翻耕，氧化还原交替，形成多种发生层分异：淹育层 Aa、犁底层 Ap、渗育层 P、潴育层 W 与潜育层 G	全国各地，以四川、江西、湖南等地面积为大	Anthrosols	83	4.93
	灌淤土 Irrigated warped soils	引用高泥沙含量灌溉水淤灌，加厚土层大于 50cm	新疆、宁夏、甘肃、河北、青海、西藏等	Anthrosols	70	0.22

续表

土纲名[1]	土类名[2]	主要成土条件及特征[3]	分布区域	WRB 土组名[4]	MR[5]/%	百分比[6]/%
人为土 Anthrosols	灌漠土 Irrigated desert soils	干旱荒漠地区，坎儿井水长期耕灌	新疆、甘肃、宁夏、青海等地的荒漠绿洲地带	Anthrosols	68	0.12
高山土 Alpine soils	草毡土 Felty soils	高寒区平缓高原面上，强度生草腐殖质累积与弱度氧化还原形成草毡层	青海、西藏、四川、新疆等	Cambisols	69	5.46
	黑毡土 Dark felty soils	高寒区略较温湿的原面上，草毡层初步分解，色泽较暗，有机质含量较高	西藏、四川、新疆、甘肃等	Cambisols	61	2.73
	寒钙土 Frigid calcic soils	高寒半干旱区，弱度腐殖质累积，底层积钙	西藏、青海、新疆、甘肃等	Calcisols	70	7.88
	冷钙土 Cold calcic soils	高寒区冷凉半干旱原面下，具弱腐殖质累积与钙积特征	新疆、西藏、甘肃等	Cambisols	45	1.43
	冷棕钙土 Cold brown calcic soils	高寒区温凉的半干旱河谷处，土壤弱腐殖质累积，弱度淋溶与积钙	西藏	Cambisols	67	0.09
	寒漠土 Frigid desert soils	高寒干旱条件下成土	青藏高原西北部海拔4000m 以上地区，涉及新疆、四川、西藏、青海等	Cryosols	87	0.29
	冷漠土 Cold desert soils	亚高山冷凉干旱条件下成土	西藏海拔 4500m 以下的湖盆、河谷及山地中下部	Cambisols	42	0.03
	寒冻土 Frigid frozen soils	高山冰川冰缘地带条件下，以物理风化为主	青藏高原冰缘地区，涉及新疆、西藏、甘肃等	Leptosols	100	3.23

注：1）中国土壤分类系统中土纲名及土纲英译名。
2）中国土壤分类系统中土类名及土类英译名。
3）本栏所用土层及后缀代码释义。
　　自然土壤：A 表土层，As 草根层、草毡层，A_2 灰化层，B 母质特征消失的表下层，C 受成土作用少的母质层，D 未成土作用影响的碎屑层，R 坚硬岩石层，E 漂白层、白浆层，H 泥炭状有机质层，Hi 纤维状泥炭层，He 半分解泥炭层，O 凋落物有机质层。
　　旱地土壤：A_{11} 旱耕层，A_{12} 亚耕层，C_1 心土层，C_2 底土层。
　　水田土壤：Aa 耕作层（淹育层），Ap 犁底层（淹育层），P 渗育层，W 潜育层，G 潜育层，Gw 脱潜层，M 腐泥层。
　　土层后缀代码：d 漂灰特征，c 铁结核或硬结核，f 冰冻特征，h 有机质淀积，k 石灰聚积，n 碱化特征，q 硅聚积，t 黏粒淀积，v 网纹特征，x 脆盘，z 易溶盐聚积，su 硫化物聚积，b 埋藏或重叠，e 漂洗特征，g 潜育特征，i 弱分解有机质，m 胶结或固结，p 人工扰动，s 三氧化二物聚积，u 锈色斑纹，w 色泽或结构发育，y 石膏聚积，mo 铁锰胶膜。
4）世界土壤资源参比基础（world reference base for soil resources，WRB）工作组发布土组名，WRB 土组划分原则与中国土壤分类系统中土纲接近。
5）WRB 土组对中国土壤分类系统中各土类的最大可参比性（maximum referencibility，MR）。
6）该土类面积占各土类总面积的百分比。

附录 5　福建省、台湾省主要土壤类型表

省域	土纲名[1]	土类名[2]	WRB 土组名[3]	MR[4]/%	百分比[5]/%
福建省	铁铝土纲 Ferrallisols	赤红壤 Latosolic red soils	Acrisols	40	6.0
		红壤 Red soils	Cambisols	35	65.4
		黄壤 Yellow soils	Cambisols	45	5.0
	初育土 Amorphic soils	风沙土 Aeolian soils	Arenosols	75	0.3
		紫色土 Purplish soils	Cambisols	68	1.2
		石质土 Lithosols	Leptosols	100	0.6
		粗骨土 Skeletal soils	Regosols	93	1.5
	半水成土 Semi-aqueous soils	潮土 Fluvo-aquic soils	Cambisols	85	0.1
		山地草甸土 Mountain meadow soils	Cambisols	60	0.1
	盐碱土 Alkali-saline soils	滨海盐土 Coastal solonchaks	Solonchaks	47	1.2
	人为土 Anthrosols	水稻土 Paddy soils	Anthrosols	83	17.9
台湾省	铁铝土纲 Ferrallisols	砖红壤 Latosols	Acrisols	29	3.3
		赤红壤 Latosolic red soils	Acrisols	40	8.5
		红壤 Red soils	Cambisols	35	18.0
		黄壤 Yellow soils	Cambisols	45	17.8
	淋溶土纲 Alfisols	黄棕壤 Yellow-brown soils	Cambisols	39	7.4
		棕壤 Brown soils	Luvisols	51	4.3
	初育土 Amorphic soils	红黏土 Red primitive soils	Regosols	48	0.2
		新积土 Neo-alluvial soils	Fluvisols	51	2.4
		石质土 Lithosols	Leptosols	100	8.2
		粗骨土 Skeletal soils	Regosols	93	7.5
	半水成土 Semi-aqueous soils	潮土 Fluvo-aquic soils	Cambisols	85	0.2
		砂姜黑土 Lime concretion black soils	Cambisols	79	0.6
		山地草甸土 Mountain meadow soils	Cambisols	60	0.2
	盐碱土 Alkali-saline soils	滨海盐土 Coastal solonchaks	Solonchaks	47	0.7
		酸性硫酸盐土 Acid sulphate soils	Solonchaks	36	0.3
	人为土 Anthrosols	水稻土 Paddy soils	Anthrosols	83	19.2

注：1）中国土壤分类系统中土纲名及土纲英译名。
2）中国土壤分类系统中土类名及土类英译名。
3）世界土壤资源参比基础（world reference base for soil resources, WRB）工作组发布土组名，WRB 土组划分原则与中国土壤分类系统中土纲接近。
4）WRB 土组对中国土壤分类系统中各土类的最大可参比性（maximum referencibility, MR）。
5）该土类面积占福建省、台湾省各省省域面积百分比，土类面积不足本省省域面积 0.05% 的土类未列入本表。

附录6 分省土壤有机质含量图有机质含量分级图例

图例	分级序号	色码（CMYK）	色码（RGB）	图例	分级序号	色码（CMYK）	色码（RGB）
	1	2，2，17，0	255，255，220		8	38，0，74，0	157，218，104
	2	4，1，35，0	248，255，190		9	42，0，80，0	146，210，90
	3	8，0，47，0	238，255，165		10	48，1，85，0	132，200，80
	4	17，0，53，0	220，249，150		11	52，4，89，1	123，190，70
	5	23，0，60，0	203，242，135		12	54，11，94，3	115，175，55
	6	28，0，62，0	185，235，130		13	61，18，98，7	92，158，37
	7	34，0，68，0	169，225，118		14	64，24，100，15	70，138，20

附录7 福建省典型剖面0—20cm土层土壤理化性状中位数与平均数

土壤理化性状[1]	福建省[2]			华南地区[3]			全国[4]		
	中位数	平均数	样本量*	中位数	平均数	样本量*	中位数	平均数	样本量*
有机质/(g/kg)	24.7	28.5	1462	23.0	25.5	6847	18.6	25.4	53243
pH	5.2	5.3	1442	5.6	5.8	7285	6.8	6.8	54014
全氮/(g/kg)	1.16	1.31	1486	1.15	1.29	6833	1.06	1.37	49409
全磷/(g/kg)	0.54	0.70	1193	0.34	0.48	6490	0.60	0.78	50185
全钾/(g/kg)	21.6	22.3	1139	14.0	15.2	6145	18.0	17.5	29736
碱解氮/(mg/kg)	129	146	664	100	111	1941	90	114	19316
有效磷/(mg/kg)	3.1	7.7	1609	3.4	6.4	3668	4.4	7.5	23100
速效钾/(mg/kg)	66	78	1438	48	64	3735	90	110	23841
阳离子交换量/(cmol/kg)	8.0	8.5	886	8.3	9.0	1229	13.1	14.8	22361

注：1）土壤全氮、全磷、全钾、碱解氮、有效磷、速效钾含量均以N、P、K纯养分量计。
2）本卷收录的福建省典型土壤剖面共计1608个。通过对剖面数据的土层厚度转换，附录7给出了这些典型剖面0—20cm土层土壤理化性状中位数与平均数。全国第二次土壤普查剖面采样为典型土类采样，而非网格化采样。0—20cm土层土壤理化性状中位数与平均数不代表本省土壤理化性状平均状况。但全国第二次土壤普查是我国最早的大样本量调查，附录7所示的0—20cm土层土壤理化性状中位数与平均数对了解福建省20世纪80年代土壤肥力性状量化指标具有一定参考价值。
3）华南地区包括广东、海南、福建和广西4个省，本数据集收录该地区的剖面共计7781个。
4）本数据集全集收录的剖面共计63792个。
* 样本量的单位为"个"。

附录 8　福建省主要土地利用类型 0—30cm 土层土壤有机质含量[1]

土地利用类型	福建省		华南地区[2]		全国	
	占省域面积百分比 /%[3]	有机质 / (g/kg)	占地域面积百分比 /%	有机质 / (g/kg)	占地域面积百分比 /%	有机质 / (g/kg)
耕地	7.60	20.53	11.60	21.33	13.52	18.65
园地	7.48	18.93	8.98	19.72	2.13	16.68
林地	71.81	24.31	64.53	24.17	30.04	26.96
草地	0.61	18.41	1.06	24.33	27.97	19.18
湿地	1.54	15.46	1.08	16.29	2.48	17.56

注：1）各土地利用类型 0—30cm 土层土壤有机质含量由本卷分省土壤有机质含量图和自然资源部土地科学数据中心编制的 2019 年 1∶100 万比例尺全国土地利用缩编图通过叠加、计算生成。耕地包括水田、水浇地和旱地。园地包括果园、茶园和其他园地。林地包括有林地、灌木林地和其他林地。草地包括天然牧草地、人工牧草地和其他草地。湿地包括沼泽地、沿海滩涂和内陆滩涂。
2）华南地区包括广东、海南、福建和广西 4 个省、自治区。
3）土地利用类型占省（市）域面积百分比根据第三次全国国土调查发布的 2019 年土地利用现状分类面积汇总数据计算生成。

附录 9 福建省耕地、园地、林地和草地中主要土壤类型占比[1]

福建省 耕地		福建省 园地		福建省 林地		福建省 草地		华南地区[2] 耕地		华南地区 园地		华南地区 林地		华南地区 草地		全国 耕地		全国 园地		全国 林地		全国 草地	
土类名	占比/%	土类名	占比/%	土类名	占比/%	土类名	占比/%	土类名	占比/%	土类名	占比/%	土类名	占比/%	土类名	占比/%	土类名	占比/%	土类名	占比/%	土类名	占比/%	土类名	占比/%
水稻土	40.4	红壤	40.8	红壤	73.1	红壤	29.3	水稻土	38.3	砖红壤	30.6	红壤	39.4	石灰（岩）土	19.7	水稻土	14.9	水稻土	14.3	红壤	16.7	寒钙土	21.8
红壤	38.4	水稻土	32.5	水稻土	13.4	滨海盐土	19.9	赤红壤	21.9	水稻土	23.8	赤红壤	24.4	粗骨土	13.0	潮土	14.3	红壤	13.1	暗棕壤	10.3	草毡土	14.4
赤红壤	12.0	赤红壤	22.0	黄壤	6.1	水稻土	15.5	红壤	11.3	赤红壤	20.3	水稻土	10.1	红壤	12.3	草甸土	9.1	砖红壤	11.5	黄壤	7.0	栗钙土	9.7
滨海盐土	2.9	粗骨土	1.3	赤红壤	3.1	黄壤	11.7	砖红壤	9.7	红壤	17.3	黄壤	9.5	黄壤	10.0	褐土	6.1	褐土	10.5	黄棕壤	6.3	棕钙土	7.4
风沙土	1.6	滨海盐土	1.0	粗骨土	1.6	赤红壤	8.0	石灰（岩）土	6.8	黄壤	2.3	粗骨土	7.1	水稻土	9.4	紫色土	4.8	赤红壤	9.6	棕壤	5.8	寒冻土	5.3
粗骨土	1.4	黄壤	0.7	紫色土	1.4	石质土	3.4	紫色土	3.5	紫色土	1.5	紫色土	2.7	赤红壤	7.7	红壤	4.7	紫色土	5.6	赤红壤	5.1	风沙土	4.8
黄壤	1.1	石质土	0.4	石质土	0.5	紫色土	3.0	粗骨土	3.3	砖红壤	0.8	砖红壤	2.3	黄棕壤	6.8	黑土	3.4	粗骨土	5.0	褐土	4.6	灰棕漠土	4.4
紫色土	1.0	滨海盐土	0.3	滨海盐土	0.2	山地草甸土	1.1	风沙土	1.0	粗骨土	0.6	粗骨土	2.2	风沙土	5.6	黑钙土	3.2	潮土	4.8	紫色土	4.5	黑色土	4.0
合计	98.8	合计	99.0	合计	99.4	合计	91.9	合计	95.8	合计	97.2	合计	97.7	合计	84.5	合计	60.5	合计	74.4	合计	60.3	合计	71.8

注：1）耕地、园地、林地和草地中主要土壤类型占比由本卷各省分省土壤图和自然资源部土地科学数据中心编制的2019年1:100万比例尺全国土地利用图和自然资源部土地利用缩编图通过叠加、计算生成。耕地包括水田、水浇地和旱地。园地包括果园、茶园和其他园地。林地包括有林地、灌木林地和其他林地。草地包括天然牧草地、人工牧草地和其他草地。当某省、某区中某土地利用类型所含土壤类型较多时，本表仅列出占比较大的土壤类型。
2）华南地区包括广东、海南、福建和广西4个省、自治区。

附录10 《中国土壤剖面数据集》参编单位

国家科技基础性工作专项重点项目"我国1∶5万土壤图籍编撰及高精度数字土壤构建"主持与参加单位	
中国农业科学院农业资源与农业区划研究所	湖南农业大学
中国科学院南京土壤研究所	西北农林科技大学
中国农业科学院农业环境与可持续发展研究所	沈阳大学
中国科学院地理科学与资源研究所	山东省国土测绘院
国家基础地理信息中心	辽宁省基础测绘院
全国农业技术推广服务中心	黑龙江省农业科学院土壤肥料与环境资源研究所
中国农业大学	海南省农业科学院
华中农业大学	上海市农业科学院生态环境保护研究所
中国地质大学（北京）	城信迪赛（北京）科技有限公司
参加数据集各分卷审核和修订工作的单位	
北京市农林科学院植物营养与资源研究所	广西农业科学院农业资源与环境研究所
河北省农林科学院农业资源环境研究所	重庆市农业技术推广总站
山西省农业科学院农业环境与资源研究所	贵州省农业科学院土壤肥料研究所
辽宁省农业科学院植物营养与环境资源研究所	云南省农业科学院农业环境资源研究所
吉林省农业科学院农业资源与环境研究所	甘肃省农业科学院土壤肥料与节水农业研究所
江苏省农业科学院农业资源与环境研究所	青海省农林科学院土壤肥料研究所
福建省农业科学院	宁夏农林科学院农业资源与环境研究所
江西省土壤肥料技术推广站	新疆农业科学院土壤肥料与农业节水研究所
山东省农业科学院农业资源与环境研究所	西藏自治区农牧科学院
湖南省土壤肥料研究所	

续表

参加分县大比例尺纸质土壤图与土种志收集的单位	
北京市耕地建设保护中心	福建省农田建设与土壤肥料技术总站
天津市农田建设管理处	山东省土壤肥料总站
河北省土壤肥料总站	河南省土壤肥料站
山西省耕地质量监测保护中心	湖北省耕地质量与肥料工作总站（湖北省土壤肥料调查测试中心）
内蒙古自治区土壤肥料和节水农业工作站	湖南省土壤肥料工作站
辽宁省土壤肥料总站	广东省农业科学院农业资源与环境研究所
吉林省土壤肥料总站	河池市土壤肥料工作站
黑龙江八一农垦大学	成都土壤肥料测试中心
上海市农业技术推广服务中心	云南省土壤肥料工作站
江苏省农业科学院	陕西省耕地质量与农业环境保护工作站
扬州市土壤肥料站	甘肃省耕地质量建设保护总站
安徽省土壤肥料总站	

注：表中各参编单位仅出现一次，参与多项工作的单位不重复列出。

参考文献

［1］张维理，徐爱国，张认连，等 . 土壤分类研究回顾与中国土壤分类系统的修编［J］. 中国农业科学，2014，47（16）：3214–3230.

［2］张维理，KOLBE H，张认连，等 . 世界主要国家土壤调查工作回顾［J］. 中国农业科学，2022，55（18）：3565–3583.

［3］MCBRATNEY A B，MENDONÇA SANTOS M L，MINASNY B. On digital soil mapping［J］. Geoderma，2003（117）：3–52.

［4］USDA. Natural Resources Conservation Service［EB/OL］. Soils National Soil Information System（NASIS）［2021–12–01］. http://www.nrcs.usda.gov/wps/portal/ nrcs/detail/soils/survey/cid=nrcs142p2_053552.

［5］CSIRO Land and Water. Australian Soil Resource Information System（ASRIS）［EB/OL］.［2021–12–01］. http://www.asris.csiro.au/asris.

［6］European Soil Data Centre［EB/OL］.［2021–12–01］. http://eusoils.jrc.ec.europa.eu/.

［7］全国土壤普查办公室 . 全国第二次土壤普查暂行技术规程［M］. 北京：农业出版社，1979.

［8］张维理，张认连，徐爱国，等 . 中国 1∶5 万比例尺数字土壤的构建［J］. 中国农业科学，2014，47（16）：3195–3213.

［9］张维理，傅伯杰，徐爱国，等 . 中国土壤调查结果的地统计特征［J］. 中国农业科学，2022，55（13）：2572–2583.

［10］张维理 . 海量空间数据提取、整合与制图表达方法概要［J］. 中国农业科学，2014，47（16）：3231–3249.

［11］张维理 . 智能化海量空间信息分析与地图制图软件包 IMAT 设计及构建［J］. 中国农业科学，2014，47（16）：3250–3263.

［12］《第一次全国地理国情普查地图集》编纂委员会 . 第一次全国地理国情普查地图集［M］. 北京：中国地图出版社，2019.

［13］中国地图出版社 . 中国地图集［M］. 3 版 . 北京：中国地图出版社，2022.

［14］全国土壤质量标准化技术委员会 . 土壤制图 1∶25 000　1∶50 000　1∶100 000 中国土壤图用色和图例规范：GB/T 36501—2018［S］. 北京：中国标准出版社，2018.

［15］张维理，KOLBE H，张认连 . 土壤有机碳作用及转化机制研究进展［J］. 中国农业科学，2020，53（2）：317–331.

［16］周北燕，石家星 . 中华人民共和国地形图［M］. 北京：中国地图出版社，2009.

［17］《中华人民共和国气候图集》编委会 . 中华人民共和国气候图集［M］. 北京：气象出版社，2002.

［18］中国标准化与信息分类编码研究所，全国农业技术推广服务中心 . 中国土壤分类与代码：GB/T 17296—1998［S］.

［19］中国标准研究中心 . 中国土壤分类与代码：GB/T 17296—2000［S］.

［20］全国信息分类编码标准化技术委员会 . 中国土壤分类与代码：GB/T 17296—2009［S］. 北京：中国标准出版社，2009.

［21］ISSS，ISRIC，FAO. World Reference Base for Soil Resources. Wageningen/Rome，1998.

［22］SHI X Z，YU D S，XU S X，et al. Cross-reference for relating Genetic Soil Classification of China with WRB at different scales［J］. Geoderma，2010（155）：344-350.

［23］全国土壤普查办公室. 中国土种志 第一卷［M］. 北京：中国农业出版社，1993.

［24］全国土壤普查办公室. 中国土种志 第二卷［M］. 北京：中国农业出版社，1994.

［25］全国土壤普查办公室. 中国土种志 第三卷［M］. 北京：中国农业出版社，1994.

［26］全国土壤普查办公室. 中国土种志 第四卷［M］. 北京：中国农业出版社，1995.

［27］全国土壤普查办公室. 中国土种志 第五卷［M］. 北京：中国农业出版社，1995.

［28］全国土壤普查办公室. 中国土种志 第六卷［M］. 北京：中国农业出版社，1996.

［29］全国土壤普查办公室. 中国土壤［M］. 北京：中国农业出版社，1998.